高校教材 高等院校心理学专业课教材

心理学史

HISTORY OF PSYCHOLOGY

主 编／叶浩生　杨莉萍

（第二版）

华东师范大学出版社
·上海·

图书在版编目（CIP）数据

心理学史/叶浩生,杨莉萍主编.—2版.—上海：
华东师范大学出版社,2021
 ISBN 978 - 7 - 5760 - 1375 - 7

Ⅰ.①心… Ⅱ.①叶…②杨… Ⅲ.①心理学史—世界 Ⅳ.①B84-091

中国版本图书馆CIP数据核字(2021)第064363号

心理学史（第二版）

主　　编	叶浩生　杨莉萍
责任编辑	范美琳
责任校对	廖钰娴　叶东明
装帧设计	俞　越

出版发行	华东师范大学出版社
社　　址	上海市中山北路3663号　邮编 200062
网　　址	www.ecnupress.com.cn
电　　话	021-60821666　行政传真 021-62572105
客服电话	021-62865537　门市(邮购)电话 021-62869887
地　　址	上海市中山北路3663号华东师范大学校内先锋路口
网　　店	http://hdsdcbs.tmall.com/

印 刷 者	常熟高专印刷有限公司
开　　本	787毫米×1092毫米　1/16
印　　张	29.25
字　　数	671千字
版　　次	2021年7月第2版
印　　次	2025年7月第6次
书　　号	ISBN 978 - 7 - 5760 - 1375 - 7
定　　价	69.00元

出 版 人　王　焰

(如发现本版图书有印订质量问题,请寄回本社客服中心调换或电话021-62865537联系)

序言

学科史的教学与研究对于任何一门学科的发展意义深远,对心理学而言尤其如此。

心理学史是对心理学作为一门学科形成与发展过程的历史研究,是心理学的核心课程之一。对于心理学专业的学生而言,心理学史既是必备的知识基础,也是学习和未来从事研究的起点。而对心理学的学科发展而言,心理学史的教学与研究更是起着直接促进作用。

心理学是一门比较特殊的学科。这种特殊与研究对象——人的心理与行为的高度复杂性有关。人的心理与行为直接或间接地受到许多因素的影响,其中包括个体的生理与遗传基础、社会与文化环境、家庭与学校教育、心理与行为的客体或对象、业已形成的人格与个性特征、身体与心理健康状况、特定的心理状态、特殊的时空境遇等。心理学对于人的心理和行为原因的解释包含不同层面:在宏观层面,主要从遗传基因(秉性变量)和社会文化(环境变量)两方面对人类行为和心理作出概括性解释;在中观层面,则以某一特定个体的机体变量,如高级神经活动类型以及该个体的成长经历对其个体性的心理和行为给以解释;在微观层面,则试图对构成行为的每一个细小动作的原因作出内在神经和心理机制及过程的解释。由于心理学的学科体系由出自不同文化立场的多种不同理论构成,因此,无论是就人类心理和行为的总体而言,还是对某一具体行为的原因而言,都同时存在多种不同的解释。以攻击性行为为例,心理生理或生物学试图从女性的月经周期、暴力凶杀犯的脑机能障碍等方面作出解释;心理动力学则认为攻击行为是对挫折的反应;行为主义认为攻击行为源自过去经验过的、对攻击性反应的强化;认知理论则强调个体对于暴力和攻击所形成的认知观点和态度的重要性。上述各种解释无疑都有一定的合理性,但究竟哪一种解释更合理,则无法给出最终的结论。

心理学从未成为一门统一的学科。用科学哲学家库恩的话来说,心理学缺乏一个稳定的"范式",从未像其他规范科学那样形成为学科共同体普遍接受的理论基础。在心理学创立之初,学科内部便同时存在着四种不同的研究取向或研究模式:以冯特、艾宾浩斯和铁钦纳等心理学家为代表的,以意识内容为研究对象,以实验内省为研究方法的实验心理学研究模式;以布伦塔诺为代表的,以意识活动为研究对象的非实验研究模式;以弗洛伊德和荣格为代表的,以潜意识为研究对象和使用临床方法的精神分析研究模式;以英国心理学家高尔顿和美国心理学的创立者詹姆斯为代表的,以适应行为为研究对象的应用研究模式。上述几种研究模式各自强调人类经验的不同方面,构建出不同的理论体系,形成了心理学内部早期的分裂。在心理学随后的发展中,又先后出现了构造主义、机能主义、行为主义、格式塔心理学、新精神分析等不同的学派,学派纷争使得心理学的学科分裂现象变得更加严重。当代心理学的发展进一步出现多元化趋势,出现了后现代社会建构论心理学、女性主义心理学、话语心理学、文化心理学、积极心理学、进化心理学、叙事心理学、生态心理学、解构主义心理学、本土心理学、主体心理学、意识心理学、多元文化心理学和联结主义认知心理学等多种不同的研究取向或研究模式。

如培根所言,鉴古而知今,读史以明智。面对如此纷繁复杂、林林总总的心理学学科体系,任何一个即将以心理学为业的人,必须首先对前人的研究进行严加辨析,对心理学史上先后出现过的各种流派或研究模式及其发展有一个系统的领会和把握,而心理学史便为这种思考过程提供了导引。对于研究者个人而言,这种思考将帮助他选择未来的研究立场;而对于心理学而言,这种史学思考和理论研究无疑将决定学科未来的发展走向。

心理学史不仅仅是心理学一门学科的历史,也是整个人类社会历史发展的缩影。历史是由人创造的,而人总是有意识地追求某种目的。"这许多按不同方向活动的愿望及其对外部世界的各种各样影响所产生的结果,就是历史。"① 由于任何一种历史事实的发生都是人类的内心世界驱动的结果,对任何时期的历史研究都离不开对历史人物心理的研究,人的心理因此成为"历史研究的正当内容,是历史学家能够加以探究的人类过去的最重要的一个方面"。② 有历史学家对此明确指出:历史事实在本质上是一个心理的事实,历史问题其实也是心理问题。③ 从心理学的立场看,这里存在着一种逆向逻辑:心理事实反映着历史事实,心理问题也是一个历史问题。

自20世纪80年代中期以来,以信息技术的高度发展、文化交流的不断增多、全球经济的一体化等为背景,心理的文化历史性和社会建构性逐渐成为心理学关注和讨论的焦点之一。社会建构论作为一种新的方法论取向,正在从不同的侧面向社会心理学、文化心理学、心理咨询与治疗、认知心理学、人格心理学等领域广泛渗透。新方法论的核心特征是强调心理的社会文化建构性。新方法论认为,个体为了被社会承认和接受,需要通过各种途径学习,不断地将那些指导和确定思想、行为的社会文化模型内化为自己的心理模型。与此同时,语言作为文化的载体和体现,对人的思想、行为起着结构性作用。个体在接受一种语言的同时也在接受一种相应的文化和行为模式,这种模式不仅构造了人的感知,甚至构造了人的感官、构造了人自身。④

20世纪80年代后期,西方社会心理学领域出现了一个新的学科分支,称为"历史的社会心理学研究(Historical Social Psychology Inquiry)",致力于探索心理发生的语言、哲学、社会、历史、文化之根源,其研究成果为当前正在发生的心理学方法论变革提供了重要的思想与理论根据。⑤ 该种研究认为,由于社会文化总是处在不断变化和发展的过程中,人的心理作为社会文化的投射,便具有了历史性。正如俗话所说,"不同年代谈不同的恋爱"。最简单的现

---

① 中共中央马克思恩格斯列宁斯大林著作编译局.马克思恩格斯选集(第4卷)[M].北京:人民出版社,1972.
② 托马斯·A·科胡特.心理史学与一般史学[J].史学理论,1987(2):141.
③ 马克·布洛赫.历史学家的技艺[M].上海:上海社会科学院出版社,1992.141.转引自:林泽荣.心理史学与历史人物研究[J].学习与探索,2000,129(4):125-127.
④ 杨莉萍.从跨文化心理学到文化建构主义心理学——心理学中文化意识的衍变[J].心理科学进展,2003(02):220-226.
⑤ Gergen, K. J. An introduction to historical social Psychology. From Gergen K. J. & Gergen M. M. Historical social Psychology. Lawrence Erlbaum Associates, Inc. 1984, 3-36.

象中往往隐藏着最深刻的原理。20世纪50年代的我国，人们对新社会充满了新奇与热爱，思想单纯，择偶重人品、少功利。"文化大革命"特殊的社会背景使得政治条件成为择偶首先要考虑的问题，找对象看出身，吃香的是军人或工人。70年代末高考恢复之后，知识成为"第一生产力"，大学生、知识分子一度成为青年人追捧的对象。随着改革开放的深入，经济和物质的重要性越来越突出，拜金主义开始盛行。目前，房子、车子、票子等经济和物质生活条件成为很多人心目中最基本的择偶条件。最近十年，随着物质生活水平的普遍提高，贫富差距的拉大以及后现代文化的影响，青年人的择偶标准更加多元化。可见，人的心理确实是"历史的"。

以人的内在心理作为一极，以外在的社会政治、经济、文化作为另一极，两极之间构成一个系统，彼此以人的社会行为、活动或社会实践作为中介相联系。外部世界的变迁通过人的实践和认识活动内化进入人的心灵，引起人的心理的变化；而个体心理的变化又通过人的行为体现和释放出来，反馈于社会的政治、经济和文化，促进或影响后者的发展。传统心理学研究的对象与范围主要局限于个体内部，即个体内在的心理要素、结构与机制等，其弊端在于不能很好地解释人心理的发展变化、主体与客体、人与社会的交互关系等问题。以多元文化价值理念为宗旨的新的方法论，则将心理学的研究范围扩大到由个体内在心理结构和外部社会条件相互联系构成的完整的生态系统，其中重点关注人的心理与外在社会现实之间如何实现相互建构的过程与机制。个体内在的心理结构作为传统的心理学研究对象，被纳入新的系统之中，充当其中的一个部分或子系统。

在某个特定的历史时期内，人的心理与社会的政治、经济、文化等隶属于同一社会历史发展系统，二者始终处于相互联系与不断作用的过程中，它们的发展具有同步性和协变性。所以，某一历史时期人物的心理可视为对同一时期特定的社会政治、经济与文化的映射。随着时代精神的发展、思维模式的改变，人的心理不断发生历史性的变异，导致反映人的心理特征与规律的心理学理论不断面临失效与被更新的命运。如在20世纪50年代，费斯廷格提出一种著名的社会心理学理论，称为"社会比较理论"。该理论认为：人总是希望准确地评价自己。为了达到这一目的，个体往往选择某些他人作为标准，将自己与对方加以比较。社会比较理论曾经在相当长的一段时期内被普遍接受。但随着时代精神的变迁，特别是在后现代文化思潮的影响下，越来越多的人倾向于拒绝或反对以他人的观点和意见定义或评价自己，相反地，要求以自己的标准改造他人与社会。这说明随着历史与文化的变迁，社会比较理论所赖以建立的人的心理事实已经发生了重大变异，该理论因此需要被重新审视和评价。[①]

不仅人的心理是历史的，各种心理学理论同样具有历史性。当代文化心理学的发展、心理学的本土化运动、意义心理学、话语分析、叙事研究等都是基于对人的心理和心理学的文化历史性的认识。这些新的研究模式希望借助于文化、语言、意义，特别是时代精神的媒介理解和解释人的心理，代表了当代心理学发展的最新动向。因此，心理学史作为对心理学学科形成与发展的历史记录及其研究，不只是一部心理学的学科史，同时也是人类社会历史发

---

① Gergen, K. J. Social psychology as history [J]. Journal of Personality and Social Psychology, 1973, 26(2): 309-320.

展的一个缩影。这也是心理学史与其他学科如物理学、化学的学科史相比,具有特殊意义和重要性的原因。

  心理学史的教学和研究意义并未得到正常发挥。这种现状与我国大学心理学院系长期以来的课程设置和培养模式有关。比之西方心理学,即便是在实用主义与操作主义盛行、理论研究相对不受重视的美国,"心理学史"也一直是大学心理学系的主干课程之一。[1][2] 而在我国,由于多种原因(主要是观念原因),在某些大学,"心理学史"甚至没有被列入心理学系的必修课目。[3] 即便是那些已经将"心理学史"列入专业必修课的大学心理学系,教学课时数也最多安排一学期,一般不超过60个学时,多数为40个学时。在这样短的教学时数内,授课教师不得不将深厚庞杂的心理学历史与体系加以高度浓缩,以概略的方式向学生介绍在什么时代、由什么人、创建了哪一种心理学流派等心理学发展的基本脉络。心理学史作为一门史学课程的专业特点从中丧失殆尽,不仅不能帮助学生系统掌握心理学产生与发展的历史与体系,培养他们的学科理论素养和批判性、历史性思维的能力,更为糟糕的是,还在学生心目中普遍造成一种错误印象,即心理学史的学习就是死记硬背那些生硬的历史知识,除了考试取得学分之外别无益处,心理学史于是就成为纯粹的学习"负担"。

  由于对历史与理论研究存有偏见,心理学史课程的教学和研究在我国大学心理学系长期不受重视,一直处于边缘地位。课时少、教学方法单调、教学效果不理想,学生普遍缺乏学习兴趣。现有的心理学专业人才培养模式造成心理学史的师资和研究力量相对不足。目前,对国外研究成果的译、述、评相对多一些,而真正高水平的、创新性的心理学史研究成果很少,心理学史研究对于整个学科发展的影响力没有得到充分发挥,心理学史的专业价值没有得到充分体现,并由此陷入被动的恶性循环。

  从课程与教学方面看,如果把普通心理学视为心理学的横切面,那么,心理学史应该是心理学的纵切面。[4] 要想使心理学专业的学生系统地掌握心理学的学科体系与发展脉络,心理学史不应仅仅作为对心理学课程体系的丰富或者对于其他主干课程的补充,而应该与普通心理学并重,作为心理学最重要的两门专业基础课之一。心理学专业的课程设置应考虑通过学科知识的横断面与纵切面的交叉,帮助学生首先建构起学科知识体系的基本构架,以便有效同化各分支学科的知识。只有当心理学的教学与研究真正受到重视,只有当心理学史成为学习和研究者的真正兴趣所在,只有当学习和研究的过程本身能够成为对学习和研究的酬赏,学习和研究心理学史才能真正成为有意义、有激情、有效果的事情,才能真正促进心理学学科的发展,并丰富和加深人们对人类社会发展史的认识和理解。

杨莉萍 叶浩生
2020年11月21日于南京随园

---

[1] 波林. 实验心理学史[M]. 北京:商务印书馆,1981:序言 v.
[2] 杜·舒尔茨. 现代心理学史[M]. 北京:人民教育出版社,1982:4.
[3] 杨韶刚. 心理学史教学与人才培养模式的改革[J]. 心理学探新,2005(01):7-9.
[4] 叶浩生,贾林祥. 心理学史教学与历史性思维的培养[J]. 心理学探新,2005(01):3-6.

目录

绪论 /1

第一节 什么是心理学史 /1
一、心理学史的内涵 /1
二、心理学史的范围 /2
三、心理学发展的动力 /3

第二节 为什么要学习心理学史 /4
一、欣赏历史画卷 /4
二、探知兴替得失 /7
三、形成历史观点 /8

第三节 怎样学习心理学史 /9
一、思考：重构历史的逻辑 /9
二、感受：再现历史的故事 /10
三、应用：领悟历史的智慧 /11

第一章 西方心理学的起源与建立 /14

第一节 西方心理学的哲学渊源 /15
一、西方古代哲学与心理学 /15
二、西方近代哲学心理学思想 /21

第二节 西方心理学的科学渊源 /28
一、古代医学和生理学中的心理学思想 /28
二、近代生物学与心理学 /29
三、近代物理学与心理学 /31

第三节 科学心理学的建立 /34
一、科学心理学诞生的社会历史条件 /34
二、心理学在德国的创立 /35

第二章 冯特与德国的心理学 /38

第一节 冯特的"新"心理学 /38
一、冯特生平 /38
二、冯特的心理科学观 /41
三、实验内省法 /44
四、冯特的心理学理论体系 /46
五、关于冯特心理学的争论与评价 /51

第二节 与冯特同时代的其他德国心理学家 /57

一、布伦塔诺 /57

　　　二、艾宾浩斯 /62

　　　三、屈尔佩和符兹堡学派 /65

第三章　美国心理学的兴起 /72

第一节　早期的美国心理学 /73

　　　一、道德哲学和心灵哲学阶段的心理学 /73

　　　二、理智哲学阶段的心理学 /73

　　　三、美国文艺复兴时期的心理学 /74

第二节　美国心理学的产生和发展 /74

　　　一、美国心理学产生的背景 /74

　　　二、美国心理学的先驱 /75

　　　三、美国心理学的发展 /79

第三节　詹姆斯的实用主义心理学 /80

　　　一、心理学的研究对象 /80

　　　二、意识流学说 /80

　　　三、自我理论 /84

　　　四、习惯论与本能论 /85

　　　五、记忆理论 /86

　　　六、情绪理论 /86

　　　七、对詹姆斯心理学理论的评价 /87

第四节　构造主义心理学 /88

　　　一、铁钦纳生平 /88

　　　二、构造主义心理学的哲学基础 /89

　　　三、构造主义心理学的体系和方法 /90

　　　四、铁钦纳对冯特心理学思想的改造 /96

　　　五、对铁钦纳和构造主义心理学的评价 /96

第四章　欧洲的机能主义心理学 /101

第一节　达尔文的进化论心理学 /102

　　　一、达尔文生活的时代 /102

　　　二、达尔文生平 /103

　　　三、进化论与神创说之争 /105

　　　四、达尔文对进化心理学的研究 /106

　　　　五、达尔文的进化论对心理学发展的影响 /108

　　　　六、当代进化心理学的复兴 /109

　第二节　高尔顿的个体差异心理学 /111

　　　　一、高尔顿生平 /111

　　　　二、高尔顿的心理学研究 /113

　　　　三、高尔顿在心理学史上的地位 /116

　第三节　比纳的智力测验心理学 /117

　　　　一、比纳生平 /117

　　　　二、比纳对智力的研究 /119

　　　　三、比纳对心理学的贡献 /121

第五章　美国的机能主义心理学 /125

　第一节　美国机能主义心理学的产生 /125

　　　　一、美国机能主义心理学的理论渊源 /125

　　　　二、历史的硝烟：构造主义与机能主义的论战 /126

　第二节　芝加哥大学的机能主义 /129

　　　　一、杜威 /130

　　　　二、安吉尔 /131

　　　　三、卡尔 /132

　　　　四、对机能主义芝加哥学派的简评 /133

　第三节　哥伦比亚大学的机能主义 /134

　　　　一、卡特尔 /134

　　　　二、武德沃斯 /136

　　　　三、桑代克 /138

　　　　四、对机能主义哥伦比亚学派的简评 /140

　第四节　美国应用心理学的发展 /140

　　　　一、霍尔与儿童心理学的发展 /141

　　　　二、闵斯特伯格与工业心理学的发展 /142

　　　　三、威特默与临床心理学的发展 /142

第六章　早期行为主义 /146

　第一节　早期行为主义产生的背景 /146

　　　　一、社会背景 /146

　　　　二、哲学背景 /147

三、自然科学背景 /148

四、心理学背景 /150

第二节　华生的生活与工作 /153

一、早年的家庭生活 /153

二、学生时代 /154

三、学术生涯 /155

四、商业生涯 /157

五、晚年生活 /157

第三节　华生的行为主义 /158

一、论心理学的性质与对象 /158

二、论心理学的研究方法 /159

三、对心理现象的行为主义诠释 /160

第四节　其他的早期行为主义者 /165

一、霍尔特 /165

二、魏斯 /166

三、亨特 /166

四、拉什利 /167

第五节　对早期行为主义的评价 /168

一、早期行为主义的贡献 /168

二、早期行为主义的局限 /170

第七章　行为主义的发展 /175

第一节　早期行为主义的困境与新行为主义的产生 /176

一、早期行为主义的困境 /176

二、新行为主义的产生 /176

第二节　托尔曼的目的行为主义 /177

一、托尔曼生平 /177

二、目的行为主义的基本观点 /178

三、托尔曼的贡献与局限 /181

第三节　赫尔的逻辑行为主义 /181

一、赫尔的生平 /182

二、逻辑行为主义的基本观点 /182

三、赫尔的贡献与局限 /185

第四节 斯金纳的操作行为主义 /185
　　一、"心理学界发明家"的多彩人生 /186
　　二、斯金纳心理学的基本立场 /187
　　三、斯金纳的操作行为主义原理 /189
　　四、斯金纳行为原理的应用 /193
　　五、"心理学学科巨人"的功与过 /197

第五节 新行为主义的新发展 /198
　　一、新托尔曼学派：塞利格曼与习得性无助学说 /198
　　二、新赫尔学派：斯彭斯、米勒和多拉德的研究 /199
　　三、斯金纳后继者的实验研究 /201

第六节 社会认知行为主义 /202
　　一、倡导"为自己创造机会"的心理学大师 /202
　　二、班杜拉的社会学习理论 /203
　　三、班杜拉的社会认知理论 /207
　　四、班杜拉的自我效能理论 /209
　　五、班杜拉的贡献与局限 /211
　　六、其他的社会认知行为主义 /213

第七节 行为分析：当代行为主义的活跃领域 /218
　　一、两种视角下的认知革命 /218
　　二、从行为主义到行为分析：行为主义的式微及行为分析的发展 /219

第八节 新行为主义的贡献及特点 /220

第八章 格式塔心理学 /224

第一节 格式塔心理学产生的背景 /225
　　一、整体观的思想传统 /225
　　二、社会历史背景 /225
　　三、哲学理论背景 /225
　　四、科学背景 /226
　　五、心理学背景 /227

第二节 格式塔心理学的主要代表人物 /229
　　一、韦特海默 /229
　　二、苛勒 /232

三、考夫卡 /233

第三节 似动现象的研究与格式塔心理学的建立 /234
一、似动现象 /234
二、格式塔心理学的建立 /234

第四节 格式塔心理学有关知觉的研究 /235
一、图形与背景的关系原则 /235
二、接近或邻近原则 /235
三、相似原则 /236
四、封闭的原则,有时也称闭合的原则 /236
五、好图形的原则 /236
六、共方向原则,也有称共同命运原则 /236
七、简单性原则 /237
八、连续性原则 /237

第五节 格式塔心理学的其他研究 /237
一、学习理论 /237
二、创造性思维 /241

第六节 勒温的拓扑心理学 /241
一、勒温的心理动力场理论 /242
二、勒温的团体动力学及其发展 /247
三、对勒温理论的评价 /249

第七节 格式塔心理学的历史地位 /250
一、格式塔心理学的贡献 /250
二、格式塔心理学的局限 /251

第九章 精神分析 /254

第一节 精神分析产生的历史背景 /254
一、社会背景 /254
二、思想背景 /255
三、心理病理学背景 /256

第二节 弗洛伊德的生活和工作 /257
一、早年的家庭生活 /257
二、求学过程 /257
三、工作经历 /258

第三节 弗洛伊德的基本观点 /259
一、潜意识与人格理论 /259
二、人面下的兽心：本能论 /259
三、人格发展理论 /260
四、梦论 /261
五、皇帝的新衣：焦虑与心理防御机制 /262
六、社会文化论 /263

第四节 弗洛伊德的历史地位 /264
一、弗洛伊德思想对心理学发展的贡献 /264
二、弗洛伊德思想的不足 /266

第五节 精神分析的分裂 /266
一、分裂的开始：阿德勒的"个体心理学" /266
二、"王储"的出走：荣格的"分析心理学" /269

第十章 精神分析的发展 /274

第一节 精神分析的演变 /274
一、精神分析的早期分支 /274
二、精神分析的后期发展 /276

第二节 自我心理学的建立与发展 /278
一、自我心理学的建立 /278
二、埃里克森与自我心理学的转向 /283

第三节 精神分析的社会文化学派 /286
一、社会文化学派的建立 /286
二、霍妮的文化神经症理论 /288
三、精神病学的人际关系理论 /290
四、文化与人格的相互作用理论 /293
五、弗洛姆的人本主义精神分析学 /296

第四节 精神分析的现状 /298
一、作为临床治疗技术的精神分析 /298
二、精神分析的跨学科研究 /299
三、对社会问题的关注 /300

第十一章 皮亚杰理论 /303

第一节 皮亚杰的生平与工作 /304

一、生平 /304
　　二、工作经历 /305

第二节　皮亚杰的儿童心理学理论 /305
　　一、智力的本质 /306
　　二、认知结构的几个基本概念 /306
　　三、影响儿童心理发展的基本因素 /309
　　四、儿童心理发展的阶段理论 /312

第三节　皮亚杰的发生认识论 /319
　　一、皮亚杰发生认识论的内涵 /319
　　二、皮亚杰发生认识论的生成 /320
　　三、发生认识论的实质 /320

第四节　皮亚杰理论的发展 /323
　　一、新皮亚杰学派的兴起 /323
　　二、新皮亚杰学派对皮亚杰理论的发展 /324
　　三、新皮亚杰学派对皮亚杰理论的超越 /326

第五节　皮亚杰理论的历史地位 /328
　　一、皮亚杰理论的特点 /328
　　二、皮亚杰理论的贡献 /329
　　三、皮亚杰理论的影响 /331
　　四、皮亚杰理论的局限性 /333

第十二章　认知心理学 /339

第一节　导言 /340
　　一、认知心理学的历史溯源与发展历程 /340
　　二、认知心理学的内涵 /343

第二节　符号主义认知心理学 /346
　　一、符号主义取向兴起的历史背景 /346
　　二、符号主义的基本理论观点 /352
　　三、符号主义的目标与研究方法 /353
　　四、简评 /354

第三节　联结主义认知心理学 /354
　　一、联结主义认知心理学产生与发展的背景 /354
　　二、联结主义取向的形成与发展历程 /358

三、联结主义的基本假设与特征 /358

四、联结主义取向的基本理论观点与方法论 /359

五、简评 /360

第四节 活动主义认知心理学 /360

一、活动主义认知心理学兴起的背景 /361

二、活动主义的基本假设 /364

三、活动主义的理论观点、基本目标、方法与主要研究内容 /365

四、简评 /366

第五节 认知神经科学 /366

一、认知神经科学产生的渊源与背景 /366

二、认知神经科学的性质与基本理论 /367

三、认知神经科学的各分支学科 /368

第六节 认知心理学的现状、挑战与意义 /370

一、认知心理学的困境 /370

二、认知心理学的积极意义 /371

第十三章 人本主义心理学 /374

第一节 人本主义心理学形成与发展历程 /374

一、人本主义心理学产生的历史必然性和历史条件 /375

二、人本主义心理学的产生和建立 /379

三、人本主义心理学的基本主张 /381

第二节 马斯洛的自我实现心理学 /382

一、马斯洛生平与主要成就 /382

二、人性观与价值论 /384

三、马斯洛的需要层次理论 /385

四、马斯洛的自我实现论 /386

五、马斯洛的高峰体验论 /387

六、对马斯洛的简要评价 /387

第三节 罗杰斯的人本主义心理学 /388

一、罗杰斯生平 /388

二、罗杰斯的人性观 /389

三、罗杰斯的自我论 /389

四、罗杰斯的心理治疗观 /391

五、罗杰斯的人本主义教育观 /392

六、对罗杰斯人本主义心理学的评价 /393

第四节 罗洛·梅的存在心理学 /393

一、罗洛·梅的生平 /393

二、罗洛·梅的存在心理学观点 /394

三、罗洛·梅的人格理论 /395

四、罗洛·梅的焦虑理论 /396

五、对罗洛·梅存在心理学的评价 /397

第五节 超个人心理学 /398

一、超个人心理学的产生 /398

二、超个人心理学的基本主张 /399

三、超个人心理学的主要理论及应用 /400

四、对超个人心理学的简要评价 /402

第六节 人本主义心理学的历史地位 /402

一、人本主义心理学的贡献 /402

二、人本主义心理学的局限 /403

第十四章 中国心理学史 /406

第一节 中国古代心理学思想 /406

一、普通心理学思想 /407

二、应用心理学思想 /416

第二节 中国近代心理学史 /423

一、中国近代心理学的启蒙与发端 /423

二、中国近代心理学的展开 /426

主要参考文献 /443

后记 /448

绪论

本章导读

本章对心理学史进行了一个粗线条的勾勒,分别介绍了什么是心理学史、为什么要学习心理学史以及怎样学习心理学史。第一节介绍了心理学史的内涵、心理学史的范围及心理学发展的动力问题。第二节从欣赏历史画卷、探知兴替得失、形成历史观点等角度分析了学习心理学史的必要性。最后一节提出了思考、感受及应用等几条可供读者选择的学习心理学史的具体方法与途径。

学习目标

1. 了解心理学史的范围与内容。
2. 理解学习心理学史的必要性,培养学习心理学史的兴趣。
3. 针对学习者个人的特点,领会并掌握学习心理学史的方法。

经过漫长的中世纪之后,物理学、生理学等学科早已与哲学分道扬镳,但心理学仍长期寄居在哲学母体内。直到19世纪末,时代才最终为心理学的孕育和诞生提供了合适的土壤。以1879年冯特在德国莱比锡大学建立心理学实验室为标志,心理学正式挣脱了哲学的怀抱。独立后的德国心理学就像一株"花罢成絮"的蒲公英,当时代的轻风拂过,便带着心理学种子的白色绒球随风摇曳,像一把把小小的降落伞,飘到各国安家落户、生根发芽。从此,大家可以围绕在"心理学"这个统一的名称下开展研究,开始有了自己学科的历史,也开始有了对自己的学科历史进行研究的专门领域——心理学史。

第一节 什么是心理学史

一、心理学史的内涵

一般而论,心理学史的含义有两个。第一种含义是指心理学自身的发生发展史,即心理学在过去的历史进程中真实发生或出现的历史事件、人物及人物的思想观点。它只发生过一次,真相也只有一个。历史曾经客观地存在过,我们的意识永远也无法改变。就像冯特建立的那个心理学实验室,没有人能返回历史去再造一个更早的实验室。又如1842年在美国纽约那个富豪之家出生的叫做威廉·詹姆斯的小婴儿,他已长大并逝世,没有人能阻挡这个伟大人物的诞生,也没有人能改变或消除他对心理学的发展产生的巨大影响。对于这一意义上的心理学史,人们唯一能做的,就是拂去历史的尘埃,做一面跨越时光、照亮历史的镜子,全面、如实、详细地记录与再现它们,尽量使历史以本来的样子呈现在人们面前。第二种含义是指心理学的历史学,即作为一门学科的心理学史,是在真实描述、记录心理学历史事件、人物及其思想观点的基础上,探索心理学思想与时代精神、社会文化、经济条件、心理学家个人经历之间的联系,揭示心理学思想发展的脉络与逻辑,以达到鉴古知今、继往开来的目的。

第一种含义注重的是对心理学本来面目的客观记录与描述。这样的心理学史是活生生的,像一幅逐渐展开的精妙绝伦的画卷,也像一条从古至今悠然流淌的河流。它存在在那儿,像剧情曲折、高潮不断的电视连续剧一样逐集放映,演绎着不同的心理学家们的喜怒哀乐,到处激荡着他们思想碰撞的火花。第二种含义则更注重对心理学历史的主观理解与建构。对于同样的心理学历史事实,不同的撰史者可以用不同的方法、从不同的角度去建构它们,甚至同一个撰史者也可以站在不同的立场、选择不同的材料来书写心理学史。正如著名的心理学史家波林(E. G. Boring)在《实验心理学史》第二版的序言中指出的那样:"历史可以修订吗? 可以的。时过境迁,对于它的解释就可以有第二种想法了……心理学成熟起来不像一个人,个人是绝不在年龄加大时得到了新的祖宗的;心理学的发展却像一个家庭,家庭在有子女后代时就很快地加上新的配偶所有的祖先了。"

图0-1 波林

历史在不断变化,对于历史的理解本身也是一个历史过程。心理学史要呈现历史的真相,否则就会成为小说或艺术;但心理学史也要有自己的思想逻辑,否则就会成为历史材料的垃圾堆或一部不知所云的流水账。

二、心理学史的范围

心理学史的范围,是指心理学史研究对象的范围,主要涉及时间跨度、地域宽度与主题范围三个方面的问题。

首先,关于心理学史的时间跨度。艾宾浩斯有一句广为人知的名言,"心理学有长期的过去,但只有短期的历史"。如果把心理学的历史拉长,完全可以追溯到人类开始关注自己心灵的时刻。用法国心理学史家何世岚的话说,"如果心理学是研究'灵魂'的哲学的一个分支,那么,心理学史的开端可以追溯到人类思维的最初印记"。在本书中,以心理学的独立为标志,将整个心理学的历史分为两个部分:独立以前的心理前科学史(并不能称为严格意义上的心理学史)与独立之后的心理科学史。本书仅在第一章作为科学心理学产生的背景,概略介绍了心理学长期寄居于哲学的历史。全书主要讨论的是独立之后的心理科学史。

其次,关于心理学史的地域宽度。客观地说,中国、欧美各国、苏俄、印度、日本、澳大利亚、南非、阿拉伯国家等世界各国均有长期关注与研究心理的历史。但是,严格意义上的心理科学史主要起源于欧美,世界上绝大多数知名的心理学家及大部分心理学流派都存在于欧美各国。所以,要讨论心理学史,就必须尊重历史的真实,选择历史上影响最大、流传最广的事件、人物及其思想进行描述。本书主要阐述欧美的西方心理学史,并对中国心理学的发展另列专章进行了介绍。

最后,关于心理学史的主题范围。心理学有很多领域,包括实验心理学、理论心理学、临床与应用心理学、发展与教育心理学等。一部心理学史显然不能详尽地考察所有领域的历史,只能有计划地选取一定领域的史实材料与思想逻辑进行阐述分析。比如,在几部最著名、最常用的心理学史教材中,波林主要研究的就是实验心理学的历史,书名为《实验心理学史》,黎黑(H. Leahey)则主要从哲学和思想层面进行研究,取名为《心理学史——心理学思想的主要趋势》。本书以心理学研究立场的发展和转变为"经",以时间顺序为"纬",对西方心理学发展过程中影响巨大的几大心理学流派(包括构造主义、机能主义、格式塔学派、行为主义、精神分析、认知心理学、人本主义等)作系统阐述,以引导和帮助读者对心理学作为一门学科的产生与发展过程形成一个基本的认识框架。

三、心理学发展的动力

所谓心理学发展的动力,主要是指隐藏在心理学背后的、推动心理学不断向前发展与进步的各种因素或力量。关于这个问题,存在"伟人说"与"时代精神说"两种基本对立的观点。"伟人说"认为"一切进步和变化都是直接由指引和改变了历史进程的独特的'伟人'的意志与力量决定的……这种理论含有这样的意思,如果伟人不出现,伟大的事件就不会发生"。也就是说,如果没有冯特,心理学可能不会、至少不会马上就独立;如果没有弗洛伊德,精神分析学派就不会或不会马上出现。"时代精神说"则强调其他科学(如哲学、生理学、物理学)的发展及社会、政治、经济、技术的进步等所蕴涵着的时代精神,认为这些因素决定着心理学家的某些观念是否会被人们接受以及在多大程度上被接受。

"伟人说"显然有一定的道理。翻开任意一本心理学史书,我们都会看到冯特、詹姆斯、弗洛伊德等伟大人物的影响,绕过这些伟人,就不是一部完整的心理学史。波林认为:"实验心理学史似全是个人的,人的关系太重要了。有权威者常可支配当世。"在伟大人物从事的领域,只要他们还活着,这个学派就得以他们为正统。有时违背伟大人物的意见,需要付出重大的代价,比如荣格、阿德勒因与弗洛伊德的意见相左,最后被逐出师门,只能另立门户。伟人不只是推动历史向前发展,在某些极端情况下,他们也能暂时阻止历史的车轮滚滚向前,正如舒尔茨(D. P. Schultz)所言,"新的科学真理不会是由于说服它的对手或使他们领悟而得胜,而是由于它的对手的最后死亡而获胜"。

但综合而言,"时代精神说"似乎更为合理一些。时代精神往往借伟人之口表达自己将要成熟的思想。舒尔茨认为,如果时代精神尚未成熟,"不管人物怎样伟大,如果他与他所处的那个时代的气氛相去太远,那么他与他的见解将会默默无闻"。比如,条件反射概念是罗伯特·魏特(Robert Whytt)于1763年提出的,但一直没有引起心理学家的重视,直到100年后因巴甫洛夫的经典实验才广为人知。同样,进化论、潜意识等概念也早已存在多年,但只有到了达尔文、弗洛伊德的时代才被人们接受。相反地,如果一种时代精神已经成熟,一种思想总会找到自己的代言人。心理学史家黎黑曾说:"如果弗洛伊德被扼杀于摇篮之中,则会有另一个人创立精神分析学说,因为该观念早存在于19世纪的时代精神之中。"同样是进化论,达尔文因为收到当时名不见经传的年轻学者华莱士寄来的手稿,与他的进化论观点如出一辙,迫使他将自己的观点与华莱士的文章一起提前发表。孟德尔通过实验"过早地"提出了遗传定律,但35年后的1900年,却有三个不甚著名的科学家同时各自独立地提出了相似的观点。心理学史上类似的事件颇为常见,如詹姆斯与兰格就在彼此不知情的情况下提出了类似的情绪理论。时代精神会决定哪些思想成为潮流,而另一些思想最终消亡。可以说,一种理论、一个学派的流行,不一定是它比其他理论更正确,而往往是因为它比其他理论更合潮流、更为时尚。波林说:"铁钦纳反时代精神的潮流而游泳,弗洛伊德则随时代而前进。"新兴的美国对铁钦纳的元素主义心理学不感兴趣,其历史功绩仅仅是为别人树立了一个攻击的靶子,而弗洛伊德开创的精神分析却历经数代,时至今日仍长盛不衰。

其实,历史发展的真正动力就存在于"伟人说"与"时代精神说"两个极端之间。赫根汉说:"有时似乎是时代精神造就了伟大的人物,有时是伟大人物影响了时代精神。"没有伟人,尽是"平民"的心理学是不存在的。一个时代,必须有自己的代言人,由他们开创学派,将有着共同兴趣的科学家们集中起来,共同宣扬自己的理论,使表现时代精神的理论打上伟人个性的烙印。但是,不符合时代精神,伟人便不会为人所知。伟人一定是站在历史的浪尖上的弄潮儿,他们相当敏感,能比同时代的人更早地嗅到时代精神的气息,并用自己的行动使隐藏着的时代精神成为外显的、主流的时代精神。

第二节 为什么要学习心理学史

舒尔茨在《现代心理学史》中提出了如下问题:"考虑到心理学有浩瀚的资料要学习,是否还值得花力气去了解五十年或一百年前发生的事呢?"的确,现代心理学有如此多的课程与知识,还有必要去学习心理学史吗?学习心理学史到底是为了什么?是为了获得历史的真相,还是寻找现实的真理?是为了欣赏跌宕起伏的历史事实,还是为了应用某些一致的历史规律?对这些问题的回答尽可以见仁见智,因为不同的人有不同的需要。但心理学史的奇妙之处就在于,只要你真诚地靠近它,它将使你获得任何预先想要的东西。

一、欣赏历史画卷

学习心理学史,一个最直接的理由就是可以满足我们对心理学史上曾经发生过什么事情的好奇心。一部心理学史,就是一部学派更迭、理论层现、名人辈出的历史,就是一个个动人、有趣的历史故事,这些魅人的故事"足够作为对我们的酬奖"。

首先,心理学史是一个个活生生的人物生活史。一个历史人物就是一部心理学传奇,就是一个心理学故事。他们性格各异,有的治学严谨、不苟言笑,令人肃然起敬(如铁钦纳);有的才华横溢、兴趣广泛、智商很高(如高尔顿);有的只管开辟、不管具体运作(如霍尔)。他们的志向不一,有的似乎是为心理学而生,很早的时候就因为心理学规划好了自己的一生(如冯特);有的在心理学史上彪炳千秋,却始终不愿承认自己是心理学家(如巴甫洛夫);有的从心理学开始,最终走入了哲学(如詹姆斯、弗洛伊德);有的想在哲学史上留名,最终却意外地在心理学史上名垂千古(如费希纳)。他们的学术经历不同,有的是子承父业(如大小穆勒);有的是名师之后(与其他学科一样,很多心理学家都是师出名门);有的是自学成材(如艾宾浩斯)。他们的生活经历千差万别,有的是富家子弟,曾在世界各地游历(如詹姆斯、高尔顿);有的是书香门第;有的是穷人之后。他们的寿命不同,有的年逾百岁,鲐背之年仍在著书立说(如陈立);有的天妒其才,事业未竟便英年早逝(如维果茨基、屈尔佩)。他们之间关系不同,有的师徒情深,互相扶持(如铁钦纳与波林);有的为了捍卫自己心目中的真理,师徒反目(如弗洛伊德与荣格、阿德勒)……每个参与历史的心理学家都有自己的生活经历和人生态度,他们在学问中打上了自己独特的烙印,体现其独特的人生观与价值观。可以说,只要你准备学习心理学史,希望在历史人物当中寻求你效仿或崇拜的偶像,历史总不会让你空手而归。

 拓展阅读 0 - 1

学习心理学史的必要性①

韦特海默说:"在过去几十年中,心理学史日益吸引了心理学家和其他行为学家以及科学历史家们的兴趣。本世纪六十年代创办了《行为科学史杂志》作为发表历史论文的少数其他刊物的补充。就在这十年间,美国心理学会新增了心理学史组,而行为与社会科学史国际协会也建立起来了。"他接着指出,六十年代朴普尔斯敦和麦克佛孙在亚克朗大学建立了心理学史档案室,为心理学史工作者提供参考第一手资料的便利。

在这种情形下,有些心理学家仍旧认为心理学史是一门被忽视的学科。同时另有少数人却认为,心理学史是无需学习的。他们公然指责"研究心理学史对从事科研的心理学家来说是浪费时间的"。干特尔说:"历史的写作和阅读是没有意义的。"华生指出:"由于科学是日积月累的,所以有些科学家认为自古以来,所有一切有价值的东西都是不难在目前的知识领域中找到的。他们主张新的成就接替了旧的成就,从而扬弃了错误的东西。他们信赖现在的科学可以提供一切有关的科学的内容。"因此,用不着研究历史。"巴干称这个观点为观念上的达尔文进化论——导致了观念的自然选择,那些适宜的观念便留下来了"。

华生自己也认为科学史的研究不一定能使你成为一个较优越的心理学研究家。我们可不必多举例了。总之,由某些人看来,心理学家是不需要知道心理学的发展史的。为了反驳这些人反对历史研究的观点,我们可以从韦特海默的文章中引证一定相反的主张。有人以为,即使是热衷于专题研究的心理学家也往往在报告中评述过去有关这个专题研究的历史。韦特海默曾经在另一篇论文里指出:"甚至亚里士多德在《论心灵》中,也有一编论述前人关于灵魂的考虑。铁钦纳曾鼓励过许多人认识心理学史的重

---

① 高觉敷,高觉敷心理学文选[M].南京:江苏教育出版社,1986:492—493。

要性,心理学教师几乎都得在不同的时间听心理学史课。"韦特海默更进而举出如下学习心理学史的三种主要理由:

第一种理由是研究心理学史以后,可以熟悉过去的某些错误,因而使今天的心理学家减少犯相同错误的可能。正如亨尔孙所指出的,"如果一个人知道过去如何铸成大错,他在目前的工作中就可以避免这些大错了"。我们所谓"前事不忘,后事之师也",也可以作为这个理由的说明。

第二种理由是心理学史的研究有助于解决当前的问题。倭尔曼说:"有若干使现代心理学家感到迷惑的问题的根子来源于过去的经验,对于争论的根源有所了解,便在实际上有助于这种争论的解决。"彭格拉茨更认为,"一种历史的图景揭示了问题的来龙去脉和反复的热烈争论,从而使问题更加明了。不仅如此,历史还提供了一些观点可借以补充当前的研究,讨论了相反的解决办法。总之,历史不但能阐明一个学科的基本问题的起源,还有助于澄清问题,明辨是非。因此,历史是基本研究的一个必要的部分"。

第三种理由是研究历史可用以培养虚心的治学态度和广博的文化知识。韦特海默说:"我如果知道过去某些人怀有与自己所有的相类似的观念,就可以使我在发表我的见解时,不至于有过分的自我优越感了。"克鲁赤菲尔特和克勒赤说:"一门科学的历史知识教育科学家对相反的观点采取谦虚和宽容的态度……真理有时受到了缺乏这种态度的科学的长时期的贬抑。这就是说,谦虚和宽容不仅仅是灵魂的美德,而且是推动科学进步的有效因素。"

同时,克鲁赤菲尔特和克勒赤还宣称,一门科学的历史研究也有助于培养全面发展的人才。干特尔在评论厄斯佩的《心理学史》时也说,对心理学工作者来说,讲授心理学史的目的在于"改善心理学家的一般教育"。厄斯佩自称感觉到美国的教育没有传播文化的价值和历史背景,以致不能使受教育者在重要领域中作出鉴别的判断。

其次,心理学不只是生活史,还是一部思想史。读心理学史,作为旁观者,你可看见历史上的思想激荡,金戈铁马,它们于一片刀光剑影中体现出清晰的思想脉络与发展逻辑;你可倾听历史人物用或朴素或铿锵的语言,引领你到从未登入的智慧殿堂。作为虚拟的历史参与者,你也可以加入其中,与其短兵相接、征战沙场,或天马行空,或纵横捭阖,兵来将挡,水来土掩。读心理学史,你的七情六欲会被彻底激发,纵情地享受一顿丰盛的思想大餐。有时你会对历史人物惺惺相惜,痛恨自己没生在那个时代,没有机会与大师们当面对话,阐述自己的观点;有时你又会庆幸自己没有生在那个时代,在这些大师面前,自惭形秽,你知道穷尽自己一辈子之力也只能生活在他们的光环之下。读心理学史,是对你思维的极大挑战,它将逼迫你从纷繁芜杂的思想中选择自己的立场。正当你被一个心理学家的思想所折服、认为自己学到了世界上最为完备的学说时,却又看到另一个人对他的批判,你好不容易获得的"颠扑不破"的真理竟如同建在流沙之上,瞬间就崩塌殆尽。有时,历史印证了你的预感,你会为自己的思维复演了历史而无比兴奋。但更多的情况是,你会因辛辛苦苦建立起来的关于心理的某个观点在顷刻之间被一个历史伟人击得粉碎而无比痛心。

二、探知兴替得失

唐太宗在谏臣魏征死后曾言:"以铜为镜,可以正衣冠;以史为镜,可以知兴替;以人为镜,可以明得失。"心理学史不仅为你提供了丰富的史料与思想,还提供了诸多活生生的心理学家作为"人"的楷模与镜子。以史为鉴,探寻历史的兴替逻辑,可知心理学的前世、今生与未来;以史为鉴,学习伟人的品德思想,可帮助自己修德、治学与为人。

首先,学习心理学史有助于了解历史的兴替逻辑。心理学史上绝没有空穴来风的思想,也不会有毫无根据的进步。每一个心理学家都只是站在前人的肩膀上,向前跨出了一小步。心理学史家加德纳·墨菲(Gardner Murphy)曾说:"心理学在迅速运动中,而当一个人站在一个运动着的摇晃的甲板上用自己的望远镜观察它时,最好是坚决忘掉在一定时刻存在的东西而仅仅想着运动的形式与方向。发现的方法和报告的事实只具有附带的意义,真正有价值的是过渡、变化、改向、新探索。"心理学史的任务之一就是寻找历史发展的逻辑与规律,关注那些有价值的变化、改向与新探索。比如,心理学对其研究对象的看法就有着一定的规律:内容心理学研究意识的内容;精神分析研究潜意识;行为主义研究行为;认知心理学研究认知过程;人本主义研究人的需要、高级情感与价值观。历史一路走来,关于心理学研究对象的看法经历了一个否定之否定、从心理回归心理的曲折上升过程。同样,关于心理学的研究方法,从最初的哲学思辨,到心理学独立后的实验内省,再到行为主义的纯客观方法,一直到今天心理学中质化研究方法的兴起,也同样经历了一个否定之否定的螺旋式上升过程。

其次,学习心理学史可以为现实的研究提供帮助。梁启超曾在《中国历史研究法》一书中开宗明义地指出:"史者何?记述人类社会赓续活动之体相,校其总成绩,求得其因果关系,以为现代一般人活动之资鉴者也。"学习历史,就要"求得其因果关系",获得历史的运动规律,为今天的活动提供有益的启示。具体而言,学习心理学史可以:第一,加深对现有研究课题的理解。心理学从哲学中独立出来,并不是因为它发现了新的研究对象,而是对这一研究对象采取了新的实验的研究方法。很多时候,心理学家们依然是在用新方法研究老问题。心理学史家赫根汉认为,"具有历史意识的学生知道心理学的主题从何而来,为什么认为它重要。就像我们熟悉了某个人的过去经历,就对那个人的当前行为有更多的理解一样,我们对心理学的历史起源研究越多,我们对当前心理学的理解就越深刻"。第二,避免重复过去的研究。一个连心理学历史上曾发生过什么都不知道的人来谈论心理学是一件可怕的事情。波林曾说:"实验心理学家在其专攻的范围之内也需要历史的知识。若没有这种知识,便不免将现在看错,将旧的事实和旧的见解视为新的事实和新的见解,而不能估计新运动和方法的价值。"有些心理学初学者在读书中偶有所得,往往觉得自己获得了一个千古真理,或获得了一个能整合所有心理学思想的框架,不禁心中窃喜,飘飘然焉。但只要再往深处学习,就会发现,原来自己的发现在几百年甚至上千年前就有人提出,而且他们说得比自己想得更为深刻与透彻。第三,可以从历史研究中获取教训。我们比前辈们出生得晚,但这似乎并不必然会使我们比前辈更聪明。他们关于某些问题的见解,我们至今仍无法超越;而某些他们犯过的错误，我们仍可能会重蹈覆辙。这里说的错误，不一定是完全重复他们所犯过的低级错误，我们要避免的是犯与他们类似的"高级错误"。举例来说，我们会嘲笑早期的颅相学把头骨的形状与人格相联系，会讥讽龙勃罗梭通过耳朵、鼻子、颅骨、嘴唇等生理构造来判定人们"犯罪人类型"的犯罪人类学观点。但我们对今天各式各样的基因决定论却甚是宽容，将他们所宣称的人类存在着"自私基因""侵略基因""精神分裂基因""同性恋基因""嗜赌基因"甚至"非理性购物的基因"等当作科学的结论，当这些旧错误披上了当代科学的外衣，我们稍不小心就会被蛊惑蒙蔽，不加批判地接受。

总之，学史的目的之一是知今、前瞻。关于这一点，我国心理学家李汉松曾有过深刻的阐述，此处用他的原话作为这一小节的结语：一切历史的研究都应该是为了"鉴古知今""继往开来"。生活在现在的人要把历史继续推向前进，就必须"鉴古"，必须"继往"。"鉴古"是为了"知今"，"继往"是为了"开来"。要"知今"，要知道现在的事情，必须研究以往的事情，懂得继承什么、不继承什么，明白应该走什么道路、不走什么道路……学习心理学史结果如若不能对心理学上怎样"鉴古知今"或"继往开来"有所懂得，那也就等于白学。

三、形成历史观点

历史是人生的一个重要维度。如何看待历史、现在与未来，不只是一个心理学史的问题，同样是人生观的问题。学习心理学史有助于读者形成正确的历史观，养成良好的历史思维，使读者懂得站在历史的高度看待学术甚至是人生的问题。

首先，有助于学习者形成良好的历史思维。所谓历史思维，"它指的是一种站在历史的角度上对历史事实进行综合分析的理论思维方式"。具体地说，在思考心理学问题时，除了针对具体的问题，思考现实的方法与技术之外，还应引入一个历史的维度：不仅要掌握历史事实，还要理清这些事实之间错综复杂的关系；分析一个心理学事件，既要分析其发生的直接原因，也要分析其间接原因；既要分析近因，也要分析远因；既要分析其直接的影响，也要考察其间接的影响；要从不同的角度、不同的层面入手对同一事实进行分析。对心理学史的思考分析，有利于培养读者历史地考察各种事件的能力，从而培养良好的历史思维。

其次，有助于学习者正确地判断历史的是是非非。历史已经过去，曾经发生的真实只有一个，但不同的心理学史作者却持有不同的看法。在一定程度上，心理学史是"任人打扮的小姑娘"。波林所撰写的心理学史曾冠绝一时，它的完成，使得再撰写同一时期的历史似乎变得没有必要。但是，这本心理学史是在波林的老师铁钦纳的严格审查下写出来的，是为了对抗当时日趋强大的应用心理学，其内容也有歪曲历史的地方，如它对临床与应用心理学等的历史描述较少，把铁钦纳描述成继承冯特心理学正统的传人，但对冯特的"统觉"等概念却视而不见，将冯特错误地描述成了一个元素主义者。墨菲在《近代心理学历史导引》一书的序言里真诚地承认："在开始准备这本书的时候，我曾天真地梦想要绝对避免个人成见和绝对客观地记录下近代心理学的历史……但是，我相信，选择材料和突出重点的任务，使得纯客观地记录至少对于像我这样的作者来说是完全不可能的。"包括你正在看到的这本书在内，每个心理学史的作者都有自己的立场，他们对历史事件的选择与描述会有一定的区别。

那么,你怎么去了解历史的真相,怎样建构自己头脑中的心理学史,这需要你不断锻炼,不断努力,充分运用自己的知识与才华,在老师的引导下,拭去历史的蒙尘,还原历史的真相,以形成自己的正确判断。

最后,有助于读者正确地评价历史人物或事件的"功过"。学习心理学史,没有评价、没有比较与鉴别是不可能的。即使在无意识中,我们也会更加喜欢某个历史人物,更加青睐某些学派的心理学思想。读者是这样,作者也难以避免主观性,往往不能客观地评价历史。一般说来,作者有两种类型:一种是"厚古"者,他们怀着无比的激情,对历史人物奉若神明,拔高他们的功绩,甚至在无意识中混淆其思想的是非;另一种是"厚今"者,他们从今天的成就出发,揭示历史事件或人物的不足,贬低他们的功绩,而不是从当时的历史条件或环境进行评价。与此同时,绝大部分作者都认为自己的评价是客观的。学习心理学史,我们需要时刻保持警惕,严格审查作者对历史的评价,以自己建构的标准尽可能客观、公允、全面地评价历史人物的功与过。

第三节　怎样学习心理学史

与人们认为历史死板、僵硬、毫无生气的刻板印象不同,读者很快便会发现,学习心理学史是一个有趣的旅程。只要静下心来,随意翻开一部心理学史,你就拉开了一幅历史的长卷,里面演绎着动人的故事,你能从中听到婉约的乐曲,也能看到思想短兵相接时爆发的刀光剑影。正如黎黑所告诫读者的一样,"你们不必是一位经年累月千篇一律行程的消极记录者,而毋宁是一位对过去和伟大心灵的探测者。第一项任务是无聊的和无生气的,第二项才是一种冒险和充满生气的任务"。让我们做一个勇敢的历史探险者,把自己积极地融入到历史中去吧!但是,要记着带上你们探险的行囊与工具,那就是学习心理学史的方法。

一、思考:重构历史的逻辑

墨非说,"历史研究的目的是要使一门科学具有连贯性和统一性"。历史是有逻辑的,她总踏着独特节奏的舞步飘然而来。学习心理学史,首要的任务并非记住那些发生过的历史事件,而是通过思考理解思想的发展规律,重构历史的发展逻辑。所谓重构历史的逻辑,有两层含义:一是指在学习的过程中理解作者书写历史的逻辑;另一个则是在前者的基础上,由读者重构自己的历史逻辑。

第一,理解作者的书写逻辑。任何一本书的编写总会遵循一定的思路,根据作者的理解和需要来选择历史素材,在预定的框架里将所选的材料整合起来。这一框架将书本的思路、所要讲述的范围以及论证的方式等进行了框定,集中体现在该书的目录中。因此,学习心理学史,最先要明白的是目录的含义。一般而论,书的题目就是该书最核心的论点,每章的题目则是解释或论证这一核心观点的最大的分论点,章下面的节是解释或论证分论点的次论点,而节下面的一、二、三等大点是解释或论证次论点的更小的论点或直接的论据。因此,在阅读一本书之前,先要看这本书有多少章,章与章之间是什么关系,整合起来说明了什么问题;再看每章里有多少节,节与节之间是什么关系,加起来怎样说明或论证了每章的分论点。这是学习心理学史前最应该做的一件工作,因为无论是我们自己阅读,还是听老师讲解,我们每次都只能了解书籍的一个局部。如果我们在了解这个局部时,头脑中没有一个整体或全貌,即使能明白它所阐述的内容,但不知道它到底要干什么,在全书中占据什么位置,那么我们也就根本无法理解或识记应该掌握的内容。

第二,重构读者自己的逻辑。在把握了作者成书的逻辑后,读者在学习的过程中,要逐渐建构自己关于心理学史的逻辑。比如,在学习的过程中,读者会逐渐发现这样一些规律:将整个心理学史划分为不同的流派,再将不同的流派划分为不同的阶段,然后再描述各个阶段的代表人物有哪些,他们有哪些思想。在阐述代表人物的思想时,一般又会遵循以下的逻辑:① 先交待这个思想产生的背景,如这个人物的生活经历、所处的文化背景、社会经济条件、历史上曾产生的相关理论等;② 再交待他关于心理学学科性质、研究任务、对象、方法论以及具体的理论建树与他对心理学的核心贡献;③ 最后对这个人物的功过是非、贡献局限进行历史评价。而具体到思想方面,可以看到心理学思想的演变会遵循一些规律,如前文讲到的心理学关于其研究对象与方法论发展的规律等。读者在学习的过程中,要不断验证、调整、完善自己所建构的逻辑,只有这样,才能将心理学史真正变成自己头脑中的东西,相关的记忆才能持久。

二、感受:再现历史的故事

所谓感受的方法,就是把历史的真实发展当作故事或小说的情节,让自己身临其境,用心去体验这些发生在昨天的故事,用感官来把握其中的是非曲直,以陈述记忆的方式存储起来,先在头脑中形成丰富的影像片段,最终将历史变成仿佛自己亲身经历的生活经验。仅仅通过思考重建的心理学史是抽象的,读者是旁观者,站在历史之外,主要依赖于理性认识的参与;通过感受方法重建的心理学史则是具体的,读者是参与者,沉浸于历史中,主要依赖于感性认识。通过感受来再现历史的故事,主要有两种方式:第一是再现整个心理学事件发生的大的时代背景,第二是再现每个代表人物的生活经历。

第一,再现心理学事件所发生的时代背景。长期以来,心理学史一直过分强调"内在性"和"现实性"。它们强调心理学内在的因素(如自身思想发展的逻辑),相对忽视社会、文化等外在因素对心理学发展的影响。但是,心理学产生与发展的大的时代背景,是心理学不得不考察的问题。如果不进行考察,很多历史事实就无法进行说明或理解。请看下面的问题:为什么新兴的美国会取代德国成为世界心理学的中心?为什么可怜的铁钦纳在牛津大学找不到自己的教席,却能在流落美国后开辟自己的一片天地?为什么铁钦纳在美国积极活动了一段时间后,其构造主义心理学也随着他的死亡而接近消亡?为什么同样是在法国使用催眠术,麦斯麦最终落魄而亡,而沙科一经修饰,改唱"生理学的曲子",就被法国科学院所接受?这些问题似乎不好回答,但如果了解了那个时代的大背景,就知道这些情况的发生其实是情理之中的事。因为,心理学成立后迅速向各国传播,但由于各国的传统不一样,心理学遭受的命运也就不同。英国是老牌资本主义国家,文化相对比较保守,对将灵魂放在天平上称量的新心理学接受较慢,甚至抵制,所以铁钦纳在牛津大学难有立足之地。法国心理学继承了笛卡儿、拉美特利的传统,对生理心理学比较感兴趣,因此不唱"生理学曲子"的心理学就难以登上科学的大雅之堂。作为新兴国家的美国相对开放,热烈地拥抱新的技术与思想,只要努力就会获得机会,铁钦纳等开辟一片天地是合乎逻辑的。但当时的美国正处在经济大开发时期,实用主义哲学盛行,带着铁钦纳纯科学理想的构造主义与时代精神不合,是逆流而行,最终的消亡也是合乎情理的。

第二,再现心理学伟人的生活经历。要理解一个人的思想,有必要了解他的生活经历。结合个体的生活经历,将他们看作你邻家的长者,对其亲身经历像听故事一样进行感受,是记忆或理解代表人物思想的一条有效捷径。以冯特为例:① 为什么他会用生理学的方法研究心理学?这是因为冯特是家中第四个孩子,因想过上体面的生活而决定学习报酬较高的医学。他遇到了一些很好的老师,曾在柏林大学师从穆勒,后又成为赫尔姆霍茨的助手,这使他的兴趣转向生理学研究。当上老师还没结婚的冯特有的是时间,他疯狂地躲在实验室里研究感知觉,这时的他双脚已经踏进了心理学领域。尔后他又开设了第一门科学心理学的课程,并将其讲义编辑为《人类与动物心理学论稿》,这本书实际上已经是"生理学家的朴素心理学"。至此,他的兴趣已完成了从医学向生理学再向心理学转变的过程,生理学是冯特的强项,他正是从这一领域进入心理学的,他能不主张用生理学的方法研究心理学吗?② 为什么是冯特而不是其他人充当了心理学的助产士?这与德国人喜欢精确的思维分不开,也与冯特已有的生理学知识分不开,但最主要的恐怕还是冯特那坚定不移的性格,使得他一心要将心理学建立成为一门新学科。首先,冯特能数十年如一日地推动心理学研究,他一直住在莱比锡,很少外出旅行,很早就为自己的一生作了长久的规划。他自己的生活也像极了哲学家康德(康德的生活规律在历史上是出了名的,据说附近的农民可以按照他出门散步的时间来调整自己的钟表),一般在上午写作,下午访问实验室、上课,最后再去散步。其次,冯特教育了世界各地大批的学生,为心理学的诞生作了人才的奠基。他性格严谨,强调师道尊严,严格规定学生的选题(只有才华横溢的卡特尔除外),但上课生动,富有感染力,中国的蔡元培听过他的课回来后仍念念不忘,最终于1917年在北京大学建立了第一个心理学实验室。最后,冯特提出了一些具体理论。他笔耕不断,著作如此之多,从20岁算起直到死亡,平均每天会完成数页著作,同样勤恳的——他的学生铁钦纳,翻译他著作的速度甚至比不上他写作的速度。试想,这样一个执着的老头儿,在时代精神已然成熟的情况下,不是他,还会是谁来完成心理学独立的使命呢?③ 为什么冯特将心理学从哲学中独立出来,但当胡塞尔等107位哲学家建议将心理学从哲学里除名时,他又站出来反对?为什么冯特花了生命最后的二十年所著的十卷本民族心理学巨著(理应体现了冯特的思想精华),直到今天还没引起人们足够的重视?对这些问题的回答,并不纯粹是逻辑问题,只有用心感受、静心倾听历史的故事,才能准确地理解和把握。

三、应用:领悟历史的智慧

我们认为,学习心理学史有三种境界:① 识记境界,只会死记硬背,知道一些零碎的心理学事实,并将其像计算机存储一样存入头脑中;② 理解境界,处于这一境界的人,能将学到的知识融会贯通,不只记住了心理学史实,还能将历史的脉络或逻辑清晰地表述,能知其然,还知其所以然,有时甚至能从历史知识中推导、生发出新知识;③ 价值境界,处于这一境界的人会把心理学知识与现实关联起来,将知识与价值并重,他们能泛化学问,将学术逻辑应用为生活逻辑。对于他们,心理学史不再外在于己,而是与真实经历过的生活经验一样,都是生命体验的一部分。他们完全不用刻意去实践心理学的意图,但举手投足之间,心理学的精髓却洋溢开来,不仅滋润着本人,还在无意中引导着其他人。他随意说出的话,都是心理学知识的经典之作;随意做出来的事,都是心理学原理的经典实践。

要达到学习心理学史的第三种境界,光靠思考或感受是不行的,必须将历史学"活",要"学历史,用历史"。历史不只是一部思想史或知识史,同时也是一部智慧史或实践史。只有在今天遇到了问题,要对现实问题进行历史考察时,才能真正加深对历史的理解。否则,历史始终是外在的,与现实关联不起来,那样的理解必定会流于肤浅。举例来说,只有当你真正关注身心关系,才会对历史上的身心平行论、身心交感论、身心同型论、唯物论、唯心论等有更深的了解;你想批判生物决定论,就一定要好好地考察历史上出现过的颅相学、优生学、社会生物学,甚至是当代的进化心理学;当你真正想弄明白心理学的研究对象到底应该是什么时,你才会对内容心理学、机能心理学、精神分析、行为主义等学派的相关观点有全面的理解。要知道,今天的任何一个理论、一种方法,都不是无源之水、无本之木。要充分了解今天的理论与方法,要很好地实践心理学,就得深入历史,查清它们的来龙去脉,客观、公允地评价与使用今天的心理学。也正是在这样一个过程中,我们才会达到对历史真正的深刻理解。

以上提到的几种学习心理学史的方法,人各不同,每个人都应该寻找适合自己的学习方法。方法虽然重要,但更重要的是我们对历史的兴趣。让我们捧起这本《心理学史》,拉开历史的窗帘,走进历史的深处,用智慧之光照亮历史,去体验那扣人心弦的心理学故事,领悟那激烈碰撞的心理学思想,还有什么是比这更激动人心的呢?

本章小结

1. 心理学史有两个层面的含义:一个注重对心理学本来面目的客观记录与描述,另一个则更注重对心理学历史的主观理解与建构。

2. 所谓心理学发展的动力,主要是指隐藏在心理学背后的、推动心理学不断向前发展与进步的各种因素或力量,在心理学史上主要存在"伟人说"与"时代精神说"两种基本观点。

3. 心理学史是一部人物史,同样也是一部思想史。学习心理学史有助于了解历史的兴替逻辑,为现实的研究提供帮助;有助于学习者形成良好的历史思维,进而正确地评判历史人物或事件的是非功过。

4. 学习心理学史不但要理解作者的书写逻辑,同时也要建构学习者自己的逻辑;不但要了解伟人的生活经历与思想演变,同时也要把握心理学事件所发生的时代背景与时代精神。

5. 学习心理学不但要识记心理学的历史事实,将学到的知识融会贯通,把握心理学历史的脉络与逻辑,还要将知识与价值并重,将所学的知识转变为现实的实践。

复习与思考

一、名词解释

1. 伟人说 2. 时代精神说 3. 历史思维

二、问答题

1. 谈谈你对心理学史内涵的理解。
2. 结合"伟人说"与"时代精神说"两种基本观点,谈谈你对心理学发展动力的看法。
3. 除了本书中所谈到的学习心理学史的方法外,针对你自己的特点,谈谈你准备怎样学习心理学史。

第一章 西方心理学的起源与建立

本章导读

历史是过去时,也是现在时。虽然科学心理学诞生于1879年,但是与科学心理学有着千丝万缕联系的西方心理学思想,则有着相当悠久的传统历史积累。正如美国心理学者伊文思所说:"所有心理学思想都各有悠久的历史,可以作为20世纪各种实验心理学建立的基础。"西方古代和近代的心理学思想积累丰富多彩,为现代心理学提供了大量有益的科学资源。本章介绍西方科学心理学的两大古老起源——哲学起源和科学起源,同时对科学心理学这门新学科的建立过程进行扼要的阐述。第一节集中于古希腊罗马时期的哲学心理学思想、西方近代经验主义与理性主义思想对科学心理学的影响。第二节有选择地介绍西方古代和近代自然科学对心理学独立产生的积极贡献。第三节阐述科学心理学建立的条件及其重要人物和事件。西方心理学思想及科学研究经历了各种挑战和变革,才逐渐形成和创造了今日的繁荣及辉煌。

学习目标

1. 能回答"为什么说心理学是一门古老而又年轻的科学"。
2. 分别掌握古希腊罗马时期、基督教与经院哲学时期及文艺复兴时期主要代表人物的心理学思想。
3. 了解近代哲学中所蕴涵的心理学思想。
4. 了解古代医学和生理学中有哪些心理学思想。
5. 能回答近代生物学研究为心理学的诞生做了哪些准备。
6. 能阐述近代物理学研究为心理学诞生所作的贡献。
7. 了解科学心理学是在怎样的社会历史条件下诞生的。
8. 能分析心理学为什么首先在德国而不是在其他国家创立。

心理学是西方传统文化与现代工业文明相结合而生成的一大热门学科,并迅速发展为今日大学里的重要科目之一。心理学在西方的诞生和兴盛并不是偶然的,它有着丰厚的哲学渊源和科学思想土壤,其中经历了各种挑战和变革,才逐渐形成和创造了当代的繁荣与辉煌。西方心理学发展的历史经验和成就,对中国心理学的发展有着重要的参考价值。本章将扼要介绍西方心理学的起源及建立历程。

第一节 西方心理学的哲学渊源

科学心理学是哲学与自然科学相结合的产物。哲学为心理学的独立提供了丰富的思想资源。自1879年冯特建立世界上第一个心理学实验室以来,作为一门独立学科的心理学的正式建立只有一百四十多年的历史,但孕育这门学科的心理学思想却有两千多年的长期积累。心理学最早的源头是西方近代哲学,而西方近代哲学则又发端于两千多年前的古希腊罗马哲学。

一、西方古代哲学与心理学

古希腊时期与中国的春秋战国时代几乎是同一历史阶段。这是人类认识发展史上的一个里程碑式的阶段,是人类思想文化文明史上第一次人性觉醒和启蒙的时代,也是西方心理学思想诞生的摇篮时期。车文博指出,"现代科学心理学往往同古希腊罗马人在智慧上的成就具有某些内在的同源性"。古希腊罗马时期的哲学心理学思想揭开了西方心理学史的序幕。它最早起源于先民们的"万物有灵论"观点,进而形成了三条主要的思想发展线索:一是以德谟克利特为代表的原子论心理学思想;二是以毕达哥拉斯和柏拉图为代表的理念论心理学思想;三是亚里士多德创立的生机论心理学思想。它的中心问题是探讨灵魂问题,从而把灵魂及其活动作为心理学的研究对象。围绕这一问题引申出了心身关系、认识过程、理性与情欲等一系列相关重大问题的争论,同时也奠定了中世纪的官能心理学的基础。

(一)古希腊罗马时期

西方心理学源远流长。从公元前6世纪的古希腊罗马时期,学者们就开始探讨人的所谓"灵魂"的构成和功能,随后集中关注自然问题,并逐渐转向关心人间的问题,尤其是认识和道德问题,吸引并激发了后来许多思想家的智慧,这"不仅明显地表现在生物学、物理学上,而且也在后来独立的心理科学中产生了遥远而强烈的回声"。他们所提出的丰富的心理学思想,不仅成为古希腊罗马时期思想繁荣的主要动力,而且为现代心理学的发展奠定了早期的基础。

公元前5世纪—前4世纪是希腊的全盛时期。雅典成为希腊各城邦的盟主,并在伯里克利的领导下,成为古希腊世界的经济、政治和文化中心。雅典奴隶民主制的充分发展,为希腊文艺的繁荣和科学的发展提供了一定的社会基础,涌现出了一批著名的诗人、剧作家、雕塑家,也产生了许多杰出的历史学家、哲学家和自然科学家。在哲学上,由于民主政治的需要,出现了一批以教授演说等论辩术为业的思想家,被称为"智者"。他们讨论的中心不再是自然界、宇宙的生成等问题,而是集中到了人类社会的政治伦理方面,"人"成为探讨的主题。古希腊从苏格拉底、柏拉图、亚里士多德等人开始,历代哲人的思想中,都把对人性和心的探讨视为哲学的主要问题之一。这是继哲学最初从原始宗教神话中脱胎出来的第一次飞跃之后,在哲学史上发生的第二次飞跃,也是古希腊哲学发展的最高峰。古希腊罗马时期对后世影响最大的哲学心理学思想家主要有：

1. 德谟克利特

德谟克利特（Demokritos，约公元前460—前370）是古希腊哲学家，也是古希腊最后一位"物理学家"。马克思和恩格斯赞美他是古希腊"第一个百科全书式的学者"。德谟克利特在自然科学上最重要的贡献是继承和发展了留基伯的原子论，为现代原子科学的发展奠定了基石。原子是非常小的，不仅肉眼看不出来，就是用显微镜也看不出来。那么在两千年前，原子论是怎么提出来的呢？其实上古时代的原子论不是科学理论，它只是一种哲学的推测。德谟克利特提出，原子是最小的、不可分割的物质粒子。原子之间存在着虚空，无数原子自古以来就存在于虚空之中，既不能创生，也不能毁灭，它们在无限的虚空中运动着构成万物。

图1-1　德谟克利特

德谟克利特以原子论解释认识论问题，认为从事物中不断流溢出来的原子形成了"影像"，而人的感觉和思想就是这种"影像"作用于感官和心灵而产生的。这就是他的"影像说"。他还区分了感性认识和理性认识，认为感性认识是认识的最初级阶段，人的感官并不能感知一切事物。例如，原子和虚空就不能为感官所认识，当感性认识在最微小的领域内不能再看、再听、再嗅、再摸的时候，就需要理性认识来帮助，因为理性具有一种更精致的工具。他把感性认识称作"暧昧的认识"，把理性认识称为"真理的认识"。在德谟克利特看来，原子本身之间没有什么性质上的不同，人们感觉感知的各种事物的颜色、味道都是习惯，是人们主观的想法。德谟克利特的原子唯物论思想是古希腊唯物主义发展的最重要成果。德谟克利特认为世界上的一切事物都是相互联系的，都受因果必然性和客观规律的制约。他认为，原子在虚空中相互碰撞而形成的旋涡运动是一切事物形成的原因，他称之为必然性。在强调必然性时，他否定了偶然性，把自然界的一切作用都归结为必然性。

2. 柏拉图

柏拉图（Plato，公元前427—前347）是古希腊繁荣时期的唯心主义哲学家，也是古希腊最著名的哲学家和教育家，出生于雅典一个奴隶主贵族家庭。柏拉图是古希腊哲学家中第一位留有大量著作的人。他比苏格拉底前进了一步，把古希腊唯心主义哲学发展到了高峰，对后世哲学和宗教产生了很大的影响。

柏拉图以理念论来解释灵魂的本质。所谓"理念"，在希腊文中的本义是指"被视之物"，常常在"种""属"的形式意义上使用。柏拉图把世界分成可知的"理念世界"和可见的"理念世界"（即感觉世界）。柏拉图的理念论认为，世界本体是由理念构成的，也就是苏格拉底所讲的"永恒而可知

图1-2　柏拉图

的"实在。具体事物常变，而"种""属"的性质本身不变。他把人们认识掌握世界的一种方式视为脱离具体事物的独立的实体，世界万物都是由这种独立实体派生出来的。只有理念才是唯一可靠的东西。人的灵魂也来自理念世界这种脱离感觉世界的独立实体。灵魂进入

身体而支配人的身体活动。人的身体死亡之后,灵魂又回到理念世界。所以灵魂是不朽的,而且轮回了无数次,它见识了这个和其他世界的一切,它已学会了存在的一切。

柏拉图进一步将人的灵魂结构划分为三个部分:① 理性,这是只有人才具有的最高级的、永生不死的东西;② 意气(激情),是指像勇敢、抱负等高尚的冲动;③ 情欲,指感觉和情欲这些非理性的部分。在《理想国》一书中,柏拉图把人分为三个等级:哲学王(执政者)、武士和劳动者。哲学王属于第一等级,其灵魂是最高级的理性,它位于头部;武士属于第二等级,他们的灵魂在胸部;商人、工匠、农民等劳动者的灵魂则是情欲,位于腹部。柏拉图认为,在很大程度上遗传决定了一个人是奴隶、武士还是哲学王。正直、健康的人能按灵魂等级各行其是,安守本分。柏拉图的这种观点是西方心理学史上最早的心理现象三分法。他还把情感分为愉快和不愉快两种,凡是合乎自然方向和运动目的的事物能够使人感到愉快,而违反自然则使人感到不愉快。

柏拉图提出,人的一切知识都是先天就有的。所谓学习,就是在教学的帮助下对先天知识(即理念形式)的回忆。这就是著名的"理念回忆说"。该学说成为后来西方心理学关于天赋观念和内省法的最初表达方式。柏拉图对感觉、记忆、想象、睡眠、梦等心理现象也有不少论述。

柏拉图的哲学心理学思想建立在身心二元论和唯心主义的基础上,由于科学依赖于经验观察,因此赫根汉指出,"柏拉图的哲学对科学的推动甚少,甚至还阻碍了科学的发展"。但是他的许多观点揭开了"欧洲心理学史的序幕",其论述对后人有很大的启发意义。

3. 亚里士多德

亚里士多德(Aristotle,公元前384—前322)是世界古代史上最伟大的哲学家、科学家和教育家。他创立了形式逻辑学,丰富和发展了哲学的各个分支学科,对科学作出了巨大的贡献。被马克思誉为"古代最伟大的思想家"。亚里士多德曾经担任过年仅13岁的亚历山大大帝的老师,对后者的思想形成起了重要的作用。正是在亚里士多德的影响下,亚历山大大帝始终对科学事业十分关心,对知识十分尊重。亚里士多德的思想主要来源于柏拉图的客观唯心主义,他既重视理论,又注重经验事实,并把这两者结合起来。亚里士多德的心理学思想主要见于《论灵魂》和《论记忆》中。其中《论灵魂》可以说是西方心理学史上第一部心理学专著。

图1-3 亚里士多德

亚里士多德的哲学思想动摇于唯物主义和唯心主义之间。他认为一切事物都由质料和形式构成。质料是具有可能性的原料,必须取得一定的形式,其可能性才能实现。这是第一实体。他把种、属等形式称之为"第二实体",具体事物的质料是消极的、被动的,而形式则是积极的、主动的。形式是事物能动的本源,是一个不动世界的第一推动者。他将神称为"第三实体"。

在灵魂的本质问题上,亚里士多德提出灵魂是生命的原则和生活的动力,是身体的形式,灵魂与身体是统一而不可分割的,反映出了唯物主义的正确观点。他认为,心理学是一门自然科学,并以生物学为其理论基础,反对以前的学者将灵魂视为物质普遍具有的活物论观点,主张灵魂是有生命体的特性和功能。但是他又认为灵魂是生命的本质,身体只是灵魂的工具,只有灵魂才使得肉体的动作得以实现。这样又返回到了关于形式决定质料的唯心论思想上了。亚里士多德认为,"灵魂和身体是否为一体?我们可以抛开这样无关紧要的问题,这个问题就好比我们在追问,蜡块与它的形状是否为一体一样"。

在灵魂的结构分类上,他反对柏拉图对灵魂的知、情、意三分法,他认为灵魂是整体的,不可分割为部分,灵魂以整体性发挥自己的功能。根据亚里士多德的观点,有生命的物体存在着三种灵魂等级:植物灵魂、动物灵魂和理性灵魂。植物灵魂只承担生长、食物吸收和繁殖的功能,为植物所独有;动物具有感性的灵魂,即拥有能对环境作出反应的感觉能力,能体验快乐和痛苦,而且还有记忆;理性灵魂是人类独有的高级灵魂,除了包含其他两种灵魂的功能之外,还具有理性思维的能力。在亚里士多德看来,灵魂具有的功能还可以分为两类:一类是认识功能,主要包括感觉、记忆、想象和思维,属于理性功能,具有主动性;另一类是动求功能,主要涉及欲望、动作、意志和情感,系灵魂的非理性功能,具有被动性,与肉体同生死。这一划分方法是西方心理学史上最早的二分法。

亚里士多德把感觉定义为辨别的官能,是生存的必要手段。同时,亚里士多德还把感觉分为特殊感觉和共同感觉这样两大类。他认为特殊感觉主要有触觉、味觉、嗅觉、听觉和视觉,其中触觉是最基本的一种;共同感觉是指执行特殊感官的感觉以上、抽象思维以下的中间功能,包括感知"共同的感觉对象",如运动、形状、时间以及对自我的感觉。这种共同感觉类似于我们今天所讲的知觉。此外,他对错觉、记忆、想象、欲望、情感、意志和做梦等问题都有过阐述。

亚里士多德作为"古希腊心理学思想的集大成者",对于欧洲心理学史的贡献有三个方面:一是初步确立了心理学的知识体系;二是介绍了灵魂的性质及其活动,使灵魂成为活跃的生物的一种表现,而活跃的生物又是灵魂的一种表现,根除了以前的灵魂与肉体的二元论;三是具体描述和阐释了人类的经验和行为,论述了觉醒、睡眠、做梦、记忆、情绪和人际关系等心理学问题。这些论述对后世的心理学思想产生了多方面的影响。他的具有自然科学倾向的心理学研究使其后的许多人深受启发,一代又一代的学者们从生理学、物理学、医学等自然科学的角度进行了不懈的研究,最终使心理学于19世纪末成为一门以实验室研究为主要手段的独立学科。同时也影响到了现代人本主义和精神分析学派的心理学家。

公元前4世纪—前2世纪,是古希腊城邦奴隶制的衰亡时期,史称"古希腊晚期"。而从公元前2世纪上半叶罗马征服希腊,直到公元476年西罗马帝国灭亡,为历史上的"古罗马时期"。从公元前322年亚里士多德去世开始,之后约800年期间,希腊文化逐渐与罗马文化相结合。在动荡的社会时代里,古希腊哲学的辉煌渐成为过去,哲学与民众的心理需求之间的鸿沟越来越大。社会更需要一种针对日常生活问题的哲学,即更关心"怎样的生活才是最美好的""什么是值得人们信仰的"。这一时期的重要哲学流派是怀疑学派、伊壁鸠鲁学派、斯多葛学派和新柏拉图学派。大多数哲学家都是通过注释前辈们的著作来阐述自己的思想,其中虽然包含有一定的心理学思想,但在思想广度和深度方面远远逊于其先辈的学术成就。

(二)基督教与经院哲学时期

亚里士多德之后,西方文化思想的发展经历了一个低潮时期,欧洲中世纪也被称为"神坛上的中世纪"或"黑暗时期"。在这个时代，许多古老的城市在战争中化为废墟，古希腊罗马的文明几乎被一扫而光。基督教会钳制着一切进步思想，神学占据了统治地位。

基督教是兴起于公元1世纪古罗马时期的一种宗教形式。早期的基督教提倡平等、博爱，因而它最早在地位最低贱和贫穷的人群中传播开来。公元2世纪中叶，在东方的亚历山大城和西方的罗马等地形成了几个基督教神学中心，其中一些人利用希腊哲学为基督教辩护制定了一整套教义体系。罗马时期，统治阶层出于政治原因，屡屡出现迫害基督教徒的事件。公元4世纪，基督教成为罗马的国教，开始在上层社会中发展起来。5世纪产生了教父哲学，12世纪盛行着经院哲学，它们都是系统化和理论化的基督教神学。与古希腊时期的哲学相比，基督教哲学的主要问题是神与人、天国与世俗的关系问题。其基本特点是：以神学代替哲学、以信仰代替理智、以内省代替观察、以宗教观替代科学观。这种基督教神学企图以哲学的形式为宗教神学和封建教会的统治服务，欧洲哲学沦为神学的婢女。因此，这一时期的哲学心理学思想免不了染上浓厚的宗教神学色彩。中世纪基督教哲学心理学是古希腊罗马哲学心理学，特别是柏拉图、亚里士多德的哲学思想和新柏拉图主义同基督教合流的产物。这一时期的心理学思想仍与灵魂问题有关，主要代表人物有奥古斯丁和阿奎那。

1. 奥古斯丁

奥古斯丁(Augustine,354—430)是最为著名的基督教哲学家，也是教父哲学的最主要代表，其与心理学有关的代表著作有《论自由意志》《论灵魂不朽》和《论灵魂两元》等。在心身关系问题上，奥古斯丁强调了灵魂对身体的主导地位，但是他也认为灵魂和身体是上帝同时创造的，各自有其独特的功能。身体是物质的，灵魂是非物质的，分布于身体的各个部位，管理、控制着动作和行为。所以，灵魂和身体是具有主从关系的两个实体。从这一观点出发，他不同意柏拉图贬低身体的倾向。

奥古斯丁对心理学的最杰出贡献是第一次使用了内省法，被认为是心理学中的第一个内省主义者。他把知识分为两类：外部感觉和主观内省。通过感觉，人们了解着外部世界；通过主观的内省，认识到灵魂的存在。内省为了解灵魂提供了一条有用的途径。通过内省，人们知道了灵魂的存在，人之所以能思维、能怀疑，是因为存在着一个思维、怀疑的主体，这个主体就是灵魂。灵魂通过内省理解了自己，确立了自己的存在。奥古斯丁的这一思想不仅影响了近代哲学家笛卡儿，也影响了后世的内省主义心理学。

2. 阿奎那

托马斯·阿奎那(Aquinas,1225—1274)是经院哲学最著名的代表人物，他的学说是中世纪神学与哲学的最大、最全面的体系。他的心理学思想包括这样几个方面：在灵魂与身体的关系方面，他认为灵魂是纯精神的，是独立于身体的实体。灵魂是不灭的，因为灵魂是上帝创造的实体形式，在人出生时与身体结合，人是肉体和灵魂的统一体，灵魂和肉体的结合形成生命，两者的分离则意味着生命的结束。但是，灵魂并不随肉体的消亡而消亡，生命虽然结束了，灵魂依然存在，所以灵魂是不朽的。灵魂具有能力或官能，即营养能力、感觉能力、追求能力、运动能力和理性能力。虽然动物和植物都有灵魂，但只有人的灵魂同时具备这五种能力。灵魂的理性能力是灵魂的最高形式，只有人才具备这个能力。理性可以控制情欲和欲望,是受人类的自由意志控制的。阿奎那也阐述了认识活动的性质与过程。提出认识过程由四个阶段组成:第一阶段是感觉过程;在认识过程的第二个阶段,感觉影像在理智的作用下,形成"共像",或称"理智影像";第三个阶段是"印入影像",即理智被动地接受了感觉影像;在认识过程的第四个阶段,理智把印入的影像与其他表象联系起来,即"陈述影像"。阿奎那的思想体系中包含了丰富的心理学思想,对后世产生了一定的影响。

(三) 文艺复兴时期

14—16世纪的文艺复兴时期是西方文明的一个重要历史时期。文艺复兴表面上是指对希腊罗马古典文化的复兴,实际上是"欧洲新兴市民阶级通过复兴古典文化的形式,在意识形态领域内以世俗文化来否定宗教文化,建立反封建的资产阶级新思想、新文化的运动"。国外一些思想家认为,从文艺复兴到18世纪法国的启蒙运动,是人类思想文明史上的第二次人性启蒙运动。革命导师对文艺复兴运动评价也很高,恩格斯称赞"这是一次人类从来没有经历过的最伟大的、最进步的变革,是一个需要巨人而且产生了巨人——在思维能力、热情和性格方面,在多才多艺和学识渊博方面的巨人的时代"。

文艺复兴是一个人类自我发现的时代,人们的思想从空幻的宗教世界回到了现实的世界,从清静的神学圣院回到了烦乱的尘世生活,从而勇敢地直面自然、研究自然,并发现了人自身。自然和人成了当时思想界探讨的中心问题。文艺复兴时期的自然哲学家力图摆脱亚里士多德的框架,反对基督教神学和经院哲学。他们根据当时自然科学发展的最新成果,提出了具有唯物主义的认识论思想,强调经验观察对研究心理现象的重要意义,重视经验和理性的结合,他们这种重视经验观察和实验的思想,同自然科学发展的趋势是一致的。这一时期有许多新学说和新发现,如哥白尼的太阳中心说、哈维的血液循环说和伽利略在天文学上的新发现等。这些学说和发现的共同特点是它们来源于经验的方法,都是依赖于可观察的事件,而不是仅仅依赖理性的推理。另一方面,文艺复兴时期也表现出了许多过渡时期的特点。对自然科学的研究往往与占星术、魔术和炼金术纠缠在一起,新科学尚未完全获得独立。当时的心理学思想明显地受到了基督教神学的束缚。

文艺复兴的一个重要特征是人文主义思想的崛起。人文主义思想是中世纪末期新兴的资产阶级的人性论和人道主义,是文艺复兴时期反对维护宗教神学的主要社会思潮,也是文艺复兴时期心理学思想的核心内容和基本精神。富尔指出,"中世纪的科学是神学,研究的是上帝。文艺复兴的科学是人文主义,研究的是人"。人文主义的特征在于它以"人"为中心,而不同于中世纪教会宣扬的以上帝和来世为中心。它提倡人性,反对神性;提倡人权,反对神权;提倡个性自由,反对宗教桎梏。肯定人有追求财富和幸福的权利,歌颂爱情,解放个性,发展个人才智,高扬冒险精神。对于人文主义者而言,宇宙的发现、新航路的开辟,远远没有比人对自身的发现更伟大。人文主义的杰出代表是但丁、爱拉斯谟、斐微斯和蒙田等人。

意大利诗人但丁(Dante Alighieri,1265—1321)是文艺复兴运动的先驱。他在代表作《神曲》中,鞭挞了封建宗教专制的教皇和僧侣,肯定人的个性解放要求和对世俗生活的享受。但丁提出,人具有天赋的理性,人有意志自由,人能够做出正确的判断并见之于行动。他说:

"就人完成的业绩而言,人的高贵超过了天神。"

荷兰著名的人文主义者爱拉斯谟(Erasmus,1466—1536)也认为,人是自由的,人有无限的潜力,教育可以做到任何事情。他反对教会要求基督徒按统一的教义规定来行事。爱拉斯谟在《愚神颂》一书中,讽刺基督徒把肉体看作是灵魂的罪恶,认为企图逃离肉体是愚蠢、疯狂的观念和行为。爱拉斯谟提出,一切感觉都与人的肉体有关,而且有些情感也与肉体有关。在此基础上,他对感觉、情感和冲动等问题进行了分类。杨鑫辉认为,"这说明爱拉斯谟已认识到了心与身之间的密切关系"。

西班牙杰出的思想家斐微斯(JuanLuisVives,1492—1540)主张从经验来研究心理现象,强调心理现象可以直接研究,而不必先去研究什么灵魂问题。斐微斯认为,一切知识都是从感觉开始的,从感觉到想象、从想象到理性是人的认识产生的必然途径。他就联想和记忆做过观察研究,并对情感现象作了论述,认为情感影响人的全部活动。斐微斯还注意到了情感的个别差异问题,对病理心理也提出了精辟的观点。他认为,对精神失常的人应该给以足够的营养,对这些人应该温和,而不能歧视、嘲笑他们,应该使他们心神安静,这样才有希望使这些病人康复。

文艺复兴后期代表、法国人文主义者蒙田(MicheldeMontaigne,1533—1592)在其作品《散文集》中,对人类的心理和行为进行过深刻而富有洞察力的剖析,他反对人类的狂妄自大,揭露了人类的迷信、偏见、杀戮、迫害等丑恶现象,以怀疑主义作为思想武器批判经院哲学。蒙田与大多数文艺复兴早期的人文主义者所不同的是,他并不赞美人类的理性,也不认为人比其他动物高级。相反地,他认为,正是人类的理性能力才导致了许多罪恶,而动物也由于缺乏理性能力而比人类高明。蒙田在古希腊罗马怀疑论者的基础上,进一步对科学和真理也提出了怀疑。在他看来,科学的真理经常处在一种不断变化的状态,因此,科学也并不是一种获得可靠知识的方法。他也反对感觉经验论,认为感觉通常是虚幻的,往往受到人的身体状况和个人经历的干扰,所以感觉经验并不能成为科学认识的合理指南。与其他人文主义者的乐观主义形成明显区别的是,蒙田的观点中充满了悲观主义的情绪。

文艺复兴时期还有许多人文主义学者,如文学家莎士比亚、政治学家马基雅维里、艺术家米开朗琪罗、教育家利维坦、宗教改革家马丁·路德等巨人,虽然他们并没有直接对哲学或心理学有所创新,但是这些人文主义者对人类本性和潜能的探索体现出了巨大的热情和一定的成就,他们有关人的发现和人能够改善世界的观点促进了科学的发展。

二、西方近代哲学心理学思想

17、18世纪,西方哲学进入了一个新的发展阶段,涌现出了笛卡儿、康德、黑格尔等一批思想巨人。在思想上,这一时期的哲学家不仅继承了文艺复兴运动中以人性反神性、以人权反神权,批判中世纪的宗教神学意识形态的精神,而且明确提出了自由、平等、博爱等天赋人权口号,其最为突出的特点是崇尚人的理性,用人的理性代替上帝的智慧,"我思故我在"。以人为本,以人的理性为标准,用人的感官观察事物,用人的头脑(理性)判断是非,用人的理性支配自己的行为,不盲从和迷信传统和权威,从而为科学的发展开辟了道路。在哲学上,这一时期,近代西方哲学发展的一个重大转向是由古代哲学家们重视"世界的本质和本源是什么",转移到了"怎样更科学地认识世界",即由本体论的哲学问题转到认识论的哲学问题。而认识论的哲学问题同心理学的研究存在着密切的关系。

近代西方哲学中最为突出的心理学思想有以下几个方面:

一是心身关系问题,即身体和心理之间怎样相互联系。在此之前,许多学者已经对这一问题阐述了自己的观点,如柏拉图和亚里士多德等人,但他们都是在抽象的意义上谈论这一问题。在这一时期,有关身心问题的探讨更为具体,开始与经验观察得到的资料相联系,出现了"交感论"与"平行论"两种身心关系学说。

二是经验主义与理性主义的对立。经验主义认为一切知识均来自于感觉经验,"凡存在于理性中的,无不先存在于感觉经验中",强调感觉经验是认识的唯一源泉。与之对立的观点是理性主义。理性主义否认感觉经验的作用,强调理性在知识获得中的决定作用。一些理性主义者并不否认感觉经验在知识获得中的作用,然而在他们看来,由经验感觉所获得的知识是杂乱无章的。只有经过理性的过滤、选择、加工和整理,才能成为可靠的知识。

三是先验论与天赋论的学说。先验论、天赋论与经验主义的观点相对立。经验主义主张一切知识来源于经验,但是先验论、天赋论认为,某些知识不是来自经验,如上帝的观念、几何公理、思维范畴等,它们均具有先验论的性质。天赋论的观点在现代西方心理学中仍然有所表现,如现代心理学中的模块论观点,认知心理学家乔姆斯基的语法转换生成学说等。

四是联想主义学说。联想作为一种心理活动形式,在很久以前学者们就已经开始论及这一问题,像亚里士多德谈到了联想律的问题。在近代,联想主义的学说在经验主义的范畴里得到了迅速的发展。他们认为,从经验得到的知识是零碎而不系统的,因此必须借助联想才能解释心理的整体特性。联想主义以物理机械主义的观点来解释一切心理现象,讨论联想的机制和规律。这一学说对科学心理学的建立具有极为重要的意义。以下分别阐述这一时期几个重要人物的心理学思想。

(一) 笛卡儿

笛卡儿(R. Descartes,1596—1650)是近代法国著名的哲学家、数学家,在西方近代心理学发展史上有着重要影响。他也是理性主义最著名的代表。在漫长的西欧中世纪里,神学统治着一切。哲学和科学都附属于神学,一切服从于信仰。到了近代资产阶级革命以后,哲学家和科学家对神学的真理提出挑战。笛卡儿生活的时代,宗教影响仍十分强大,这直接促成了他的二重真理论:信仰的真理和科学的真理。他同时提出了两种获得真理的方法:一是经验的归纳法,二是理性的演绎法。笛卡儿贬低感觉经验的作用,认为感觉常常欺骗我们,只有通过理性的推理得到的知识才是可靠的。他从理性主义的认识论出发,主张怀疑一切,对以往的一切知识都要进行清理,置于理性的天平上进行衡量。笛卡儿因此成为理性演绎法的首位倡导者。这种方法就是:首先凭直觉确立若干

图1-4 笛卡儿

不证自明的公理,然后从这些公理出发,推演出其他命题和定理,以构成一个知识系统。

笛卡儿有句名言,那就是"我思故我在"。"我思"和"我在"确立了两个独立存在的实体:物质和精神。心物两分法的传统由此开始。在笛卡儿看来,精神实体的本性是能思维,但不占空间;物质实体占有空间,但是却不能思维。关于两者之间的关系,笛卡儿提出了著名的"身心交感论"。他认为两者在人类的有机体内是相互作用的,作为物质实体的身体影响心灵,作为精神实体的心灵也影响身体,两者通过大脑中的松果腺而交互影响。

笛卡儿把物质和精神区别开来,假设了一个精神自我的存在,既然作为精神的自我不同于外在的物质,且遵循自己独特的规律,那么就需要一门独立的科学对这一领域进行研究,由此为心理学日后的独立奠定思想基础。笛卡儿影响较大的另一学说是"反射论"。该学说体现了他的机械论思想,许多心理学家把行为主义心理学的思想渊源追溯至笛卡儿的反射学说。

(二) 莱布尼茨

莱布尼茨(G. W. Leibnitz,1646—1716)是德国古典哲学的思想先驱,也是近代德国哲学心理学思想的始祖。他最著名的学说是单子论。依照莱布尼茨的观点,世界万物都是由单子构成的,单子是能动的客观精神实体,是一切事物的基础,物质只是单子的外部表现。单子是封闭的,依照其内部的规律而运作,不受外部世界的支配。灵魂和身体是两个单子,各自按照自己的规律活动着,两者互不影响。由此便产生了一个问题,即怎么解释身体和心理的对应关系呢?莱布尼茨认为这是上帝预先安排好的,即所谓的"先定和谐"。有如两架走时精确的时钟,以同样的方式和速率行走,但两者之间却没有任何因果关系。由此引申的一个结论是,身体和心理是平行的,虽然两者存在着和谐一致的关系,但是两者之间互不影响,不存在因果关系。

在知识的来源方面,莱布尼茨认为,人的心理并不是一块白板,而是像一块具有一定纹路和形式的大理石,其本身的纹路和形式决定了它只能被雕刻成这种塑像,而不是另一种塑像,或者说:"观念与真理是作为倾向、禀赋、习性或自然的潜在能力,而天赋在我们心中。"

拓展阅读 1-1

莱布尼茨与中国文化①

莱布尼茨生活的年代正值我国清朝的康熙时代(清顺治三年至康熙五十五年),那时有一批欧洲传教士在中国传教,他们把西方的一些科学知识带入中国,也陆续把中国的许多传统文化传入西方。莱布尼茨对中国文化的浓厚兴趣持续于他的一生,自20岁

---

① 孙小礼.莱布尼茨与中国文化[M].北京:首都师范大学出版社,2006:163.

起至70岁逝世,他始终在关注和研究中国。在17世纪末,他利用传教士们的通信和报告,编辑出版了轰动欧洲的《中国新事萃编》一书,他在该书的绪论中写道:"我们从前谁也不相信世界上还有比我们的伦理更美满、立身处世之道更进步的民族存在,现在东方的中国,给我们以一大觉醒!东西双方比较起来,我觉得在工艺技术上,彼此难分高低;关于思想理论方面,我们虽略高一筹,但在实践哲学方面,实在不能不承认我们相形见绌。"他临终前还在撰写的一篇著作是《论中国人的自然神学》。莱布尼茨希望以传教士们为媒介,积极开展中西方文化交流,为此,他数十年如一日,坚持不懈地做了种种努力。由于莱布尼茨是与牛顿齐名的大科学家,又是近代欧洲可与康德齐名的一位哲学泰斗,还是继亚里士多德之后的另一位伟大的百科全书式学者,所以他的中国观,他对中西方文化交流的许多见解,在欧洲乃至全世界都有极其深远的影响。

(三)洛克

洛克(Locke,1632—1704)是英国近代著名的哲学家,经验主义最著名的代表人物,也是联想心理学的先驱人物。他所著的《人类理智论》(1690)一书含有丰富的心理学思想。洛克反对笛卡儿的天赋观念论,认为人的心灵在出生时犹如一块白板或一张白纸,一切知识都是从后天经验中得到的,全部的知识都来源于经验,都建立在感觉经验的基础上。没有什么天赋的观念或天赋的原则。观念的来源不外乎两个方面:一是感觉,另一个是反省。感觉是由外物的作用而引起的,是外部经验;反省是心灵对内部心理活动的体验,如思维、怀疑和推论等,归根结底离不开感觉经验。天赋论的一个主要论据就是诸如上帝的观

图1-5 洛克

念、几何学的公理、逻辑学上的同一律和矛盾律等是人们"普遍同意的",因而是天赋的。洛克对此指出,世界上有许多民族以及无神论者根本就不信仰上帝,儿童和白痴也没有几何公理和逻辑思想律的观念,因此根本不存在所谓的"普遍同意",这一论据是站不住脚的。洛克进一步把观念分成两类,即第一性的质的观念和第二性的质的观念。第一性的质的观念是关于物体的体积、广延、形状、运动、静止等性质的观念。这种观念同自己的原型是相似的,是事物的肖像,是对客观性质的反映。第二性的质的观念是物体的色、声、香、味等性质的观念。这种观念没有与之相符合的原型,只有引起这种观念的诱因,如颜色的观念,物体本身并没有颜色,只有波长。所以第二性的质的观念不是客观事物的映像,只是一种主观感受。从观念的形成过程来看,洛克又把观念分为简单观念和复杂观念。由感觉或反省直接得到的观念是简单观念。简单观念是观念的基本元素;简单观念经过不同的结合就构成复杂观念。简单观念是消极被动的,是外物强加给心灵的,心灵既不能产生也不能毁灭它们。复杂观念则要求理智的能动作用。复杂观念赖以形成的重要机制之一就是联想,联想把

简单观念进行结合,组成复杂观念。联想有两种,即自然的联想和习惯的联想。自然的联想是指观念之间因相似、接近等因素自然而然的结合;习惯的联想则指通过多次使用而形成的联想。

洛克的经验论和联想论使他被称为联想主义心理学的先驱,而联想主义心理学为科学心理学的建立奠定了理论基础。

(四) 康德

康德(I. Kant,1724—1804)是德国古典哲学最著名的代表人物,其理论的特征是站在理性主义的立场上调和经验论与唯理论。在认识论方面,康德认为我们的一切知识都起源于经验,只有经验能不断扩大我们的知识范围,它是增加新的知识内容的唯一基础,因此真正的知识都是经验的知识,一切知识都开始于经验。但是康德又认为,经验之所以成为可能,是因为有"先验范畴"作为基础。先验范畴有这几种——量的范畴:统一性、复杂性、总体性;质的范畴:实在性、否定性、限制性;关系的范畴:依附性、实体性、原因性、结果性、交互性;样式的范畴:可能性与不可能性、存在性与不存在性、必然性与

图 1-6 康德

偶然性。这些先验范畴是与生俱来的,并不依赖于后天的经验。相反,它们规范、构造着经验,使经验知识成为可能。单纯来自感官经验的知识是不可靠的,即没有普遍性和必然性。若要使来自经验的知识成为具有普遍性和必然性的知识,则必须经过理性的加工和整理。

康德把上述先验范畴都看成是先天的思维形式,由它们组织和整理着经验,使经验的知识成为真正的知识。在《纯粹理性批判》一书中,康德以语言的学习为例,阐述了经验与先验范畴之间的互动关系。根据他的观点,通过学习,每个人都可以掌握一门特殊的语言,这是经验的作用,但是掌握语言的能力却是人类心灵的基本特性,掌握语言的能力先验地存在着,决定着人们可以通过后天的经验掌握一门特殊的语言。康德的这一观点对现代心理学家皮亚杰和乔姆斯基的理论产生了重要的影响。康德有关科学特性的观点在德国古典哲学以及随后的心理学中也有着一定的影响。康德认为,科学首先依靠的是理性而不是经验,其次,真正的科学以处于一定时间和空间中的可观察物为研究对象,可以使用实验方法,并能用数学形式表述它的定理和定律。按照这样一个标准,当时的心理学显然还不是真正的科学。康德甚至认为,心理学不可能成为科学。正因为如此,第一代德国心理学家努力改造旧的哲学心理学,使之符合康德的标准,最终导致了科学心理学的建立。

(五) 赫尔巴特

赫尔巴特(J. F. Herbart,1776—1841)是德国著名的唯心主义哲学家,也是近代教育史和心理学史上具有重要地位的学者。他有三本最重要的心理学著作,一本是《心理学教科书》(1816),另一本是《建立在经验、形而上学和数学之上的心理学》(1824—1825),还有一本为《关于心理学应用于教育学的几封信》(1831)。

赫尔巴特第一次明确宣称心理学是一门科学,而不赞同康德关于心理学永远不能成为一门科学的观点。赫尔巴特认为,任何科学都是建立在经验之上的,作为科学的心理学也应该是经验的科学,而不是实验的科学。如果要实验,就必须把构成心理学的问题分割开来,而人的精神、心理是一种整体运作的不可分割的现象。然而他相信,心理活动可以用数学来表达,从这个意义上来看,心理学至少能够成为一门数学式的科学。他在心理学史上第一次运用数学的方法开展对心理问题的研究,虽然脱离了实验而仍带有哲学的色彩,但这对后来韦伯、费希纳等人创立心理物理学方法产生了一定的影响。

图1-7 赫尔巴特

赫根汉指出,赫尔巴特的哲学思想"为经验主义和理性主义提供了一个重要的联结"。他的目标就是像牛顿用数学来揭示物理现象那样,以数学的方式来描述心灵观念之间的各种关系。他赞同经验主义者的观点,认为观念来源于经验,观念可以看作是残留的感觉印象。但同时,他又继承了莱布尼茨关于灵魂单子具有活动能量的观点,认为所有的观念都是活动的,都力图在意识中得到表现,观念之间具有相互吸引和排斥的力量,相似的观念之间相互吸引,从而形成复杂观念,出现融合或复合的现象。而不一致的观念之间相互排斥,从而避免矛盾,这就是抑制。赫尔巴特吸收了莱布尼茨的统觉概念,认为相互一致的观念在特定的时候都能在人的意识中堆积起来,形成一组观念,这种相互一致的观念构成了统觉团。统觉团包含了所有我们正在注意的观念。在赫尔巴特看来,在统觉团之外的观念就是没有意识到的观念或无意识。为了进一步揭示观念之间相互作用的规律,他还提出了"意识阈"这一概念来描述意识与无意识之间的区别界限。意识阈不是固定不变的,任何观念要进入意识内,都必须与意识中原有的观念整体和谐,否则就要被排斥。他的这些观念对费希纳、冯特、弗洛伊德和皮亚杰都产生了重要影响。

赫尔巴特还被誉为"第一位教育心理学家"。他将理论运用于教育。赫尔巴特认为,教育、教学的科学基础是心理学。他所建立的"四段论"教学体系(即将教学划分为"明了、联想、系统和方法"),实际上已把教育学和心理学结合成为一个紧密联系的有机体。赫尔巴特还率先提出,教师是人类的一种神圣职业,从事这种神圣的职业必须具备两门基本的知识:一门是伦理学,另一门是心理学,即要求教师在道德品质方面要高于其他人,并了解和尊重学生的心理。

(六) 黑格尔

黑格尔(G. W. Hegel,1770—1831)是德国古典哲学最重要的代表人物,是唯心辩证法的哲学心理学家。他做过家庭教师、报纸编辑和中学校长,主要是在大学任教。1818年,黑格尔被普鲁士政府委任为柏林大学教授,主持哲学讲座,1830年又被提升为校长。

从1817年到1829年,他先后在海德堡大学、柏林大学讲授过7个学期的心理学课程。主要著作有:《精神现象学》(1807)、《逻辑学》(1812—1816)、《哲学全书》(包括《逻辑学》

《自然哲学》《精神哲学》，1817)、《法哲学原理》(1821)等。其中，被誉为"黑格尔的圣经"的《精神现象学》和《精神哲学》中的"心理学"部分，表达了黑格尔的哲学心理学思想。

黑格尔建立了历史上最庞大的客观唯心主义和辩证法的哲学体系，它是刚刚形成的德国近代资产阶级日益增长的社会革命要求以及它仍然具有的软弱性、妥协性和保守性在哲学上的反映。黑格尔不仅对哲学的发展有历史的功绩，而且对心理学的发展也有一定的贡献：首先，黑格尔反对经验心理学、面相学和骨相学，强调理性心理学研究的重要性。他认为一个人的真实性是不能从他的面相、骨相中看到的，只能从他的行为里表现出来。黑格尔认为，经验心理学是肤浅的，理性心理学是高深的。理性心理学有三个显著特点：第一，它是凭借抽象思想的范畴去研究灵魂的本质，不是对灵魂现象的经验的研究。他说，经验心理学的弊病在于，它是"以知觉为出发点，只限于列举并描写知觉所供给的事实"。第二，黑格尔认为，理性心理学研究的对象是揭示"灵魂的内在性质"，任务是研究"人的知识和活动的诸形式"，而不是研究"它们的内容"。例如，感性、知觉、思维、情感、冲动和意志等均属于心理学研究的对象。至于意识内容，则属于法、艺术、宗教和哲学研究的范围。第三，理性心理学是"从心灵的具体实在性和能动性去考察心灵"，决不能认为心灵是一个无过程的存在。在黑格尔看来，把"心灵之无过程的内在性与其外在的表现分开"，是一切旧心理学的特征。黑格尔反对经验心理学的思想，强调心理学要从过程或形式的角度研究心理本质的思想是很宝贵的。当然，由于他否认客观世界的独立存在，把周围世界视为个体自身的"呈现"，这就决定了他的理性心理学具有十足的唯心主义性质。

图1-8　黑格尔

黑格尔为西方哲学创立了庞大的形而上学思想体系，自从他去世之后，正如狄尔泰所讲的那样：哲学精神指导生活的功能从宏大的形而上学体系转移到实证研究的工作。从19世纪中叶以来，各种因素导致体系哲学对科学、文学、宗教生活和政治的影响离奇下降。这说明黑格尔对精神现象的理论建构并没有成功。

（七）哈特莱

哈特莱(D. Hartley，1705—1757)是联想主义心理学的主要缔造者。哈特莱采取经验主义的立场建立了联想主义心理学体系。他强调感觉经验是认识的源泉，感觉经验通过复杂的联想而形成思想体系。同时，哈特莱将物理学中的振动说应用于神经系统，认为外物作用于感官引起神经振动，进而引起脑的振动时便产生了感觉。他还指出，人脑内的振动在刺激停止以后还会持续一段时间，但振动会越来越细微，他将这种细微的振动称之为微振。哈特莱用微振来解释一些心理现象，如视觉的微振表现为视觉后象、感知的微振表现为记忆。他的神经振动学说

图1-9　哈特莱

强调了对心理现象的生理分析,尽管这种分析并非是科学的,但却开创了生理心理学的研究传统,因而影响了实验心理学的创立。

哈特莱十分重视联想的作用,坚持用联想来解释各种心理现象。联想有两种,即同时联想和相继联想。几个同时发生的感觉通过联想可以合成复杂的知觉,苦与乐的感觉的复合和联想可形成不同的情绪。而观念与运动的联想则构成了意志行为的基础。哈特莱以神经振动说来解释联想的生理基础,强调心理对生理的依赖性,开创了生理心理学的研究,形成了比较完整的联想主义心理学的体系,因而被称为联想主义心理学的缔造者。

哈特莱之后,联想主义心理学又相继出现了詹姆斯·穆勒(J. Mill, 1773—1836)和约翰·穆勒(J. S. Mill, 1805—1873)等人,从心理力学和心理化学这两个不同的侧面发展了哈特莱的联想主义心理学。无论是心理力学还是心理化学的观点,其意义都在于提供了研究心理现象的一种途径和方法,即通过鉴别简单的心理元素可促进对复杂的心理现象的了解,这对科学心理学的建立具有方法论的意义。

第二节 西方心理学的科学渊源

西方文艺复兴运动之后,自然科学发展的高歌猛进和日益成功,对心理学的研究产生了很大的吸引力。至19世纪中期,天文学、解剖学、生物学和物理学等多门自然科学已获得巨大进步,这些学科的共同特点是信奉实验的方法,自然科学的这些成功使得一些心理学家意识到,心理学若要摆脱哲学的束缚而成为一门独立的学科,则必须把观察和实验的方法引入心理学,把心理学建成一门实验科学。正如牛顿(I. Newton, 1642—1727)所言:"凡不是从现象中推导出来的任何说法都应该称之为假说,而这种假说无论是形而上学的或者是物理学的,在实验哲学中都没有它们的地位。"对心理学的发展产生了较大影响的自然科学研究有以下几个方面。

一、古代医学和生理学中的心理学思想

希波克拉底(Hippocrates,约公元前460—前370)是古希腊的著名医生,欧洲医学的奠基人,被西方尊为"医学之父"。希波克拉底提出了著名的"体液学说",认为复杂的人体是由血液、粘液、黄胆、黑胆这四种体液组成的,四种体液在人体内的比例不同,形成了人的不同气质:性情急躁、动作迅猛的胆汁质,性情活跃、动作灵敏的多血质,性情沉静、动作迟缓的粘液质,性情脆弱、动作迟钝的抑郁质。人之所以会得病,就是由于四种液体不平衡造成的。而液体失调又是外界因素影响的结果。所以他认为一个医生进入某个城市首先要注意这个城市的方向、土壤、气候、风向、水源、水、饮食习惯、生活方式等这些与人的健康和疾病有密切关系的环境因素。希波克拉底的"体液学说"演化为后来的气质理论,是现代心理学的重要组成部分。

盖伦(Galen,约130—200)是古希腊哲学家和医生,也是古代医学的集大成者,曾在亚历山大城学医,后来在罗马旅行、讲学和著书。盖伦强调脑是理性灵魂的器官。他所讲的理性

灵魂的功能主要有外部功能和内部功能两种。外部功能即五种感官的功能,内部功能则指想象、判断、记忆和动作等要素。盖伦强调,非理性的灵魂功能如情感并不在人脑,而位于心脏和肝脏器官。在心身关系问题上,盖伦把身体放在第一位。他认为,心理和生理的作用只是同一生命的不同方面。心理疾病可以通过身体来医治。人的恶性也是一种病,是由不正常的体质所引起的。盖伦将希波克拉底的医学理论一直传递到文艺复兴时期,并在此基础上发展了自己的理论。盖伦的许多知识来自于他对活体动物的解剖。比如他切断猪的神经来显示它们的作用,当他切断喉神经(后被称为"盖伦神经")时,猪就不叫了;他系住活体动物的输尿管来显示尿来自于肾;他破坏脊椎来显示动物瘫痪的原因。正因为他的大多数解剖知识是从解剖猪、狗和猴得来的,所以从今天的角度看,盖伦的理论只有部分是对的,很多是错的。

二、近代生物学与心理学

19世纪是生物学大发展的时代,其中细胞学说和进化论促进了生物学科学体系的建立和完善。随着生物学的进一步发展,生理学在19世纪30年代也从生物学中逐渐分化出来,成为一门独立的实验科学并取得了丰硕的研究成果。一些生理学家进一步扩展了自己的研究兴趣,探讨生理物质机制与精神、心理活动的关系,创造了一些比较有效的实验方法,取得了许多有科学价值的研究资料,形成了介于生理学和心理学之间的一个新研究领域——生理心理学,从而为实验心理学的诞生奠定了比较牢固的科学基础。

(一) 关于脑机能的研究

在19世纪中叶以前,有关"脑是心理的器官"的说法并没有得到普遍承认。还有一些学者认为心脏是心理的器官。但此时已有一些学者认为精神病的起因与脑的病变有关。颅相学正是在这一基础上形成的。

1. 颅相学

颅相学的创立者是加尔(F. Gall,1758—1828)和他的学生施普茨海姆(J. Spurzheim,1778—1832)。加尔是一位解剖学家,专门从事头和脑的研究。他认为大脑是心理机能的定居部位,心理特性与头颅的形状之间有一种相关的关系。任何一种机能的过度活动都能导致大脑和颅骨相应部位的增大,因而我们可以根据一个人的颅骨的形状去推测他的心理特点。颅相学有三个基本命题:第一,头的外部结构与脑的结构有关;第二,心灵可分成许多机能;第三,头盖骨的形状与心灵的机能相关。加尔把心理的机能分为37种,又将头盖骨分成大小不同的37个区域,从每个区域的形状可以观测该区域所代表的心理功能是否发达。颅相学在民间曾兴盛一时,但由于缺乏科学依据而为科学界所不齿。它的贡献是:承认了脑是心理的器官,使人们注意到心与脑的关系问题;另外,激起了脑机能定位的研究,由于要从科学上辨别颅相学的真伪,许多科学家开始研究脑机能的问题。下述弗卢龙的大脑机能统一说就是在这个背景下产生的。

2. 弗卢龙的大脑机能统一说

为了驳斥加尔的颅相学,法国生理学家弗卢龙(M. Floureens,1794—1867)写了《评颅相学》一书,分析批判了颅相学的伪科学性质,试图把脑生理建立在科学的基础上。弗卢龙使用切除法系统地探测动物的脑和脊髓不同部位的功能,他发现,尽管中枢神经系统可依照性质和机能区分为几个主要不同的部分,但仍构成一个统一的整体,即神经系统的功能是统一的。神经系统的某一部分受损伤,其他部分可以补偿这个部分的功能,这便是"大脑机能统一说"。弗卢龙的切除法为后来的动物实验心理学提供了有效方法。

3. 布罗卡言语中枢的发现

法国医生布罗卡(P. Broca,1824—1880)在临床上发现一个病人发音器官正常,但是不会说话,几天后,这个病人突然死去,经验尸,发现病人的左脑半球额下回后部受伤,因此布罗卡把这个部位定义为言语运动中枢,后人称之为"布罗卡言语中枢"。言语中枢的发现对大脑机能统一说是一个严峻的挑战。这一发现再一次使人们相信脑机能有着特殊的定位。

4. 感觉和运动中枢的发现

1870年,德国医生弗里奇(G. Fritsch,1838—1927)在为伤兵包扎时,发现触到裸露的大脑皮质时会引起对侧的肢体运动。同一时期,希齐格(E. Hitzig,1838—1907)也发现用电流刺激大脑皮质表面的某些部位可以引起眼动。后来二人合作以电刺激法研究狗的大脑皮质,发现大脑皮质中央前回为运动功能的中枢,之后又有人找到了感觉中枢。这些发现似乎支持了脑机能的定位说。关于大脑机能定位还是机能统一的争论一直持续到20世纪。这一争论的意义是:第一,巩固了脑是心理的器官的概念;第二,所使用的切除法、临床观察法、电刺激法为实验心理学的产生提供了研究方法;第三,推动了感觉生理心理学的发展。

(二) 关于神经生理学的研究

19世纪的神经生理学不仅在大脑机能定位的问题上取得了许多研究进展,而且对于神经活动在体内如何传导的问题上有了显著的突破,其中影响较大的有:

1. 神经冲动的电性质

18世纪80年代,伽伐尼(L. Galvani,1737—1798)发现,若用两根金属棒分别接触蛙腿神经和蛙腿,当两棒相触时便可引起蛙腿动作。这一发现证明了神经冲动具有电的性质。

2. 神经冲动的传导速度

赫尔姆霍茨(H. Helmhotz,1821—1894)发现神经冲动的传导速度是可以测量的,他以蛙神经的实验证实,神经传导的速度每秒不到50米。这一发现的意义是使心理学家认识到心理过程是可以进行实验和测量的。

3. 贝尔—马戎第定律

贝尔(C. Bell,1774—1842)是英国生理学家和医生。他对心理学的贡献是发现了感觉神经和运动神经的差异律。法国生理学家马戎第(F. Magendie,1795—1878)不久也独立发现了神经运动的这一规律。所以这个发现被称为贝尔—马戎第定律。根据这一定律,神经不是混合地传导感觉冲动和运动冲动,而是单向的。这一定律为反射和反射弧概念奠定了科学的基础。

4. 神经特殊能学说

这一学说的创立者是德国生理学家约翰内斯·缪勒(J. Muller,1801—1858)。缪勒认为人的感觉神经共有五种,每种神经具有自己特殊的性质即"能"。不同的刺激作用于同一感官可导致同一感觉,如光和电皆可引起光的感觉;同一刺激作用于不同感官会引起不同的感觉。感觉的性质依靠受刺激的神经的性质而定。虽然缪勒的学说支持了哲学上的"不可知论",但是他把对神经的探讨深入到了神经纤维层面;提出了外在刺激的主观映像问题。现代生理学的研究证明神经的功能是专门化的,甚至在同一感觉器官内,不同的神经组织和神经细胞都进一步专门化。这在一定程度上证实了神经特殊能学说。

(三)感觉的生理心理学研究

由于神经生理学和大脑机能研究的进展给感觉生理学提供了可供借鉴的方法,因而19世纪的生理学家开始注意研究视觉和听觉现象,并获得可喜的进展。如赫尔姆霍茨有关色觉的研究,提出了视觉的三色说;海林(E. Hering,1834—1918)提出了色觉的抗色说;普肯野现象的发现等,这些研究都涉及感觉的生理心理学问题,为以后的实验心理学提供了研究课题和方法,扩展了实验心理学的范围。

三、近代物理学与心理学

(一)人差方程式

在科学知识的演化过程中,最先是天文学从哲学中分化了出来,其次是物理学的分化。1796年,格林尼治皇家天文台的马斯基林(N. Maskelyne)发现他的助手金内布鲁克(D. Kinnebrook)观察星体通过子午线的时间总是比自己落后十分之八秒,他以为这是金内布鲁克粗心所致,因而将其辞退。此事引起德国天文学家贝塞尔(F. Bessel)的注意,他把自己的观察与其他著名天文学家进行比较,发现他们之间也存在误差,而这种误差并非个人的细心或粗心所致,而是来源于个别差异。贝塞尔把人们之间观察时间上的个别差异以公式表示,称之为"人差方程式"。人差方程式的发现激发了人们对反应时间研究的兴趣,给早期的实验心理学提供了直接的研究课题。

(二)伽利略关于事物的两种性质学说

由伽利略开创的、牛顿奠基的近代实验物理学体系,早在18世纪便已发展到了"几乎完善无缺的程度",成为自然科学中"最美的一门科学"。物理学的实验方法为研究生命现象的生理学提供了科学工具。意大利著名科学家伽利略(G. Galilei,1564—1642)不仅是卓越的数学家,近代实验科学的奠基人之一,同时也是文艺复兴时代自然哲学家的杰出代表。他出生于意大利一个没落的贵族家庭,25岁时就被任命为比萨大学的数学教授。受哥白尼和开普勒的影响,伽利略把宇宙和自然视为一架完美的机器,只有通过实验和测量并使用数学概念,才能认识理解宇宙这一完美的机器。在伽利略开创的近代自然科学体系中,自然界的一切客观事物均具有两种性质,即"第一性质"和"第二性质"。伽利略把事物的广延、形状、运动状态和不可分性等固有属性称作第一性质;而把事物的颜色、声音、气味等感官属性称为第二性质。按照他的观点,第一性质属于一个绝对不变而真实的客观世界本身;第二性质的事物是由第一性质作用于人的感觉器官而引起的对真实世界的印象,属于人的世界。

伽利略把心理学的研究内容完全排除在科学之外。对于他而言,客观实在能够而且应该科学地加以研究。而人类的心理、意识经验包含着第二性的特质,因此永远无法用客观的科学方法研究。赫根汉指出,他的这一观点,是人类历史上"第一次把人的意识经验看作次要、不真实而且完全依赖感觉的,而感觉则是虚假的。外在于人类的世界是真实、重要且受尊重的。这样,伽利略把我们现在包含在心理学中的内容排除在科学之外,而且许多现代自然科学家也拒绝把心理学作为一门科学,其拒绝的理由和伽利略一样"。但是,伽利略否定心理学研究的观点,同时也为后世的科学家提供了一个怀疑的标靶。从此以后,许多学者付出了艰苦的努力,对人的心理经验进行了大量可以客观量化的研究,获得了丰富的研究成果。

(三)韦伯定律

19世纪物理学中电学、光学和声学日新月异的发展,进一步促进了神经生理学和感官生理学的研究。这一时期,物理学对心理学的影响主要表现在这样两个方面:一是通过生理学中大量使用实验方法的中介研究,为实验心理学的诞生奠定了生理心理学研究基础;二是物理学与心理学的直接结合而形成了心理物理学这样的新研究形态,对实验心理学的发展作出了巨大贡献。在感觉生理学的研究中,视觉和听觉得到了高度重视。其中德国生理学家韦伯(E. Weber,1795—1878)对触觉的研究,对于实验心理学的创立具有特别重要的意义。

韦伯研究了不同重量物体之间的最小可觉差,总结出心理学的第一个定量法则——韦伯定律,即 $K=\Delta I/I$,其中 K 是常数,Δ 是强度增加量,I 是强度,ΔI 是刚刚能引起感觉的刺激增加量。这一定律表明,尽管物理刺激同它引起的知觉之间并不存在直接的对应关系,但在身体和心理之间、刺激和感觉之间却存在相互依存的关系,且这种关系可用数学公式加以表示。韦伯的研究激起了许多学者以数量化的方法研究心理感觉过程的浓厚兴趣。

(四)费希纳的心理物理学研究

费希纳(G. Fechner,1801—1887)是心理学发展史上重要的学者,主要著作有《心理物理学纲要》(1860)、《美学初探》(1876)、《论心理物理学》(1877)、《心理物理学要义》(1882)等。

费希纳在韦伯的研究结果的基础上,对物理刺激和心理感觉之间的关系进行了更为系统而深入的研究。他发现,物理刺激强度与心理感觉量之间并不存在相互对应的关系,即刺激强度的增加不会产生感觉强度的相应增加。也就是说,当物理刺激强度以几何级数增加时,心理感觉量则以算术级数增加。费希纳以一个方程式来表

图1-10 费希纳

示这种关系：$S=K\log R$，其中 S 是感觉量，K 是常数，R 是刺激量。这一公式说明，刺激和感觉之间是一种对数关系。以后的学者通过研究发现，这一公式只在中等刺激强度范围内才有效。费希纳的宏伟理想是建立一门研究心理与物质世界之间关系的学科，它称之为"心理物理学"。为了完成这一任务，费希纳创造了三种心理测量方法，即均差法、正误法和最小可觉差法。这三种方法经过不断改进，至今仍然是现代心理学的基本实验方法。

费希纳的心理物理学对于实验心理学的创立具有极其重要的意义。舒尔茨曾经指出：

> 冯特能够设想出建立实验心理学的计划，这主要归功于费希纳的心理物理学研究……费希纳为物理世界与精神世界的关系找到了一种数学的说明。他关于测量感觉以及把感觉与刺激变量联系起来的出色而独立的见解，对认识韦伯工作的含义与结果以及应用这些含义和结果使心理学成为一门精确的科学，乃是不可缺少的。

由于费希纳并没有尝试建立实验心理学，他所规划的心理物理学也不过是为了证明自己的哲学观点，因而学术界普遍认为是冯特而不是费希纳建立了实验心理学。

拓展阅读 1-2

杰出的心理物理学家费希纳[①]

费希纳是德国物理学家、实验心理学家，心理物理学、实验美学的创始人。他是心理物理学创始人韦伯的表弟。有人做过统计，在费希纳从事脑力研究工作的 70 多年中，其中 7 年用于生理学研究，15 年用于物理学研究，14 年用于心理物理学研究，11 年用于实验美学研究，其他时间用于哲学研究。但在所有这些研究领域中，名望最高的却是其对心理物理学的研究。

费希纳出生于德国东南部的一个小村庄，病逝于德国莱比锡。他的父亲是当地的一位牧师，费希纳 5 岁时失去父亲，由母亲及叔父抚养长大。1817 年进入莱比锡大学医学系，当时韦伯正在该校任教。1822 年费希纳获医学博士学位，此后便在莱比锡度过了一生。此后他开始把兴趣转向数学和物理学，并于 1824 年在莱比锡大学讲授物理学，发表过欧姆定律等方面的论文，因而人们开始把他看成物理学家，后被任命为莱比锡大学物理学系教授。在 19 世纪 30 年代末，费希纳逐渐对感觉问题产生了兴趣。为了研究视觉后象，他长时间透过有色玻璃观察太阳而使眼睛受到严重伤害，以致一生未能痊愈。此外他因过度工作而身心疲惫，患上了神经衰弱、神经性抑郁和疑病症，产生过自杀的念头，不得已于 1839 年辞去物理学讲席教授休假 3 年。病中他备受痛苦，在妻子

[①] 华夏心理学网[EB/OL].[2009-01-23]. http://www.china1net.com.

的悉心照料下,他又奇迹般地恢复了健康。病愈后,费希纳的兴趣又从心理物理学转向了哲学和美学,开始研究心身关系和爱情问题。1865年费希纳发表了他的第一篇美学论文,开始钻研美学。

1884年后,由于眼疾不能从事科学实验,费希纳又改而研究哲学。他喜欢谢林的哲学和自然科学论著,长期致力于寻求一种科学的方法,以使精神与物质两方面的范畴统一于灵魂之中。他赞同斯宾诺莎的心身合一论,相信身体和心理是一体之两面,进而采用科学方法加以证明,他企图用实验的方法确定物理刺激变化和感觉变化之间的关系。1860年,费希纳出版了《心理物理学纲要》,该书标志着心理物理学的诞生,被誉为心理学脱离哲学而成为科学的里程碑。费希纳因其心理物理学而闻名,他补充修正了韦伯定律而使其成为费希纳定律。

舒尔茨曾写道:"1850年10月22日早晨,心理学史上的一个重要日子,费希纳忽然领悟到心与身之间的联系法则可以用物质刺激与心理感觉之间的数量关系来说明。"费希纳称这个公式为韦伯定律,其实这个定律已超出了韦伯发现的事实,后人便把这个公式称为韦伯-费希纳定律,或直接叫做费希纳定律。费希纳在去世前的11年内又集中研究心理物理学,于1882年发表《心理物理学要义》一书,竭力为他的心理物理学辩护。康德曾预言,心理学绝不可能成为科学,因为它不可能通过实验来测量心理过程。由于费希纳的研究,科学家才第一次能够测量精神。后来,冯特利用这些最初的创造性成就,把它们组织和综合成为心理学的基础。艾宾浩斯也从这部著作中受到启发,把数学方法用于记忆和学习领域,为心理学作出了巨大的贡献。

第三节　科学心理学的建立

科学心理学不仅是哲学和自然科学日益发展的产物,同时也是自身矛盾运动发展的必然结果。心理学的建立有着自己独特的学科发展特点。

19世纪中后期,各门自然科学的讨论都交叉到了心理学问题上来,心理学成为实验科学的条件日益成熟。继物理学、化学和生物学等自然科学日益成熟之后,随着工业技术革命的完成和社会发展日新月异的需要,西方又掀起了一场"新科学建设"运动,以生理学、社会学、教育学等为代表的一批新科学的诞生,为心理学的独立起到了极为巨大的推动作用。1879年,德国学者冯特,这位被誉为"19世纪的亚里士多德"式学者,在德国的莱比锡大学建立了世界上第一个心理实验室,标志着心理学这门实验新科学的正式创立。当然,心理学的真正独立远不仅仅是建立一个标志性的实验室那么简单,而是这门学科实现"体系化"的过程。

一、科学心理学诞生的社会历史条件

心理学是19世纪下半叶涌现出的新科学运动的杰出代表。如前所述,19世纪是自然科

学取得辉煌胜利的全盛时代。自然科学的三大发现——能量转化与守恒定律、进化论和细胞学说直接推动了人们对自然、生命和人类的新认识与理解,进而"掀开了心理学澎湃发展的序幕"。其不仅为科学心理学的产生提供了思想知识武器,同时也提供了研究方法工具。这三大发现和这一时代的其他科学成就,使得自然科学研究集中于揭示事物的演变过程、研究事物的发生和发展。人们开始从个别科学领域各种过程的联系,看到自然界这一整体联系的基本情景。

赫尔姆霍兹等人的能量转化与守恒定律破除了长期在哲学中盛行的生机论观点,打破了有机界与无机界之间不可逾越的鸿沟。人和动物机体只能由食物获得生命力量,食物的化学能转化为数量相等的热能和机械作用就是生命活动,有力地说明生命机体完全可以通过机体自身的物理化学过程得到解释,而不需要以超自然的力量来解释。

英国生物学家达尔文(C. Darwin, 1809—1882)对心理学的贡献也十分卓著。他的划时代巨著《物种起源》发表于1859年。进化论揭示了宇宙事物由无生物到有生物、从低级生命细胞到高级生命机体呈现出阶梯式的发展的规律。进化论中的许多观念,像遗传、环境、个体差异、适应等概念,几乎成为以后科学心理学研究的重要主题,特别是对美国心理学的铸造和影响更为突出。

二、心理学在德国的创立

心理学独立之前,自然科学在19世纪欧洲大部分国家得到发展,特别是在英国、法国和德国。英国的实证经验主义和联想主义心理学取得了很大的成就,而法国的启蒙主义思想家和感觉主义心理学也有了相当成熟的发展。虽然当时德国在欧洲大陆并非是科学上最发达的国家,特别是在自然科学方面,英国和法国比德国更先进,然而,实验心理学并没有在英国和法国产生,却被德国人获得了发明权。根据心理史学家舒尔茨的总结,"德国对科学的态度"和"大学改革运动",使德国成为新心理学更为"肥沃的土壤"。一方面,在对待科学的态度方面,德国人对科学的界定比较宽泛,而英国和法国人对待科学的理解则仅限于能够用数量化方法研究的学科,如物理和化学。德国的科学包括了语言学、历史、考古、伦理学和社会学等内容,甚至文学批评等领域。英国和法国的学者对应用科学方法于复杂的人类心灵表示怀疑。英法科学家喜欢用演绎的数学方法,而对全面收集资料的归纳方法不够重视。这些国家的科学界当时迟迟不接受生物学和生理学。与之形成鲜明对照的是,德国人则欢迎生物学进入科学的大家庭。实验生理学在德国建立了牢固的学术地位,这为实验心理学的发展铺平了道路。同时,德国的哲学家康德和黑格尔也提出要用科学的方法研究物理世界和精神世界的关系。

另一方面,德国的大学制度有利于心理学的发展。洪堡开创了新的大学模式。19世纪初期,以柏林大学为代表的高等教育改革浪潮席卷了整个德国的大学。1809年,柏林大学的成立被公认为是现代意义大学产生的标志。柏林模式强调"大学应当同时进行科学研究和教学两项工作",促进科学技术的发展和国家经济的发展。学术自由成为这一时期改革的中心内容:大学教授们得到鼓励,可以不受外界干扰地讲授知识内容和从事研究课题;学生们可以自由地选择他们喜欢的课程，不受固定的限制。德国大学为科学研究的繁荣和应用科学技术提供了理想的环境和机会。而且1870年前后，德国许多大学的财政状况良好，教师工资高，实验室设备先进。而当时英格兰只有牛津和剑桥两所大学，这两所大学固守传统，不鼓励和支持科学研究事业，同时还不允许在大学的课程设置上增加任何新的研究领域。如剑桥大学于1877年否决了讲授实验心理学的请求，随后20年，剑桥大学禁止开展实验心理学的教学活动。一直到1936年以后，牛津大学才允许开设实验心理学课程。英国的科学家只有像达尔文和高尔顿那样的绅士式学者，才能有足够的收入在衣食无忧之余从事科学研究事业。法国也存在类似的情况。美国约翰斯·霍普金斯大学（以下简称霍普金斯大学）在1876年开始支持心理学研究，以前也没有一所大学鼓励这项事业。正因为如此，在舒尔茨看来："对心理学的独立作出贡献的学者几乎都是德国大学的教授，这绝不是什么巧合的事情。"

本章小结

1. 以1879年德国学者冯特建立实验心理学为标志，西方心理学可分为两个大的历史时期，即科学心理学建立之前的"前科学心理学时期"和科学心理学建立之后的"科学心理学时期"。在两千多年的前科学时期里，西方心理学有两条发展的线索，即心理学在哲学内的起源和在科学内的起源。西方心理学的哲学起源为实验心理学的建立提供了思想、概念和理论基础，而西方心理学在科学内的起源则为实验心理学的建立提供了科学精神和研究范式，并且奠定了研究方法的基础。

2. 在人类思想文明史上，人性的觉悟、启蒙和自我发现经历了三次大的转折：第一次觉醒发生在公元前500年左右，即我国的春秋战国时代和欧洲的古希腊罗马时代；第二次人性的觉醒和思想启蒙运动发生在公元1500年的文艺复兴时期至18世纪；第三次人性的觉醒和解放爆发于19世纪，特别是马克思主义、现代主义以及当代的后现代主义，成为人类灿烂思想的杰出代表。

3. 西方心理学的哲学起源最早发端于古希腊罗马哲学。古希腊早期哲学开掘了西方思想的源头，集中关注自然问题，并逐渐转向关心人间的问题，尤其是认识和道德问题，吸引并激发了后来的思想家的许多智慧。随着西方心理学史的发展，古希腊哲学心理学所阐发的各种思想又都有了新的特点和新的发展。繁荣时期的古希腊哲学心理学思想，以柏拉图和亚里士多德影响最大。

4. 文艺复兴时期是欧洲由神坛上的中世纪逐渐向近代社会转变的大变革时代。这一时期的哲学思想重心出现转向，逐渐由基督教神学转移到人和自然上来。这种转向和变化也反映在文艺复兴时期的心理学思想上。文艺复兴时期的自然哲学家力图摆脱亚里士多德的框架，反对基督教神学和经院哲学。他们根据当时自然科学发展的最新成果，提出了具有唯物主义的认识论思想，强调经验观察对研究心理现象的重要意义，重视经验和理性的结合，这种重视经验观察和实验的思想，同自然科学发展的精神相一致。

5. 17、18世纪,西方近代哲学进入了一个新的发展阶段,关注的问题由古代哲学家们重视的"世界的本质和本源是什么"转移到了"怎样更科学地认识世界",即由本体论的哲学问题转到认识论的哲学问题。而认识论的哲学问题同心理学的研究存在十分密切的关系。近代西方哲学中最为突出的心理学思想主要表现在心身关系问题、经验主义、先验天赋论和联想主义等问题上。

6. 联合国教科文组织确定的世界十大文化名人,分别是孔子、柏拉图、亚里士多德、哥白尼、牛顿、达尔文、培根、阿奎那、伏尔泰、康德。

7. 西方近代不仅是哲学发展的时代,更是科学大发展的时代。19世纪自然科学的三大发现以及生理心理学、心理物理学等新科学与实验方法的出现,对科学心理学的真正独立和社会学术地位的提高所作出的贡献,在一定程度上超过了哲学。

8. 实验心理学在德国的首先出现有着深刻的社会历史背景和有利的学术环境。

复习与思考

一、名词解释

1. 经验主义 2. 理性主义 3. 联想主义 4. 体液学说 5. 颅相学 6. 大脑机能统一说 7. 人差方程式 8. 事物的两种性质学说

二、问答题

1. 为什么说古希腊罗马哲学思想是现代心理学的开端?
2. 试比较柏拉图与亚里士多德的哲学心理学思想。
3. 简述基督教与经院哲学时期心理学思想的主要特点。
4. 简述文艺复兴时期人文主义心理学的特征与进步意义。
5. 简述古代医学和生理学中的心理学思想。
6. 19世纪三大自然科学发现对心理学有哪些影响?
7. 试析科学心理学为什么首先在德国创立。

三、论述题

1. 论近代生物学研究和物理学为心理学的创立所作出的贡献。
2. 为什么说心理学的自然科学地位来之不易?

第二章 冯特与德国的心理学

📖 本章导读

本章讲述科学心理学的创始人冯特及其同时代德国心理学家的历史贡献,科学心理学创建时期的总体面貌是本章的基本主题。第一节集中于冯特的心理学研究,除了冯特的生平简介,内容还包括冯特的心理科学观、实验内省法、冯特的心理学理论建构以及有关冯特的争论和评价等。作为科学心理学的创始人,冯特的心理学思想是理解和在讲述与他同时代心理学家时无可争议的参照坐标。第二节有选择地介绍了几位与冯特同时代的德国心理学家以及理论流派,包括布伦塔诺、艾宾浩斯、屈尔佩和符兹堡学派等。

📍 学习目标

1. 能回答"为什么说冯特是科学心理学的创始人?"。
2. 掌握冯特的心理科学观。
3. 理解冯特关于认识、情绪、意志的理论,掌握他关于统觉的学说。
4. 了解冯特晚年有关文化心理学的研究成果。
5. 掌握布伦塔诺的心理学思想。
6. 了解艾宾浩斯对心理学的贡献。
7. 知道什么是无意象思维,把握符兹堡学派及其历史贡献。

在上一章,我们已经学习了19世纪后半叶科学心理学创建时期的历史背景和催生心理科学的主要学术成就。"现在所需要的是某个人把这些结合在一起,去'建立'这门新科学。"对于讲述"心理学的故事"的历史学家来说,这意味着要从众多候选者中,确认一个恰当的主人公,赋予他历史的荣誉,使他成为理解心理学史的坐标起点。这个主人公就是德国哲学家威廉·冯特,他以一生的努力成就了创建科学心理学的光辉伟业。

第一节 冯特的"新"心理学

一、冯特生平

威廉·马克西米利安·冯特(W. Wundt,1832—1920),出生于德国巴登邦一个路德派牧师家庭,父母都出身名门,他是家中第四个也是最小的孩子。受忙碌的父亲的委托,一个严肃的年轻牧师负责冯特的启蒙教育,直到冯特进入中学。冯特在中学的第一年是一场灾难:他没有朋友,经常做白日梦,被老师体罚,以至最后退学。冯特到海德堡市重读中学,中学毕业后进入杜平根大学医学预备课程班,一年后转入海德堡大学学医。冯特父亲的家族曾经为海德堡大学贡献过两位校长。1855年,24岁的冯特以最高荣誉毕业,并在全国医学委员会的考试中名列第一。1857年,冯特获得海德堡大学医学博士学位,留校任生理学讲师。

图2-1 心理学的创始人冯特

1856年春,冯特曾经赴柏林追随约翰内斯·缪勒研究生理学。缪勒有"实验生理学之父"的美誉,柏林大学更是荟萃了当时最优秀的科学家和最伟大的学者,这段经历是冯特从为谋生而学医转向毕生追求学术研究的转折点。1858年,新任生理学系负责人赫尔姆霍兹指名冯特担任他的助手,他们合作了13年,直到赫尔姆霍兹1871年离任。在此期间,冯特完成了《感官知觉理论的贡献》(1858—1862)。与此前发表的几种生理学研究、著述不同,此书是冯特的第一本心理学著作,书中正式提出了"实验心理学"。默菲指出,"可以毫不夸张地说,实验心理学的概念在很大程度上是冯特自己的创造"。

1859年,冯特在人类学系开设了一门今天可以称之为"文化心理学"的课程,这门课的主题是关于个体与社会关系的研究。40年后,亦即在他生命的最后20年间(1900—1920年),冯特写作了他的10卷本的鸿篇巨著《文化心理学》,又称《民族心理学》。

1863年,《人类与动物心理学讲义》一书出版。在评析既有研究的基础上,冯特在这本书中规划了他雄心勃勃的哲学——实验心理学研究纲领。1864年,冯特开设"自然科学的心理学"讲座,1867年改为"生理心理学"。在海德堡的最后两年,冯特出版了他的两卷本《生理心理学原理》(1873—1874),卡特尔称这部著作是心理学独立的宣言书。这是冯特最有影响力的著作,在此后的37年当中,这本书修订再版了六次,1911年的最后一版已经发展为三卷本,共2353页。至此,冯特的心理学思想大成。

冯特在1874年就任苏黎士大学哲学教授,1875年转任莱比锡大学哲学教授,此后一直在莱比锡工作,达45年之久。1879年,冯特在莱比锡大学建立实验室,这被心理学史家普遍地视为科学心理学诞生的标志。1881年,冯特创办《哲学研究》杂志,这是历史上第一种实验心理学的专业期刊。1889年,冯特被任命为莱比锡大学校长。此外,冯特还担任过巴登邦议会下院议员和工会领导人。总的说来,"冯特的一生是安闲无事的学者的生活,不分心于世事俗务,他所有一切引人注意的事情都属于心理学的"。

冯特一生勤奋治学,曾是心理学史上著名的"多产冠军"。他的再传弟子,美国著名心理学史家、《实验心理学史》的作者波林,统计了冯特从1853年到1920年的著述,共491种、53735页,"这相当于整整六十八年,日夜不停,每两分钟一个字"。冯特的写作如此之多,如此之快,以至于"批评家正在捉摸冯特的一个观点,可冯特在新版中已改变了。他的论敌也不知道在冯特许多著作中究竟攻击哪一本书"。来自英国的铁钦纳在赴莱比锡之前,翻译了新发行的《生理心理学原理》第三版;当他来到莱比锡时,却被告知第四版即将脱稿;等到后来铁钦纳完成了第四版的翻译,又因第五版的发行而放弃付印。1920年,就在冯特去世的前几天,他完成了自传《经历与认识》,这是他的最后一部著作。

由于科学心理学的创建和独立,1913 年,德国一些大学的哲学教授上书联邦政府,要求把心理学从哲学系中分离出去。80 岁高龄的冯特发表《为生存而奋斗的心理学》,在这本小册子中,他阐述了心理学与哲学之间不可割裂的关系。早在 1863 年,冯特就曾经论述过两者之间的关系,心理学相对于哲学而言的独立性:

> 它(指心理学)拒绝在任何意义上视心理学的研究依赖于过去形而上学的结论。我们宁愿颠倒心理学与哲学的关系,就像很久以前经验的自然科学颠倒它同自然哲学的关系那样——即自然科学拒绝了所有那些没有建立在经验基础上的哲学思辨。心理学不应该建立在哲学的假设上,相反,我们需要的哲学是:在其每一个步骤上它都给予心理的、科学的和经验的事实以足够的重视,正是因为如此,它的思辨才具有了价值。

对于冯特来说,"哲学"意味着对纯粹智慧的追求。他的全部的学术活动、全部的实验心理学(或称生理心理学)与文化(民族)心理学,共同构成了他真正的哲学体系。作为科学心理学的创始人,冯特并不是心理学教授;无论在社会身份上,还是在他自己的心目中,威廉·冯特虽以生理学家的身份开始其学术活动,但最终是一个哲学家。心理学从生理学和哲学两条历史根系中衍展而生,心理学与这两个学术部门之间的关系也就成为冯特需要解决的首要问题。冯特并不是在历史脉络之外独创了某种"新"的心理学的科学范式,而是在历史自身的逻辑沿革中,使心理学获得了相对于生理学和哲学两种历史渊源而言的独立合法性。这是理解"科学心理学的创建"所必需的语境和前提。

拓展阅读 2-1

课堂上的冯特[①]

冯特是一个受学生欢迎的教师。曾经有一次,听课注册的学生超过了 600 人。他的学生铁钦纳在第一次聆听他的讲课之后,在 1890 年所写的一封信中,对他的课堂教学风格作了如下描述:

教室管理员打开了房门,冯特走了进来。当然,从皮靴到领带,全是黑色的。他的肩膀很窄,身材瘦削,略微有点曲背。他给人以身材很高的印象,但我怀疑他实际上不会超过 5.9 英尺。

他踢跶踢跶地(没有别的词可以描述了)走到教室一侧的过道,走上讲台。啪哒、啪哒,好像他的鞋底是木头的。这种走路的踩踏声在我听来确实有点难听,但似乎没有人注意到这一点。

他站到了讲台上,这样我就可以更清楚地看到他了。他的头发是铁灰色的,比较浓

[①] 杜·舒尔茨(Duane P. Schultz),西德尼·埃伦·舒尔茨(Sydney Ellen Schultz),现代心理学史[M]. 叶浩生,译. 南京:江苏教育出版社,2005:197—198.

> 密,但是有些秃顶——头顶上的几缕头发是从边上小心地梳理上去的。
> 　　讲课时,冯特并不参照教案,尽管在他的两肘之间放着几页纸,就我所看到的而言,他从未低头翻看……
> 　　冯特的手并不闲着,他的双肘支在讲台上,但是手和手臂不停地指点和挥动,动作轻柔……似乎以某种神秘的方式在做着阐释……
> 　　下课铃声一响,他立刻停止讲课,然后又像进来的时候那样,略微地曲着背,啪哒、啪哒地走了出去。如果不是这可笑的啪哒声,我会对他的整堂课都钦佩不已。

二、冯特的心理科学观

(一) 心理学是一门实验科学

冯特继承了康德的基本哲学思想,但反对康德关于心理学无法进行量化研究的观点。在那个时代典型知识分子的心目中,"科学"首先意味着量化的实验研究。作为一个生理学家,冯特心目中的心理学首先应该是一门量化的、实验的科学。冯特相信,并不是所有的心理现象都无法进行量化、实验研究,"感官知觉理论"所贡献的,就是一种实验心理学的雏形。显然,对于海德堡时期的冯特来说,生理学本身就已经意味着一种充分的实验心理学。这是冯特心理科学观的第一个要点:作为冯特创建科学心理学所必然秉持的逻辑起点、科学追求和基本信念,在冯特的心目中,心理学是一门实验科学。

(二) 身心平行论

在《生理心理学原理》的早期版本中,"神经系统的研究被期望能清楚地预示人类意识的性质。然而,在1893年的第四版中,只保留了方法论上的联结,生理心理学仅仅意味着实验心理学"。在逻辑上,当身为哲学教授的冯特不再把心理学视为生理学的简单延伸时,"心身关系问题"也就凸显出来:如果生理学无法完全解释心理活动,那么心理现象与生理现象之间的关系应该如何认识呢?冯特以一种莱布尼兹式的二元论回答了这个问题,他主张"身心平行论",即生理和心理平行运作,互不影响。根据这种学说,生理过程和心理过程就像两架同样精确的时钟,分别有各自的规律,而两架时钟之间却不存在任何因果关系。身心平行论是对科学心理学与其生理学母体学科之间关系问题的一种解决方式,也是冯特1863年出版的《人类与动物心理学讲义》的第一讲和最后一讲共有的主题:

> 我们发现了一个普遍的真理,即心理过程与体内的确定的生理过程是相互联结的,特别是与大脑内的生理过程相联结,这两者之间存在着一种一致的动作……只能把这种联结看作是同时存在着的两个因果系列的"平行论",但是,由于它们条件的不可比较性,而不会直接发生相互干扰。无论我们在何处碰到这种原理,我们都将其命名为"身心平行论"。

在今天,仍然有很多心理学家试图把心理现象归结为生理现象,这种错误的认识论倾向在理论心理学中被称为"生理还原论"。出身于生理学家的冯特,没有沦为"生理还原论者"。但是,身心平行论割裂了生理与心理之间的逻辑联系,在实验研究中也会遇到问题,因为接受心理刺激的只能是生理意义上的感官。身心平行论是冯特心理科学观的第二个要点,反映出他的理论体系中的一个基本矛盾。

(三)实验心理学与文化心理学的二元论划分

根据赫德尔和维柯的传统,德国典型的知识分子明确地区分自然科学和精神科学。这种知识论来自柏拉图主义的世界图式:人处于世俗肉体生活与神赐灵魂的永恒冲突之中。在逻辑上,心理学所关注的当然是"灵魂",而"肉体"在身心平行论的思想中与心理现象并没有因果关系。然而,冯特显然在其心理学体系的建构中使用了这种二元论,他首先把心理现象区分为可以进行实验研究的基本心理过程和无法进行实验研究的"高级"心理现象,继而以文化心理学与生理心理学分庭抗礼。对于冯特来说,文化心理学属于文化研究的领域,而生理心理学则代表了心理学的实验研究。这就是冯特对心理学体系的实验心理学与文化心理学二元论划分。在今天看来,强调复杂心理现象的文化制约性是必须的。这也是自从西方1970年代"社会心理学危机"以来,科学心理学创始人冯特的文化心理学思想备受瞩目的原因。在那个时代,冯特领导的主流心理学研究也被称为"内容心理学",研究者所关注的首先是敏感于文化差异的心理内容。例如,所知觉到的颜色类别与命名颜色的民族语言有直接关系。而官能、机能或机制(function)真正成为心理学压倒一切的主题,要等到冯特的著名弟子铁钦纳去世,美国的机能主义战胜铁钦纳的构造主义心理学。但是,以实验法研究"心理元素",而以文化研究的方法驾驭文化心理学,这种机械的二元论显然是粗糙的。今天的社会心理学家普遍相信,文化研究应该鼓励使用包括实验法在内的多种方法——在逻辑上,研究方法仅仅取决于所要解决的问题。

冯特所开创的科学心理学首先是实验心理学或生理心理学,但是,在他的晚年,特别是在其生命的最后10年,冯特的注意力已经从生理心理学转向文化心理学。波林感叹说,"假使冯特的年龄较轻,也许他的《生理心理学》能出第七版,并慎重地使这个研究的结果能与其体系的其余部分协调一致"。实际上,早在1862年出版的《感官知觉理论的贡献》一书中,冯特就已经规划了其心理学体系的这两个方面:一个是表现为个人意识过程的个体心理学,即实验心理学;另一个则是以人类共同生活方面的复杂精神过程为研究对象的民族心理学。但是,只有实验心理学才是科学心理学创建时期的主题,这种时代潮流并非科学心理学创始人冯特所能够左右。冯特的文化心理学长期处于被忽视的状态。1980年发表的一项调查表明,90年来,在《美国心理学家杂志》发表的文章中,在对冯特的所有著作的引用中,对《民族心理学》的引用不到4%,而对《生理心理学原理》的引用却占到了61%。似乎在世人的印象中,冯特仅仅是莱比锡实验室的创办者。用莱比锡实验室象征创建时期的科学心理学无疑是恰当的,但以之指代冯特的心理学则远非充分。

(四) 元素主义的认识论

心理学是一门实验科学。在排除了把心理学还原为生理学的可能性之后,冯特也进一步搁置了文化心理学。冯特认为,文化心理学所处理的高级心理过程和社会现象必须做比较观察,而只有基本心理过程才能进行分析,以析取可以进行实验控制和观察的心理元素。冯特遵循了元素主义的认识论。对他来说,实验心理学的任务就是:① 把意识历程分析为元素;② 判定这些元素的联合的情形;③ 并规定它们的联合的法则。元素主义主张心理现象必然存在基本的元素,必然是这些元素的某种结构。这很容易令人联想到,在西方思想的源头,古希腊自然哲学家们所孜孜以求的,也正是几乎同样性质的构成世界的"始基"。作为一个19世纪后半叶的生理学家和哲学家,冯特不可能不了解当时化学和物理学的进展;而探索基本元素也同样是当时化学和物理学所共有的思维方式。这种元素主义的认识论代表着19世纪后半叶自然科学的基本思维方式,元素意味着对复杂现象的简约化,使之能够适应原子论、机械论的线性因果关系。值得注意的是,冯特并未主张这些元素就是意识过程本身,而是把这些元素作为对意识过程进行分析的结果。元素虽然可以是精神实体,但也可以是精神实体的纯粹属性。"'实体'是一种形而上学的剩余物,心理学不会运用这个术语。"对于冯特来说,元素主义是他的认识论纲领和开展经验研究的科学思维方式。他说:"让我们记住这条法则,在我们熟悉预示着复杂现象的简单现象之前,我们不可能理解复杂现象。"这句话出自冯特1912年版的《心理学大纲》,看起来,无论是艾宾浩斯、屈尔佩等人早已完成的工作,还是美国心理学正在酝酿、发展中的行为主义浪潮,都没有影响到冯特根深蒂固的元素主义认识论。

析取心理元素服务于冯特的实验研究方法。在今天看来,心理学的经验研究可以选择测量、临床观察、话语分析等多种模式。但是,在冯特的时代,实验方法几乎是"科学"的强制性的选择。心理学的历史才刚刚开始,心理学家还无法宣称"因为是心理学,所以是科学";而只能接受"只有成为'科学',才能是心理学"的历史限定。后人对心理学始于冯特的"自然科学崇拜"多有诟病,但是,在19世纪末叶的德国,使心理学成为独立的科学门类的前提条件就是使心理学成为科学;而使心理学成为科学,意味着心理学的逻辑底蕴,它的基本的思维方式,它的基本的学术理念、理性与合理性,必须与物理学、化学等发达自然科学相一致,即必须具有自然科学的基本"形象"。

(五) 心理学研究的对象是直接经验

心理学成为科学的关键,在于实现经验研究。这并非来自科学哲学的规定,但实证主义科学哲学的确把握了这种学术文化的根本与精髓。冯特心理科学观的第五个要点,是一个了不起的理论心理学贡献:冯特主张心理学研究的对象是直接经验。所有的科学都建立在经验的基础上,科学心理学概莫能外。其他自然科学所研究的是间接经验,而心理学所研究的是直接经验。例如,物理学家所分析的并非是经验世界本身(如光波),而是关于这一经验世界的某种经验形式,如各种仪器记录或人类视觉感知。相对地,心理学所研究的经验则是人类的经验世界本身,即人类在世界中、对世界的经验本身,是我们经验物理世界时的心理过程。如果说元素主义认识论为冯特提供了心理学实验研究的思想方法,那么关于直接经验的论断则为冯特的实验心理学规划了基本的蓝图。但是,受限于元素主义的思维方式,在方法学上,冯特没有去追问如何获得对直接经验的间接测量,而是希望通过对内省加以实验限定的方式获得意识的元素。尽管如此,把"直接经验"的概念引入心理学,真正地在逻辑上(而不是在思维方式等"家族相似性"上)解决了"心理学何以成为科学"的问题:与其他科学研究一样,心理学有自己的经验基础。"直接经验"的进一步的含义就是,任何科学所宣称的经验研究,都建立在心理学所关注的直接经验的基础上。

冯特眼中的心理科学,在某种意义上代表着科学心理学创建时期的基本形象,至少是当时人们思考"什么是心理学"时的基本思维向度。首先,心理学必须是一门科学。作为一个生理学家,科学是冯特唯一能够接受的知识来源。作为一个哲学家、科学家,首先是经验研究,是区分"新"心理学与传统的人性论形而上学、"扶手椅"上的哲学思辨的基本原则。其次,心理与生理平行运作、互不影响。对于哲学来说,这绝非是陌生的论断,但是,对于生理学来说,这等于断绝了通往心理现象的知识统辖:心理学并非是生理学的简单延伸。再次,冯特的心理学体系包括实验心理学和文化心理学,前者以实验的方式处理基本心理过程,后者从文化研究的途径处理高级心理过程。这个二元论划分暗含着对当时自然科学和精神科学二分法的接受,也暗含着在实验研究领域对文化相关性的搁置乃至排除。我们将看到,这是冯特的心理学体系引起同时代心理学家争论的焦点。另一个引起争议的问题是他元素主义的思维方式。"冯特为他的实验心理学设定了两个主要目标:一是寻找基本的思维元素;二是寻找将心理元素结合为更复杂的心理经验的规律"。在历史上,冯特的元素主义往往被混淆于铁钦纳的构造主义,但是,对于冯特来说,心理元素还并不是独立而完整的精神实体,而仅仅是服务于经验分析的方法论原则。换句话说,冯特的元素主义认识论(回答"如何认识心理"的问题),到铁钦纳才发展为元素主义本体论(回答"心理是什么"的问题)。最后,在心理学作为一个独立经验研究部门的逻辑基础方面,冯特把心理学研究对象的性质确认为直接经验。这个论断体现了冯特关于心理本体的基本把握,同时也是他建构其实验研究方法的逻辑起点。"直接经验"可以理解为对经验直接的、同一的认识,这意味着对"直接经验"的认识依赖于"经验者"本身。因为根据冯特的定义,对"间接经验"的认识不属于心理学。

三、实验内省法

冯特来到莱比锡大学的第二年(即1876年),学校为他的实验设备提供了一个房间。这个实验室开始时由冯特私人筹办,直到1885年才被正式列入大学的部门名单。虽然詹姆斯在哈佛大学、斯顿夫(C. Stumpf)在柏林大学都曾经建立过类似的"心理学实验室",但似乎只有冯特在莱比锡大学组织、开展了系统的实验研究。到1879年正式创建的时候,他的实验室已经硕果累累,而且还指导学生进行了研究。实验室所刊布的第一篇研究报告,是马克斯·弗里德里希论混合反应的统觉时间。统觉研究也就是关于注意的研究。除此之外,冯特的莱比锡实验室还开展了大量的关于感知觉、反应时、词语联想以及感情或情绪的研究。

从1885年到1909年的15位实验室助理,"至少有十位实验心理学史中的著名人物"。莱比锡大学心理学实验室的影响如此之大,以至于1912年在莫斯科、1920年在东京,冯特的追随者们复制了这个实验室。在冯特的注册学生名单中,心理学史家还发现了中国留学生蔡元培。回国后,蔡元培先生以北京大学校长的身份,支持陈大齐创办了中国的第一个心理学实验室。

作为科学心理学诞生的标志,重要的不是可以用于心理学实验的房间,而是以莱比锡实验室为核心,形成了一个心理学研究者的世界共同体和心理学的社会建制。赫根汉指出,正是这个科学建制的产生,确立了心理学的社会存在:

> 到1890年,世界各地都有学生来到莱比锡,在冯特的实验室接受实验心理学的训练。此时,人们对一门富有成果的、科学的心理学几乎不可能再有什么疑虑了……到1897年,他获得了一整栋由他帮助设计的大楼。至此,冯特主导了实验心理学,而且这种状态维持了30年之久……在莱比锡期间,冯特指导了186篇博士学位论文,他的学生成为世界各地的实验心理学的先驱。

主宰莱比锡心理学实验室的研究方法一直是"实验内省法"。传统意义上的"内省法",实际上也就是"扶手椅"上的哲学家在辨证其理论体系时所惯用的基本思维方法。"人同此心,心同此理",这是大部分哲学家最基本的认识论假定。所以,根据内省和日常观察,主要是根据对自身心理生活的认识,哲学家自信地发展出各种复杂的人性论体系。

在1882年发表的《实验心理学的任务》一文中,冯特把这种传统的"内省主义"比作德国民间故事中一个著名的喜剧人物巴伦·封慕西豪森。故事中说,封慕西豪森陷进了流沙,为了脱险,他拼命地拔自己的头发——他希望拔着头发把自己从流沙中提起来。传统的或朴素的内省忽略了一个基本的事实:内省(自我意识)本身就是意识的一部分,而且是最直接、最重要的一部分。通过内省的方式研究心理现象似乎是不可能的。

但是,由于心理现象的直接经验性质,每个人的意识只有自己才能知道。冯特希望改造传统的内省法,使之能够符合作为一种科学实验方法的要求。我们知道,实验方法的优越性在于观测的可验证性,或者不如说,实验方法本身就是可以重复验证的观测。重复验证意味着同样的条件能产生同样的结果,如果能够对内省法施加客观的、可操作的条件约束,内省法也就可以发展成实验方法。

因此,冯特为实验内省法制定了具体的规则:第一,告知被试实验开始的时间,使被试作好内省观察的准备;第二,避免各种无关刺激的影响,在实验即内省观察开始之后,使被试能够集中注意于内部的心理活动;第三,控制实验条件,使实验所涉及的内省观察容易进行重复验证,观察必须能重复数次;第四,为使被试把刺激与自己的心理过程区别开,要经常变换刺激的条件,例如对刺激内容做出增减、对刺激强度进行升降等;第五,发展和利用多种记录仪器,以客观地记录被试的各种反应。我们知道,对直接经验进行间接测量,这是心理学实验方法未来发展的基本原则。虽然只是作为实验内省法的辅助,但莱比锡实验室收集了速示器、示波器、测时仪等实验研究工具。这些工具对实验心理学的贡献,甚至要大于冯特及其弟子们所进行的很多实验研究本身。

所谓实验内省法,就是在实验控制条件下的内省观察。具体地说,就是把被试置于标准化了的、从而可以重复操作的情境之中,使被试在实验控制的条件下作出自我观察报告,这大致相当于当代实验心理学中的自我报告法。不同的是,在当代实验心理学中,自我报告法或者是一种辅助的方法,或者是一种获得言语反应的方式,而很少直接地作为实验方法的主体使用。对于冯特来说,实验内省法不仅是实验方法的主体,而且是进行心理学实验必须的途径。原因无它,冯特过于依赖"直接经验"的元理论预设,以至于他相信实验研究方法本身也必须是"直接"的。在逻辑上,这里包含了一个混淆:认识直接经验并不等于通过直接经验所获得的认识。"心理学的研究对象是直接经验",这个命题一旦从本体论(心理是什么)滑向认识论(如何认识心理),凭借直接经验研究直接经验,实验内省法也就成了冯特作茧自缚的牢笼。

内省法并不可靠。即使施加了实验条件的控制,自我观察也一样存在观察者和被观察者之间的混淆。在根本上,与传统的或纯粹的内省法一样,实验内省法人为地在实验情境中额外赋予被试以"观察者"的角色,而这个观察者本身很难重新纳入实验观察之中。由于这个"观察者"角色的存在,冯特对传统内省法的批评,也一样适用于"实验内省法"。真正使冯特的实验心理学研究获得广泛意义的,反而是那些作为辅助手段的客观记录技术。西尔加德注意到,在大多数例子中,被试所要做的仅仅是报告"是"或"否",甚至只需要选择和按键,而不需要对内部心理过程进行描述。显然,一旦"内省"的成分被压缩到极致,这种技术与当代实验技术之间就已经不存在太大的差别。

"对于冯特来说,直接经验是无偏见的和没有受到个人解释影响的",这类似于同时期现象学方法论追求的目标。与此同时,冯特相信,同样的观察结果一定可以由不同的独立观察者获得。这也就是说,直接经验对于所有人都应该是一致的,而个体的特殊性则构成了对这种普世性的直接经验的"污染"。为了逼近和认识直接经验,冯特坚持对被试进行大量的(如上万次的)训练,直到被试能够机械化地、灵敏而专注地报告自己的意识经验。冯特称实验内省法为"内部知觉",以对比于天文学等学科中被他称为"外部知觉"的观察方法。实际上,冯特所追求的正是自然科学性质的精确观察。

四、冯特的心理学理论体系

冯特的心理学体系包括两个部分:生理心理学和文化心理学。生理心理学即实验心理学,除了不涉及记忆、思维等"高级"心理过程,大体相当于当代的普通心理学;文化心理学与当代的社会心理学不同,普遍被译为《民族心理学》的冯特的文化心理学,更多地被文化人类学家视为一种理论前导。虽然冯特从一开始就有意识地区分了两大知识体系,但是1900年之前,他一直专注于实验心理学的研究。在1863年的《人类与动物心理学讲义》中,这种专注被解释为一种保守的姿态:社会心理学当时还无法展开行之有效的经验研究。值得注意的是,在冯特的文化心理学与实验心理学之间,几乎没有任何内在关联。所以,与其把实验心理学与文化心理学视为冯特心理学体系的两个组成部分,不如视之为两种不同的冯特心理学。

在实验心理学部分,可以按照"知、情、意"三分法分别阐述冯特心理学理论的基本内容。由于西方文化的理智主义传统,认识过程一直是哲学心理学研究的重点,根据冯特"寻找思维元素以及综合规律"的目标,可以概括为"经验的分析与综合"。在内容上,情绪理论是"经验的分析与综合"的组成部分。冯特的情绪理论在心理学史中赫赫有名,不仅是铁钦纳情绪理论的基础,而且至今仍常见于情绪研究领域的回顾性引用。意志在冯特的心理学中居于特殊的理论位置,他以"意志主义"统摄自己的心理学理论体系。与元素主义心理学、内容心理学、意识心理学等较为宽泛的命名相比,"意志主义心理学"可以视为对冯特心理学理论体系的较为正式的称谓。

波林认为,"冯特既博学而复重体系",他的主要著作还包括《逻辑学》(1880—1883)、《伦理学》(1886)、《哲学系统》(1889)等,他的《哲学引论》(1901)到1922年为止,重印了8次。在冯特的时代,心理学尚未脱胎于哲学母体,所以这些著作中同样也包含心理学相关的内容。毕竟,对于冯特来说,心理学可以视为通往他的哲学体系的经验桥梁。

(一)实验心理学

1. 经验的分析与综合

对于冯特来说,心理学所研究的直接经验也就是意识过程。根据对意识过程的分析,冯特认为,最基本的心理元素有两个,即感觉和感情。作为基本心理元素的感觉并非现实地存在于意识过程中,而是研究者的分析结果。感觉具有强度和性质两种特征,并可以依据强度和性质不同进行分类。不同感觉的复合构成知觉,知觉才是意识过程的基本存在形式。心理复合的规律有三种,分别是心理关系原则、心理对比原则和创造性综合原则。根据心理关系原则,元素之间的相互关系决定个别元素的意义,亦即一个心理元素可以在不同的心理关系中产生不同的意义。心理对比原则是心理关系原则的特例,根据这一原则,相反的或对抗性的心理元素在一定范围内相互加强。创造性综合原则用以解释新的性质的产生,在这一过程中,各种不同心理元素所组成的心理复合体并非原有元素的简单相加,而是由于统觉的作用,产生了新的性质。

冯特所说的统觉相当于当代实验心理学中所说的"选择性注意"。根据冯特的理论,意识有一定的范围,任何心理内容只有进入这个范围才有可能得到理解。在意识的范围内,有一个较小范围的中心区域,冯特称之为"注意的焦点",进入注意焦点的心理内容能获得最大限度的清晰性和明显性。统觉就是把意识范围内的特定心理内容提升到注意焦点的过程。统觉具有心理复合的功能,由于统觉的作用,心理内容以处于注意焦点的意识过程为中心,形成一个整体的、新的、不同于既有各种心理元素的复合体。统觉是居于冯特认知理论核心地位的心理学概念。

在冯特之前,哲学家们倾向于使用"联想"的概念解释复杂的认识现象,即"联想主义心理学"。联想可以理解为简单观念的联结,简单观念实际上也就是冯特的"心理元素"概念的原型。冯特继承和发展了联想的概念,主张联想包含整个观念联结过程,在这个过程中,所联结的观念不存在时间上的相继,而是同时地、以心理复合体的样貌出现在意识过程中。联想有四种基本类型:复合、同化、合并和相继联想。复合联想又称同时联想,不同的心理元素复合一体,并以复合体同时呈现,根据定义,这是基本的观念联结过程。一种知觉过程与其相关记忆之间的联结称为"同化"。由于同化的作用,我们总是以熟悉的事物理解陌生的事物。各种相关记忆表象之间的联结称为"合并",例如,"枪声"所同化的记忆表象包括"射击""杀伤"以及"恐惧"等,听到枪声所引起的联想总是多种相关记忆表象的合并。换句话说,联想所联结的记忆本身必然是心理复合体,而非孤立的心理元素。

相继联想包括相似联想和接近联想两个方面,分别指涉基于性质和时空两种关联的联结。这是传统联想主义心理学或哲学心理学所处理的主题,冯特称之为"比较陈旧的联想学说"。与冯特的"同时"联想理论不同,传统的"相继"联想是一个时间系列。冯特使用相继联想的概念来处理意识过程的历时性,即同时联想如何表现为一个相继的过程。"把联想分析为时间系列依赖两个条件",在回忆、再认等事例中,或者是相似的观念系列"一个观念比另一个观念进入意识更晚",或者是有时空定位的系列同时进入意识,但"相继地进入意识的焦点",形成统觉。"在相继联想中运作的联结与那些组成同时联想的联结是相同的。"重要的是,由此,"我们所有的心理经验是连续的和相互联结的;在意识的支配下,观念要素的总合构成了连续的、相互交错缠结的整体,在此整体内,每一独立的点可以通过那些位于两者之间的中介,从任何其他点来激发"。

2. 情绪理论

在汉语中,通常以"情感"与"认知"相对,把最基本的认知过程称为"感觉",而情感的基本过程则称为"情绪"。如果按照通常史书的习惯,情绪也可以称为"感情"。与当代认知主义心理学家不同,冯特几乎从未把感觉和感情理解为两个各自独立的心理过程。冯特认为,感觉是直接经验的客观方面,感情则是直接经验的主观方面,它伴随感觉而生,影响感觉,也受到感觉的影响。与感觉一样,感情也有强度和性质两种特征。在早期的理论体系中,感情只包括强度不同的快乐感,在1896年的《心理学大纲》中,冯特力倡"感情的三度说"。三度说的情绪理论是冯特具有代表性的心理学理论之一。

冯特的情绪理论主张感情具有三个维度,即愉快—不愉快、紧张—松弛、兴奋—抑郁。情绪是基本感情的复合物。根据三度说,每一种情绪体验都可以在这三个维度构成的坐标空间中找到自己的位置,与坐标原点的距离表征了情绪体验在相应方向上的强度。

感情的三度说激起了大量的实验研究。在冯特的实验室中,有一种能有节律地发出"咔嗒"声的实验装置,称为节拍器。冯特在报告中称,某些节律比另外一些节律显得更悦耳、更令人感到愉快,即在这些节律所造成的听觉体验中,存在着不同的主观感受或感情。根据定义,这些感情来自对节律的听觉体验本身。节律造成听觉,听觉伴随感情。当期待相继出现的"咔哒"声时,冯特注意到轻微的紧张感;而在"咔哒"声响过之后,又出现了松弛感。此外,"咔哒"声频率的增加引起兴奋感;减少"咔哒"声的频率则感到较为平静,甚至感到抑郁。这样,可以根据用节拍器完成的听觉实验导出完整的三种感情维度。

显然，三种感情维度之间在逻辑上并非并列的关系。根据节拍器实验，"愉快"是基本的感情维度，来自感觉或意识过程本身；"紧张感和松弛感"则分别出现在意识过程前后，"期待"和"结束"与这种感情维度密切相关；"兴奋和抑郁"的体验来自意识过程内在的、客观方面的变化，也可以称之为"唤醒水平"。这样，三种维度在节拍器实验中可以对应于意识过程的完整结构。反过来说，由于任何意识过程都必然具有其完整的结构，所以相应的主观感情元素也就必然被引发出来。用色彩打个比方，可以说，愉快是情绪的基本色调，紧张是情绪的饱和度，而兴奋则可以比喻为情绪的亮度；三个感情维度决定了情绪的色彩。

把情绪视为感觉或认识过程的伴随物，虽然避免了片面的理智主义，但把情感过程与客观世界相隔绝，显然是一种主观唯心主义的观点。同时，把情绪视为"伴随物"，过于贬低了情绪在心理过程中所起的作用，也值得商榷。舒尔茨认为，历史地看，"这一学说最终没能经受住时间的考验"。

3. 意志主义

统觉学说之所以在冯特的心理学理论体系中占有特殊重要的位置，是因为统觉不仅把心理元素综合为一个整体，而且还被用来解释较为简单的综合与分析，即关联与比较的意识过程。由于推理、语言、想象和理解等同样也属于综合的思维形式，所以，统觉实际上是所有高级思维形式的基础，是联结冯特个体心理学与社会心理学的核心。

黎黑认为，在本质上，"统觉是意志的随意运动，通过这种随意运动，我们控制我们的心灵，并赋予它综合的统一性"。我们所谓的自我，冯特认为，"就是意志统一性，再加上因意志统一性而使我们对心理生活实施全盘控制"。在哲学上解决了自由意志论与决定论之间的争论之后，冯特这样表达了他的意志主义心理学："你们可以看到，个体意志的一般方向是由意志拥有者生活过的社会的集体意志决定的。"为了区别个人意志与普遍意志，解释来自个体的差异，冯特把性格视为"意志的终极原因"。但这与其实验室助手、美国心理学家卡特尔的差异心理学完全不同：性格不是用来直接地解释心理现象，而是用来解释个人意志对普遍意志的偏离。冯特认为，"意志越是成熟，它就越远离其原始的遗传决定因素，其方向变得越是明确，其外部表现就与心理系列的必然性的关系越是密切"。很显然，对于冯特来说，意志既不是自由的，也不是被决定的，而是文化、社会、族群对个体思维与行动的自上而下的统摄。

冯特把简单的随意活动即"发展的低级阶段"归类为本能冲动，而把随意活动的高级发展阶段归类为意志。在本质上，意志是情绪性的，情感是意志的动因和决定力量。同时，普遍意志显然可以表达为理智的内容，因此意志又包含感觉或认识过程。相对于感觉和感情两种基本心理元素，意志无疑是冯特心理学中的综合性概念。意志的含义是指意愿的活动或力量，意志主义主张意志活动或力量将心灵内容组织成较高级的思维过程。这是冯特从基本心理过程向高级心理过程突进的理论尝试，但是，由于他晚年对高级心理过程的分析完全依赖于民族或文化的宏观（普遍意志），个体心理学的突围在逻辑上就是不可能的。而对于他的个体心理学本身来说，意志却构成了一个良好的体系性概念。波林说，"在事实上，体系在广义的纲要上，是属于分类和规划的，既非实验所可证明，也非实验所可推翻"。意志与实验无关,却能够统合实验心理学的研究,尽管冯特最终未能在其晚年的研究中实现个体心理学和社会心理学之间的整合,未能发展出《生理心理学原理》的第七版,但作为一个实验心理学本身的体系,其仍然是完整的。

4. 文化心理学

对于冯特来说,文化心理学也就是民族心理学,是探讨民族心理的历史发展机制的研究。就文化必然体现于民族史来说,这无疑是正确的;然而,从当代的文化主义观点来看,冯特无疑混淆了民族的族群社会和文化的历史动态:民族可以有大跨越的文化变迁,文化也可以通过传播而征服异域民族。在19世纪后半叶,这样两种历史现象应该都已经开始为欧洲知识分子所熟悉。

作为元素主义思维方式的继续,冯特首先确认了语言、神话和风俗习惯三种文化心理要素,以此作为观察、理解和推演高级心理过程,探求其基本规律的途径。冯特的文化心理学研究方法,就是以这些社会产物为基础,对心理的或精神的产品及其发展进行因果分析的方法。文化心理学是一种关于语言、神话和风俗发展原理的研究。冯特所使用的语言、神话、风俗习惯等事实资料应该视为属于人类学的。他选择不同时期的文化产品进行分析,以确定相应时期的民族心理特征,并与其他时期相互比较。

由于深受黑格尔的历史演化论和达尔文生物进化论的影响,冯特把民族文化心理的发展分为四个阶段,即原始人的阶段、图腾崇拜的阶段、英雄与神的阶段和人性发展的阶段。心理学既要研究每一阶段的民族心理的发展特点,也要研究阶段之间过渡状态的民族心理特点。这与发展心理学的逻辑完全一致,可以称之为一种发生心理学。这种发生心理学一方面植根于生物进化的历史,另一方面则联系于个体的发展史,试图从种系发生和个体发生两个方面展示民族心理的发展历程。

以人类语言的起源和发展为例。冯特认为,语言既不是人类的一种特殊创造物,也不是人类尝试交流思想愿望的结果,而是一种高度进化并得以习惯化的自然形成物。动物的吼叫、儿童牙牙学语时的发音、聋哑人的手势等,使冯特能够确认语言和低级交流形式之间的连续性。同时,冯特特别强调语言与低级交流形式之间的区别,即通过语言所负载的思想内容以及情绪表现,人类表达自我、与人交流;从而语言超越了纯粹自然性的范畴。

冯特认为,语言不仅是个体高级心理过程借以发展的工具,语言本身也是一种社会性活动,是社会生活的产物。正是由于语言的使用,个人集而成群,人群结为社会共同体。在这个意义上,个体心理本身也是一种社会产物。由于语言在个体和社群两个层面上所具有的重要意义,冯特希望语言能够负担起联系其个体心理学与民族心理学的作用。

遗憾的是,冯特始终没有提出现代意义上的系统的社会心理学思想。在他研究微观基本心理过程的实验心理学和分析宏观民族心理特征的文化心理学之间,不存在关于社会行为、人格、自我等中间层次的逻辑纽带,甚至也不存在关于思维、记忆等个体高级心理过程的实验研究。他的十卷本《文化心理学》体系足以令后来者望而生畏,以至于虽然在文化人类学家中有开拓者的美名,但与心理学研究却一直保持着令人遗憾的距离。

五、关于冯特心理学的争论与评价

冯特的著作之多,也许并不完全是一件好事。研究者难以通过完整地掌握冯特的思想来理解冯特,而只能根据他人的转述来确认这位学科创始人的形象。冯特的形象被他海量文字中只鳞片爪的传播所扭曲。冯特在世时,曾经斥责关于他的一种传记是完全出于杜撰,在他去世之后,他的形象却被片面地在心理学史学中传播开来。《实验心理学史》曾经是标准版的心理学史教科书,作者波林根据他所敬畏的老师铁钦纳的观点描述冯特,而且文字之间不乏反讽。在撰著《实验心理学史》的时代,铁钦纳构造主义在美国心理学界的影响力几乎已经瓦解,"元素"已经成为被耻笑的陈腐教条。波林把构造主义指为冯特的传统,或有为老师开脱之嫌。然而,这也是铁钦纳本人的立场,这位严谨的英国绅士不仅必然用自己的理解来传播冯特的教义,而且也一直自命为冯特最忠实的弟子。所以,美国心理学和波林眼中的冯特必然经过了铁钦纳的"诠释"。比如,由于铁钦纳本人对文化心理学毫无兴趣,他把冯特的10卷本《文化心理学》解释为这位伟大的德国学者晚年的业余爱好!

认知革命兴起之后,心理学家们发现,他们所进行的许多"新"的实验,都可以在半个世纪之前莱比锡心理学实验室所刊布的研究报告中找到。从认知心理学的框架重新考察冯特的观点,与前述从文化心理学的框架追忆冯特,使科学主义和人文主义的心理学家都必然对冯特产生新的认识。特别是关于铁钦纳和冯特之间的关系,由于当时德国的理性主义和唯意志论思想背景,冯特的意志主义体系把统觉视为核心的、主动的意识过程与环节;而在铁钦纳的思想背景中,英国经验主义特别是马赫、阿芬那留斯的元素主义形而上学,才真正成为心理学元理论中压倒一切的本体论预设。虽然冯特从元素的视角开始其经验研究,但"元素主义心理学"只能归属于铁钦纳。

对于冯特的评价包括正反两个方面。首先,冯特是科学心理学的创始人,创建独立的、经验的和科学的"实验心理学"是冯特最大的贡献。冯特全面地整理了哲学心理学、生理学和心理物理学的研究成果,把哲学心理学的体系、自然科学的研究方法与心理学的研究课题结合起来。冯特把实验法引入心理学研究领域,创建了第一个心理学实验室,创办了第一份心理学学术期刊,确定了一批典型的心理学实验项目,使心理学成为一个独立的研究领域。

其次,在心理学学科的建构和发展方面,冯特培养了一大批心理学家,为心理学在世界范围内的传播和发展奠定了基础。包括屈尔佩、铁钦纳、霍尔、卡特尔等心理学第一代的领军人物在内,他们从莱比锡实验室"朝圣""取经"归来,或者宣传和发展冯特的心理学,或者着手建立本土化的体系,但无不坚持冯特关于"实验心理学"的基本原则。正是由于他们的坚持和发展,心理学的主流形象从一开始就是务求经验研究的科学。布伦塔诺传统和弗洛伊德传统的冲击,迄今从未动摇这一主流。

最后,在开拓实验心理学的同时,冯特的文化心理学是心理学对文化与心理关系的第一次系统研究。一方面,虽然由于各种历史的原因,后世的心理学家往往忽视了冯特的这一贡献,但是,晚近文化心理学的兴起,使得心理学家重新认识到冯特的文化心理学的意义与价值。今天,文化心理学家们承认,新的历史进展正在恢复和发展冯特的这一传统,并在其文化心理学开拓者的意义上,再一次确认冯特作为"科学心理学创始人"的无以伦比的资格。

另一方面,由于其历史的局限性,冯特的心理学理论体系存在着一些致命的问题。冯特把心理学的研究对象规定为直接经验,既是他最主要的理论贡献,也是他根本的问题所在。以经验取代客观现实,在德国当时的理论背景中,意味着心理现象本身是主观的,必然依存于特殊的经验主体而存在。虽然冯特的实验心理学暗含着经验的人类普遍性的观点,但他并没有解决经验现象的个体性与科学心理学诉求的人类普遍性之间的矛盾,从而使主观性的直接经验本身,悖离了科学知识和科学研究的客观性的诉求。在这一点上,冯特无疑犯了主观唯心主义的错误。作为意识过程,直接经验本身是一种客观存在,无须绝对地依赖于经验主体的内省观察。实验心理学研究方法的发展,遵循了对直接经验进行客观测量的原则,而不是以实验技术改造传统的"内省法"。冯特的哲学立场使他无法摆脱内省法的桎梏,即无法摆脱方法论方面的主观主义,从而远离了科学本身的客观主义原则。

 拓展阅读 2-2

还历史的本来面目:冯特新探[①]

多少年以来,由于德文翻译上的困难,心理学界对冯特的认识一直停留在美国心理学史专家、《实验心理学史》作者 E·G·波林对冯特所做的描述的水平上。而波林由于某种原因,没有能够准确介绍冯特的思想观点,致使心理学工作者对冯特产生许多误解。本文尝试指出对冯特的几点普遍性的误解,以期对冯特有一个更为全面、更为准确的认识。

一、冯特对哲学的态度

多少年以来我们一直相信,心理学在经过长期的发展历程之后,于19世纪末在冯特的带领下摆脱了长期孕育它的哲学母体而成为一门独立的学科,在这场决定心理学命运的变革中,冯特起着决定性作用。

事实果真是如此吗?是心理学在冯特的带领下摆脱了哲学,还是哲学拒绝了心理学?我们可从发生于20世纪初的心理学与哲学的一场纠纷中发现事实的真相。

1913年,德国一些大学的107名哲学教授联名上书,要求把心理学家从哲学系中赶出去。这些人认为,心理学在经过长期发展之后,其内容已相当独立,同哲学的联系日趋减少。他们甚至认为,心理学家只是学过实验室的操作技术,让这些仅仅懂得实验操作的人占有哲学教授的席位实在有损于哲学的荣誉。因此,由包括著名现象学哲学家胡塞尔在内的6名哲学教授发起,107人签名的题为"反对实验心理学者占有哲学教席的声明"被送往奥地利、德国、瑞士的许多大学,一家德语哲学杂志也全文刊登了这一

[①] 叶浩生.还历史的本来面目:冯特新探[J].心理学探新,1989(02):1—4.

声明。

面对这一威胁,冯特被迫进行了回击。在1913年的一本题为《为生存而奋斗的心理学》的小册子中,冯特严厉批评了上述声明及其发起者。冯特认为,所有学科都源于哲学,可以说哲学是科学的科学。但是哲学必须维持同其他具体学科的关系,以使从特殊化的知识中抽演出一般化的、普遍性的原理。而上述声明无视哲学同其他学科的关系,试图把哲学放在至高无上的地位上,实际上是限制了哲学的范围,把哲学研究引向了歧路。

由6位哲学教授所发起的这场运动激起了对心理学地位的热烈讨论。这些讨论中,许多问题仅仅同哲学系的机构和组织等问题相联系,因此我们不必给以过多的关注。我们的目的是从这场纠纷中发现冯特对哲学的态度。我们可以得出这样两种结论:第一,冯特并不主张心理学同哲学彻底分离,而是希望心理学保留在哲学范围内,至少能留在哲学系内;第二,并非冯特于19世纪末使心理学摆脱了哲学,相反是哲学于20世纪初排斥了心理学。

二、冯特同铁钦纳的关系

国外一些心理学家认为,造成对冯特误解的一个最直接因素是铁钦纳的忠实学生、《实验心理学史》的作者波林对冯特和铁钦纳关系的错误描述。波林出于师徒之情,力图把铁钦纳描述成实验心理学创始人冯特忠实的追求者和继承者,以提高铁钦纳在美国的声誉和地位。实际上,铁钦纳并非冯特忠实的学生。

铁钦纳的基本教育来自英国牛津大学,对其影响最大的是英国的经验主义。由于19世纪末的英国大学还没有设立心理学博士学位,因此铁钦纳于1890年至1892年间在德国莱比锡大学攻读心理学博士学位。在莱比锡,铁钦纳接触到奥国哲学家马赫和德国心理学家阿芬那留斯的实证主义哲学,并对之产生极大的兴趣,深受其影响,这样一来,他在英国所受的教育和实证主义的思想背景使得他一开始就同冯特产生深刻的思想矛盾。

冯特并不像波林描绘的那样信仰经典经验主义和实证主义。相反,当冯特构建其理论体系时,力图以德国的唯心主义哲学家莱布尼兹、康德、费希纳、赫尔巴特和叔本华的理论为武器,反对导源于英国的经验主义和实证主义。恰恰在铁钦纳到达德国之前,冯特出版了专著《哲学的体系》,批驳实证主义和经验主义。在1914年出版的《感觉和超感觉世界》一书中,冯特再次阐述了上述观点。

铁钦钠在莱比锡读书时同冯特的关系并不密切。他在莱比锡最要好的同事和朋友是同冯特一直存在分歧的屈尔佩。屈尔佩对心理学的理解深受其导师G·E·缪勒的影响,屈尔佩同冯特在科学哲学和心理学性质上的分歧最终导致了莱比锡心理学实验室的历史上最激烈的一场论战。

美国心理学史专家布鲁曼塞尔和丹茨格发现,尽管铁钦纳翻译了冯特的著作,介绍了冯特的理论，但冯特在美国的精确解释者并非铁钦纳，而是芝加哥大学的杜威、米德等人。遗憾的是这些学者并没有留给后人一本心理学史教科书，铁钦纳及其嫡系弟子支配了对冯特心理学理论的解释，这些解释者忽略了冯特的德国古典哲学的思想背景以及冯特对经验主义和实验主义的批评，同时也没能正确阐述冯特心理学的基本理论。

三、关于冯特的"元素主义"观点

长期以来，由于铁钦纳及其嫡系弟子波林的错误解释，心理学界一直把冯特看成是主张心理化学模式的元素主义者，认为冯特同铁钦纳一样，主张把复杂的心理分析为心理元素，然后再通过一定的心理定律，把这些简单的心理元素组合成复杂的心理化合物。西方心理学史者新近的研究表明，对冯特的这种认识是错误的，是对冯特基本思想的歪曲。

冯特一直主张意识是一种过程，而不是像客体那样是一种静止的物体，尽管意识过程可以被看成由各种子过程组合而成，但我们决不可能把各子过程孤立出来，因为这样一来，意识过程就失去了其本身的性质。

冯特认为，意识过程不可能像分离化学元素一样分析为各种元素。因为心理过程是短暂的，一转瞬即逝的，且各种子过程只有在整个心理过程的相互联系中才能获得其自身意义，脱离了整体，子过程也就丧失了其存在的意义。

在1893年出版的《逻辑学》一书中，冯特详细阐述了上述观点。冯特指出，元素论使我们可以辨别相对简单的心理表现，但是这种意识仅仅局限于日常生活经验的范围内，实际上并没有任何意义。例如，根据元素论者的观点，一块方糖可被知觉为具有白色、甜、坚硬等性质，许多理论家据此以为我们可以列举组成意识的、独立的、不可再分的感觉状态——纯感觉。这种观点是非常浮浅的、不科学的。英国的经验主义和马赫的实证主义均属于这种观点。

冯特列举了许多例子，用以说明复杂的心理过程不能分析为元素的观点。他援引了联想主义哲学家所使用的一个类比，指出氢和氧的结合产生了水，氢和氧是水的两个元素。但是水有湿的性质，氢和氧却没有湿的性质，在组成整体的元素中找不到整体的这种新性质。同样的观点也可应用于心理现象，当我们尝试把心理现象分析为元素时，也就失去了完整心理过程所具有的独特性质。

由于冯特应用了上述化学过程的例子类比心理过程，因而许多学者把冯特看成是"心理化学论者"。实际上，冯特并非主张心理化学观点，他对上述实例应用于类比心理过程也并不满意，冯特曾指出"化学综合的提示对于我们所面临的问题是一个可疑的范例。尽管我们相信水是氢和氧组成的，但从氢和氧中绝不可能见到水的性质。然而，这个例子实际上并没有代表性，因为化学过程中有可能——且这种可能性极大——由化学元素推知化合物的性质。但在我看来，心理综合却与其相反，只有依照一定的心理规律把子过程放在整体心理过程的联系中，我们才能了解子过程的性质；而由子过程推断整体心理过程的性质却是绝对不可能的"。

把冯特描绘成元素主义者也引起了冯特的儿子、哲学家麦克斯·冯特的不满。麦克斯指出,"从方法论的角度上,我们可以得出由简单到复杂的原则,甚至可以此原则为指导,由原始的、机械的元素构建人的心理(即所谓的心理元素论的心理学)。但是,在这种条件下,方法和现象却被严重地混淆了……无论谁把这样一种思想归于我父亲,那么他肯定没有读过我父亲的著作。事实上,我的父亲正是在反对元素主义心理学,即赫尔巴特的心理学的基础上,形成他自己的心理过程的科学观的。"

冯特的著作都是以德文出版的,而德文的许多词汇很难译成英文。一些重要词汇的错误译法也是导致人们对冯特错误认识的原因之一。例如,冯特的词"Gebild"具有创造、形式、组织、系统、结构、模式、图型等多种含义。但在译成英文时,仅译成"化合物(Compound)"。这种译法很容易使人把冯特的理论误解为元素论的心理化学模式。冯特著作的最权威、最多产的翻译者居德(C·H·Judd)曾把冯特的心理学概括为"机能主义的、综合的,而决不是元子论的和构造主义的"。

1894年,当冯特开始退出心理学实验室的工作时,他总结了他从事心理学研究以来三十年的工作。从这篇文章中我们可以看出他对元素主义的基本观点。冯特指出,"如果有谁问我实验工作在过去和现在对心理学的价值,我将回答他实验工作支持和巩固了一种心理过程的特性和相互关系的全新观点。当我开始接触心理学的问题时,我持有一个生理家很自然所持的一般偏见,认为知觉的形成仅仅是感官的生理特性所工作的结果。以后,通过视觉现象的实验考察,我发现知觉是一种创造性综合的活动。这逐渐成为我的指导准则。以这个准则为指导,我对想象和智慧等高级心理功能的理解有了新的认识。在这一点上,老的心理学对我没有任何帮助。当我开始研究心理事件之间的暂时联系时,我对心理功能有了更进一步的认识,我不再以抽象的名词把心理功能区分为'观念、感觉或意志'。对联想时间的测定使我发现了知觉过程同记忆表象之间的关系,也使我认识到所谓的'再造'观念只是自我欺骗的多种形式之一。实际上这种观念在现实中是根本不存在的。此后,我开始把观念作为一种过程,这一过程是不断变化、转瞬即逝的,传统的联想理论是站不住脚的、是错误的……"

冯特之后,格式塔心理学家对整体心理的性质提出了更复杂的学说。但是冯特同格式塔心理学家不同,冯特在谈到心理整体的新特性时,强调中枢注意过程所起的作用,而作为一般准则,格式塔心理学家并不给注意以特别的地位。对格式塔心理学家来说,心理整体的新特性来源于生理系统的自我组织作用。

四、关于冯特的实验内省法

把实验法引入心理学,是冯特对心理学的巨大贡献之一。但过去在承认冯特这一贡献的同时,仍认为冯特保留了内省法在心理学研究中的合法地位,只是把内省和实验结合起来,创立了实验内省法,而这种方法仍侧重于内省,因而把冯特作为内省学派的创始人,实际上这歪曲了冯特的本来面目。

冯特的实验内省德文原词是"experimentelle selbstbeobachtung",而内省的德文词是"innere wahrnehmung",因此,从严格意义上说来,"selbstbeobachtung"不能翻译成内省(即英文的 introspection)。就冯特本人来讲,他所指的"selbstbeobachtung"指的是利用客观技术,如反应时测量、词语的联想以及对刺激的辨别反应等对心理过程所作的科学研究。这种研究同"innere wahrnehmung"即对个人经验主观的描绘和解释是根本对立的。

冯特本人认为,心理学的实验研究必须做到观察者与被观察者的分离。而不能像传统的内省主义那样,观察者观察的是自己的经验,观察者与观察物是混淆在一起的。在此原则的指导下,冯特搜集了示波器、速示器、测时仪等工具,用以记录被试的反应。这些仪器构成了莱比锡实验室的物质基本,也从一个方面证明冯特强调应用客观实验技术,而不是主张主观的内省。

考虑到这些事实,冯特以后的学者把冯特作为内省主义学派的创始人是荒唐可笑的。美国心理学史专家丹茨格 1980 年曾查阅了刊登在冯特主编的《哲学研究》上的 180 篇实验报告,即 1883 年—1903 年期间莱比锡心理学实验室的主要研究报告,发现仅有 4 篇文章包含着被试的内省报告。默里以更严格的标准作了类似的调查,也得出同样的结论。他同时发现我们今日的实验心理学杂志所包含的主观内省报告的比例远远大于冯特的《哲学研究》的比例。

冯特本人对内省深恶痛绝。在 1882 年《实验心理学的任务》一文中,冯特曾把内省主义者比作德国民间故事中的喜剧人物巴伦·封慕西豪森。封慕西豪森掉进流沙里以后,试图通过拔自己的头发而跳出流沙。冯特在此利用这一故事讽刺内省对心理学毫无帮助。在 1883 年的《论心理学的方法》一文中,冯特详细地讨论了内省作为一种研究方法的各种弊端。不幸的是,冯特著作的英文翻译者无视这些事实,把"selbstbeobachtung"直译为"introspection",歪曲了冯特在这个问题上的基本观点,使英语系国家的许多心理学家对冯特产生了误解。

可以证明冯特并不使用内省法的另一个历史资料是美国著名机能心理学家卡特尔的记叙。卡特尔 1883 年赴德国莱比锡随冯特研究心理学。据他的回忆,在他所见到的所有研究中,总是有研究者操纵仪器,记录被试的各种反应,从不依赖被试的主观报告。这也从一个方面说明冯特的研究程序属于客观实验的范畴。

显然,铁钦纳并没有忠实地继承冯特的研究方法。相反,他背离了冯特的实验路线,走向了"系统内省"的道路。正像铁钦纳 1912 年自己所说的那样,"19 世纪 90 年代早期的实验者相信,心理学研究中最重要的因素是仪器,即测时仪、速示器和示波器等,这些仪器比观察者更为重要……而 20 年后的今天,我们已彻底改变了这种局面。可以说,实验内省(即冯特的研究方法,作者注)以导致的数量化运动已经达到它的顶峰"。

1900 年,冯特开始对铁钦纳的内省法作出反应。在评论铁钦纳的研究方法的一篇文章中，冯特尖锐地指出内省法是一种虚假的方法。为了表达他对铁钦纳倒退至内省法的愤怒，他在这篇文章中写道"内省法依赖于模棱两可的自我观察，这种观察将使人误入歧途……显然，铁钦纳已将自己置于这种骗人方法的影响之下"。

冯特曾对屈尔佩领导的符兹堡学派所主张的内省主义提出尖锐的批评。尽管这一批评在当时被误解为反对把实验法应用于高级心理过程，但现代心理学家发现，这一批评的基本含义是反对把内省法作为实验室的一种研究方法。

第二节 与冯特同时代的其他德国心理学家

一、布伦塔诺

（一）布伦塔诺生平

弗兰兹·克莱门斯·布伦塔诺（F. Brentano，1838—1917），意大利裔德国人，有一个后来获得了诺贝尔奖的哥哥。布伦塔诺17岁开始接受神父教育，1862年在杜平根大学以关于亚里士多德的研究获得哲学博士学位。1866年，布伦塔诺成为符兹堡大学的讲师。1870年，布伦塔诺辞去担任了六年的神父职务。除了反对教皇无错论，另一个原因是他想结婚，希望过一种世俗的生活。布伦塔诺结过两次婚。

1874年，布伦塔诺被任命为维也纳大学哲学教授，并出版了他最有影响的心理学著作《从经验的观点看心理学》。

图2-2 布伦塔诺

这是冯特出版其《生理心理学原理》的同一年。我们要记住这个事实：从一开始，心理学的道路就不是只有一条。布伦塔诺与其弟子们的学术活动，构成了"意动心理学"派，并与冯特的内容心理学展开论争。"意动"与"内容"之争，是心理学在它的第一个时期即意识心理学时期最主要的理论冲突。"意动"与"内容"分别代表了当时的人文主义心理学和科学主义心理学。

（二）布伦塔诺的心理科学观

《从经验的观点看心理学》是意动心理学的经典文献和理论纲领。就科学观来说，布伦塔诺与冯特一样，主张心理学应该是一门独立的科学。布伦塔诺与生理学之间的距离显然比冯特更远，而作为哲学教授，他也久已厌倦于经院哲学，并赞赏实证主义。但是，宗教教育的背景显然使他难以接受当时主宰自然科学研究的原子论、机械论世界观，对于布伦塔诺来说，过度强调变量的控制、在自变量和因变量之间寻求因果关系的实验方法往往会导致心理学家忽视心灵本身的重要性。

与冯特一样，布伦塔诺把心理学定义为经验科学。他说，"在心理学方面，我的立场是经验的，只有经验才是我的老师"。与冯特一样，布伦塔诺心理学中的"经验"首先意味着意识本身。但是,对于布伦塔诺来说,必须把意识经验区分为内容和动作,意识的内容是物理现象,是物理学研究的对象,心理学的研究对象是意识活动(即意动,act)本身。在冯特看来,心理学和物理学所研究的经验必然是相同的,因为经验就是人的经验。对于心理学来说,这个经验直接地就是所研究的对象本身(如视觉);对于物理学来说,这个经验意味着由以研究物理世界的凭藉(如光线)。因此,直接经验与间接经验的区分更多的是方法论方面的,亦即当面对同样的经验世界,心理学家和物理学家所看到的影像并不相同。不考虑其中关于意识内容与物理学经验直接同一的观点是否正确,布伦塔诺对意识内容与意识活动的区分可以视为对"直接经验"的进一步分析:意识内容是人对物理世界的经验结果,但并非这种经验过程本身,"看"并不等于"所看到"。"视觉"不是所看到的光线的种种变化,而是所有"能"看到的"看"本身。

布伦塔诺用著名的意向性概念描述了心理过程与物理世界之间的这种能动关系。意向性,即心理现象总是指向自身之外的一个对象。"看"则有"所看到",意识活动必然通过意识内容或结果指向自身之外的对象。布伦塔诺认为,这是心理现象的本质特征。根据意向性,心理现象总是指涉或"包含"外在于自己的对象;而与意向性相对,物理现象总是自足的,自己包含自己,而不包含或指向任何外在的对象。

布伦塔诺把心理现象区分为三种层次或水平。最表层是"表征水平",包含了冯特的直接经验的所有内容,是冯特的心理学的研究对象。在这一层面,意识活动仅仅表现为觉察,物理世界只是"进入"了意识。处于这一层次的意识内容仅仅是被觉察到,而没有任何额外的心理过程的加工。其次是"认知水平",包括知觉、认识、回忆等。这一水平的意识活动被描述为判断,即根据意识内容本身(物理世界)的性质产生相关的推断。这一层次仍然不属于本真意义上的心理世界,因为判断仍然受制于物理世界的性质,与物理世界不相符合的判断就是错误的或虚幻的。最后是心理现象的"个人化水平",个人以个性化的策略同化经验,产生感情、意愿和欲望等。在这最后一个层次上,意识内容完全成为意识活动本身的标记或材料,而不再具有独立的蕴含。心灵或意识活动本身所产生的意义取代了意识内容对物理世界的依赖。苹果不再是一种生长于大自然的植物果实,而是可口的水果。

赫根汉认为,能够获得第三个层次意识活动的研究方法是"现象学的内省",即指向完整的、有意义的经验的内省分析。在其晚年,铁钦纳注意到了这种研究方法的合理性,并试图把这种研究方法纳入自己的体系中。与冯特一样,布伦塔诺强烈反对内省法在心理学研究中的应用。如果说研究意识内容的冯特对内省法还抱有改良主义的幻想,试图以实验条件来约束和改造内省法;那么对于布伦塔诺来说,"内省"作为一种意识活动,本身就是对意识活动过程的打断和否定:

> 如果某人想要观察正在他体内进行的愤怒体验,那么愤怒的体验在某种程度上就减少了,因而他原先想观察的对象就消失了。这适用于所有的心理现象。一条普遍适用的心理学定律是我们决不可能集中注意于内部知觉的对象。只有当我们注意到的目标转向其他的对象时,我们才偶尔地知觉到指向原来那个对象的心

理过程。

这种1874年被称为"内部知觉"的方法将在布伦塔诺最杰出的弟子,哲学家、现象学心理学创始人胡塞尔那里发展出"纯粹现象学";从冯特的理论立场出发,符兹堡学派将为现象学传统提供关于"无意象思维"的实验发现。但在1874年,"现象学的内省"被约同于直觉,布伦塔诺说,"内部知觉的真实特性不能以任何方式得到证明,但是它超越了证据,它是直接的和明显的"。对于今天的心理学来说,内部知觉或现象学的内省法可能是各种质化研究方法在概念上的祖先。

如果过于依赖内省的一面,即过于依赖直接经验主体的自我观察,现象学的内省法可能一样存在着相似的理论困难,甚至很可能是回到了传统的内省法。胡塞尔的现象学方法在心理学中运用的实际情况是可疑的。而从后来格式塔心理学的似动知觉研究来看,研究者对"意义"或完整的意识活动的捕获,仍然依赖从任务活动到意动过程的间接推断,即对意识活动过程本身的间接测量。布伦塔诺传统与冯特传统在研究方法上的区别,根本在于意动心理学反对意识经验的分析,而坚持完整的、有意义的经验整体。这是冯特和布伦塔诺之间的实质性区别:冯特关心微观的基本过程,而布伦塔诺更倾向于完整的个体性。

(三)对布伦塔诺的评价

布伦塔诺是"新"心理学的主要缔造者之一,他所倡导的意动心理学开创了实验心理学主流之外的取向或传统。布伦塔诺是欧洲机能主义心理学的先驱,并对后来的格式塔心理学、精神分析学、人本主义心理学等产生了重要的影响。在所有冯特同时代的心理学人物中,布伦塔诺是最重要的一个。作为维也纳大学的哲学教授,他的弟子包括格式塔心理学的先驱厄棱费尔、乐音心理学家斯顿夫、现象学心理学的创始人胡塞尔以及奥地利心理学的创立者麦农等。精神分析学的创始人弗洛伊德听过布伦塔诺的课,应该也算是他的学生。在培养人才方面,布伦塔诺几乎并不输于冯特。但是,对于创始时期的科学心理学来说,对自身科学形象的追求是压倒一切的任务,而布伦塔诺及其弟子们的活动,也许在当代心理学的意义上可以被完全接受为是科学的,但在当时的时代氛围中,仍然无法与冯特的实验室相匹敌。反过来说,在某种意义上,布伦塔诺的影响比冯特更为持久,也更为接近当代。因为任何人文主义传统的心理学家都会把布伦塔诺视为自己的学术渊源。

> **拓展阅读 2-3**
>
> #### 冯特时代的心理学
> ——内容与意动之争
>
> 在冯特的时代,科学心理学的创建者们把心理现象和心理活动归结为"意识过程"。在这个意义上,这一时期的心理学可以通称为"意识心理学"。

冯特把意识过程理解为"直接经验",即对物理世界的经验本身。对于冯特来说,虽然所追求的知识目标与当代心理学一样,是心理活动的机制,但他显然采取了"内容心理学"的途径,即试图通过对意识内容的研究,来确认基本心理过程的"元素"及其"联结的原则"。同样立场的心理学家还包括艾宾浩斯和格奥尔格·缪勒,但他们在理论方面并不像冯特那样执着。缪勒是费希纳去世后最负盛名的心理物理学家,他还发明了"记忆鼓",以拓展艾宾浩斯的记忆研究。

1874年是这一时期最重要的一年。布伦塔诺与冯特同时提出各自的心理学蓝图,并分别引导了心理学中人文主义和科学主义两种文化走向。对于布伦塔诺来说,意识经验应该划分为内容和动作,"真正"的心理学知识将在"意动"研究方面产生。在这个意义上,"内容心理学"在概念上应该算是布伦塔诺人文主义心理学理论批判的产物,由此开始,在实验心理学主流之外,布伦塔诺以其"意向性"思想引导了意动对内容的批判与抗争。

1890年,布伦塔诺的学生厄棱费尔发表《论形质》一文,提出"形质"概念,反对把意识内容仅仅分析为元素及其属性和强度,反对把意识过程的研究局限于意识内容。形质包括时间性(如音乐曲调)和非时间性(包括空间性的和混合性的,后者如气味的混合)两种,是无法分析为感官生理过程的、知觉的基本单元或元素。空间中孤立的四个点仅仅是"看起来"属于一个四边形,既然作为意识内容的形质绝对地依赖于意动,那么意动在意识过程中"第一性"的认识论意义也就被确立起来。厄棱费尔的老师麦农(也是布伦塔诺的学生)以及他们在格拉茨大学的同事威塔塞克,以"复型"概念为主题,进一步传播和发展了厄棱费尔的形质学说。他们被称为形质学派或格拉茨学派。麦农还创办了奥国第一个心理学实验室,是奥国学派中有非凡影响力的人物。

1908年开始担任柏林大学校长的斯顿夫,是布伦塔诺最杰出的弟子。他把艾宾浩斯留在柏林大学的实验室扩建为研究所,并培养了胡塞尔、惠特海默、苛勒、考夫卡、舒曼等很多优秀的学生。格式塔心理学传承布伦塔诺传统,出于斯顿夫的门下。斯顿夫的影响如此之大,以至于詹姆斯旅欧期间,也曾于1892年慕名拜访。斯顿夫当然强调意动(他称之为心理机能)的研究,认为唯此才是心理学研究的对象;但与此同时,他把直接经验区分为现象、心理机能、经验之间的关系与内在结构等。与布伦塔诺不同,直接经验不是被置于经验的表层,而是被视为对意识作范畴分析的基础性概念。这等于把布伦塔诺的划分,在逻辑上而不是现象水平上建基于冯特所使用的"直接经验"概念:心理学研究的对象不仅是直接经验,而且还是(直接经验范畴中的)意动或心理机能。

舒曼也是格奥尔格·缪勒的学生,他与缪勒共同完成了记忆鼓的发明,还用自行车轮子帮助惠特海默完成了似动知觉的经典实验。在艾宾浩斯去世后,舒曼任《心理学与感官生理学》杂志的主编。舒曼以完形原则指导自己的知觉研究,粗略地说,完形(或格式塔)也就是形质,这是典型的意动研究。舒曼用对选择性注意的控制来解释完形原则。梅茨格概括了舒曼的贡献,在当代普通心理学教科书中,这些贡献通常被列于"知觉图形的组织原则"。缪勒的另一个学生鲁滨做了图形和背景转换的经典实验研究,他是"鲁滨杯"命名的来源;除了理论解释方面略有不同,与舒曼一样,他也是格式塔学派的先行者之一。格奥尔格·缪勒所指导的高水平研究,还包括杨施所发现的"遗觉象",卡茨对体色、表色和膜色的区分。"乔斯特法则"的命名也来自缪勒的学生。缪勒所领导的哥廷根大学实验室直追冯特在莱比锡创建的实验中心,而在思想的倾向性上则更接近于意动心理学。但意向性理论(至今)仍然没有解决它最大的困难,即实验研究应该如何处理——更不用说分析——作为"有意义的经验整体"的意动?在意动与内容之争中起决定性作用的,是屈尔佩所领导的符兹堡学派。"无意象思维"出发于冯特的内容心理学理论立场,其结论却否定了内容作为研究对象的充分有效性。在此之前,研究者们可以在理论上强调"意动"的重要,也可以宣称完成了若干重要的"意动"研究,但在理论解释上往往回到内容和元素分析的立场。只有"无意象思维"的发现才能用以否定内容心理学的合理性:冯特没有证明意动在心理现象中的不存在,但他的弟子现在证明了内容在心理现象中的不存在。如果科学需要有一个统一的理论解释,无意象思维的发现更倾向于意动而不是内容。

历史上,符兹堡学派的运动汇聚了很多与冯特—屈尔佩传统无关的著名学者。他们之所以聚焦于、呼应于"无意象思维"的研究,实际上是被吸引于一个可以楔入并颠覆主流的突破口。但这显然并不符合屈尔佩的意向,他更希望找到某种新的综合。因为被1904年屈尔佩所宣读的论文《试论抽象》所打动,吉森大学的麦塞尔第一个明确提出了二重心理学的主张。根据胡塞尔所发展的"意向性"概念,意向性本身包括主体和客体,从而"内容"以不同的形态,包含在知、情、意等不同种类的意动中。这显然不是一个有效的理论解决,因此被波林尖锐地批评为"极端的折衷主义的懒汉办法"。二重心理学并不因为是折衷主义所以就错误,但在它试图面面俱到的理论描述中,"心理元素"和"意向性"被一种常识水平的理解所混淆而变得更加模糊,远远地倒退到实验方法所能及的视阈之外。历史地看,布伦塔诺所代表的传统属于欧洲机能主义的一部分。在理论立场上,以统觉概念及其相应研究为核心的冯特的意志主义心理学,并不需要激烈地反对把"心理元素的联结规律"理解为意识或心理的整体性、能动性的"机能"。正如艾宾浩斯的记忆研究一样,在"看里面"的心理机制研究和"看外面"的心理机能研究之间,在基础性与应用性研究之间,科学家的倾向性并不总是伴随着理论立场的逻辑冲突:既然"研究什么"不需要画地为牢,"为什么而研究"也只能是一种自由选择。

二、艾宾浩斯

(一) 艾宾浩斯生平

荷曼·艾宾浩斯(H. Ebbinghaus,1850—1909)出生于德国波恩附近的一个实业富商家庭。在大学时代,艾宾浩斯先后学习了古典语言学、历史和哲学。1873年,艾宾浩斯以联想主义哲学心理学家哈特曼的无意识哲学为主题,通过了波恩大学的论文答辩。获得哲学博士学位之后,艾宾浩斯用了三年半的时间周游欧洲。在伦敦,他偶然发现了心理物理学家费希纳的《心理物理学纲要》。1902年,艾宾浩斯在其《心理学原理》的扉页上写道:"我的一切都归功于你:献给费希纳。"

图2-3 艾宾浩斯

如果没有冯特的莱比锡大学心理学实验室,心理学的历史可能会开始于对艾宾浩斯、格奥尔格·缪勒以及包括冯特在内的很多其他人产生重要影响的费希纳心理物理学;那将完全不同于"感官生理学"。根据费希纳的学说,在外界刺激和内部心理过程之间,存在着可以进行量化实验研究的关系,而不论这种关系是平行、交感还是一元化的。艾宾浩斯从1878年开始用费希纳的数量化方法研究记忆问题,1885年,他出版了实验心理学历史上第一部记忆研究的经典著作《论记忆:实验心理学的研究》。1880年,艾宾浩斯开始在柏林大学任教,记忆研究是为支持他应聘柏林大学哲学讲师而写作并提交的。由于缺少"科研成果",艾宾浩斯在柏林一直没有得到提升。1894年后,他相继就任布雷斯劳大学(今属波兰)和哈雷大学教授。1909年,艾宾浩斯死于肺炎,年仅59岁。

艾宾浩斯在哈雷设计的完形填空至今仍然被用于认知能力测试,也是比纳-西蒙智力量表的一部分。除了记忆研究的经典,他的教科书《心理学原理》和科普读物《心理学概要》(1908)都多次再版,带来了出版上的成功。"心理学有一个漫长的过去,但仅有一个短暂的历史"。这句话是《心理学概要》的开篇,通过波林的引用,现在已经成为每一个心理学家都熟知的名言。艾宾浩斯与科雷格、海林、斯顿夫、赫尔姆霍兹等人一起,创办了实验心理学的第二种专业期刊《心理学和感官生理学杂志》。舒尔茨认为,"艾宾浩斯没有对心理学做出理论贡献。他没有创立正式的体系,没有任何追随者,没有建立任何学派",但他关于记忆的研究,"在20世纪的大部分时间里,在心理学中都占据着中心的地位"。

(二) 对记忆的实验研究

受到费希纳的启发,艾宾浩斯认为可以使用实验方法在记忆活动进行的过程中研究记忆,即控制记忆的条件,观察记忆的结果。这显然摆脱了内省法的桎梏:由于所要控制和测量的仅仅是外在的、客观的数据指标,意识过程就无需分裂为内省观察者和被观察的对象。这是一种典型的间接测量。测量的有效性建立于费希纳所提供的关于心物关系的方法论假设,即在记忆条件和记忆结果之间,如果记忆活动能够保持严格的一致性,即每一次测量所观测的始终是同一种意识过程,那么实验就可以定量地揭示这种记忆活动的规律性。

根据对联想主义心理学的研究,拥有古典语言学和历史学背景的艾宾浩斯提出,由于人类对文字材料已经形成了大量的联想,文字的意义影响着记忆的结果,为保证记忆结果的客观性,排除文字意义对记忆的干扰,必须使用没有与其他材料形成意义联系的材料作为记忆的对象。因此,艾宾浩斯发明了"无意义音节"。他用任意两个子音夹一个母音,排除有意义的词汇之后,得到了2300多个无意义音节,即可以发音,但没有意义的"伪词汇"(如chab)。不仅音节本身是无意义的,而且由这些音节所构成的系列也必须没有意义,即"音节的无意义序列",而不仅仅是"无意义音节的序列"。在音节系列的长度本身不作为自变量时,一个系列包括12个音节。

记忆是生活中必然发生的心理现象。为了控制实验条件,艾宾浩斯以自己为被试,使自己进入一种"实验室生活"。第一,控制生活规律,在实验期间的每一天的同一时刻进行识记实验,以排除生理因素的波动对识记结果的影响;第二,在每学习完一段材料后休息15秒钟,以防止疲劳的影响;第三,保持恒定的阅读和背诵速度;第四,为排除动机因素的影响,识记必须在最短的时间内完成;第五,在阅读和背诵的过程中,保持重音和语调的规律性和恒定性;第六,不采取任何方式促进记忆,只进行重复;第七,采用通读的方式识记材料,不对材料的背诵做刻意安排。

在记忆结果的测量方法上,艾宾浩斯发明了节省法,即在对识记材料进行记忆后,经过一定的时间间隔,再次对同一材料进行识记;比较两次识记的重复次数,并以后一次比前一次节省的次数作为识记效果即"保持"的指标。

艾宾浩斯记忆研究的结论包括:第一,音节序列的学习速度是音节序列长度的函数。随着音节序列的延长,每个音节所需的平均识记次数增多。第二,保持是重复次数的函数。据此有"过度学习"的结论。另外,艾宾浩斯还发现,同样的学习次数,间隔学习比集中学习更有效。第三,保持和遗忘是时间的函数。这就是著名的"艾宾浩斯记忆曲线":在识记之后,最初几个小时遗忘最多,遗忘的速度先快后慢。据此,复习次数应该在识记之后先多后少,而不应该平均分配时间。第四,相比于有意义的材料,无意义音节的学习时间更长。艾宾浩斯读9次可以背诵一段80个音节的诗歌(《唐璜》),而同样长度的无意义音节则需要重复80次。

赫根汉2004年指出,艾宾浩斯的主要结论"大多数在今天仍然有效,并且为当前的研究者所扩充"。艾宾浩斯的研究的确非常之少,但仅记忆研究一项,就足以成就其在心理

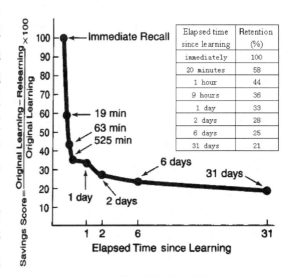

图2-4 艾宾浩斯遗忘曲线

学史中的经典地位。

(三) 对艾宾浩斯的评价

艾宾浩斯第一个开展了对高级心理过程的实验研究,第一次以实验方法研究记忆活动。这是心理学史上的一个转折点。由此,《心理学与感知生理学杂志》1890年的创刊号足以宣称:心理学与感知生理学是"两个共存平等的学科",并"组成了一个重要的双重性质的学科"。冯特在三年后第四版的《生理心理学原理》中将重申这个论断,把生理学从心理学暗含的学科基础,调整为方法论性质的研究途径。记忆的实验研究之所以如此重要,是因为人们所需要的,不是对感官生理学的心理学补充,而是一门解说人类心灵的新科学。在创建科学心理学的一代学者们中间,艾宾浩斯的形象最接近于现代实验心理学。

艾宾浩斯记忆实验对实验心理学的影响是范式性的,现代心理学主流的实验室实验将追随艾宾浩斯的实验范式,但其中不乏消极的方面。第一,实验材料的人工性质。虽然在所使用材料的人为性质方面将有所改进,但根本上,与莱比锡或符兹堡等实验室不同的是,为了更为精准地控制变量,现代实验心理学将继续创造并使用与日常生活内容有明显差异的实验材料。对实验材料本身的说明,不仅将成为研究报告的重要组成部分,而且研究者必须把关于实验材料的研究,它的实验合理性的建构,作为研究的重要组成。第二,实验程序的人工性质。虽然任何实验的程序都必然是人为建构的,但在心理学实验所面对的人类社会生活中,从艾宾浩斯开始,实验研究者开始了生态主义所批判的"象牙塔"传统。如果说在"基本心理过程"的研究中有理由对心理生活进行抽象和元素析取,那么在高级心理过程的研究中,在具有明确社会文化历史性的社会行为研究中,从艾宾浩斯开始,研究者所面对的,实际上是一个刻板的、机械的、与世俗生活完全无关的人为情境。第三,对本体论预设的暗含和依赖。费希纳在其心理物理学中所研究的是物理事实与心理事实之间的量化对应关系,而对于艾宾浩斯来说,用节省法所获得的关于"保持"和"遗忘"的数据,所对应的只是研究者所虚构的精神实体。费希纳在感觉领域所观测的量化关系,在艾宾浩斯的记忆研究中、进而在现代实验心理学的传统中,已经被暗含地视为一个基本的方法论前提:由于必然存在心物之间的量化关系,所以研究者所测量的量化指标,在逻辑上被归属于心理过程的存在。从艾宾浩斯开始,对高级心理过程,尤其是记忆和认知的实验研究,在推断高级心理过程本身的存在时,继续使用着艾宾浩斯传统的概念和方法论假定。当代的记忆研究已经开始挑战把"识记""保持""遗忘"等各自作为可以量化观测的独立精神实体的合理性。当然,在历史的意义上,这种挑战不需要视为"否定",反而应该视为"发展"。

从实验室实验的传统来说,艾宾浩斯代表了对高级心理过程进行实验研究的历史渊源。换句话说,"实验心理学史"在放弃了冯特(以及铁钦纳)的元素主义认识论之后,事实上遵循着艾宾浩斯所开创的方法论传统。这一传统既是内容心理学的,也是机能主义的。在实验材料上,对无意义音节的识记的确与冯特保持一致,而不能混同于布伦塔诺的意动心理学;但在"保持"和"遗忘"本质上是心理机能、而不是心灵器官的意义上,当艾宾浩斯把"记忆效果"作为因变量的数据指标,詹姆斯会欣然发现自己与艾宾浩斯之间在认识论立场上的一致性。更重要的是,艾宾浩斯的间接测量完全抛弃了哲学心理学中的内省法,即使仅仅在这个意义上,也足以宣称,在所有创建科学心理学的心理学家当中,艾宾浩斯本人真正地确立了现代心理学实验方法的传统。

> **拓展阅读 2-4**
>
> ### 艾宾浩斯:记忆研究领域的里程碑[①]
>
> 艾宾浩斯是第一位对记忆进行实验研究的人,因此他不能借鉴过去实验所获得的知识来指导他自己的研究。处在这样的地位,人们会认为第一次的记忆研究进展一定很小,大概是一些技巧差、控制不好的实验,以致这些结果不能为后来的研究者所重复。然而,情况刚好相反,艾宾浩斯制定了近乎完美的科学方法,收集的数据被证明是可靠的,而且所有他的主要实验结果都被重复了出来……
>
> 艾宾浩斯用他的新方法进行了好多年有价值的研究,并在他的著作中报告了这些结果。他证明某些结果是明显的,如长的音节表比短的音节表要花更多的尝试次数去学习——但许多其他的发现并不明显。例如,分散学习比集中学习或连续重复学习同一字表导致更好的长期保持(更大的节省)。除了他漂亮的结果之外(全部结果来自唯一的被试——他本人!),艾宾浩斯还提供了极佳的统计分析,提出一个遗忘的早期数学模型,对实验者偏差的问题作了很好的说明,并且还提供了实验心理学中检验的竞争假说的第一个例子。艾宾浩斯在坚实的基础上开创了记忆的科学研究,许多研究者紧跟其后。他开创了记忆研究中称之为语词学习的传统。

三、屈尔佩和符兹堡学派

(一)屈尔佩和他领导的符兹堡学派

奥斯瓦尔德·屈尔佩(Oswald Külpue,1862—1915)在进入莱比锡大学时,读的是历史专业。因为听了冯特的课,他开始对心理学产生兴趣。屈尔佩是冯特"最得意和最出色的学生之一"。1887年,屈尔佩在冯特的指导下获得博士学位,并成为冯特的实验室助手。1893年,他把自己撰写的教科书《心理学大纲》题献给冯特。在这本书中,屈尔佩把心理学定义为依赖于经验者的经验事实的科学。显然,屈尔佩在基本理论立场方面与冯特保持一致。而且,与冯特相同的是这本引论也没有考虑对思维进行实验研究的可能性。作为冯特的实验室助手,屈尔佩总是愿意帮助学生解决各种各样的问题,被学生称为"慈祥母亲"。当时,屈尔佩与铁钦纳是室友,并结为莫逆之交。私人感情显然并没有妨碍屈尔佩领导自己的学生

---

① Kurt Pawlik, Mark R. Rosenzweig. 国际心理学手册[M]. 张厚粲,主译. 上海:华东师范大学出版社,2002:158—159。

反对自己的老师,并把自己的挚友作为最大的对手。

1894年,屈尔佩被任命为符兹堡大学教授,两年后建立了符兹堡大学心理学实验室。符兹堡大学是布伦塔诺去维也纳之前工作并与教会发生冲突的地方。屈尔佩在这里工作了15年,在1909年赴任波恩大学之前,他领导了一个重要的心理学流派——符兹堡学派。虽然冯特、布伦塔诺、格奥尔格·缪勒以及正在崛起中的弗洛伊德等人都发展了属于自己的学术传统,高尔顿、谢切诺夫、詹姆斯等人也在德国之外创建了本国的心理学,但只有符兹堡学派是心理学中第一个以学派而非心理学家个人的名义载入史册的研究者群体。

符兹堡大学为屈尔佩,或者不如说,为"新"心理学中持不同意见者提供了一个自由空间。屈尔佩在无意之中"领导了一帮学生掀起了一场抗议运动"。屈尔佩本人既没有重要的心理学著述传世,也没有发表过任何独立的实验报告,在符兹堡,他成功地扮演了一个学术领导者的角色。在他的实验室中,活跃着很多心理学中赫赫有名的人物,其中包括他的学生——发展了美国机能主义心理学的安吉尔。格式塔学派的创始人惠特海默也在此获得博士学位。马尔比、瓦特、阿希等人的一系列重要实验,特别是"符兹堡学派"与铁钦纳及其美国弟子之间的论战,使符兹堡大学心理学实验室在学派特色方面最为引人注目。符兹堡学派挑战了冯特关于"高级心理过程无法进行实验研究"的教条,以实验的方法研究了思维过程,并提出了无意象思维等重要的心理学概念。围绕这个学派还有很多著名的学者,如彪勒、麦塞尔、考夫卡、泰勒、赛尔兹等。屈尔佩始终是这个学派的灵魂。当屈尔佩离开符兹堡,这个学派也就趋于消失了。由于屈尔佩本人所扮演的只是学术领导者的角色,符兹堡学派并没有一个理论体系。因此,作为一个抗议运动,它被视为格式塔心理学的前身。尽管符兹堡学派的实验从冯特的理论立场出发,挑战了这种心理学体系的合法性,但它并没有提供能够取代当时德国心理学的体系。与过去决裂的任务留给了另一场运动——格式塔心理学。

1909年以后,屈尔佩不再领导实验研究。在波恩,屈尔佩的注意力转向心理学与医学的关系。他在音乐、历史、哲学等方面有广泛的兴趣,并为业余读者写了五本哲学著作,其中一本讨论康德哲学。后来,铁钦纳将屈尔佩的几本著作译成了英语。屈尔佩终身未婚,他喜欢解释说,"科学就是我的新娘"。

(二)系统实验内省法

在实验研究方法上,屈尔佩所领导的符兹堡学派与冯特的莱比锡大学心理学实验室有很大的不同。屈尔佩发展了一种他称之为系统实验内省的研究方法,根据这种方法,被试不是在实验过程中作出自我观察,而是在完成实验任务之后进行回顾报告。这类回顾性或事后报告在冯特的实验室中是被禁止使用的,因为在这种实际上是"反省"而不是"内省"的过程中,被试所报告的是对意识过程的主观解释。冯特对屈尔佩的方法极为不满,称之为"假冒的"内省。但是,在逻辑上,回顾报告解决了内省法中观察者和被观察者之间的冲突,被试相当于一个实验助手或实验参与者,与研究者一样,可以站在客观的立场上对自身在完成实验任务时的心理过程进行"自我"观察。

系统实验内省法对自我观察进行的限定,包括对意识过程的阶段性划分,完成实验任务所包含的整个心理过程被区分为几个时间段，从而保证自我观察可以得到更精确的描述。例如，在瓦特的定势实验中，联想被分为准备阶段、刺激词的出现阶段、探求反应词阶段和反应词出现的阶段。根据被试对各个阶段分别进行的自我观察，研究者发现准备阶段产生的心理定势起到了决定性作用。同时，多次地重复同样的任务，可以使内省报告得到更正、验证和扩展。而研究者预先设计的提问也可以补充自发产生的内省报告，把被试的注意力引导到研究者所关注的特定方面。如前所述，冯特赖以摆脱内省法困扰的手段是发展客观化测量。与冯特不同，屈尔佩的系统实验内省法所强调的，正是被试对自身思维过程的特性做详细的、主观的、定性的观察报告。丹兹格认为系统实验内省扩展了实验内省法的狭隘领域。如果把思维过程替换成行为样本，在差异心理学的调查方法中（例如结构性访谈），我们可以看到非常相似的逻辑过程。但是，从根本上说，系统实验内省仍然依赖于经验主体的内省观察，并视之为可靠的、甚至必需的实验研究方法。

（三）无意象思维

1901年，屈尔佩的学生马尔比（M. Marbe）发表了一篇实验报告，描述了被试在进行重量判断时的无意象特点。被试举起一个重量，并与一个标准重量进行比较，做出"轻"或"重"的判断。被试首先报告了怀疑、探究和犹豫的前判断时期，然后直接做出了判断。在判断过程中，并没有意象成分的发生。马尔比由此得出结论："判断"是一种独立于判断内容的心理动作，该动作或过程本身是无意象的。

这是符兹堡学派关于无意象思维的基本观点：存在着联想、探究、怀疑、犹豫、确信等思维过程，这些过程是动作性的，不能以感觉和意象元素进行解释。简单地说，思维过程是独立于意识内容的心理动作。心理动作实际上也就是布伦塔诺的"意动"，当胡塞尔发展他的纯粹现象学方法时，无意象思维的发现实际上可以为现象学哲学提供一种重要的现象或经验资源。这可能是为什么立足于现象学传统的格式塔学派心理学家更倾向于接受符兹堡学派。根据无意象思维，从思维的开始到问题的解决，其过程是自动的和无意识的。这种思想已经非常接近于当代认知心理学中自动化加工的概念。

（四）对符兹堡学派的评价

符兹堡学派最大的历史贡献，是它给主流的"内容心理学"带来了巨大的冲击。符兹堡学派通过实验研究所发现的无意象思维，实际上是把思维看作一种过程和功能，而不是内容。这与冯特的实验心理学有很大的不同。冯特的心理学之所以被称为内容心理学，是因为研究者所关注的，并非意识过程的机制本身，而是试图通过对意识内容的实验操作，推断这些意识内容的基本元素、元素之间的联结过程，以及元素内在的组织结构。而无意象思维的发现表明，思维过程不必含有感觉或感情的意象元素；至少存在某些思维过程，没有意象即意识内容。另外，根据屈尔佩的弟子瓦特、阿希等各自完成的经典的心理定势实验，实验任务开始之前的准备阶段对于整个思维过程有决定性的影响。符兹堡学派的研究不仅质疑了内容心理学的方法论基础，而且，对于心理学的联想主义传统而言，也意味着一次颠覆：

由于决定联想内容产生的是准备阶段,而不是探求反应词的阶段,思维过程无法用联想的概念充分解释。无意象思维等研究结果质疑了冯特内容心理学传统的基本方法论假设,更接近于布伦塔诺的意动心理学传统。

屈尔佩试图调和内容心理学与意动心理学两种研究传统之间的矛盾,主张内容和意动的双重研究,即二重心理学。根据这种主张,意识的内容和意识的活动具有不同的性质,二者可以相互区分;意识内容的变化与意识活动的变化也并非严格地同步进行,这意味着二者各自有其特殊的规律性。因此,对于意识内容和意识活动的研究可以分别进行,并根据不同的方法进行研究。但是,意识活动与意识内容并非相互隔绝。包括布伦塔诺在内,一些学者反对二重心理学对意识内容和意识活动的区分,认为意识内容无法脱离意识活动而存在。二重心理学的理论思维方式虽然是典型的冯特式二元论,但显然也无法获得冯特和铁钦纳的支持。二重心理学并没有解决内容与意动之间的理论冲突。

总体上说,符兹堡学派把实验方法应用于高级心理过程的研究,在心理学史上第一次通过实验研究了思维过程。根据冯特的二元论划分,符兹堡学派也许应该归于心理学的人文科学传统。符兹堡学派的挑战,动摇了居于实验心理学主流地位的内容心理学和构造主义心理学的合理性,在方法论层面促进了心理学基本理论立场的历史进展。

拓展阅读 2-5

符兹堡学派的定势实验[①]

我们再强调一下,这些课题最初都是最一般的,重复过千百次的。但是符兹堡学派的年轻心理学家们能够从不一般的角度来看待一般的问题,从中发现判断活动,而不仅仅是相同之感或差异之感(在确定阈限的情况下)。这样,原来是初级的心理物理实验很快就(作为判断活动)转移到被称之为高级心理过程的层次上了。这一研究方法的新颖之处正是在于心理学研究角度的方向性改变。

后来实验课题的日益复杂化都是由这一转折所决定的。按照改变后的指令进行的最初实验并不令人满意。被试即使通过最细微的自我观察也只能确定一些十分模糊的和不确定的状态。这些状态与构成意识的元素(映像)毫无相似之处;而在意识中进行的过程也与映像的对照和比较无任何相似之处……在探求新的决定因素时,符兹堡学派的心理学家跳出了当时普遍采纳的实验模式(这种模式指导着心理物理、心理测量和联想实验中的工作)的旧框框。这一模式的局限性在于一个实验只允许有两个变量:作用于被试的刺激和被试的应答反应。现在,符兹堡人又引入了一个特殊的变量——状态,即被试在知觉刺激之前所处的状态。实验心理学家以往也曾遇到反应依赖于状

---

① М. Г. 雅罗舍夫斯基(М. Г. Ярошевский). 心理学史[M]. 陆嘉玉,等,译. 上海:上海译文出版社,1997:320—325。

态因素的问题。路德维希·朗格曾揭示,反应时间取决于被试是倾向于对刺激的知觉还是倾向于当前的运动(在第二种情况下反应时间较短)。缪勒和舒曼得到的资料证明,反应的预备性对心理物理实验有影响。被试在多次比较两个重量不等的物体后会产生一种错觉,把重量相等的物体也知觉为不相等。缪勒把这一现象称为"运动定势"效应。屈尔佩也对预备性问题感兴趣,他曾在缪勒的实验室工作过一段时间,也可能正是他把他手下的那些年轻实验者的注意力引到这个问题上。不管怎么说,"心理定势"的术语是在屈尔佩领导下的实验室发表的第一批文章中首次出现的。与缪勒的"运动定势"概念比,这一术语有些新意,因为它指的不是肌肉系统的状态,而是意识本身的所固有的对刺激和某种形式的反应的预先调谐……

"心理定势"这一术语是由马尔比提出的。后来,他对该学派采纳的内省分析程序提出了批评,并且在他留在符兹堡大学的那些年代里(直到1934年),再也没有从事过思维心理学的研究……

屈尔佩离开符兹堡之后(他先去波恩,后又到慕尼黑),思维过程的研究工作就由奥托·赛尔兹进行。他的功绩在于从实验上分析了思维过程对解决课题的结构的依存性。赛尔兹引进"预感图式"的概念,它丰富了以前关于定势和任务的作用的资料。赛尔兹的主要著作有:《论思维调整运动规律》(1913年),《有效思维和错误心理学》(1922年),《有效和无效精神活动规律》(1924年)。赛尔兹死于纳粹的集中营。

由符兹堡学派创立的思维实验研究的传统,后来由其他一些不属于这一学派的研究者加以发展。

本章小结

1. 对于冯特来说,科学心理学独立于、但并非割裂于哲学。心理学的独立意味着对传统的哲学与心理学之间关系的颠覆:哲学论断只有得到科学心理学的支持才正确,而心理学研究绝非可以凭借哲学论断来证明。

2. 冯特把心理学视为一门实验科学。心理学以直接经验为自己的研究对象,包括研究基本心理过程的实验心理学和研究高级心理过程的文化心理学。基本心理过程可以根据元素主义的认识论析取为基本的心理元素,并以实验探查元素的联结规律。心理现象不能解释为生理现象,根据身心平行论,心理过程与生理过程平行运作、互不影响。

3. 所谓实验内省法,就是在实验控制条件下的内省观察。冯特为实验内省法制定了一些具体的规则:第一,告知被试实验开始的时间,使被试作好内省观察的准备;第二,避免各种无关刺激的影响,在实验即内省观察开始之后,使被试能够集中注意于内部的心理活动;第三,控制实验条件,使实验所涉及的内省观察容易进行重复验证,观察必须能重复数次;第四,为使被试把刺激与自己的心理过程区别开,要经常变换刺激的条件;第五,发展和利用多种记录仪器,以客观地记录被试的各种反应。

4. 根据实验分析,冯特确认了两个最基本的心理元素:感觉和感情。感觉具有强度和性质两种特征,并可以依据强度和性质的不同进行分类。心理元素复合的规律有三种,分别是心理关系原则、心理对比原则和创造性综合。联想有四种基本类型:复合、同化、合并和相继联想。

5. 统觉是把意识范围内的特定心理内容提升到注意焦点的过程。

6. 冯特的情绪理论主张,感情具有三个维度,即愉快—不愉快、紧张—松弛、兴奋—抑郁。情绪是基本感情的复合物。

7. 冯特的心理学理论体系也称为意志主义心理学,意志主义主张意志活动或力量把心灵内容组织成为较高级的思维过程。

8. 在文化心理学中,冯特把语言、神话和风俗习惯确认为三种文化心理要素。

9. 冯特是科学心理学的创始人。1879 年,冯特创建了莱比锡大学心理学实验室,这被心理学史家普遍地认为是科学心理学诞生的标志。冯特是第一种实验心理学专业期刊的创办者,还最早开创了文化心理学的研究传统。在开展实验研究、建构理论体系的同时,冯特还培养了世界范围的一大批心理学家,确立了科学心理学的学术社会建制。但是,冯特的主观唯心主义立场使他深厚实验内省法的桎梏,导致其理论体系包含着内在的矛盾冲突。

10. 布伦塔诺是冯特同时代最重要的心理学家。他把意识经验分析为内容与意动两个方面,认为心理学的研究对象是意识的动作,即意动。在研究方法上,布伦塔诺主张"现象学的内省",即指向有意义的意识经验整体的内省。内容和意动之间的争论是这一时期心理学中科学主义和人文主义两种文化之间的主要理论冲突。

11. 布伦塔诺提出了意向性概念,认为意识活动总是指向自身之外的对象,这是人类意识的根本特征。

12. 在记忆的实验研究中,艾宾浩斯发明了"无意义音节"和"节省法"。根据实验的结果,艾宾浩斯指出,在识记之后,遗忘的速度先快后慢,在最初的几个小时内遗忘最多。这就是著名的"艾宾浩斯遗忘曲线"。

13. 符兹堡学派挑战了冯特关于"高级心理过程无法进行实验研究"的教条,以实验的方法研究了思维过程,并提出了无意象思维等重要的心理学概念。"无意象思维"是符兹堡学派马尔比等的实验发现,指一些思维过程没有意象或内容,这说明意识活动与意识内容之间存在着相对的独立性。为调和意动心理学和内容心理学之间的理论冲突,屈尔佩主张二重心理学,即意动和内容相对独立,各有自身的规律性,应该以不同的方法分别研究。符兹堡学派的研究动摇了意识内容研究的合理性。

复习与思考

一、名词解释

1. 统觉 2. 感情的三度说 3. 意向性 4. 艾宾浩斯遗忘曲线 5. 无意象思维

二、问答题
1. 联系时代背景,回答"为什么说冯特是一个哲学家"。
2. 为什么说冯特是科学心理学的创始人?
3. 简述冯特的心理学科学观。
4. 冯特"实验内省法"与传统的内省法有什么区别?
5. 简述冯特的认知理论。
6. 简述布伦塔诺关于意识经验的基本观点。
7. 简述艾宾浩斯的记忆研究。
8. 简述符兹堡学派及其历史贡献。

三、论述题
1. 在你心目中,冯特有什么样的历史形象?
2. 试论冯特同时代心理学家们在实验研究方法方面的探索。

第三章 美国心理学的兴起

本章导读

本章介绍了美国心理学的兴起,对其主要代表人物的重要观点进行了系统的阐述。美国心理学的兴起与其特定的社会历史文化背景有着密切的联系,詹姆斯在美国心理学产生的过程中是一位承上启下的关键性代表人物,被看作是美国心理学的创始者。本章第一节从道德哲学和心灵哲学、理智哲学以及美国"文艺复兴"三个方面简单概述了美国心理学产生之前的哲学心理学的发展历程。第二节介绍了美国心理学产生的背景以及美国心理学的几位先驱的生平和代表性观点。由于詹姆斯是美国心理学发展史上第一个科学心理学家和最后一个哲学心理学家,因此在本节中,我们仅将詹姆斯看作是美国心理学的先驱,简单介绍其生平,而将其心理学思想体系留待下一节来介绍。第三节详细介绍了詹姆斯的实用主义心理学观点,尤其是他的意识流理论、自我论、本能论、习惯论、记忆论以及情绪理论等。第四节介绍了铁钦纳的构造主义心理学观点,构造主义心理学是19世纪末由冯特在德国奠基、铁钦纳在美国发展起来的一种严密的心理学体系,是心理学成为一门独立的实验科学之后的第一个心理学流派。本节简单介绍了铁钦纳的生平,然后详细论述了构造主义心理学的哲学基础以及构造主义心理学的理论体系和方法,最后对构造主义心理学进行了简要评价。美国心理学是完整的世界心理学不可缺少的一个重要方面,因此,学习美国心理学对于把握和建构完整的世界心理学知识体系是至关重要的。

学习目标

1. 了解早期美国心理学的发展历程。
2. 了解美国心理学产生的背景以及美国心理学先驱的生平及其代表性思想观点。
3. 客观、全面地掌握詹姆斯的实用主义心理学理论体系,并能对其作出准确的评价。
4. 掌握詹姆斯的"意识流"理论、自我理论和习惯理论。
5. 了解铁钦纳的生平和学术经历,掌握构造主义心理学的哲学基础。
6. 客观、全面地掌握铁钦纳的构造主义心理学理论体系,并能对其作出准确的评价。
7. 了解构造主义心理学的任务和研究方法。
8. 大致了解铁钦纳对冯特心理学思想的改造。

在讲完冯特与德国的心理学之后,我们的视线就应该转向美国了。美国心理学的产生和发展是与詹姆斯的名字紧密联系在一起的。在詹姆斯之前,可以说美国还没有真正的心理学。正如美国心理学家卡特尔1929年在第9届国际心理学大会上发表主席演讲时所声称的,在19世纪80年代以前,美国心理学的历史"就像圣·帕特里克时代之后一本关于爱尔兰的蛇的书那样短暂。就心理学家而言,美国那时就像天堂,因为那里没有一个被诅咒的灵魂"。之所以如此,是因为卡特尔认为只有实验心理学才是真正的心理学,而其他的一切都是心灵哲学或道德哲学。但由于实验心理学是从非实验心理学发展而来的,因此要理解美国的实验心理学就必须理解之前的哲学心理学。

第一节　早期的美国心理学

早期的美国心理学与哲学、道德以及伦理学有着密切的关系,因此为了正确理解和记录美国心理学,就必须了解詹姆斯之前的美国哲学心理学。美国现代心理学产生之前的哲学心理学的发展可以分为三个阶段。

一、道德哲学和心灵哲学阶段的心理学

这一阶段的心理学包括伦理学、神学和哲学等主题,所关注的问题是灵魂,所教的东西是不会遭到人们的质疑的。心理学在这个时代被公认为神学,是同宗教灌输相结合的。美国最早的大学——哈佛大学就是以英国的大学为榜样的,其主要目标就是使宗教信念永存。1714年,美国开始了"启蒙运动",广泛接受其他国家学者的思想,约翰·洛克的《人类理智论》(1690)就对这一时期的美国哲学心理学产生了广泛影响。哥伦比亚大学首任校长塞缪尔·约翰逊(Samuel Johnson,1696—1772)在接受了洛克的思想之后,写了一本书,书中所涉及的内容有很多属于心理学的主题。例如,儿童心理学、意识的本质、知识的本质、内省和知觉。可以说,洛克的哲学为证实一个人的宗教信念的逻辑和心理学提供了基础。这一时期的心理学可用这句话来概括:"心理学为逻辑而存在,逻辑为上帝而存在。"

二、理智哲学阶段的心理学

这一时期的哲学心理学主要受到苏格兰常识哲学的影响。苏格兰常识哲学反对休谟的不可知论,反对把道德法则和科学定律看作心理习惯的观点。他们认为,感觉信息可能因表面意义而得到接受,反省或内省可以产生有效的信息,道德是以自明的直觉为基础的。由于尊重感觉和情感,苏格兰哲学家所撰写的教科书包括诸如知觉、记忆、想象、联想、注意、语言和思维之类的心理学主题。受这些教科书的影响,美国也开始出现类似的教科书,如诺亚·波特(Noah Porter)的《人类理性:关于心理学和灵魂的导论》(1868),这本教科书标志着美国心理学逐渐脱离哲学和神学领域,并逐渐成为一门独立学科。波特将心理学界定为人类灵魂的科学,包含了诸如心理学是物理学的一个分支、心理学是一门科学、意识、感知觉、智力发展、观念联想、记忆和推理之类的主题,尊重并重视个体的个性,这也成为现代美国心理学的特征。

三、美国文艺复兴时期的心理学

这一时期,心理学从宗教和哲学中完全独立出来,成为一门经验科学。1886 年,杜威在《心理学》一书中描述了这门全新的经验科学。1887 年,美国第一本心理学期刊《美国心理学杂志》第 1 期出版;1890 年,詹姆斯的《心理学原理》出版,这些事件标志着一种强调个别差异、强调适应环境和强调实用性的心理学的开始。美国一直强调个性和实用性,强调对环境的适应,这也是相面术、颅相学、麦斯麦术和唯灵论的思想观点何以会在当时的美国盛行的原因,因为这些都能帮助个体更为有效地生活和实践。

第二节 美国心理学的产生和发展

一、美国心理学产生的背景

(一)社会背景

美国心理学的产生与美国的具体国情有着密切关系。美国是一个新兴的移民国家,南北战争之后,才成为一个统一的联邦制国家。由于北美洲新大陆的条件比较优越,也没有古老的欧洲各国那样的强大的守旧力量,因此美国有机会和条件借鉴并吸收欧洲各国的新的工业化生产经验。加之美国利用了大量来自亚洲、非洲以及美国本土土著的廉价劳动力,因而得以在不到 50 年的时间就实现了资本主义工业化。在工业化的过程中,大量农村人口涌入城市,中小工矿企业特别是工作作坊纷纷倒闭,而大型工矿企业在不断更新机器设备的同时,又面临着缺乏熟练工人的窘境;欧洲的实证主义哲学传入美国之后,在与美国本土的文化与哲学思想融合的过程中,逐渐演变为美国的实用主义哲学,这种哲学鼓吹有用就是真理,真理就是工具。当这种哲学思想与美国初露端倪的现代心理学思想结合之后,就形成了独具特色的美国心理学。美国心理学认为心理是有用的,是生物适应环境的工具或机能,这种心理学因适应了美国当时的大工业机械化生产的需要而得到了社会强大力量的支持和鼓励。

(二)进化论的影响

在美国,人们对达尔文的进化理论产生了强烈的兴趣,人们如饥似渴地吸收着达尔文的思想观念。不仅大学和学术圈热爱进化理论,通俗杂志甚至某些宗教出版物也表现出对进化论的兴趣。美国的时代精神为接受进化论以及由此产生的机能主义作好了准备。进化论的思想观念同美国个人主义精神是一致的,因此"最适者生存""生存斗争"很快成为美国民族意识的一个部分。在美国这个开拓性国家,居住的都是一些吃苦耐劳的人们,他们信奉自由、自强和独立,不愿意接受政府的支配,他们的倾向是讲求实际、效用和功用。在这个开拓阶段,美国心理学也反映了这些品质。基于这些原因,美国比其他任何民族都更愿意接受进化理论。

二、美国心理学的先驱

詹姆斯既是美国现代心理学的创始人，也是美国现代心理学的先驱。美国现代心理学的产生就是包括詹姆斯在内的先驱们共同努力的结果，因此，本节将简要介绍美国心理学先驱们的生平及思想。至于詹姆斯的心理学思想，则在第三节详细介绍和论述。

（一）霍尔

格兰维尔·斯坦利·霍尔（G. S. Hall, 1844—1924）出生在麻萨诸塞州的一个农场，他从小就兴趣广泛、野心勃勃，发誓要为这个世界做点什么，要成为世界上的重要人物。1863 年，霍尔进入威廉兹学院就读，曾两次留学德国，是冯特的第一个美国学生。1878 年，霍尔以《关于空间肌肉知觉》的论文从詹姆斯手中获得博士学位，这也是美国历史上的第一个心理学博士。1882 年至 1888 年，他任教于约翰斯·霍普金斯大学。1889 年至 1920 年，他又到新创办的克拉克大学担任心理学教授并兼任校长。

图 3-1　霍尔

霍尔既是一位心理学研究者，又是一位卓越的心理学组织者，他对美国心理学的贡献首先表现在他对美国心理学组织的创建和发展方面。1883 年，霍尔在霍普金斯大学建立了美国第一个正式的心理学实验室。1887 年，创办了美国第一本心理学刊物——《美国心理学杂志》，他还先后创办了《教育评论》（后更名为《发生心理学杂志》）、《宗教心理学杂志》以及《应用心理学杂志》，用以发表儿童和教育心理学等应用心理学方面的研究成果。他还是美国心理学会（American Psychological Association，简称 APA）的组织者，经过他的努力，美国心理学会于 1892 年正式成立，他也被推举为第一届美国心理学会主席。霍尔共培养了 81 位心理学博士，其中杜威、卡特尔以及推孟等人后来都成为杰出的心理学家。他的主要著作有：《青春期》（1904）、《儿童的生活与教育》（1907）、《从心理学的观点看耶稣》（1917）以及《衰老》（1922）等。

霍尔是美国发展心理学的创始人，他运用进化论的观点对儿童身体的成长和青春期心理与其身体变化之间的关系进行了系统的论述；他还运用各种语言对老年人进行了大规模的心理调查，开创了老年心理学研究的先河。从现代心理学的视角来看，霍尔关于青春期和老年人心理的研究都是其毕生发展心理学的重要组成部分，因此从这种意义上讲，我们可以将他看作毕生发展心理学的创始人；在美国教育心理学方面，霍尔也进行了有益的探索。在对儿童和青少年的心理进行研究的过程中，他就深信，心理学是打开科学教育之门的钥匙，并以发展心理学的研究为基础，进一步研究和探讨了教育心理学的问题。霍尔对心理学特别是教育心理学最重要的理论贡献在于他提出了"复演说"。这个理论运用生物进化论和生物复演说的观点来说明个体的心理发展，把个体心理的发展看作是一系列或多或少地复演了种系进化的历史。这一理论使人们开始认识到，对"未成熟期"，一方面可以从"尚未成人"的意义上理解；另一方面，这也是一个带有沿着某些方向发展的心理倾向的可塑时期，而教育的意义正在于利用这一可塑时期来促进人的心理的正常发展。霍尔对精神分析在美国的流行起了直接的促进作用,并将精神分析的方法运用到自己的研究工作中。在克拉克大学20周年校庆之际,他邀请了精神分析学派的创始人弗洛伊德到校发表演讲,对精神分析理论在美国的广泛传播起了重要的作用。在研究方法方面,霍尔广泛使用了问卷法。他和克拉克大学的同事共同编制了194种问卷,内容包括儿童心理和行为的各个方面。为了保证问卷法的科学性,他还提出了使用问卷法的具体要求和应注意的事项。虽然问卷法不是霍尔所创立的,但他对问卷法的推广和应用作出了重要贡献。问卷法开创了现代心理测量学的先河,也是现代心理学研究的重要辅助手段。

作为美国心理学的先驱,霍尔的贡献不在于理论创建,而在于实际工作和心理学的应用研究方面,这也正是美国心理学的一大特色。

(二) 闵斯特伯格

闵斯特伯格(H. Münsterberg, 1863—1916)出生于普鲁士的但泽,是出生在德国的美国心理学家。1882年从但泽大学预科毕业后,他继续就读于瑞士日内瓦大学、德国莱比锡大学、海德堡大学。1885年7月,他在莱比锡大学从冯特手中获得心理学博士学位,1887年,在海德堡大学获得医学博士学位。自1887年起,闵斯特伯格任弗赖堡大学讲师,讲授社会心理学、医学和哲学课程。由于学校没有心理学实验室,他自行出资在自己的住所里建立了一个心理实验室,从事时间知觉、注意、学习记忆等方面的研究,吸引了各国的许多学生。

图3-2 闵斯特伯格

1888年,闵斯特伯格出版了《意志的活动》,这一著作被詹姆斯视为心理学的杰作。1889年,在首届国际心理学大会上,闵斯特伯格与詹姆斯第一次会面,彼此间建立了友谊。1892年,应詹姆斯之邀,闵斯特伯格到哈佛大学担任客座教授,之后他又返回弗赖堡大学任教,后来又回到哈佛大学接替詹姆斯之职,接掌了由詹姆斯创设的心理实验室,成为詹姆斯的继承人。在此期间,他的研究兴趣转向了应用心理学。1898年,闵斯特伯格当选美国心理学会主席,1908年当选美国哲学会主席,1903年被《美国科学家》期刊评选为仅次于詹姆斯的名人。1916年在哈佛大学德拉克利夫女子学院的讲堂上,他因心脏病突发去世,年仅53岁。

闵斯特伯格的研究主要涉及以下几个方面:在理论研究方面,闵斯特伯格于1892年提出了一个有独创性的有关心理活动性质的学说。这个学说强调过程的不能再分解的类型,而不是结构的不能再分解的类型。他的"动作论"是关于同最简单的经验动作相应的生理单元的学说。他认为,当一个感官受到刺激导致一个自觉的动作和一个运动反应时,感觉的引起不是同脑感觉区的简单兴奋相关联,而是同从感觉区到运动区的神经搏动的传导相关联。在他看来,一切生活都是冲动性的,都倾向于动作。没有纯属被动性质的感性经验,每一经验不仅意味着皮质中某一感觉区的兴奋,而且意味着这个兴奋通过运动中枢传导到中枢以外的运动反应机制。通道越开放,感觉的意识也越清晰。意识状态的发生只有当一个从感觉器官到运动反应的循环完成时才有可能。而所谓的动作,是作为整体的个人行为的一部分;在司法心理学领域,闵斯特伯格很早就论述了血压和诚实检测之间的关系。在1908年出版的《论证人席》一书中,闵斯特伯提出了"测谎器"的概念,论述了证人证言的虚妄、假坦白的动力,以及暗示对证人、陪审团和法官的作用。他还将荣格的语词联想测验引进司法领域作为确定犯罪的手段,并对陪审团的团体动力进行了实验研究,认为女性由于具有非理性思维的特征而不能担任陪审员;在工业心理学方面,闵斯特伯格提出根据工作成绩确定职业性向的概念。1912年,他出版了《心理学与经济生活》一书,该书在1913年被英译为《心理学与工业效率》。他对人员甄选、职业伦理、工作绩效的心理因素以及广告心理等各方面均有所探讨,他也因此被看作现代工业心理学的创始人。闵斯特伯格指出心理学家在工业中的作用应该是:帮助发现最适合从事某项工作的工人;决定在什么样的心理状态下,每个人才能达到最高产量;在人的思想中形成有利于提高管理效率的影响;在美学心理学研究方面,闵斯特伯格以《电影:心理学研究》一书而闻名于美学心理学领域。该书在普通美学之外,还讨论了闪回、渐隐和特写的心理效应。他认为,理解电影必须求助于心理学,电影就是"一种心理学游戏";此外,在社会心理学领域,闵斯特伯格在《明天》一书中,预测英、美、德三国企图合组的世界政府与和平联盟终将失败,预言政府禁酒将会导致比酗酒更严重的社会问题,并揭发了民间神秘主义者的伪装。闵斯特伯格曾与其他心理学家一道,尝试将心理学运用于日常生活,他关于"扭曲错觉"的解释就是将心理学原理运用到生活实践中的一种尝试。

(三) 詹姆斯

威廉·詹姆斯(William James,1842—1910)出生于美国纽约一个著名的富豪之家。其父知识渊博,爱好科学,且非常重视对詹姆斯的教育,常鼓励詹姆斯独立求知,曾带詹姆斯游历法、英、瑞士等国。优裕的家庭环境和良好的早期教育,使詹姆斯从小就形成了思想活跃、能言善辩、为人豁达、社会经验丰富等特点。

1860年,詹姆斯曾在波士顿学画一年。1861年,他进入哈佛大学劳伦斯理学院学习化学和生理学。1864年又转入该校医学院学习。1865年,他跟随动物学家阿家西斯赴巴西亚马逊河进行动物学调查,并尝试过将生物学作为自己的终身事业,但他发现自己不能忍

图3-3 詹姆斯

受这个领域所要求的正确而有秩序的资料收集、归类工作,于是又恢复了医学的学习。1867年,詹姆斯赴德国,跟随赫尔姆霍茨学习,熟悉了哲学、心理学。1869年,他在哈佛大学获得医学博士学位。1872年,他接受了哈佛大学生理学讲师职位,在哈佛大学开设生理学和解剖学课程。由于研究神经系统生理学及其他与心理学有关的生理学问题,詹姆斯开始转向对心理学问题的研究。1875—1876年,詹姆斯开设了他的第一门心理学课程,即《生理学和心理学的关系》,这是第一个由美国人开设的新心理学课程。1875年,他从校方获得了300美元的资助,建立了供其教学示范用的小型心理学实验室。1878年,他与出版社签定了出版《心理学原理》一书的合同。1880年,詹姆斯任哲学副教授。1884年,发起组织"美国心理研

究协会",在《心灵》杂志上发表他关于情绪的学说。1885年,开始任哲学教授。1889年,又改任心理学教授。1890年出版了《心理学原理》,这是詹姆斯最重要的心理学著作。该书既是对当时实验心理学研究成果的基本总结,又是詹姆斯实用主义心理学思想的集中体现。1892年,他把《心理学原理》(两卷本)改写为《心理学简编》,该书在美国被作为大学标准课本。1894年和1904年,詹姆斯两次当选为美国心理学会主席。1910年8月26日,詹姆斯病逝于美国新罕布什尔,终年68岁。

《心理学原理》出版后,詹姆斯认为他已说出他所知道的关于心理学的一切,故而于1907年辞去哈佛大学职务,转向哲学的研究,而聘请闵斯特伯格来哈佛大学做心理学实验室主任。他认为:

> 心理学只是一系列简单的事实,一些漫谈和意见上的争吵,在简单描述水平上做一些归类和概括,但是没有一条规律足以够得上物理学意义上的规律。这不是科学,这只是科学的希望。目前心理学处于伽利略以前物理学的状态,处于拉瓦锡以前的化学状态。

以后,詹姆斯只写了《心理学简编》(1892)和另外两本与心理学有关的书,即《对教师讲心理学》(1899)和《宗教经验种种》(1901—1902)。他的大部分时间都集中在哲学研究和哲学著作的写作上,他主要哲学著作有《实用主义》(1907)、《多元的宇宙》(1909)、《真理的意义》(1909)等。

 拓展阅读 3-1

詹姆斯生平

威廉·詹姆斯,1842年1月11日出生于美国纽约市阿斯特豪斯(Astor House),家境富裕。父亲老亨利坚持为子女提供最优越的教育环境,为了子女求学便利,1852—1860年间,他带着家人频繁造访欧洲各国。詹姆斯幼年入读纽约私立学校,后随父亲辗转美国、英国、法国、瑞士和德国,在老亨利的指导下学习并精通五种语言。老亨利从不墨守成规,在家里营造轻松自由的学术氛围,为威廉家族培养了三位天才般的人物。詹姆斯是家中长子,有三个弟弟和一个妹妹,二弟亨利和妹妹爱丽丝在美国文坛享有盛誉。

18岁时,詹姆斯宣称艺术是他命定的职业。一年之后,他服从父亲的安排进入哈佛大学学习化学与生理学,26岁时詹姆斯获得医学博士学位。他耗时12年写出《心理学原理》这样的传世巨著,又在生命的最后20年间潜心研究哲学,成为享誉国际的哲学领袖。回顾他的一生,充满了常人难以理解的矛盾。他怀揣艺术之梦,却踏上了科学的征程;他获得医学博士学位,却从未悬壶济世;他用小说式的语言,却写出轰动世界的科学巨著;他亲手置办了第一个心理学实验室,却从不掩饰对实验室工作天生的厌恶……

他兴趣多变,睿智而开明。似乎没有任何事物能够得到詹姆斯永久的青睐或独占他毕生的才华与热情。他以无与伦比的活力,不知疲倦、从不满足、持续探索着。无论是心理学,还是哲学、宗教学、教育学、文学,他每涉足一个领域,便在其中留下深刻的烙印。

尽管詹姆斯没有建立其心理学的体系或是形成自己的学派,在实验室研究方面也鲜有贡献,而且他从未致力于成为一名心理学家,甚至在晚年时对心理学不以为然,但是任何一个人都无法否认他在心理学历史上举足轻重的地位。他是美国心理学会的创始人之一,并曾于1894年和1904年两度当选为该学会主席。作为美国心理学之父,詹姆斯不仅促进了本国的心理学进展,更重要的是,他的许多观点对心理学思潮的发展有着不可估量的影响。在他逝世80年后,对世界心理学史家的一次调查表明,在心理学的重要人物中,他仅次于冯特而排在第二位,并且被认为是美国最重要的心理学家之一。

这个博学、智慧、多才多艺、兴趣广泛、不为偏见或成见所束缚的科学前辈以他传奇的人生和独特的人格魅力引领着一代又一代青年学者在寻求真理的路上勇往直前。

三、美国心理学的发展

1870年至20世纪初,是美国心理学飞速发展的时期,这一时期美国心理学的发展引起了人们的广泛关注。

1870年,美国还没有心理学实验室,1875年,詹姆斯用学校赞助的300美元建立了一个小型的供教学演示使用的心理学实验室,1877年,他又建立了一个比较正式的心理学实验室,到1900年时,美国已经有了41个心理学实验室,而且装备比德国的实验室还要好,美国的这41个心理学实验室代表着当时世界上主要的心理学实验室。1880年,美国心理学还没有自己的杂志,但到1895年时,美国已经有了三个心理学杂志。1880年,美国人不得不到德国学习心理学,但到1900年,大部分美国人选择在国内读心理学研究生。1910年,在心理学刊物上发表的论文中,有超过50%的使用的是德语,英语的仅占30%,但到1933年,所发表的论文中有52%的使用英语,德语的仅占14%;英国1913年出版的科学名人指出,在心理学方面,美国占据优势地位,世界上主要的心理学家中,美国占了84位,比德国、英国、法国的总和还要多。心理学在欧洲开始以后短短20年的时间里,美国心理学就成为这一领域无可争议的领导。在1895年美国心理学会主席的就职演说中,卡特尔(J. M. Cattell)报告说:

在过去的5年里,美国心理学的学术成长几乎是史无前例的……在本科课程中,心理学是一门必修课……在大学的课程中,在吸引的学生的数量方面和出版的学术著作方面,心理学都可以与其他主要学科进行竞争。

美国人以极大的热情接纳了心理学,并迅速地把心理学迎接到大学课堂和日常生活中。这一领域远远超出了它的建立者所能想象的范围,甚至也超出了他们认为理想的范围。

到1900年，美国心理学不仅在规模上超过了德国，而且已经具备了它自己的特点，既区别于冯特的心理学，也不同于铁钦纳的构造主义。美国的心理学更多地受到达尔文进化论和美国本土的实用主义哲学的影响，在此方面，美国现代心理学的创始人詹姆斯的观点最具代表性。随着两次世界大战的爆发，心理学的研究中心逐渐从欧洲的德国移向了美洲的美国，此后美国的心理学一直处于世界心理学的核心地位，目前西方心理学研究的新动态都是在美国出现的。

第三节 詹姆斯的实用主义心理学

詹姆斯是美国现代心理学的创始人，在美国心理学乃至整个西方心理学中都占有重要的地位。本节主要论述詹姆斯的实用主义心理学思想。

一、心理学的研究对象

詹姆斯认为，心理学是一门自然科学，是生物对环境适应的科学。心理则是生物进化赋予人对环境适应的一种机能，并与外部世界同步发展和相互作用。关于心理学的研究对象，詹姆斯在其《心理学原理》中写到："心理学是研究心理生活的现象及其条件的科学。"他所谓的现象是指感情、认识和愿望等。心理生活的条件则是影响心理过程的身体和社会过程。后来，詹姆斯又对这个定义做了一定的修改，认为最好将心理学的研究对象看作是关于意识状态的描述和解释。意识状态是指感觉、愿望、认识、推理、决心、意志以及诸如此类的事件，包括它们的原因、条件和直接后果的研究。詹姆斯指出，心理学除了要观察这些心理生活事件之外，还要确定心理生活事件背后的条件以及它们的目的，并且认为这是心理学家最有趣的任务。在规定了心理学的研究对象之后，詹姆斯又进行了进一步的说明，他反对冯特心理学的人为性和狭隘性，认为意识必须在它的自然结构中来加以考察，相信意识经验就是意识经验，而不是元素的组合或聚集。为了替代意识经验的人为分析和还原，他呼吁心理学应确立一种新的思路。他认为，心理生活是一个整体，是变化着的总体经验；意识是一种连续不断的流动，任何把意识分为独立的、暂时的阶段的尝试都是在扭曲意识。为此，他创立了"意识流"这一概念和学说。

二、意识流学说

19世纪中叶，达尔文在《物种的起源》中提出了"物竞天择、适者生存"的进化论原则。受此影响，詹姆斯以适应性来解释意识的进化，把适者生存的原则运用至心理学的范畴。他认为意识之所以能进化至今，乃是因为意识可以支持动物的生存竞争，换句话说，乃是因为意识对人类的生存有用。意识的功用就是指引有机体达到生存所必须的目的。所以他说，意识和其他机能一样，是因为一种功用才进化的，这一观点具有明显的实用主义色彩，对美国心理学的发展方向产生了重要的影响。在阐述其实用主义意识观的基础上，詹姆斯进一步提出了其最具影响力的意识流学说。

意识流学说是詹姆斯为反对当时流行的元素主义而提出的一种关于意识的学说。詹姆斯指出,在我们正常的经验和心理生活现象中,并不存在简单的感觉、意象和情感。经验就是它本来的那个样子,并不是由元素简单集合而成的。意识具有连续性、复杂性和关系性,意识的活动不是静态的,而是可以观察的心理事件;应将心理生活的起点确定为思想事实本身,而不是简单的感觉,人的心理和意识是连续的整体。他认为意识具有以下特征:

第一,意识是私人的。每一种意识状态都是个人主观意识的一部分,都是某个特定的个体所特有的。你的意识是你的,我的意识是我的,每一个人都保有自己的思想,不可通融,不可交易。在此,詹姆斯将意识流与自我联系起来,强调了意识的主观性,为自我心理学的发展奠定了基础,但却夸大了意识的主观性,抹杀了意识中共有因素的存在,陷入了主观唯心主义的泥沼之中。

第二,意识是变动不居的。意识是一个变化的过程,我们持续地看、听,不断地做出推理等。意识的对象、条件和主体的身心状态、知识经验都会发生变化。我们的每一个思想总是独一无二的;同一事实再现的时候,我们一定要按新样子思考它,而且意识永远不是绝对突然的。意识只能出现一次而不能复返。在此,詹姆斯主张意识的变化性,有其合理的一面,但却否认了意识中相对稳定的东西的存在,这一点则是错误的。

第三,意识是连续不断的。詹姆斯认为,意识虽然不断变化,但却从来不会中断。他把意识分为两种状态:一种是实体状态,一种是过渡状态。前者是指思想流的静止和一般的心理活动状态,类似于普通心理学上所讲的感觉、知觉、表象等;后者是指通常不被觉察的一种意识状态向另一种意识状态的过渡,这是意识流流动甚速、不易被描写之处所特有的意识的不固定状态,类似于"意识的态度""决定倾向"等。正是这种过渡,使表面上看起来间断的意识成为连续的。詹姆斯在《心理学原理》一书中说:意识并不是衔接的东西,它是流动的,形容意识的最自然的比喻是"河"或是"流"。所以,意识是一个经常变化而永不中断的过程,是一种没有间断、没有分离的状态。人们平时感觉到的意识或心理活动的间断,在詹姆斯看来仍然是连续的。因为间断后的意识和间断前的意识是连成一气的,是同一自我的另一部分,意识流的大部分是这种状态。

第四,意识具有认识的特性。意识有其自身以外的对象,人的意识对这些对象具有认识的功能。詹姆斯认为,我们有关外界现实的信念部分,是由过去所形成的有关某一客体的观念与目前对同一客体所形成的观念之间的联系所决定的,并由此意识到,我们是具有认识性的,可以了解外界的现实。

第五,意识具有选择性。意识的选择性和兴趣的转换是意识的主要特征和机能,人总是对其对象的某一部分比对其另一部分更有兴趣,因而就有欢迎和排斥的选择问题。人们对所接触对象的兴趣不是同等的,总是有所选择的。詹姆斯认为这种选择是由刺激、审美和个体价值观的特点而决定的。因此,在我们决定要对什么感兴趣或对哪些客体予以关注时,不可能做到完全中立。选择性注意的过程和审慎的意志过程都是意识选择性的明显表现,虽然意识的选择性会受到个体思想经验和生活习惯的影响,但意识选择的目的在于适应环境而求得生存。随着现代认知心理学的兴起,詹姆斯关于意识选择性的观点又受到了人们的重视。

在完成了对意识状态的描述之后,詹姆斯又对意识状态的原因、条件以及直接后果进行了解释。对于意识状态的原因,他主张应该用思想本身来解释思想,认为意识状态的原因就是意识本身,反对用灵魂来解释各种心理现象;对于意识状态发生作用的条件,詹姆斯认为,大脑两半球内的某种活动是意识状态的直接条件,心理动作绝对是脑动作的功用,这虽然具有一定的合理性,但他同时又指出,这只是为了方便而做的工作假设,并不能以对脑的这种依存性来说明心理的本质;对于意识状态的直接后果,詹姆斯特别强调心理生活在有机体适应现实中的作用,意识的功用就在于指导有机体达到生存必须的目的,因而必须从与现实的关系上研究心理和意识作用的特点。

对詹姆斯意识流学说稍加分析便可发现,在意识问题上,他强调特殊性、变化性、连续性和主动性,而相对地忽视了意识的共同性和稳定性等;他肯定了意识在生物适应中的作用,主张在与环境的相互作用中研究心理意识的特性,但同时他又否认外在世界的客观存在等,这些思想在美国心理学的形成和发展中产生了重要影响。

拓展阅读 3-2

有关意识的原始资料:选自詹姆斯的《心理学简明教程》(1892 年)[①]

意识处于连续不断的变化之中。这句话的意思并不是说任何心理状态都没有持续性。我在这里强调的意思是,没有一种产生过的状态可以重现,可以与以往的状态完全一样。我们一会儿观察、一会儿倾听、一会儿推理、一会儿作出意愿、一会儿回忆、一会儿期待、一会儿爱、一会儿恨,这些心理活动也可以以其他数百种方式交替进行。但是有人可能会说,所有这些心理活动都是复杂状态,是由简单的状态结合而成的;难道简单的状态遵循着与复杂状态不同的规律?例如,我们从同一对象获得的感觉难道不总是一样的吗?同一琴键,用同样的力量,我们听到的声音不是一样的吗?难道同样的绿草给我们的不是同样的绿色感觉,同样的天空不是同样的蓝色吗?难道无论多少次我们用鼻子闻同一瓶物质得到的不是同一种气味吗?如果说不是的话,似乎有点形而上学的诡辩。然而,对这些事件的深入考察揭示出,没有什么证据证明同一电流可以给我们的身体造成两次同样的感觉。

我们两次得到的只是同一个对象,而不是同一个感觉。我们反复听同一音调、看到同一质量的绿色、嗅同一种客观的芳香,或者体验同一种类的痛苦。我们相信现实是永久存在的,无论这种现实是抽象的还是具体的;是精神的还是物质的,似乎都持续不断、反反复复地来到我们的思想中间,导致我们假定有关它们的观念也是同样的观念……从窗口向外望去,绿草在阳光下和在树阴处看起来都是一样的绿色,但是画家为了获得真实的感觉效应,却不得不把一个部分画得阴暗一些,另一个部分画得明亮一些。经常

[①] 杜·舒尔兹(Duane P. Schultz),西德尼·埃伦·舒尔兹(Sydney Ellen Schultz). 现代心理学史(第八版) [M]. 叶浩生,译. 南京:江苏教育出版社,2005:152—154.

的情况是,我们一点也注意不到,同一事物在不同的距离或在不同的条件下看起来、听起来或嗅到的,是不一样的。事物的同一性是我们主观认定的,一旦我们认定事物是同一的,那么由此而产生的感觉就被认为是同样的了。

这就是有关不同感觉的主观一致性的一些随意的证据。这些证据如此随意,以至在作为证据方面可能没有什么价值。整个感觉研究的历史都证明了我们在区分两个单独感受到的感觉质量是否精确地类似上的无能。引起我们注意的是在同一时间两个不同印象的比率问题。当所有的物体都是黑暗的,那么那个不太黑暗的就被我们感觉成白色。赫尔姆霍茨推测到,在一幅画中代表月光照射的白色大理石,当从日光下进行观察时,比在真正的月光下要明亮10到20倍。

这样一些差异是不能从感觉上体验到的,如果要想了解这一点,就必须间接地予以推论。这样一来就使我们相信,我们的感受性一直处在变化中,因此,同样的对象很难给予我们两次同样的感觉。当我们处在睡眠状态,或者处在清醒状态;饥饿状态或吃饱以后;精力充沛或疲劳不堪;在夜晚或清晨;夏日或冬天,我们对事物的感觉是不一样的。除此之外,儿童时代、成人以后和进入老年期以后,对事物的感觉也会不同。但是我们从来没有怀疑我们可以以同样的敏感性来认识这个世界。感受性的差异在不同的情绪状态下,或在不同的心境下表现得最为明显,原带来欢快和激动的事物变得乏味、平常和没有意义。鸟的歌声变得枯燥无味,微风变得凄凄惨惨,天空变得令人悲伤……

显而易见的事实是,心理状态从来没有精确地同一。从严格的意义上讲,我们对一个特定事实的每一个思维都是独一无二的,它们只是同其他对同一事实的思维有一些类似。当同一事实重新出现时,我们必然以一种新的方式思考它,从不同的角度观察它,在不同的关系中理解它。那个用于认识它的思维是一种处在一定关系的思维,这种思维里浸透着所有模糊的背景因素的意识。在同一问题上,我们自己也会对前后观点的奇怪差异感到震惊。我们也奇怪上个月为什么会对一件事形成那样的观点。现在,我们已经超越了那种思维方式,但是我们并不知道是怎样超越的。一年一年地过去了,我们看问题的方式发生着变化。原来假的东西现在真实了,原来激动人心的现在乏味了,原来我们关心的朋友、原来神圣的那个姑娘、星星、树林、河流,现在怎么都变得如此迟钝和普通!

拓展阅读 3-3

威廉·詹姆斯在功能磁共振成像技术问世百年前的探索[①]

功能磁共振成像技术是一种非常有效的研究脑功能的非介入技术。美国麻省总医

---

① 荆其诚,傅小兰. 心·坐标:当代心理学大家(二)[M]. 北京:北京大学出版社,2009:29—30.

院的磁共振研究中心于1991年春天首次利用磁共振成像反映脑血流变化的图像。尽管该技术成为脑功能研究手段之一的时日尚浅,但通过测量脑血流变化来推测脑活动的思想由来已久。

早在一百多年前,詹姆斯就指出,血液循环的变化伴随着大脑活动。他引用了意大利生理学家莫索的实验来支持他的观点。在莫索的实验中,被试平躺在一张平衡的桌子上,这张桌子是经过精细调节的,一旦被试的头部端或脚部端的重量有轻微的增加,桌子的相应端便向下移动一点。詹姆斯认为,这是血液重新分布的结果——脑部活动时,血液更多的流向头部,身体其他部位的血液量相应减少。

更为直接的证据来自于莫索对三位开颅被试的观察。对被试说话时或被试积极思考时,被试的颅内血压迅速升高。导致血压变化的原因可能是外部的,例如接受声音信息;也有可能是内部的,例如思考一个数学问题。此外,内部的心理活动可以是智力活动,也可以是情感的变化。莫索曾发现一个女性被试在没有明显外部和内部原因时,颅内血压突然升高。随后这位被试坦白说,她在那一刻突然看到房间里家具上放着一颗头骨模型,这令她有些害怕。

詹姆斯解释说,血液循环可以根据大脑活动的需求进行细微的调节。血液非常可能流向大脑皮层中最活跃的区域,但"对此我们一无所知"。詹姆斯强调人类神经活动和局部脑血流量的关系:"我几乎能肯定地说,在大脑活动中,神经物质变化的现象是最为重要的,血液的流动只是刺激结果。"

然而,詹姆斯开创性的见解却没有得到同时代人的重视和认同。脑血流代谢理论方面的研究甚至在近半个世纪里无人问津。尽管后来罗易和谢灵顿也发现了相似的现象,但由于缺乏足够的实验技术以及其他思想观念方面的原因,真正探测脑血流变化的技术直到20世纪后期才充分发展起来。

三、自我理论

詹姆斯是最早对自我进行系统研究的心理学家。他认为,自我就是自己所知觉、体验和思想到的自己,包括客体自我和主体自我,前者为经验自我,后者为纯粹自我。经验自我是指一个人认为的属于自己的一切。詹姆斯认为"我"与"我的"是很难区分的。另外,他反对将"真正的我"与"从属于我者"区别开,认为自我与世界没有明显的界限,没有内外之别,我的身体、服饰、妻子儿女及财产都是自我本身所具有的各种关系,都属于自我的构成。作为自我的实在,其增减、荣辱、生死都取决于这些关系的变化。

詹姆斯进一步将经验自我分为物质自我、社会自我和精神自我。这些自我以某种方式整合起来形成了统一的自我感,使自我具有层次结构性,其中社会自我高于物质自我,精神自我又高于社会自我。物质自我的核心部分是身体,没有身体就没有自我。物质自我还包括身体之外的衣物、家属、财产等东西,若失去这些,个体就会感到一无所有。社会自我指一个人从同伴那里得到的关于自我的评价,即一个人在别人心目中的形象,即他的名声和荣誉。詹姆斯非常强调社会支持、社会认可的重要性。恋人的态度就是一种重要的社会自我:如果得不到注意,他就会觉得自己简直不存在;如果得到注意,他的满足将是无限的。精神自我是个人内在的或主观的存在,包括个人所有的能力和性格特征,这些均可通过内省觉察到。经验自我是指人觉察或意识到的属于自己的物质、社会和精神的东西。

经验自我只有通过纯粹自我才能被觉察到。纯粹自我即主体自我,是指自我的认识功能本身,是作为认识者的自我,即作为认识主体的自我。与此相对的经验自我是作为被认识者的自我,即作为认识对象的自我。纯粹自我与经验自我的关系是认识者与被认识者、主体与客体的关系。纯粹自我具有重要作用,它是人的一切心理内容和品质的接受者和所有者。它接受不同的感受并影响感受所唤起的动作;是兴奋的中心,接受不同情绪的震荡;是努力和意志的来源,而且,意志似乎由此发出命令。詹姆斯认识到,不同的自我之间充满着矛盾和张力,如果调解和处理不好,会给自我和人格造成损害,影响心理健康。

詹姆斯的自我理论划分了主体自我(I)和客体自我(me),提出了"社会自我"的概念,揭示了自我的多方面、多层次的本质,对人格心理学的发展产生了重要影响,因为詹姆斯的自我理论实质就是一种人格理论,正如他自己所说的那样,"不管我在那里思想什么。我多少对于我自己总有些知晓。所谓我自己,就是我的人格或人性的存在"。

四、习惯论与本能论

对习惯和本能的研究也是詹姆斯心理学思想的重要部分。詹姆斯没有给习惯下明确的定义,他指出:"当我们从外部观察一种生物时,使我们感到震动的事情之一是它们有许多习惯。"习惯是物质受外力作用而产生的适应性变化过程。它无处不在,拉小提琴、思考和成为一名士兵等都是习惯。自然界的规律也只是各种单纯物质相互感应时所遵循不变的习惯,每个动物都是由习惯所造成的。习惯的生理基础是神经中枢之间通路的形成,因为神经系统具有可塑性,可以被生活经验所改造。由于人的大多数习惯是在早期的生活过程中形成的,因此詹姆斯特别重视通过早期教育训练人们养成良好的习惯,他认为要形成好习惯,就必须做到以下几个方面:选择良好的环境;不做任何违背意愿的行为;做任何事情都要干净利落,不拖泥带水;不沉溺于空想之中,要在实际行动中形成好习惯;强迫自己做出有利于好习惯形成的行为。

詹姆斯认为,习惯的功能主要有如下几个方面。其一,简化达到一个既定目的的行为,使行为更加精确、更加省力,并减少疲劳。比如钢琴演奏者技艺的提高,就是弹琴习惯强化的结果。其二,习惯可以减少行为所需的意识性注意。在刚开始学习弹奏钢琴时,我们要不停地注意动作是否正确,然而随着动作的熟练和习惯的形成,在没有意识控制的条件下,依赖前一个动作的动觉线索就可顺利地演奏。其三,习惯具有社会功能。对社会来说,习惯就像是庞大的制动机,能对社会稳定起到保护作用,也使人们遵循社会规则和自然规律,在社会中生存下去。

关于本能,詹姆斯认为,本能是一种趋向一定目的的、自动的,无须事先经过教育就能完成的动作能力或冲动行为。它受习惯的抑制,具有可变性,并且受心理活动的调节。詹姆斯把本能分为感觉冲动、知觉冲动和观念冲动三种类型,并认为一个复杂的本能动作可以依次激起这三种本能冲动,从而形成"最完善的先天综合"。他也认识到,本能的力量不是不可改变的,本能的可变性对动物和人类的生活是不可缺少的,与个体发展的晚期阶段相比,本能在个体发展的早期阶段有着更加重要的作用。人的心理活动的许多原因都可以归结为本能冲动,如同情心、竞争心、好奇心和愿意保守秘密等,都是本能的表现。

通常认为,人是理性的动物,人的本能行为比动物的本能行为要少得多,但詹姆斯却把一切心理原因都归结为本能的冲动,把人在社会生活中所形成的习惯以及复杂的心理都看作是本能的表现,这不仅扩大了本能的范围,而且也走向了本能决定论。

五、记忆理论

记忆是与习惯相关的一个问题,因为习惯的形成离不开记忆,记忆保留着人们过去的经验,否则习惯就不会在一定的条件下重复出现。

詹姆斯是双重记忆理论的最初提出者,他将记忆分为初级记忆(primary memory)和次级记忆(secondary memory)。前者是指刚刚发生的或意识中保留的最近发生过的事件,它如实地转换刚刚知觉到的事件;后者是指不属于目前的思想或注意的先前的事件,是"一个过去的心灵状态,已经脱出意识之外,又重新回到我们的知识上"。詹姆斯认为,记忆的原因"就是神经系统里的习惯定律。它工作时也像习惯定律在观念联想里工作",但"保持作为一种回忆的倾向,属于纯粹物质现象,其固定基础总藏在那些组织好了的神经途径里",而回忆则属于心理物理现象,其原因"既牵涉到躯体方面,又牵涉到心灵方面。牵涉到躯体方面的,就是那些脑途径所产生的激动。牵涉到心灵方面的,就是过去事件在意识里的再生表象和我们对于该事件认为确定经受过的这样一种信仰"。在詹姆斯看来,通过改进记录事实的习惯性方法,可以提高记忆力。一个人天生的脑途径的坚持性不会因教育、训练而改变,因此增进记忆力的唯一途径,就是"对所愿保持的事实上连带构成各种异样联想"。但不同的人记忆力的表现是不同的,有的人擅长视觉记忆,有的人则擅长听觉记忆等,但无论哪种类型的记忆,增进记忆力的方法不外乎三种,即机械方法、明哲方法和巧妙方法。

詹姆斯的记忆理论已被现代认知心理学所接受,并获得了大量心理学实验的证实,他有关记忆力的论述中已经隐匿着现代记忆网络模型的雏形,由此也可以看出这一记忆理论的价值所在。

六、情绪理论

1884年,詹姆斯发表了题为《什么是情绪》的论文,引起了大量的评论和争论。作为回应,詹姆斯于1894年又发表了《情绪的生理基础》一文。在《宗教经验种种》一书中,他再次对这个问题作了阐述。可见,詹姆斯对情绪问题是十分重视的。

人们习惯上认为,先受到某种刺激,产生了某种情绪,才会引起有机体的变化和反应。但詹姆斯却认为,情绪就是人对自己身体变化的感知觉。他认为,我们一知觉到激动我们的对象,立刻就引起身体上的变化,在这些变化出现之时,我们对这些变化的感觉就是情绪。他还进一步指出,"对于激动我们的对象的知觉心态,并不立刻引起情绪;知觉之后,情绪之前,必须先有身体上的变化发生。所以,更合理的说法应该是:我们因为哭,所以愁;因为动手打,所以生气;因为发抖,所以害怕。并不是因为我们愁了才哭、生气了才打、害怕了才发抖"。因此,在詹姆斯看来,哭、打、发抖就是情绪产生的直接原因,情绪只是一种对于身体状态的感觉,它的原因纯粹是身体的。

丹麦生理学家朗格(Carl Lange)独立提出了与此相近的理论,因此这个理论又被称为"詹姆斯—朗格情绪理论"。由于这种理论把情绪的产生归结为身体外周活动的变化,认为情绪产生于植物性神经系统的活动,所以又被称为情绪的外周理论。

詹姆斯的情绪理论出现以后,受到了心理学家的高度评价,但却不被生理学家所接受。生理学家坎农(Walter Cannon)就对这个理论提出了批评。他指出,如果如詹姆斯和朗格所说的那样,情绪体验是对身体活动的知觉,那么,不同的身体活动模式就应该对应于不同的情绪,如快乐、痛苦和害怕等。但是这种模式从来没有被发现过,相反,许多不同的情绪体验可以具有相同的内部生理变化,比如不管我们是幸福、生气或是害怕,都会心跳加快、血压升高。如此,怎样体验不同的情绪呢?再者,当内部的身体变化停止以后,情绪状态仍可持续。但支持者认为,身体变化是情绪的必要条件,当我们说产生了某种情绪时,也是在说某种躯体感觉。

詹姆斯将情绪和情感的发生及其变化与生理机制联系起来,用生理反应说明情绪具有合理性,但问题是,他将情绪的生理机制置于外周神经系统,无视中枢神经系统的作用,把外周生理反应看作是情绪的唯一来源,这种解释显然是不充分的,现代生理学的发展已经证明了这一点。值得注意的是,詹姆斯虽然强调外周生理反应对情绪的作用,但他同时也认为,刺激情景和环境会影响人的情绪反应。这说明,詹姆斯已经意识到了认知在情绪体验和行为表现中的作用,但这并没有成为其情绪理论的主要内容。

尽管如此,作为一种最早的情绪理论,"詹姆斯—朗格情绪理论"却引起了生理学家和心理学家的长期争论,并因此促进了情绪理论的研究和发展。

七、对詹姆斯心理学理论的评价

詹姆斯是美国心理学发展史上第一个科学心理学家和最后一个哲学心理学家,在美国心理学的发展中起着承前启后的作用,对世界心理学的发展也有重要的影响。他对心理学的贡献主要表现为:第一,为美国心理学的发展确定了基本的方向。除此之外,他还扩大了心理学的研究范围,认为所有的人类经验和行为都应成为心理学的研究对象。第二,在研究方法上,詹姆斯提倡一种自然与开放性的朴素现象学方法,对意识进行真实的描述。第三,他对自我概念的阐述、意识流理论中所包含的整体论思想、宗教心理学思想等都从不同方面促进了人格心理学、变态心理学、医学心理学、精神分析以及格式塔心理学、人本主义心理学、行为主义心理学和认知心理学的产生和发展。

但詹姆斯的心理学理论也存在着不言而喻的局限性,主要表现在:第一,具有主观唯心主义、外在目的论、神秘主义和生物主义的倾向。第二，他的理论和方法缺乏一致性，甚至存在着矛盾。例如，他一方面称心理学是一门自然科学，试图用生理学说明心理现象，另一方面又对宗教有浓厚兴趣，并且认为只有现象学的方法才可以真实地揭示心理经验。第三，詹姆斯虽然建立了美国的第一个心理学实验室，却对实验不感兴趣，他的许多心理学推论和假设缺乏实证基础，因此有人认为他是向"摇椅哲学家"的倒退。第四，詹姆斯对心理学采取了双重真理观。他认为，对心理学的真理性或正确性，一方面可以由人们对环境适应的效果来判断，另一方面则可以由自然科学的方法论来决定。这些矛盾的产生，原因主要在于他的实用主义哲学观以及他的心理学体系过于庞大，在方法和方法论上很难达到统一。

第四节 构造主义心理学

构造主义心理学是19世纪末由冯特在德国奠基、铁钦纳在美国发展起来的一种严密的心理学体系，是心理学成为一门独立的实验科学之后的第一个心理学流派，它在基本理念和方法上深受冯特的实验心理学的影响。

一、铁钦纳生平

铁钦纳（Edward B. Titchener, 1867—1927）出生于英格兰奇切斯特的破落贵族家庭。由于父亲英年早逝，铁钦纳的童年比较困窘，但这并没有影响到他接受良好的教育，优异的学习成绩为他赢得了许多奖学金，其中的马尔文学院奖学金使他有幸进入了这所英国著名的学校。

图3-4 铁钦纳

1885年，铁钦纳进入牛津大学学习哲学，并于1889年获得哲学学士学位。随后，他又在牛津大学的生理学实验室工作了一年，在此期间，他翻译了冯特第三版的《生理心理学》，并因此对生理心理学产生了浓厚的兴趣，遂决定去莱比锡跟随冯特研习生理心理学。经过两年的学习，铁钦纳于1892年获得了博士学位。虽然铁钦纳只跟冯特学习了两年，但这两年却对他的学术生涯产生了持久、决定性的影响，他接受并坚持冯特心理学的基本理念和方法，一直把自己视为忠实的冯特主义者。

在读书期间，铁钦纳同冯特及其家庭建立了亲密的友谊。获得博士学位之后，铁钦纳就希望成为冯特的新实验心理学的英国先驱。然而，在返回牛津大学后，他发现他的同事仍然对使用所谓的科学方法研究他们所喜爱的哲学问题充满怀疑，要想在英国得到一个固定的心理学教席非常困难，因为牛津大学并不重视心理学研究。铁钦纳因此而转赴美国，接替了安吉尔在康奈尔大学的教职和研究工作。从1893年主持康奈尔大学的心理学实验室开始，铁钦纳就致力于发展一门纯粹的实验心理学，很快，康奈尔大学形成了以他为核心的构造主义学派。铁钦纳在康奈尔大学生活了整整35年，直到他去世。在这35年中，他培养了56名心理学博士，并且发表了大量论著，其中包括216篇论文和评论，翻译了多部冯特和屈尔佩的著作,出版了《心理学纲要》(1896)、《心理学入门》(1898)、《实验心理学》(1901—1905)和《心理学教科书》(1909—1910)。《系统心理学:绪论》一书,由韦尔德根据他未完成的遗著于1929年编辑出版。

铁钦纳是美国心理学会的发起人之一,但他从未参加过一次会议。相反,他在1904年成立了自己的组织,称之为"实验主义者协会",该组织每年举行一次会议,只讨论那些铁钦纳认为最合法的心理学主题,而排除心理测验、比较心理学和其他应用心理学主题。

作为教师,铁钦纳讲课很有吸引力。他所在的心理学系的同事来听他开的研究生课程,从中了解了许多心理学的新发现和理论洞见,而研究生则为他的博学和睿智所折服。铁钦纳还是一个要求严格、一丝不苟的教师。他为学生指定研究课题,认为他提出的问题才是真正的心理学问题,并且要学生服从他的权威。

铁钦纳虽然在康奈尔大学整整工作了35年,在美国度过了自己的学术生涯,但却被认为是"在美国的一个代表德国心理学传统的英国人"。由此看来,铁钦纳并不认同美国的文化和思维方式,而一直坚守欧洲文化传统。

铁钦纳不仅是个成功的学者和教师,而且兴趣广泛,才华横溢。他精通哲学、自然科学,擅长文学和音乐。他卓有建树和多姿多彩的一生,为心理学史留下了浓墨重彩的一笔。

二、构造主义心理学的哲学基础

铁钦纳在跟随冯特学习心理学之前,在牛津大学研习哲学。17至19世纪的英国哲学,经验主义和联想主义占主导地位,铁钦纳深受其影响。这两种哲学思想连同经验批判主义一起,成为构造主义心理学的主要哲学基础。

(一) 经验主义

经验主义主张摆脱宗教神学的玄思,将经验世界作为哲学的对象,把知识置于经验的基础之上,强调人类所有知识和观念都来源于感觉印象。然而,感觉所提供的只是一些认识材料,是一些简单观念或认识元素。简单观念虽然是实在的,但对于人的认识却是不够的,心灵通过自己的创造能力,将这些简单观念构成新的复杂观念,成为心灵的模型或原型。经验主义对铁钦纳的影响表现在,他将心理学的研究对象,即意识,分析为元素,指出人的意识和心理现象就是由这些元素构成的。

(二) 联想主义

联想主义可上溯到柏拉图。柏拉图认为,在时间上同时发生的事件在心灵中倾向于被联系起来,产生联想。亚里士多德则提出了三条联想律,即相似律、对比律和接近律。联想主义后来成为哲学中用来解释心理的一个主要概念。英国联想主义的基本理念是,心理事件是由联想规律控制的,在意识中发生的一切是由心理事件之间的联系所决定的。从联想主义的角度来看,心理学主要有以下三个问题:为什么心理事件能产生联想?控制联想形成的规律是什么?心理事件经过联想之后是否发生了变化?铁钦纳构造主义心理学提出的基本任务与之十分相似,表现出了联想主义的痕迹。

(三) 实证主义

实证主义,即马赫和阿芬那留斯的经验批判主义,也对铁钦纳产生了深刻的影响。实证主义是一种比较复杂的哲学观念,它主张关于世界的正确知识必须以自然科学的方法为基础,那些超越客观事实的宗教和哲学思辨性的概念是无效的。铁钦纳在莱比锡大学求学期间就被实证主义所吸引。英国的联想主义哲学家认为,人的心理是一种自然现象,可以用自然科学的方法加以理解,这与实证主义的基本理念相一致。实际上,英国的联想主义是实证主义思想的来源之一。

在马赫看来,物质不是第一性的,而要素,即感觉是第一性的。物质以及自我都是要素的复合,因此他把经验当作哲学的出发点,并用要素代替感觉以避免主观片面性,从而使要素成为一种非心非物的中性东西;阿芬那留斯则提出了纯粹经验的概念,纯粹经验既可以是物理的东西,也可以是心理的东西。他声称,这样做的目的是要清除经验的客观基础和主观内容,并进一步将纯粹经验分为从属经验和独立经验两种类型。

马赫和阿芬那留斯对铁钦纳的影响表现为:其一,他们以感觉为哲学研究的出发点,铁钦纳则以感觉为其心理学研究的起点,并把它视为心理的基本元素。因此,铁钦纳的心理学体系可被视为"是与冯特唯意志论明显对立的感觉主义"。其二,铁钦纳用阿芬那留斯的从属经验和独立经验代替冯特的直接经验和间接经验,将经验的从属性和独立性作为区别心理学和物理学研究对象的标准。他认为,心理学和物理学都研究经验,但心理学的经验是从属于个体的,而物理学的经验则独立于个体。

经验主义、联想主义和经验批判主义给构造主义心理学提供了认识论基础,同时也确定了构造主义心理学的方法论和发展方向。

三、构造主义心理学的体系和方法

(一) 构造主义心理学的研究对象

铁钦纳同意冯特的主张,认为心理学是一门关于心理和意识经验的科学,其研究对象是人的经验。但在铁钦纳看来,心理和意识是有区别的。心理是指一个人一生所发生的心理过程的总和;而意识则是指发生于任何特定的、当前时刻的心理过程的总和。他用总和来表示心理学研究的是整个经验,而不是它的一个有限部分。虽然铁钦纳将心理和意识都视为心理学的对象,但是他更重视意识,把它作为心理学研究的"直接对象"。

铁钦纳不同意冯特关于直接经验和间接经验的区分,他将经验分为独立经验和依存经验。在他看来,所有科学的研究对象都是经验,只不过是从不同的观点来考察人类的经验。物理学和心理学所处理的是同样的物质和材料,区别在于物理学等自然科学研究的经验是不依赖于经验者的经验,心理学研究的是依赖于经验者的经验。因为"假如自然科学的经验是间接的,那又如何可以观察呢?即是说对象又如何是间接的呢?"所以他指出,我们应当

"把心理定义为人类经验的总和,认为人类经验依赖于经验着的人"。例如,物理学和心理学都研究光和声,但物理学家是从物理过程来看这些现象的,而心理学家则是根据这些声、光现象怎样为人类观察者所经验来考察它们。

对这种区别,铁钦纳曾做过生动的描述:

> 热是跳跃;光是以太的波动;声音是空气的振动。物理世界的这些经验形式被认为是不依赖经验着的人,这既不温暖也不寒冷,既不暗也不亮,既不静也不闹。只有在这些经验被认为是依赖某个人的时候,才有冷热、黑白、色彩、灰色、乐声、嘶嘶声和砰砰声。而这些东西则是心理学研究的对象。

铁钦纳列举了温度的例子。比如说一间房子中的温度是华氏85度。无论有没有人在房间中经验这种温度,这个温度都是一样的。然而,当把一个观察者置于房间之内,这个观察者报告他感觉太热时,这个温度是依赖于那个经验着的个体的,即在房间中的人。对于铁钦纳来说,这种类型的意识经验才是心理研究唯一适当的关注点。

在遗著《系统心理学:绪论》中,铁钦纳给心理学下了这样一个定义:"心理学是研究依存于神经系统的实在经验的一门科学。"但是必须指出的是,铁钦纳把心理对神经系统的依存看作纯粹的逻辑的关系或数学上的函数的关系,而不是看作物质的依存关系。

(二) 构造主义心理学的任务

在铁钦纳看来,心理学所要研究的问题和自然科学是一样的,他曾做过明确的论述,认为构造主义心理学的任务就是:分析心理的结构;把基本过程从意识的缠结中拆解出来,或者把一定意识组织的组成成分分离出来。具体而言,构造主义心理学的任务有三个方面:将具体或实际的心理经验分析为最简单、最基本的元素,即回答"是什么"的问题;发现这些元素结合的方式以及结合的规律,即回答"怎么样"的问题;把这些元素和它们的生理或身体条件联系起来,明确心理过程赖以产生的条件,即它与神经过程的联系,即回答"为什么"的问题。把这三个问题相互结合起来,心理学的任务就是分析和说明心理过程的构成元素以及它们相互结合的方式和规律,解释心理过程产生的生理机制。

1. 是什么:意识元素的分析

对于此项任务,铁钦纳研究得最为充分。他把意识经验分析为三种基本元素,即感觉、意象和感情。感觉是由物理对象引起的,是组成知觉的元素;意象是一种近似于感觉的心理过程,但又与感觉不同,它在想象中或感觉刺激消失之后以及感觉刺激未出现之际皆可存在,是观念的特有元素;感情是情绪的元素,不同感情的结合形成诸如幸福和悲伤、爱和恨等情绪。铁钦纳认为,心理元素有四个特征,即性质、强度、持续性和清晰度。这四个特征是所有的感觉和意象都具有的,呈现于所有的经验中。但是情感状态仅仅有这四个特征中的三个,即性质、强度和持续性,情感状态缺乏清晰度这个特征。铁钦纳认为,注意是不可能指向情感或情绪元素的。当我们把注意指向伤心或愉快这样一些情感性质时,它们也就消失了。

康奈尔大学的研究生们就情感状态问题进行了大量的实验。实验的结论使得铁钦纳拒绝了冯特的感情三维说。铁钦纳认为，情感仅有一个维度，那就是愉快-不愉快。他否认了冯特的紧张-松弛和兴奋-抑制这两个情感维度。在铁钦纳看来，紧张-松弛和兴奋-抑制可以称为感觉-情感，甚至可以归之于感觉，因为它们是机体感觉和真正感情的结合。

在对意识经验分析的基础上，铁钦纳又对感觉等基本元素作了最为详尽或繁琐的分析。比如他分出的感觉元素多达44 435种，其中视觉元素32 820种，听觉元素11 600种等。

2. 怎么样：意识元素的结合

明确了意识的结构要素之后，第二步就要确定它们怎样结合成更复杂的心理过程。在这一问题上，铁钦纳反对冯特的统觉和创造性综合的观点，而赞成传统的联想主义，仅用联想来说明心理元素的结合问题。他认为，某一时刻在意识中出现的感觉或意象都会伴随着早期意识中曾产生过的感觉或意象，并把这种现象称为联想律。虽然联想律包括相似律、接近律、近因律和频因律等，但铁钦纳主张，所有这些联想律都可归结为接近律。铁钦纳认为，通过接近联想，我们首先把两个同类元素结合在一起，然后把两个以上的同类元素结合在一起，最后再把不同类的基本心理过程结合在一起。

在心理元素如何结合的问题上，铁钦纳没有像冯特那样提出一套具体的原则或规律，但由于这个问题是他的心理学的主要任务之一，他对此也作了阐释。他认为，组成复杂经验的一些元素会被其他元素掩盖。比如，我们最初可以把愤怒分析为"伴随着一阵愤怒的一团感觉"，但是这种复杂的经验会被其他的心理过程遮盖。在铁钦纳看来，意义如同注意一样，是某种属于我们意识经验的东西，在这种意义上，它是产生感觉和意象的语境的结果。诸如感觉、意象和感情这些基本的心理元素或心理事件仅被我们所经验，它们本身不具有意义，但我们所知觉到的世界却是有意义的，这是由于心理元素的组合或安排，使得无意义的感觉形成了有意义的知觉。例如，红色本身并无意义，但是当它在意识中与一种圆形的形状、光滑的感觉以及一种甜香味联系起来的时候，我们就知觉到了一只苹果。这就是说，当红色获得了意义时，若干种心理元素被结合起来了。因此，意义或一客体以及一客体的整体属性，是个别心理元素的总合。

3. 为什么：心理过程赖以产生的条件

从身心平行论的观点出发，铁钦纳主张为了解释心理过程，必须详尽地叙述心理过程发生的条件，即找出与心理过程相对应的生理过程。他认为，用生理解释心理，正如用一个国家的地图解释这个国家的地理状况一样，尽管神经系统不引起心理活动，但可以用来解释心理活动的一些特征。换言之，虽然生理和心理是平行关系，但是了解生理过程有助于了解心理过程发生的环境。比如，虽然红色的感觉不是由大脑皮层视觉中枢的神经化学事件引起的，但视觉经验的变化总是伴随着大脑皮层视觉中枢的神经化学事件的变化。因此，他认为，"身体过程……是心理过程的条件，对它们的说明会给我们提供心理过程的科学解释"。他相信，可以脱离生理过程来研究心理过程，但是完整的心理学研究应该包括生理和心理之间的相关。显然，铁钦纳一方面要为心理事件寻找一个物质基础，另一方面又不想完全将其置于这个物质基础之上，这就使得心理过程或事件的"科学解释"变得含糊不清，也使得身体条件对心理事件而言，似乎可有可无。

铁钦纳在晚年时开始从基础上改造他的构造心理学,并试图对其心理学体系进行一个全新的解释。大约在 1918 年,他在讲课时就放弃了心理元素的概念,认为心理学研究的不应该是基本元素,而应该是心理生活的更大维度和心理过程。这些维度或过程包括性质、强度、持续性、清晰度等。几年之后,他在给一位研究生的信中写道:"你必须放弃根据感觉和情感进行思维的方式。10 年之前那些都是正确的,但是现在……它已经完全过时了……你必须学会根据维度而不是根据诸如感觉那样的系统概念进行思考。"从 1920 年起,铁钦纳开始对"构造心理学"这一术语产生疑虑,而改称他的理论体系为"存在心理学(existential psychology)"。他开始重新思考他的内省方法,赞成一种现象学的方法。现象学的方法考察自然发生的经验,而不是尝试把经验破解为它的元素。

这些都显示出铁钦纳理论观点的戏剧性变化。如果铁钦纳能活得更久一些,去贯彻这些观点,那么或许他会彻底改变构造主义心理学的面貌和命运。历史学家通过对铁钦纳的信件和讲义的仔细考证,搜集和整理了这类变化的证据。尽管这些观念并没有正式纳入铁钦纳的体系,但是它们显示出铁钦纳的发展方向,但他的去世阻碍了这一目标的实现。

除了以上的三项任务之外,构造主义心理学还提出了三个问题:一是心理学应该被视为意识的科学吗?二是心理学的方法应该仅限于内省吗?三是心理学的主要任务应该是对心理元素的描述吗?对这三个问题的回答同三项任务一起,构成了构造心理学的主要内容和体系,也决定了它的方法。

(三) 构造主义心理学的方法

铁钦纳把观察看作是一切科学通用的方法,他认为观察的事实具有优先性。既然心理学是一门自然科学,那么,它理应采用观察法,并且它所运用的观察法必须同物理学及其他自然科学一样精确。但是他又指出心理学的观察不同于物理学的观察。物理学的观察不依赖于经验者的经验,是一种向外的观察或曰检查,心理学的观察依赖于经验者的经验,是一种向内的观察或称内省。既然心理和意识都是人的一种内部经验,那么内省就是向内对意识经验的观察。

同时,由于实验是一种可以被重复、分离和变化的观察,因此心理学为了得到清楚的经验和准确的报告,就必须把观察和实验结合起来。铁钦纳把将内省和实验结合起来的方法命名为"实验内省法"。可见,在研究方法上,铁钦纳与冯特是相同的。但是,铁钦纳对实验内省法的使用比冯特更加严格而且更加复杂,具体表现在:第一,在实验者的选择上,铁钦纳要求实验者必须经过专门的内省训练,坚决反对使用未受过训练的观察者。第二,他要求参加实验的内省者必须在情绪良好、精神饱满和身体健康时进行自我观察,内省时的周围环境必须安适,无干扰。第三,内省者必须客观、准确地描述意识状态自身,而不是去描述刺激物。在他看来,把心理过程与被观察的对象(即刺激)相混淆,就会犯"刺激错误"。刺激错误是指混淆了心理过程和被观察的对象。例如,看到一只苹果,就把这个对象描述为苹果,而不是报告体验到的色彩、亮度和形状等经验元素。如果这样做,就是犯了刺激错误。内省者所做的最糟糕的事情就是给他们内省分析的对象命名。第四,在内省法的应用范围方面,铁钦纳打破了冯特的限制,由只用来研究简单的心理过程推广运用到思维、想象等高级的心理过程。

由于以这样一种方式看待内省观察者,因而铁钦纳把被试当作客观地报告他们观察到的刺激特征、机械地作出反应的记录仪,被试不过是一台无偏见的、客观的机器。同冯特一致的是,铁钦纳认为受过训练的被试会变得如此机械化和习惯化,以至于他们的操作变成了无意识的过程。铁钦纳写道:

> 在集中注意于所要观察现象的时候,心理学的被试就像物理学的被试那样,完全忘掉了自己的观察状态……就像我们知道的那样,观察者已经受到了足够的训练,观察状态已经机械化了。

在心理学的内省观察中,铁钦纳倡导了一种实验的步骤。他一丝不苟地遵循着科学实验法的规则。他指出:

> 实验是一种可被重复、孤立和加以改变的观察。你越是能经常地重复一个观察,你越有可能清楚地看到被观察的东西,因而也越有可能精确地描绘你所看到的东西。孤立观察的条件越是严格,观察的任务就变得越为容易,你被无关条件引入歧途和把重点放到错误点上的危险就越小。改变观察的范围越是广泛,经验的一致性就显示得越是清晰,发现规律的机遇也就越大。

内省过程极其艰苦,进行这项工作的被试大都是研究生。铁钦纳的学生回忆了一项有关有机体敏感性的研究。在那个研究中,被试要在早晨吞下一根胃管,在全天的活动中都带着它,直到晚上才可以取出。最初,许多学生呕吐不止,慢慢地才适应了胃管的存在。这些被试在一天中固定的时间前往实验室,通过胃管往胃里灌注热水,然后内省他们体验到的感觉。之后,再使用冷水重复这一过程。在另外一项研究中,研究生们需要随身携带着一个笔记本,记录他们在大便和小便时的感觉和感受。

铁钦纳将内省分为两个部分,即注意和记录。注意的特点是保持高度的集中,而记录的特点是精确性。通过上面的一系列措施,铁钦纳将冯特的实验内省法改造成为了系统内省法(systematic introspection),即有明确研究程序的内省。总的看来,一方面,在研究方法上,铁钦纳只是对冯特的实验内省法进行了改造,在某种程度上消解了实验性而突出了内省性,其结果使得内省法的运用限制性更强、范围更小,主观性也更加明显,其结果和效度因而也令人怀疑,以至于美国心理学家詹姆斯把这种内省及其结果称为"心理学家的谬误"。另一方面,这种方法也限制了构造主义心理学的研究范围,即只研究正常成人的心理,而将儿童、心理变态者以及动物心理排除在心理学的问题域之外,原因在于他们不能进行有效的内省。这同内省法一样,也招致了诸多批评。

(四) 构造主义心理学的具体研究

构造主义心理学的研究课题主要包括注意、联想和情绪与情感。

1. 对注意的研究

在注意这一问题上,铁钦纳所作的研究较多。他将注意归于感觉,认为注意是感觉清晰性的一种表现,是由新异刺激引起的。铁钦纳并不认为注意是一种心理过程,而是将注意看作一种心理状态,他说:"注意的状态可以描述为心理的某种类型和配置,显现出明亮焦点和朦胧边际的类型时,在我们眼前就出现了注意。"他把注意分为被动的和主动的、有意的和无意的以及初级注意和次级注意。初级注意由强烈的、新异的刺激所引起,这种注意的产生通常是不由自主的,不受意志的控制,是由刺激的特性所决定的,这是注意的第一个阶段,也是比较低级的阶段。次级注意是第二个阶段,引起次级注意的刺激物特征往往不明确,强度较低,缺乏新异性和吸引力,因此需要意志的努力来维持注意过程。但是,如果注意的主体对注意对象产生了兴趣,这时注意就不需要意志的控制,而且可以恢复到初级注意,铁钦纳将此视为注意的第三个阶段,因为这种恢复在原有的基础上达到了一个更高的层次。除此之外,铁钦纳还对注意的持续性、惰性和注意的努力程度以及影响注意的身体条件等方面作了大量研究,取得了很多有价值的研究成果。

2. 对联想的研究

铁钦纳反对冯特的统觉和创造性综合的观点,而赞成传统的联想主义,仅用联想来说明心理元素的结合问题,他引用休谟的一句话:"联想对心理学的作用就如引力对物理学的作用",并将传统心理学确定的所有联想律都还原为接近律,认为接近律是联想的基本规律。他是这样解释的:

> 联想说旨在解释事实,我们要尽力……找到描述这些事实的原则。而且我们会发现,意识中无论何时出现某种感觉或意象过程,以前与之同时出现过的所有感觉和意向过程都有可能与它一起出现(当然,是想像的用语),这就是我们所谓的联想律……现在,我们可以稍加强制地把接近律转化为一般联想律。

铁钦纳认为,通过接近联想,我们首先把两个同类元素结合在一起,然后把两个以上的同类元素结合在一起,最后再把不同类的基本心理过程结合在一起。铁钦纳对联想的研究有三个特点:第一,将所有的联想律都归结为接近律;第二,排除了情感在联想中的作用,认为情感过程要在联想中发挥作用,必须有感觉和意象的参与;第三,铁钦纳以联想解释意义的形成。根据接近律,每一种感觉都有可能引起与此种感觉相关的感觉,由此产生了一系列的联想,从而使这种感觉获得了意义。

3. 对情绪和情感的研究

情绪和情感的研究也是铁钦纳心理学的主要课题之一。当时占主导地位的情绪理论是詹姆斯—朗格情绪理论。该理论认为,人的情绪体验是由身体反应引起的,即先有生理变化,然后才有情绪体验。铁钦纳不同意这种看法,认为它不符合常识。按照常识,是情绪体验引起身体的反应。虽然身体反应能够引发情绪和情感,但激发情绪和情感的因素有很多,如记忆中的感觉和意象、人的本能倾向、环境中的刺激以及生理状况等。

铁钦纳将情绪和情感分为三类,即情感、情绪和思想情感。其中情绪是由情感组成的,而思想情感处于最高水平,其内容比情绪和情感更加丰富。它既包含着感受的成分,也包含着认识的成分,比如判别和评价等。由上可以看出,铁钦纳对情绪与情感的解释比詹姆斯—朗格情绪理论更具合理性,也带有明显的元素主义色彩。

四、铁钦纳对冯特心理学思想的改造

铁钦纳声称自己是冯特的忠实追随者,但当他把冯特的心理学从德国带到美国时,却戏剧性地改变了冯特的心理学体系,提出了构造主义的心理学思想体系,并认为它代表着冯特的心理学。作为冯特的学生,虽然铁钦纳在心理学的基本理念上与冯特相似,但毕竟这两个体系大相径庭,"构造主义"这一名称只适合于铁钦纳的心理学。总的看来,铁钦纳的心理学主要是对冯特心理学的继承、发扬和改造。

同冯特一样,铁钦纳把经验作为研究对象,关注人类的情绪和情感问题,提倡以内省法为主要的研究方法。但他把冯特的直接经验和间接经验改变成独立经验和从属经验,将冯特提出的情感的三个向度压缩为一个向度,即愉快—不愉快,又把冯特的实验内省法改造为系统内省法。

在继承和改造冯特心理学思想的同时,铁钦纳还极大地发扬了冯特的某些心理学思想。

第一,他把冯特的元素主义推向极端,对心理元素进行了最为详尽的划分,扩充了心理元素的性质。他认为,尽管心理元素是基本的、无法进一步还原的,但是就像化学元素那样,心理元素是可以进行分类的。

第二,他突破了冯特对内省法运用范围的限制,不但用内省法分析感知等基本的心理过程,而且还用内省法研究记忆和思维等高级心理过程。

第三,铁钦纳发展了冯特心理学的自然科学性质。在冯特看来,心理学是一门兼有自然科学特性和人文学科特性的综合性科学;铁钦纳却认为心理学完全是一门自然科学,无视冯特心理学的人文学科方面,并且将内省法作为心理学的唯一方法。虽然铁钦纳在晚年出现了由内省法转向现象学方法的倾向,但这只是在他的内省方法出现了困难以后的一种变通而已。正如波林指出的,铁钦纳曾经驳斥过符兹堡的现象学,而且他始终是个守旧者。

第四,铁钦纳突出了冯特心理学的分析性。冯特既重视对心理元素进行分析,又注重心理元素的复合或结合。但铁钦纳不仅强调心理元素的综合必须建立在对心理元素的正确分析的基础之上,而且还把综合作为验证心理元素分析是否正确的一个途径。显然,铁钦纳的综合是为分析服务的,而冯特的综合是分析的必然结果,是心理元素产生新质特点的关键。因此,在冯特的心理学体系中,综合尤其是创造性综合具有重要的地位,但铁钦纳却对冯特心理学中的分析更感兴趣。

五、对铁钦纳和构造主义心理学的评价

构造主义心理学是科学心理学建立之后的第一个正式的学派,也是心理学史上的一个短命学派,从19世纪末建立到20世纪20—30年代消亡,持续了30多年的时间。在心理学

史界,对构造主义心理学及其创始人铁钦纳多持负面的评价,将其作为学派兴衰的反面教材。然而,任何一个学派的出现都是一种历史的必然,任何一个学派的兴衰必有历史规律可循。构造心理学尽管只是昙花一现,但作为一种心理学思想,其影响却是深远的。

(一) 主要贡献

作为第一个从哲学中分化出来的心理学派,构造主义心理学使心理学第一次脱离了哲学和生理学,有了正式的学术身份和结构,为新兴的实验心理学提供了有效的方法和资料,推动了其他心理学派的发展。其贡献主要表现在:

第一,强调实验室是心理学研究的主要资料来源。在康奈尔大学的心理学实验室,铁钦纳指导其学生进行了大量的实验室实验,并取得了许多引人瞩目的研究成果。特别是对感觉的实验研究,揭示了感觉的某些属性,如乐音的音高、强度等,这些研究成果已被吸收到现代心理学特别是感觉心理学之中。在其巨著《实验心理学》中,铁钦纳对心理实验的仪器、步骤以及处理实验结果的方法等都作了详细的说明。

第二,对世界心理学界也产生了广泛的影响。铁钦纳的许多著作,如《实验心理学》《心理学大纲》《心理学入门》《心理学教科书》等曾被译成多国文字出版,影响了世界范围内的的心理学学习者。

第三,为美国心理学界培养了大批优秀的人才,为心理学的发展作出了重大的贡献。铁钦纳培养的博士中,有很多成了美国心理学界的中坚力量,在心理学史上产生了重大的影响。如心理学史家波林、心理测量学专家吉尔福特和动物心理学家马格丽特等。除此之外,铁钦纳还创建了一个著名的心理学组织,即实验主义者协会,促进了心理学家之间的交流和科学心理学的传播。

第四,充当了批评的靶子。构造主义提供了一个公认的正统学说,为了反对这种正统性,心理学中的其他新兴运动奋起抗争。这些新兴的思想学派之所以兴起,在很大程度上应归功于对构造主义观点的进步性改造和批判。后世的很多心理学派别都是在批判铁钦纳的构造主义心理学的基础上发展起来的。

第五,用严格控制的内省法将科学的客观性和精确性引入了心理学。铁钦纳一直追求科学的客观性,认为心理学的方法和物理学的方法是一样的,对物理事件的观察与对心理事件的观察是同等的,他试图借助内省实现心理学的客观性和精确性,认为内省是一种严格而精确的观察,与早期哲学家有关心理的哲学思辨是不同的,他对内省法进行严格限制,目的是想尽可能地对实验结果进行精确的记录和测量,力图通过方法和方法论使心理学获得科学性,这一理念不但具有重要的价值,而且对心理学产生了深远的影响,因为使心理学成为一门科学的,不是研究对象,而是研究方法。

虽然铁钦纳所倡导的系统内省法并没有完全使心理学获得客观性和精确性,并为此招致了诸多的批评,但正如心理学史家维内(W. Viney)所言:"他的严格的科学态度却被保留下来了,并且在具有实验倾向的心理学家中享有至高的荣誉。"

(二) 主要局限

虽然铁钦纳认为他为心理学建立了一种基础,但他的努力仅仅是心理学发展的一个阶段。铁钦纳逝世以后,构造主义心理学的时代就结束了。这说明构造主义心理学也具有明显的局限性,主要表现在以下几个方面:

首先,过分限制了心理学的研究领域,将心理学的任务主要局限在对意识元素的分析上,认为任何不能被经过训练的内省者观察的心理过程都是无关紧要的,应将它们排除于心理学的范围之外,这就在一定程度上阻碍了动物心理学、儿童心理学、变态心理学和医学心理学等心理学分支的产生和发展。

其次,过分贬低心理学的应用价值,忽视心理学分支学科的发展。由于铁钦纳强调心理学属于纯粹的自然科学,因此他反对用心理学的理论和技术解决社会问题,拒绝探索实践知识,并顽固地将其拒之于心理学的正统体系之外,认为它们不过是心理学的旁门别支,是心理学中的"下里巴人",这种偏见使心理学严重脱离社会现实和人类生活,成为一种"象牙塔科学",在一定程度上使构造主义心理学失去了发展的动力,但也正是这种偏见给机能主义心理学提供了生长点,留下了广阔的发展空间。

再次,构造主义心理学研究方法单一化,过于倚重内省,使心理学不能完全脱离哲学思辨。同时它还重分析,轻整合,因而又具有内省主义和元素主义倾向。尽管铁钦纳给实验内省法附加了很多限制,但其可信度仍受到质疑。孔德曾指出,如果认为心灵能观察自己的活动,它就不得不把自身分成两个部分:一个部分进行观察,另外一个部分则被观察,这根本就是不可能的。

最后,构造主义心理学所受到的致命打击是它未能及时地吸收进化论思想。进化论的核心思想是"物竞天择,适者生存"。这一思想非常适合当时美国的国情,成为人们进行学术探索甚至求生存的重要信条,但铁钦纳却逆潮流而行,固守"纯科学"的信念,因而终未能避免被历史洪流淘汰的局面。

虽然构造主义存在明显的不足,但它却是心理学史上一个比较成熟的学派,从正反两个方面给其后的心理学流派或思想提供了重要的启示。

本章小结

1. 早期的美国心理学指的是美国的哲学心理学,它的发展经历了三个阶段,即道德哲学和心灵哲学阶段的心理学、理智哲学阶段的心理学以及美国文艺复兴阶段的心理学。

2. 美国心理学的产生与美国的具体国情有着密切关系,也与进化论的影响有关;霍尔、闵斯特伯格以及詹姆斯等先驱性人物的努力对美国心理学的产生起了重要作用。

3. 詹姆斯是美国心理学发展史上的第一个科学心理学家和最后一个哲学心理学家,在美国心理学的发展中起着承前启后的作用;詹姆斯认为心理学是一门自然科学,是生物对环境适应的科学,是研究心理生活的现象及其条件的科学;在明确了心理学的研究对象之后,詹姆斯系统论述了意识流理论、本能与习惯理论、自我理论、记忆理论以及情绪理论。

4. 意识流学说是詹姆斯为反对当时流行的元素主义而提出的一种关于意识的学说。詹姆斯指出,在我们正常的经验和心理生活现象中,并不存在简单的感觉、意象和情感。经验就是它本来的那个样子,并不是由元素简单集合而成的。意识具有连续性、复杂性和关系性,意识的活动不是静态的,而是可以观察的心理事件;应将心理生活的起点确定为思想事实本身,而不是简单的感觉,人的心理和意识是连续的整体。

5. 意识具有五个特点,即意识的私人性、意识的变动性、意识的连续性、意识的认知性以及意识的选择性。

6. 詹姆斯把自我分为客体自我和主体自我,前者为经验自我,后者为纯粹自我;又进一步将经验自我分为物质自我、社会自我和精神自我。并认为纯粹自我与经验自我的关系是认识者与被认识者、主体与客体的关系。詹姆斯的自我理论,实质就是一种人格理论。

7. 詹姆斯认为,本能是一种趋向一定目的、自动的,无须事先经过教育就能完成的动作能力或冲动行为。他把本能分为感觉冲动、知觉冲动和观念冲动三种类型,并认为一个复杂的本能动作可以依次激起这三种本能冲动,从而形成"最完善的先天综合";而习惯是物质受外力作用而产生的适应性变化过程。习惯的生理基础是神经中枢之间通路的形成,因为神经系统具有可塑性,可以被生活经验改造,因此詹姆斯特别重视通过早期教育训练人们养成良好的习惯。

8. 詹姆斯是双重记忆理论的最初提出者,他将记忆分为初级记忆和次级记忆;同时詹姆斯还提出了最早的情绪理论,他认为情绪只是对于一种身体状态的感觉,其原因纯粹是身体的。

9. 构造主义心理学是19世纪末由冯特在德国奠基、铁钦纳在美国发展起来的一种严密的心理学体系,是心理学成为一门独立的实验科学之后的第一个心理学流派,它在基本理念和方法上深受冯特的实验心理学的影响。

10. 铁钦纳是出生在英国的美国心理学家,冯特最忠实的弟子,构造主义心理学的典型代表人物。

11. 构造主义心理学的哲学基础有:经验主义、联想主义和实证主义。

12. 铁钦纳认为心理学是一门关于心理和意识经验的科学,其研究对象是人的经验。但他不同意冯特关于直接经验和间接经验的区分,而将经验分为独立经验和依存经验,认为心理学研究的是依赖于经验者的经验。在《系统心理学:绪论》中,铁钦纳给心理学下了这样一个定义:"心理学是研究依存于神经系统的实在经验的一门科学。"

13. 铁钦纳认为构造主义心理学的任务有三个方面:将具体或实际的心理经验分析为最简单、最基本的元素,即回答"是什么"的问题;发现这些元素结合的方式以及结合的规律,即回答"怎么样"的问题;把这些元素和它们的生理或身体条件联系起来,明确心理过程赖以产生的条件,即它与神经过程的联系,即回答"为什么"的问题。

14. 铁钦纳把内省和实验结合起来的方法命名为"实验内省法",并对其进行了很多限制,具体表现在:在实验者的选择上,要求实验者必须经过专门的内省训练,坚决反对使用未受过训练的观察者;要求参加实验的内省者必须在情绪良好、精神饱满和身体健康时进行自我观察,内省时的周围环境必须安适、无干扰;内省者必须客观、准确地描述意识状态自身,而不是去描述刺激物;打破了冯特的限制,将实验内省法推广运用到思维、想象等高级的心理过程。

15. 铁钦纳为美国心理学界培养了大批优秀的人才,如心理学史家波林、心理测量学专家吉尔福特和动物心理学家马格丽特等;构造主义心理学也充当了批评的靶子,后世的心理学理论大都是在批判构造主义心理学的基础上发展起来的。

 复习与思考

一、名词解释

1. 意识流学说 2. 经验自我 3. 纯粹自我 4. 初级记忆 5. 次级记忆 6. 实验内省法

二、问答题

1. 美国早期哲学心理学的发展经历了哪几个阶段?
2. 美国心理学产生的背景是什么?
3. 简述闵斯特伯格的心理学思想。
4. 为什么说詹姆斯是美国心理学的创始人?
5. 詹姆斯对美国心理学的贡献表现在哪些方面?
6. 简述詹姆斯的意识流理论。
7. 简述詹姆斯的自我理论。
8. 詹姆斯本能与习惯理论的基本观点有哪些?
9. 简述詹姆斯的情绪与记忆理论。
10. 铁钦纳对冯特心理学的改造表现在哪些方面?
11. 构造主义心理学的研究对象是什么?
12. 简述构造主义心理学的基本任务。
13. 铁钦纳对实验内省法进行了哪些限定?
14. 简述构造主义心理学的具体研究。

三、论述题

1. 为什么说詹姆斯既是美国历史上最后一位哲学心理学家,又是美国历史上第一位科学心理学家?
2. 评述铁钦纳对实验心理学的贡献。

第四章 欧洲的机能主义心理学

本章导读

第一次世界大战之前,心理学研究的"大本营"一直在欧洲。与德国实验心理学同时期的,还有英国的经验主义心理学以及法国的理性主义心理学等。它们与德国的实验心理学一道,对后来美国心理学的发展产生了重要影响。本章第一节介绍英国达尔文的进化论心理学思想,其中关于人类与动物心理发展的连续性理论对于心理学后来的发展具有特别重要的意义。第二节介绍高尔顿的个体差异心理学,包括高尔顿的智力遗传决定论,以及他对心理学研究方法的创新与贡献。第三节是法国比纳的智力测验心理学,重点介绍最早的智力测验比纳—西蒙智力量表的编制、早期修订和应用。

学习目标

1. 了解达尔文提出进化论的社会历史背景。
2. 能概要陈述进化论的核心观点及其与神创说之争。
3. 深入理解达尔文人与动物心理发展的连续性理论对于此后美国心理学发展的影响。
4. 能客观评价达尔文及其进化论在心理学史上的地位和作用。
5. 简单了解当代进化论心理学的复兴及其意义。
6. 理解高尔顿智力遗传决定论的主要观点。
7. 了解高尔顿对于心理学研究方法的创新与贡献。
8. 合理评价高尔顿在心理学史上的地位。
9. 了解比纳—西蒙智力量表的编制、修订和应用情况。
10. 能够辩证地看待传统智力测量的意义与问题。

机能主义(functionalism)又译功能主义,它的形成受到两方面因素的影响:一是达尔文的进化论;二是随着心理学的研究重心由欧洲移入美国,受到美国实用主义哲学的影响。广义的机能主义心理学泛指所有强调研究心理过程、活动或功能的心理学,包括欧洲的机能主义和美国的机能主义;狭义的机能主义有时是指美国的机能主义,有时则特指同铁钦纳的构造主义心理学形成直接对立和冲突的美国机能主义的芝加哥学派。机能主义反对构造主义象牙塔式的元素分析和心理内容研究,强调心理的适应功能,认为心理学的价值在于帮助人们适应社会环境,提高人的生存和竞争力。机能主义作为一种心理学流派,被后来的行为主义取代,但由机能主义所开启的应用心理学研究,以及它的实践和功利主义导向在心理学史上从未消失或改变,而是一直延续下来,成为美国心理学的核心气质。

第一节　达尔文的进化论心理学

虽然达尔文更多地是以生物学家或博物学家的身份闻名于世,但他的进化论对心理学的影响"其程度超过了其他任何思想和人物"。不了解达尔文的进化论,就不可能真正理解美国心理学乃至世界心理学的发展,达尔文及其进化论因此成为心理学史上不可或缺的重要一笔。

一、达尔文生活的时代

18世纪末至19世纪前半叶,第一次工业革命在欧洲各主要国家相继开展,不仅给欧洲各国带来了经济繁荣,也带来了科学和技术的进步。资本家们为了追求更多利润,扩大市场和原料产地,掠夺更多的生产资料,派遣大批"探险队"到印度、南非洲和加拿大等地进行考察。探险队员中不仅有军人、商人,还吸引了一些自然科学家参加。他们探测新的航线,调查研究新发现的国家或地区的动植物和矿产资源,积累了大量的地质学、地理学和生物学资料,推动了相关学科的发展。在考察过程中,科学家和探险者们发现了大量的动物化石和骨骼,这些化石和骨骼与现存的物种有着明显不同。于是有个问题便困扰了越来越多的人:《圣经》中的诺亚怎么可能将这么多样的动物成双成对地装进方舟呢?

1835年,一只名叫"托尼"的黑猩猩在伦敦动物园展出。这是欧洲人最早看到的与人类如此相似的物种。1853年,大英博物馆将一具大猩猩的骨骼和一具人体骨骼放在一起展览,其相似性令当时的欧洲人非常震惊和不安。有人开始怀疑:真的如《圣经》所说,人是独一无二的,是与其他物种完全不同的物种吗?这些怀疑动摇了神创说和物种不变论,为人们接受生物进化的观点创造了思想条件。

与此同时,社会生活也在发生变化。在英国国内,从事畜牧和纺织业的资本家为追求利润,必须提高羊毛的质量;城市的发展需要大量的乳类、肉类等畜产品,这些都对兴办大型牧场,改良和培育新的家畜品种提出了要求。为了满足这些需要,市场上出现了培育动物新品种的俱乐部,频繁地开展培育新品种的竞赛。牲畜的选种工作为人们认识变异的普遍性和人工选择的作用提供了机会。

除了这些机遇之外,工业革命改变了整个时代精神,使得发展和变异的理论或观点成为社会的必然或需要。曾经长期保持稳定的社会价值观、社会关系和社会规范随着大批人口从乡村小镇迁往城市和大工业中心而发生改变。时代的发展需要一种新的符合社会发展和变迁的理论来重塑人们的价值信念。一些学者开始大胆推测:或许自然界和人类社会的一切都是不断发展变化的结果?正如伊拉兹马斯·达尔文(Erasmus Darwin,1731—1802)在《动物法则》一书中写道:"动物的变形,如由蝌蚪到蛙的变化……人工造成的改变,如人工培育的马、狗、羊的新品种……气候与季节条件造成的改变……一切温血动物的结构的基本一致……使我们不能不断定它们都是从一种同样的生命纤维产生出来的。"1830年,法国科学院爆发了古生物学家居维叶(Georges Cuvier,1769—1832)和进化论者圣提雷尔(Etienne

Geoffroy Saint-Hilaire)之间著名的论战，反映出当时人们根深蒂固的宗教信念与新的科学发展之间已经出现激烈冲突。论战持续了六个星期，虽以进化论的失败而告终，却引起了欧洲科学界的广泛关注，也强烈地吸引着查尔斯·达尔文，并坚定了他对生物学和进化论的兴趣。

二、达尔文生平

查尔斯·达尔文（Charles Robert Darwin, 1809—1882）出生于英国一个富裕的中产阶级家庭，他的祖父和父亲都是很成功的医生，家境殷实。他的母亲来自英国一个著名的制陶世家。

他的祖父伊拉兹马斯·达尔文是进化论的先驱者之一，他在1794年出版的《动物法则》一书中简略地提到了进化论，其观点与拉马克相近，但在当时并未引起科学界的注意，似乎对达尔文也未产生明显影响。

图4-1 查尔斯·达尔文

青少年时代的达尔文更像一个游手好闲的纨绔子弟，而不是肩负历史使命的天才。他的父亲曾指责他："你除了打猎、玩狗、抓老鼠，别的什么都不管，你将会是你自己和整个家庭的耻辱。"老达尔文希望儿子继承祖业，于是在1825年秋天把他送进爱丁堡大学学习医学。可惜达尔文对医学毫无兴趣。当时还没有麻醉技术，达尔文生性脆弱，无法忍受对不实施麻醉的动物做手术。两年后，达尔文从医学院退学，转入剑桥大学学习神学。虽然他对神学同样没有什么兴趣，但总算勉强通过考试。1831年，达尔文以劣等成绩从剑桥大学毕业。

达尔文从小喜欢动植物，尤其喜欢收集昆虫标本。达尔文在自传中说，他缺乏过人的智慧和理解力，记忆力勉强只算得上中等。但是，他对科学的热爱，对任何难以解释的问题进行长时间思索的耐心，特别是在观察和搜集事实方面的勤勉，以及对理解和解释所观察到的东西的强烈欲望最终成就了他。大学里的课程让达尔文觉得枯燥乏味，幸运的是他在课余结识了一批优秀的博物学家，而他本人在相关领域的天赋也得到了这些博物学家的赏识。1831年，大学毕业不久的达尔文得到剑桥大学植物学教授亨斯楼（John Henslow, 1769—1861）的推荐。当时英国海军正计划派遣贝格尔号考察船到南美海域考察，船长罗伯特·费兹洛伊（Robert Fitzroy）希望旅途中能有一名年轻的绅士作陪，要招聘一名不付工资的博物学家。达尔文的父亲竭力反对儿子出行，担心这会推迟他在神学职业上的发展。达尔文好不容易说服了父亲。而费兹洛伊船长又迷信面相，固执地认为达尔文的鼻子看上去表明他是个懒惰的家伙，达尔文不得不设法改变船长这种印象，最终侥幸得以成行。

贝格尔号的航行从1831年一直持续到1836年。它从大西洋出发，途经南美洲、新西兰、澳大利亚、亚森欣岛和亚速尔群岛，最后回到英国。五年中达尔文不间断地给亨斯楼教授写信报告旅途见闻，并采集了无数的动物、植物、化石和矿物标本运回英国，为此后论证物种进化提供了大量的第一手资料。晚年回顾这一段经历时，达尔文说："贝格尔号的航行在我一生中是极其重要的一件事，它决定了我的整个事业。"

贝格尔号的航行一结束，达尔文就立即投入到对所收集到的大量资料的分类和整理工作中。此时的达尔文还没有形成系统完整的进化论思想体系，他的很多想法是零碎的，需要一个能贯穿始终的理论框架把它们组织起来。他接受了马尔萨斯的《人口论》。马尔萨斯认为：食物的增长是有限的，人口的增长是无限的，食物以算术级数增长，而人口则以几何级数增长。因此，为了保持食品供应和人口增长之间比例的平衡，必然会出现战争、瘟疫、饥饿等来调节人口的数量。达尔文把这一思想应用于动物、植物和人的进化，认为在适应环境条件的过程中，只有那些在生存竞争中获胜的人和动植物才能生存下来，而那些不能适应环境条件的变化，在生存竞争中失败的人和动植物注定会被淘汰，这便是"适者生存"的进化原则。

科学的进化理论至此初步形成。从这时起到1859年《物种起源》正式出版，其间经历了20多年的时间。至于为什么达尔文等了这么久之后才发表他的理论，有两种说法。一种说法是，达尔文在创立进化论之初已经意识到他的理论将带来人类思想史上革命性的转变，他需要绝对肯定他的理论有确凿的证据支持，这也符合达尔文本人处世较为谨慎的性格。但另一种说法更为可信，这种说法认为达尔文是由于害怕教会的迫害，所以迟迟没有发表他的研究成果。当时教会中的保守势力十分敌视进化论，这种态度一直蔓延到学术圈中。许多人相信，进化论会带来道德的堕落，因为如果人被描绘为与动物没有什么差别，那么其行为也会堕落到动物的水平，其结果必然是人类文明的毁灭。巨大的心理压力致使达尔文长期遭受病痛的折磨。达尔文曾对朋友说，发表进化论无异于对人类的"谋杀"。

1858年6月18日，达尔文收到了华莱士（Alfred Russel Wallace, 1823—1913）的一封信。没有这封信，进化论很可能要到达尔文身后才能发表。华莱士是一个年轻的生物地理学家，当时正在马来群岛考察。那年二月，他得了一场重病，在病中想到了马尔萨斯的《人口论》，从而独立地发现了自然选择理论。华莱士出身贫寒，反对基督教，没有达尔文作为上层社会人士的种种顾虑，以初生牛犊不怕虎的劲头，花了三个晚上的时间便勾画出了进化论的轮廓，将论文寄给达尔文征求意见。看到论文的达尔文几乎惊呆了，他仿佛在阅读自己的理论。如果华莱士的论文发表，达尔文将失去对科学进化论的优先权，他多年的研究成果将失去首创性。如果他提前发表自己的进化论思想，又担心被指责为剽窃。最后，他听取了朋友们的建议，1858年7月1日，达尔文从尚未发表的《物种起源》中挑选了若干章节和华莱士的论文一起提交至林奈研讨会上宣读。而在同一天，达尔文18个月大死于猩红热的儿子下葬。不久，《物种起源》一书出版，第一次印刷的1250本书在出版当天便销售一空。达尔文在为自己赢得了"虚名"的同时也成为了人们批判和嘲讽的对象。此后，达尔文又陆续出版多部著作，进一步阐明进化论的各个方面，包括《人类的祖先》（1871）、《人和动物的情感表达》（1872）等，对心理学的发展产生了重要影响。

达尔文1839年1月与他舅舅的女儿——表姐爱玛·韦兹伍德（Emma Wedgwood, 1808—1896）结婚，三年后举家搬迁至伦敦郊外的一个农庄，在那里，达尔文避开了各种纷扰，专注于自己的研究。尽管他长期受肠胃不适、呕吐、皮肤疱疹、头昏、颤抖等多种病痛困扰，但家庭生活还算幸福。达尔文1882年4月19日因心脏病去世，被安葬在威斯敏斯特大

三、进化论与神创说之争

尽管动植物随着时间而发生变化的进化论思想早在公元前5世纪就有了,并非达尔文首创,但是达尔文为这一观念提供了充足的证据,将这一古老的观念科学化,使之成为"显学"而广泛传播。这种传播从一开始就面临着巨大的阻力,一方面是根深蒂固的宗教信念,另一方面是来自教会的强烈抵制。

达尔文本人从未直接参与进化论与神创说的辩论,尽管这些争论由他而起。这与他的个性有关。生物学家托马斯·亨利·赫胥黎(Thomas Henry Huxley,1825—1895)充当了进化论的代言人。他将进化论描述为一种新的宗教和人类获得拯救的新的途径。他的演讲在公众中特别是在蓝领工人中赢得了众多的拥护者,以至于他走在大街上,会有人拦住他索要签名,出租车司机则不收他的车费。

《物种起源》出版后,英国科学发展协会在牛津大学举行辩论会,达尔文本人因肠胃不适而缺席,由赫胥黎为进化论辩护,神创说的代言人是主教塞谬尔·维勃福司(Samuel Wilberforce)。维勃福司在演讲中以挖苦的口吻说,他"庆幸自己不是一只猴子的后代",赫胥黎则反唇相

图4-2 讽刺达尔文的漫画

讥:"如果必须选择,我宁愿是一只低级的猴子的后代,而不愿意是那种利用自己的知识和口才曲解献身于寻求真理者的那种人的后代。"这段对话在历史上非常有名。维勃福司后来因骑马时发生意外,头部遭受撞击致死,赫胥黎得到消息后感叹说:"可怜的塞姆……一旦他的大脑与现实接触,其结果便要了他的命。"

在牛津大学的辩论会上,还有一位发言者是贝格尔号的船长费兹洛伊,他是进化论历史上一个带有悲剧色彩的人物。费兹洛伊本人是一个虔诚的基督徒,他为自己支持了达尔文的研究而深感忏悔和自责。在辩论会上,他挥舞《圣经》,劝说听众相信上帝,但得到的只是沉默,无人理睬。5年后,费兹洛伊割喉自杀,尽管死因并不完全归于进化论,但达尔文还是感到不安,送给费兹洛伊的遗孀一大笔钱以表达歉意。

进化论在国外并不像在我们国内这样,被作为科学发现或客观真理广泛传播并获得普遍支持。特别是在基督教盛行的西方国家,进化论一直被视为异端邪说,长期受到抵制。1985年,有一项针对美国成年人的调查显示,有一半的美国人拒绝接受进化论。美国有很多州立法禁止在公立学校讲授进化论。1987年,路易斯安那州提出一项议案,要求如果在公立学校讲授进化论,那么必须用同样多的时间讲授"创世纪说"。1999年,堪萨斯州教育委员会通过投票,决定在公立学校的课程中删除所有论及进化的内容。对于进化论的拥护者而言,好消息是2008年,英国国教为150年前打压进化论一事,向达尔文发表正式的道歉声明,承认教会当年在否决达尔文的理论上"过于自我防卫"和"感情用事"。在当事人辞世

126年之后,这迟来的道歉只能算是对达尔文后人的一种安慰吧。

四、达尔文对进化心理学的研究

(一)自然选择,适者生存

对达尔文的进化论大家都有一些了解,这里只简单概括其中的两个要点:生存竞争与自然选择。达尔文认为,所有生物繁衍后代的能力都超出了环境条件所能承受的程度。如果环境允许,有机体会尽可能地繁衍子孙,但由于食物和其他生存条件的限制,只允许一部分活下来,其他的则会由于食品的匮乏或者疾病而失去生存的机会。因此,在生物界存在着"生存竞争"。生存竞争不仅存在于不同的物种之间,也存在于同一物种内部。在同一物种的不同个体之间,存在着如力量、形状、偏好、速度等方面的差异,有些个体由于更能适应环境的变化而存活下来,而另一些个体由于不能适应环境的变化而灭亡,在生存竞争中被淘汰。

达尔文的进化论强调环境对物种进化的决定作用。在他看来,现存的物种和有机体是"自然选择"的结果。正是环境发生了变化,才导致有机体的各种变化。大自然会选择那些适应环境变化的有机体,并让它们通过遗传的方式把有利于生存的变异留给下一代,而那些不适应环境的变异则因为不能维持个体的生存、无法传给其后代而消亡了。因此,所谓"进化",实质上就是自然选择的过程。通过自然选择,物种发生缓慢的变化,才有了现代的新物种。"自然选择"是物种起源和发展的根本原因。

在达尔文看来,进化并不一定意味着朝着进步、完善的方向发展,进化的方向完全是由环境变化和生物自身的特性决定的。环境改变了,有机体改变自身的特性,适应环境的变化,循环往复,直至无穷。例如,鸟长出爪子,既不是向着完善的方向发展,也不一定代表着进步。只是那些有着较尖利的爪子的鸟由于容易获得食物而活下来,它们比那些没有这一特征的鸟繁衍了更多的后代。是自然选择了具有这一特征的鸟类,它们未必是最完善的,但却肯定是最适应的。

现代社会鼓励生存竞争,强调个体的独立、个性与自主发展。现代人生活的唯一目的就是在各种竞争中取胜,只有这样才能获得更好的生存条件和更多的发展机会。这些现代文化的重要理念在很大程度上受到达尔文进化论思想的影响。历史进入后现代,过度强调竞争而造成的社会弊端不断显现,对达尔文的进化论特别是对于人和环境的关系需要重新解读。社会建构论在这方面有一些创建,不仅带给我们思考,也对当下消极社会心态的转变具有指导作用。

(二)人类与动物心理发展的连续性

在1871年出版的《人类的祖先》一书中,达尔文讨论了人类和动物进化的关系问题。他以大量的证据表明,人是从较低级的生命形态通过自然选择的过程缓慢进化而来的。动物的生理和心理过程与人的生理和心理过程之间具有类似性和连续性。达尔文指出,人类的许多心理都可以在动物身上找到踪迹。如人有情感，而动物特别是高等哺乳动物也有类似的情感反应，也可以像人那样感受快乐和悲伤，幸福和苦难；人有模仿能力，儿童的许多行为源自模仿，而动物的双亲同样通过模仿训练它们的后代；人具有好奇心和探索精神，动物也表现出好奇、惊异和对环境的探求行为；人有持久的记忆能力，动物具备同样的能力，有时甚至超出人类；人具有理性，在做出某个决定之前，会权衡利弊，动物有时也会有这样的表现，它们也会迟疑不决，谨慎思考，然后表现出决断的行为。对此，达尔文指出："人类所自夸的感觉和直觉、各种感情和心理能力，如爱、记忆、好奇、推理等等，在低于人类的动物中都处于一种萌芽状态，有时甚至还处于一种发达的状态。"达尔文据此认为，人类的心理能力与动物心理能力的发展具有连续性，两者之间尽管存在差异，但只是程度差异，并非本质差异。

在人类与动物发展的关系问题上，一直存在连续论和非连续论两种观点的对立。行为主义心理学接受达尔文的进化论观点，认为人类与其他物种没有本质差异，强调发展的连续性。而人本主义心理学则持非连续论，强调人的独特本质，以及人类具有的而其他动物所没有的特性，如尊重或自我实现的需要。或许可以将连续论和非连续论加以综合，或在连续论和非连续论之间找到某个平衡点。

（三）关于人和动物的表情

为了证明人类与动物发展在生理和心理上的连续性，达尔文深入研究了动物与人的表情。在1872年出版的《人类和动物的表情》一书中，达尔文使用大量资料证明人类和动物的表情具有共同的发生根源。他认为，人类的情绪表现是动物情绪表现的继承形式，这些情绪表现因为有利于有机体的生存而被保留下来。例如，在有机体的进化过程中，出于生存的需要，动物屡屡使用咆哮、露出牙齿等表情动作吓退攻击它的侵略者，这类表情和动作总是同愤怒的情绪联系在一起。在后来的进化过程中，这些表情的原始功能逐渐退化，而它们同愤怒情绪之间的联结却被保留下来。现代人在攻击和防御过程中，仍然使用着同样的表情。

达尔文研究了表情的发生过程，从中概括出三条基本原理：① 有用的习惯联合原理：一个表情动作最初可能只是一个有用的随意动作，但如果这个动作有利于生存，那么这个表情会被保留下来，逐渐形成习惯，并通过遗传留给下一代。② 对立原理：如果一种情绪以某种特定的表情来表现，其对立的情绪就会用与之相反的表情来表现，前者的形成是出于实用的原则，即对生存有利，后者的形成则仅仅出于区别的需要。例如悲哀与欢乐、敌视与友爱等。③ 神经系统的直接作用原理：某些表情是由神经系统本身的特性决定的，神经系统的特性决定了这些表情的特征，如强烈的痛苦总是伴随面部神经不由自主的抽动。

达尔文认为，人类的情绪表达具有普遍性，不同文化条件下的人具有基本相同的表情特征。因此，不论在哪一种文化条件下，人们都可以通过面部表情来判断对方究竟是高兴，还是悲伤；是愤怒，还是痛苦；是紧张，还是放松。例如，世界上所有种族的儿童在受伤或悲痛时都会哭泣，在快乐时都会笑。现代心理学研究认为，人类表情的共通性仅限于一些最基本的情绪表达，如果涉及更复杂的情绪，如妒忌、冷漠、尴尬等，则并非如此。复杂情绪的表露更多地受到社会文化的制约。例如，西欧和美国人习惯于以亲吻表达亲切，日本人以微笑表示抱歉,这些都和我们中国的文化传统不同。达尔文认为,人类的情绪与动物的情绪之间没有不可逾越的鸿沟,它们有着共同的生物起源,这对于长期占统治地位的宗教神创论是一个打击,但他同时忽视了人类情绪起源的社会历史性。社会文化对于人类情绪以及情绪表现有着深刻的影响。抹煞了这一点,容易导致心理学的生物学化。

(四) 对儿童心理的研究尝试

达尔文很重视对个体心理发展的研究,对儿童心理学和个体差异心理学的建立有重要贡献。他在《人类的由来及性选择》(1871)一书中,将儿童作为研究进化问题最好的样本或自然实验对象。他写的《一个婴儿的传略》(1877)采用传记方式,随时记录自己孩子的重要活动表现,然后加以分析整理,是最早的儿童心理发展观察报告之一。当时使用类似方法研究儿童心理的还有一些人,包括德国心理学家威廉·普莱尔(Wilhelm Thierry Preyer, 1842—1897)。他们的研究为儿童心理学的产生提供了重要的研究资料和基础。普莱尔从自己的孩子出生起到三岁,每天对其做有系统的观察,同时还进行了一些实验,然后把有关的资料整理出来,于1882年出版了《儿童的心灵》。这本书被认为是心理学史上第一部系统采用观察和实验方法研究儿童心理发展的科学著作。而普莱尔本人成为儿童心理学的创建者,与达尔文进化论对他的影响有直接关系。

五、达尔文的进化论对心理学发展的影响

达尔文的进化论不仅为美国机能主义心理学提供了坚实的理论基础,注入了活的"灵魂",而且直接促进了心理学的学科分化,为应用心理学的发展开辟了道路。具体而言,进化论对心理学发展的影响表现在这样几个方面:

第一,达尔文的进化论将人的心理视为生物进化过程赋予人的一种机能,强调心理对于人适应环境的作用,为机能主义心理学的产生奠定了基础。达尔文之前,心理学中占主导地位的构造心理学致力于对意识内容进行分析。由于进化论重视人在适应环境的过程中心理的发生、发展以及与环境的相互作用等问题,使得接受进化论影响的心理学家更倾向于从心理的机能入手来研究人的心理。不仅如此,既然心理机能与心理内容相比更具研究价值,那么相应地,构造主义所倚重的主观内省法似乎也不那么重要了。要了解心理如何在适应环境中发展,以及心理在适应过程中究竟发挥了哪些作用,观察、调查、测量、比较等达尔文研究进化过程所使用过的方法与进化论一起为机能主义心理学所吸收,促进了心理学研究方法的进步。

第二,达尔文的进化论强调从动物到人类心理进化与发展的连续性,直接促进了比较心理学和动物心理学研究的开展。比较心理学作为心理学的一个分支学科,致力于研究动物行为进化的基本理论以及不同进化水平的动物的行为特点。它以不同进化阶梯上的动物的行为和心理为研究对象,侧重于对不同种类的动物行为与心理的比较。比较心理学和动物心理学都以动物行为作为研究对象,因而常被视为同一个概念的交替使用。

比较心理学的历史可以追溯到古希腊时期。亚里士多德就是一个进化论思想家,他在《动物历史》一书中提出一个自然阶梯表,又称"生物大链条",其中将每一种动物以智力水

平为序加以排列,为行为的比较研究奠定了一定的基础。在达尔文之前,拉马克已经对动物心理活动的发生和发展做过初步探讨,那是现代比较心理学的萌芽。但直到达尔文证明了人与动物在心理机能上的连续性,才为比较心理学奠定了科学的理论基础。根据进化论的观点,在动物心理与人的心理之间没有不可逾越的鸿沟。考虑到研究人的心理的困难,既然在动物心理中可以发现人类意识的雏形,研究动物心理便为了解人类心理提供了一条捷径。第一个采用进化论观点开展比较心理学研究的学者是英国动物学家罗曼尼斯(George John Romanes,1848—1894),他于1882年出版了《动物的智慧》一书,以大量来自科学观察和通俗记载的材料论证了动物与人的心理的共同之处,这是第一部比较心理学著作。进化论大大激发了人们考察和研究动物心理的兴趣,引起一场在动物心理学史上被称为"轶事派"的理论运动。当时的动物心理学家为了证明人的心理能力和高等动物的心理能力发展之间具有连续性,热心收集各种可供研究利用的文献资料,特别是关于高等智慧动物的传奇故事,《动物的智慧》中就有很多这一类的研究。

第三,达尔文的进化论将个体变异作为心理发展的一个重要方面,促进了儿童心理学、发展心理学、心理测量以及个体差异心理学的研究。进化论认为,适应与变异是心理发展的两个基本方面。如果生物的每一代都和它的祖先一样,那么进化便不可能发生。因此,有关个体发展和个别差异的实质、特征及其作用等问题便进入心理学家的视野,成为心理学研究的重要课题。一些心理学家开始探索那些能将每个人的心理差异区别开来的有效方法,从而促进了包括个体差异心理学和心理测量在内的一系列心理学分支学科的建立。

六、当代进化心理学的复兴

20世纪90年代,进化心理学作为当代西方心理学中一种新的研究取向再次兴起。它试图采用进化论的基本原理结合现代科学的最新成果,系统地阐释人类心理的本质、起源、结构、功能、表征等基本理论与应用。从科学心理学诞生的那天起,主客二元思维一直统摄着西方心理学研究。正是这种固化的思维模式,使心理学陷入困境。进化心理学蕴藏着思维方式的重大变革。它认为,心理学作为一门学科,不仅仅是关于心理内容的分析或对封闭的意识本身的思考,也不仅仅是对心理与作为其对象的世界之间的关系的研究,尽管这两方面都是心理学研究不可或缺的组成部分。心理学研究更重要的是要阐明心理与有机体之间的关系,即考查从物质性的有机体中如何产生出非物质的意识或心理现象的可能性和必要性。

当代进化心理学认为,心理学不仅要从现实性方面追问心理对有机体的功用关系,还应该从进化的角度追问这种功用关系的历史逻辑,考查有机体在其进化过程中为了适应环境而逐步分化、发展出大脑与神经系统的历史过程,并在此基础上理解作为脑与神经系统存在方式的心理活动对有机体适应环境的功用价值。当代进化论心理学的意义表现在:第一,否定了历史上为理解人类的精神现象而设定的"灵魂实体"或"心灵实体",认为心理活动可以从有机体本身即脑及神经系统的结构和性质中得到说明。第二,有助于弥补心理学内部作为基础研究的生理心理学与其他研究之间的裂隙。生理心理学已经建立起来的基础信念,如脑或神经系统是心理活动的物质载体,心理活动是脑或神经系统的机能表现——在许多系统的心理学研究或理论中并未得到认真的贯彻。第三,进化心理学为上述由生理心理学建立的基础信念提供了科学的论证方式。

有人认为进化心理学是一种彻底的遗传决定论,是用先天说反对后天说,这是对进化心理学的误解。因为对个体而言是先天的、遗传的东西,从它的形成过程来看,或者从种族发展史来看,仍然是经验的和由环境决定的。进化论对心理学最大的消极影响,在于它的庸俗唯物论倾向和对人的心理的彻底生物学化。这也是我们在肯定进化心理学的同时应该引起注意的问题。

 拓展阅读 4-1

进化观透视幸福的障碍①

当代人的生活在许多方面比我们的穴居祖先要好得多,可是,我们还是时不时地不高兴,有些人甚至多数时间都不高兴。许多东西阻碍我们获得幸福,进化心理学对此做了一些研究,认为源于进化的幸福障碍包括以下几方面:

第一,对愉快情境的习惯化和适应。进化决定了我们必须对那些愉快的情境迅速习惯化和适应,只有这样才能使我们的祖先适应狩猎和采集的生活。那些能够对自己为了获得更好的食物和住所而努力获得的任何东西都迅速习惯化和适应的人们才会被自然选择。而那些任何时候当自己取得一项可以获得持续幸福的目标时就躺在功劳簿上睡大觉的人则无法生存。在现代社会,这种进化产生的特征支撑着消费主义。人们原以为如果自己得到了某种新型的食物、衣服、家居用品、汽车或房子就会幸福,但是一旦他们得到了这些东西之后不久,他们就习惯化了,适应了,又想得到更好更大的东西。

第二,消极的社会比较。我们幸福的程度受到我们对自己的评价和对自己当前处境的评价的影响,这种评价既包括与我们自己的近期处境相比较,也包括与别人的处境相比较。我们和别人比健康、比个人魅力、比孩子、比父母、比财富、比学术成就与社会地位等。这种社会比较在远古社会是适应性的,因为它使我们努力成为最好,获得群体中最好的资源以使我们的基因种系得到繁衍。然而,电视、报纸、互联网等现代媒体中呈现的典范,他们优越的生活方式,迷人的形体魅力和在工作、运动以及人际关系方面取得的成功,其实是绝大多数现代人永远也达不到的状态。当我们达不到媒体为我们设定的虚假标准时,往往会体验到低自尊和不快。同时,媒体上出现的位高势强的男性形象和魅力四射的女性形象会弱化人们对自己伴侣的认同感,因为他们常常不如媒体意象那么可人。这又反过来从某种程度上给婚姻的满意度、家庭的稳定性和孩子的健康幸福带来消极影响。

第三,对同等收益和损失的不对等反应。进化还决定了我们对损失感受到的强烈

---

① Alan Carr. 积极心理学:关于人类幸福和力量的科学[M]. 郑雪,等,译校. 北京:中国轻工业出版社, 2008:30—34。

情绪体验高于对同等大小的收益带来的情绪体验,因为这有利于我们祖先的生存适应。因此,失去一只经过长时间艰苦捕猎的猎物带来的消极情绪体验,远比经过长期追猎成功捕杀到同样的猎物带来的积极情绪体验要强烈得多。那些体验过损失带来的强烈情绪的人,会在强有力的动机驱使下努力工作,以避免损失并得以生存下来。而那些没有体验过损失带来的强烈的情绪体验的人则缺乏强大的动机驱使去努力工作,并由此可能会体验到食物、住所和其他生活必需品等的多项损失并最终灭绝。祖先这种特点延续下来留给了我们。失去100美元的失望感和得到100美元的满足感,在程度上是不对等的。这种自然选择产生的不对等反应的一个后果就是:要得到一定的幸福,需要收获多得多的东西;然而要体验相同程度的痛苦,只消失去一丁点就足够了。

第四,适应性的痛苦情绪。进化的过程还决定了我们需要体验到特定的痛苦情绪,如焦虑、抑郁、嫉妒和愤怒,因为在某种意义上,这些反应有利于我们的祖先适应环境。当面临威胁时,如遇到蛇或与父母分离,我们的祖先会体验到焦虑,这驱使他们回避危险和威胁,以求生存。当面临在社会等级中失去地位或权力,或者亲密的人际关系受损时,他们会体验到抑郁,这就驱使群体中其他人别再去挑战和攻击他们,以便他们能生存。当面临配偶不忠的威胁时,像我们一样,他们也会体验到嫉妒,这就驱使他们警惕和保护自己的配偶,以便孩子们能够生存。当获得一项有价值的目标如食物或性遇到障碍时,他们会体验到愤怒,这驱使他们祛除障碍,以便生存。由于有利于适应,我们从祖先那里继承了这些痛苦的情绪。于是,我们都会在威胁面前感到焦虑,在损失面前感到抑郁,在可能的不忠面前感到嫉妒,在障碍面前感到愤怒。

第二节 高尔顿的个体差异心理学

早在美国机能主义心理学产生之前,欧洲的心理学家已率先接受了达尔文进化论的影响,他们对心理学的研究贡献直接促进和推动了这一学科的产生和早期发展,这当中包括英国的高尔顿。

一、高尔顿生平

弗兰西斯·高尔顿(Francis Galton,1822—1911)拥有众多头衔,包括优生学家、遗传学家、探险家、地理学家、发明家、气象学家、统计学家和心理学家等,在心理学界被公认为是差异心理学之父。据史料记载,高尔顿个头矮小,秃顶,长着白色的鬓角、极具穿透力的蓝眼睛、突出的鼻梁和狭长的嘴,这些带给他一种连大个儿男人都可能会嫉妒的"权威风度"。

高尔顿生于英国伯明翰的一个银行家家庭,达尔文的祖父伊拉兹马斯·达尔文是他的外祖父,达尔文是他的表兄。高尔顿是家里9个孩子中最小的一个,从小有神童之誉,2岁半能阅读和写作,5岁已能阅读英文版的任何书籍,7岁可以轻松阅读莎士比亚名著。有人估计他的智商可能超过 200。高尔顿对各种新鲜事物充满了热情和强烈的好奇,这使得他一生所涉及的研究领域非常广泛,被誉为"百科全书式的学者"和"维多利亚女王时代最博学的人"。

图4-3 弗兰西斯·高尔顿

高尔顿小时候在家里接受教育,姐姐阿黛尔是他的启蒙老师。大约 7 岁时他被送进寄宿学校。这颗小"童星"在寄宿学校的生活却十分暗淡。高尔顿不适应寄宿学校那种死记硬背的教学方式,因为不守纪律经常遭到体罚和训斥,留下很多痛苦记忆。16 岁时,由于父亲坚持,高尔顿进入伯明翰综合医院,作为见习医生学习配药、接骨、拔牙、换药等医疗技术。高尔顿对此不感兴趣,十分苦恼。其间发生过一件事,反映出高尔顿强烈的好奇心。在学习配药的过程中,高尔顿为了亲身体验药房里各种药的效果,他从药名以 A 字母开头的药物开始,系统地对每一种药物取小剂量亲自服用,直到有一天他服了巴豆油(Croton oil),这是一种烈性泻药,把高尔顿折腾得够呛,才不得不停止冒险。

18 岁时,高尔顿转入剑桥大学三一学院学习自然哲学和数学。他承受着出人头地的心理压力,整天被考试和不良的学习成绩所困扰,看不到任何可以成为荣誉生的希望,因此患上了心悸、头晕的毛病,并最终因健康原因离开学校,没能获得学位。高尔顿对此一直耿耿于怀。幼年时的极度聪明和青少年期的学业失败可能是导致高尔顿后来对智力遗传问题感兴趣的原因之一。

离开剑桥大学之后,他不得不继续学医,并于 1843 年获得医学学士学位。1844 年,高尔顿的父亲突然去世,他因此继承了大笔遗产。学医本就不是他的兴趣所在,只是迫于父亲的压力。父亲去世使高尔顿终于可以做自己想做的事情。于是他决定放弃医业,开始过一种无拘无束的绅士生活。从 1845 年开始,他的兴趣转向旅行和考察,先后到过埃及、中东和西南非洲等地,搜集了许多珍贵的研究资料。他曾只身进入巴勒斯坦腹地,并因此成为知名的探险家。在考察西南非洲期间,高尔顿绘制完成一份非洲地图,这在当时是件非常轰动的事情,因为之前西南非洲还是一个鲜为人知的地方,高尔顿的地图帮助欧洲人了解了非洲,他因此被英国皇家地理学会授予金质奖章。

1853 年高尔顿 33 岁时结婚,此后便不再远游。1857 年定居伦敦,正式开始了他的书斋式的科学研究活动,研究范围涉及地理、天文、气象、社会学、统计学、心理学、遗传学、优生学等众多领域。尽管高尔顿对多数专业的研究算不上精深,但他为后人开拓了许多新的研究空间。例如,他研究通过指纹来识别不同的人,这一方法后来被法院采用,并一直沿用至今;他发明了最早的气压图,用于对天气进行测量,并曾尝试预报天气;他发明了一种潜望镜,可以让他越过高个子看到更远的地方;他还试图研究美女分布的地区规律等。

《物种起源》出版以后,高尔顿对进化论产生了极大的兴趣,由此开始了对个体心理差异的研究。1884 年,高尔顿创设了人类测量实验室。1904 年,他捐赠基金,在伦敦创办了优生学实验室。1911 年,高尔顿因急性支气管炎病逝,享年 89 岁。据他的学生皮尔逊的不完全统计,高尔顿一生著书 15 种,撰写各种学术论文 220 篇,其中与心理学有关的著作有《遗传的天才：其规律及其结果的研究》(1869)、《科学的英国人》(1874)、《人类才能及其发展的研究》(1883)、《自然的遗传》(1889)等。

二、高尔顿的心理学研究

高尔顿的心理学研究主要集中于个体差异特别是智力差异领域。他是第一个用测量方法对智力进行评估的学者，并深入探讨了智力差异的成因。更重要的是，在研究过程中，他创造性地使用了多种研究方法，这些方法后来被普遍采纳，成为心理学研究最常用的方法。

（一）智力的遗传决定论

高尔顿对智力问题的研究兴趣与两方面的因素有关：一是他本人高贵的出身、不凡的智慧和他在剑桥大学的个人经历；二是他的表兄达尔文的进化论，其中遗传与变异的思想对高尔顿的影响很大。高尔顿在剑桥时期已形成初步认识，即有些学生之所以能够赢得高分和荣誉，是因为他们的父亲和父亲的父亲都是具有相当能力的人。受进化论的启发，高尔顿设计了一项研究：他调查和统计了过去40年内剑桥大学在古典知识和数学科目上得高分的学生，结果证实了他的假设，即高分一直是被一些特别家庭的子弟所获取的，与普通人家的子弟相比较，比例悬殊。1865年高尔顿发表了这项研究结果，并从那时开始，围绕人类心理能力的差异及其遗传本质问题进行了长期研究。

在1869年出版的《遗传的天才：其规律及其结果的研究》一书中，高尔顿正式提出了智力的遗传决定论观点。他首先提出，由于人的一切知识都是通过感觉获得的，离开了感觉，人无从知晓外界的一切。因此，人的智力实质上是指感觉的敏锐度，它构成智力的"一般因素"，即G因素，代表人的一般能力。人的智力还包括另外一些"特殊因素"，即S因素，表现为人们在某方面或某些特殊领域的才能。人们通常知道英国心理学家斯皮尔曼（Spearman, C. E., 1863—1945）是智力二因素理论的代表人物，其实，该理论最早是由高尔顿提出来的。斯皮尔曼作为高尔顿的学生，接受并继承了老师的思想，并正式提出了智力二因素论。

为了证明智力的遗传决定性，高尔顿采用多种方法对智力的相关因素进行了研究。他首先采用系谱学的方法，对1768—1868年间的英国人中包括首相、将军、政治家、科学家、艺术家、法官、著名医生、诗人等在内的977个名人的家谱进行了调查统计，结果发现，其中有89个父亲、129个儿子、114个兄弟，共332名杰出人士。而平均在4 000名普通人的家谱中，才出现一名杰出人士。因此，高尔顿断言，"一般能力"具有遗传性。接下来，在对30个有艺术能力的家庭进行调查后，他发现这些家庭中的子女有艺术能力的占到64%，而作为对照的150个无艺术能力的家庭，其子女中只有21%有艺术能力，这说明艺术能力作为"特殊能力"同样具有遗传性。

高尔顿的智力遗传决定论的核心要义在于人的智力或各种能力的发展都有一个固定的顶点或极限，而这个顶点或极限是由遗传决定的。他举例说，每个人在刚开始进行体育锻炼初期都会惊喜地发现，他的肌肉力量和忍耐力不断得到改善或提高。但是，随着时间的推移，每天的进步会逐渐缩小，最终到达某个顶点后，很难再进步。每个人的肌肉力量发展都有一个限度,这个限度是教育和训练所不能超越的。心理能力的发展同样如此。当一个小学生初入学校并在学习上遇到困难时,他甚至会对自己获得的明显进步感到惊奇,为自己心智能力和知识的不断增长倍感荣耀,期盼自己有朝一日也能成为对世界历史产生影响的英雄。而随着时间的推移,他会在与同伴的竞争中逐渐找到自己的位置,知道自己可以击败哪些对手,能和哪些人打成平手,也会知道有些对手的智力技能水平是自己永远无可企及的。

高尔顿认为,既然智力最终由遗传决定,为了改善人口质量,有必要开展优生学的研究。"优生学(Eugenics)"这个概念是高尔顿在《人类才能及其发展的研究》(1883)中首创的。他从动植物的育种工作中得到启发,提出一个以人类自觉选择代替自然选择的社会计划,建议由政府组织对婚姻的配偶进行科学的选择,通过鼓励那些智力水平高、聪明的人生育,而阻止那些智力水平低、愚蠢的人生育,并由政府支付优生抚养和教育优生后代的费用,改善人口整体的智力水平。颇具讽刺意味的是,高尔顿和他的兄弟都没有自己的孩子。依照精神分析心理学的解释,高尔顿对优生学的固结很可能是对他本人缺乏生育能力的补偿。

高尔顿的智力遗传决定论在社会上引起了很大反响,进而引发了关于遗传与环境关系的争论。有些学者明确反对高尔顿的观点,如达尔文就认为,除了那些天生痴呆的人外,大多数人在智力水平上没有明显差异,人与人之间的成就差异主要是由勤奋和对工作的热情程度不同而导致的。多数研究者仍然认为,民主的政治环境、文化氛围、繁荣的经济等因素在造就高智商的人才方面所起的作用至少与遗传因素同样重要。面对挑战,高尔顿又设计了一份详尽细致的问卷,向当时的科学家们投放了200份。问卷的内容主要是询问科学家为什么对科学感兴趣以及其他一些政治和生活上的细节问题。调查结果显示:大部分科学家认为自己对科学的兴趣是天生的,从而证实了高尔顿预先的假设。

智力的遗传决定论与环境决定论的争议一直持续至今。通常认为,遗传仅仅是为智力的发展提供了一个生理基础和前提,将遗传与环境相结合的社会实践才是人类智力发展的根本。高尔顿的遗传决定论在我们今天看来是错误的,但高尔顿的努力为此后心理学对个别差异的进一步研究奠定了基础。

(二)研究方法的创新

高尔顿是最具首创精神的心理学家。他在论证智力遗传决定论的过程中,采用了多种方法研究个别差异问题,其中许多是他自己的发明创新。对于心理学的发展而言,这些方法比他的心理学思想和理论本身更有价值。

第一,自由联想测验。高尔顿以自己为被试,采用定量方法对联想过程开展研究。他列了一张写有75个单词的表,设计了一个精密的弹簧计时器。实验中,他每看到一个词,便记录下自己产生的联想和所花费的时间。他发现自己有时联想到的是一个词,有时则可能是一个画面或表象,其中大约40%的联想内容与童年、少年时期的经历有关,反映了早期经历对成人心理的影响。这种联想测验后来被冯特吸纳,成为莱比锡大学心理实验室最常用的方法。在联想研究的过程中,许多原本已经忘记的事件重新又浮现到意识层面,这使高尔顿开始注意无意识现象,并在论文中讨论了无意识思维的重要意义。有资料表明,弗洛伊德可能看过这篇文章,并受到其中观点的影响。

第二,问卷调查。高尔顿采用调查法研究了人的心理意象,这也是问卷调查在心理学研究中的最早使用。他首先确定一个事件,例如早餐,要求被试回忆餐桌上出现过的食物,然后就某一具体意象加以判断:意象的明亮度——表象暗淡抑或明亮;意象的清晰度——是否表象中的所有东西都能清晰分辨;意象的色彩——表象中各种东西的色彩是否明晰、自然。研究结果发现,心理意象存在显著的个体差异:有的人以视觉意象为主;有的人以听觉意象为主;有的人以肌肉运动觉意象为主。高尔顿指出,意象的个体差异与职业、年龄和性格有关,如擅长抽象思维的科学家往往缺乏视觉意象。作为调查结果,高尔顿还发现了"联觉"现象,如"色—听"联觉,即在听到一个声音的同时,某种相应的颜色视觉会同时出现的心理现象。

第三,心理测量。尽管高尔顿读书时的数学成绩并不好,但正如古希腊雄辩家狄摩西尼虽然有口吃的毛病,却偏要成为演说家一样,高尔顿对测量和计算有着强烈的嗜好。他曾说过一句名言:"无论何时,能算就算。"在看戏或听演讲的过程中,他会观察并记录听众、观众打哈欠、咳嗽的次数,将其作为反映厌烦程度的指标。到非洲考察时,他记录美女和丑女的人数,并和英国不同地区比较,试图划出"美女分布图"。有一次,某个画家为他画像,他甚至记录了画笔点击画面的次数,大约为 20 000 次。为了确定智力的个体差异,需要对构成智力的各种要素特别是感官灵敏度进行测量。1885 年,在伦敦国际健康展览会上,高尔顿设置了一个"人体测量研究室",测查包括人的反应时、视觉和听觉灵敏度等在内的 13 项心理指标,这是现代心理测量的开端,高尔顿也由此成为心理测量的开拓者。

第四,心理统计。1870 年,高尔顿在研究人类身高的遗传性时发现,父母的身材较高,其子女的身材也有较高的趋势,反之亦然,二者具有相关性,为此最先使用了相关系数(correlation coefficient)的概念。高尔顿同时发现,高个子父母的子女,其身高有低于其父母的趋势;而矮个子父母的子女,其身高有高于其父母的趋势,即子女的身高有回归平均值(regression toward the mean)的趋势。这就是统计学概念"回归"的最初涵义。我们现在使用"r"表示相关系数,这种用法始于高尔顿的学生皮尔逊(Karl Pearson,1857—1936),"r"取自"regression"的第一个字母,意在对"高尔顿关于人类遗传特征有向平均数回归趋势"这一重要发现表示尊重。高尔顿还以大量的数据资料证明,人的心理能力及各项心理特质在人口中的分布如同身高、体重一样符合正态分布曲线,并认为可以用平均数与离均差两个变量描述这些曲线。由于这些创建,高尔顿被视为现代心理统计的先驱。

第五,双生子研究。人类遗传学认为,同卵双生子因为携带共同的基因型,他们之间的差异应归于在子宫内或出生后环境的影响;而异卵双生子携带的基因型本来就不同,其间的差异既有遗传也有环境的影响。高尔顿因此通过设计双生子研究来支持他的遗传决定论。在 1883 年出版的《人类的才能及其发展的研究》一书中,他公布了自己对 80 对双生子研究得出的结论:同卵双生子即使分开抚养,他们在智力水平上的差异也不大;而异卵双生子即使在一起抚养,他们的智力差异仍大于同卵双生子的智力差异,从而说明人的智力在很大程度上是由遗传决定的。双生子研究后来成为发展心理学常用的研究方法。

三、高尔顿在心理学史上的地位

高尔顿受进化论的影响,主要从事对个体差异心理特别是智力差异的研究。他最先采用量化方法对智力和人的其他心理特征进行测定,率先探讨了智力差异的成因,强调遗传对于智力的决定作用,大大激发了后继者对智力研究的兴趣和关注。当时以冯特为代表的学院心理学热衷于用理性主义的方法研究人类带有普遍性的共同的心理特点或心理规律,个体差异尚属于心理学研究的盲点。而高尔顿研究的目的正在于凸显人的个体差异,寻求人与人之间的独特性。这种研究方式在当时的欧洲虽未产生重大影响,但传入美国之后,在美国实用主义文化和哲学背景下得到了广泛传播,促进了机能主义心理学在美国的发展。个体差异随之成为机能主义心理学的一个重要研究领域,为其他领域的应用心理学研究奠定了基础。

高尔顿在心理学史上的重要地位还在于他开创性地使用了多种心理学研究方法。高尔顿是第一个使用自由联想、双生子比较、家谱分析、心理测验与统计等方法研究个体心理差异的心理学家。如果说冯特是把实验引入心理学的第一人,那么高尔顿则是同时把问卷调查、心理测验和心理统计方法引入心理学的第一人。因此,我们完全能够理解舒尔茨为什么要说:"在对美国心理学的影响方面,高尔顿的研究比心理学的建立者冯特的影响更大。"

拓展阅读 4-2

第一个人体测量实验室①

对遗传的兴趣促使高尔顿开展对人体及各项心理指标的测量。他深知统计研究只有基于大样本才能获得可靠的结论。为了采集大量的数据,他在1885年伦敦主办的国际健康展览会上创设了一个"人体测量实验室"。作为这项工作的组成部分,高尔顿主持了最早的心理测量,并由此创立了心理测量学。

高尔顿的"人体测量实验室"是一个大约36×6英尺的展台,有3名服务人员,研究室的长桌上摆着高尔顿自己设计的简单的测量仪器。参观者只需花费3便士,就可以测试13项人体或心

图 4-4 第一个人体测量实验室

---

① http://www.galton.org/anthropologist.htm,检索日期 2008-10-14.

理特征,其中包括反应时、视觉和听觉灵敏度、色彩分辨能力、判断长度的能力、拉力和拧力、吹气的力量、身高、体重、臂长、呼吸力量和肺活量等。在整个展览期间,共有9 337位参观者接受了测量。游客愿意花钱接受测试,作为交换,以赠品的方式得到高尔顿所使用的测量工具的复制品。以这种方式,高尔顿共收集了9 000多份不同个体的测量数据,这被认为是一个很有代表性的样本。

尽管高尔顿对数据的收集工作十分成功,如何处理这些数据却成为难题。这不仅需要长时间细致的工作,关键问题是所需要的分析技术在当时还没有发明,以至于对这些数据的分析整整推迟了一个世纪。其中的大部分数据在20世纪20至30年代得到处理。20世纪80年代,统计和计算机分析技术足够成熟之后,对全部数据的分析才得以完成。这些数据最终被确认是可信的,研究者不仅获得了那一时期英国人多项心理指标的平均值,并发现当时的英国人从儿童期、青春期到成熟期的发展速度略慢于现代人。

高尔顿的智力理论确实也存在很多漏洞,甚至是明显的错误,包括将智力的要素仅限于感觉的敏锐性;坚持智力是由遗传决定的,忽视环境和教育对于人的智力发展的作用等。特别是他以智力遗传决定论为基础所创立的优生学,提倡以人工选择代替自然选择改良人种,导致了非常严重的社会后果。二战时期,希特勒以高尔顿的优生学为理论根据,屠杀了600万犹太人,优生学因此成为法西斯罪恶的象征。也有观点认为,高尔顿的优生学不过是想追求人类和人类社会的完美,其出发点并不坏,不应该把德国法西斯分子的罪行强加到高尔顿和优生学头上。正如诺贝尔发明了炸药,许多战争狂人用以摧毁了无数人的生命,却不能因此否定诺贝尔和炸药。

第三节 比纳的智力测验心理学

达尔文的进化论和高尔顿的心理学研究极大地激发了人们对个体差异特别是智力差异的研究兴趣。高尔顿认为,智力的实质即感觉的敏锐性,从而把智力同基本的心理过程联系起来。高尔顿之后,法国心理学家比纳提出不同观点,认为智力更多地表现在人的判断力和理解力等方面,并以此为指标,设计出心理学史上第一个智力量表,成为智力测验的创始人。

一、比纳生平

阿尔弗莱德·比纳(Alfred Binet,1857—1911),法国实验心理学家,智力测验的创始人。生于法国那爱斯,祖父与父亲都是医生,母亲是个有才能的画家。父母在他年龄很小的时候便分居,母亲单独抚养了他,比纳内向的性格可能与此有关。同样也是受家庭的影响,比纳对科学、哲学、文学、艺术等不同领域的研究有着广泛的兴趣。

像其他许多心理学家一样,比纳最开始接触的也不是心理学,而是法律。1878年,比纳在巴黎圣路易斯公学获得法学学士学位。之后,比纳被神经症权威沙可(Jean Martin Charcot, 1825—1893)对催眠术的研究所吸引,放弃了前景光明的法律生涯,转而从事神经医学研究。1894年,比纳在巴黎大学获科学博士学位,论文的题目是《昆虫肠神经系统的研究》,之后便留在该校任心理学教授。

图4-5 阿尔弗莱德·比纳

比纳早期的研究主要受沙可的心理病理学的影响,从变态心理学开始,并在该领域取得了一定成就,著有《动物磁性说》(1887)、《人格的变异》(1892)、《精神性疲劳》(1898)、《暗示感受性》(1900)等。1889年,比纳与同事V·亨利一起创办了法国第一所心理学实验室。1895年,同样是在比纳的倡导下,出版了法国第一种心理学杂志《心理学年报》。比纳是一个勤奋、内向、兴趣广泛而不知疲倦的人。他曾说过,自己最大的兴趣就是在白纸上书写文字,工作对他而言就如母鸡生蛋那样自然。他在研究心理学的同时,也在思考形而上学和文学艺术问题,他于1905年出版《灵魂和肉体》一书,1910年完成剧本《神秘的人》,这一剧作曾在萨拉·伯恩哈特剧场上演25场。

比纳在研究催眠的过程中发现,在被催眠者的周围放上磁石,并环绕被催眠者的身体移动这些磁石,可以控制被催眠者的感觉和身体症状,甚至可以把被催眠者对蛇的恐惧转变成喜爱。可是,其他研究者重复这一实验却从未出现相同的结果。比纳的研究被认为不可靠,因为他没有严格控制实验条件,不能排除心理暗示的作用。被催眠者可能知道比纳想要的结果,因而迎合了他的需要。事实上,当被催眠者不了解实验的目的时,其结果便会不同。比纳起初不愿意承认,但很快就不得不登报公开承认,确实是暗示而不是磁石在起作用。他因此告诫后来的研究者:"告诉我你在寻找什么,我将可以告诉你,你会发现什么。"这件事严重影响了比纳的声誉,为此他不得不辞去工作。而这一教训不仅是比纳个人的,也应该是整个心理学的。

比纳很早就读过高尔顿的著作,对高尔顿的智力理论很感兴趣。但对于高尔顿把智力看成是感觉的敏锐性这一点,比纳有不同看法。他认为,如果接受高尔顿的观点,那么所有的盲人和聋人都应该是智障者,而事实显然不是这样。在比纳看来,智力应该更多地与高级心理过程相联系,表现在人的理解、判断和推理方面。辞职后的比纳回到家中,开始研究儿童的思维过程与智力发展,两个女儿成为他的研究对象。当时他的大女儿四岁半,性格内向,注意力容易集中;小女儿才两岁半,外向活泼,注意力不容易集中。比纳以多种方式考察了两个女儿的智力发展水平,其中有些非常类似于后来皮亚杰的智力测验。例如,他问大女儿,两堆物品中哪一堆更多,结果发现,大女儿的回答不是根据物品的数量,而总是根据物品体积的大小。比纳还采用高尔顿发明的心理测验方法测查了两个女儿的视觉敏锐性和反应时。这些研究促使比纳形成了自己的"智力"概念。1903年,比纳总结了这些研究成果,出版了《智力的实验研究》一书,对智力及其发展问题做了初步探讨,也为他随后编制智力量表奠定了理论和经验基础。

比纳本人的研究领域十分广泛,对记忆、儿童恐惧情绪、目击者证词的可信度、创造性、无意象思维等都有过较深入的研究,出版的著作包括《论知觉》(1890)、《论听觉》(1892)、《论记忆》(1893)、《论魔术戏法》(1894)等。其中,影响最大的是他于1894年出版的《实验心理学导论》。在该书中,他发展了艾宾浩斯对记忆的研究。尽管随着影响的不断扩大,比纳的声誉已渐渐恢复,但是他仍然不愿会见心理学的同行,而是潜心于研究和写作。1899年和1909年,美国克拉克大学校长,美国心理学的奠基者之一斯坦利·霍尔曾两次邀请比纳参加校庆活动,都被比纳婉言谢绝。

1899年,见习医生塞奥多·西蒙(Theodore Simon, 1873—1961)请求比纳做他的博士论文导师,西蒙当时正在一个为智力迟钝儿童开设的机构工作。比纳接受了这个请求,这使他有机会接触到更多的儿童被试,便于进一步开展对儿童智力问题的研究。同年,比纳加入了法国儿童心理研究自由协会,并很快成为该协会的负责人。这个协会的宗旨在于解决儿童教育中的一些心理问题。1903年,法国公共教育部出面组建了一个专门研究学校中的智力障碍儿童问题的委员会,比纳被任命为该委员会的负责人。该委员会的任务是负责对智力落后儿童的教育方法提出建议。而要针对智力落后儿童进行教育,首先需要鉴别、区分出什么样的儿童是智力落后儿童。比纳在西蒙的协助下,用大约一年的时间为区分小学正常与异常儿童的智力水平制定了方案。1905年,比纳在第11期《心理学年报》上对该项研究作了介绍。以此为基础,经过1908年的修改和增订,形成了著名的"比纳—西蒙智力量表"。1911年,该量表的第二次修订本发表。同年,比纳因病去世,年仅54岁。

二、比纳对智力的研究

尽管比纳的研究涉及心理学很多领域,但他对心理学最大的贡献是与西蒙合编的第一个智力量表。迄今为止,它仍然被公认是最具权威性的智力测量工具之一。

(一)比纳—西蒙智力量表

达尔文提出进化论之后,受生存竞争、适者生存的进化论思想的影响,欧洲各国为提高人口素质,普遍实行了义务教育制度。在实施义务教育的过程中,人们发现人与人之间存在明显的个体差异,包括智力差异。如果对所有儿童不加区分地施以同样的教育,那么,总会有某些儿童因为智力或能力低下而不能像大多数儿童那样完成学业。因此,需要找到一种方法,把这些有智力障碍的儿童区分、鉴别出来,给予特殊教育。法国公共教育部的任命使比纳有幸承担了这一历史任务。

与高尔顿相比,比纳对智力构成成分的理解范围要广。他认为,智力并非单一的感觉敏锐性,而是综合的认知能力,具体表现为人的感受能力、理解能力和推理能力等。因此,比纳希望从身体的运动协调、遣词造句、完型填空、下定义、理解与记忆、判断和推理等诸多方面,从各种能力的相互关系中考察儿童的智力水平。他首先假设人的智力随着年龄而增长。在某个特定的年龄,大多数孩子能解决的问题可以作为衡量这一年龄段每个儿童智力的标准。例如,一个3岁的儿童应该能够说出自己的姓名;一个5岁的儿童应该能以习惯用语给某个物体下定义;一个7岁儿童应能临摹一个菱形或重复主试对他讲过的一系列5位数。如果一个儿童能够解决大多数他那个年龄段的孩子能够解决的问题,说明他的智力发育正常。如果他不仅如此,还能够解决通常需要比他年龄大些的孩子才能够解决的问题,他的智力发育应该是超前的;反之,如果多数与他相同年龄段的孩子都能够解决的问题他却解决不了,则意味着智力发育迟缓。

根据这一原理,最为关键的是要确定每一年龄段的正常孩子到底可以解决哪些问题。为此,比纳设计了各种各样的问题,经过反复试测,最后确定了30个测试题,按照从易到难的次序排列,作为区分智力水平的标准。这30个测试项目具体包括:① 考察视觉追随刺激物运动的能力,即视觉的协调性;② 检测手的触摸、抓握能力及协调性;③ 对视觉刺激物的理解能力;④ 在不同的物品中辨别出哪一种是可吃的食物;⑤ 找出埋藏在纸堆里的糖果;⑥ 模仿简单的动作;⑦ 按照要求指出相应的物品;⑧ 辨识图画中的物品;⑨ 说出图画中指定物品的名称;⑩ 比较线段的长短;⑪ 重复3个数字,如"3、0、8"或"5、9、7"等;⑫ 比较物体的重量;⑬ 对暗示的感受性及对错误暗示的抵制;⑭ 给熟悉的东西如"房子""马"等下口头定义;⑮ 重复由15个单词组成的句子;⑯ 指出成对物品间的不同,如"玻璃"和"木头"等;⑰ 看图并记住图画中的物品,考察视觉记忆;⑱ 向被试出示两个简易的几何图形10秒钟,要求被试凭借记忆将图形画出来;⑲ 重复数字,考察数字记忆的广度;⑳ 指出记忆中的几种事物的相同点,如"苍蝇、蚂蚁、蝴蝶和跳蚤有哪些相同之处";㉑ 快速辨别具有细微差异的线段的长短;㉒ 依次摆放5个重量不同的物品;㉓ 从上述摆放的物品中找出被取走的那个的重量;㉔ 找出押韵的单词;㉕ 语词填空,完成句子;㉖ 用给定的3个单词如"巴黎、河、财富"等造一个句子;㉗ 回答抽象问题,如"一个人在做出一个重要决定前必须做什么";㉘ 假设将钟表的时针与分针对换,询问被试时间;㉙ 折纸、剪纸,想象并画出剪过之后纸的形状;㉚ 区分抽象的概念,如"尊重与爱慕有什么不同"。

1905年的量表还很粗糙,在被试的年龄与测试题之间还没有建立起相对明确的对应关系。通过试测发现,几乎所有2岁的正常儿童都能完成第1到第6项测试,而中等智力障碍的儿童仅能完成其中的一部分,严重智力障碍的儿童能完成得极少,甚至一个也不能完成。2—5岁的正常儿童大部分都能通过第7到第15项测试,这一年龄段的轻度智力障碍儿童能通过其中的几项测试,中等程度智力障碍儿童则有更大的困难。一般来说,第16至第30项测试对于正常的5—12岁儿童没有多少困难,但对于轻度智力障碍的儿童来说,通过这些测试的困难较大,而对于严重智力障碍的儿童来说,能够完成的测试项目很少。

这就是比纳—西蒙智力量表(Binet-Simon Scale)的最初形式。1908年,比纳和西蒙对量表做了第一次修订。这次他们明确假设:如果某一年龄段的儿童中,75%都能通过某条测试,则可以把这个条目与该年龄段联系在一起,代表该年龄段的"心理水平(mental level)"。在从法文译成英文时,"心理水平"被译为"心理年龄"。这一概念的提出,有助于对智力障碍儿童进行更准确的量化诊断。假如一个5岁的儿童能够通过5岁年龄段的测验条目,他的心理年龄为5岁,心理水平正常。但如果这个孩子仅能通过4岁年龄段的条目,那他属于轻度智力障碍,如果仅能通过3岁年龄段条目,意味着他属于中度智力障碍。这次修订不仅引进了"心理年龄"的概念,而且将测验条目由 30 个增加到 58 个。修订后的量表适用的年龄段为 3—16 岁,不仅能够有效区分正常儿童与智力障碍儿童,还可用于衡量正常儿童之间的智力水平差异。

1908 年的修订使比纳—西蒙智力量表较其早期完善了很多,但比纳等人并未就此止步。1911 年,他们第二次修订量表。这次修订使量表测试范围进一步扩展到 3—18 岁,测试的内容也更加精细。其中,每一个年龄段包含 5 个测验条目,每个条目代表一年的 1/5。也就是说,如果一个 10 岁的儿童通过了 10 岁年龄段的所有条目,并通过了 11 岁年龄段的 2 个条目,则这个儿童的心理水平或心理年龄就是 10.4 岁。

(二) 智力的非遗传理论

与高尔顿的智力遗传决定论不同,比纳认为,智力不仅并非由遗传决定,而且不是固定不变的,后天的教育可以改变儿童的智力水平。他亲自设计了"智力矫正方案"来提高儿童的智力水平。比纳还明确警告,不能滥用智力测验。他强调他的智力测验仅适用于鉴别弱智儿童,以便能够对他们因材施教,通过有针对性的特殊教育来改善他们的智力水平。他同时还提醒,对智力测验的结果要谨慎加以解释,尽量排除因被试的紧张或文化差异等因素造成的测量误差。但可惜的是,比纳对于智力测量的谨慎态度并未引起后人的足够重视。在他之后,人们开始滥用智力测验,既用它鉴别智力障碍儿童,也用于评估正常儿童。更有甚者,把智力测验作为种族歧视的工具,这是比纳始料未及的。

三、比纳对心理学的贡献

比纳与高尔顿一样,对人与人之间的个体差异(主要是智力差异)而不是共同特点感兴趣,他们都希望能提供某种合理的方式或建立某种客观标准来评估这种差异,判断个体的智力发展水平。如果说高尔顿开创了个体差异心理学研究之先河,那么比纳对心理学最重要的贡献在于,他提供了一套经典的智力测验量表。尽管比纳—西蒙智力量表此后经过无数次修订,但由它所开启的智力测验的方法和原理一直沿用至今。比纳—西蒙智力量表对于智力研究而言具有革命性意义,它改变了以往人们仅凭经验判断人的智力的历史,促进了智力测验的规范化和科学化,为甄别智力缺陷儿童和评估儿童的智力发展水平提供了有效的工具。

比纳—西蒙量表不仅科学规范,而且操作简便,一经发布,短期内即获得了大范围的推广。1908 年版的量表在短短的 3 年中销售出 23 000 多份,1911 年版的量表在随后的 5 年中也销售了 50 000 份。到第一次世界大战爆发时,世界上至少有 12 个国家在使用这一量表,大部分都未经任何修订,直接翻译便投入使用。比纳—西蒙量表传入美国后,更是受到空前的欢迎。到第一次世界大战结束前,美国有 170 万应征入伍的军人和 400 万名儿童接受过这项测试。

在 1908 年版的量表中,比纳引入了"心理水平"或"心理年龄"的概念,用来与个体的实际年龄相对照,从而判定智力水平的高低。这一创建对智力测验的发展具有重要意义。德国心理学家斯特恩（William Stern，1871—1938）以此为基础提出"智力商数（intelligence quotient）"的概念。斯特恩认为，儿童的心理年龄是由他所通过的智力测验的年龄段所决定的，而用心理年龄除以实际年龄，便能得出一个智力商数。例如，如果一个5岁的儿童通过了5岁年龄段的所有测试，他的智力商数就是5/5 = 1.00。如果他不只通过了5岁年龄段的测试，而且还通过了6岁年龄段的所有测试，他的智力商数就是6/5 = 1.20。

1916年，美国斯坦福大学的心理学家推孟（Lewis Madison Terman，1877—1956）修订了比纳—西蒙量表，形成著名的斯坦福—比纳智力量表（Stanford-Binet Scale）。这次修订的最大特点是正式引入了智商（IQ）的概念。经由推孟提议，将按照斯特恩的方式计算出来的智力商数乘以100，去掉小数点，这便是常用的"比率智商"。在此基础上，又发展出了"离差智商"的概念。最近20年发展起来的现代比纳量表，其完善程度已远远超过推孟最初修订的版本。

> **拓展阅读 4-3**
>
> ### 传统智力测验的问题与当代发展①
>
> 传统智力测验从诞生那天起就因这样那样的局限性受到很多责难。当代智力研究的领军人物之一斯腾伯格（R. J. Sternberg）在其著名的《超越IQ——人类智力的三元理论》一书中对传统智力测验的批评比较具有代表性：
>
> 第一，测题的实际情景性问题。斯腾伯格认为，传统智力测验在内容上是不全面的，未能把构成智力本质的一个重要方面即"社会智力"涵盖在内，或者说，对智力的实践性和现实性品格或实际情景性（consequentiality）及社会文化因素对智力的制约作用不够重视。
>
> 第二，对于先前学习知识的要求。斯腾伯格认为，传统的智力测验未能很好地控制知识和经验因素的作用，因而其学业成就色彩过重。用作估计智力的所有测验都对被测学生提出了很重的学业成就要求。当前使用的主要的智力测验测量的往往是去年（或者是前一年）的成绩，因此，适合某一特定年龄儿童的智力测验可能就是一个年龄小几岁儿童的成就测验。不能说传统智力测验的编制者没有注意到这一常识性问题，但它在传统的IQ测验框架内难以得到较好的解决。
>
> 第三，速度问题。传统智力测验一般都是限时测验。斯腾伯格指出，"快即聪明"对于有些人和有些心理运算来说是对的，但不是对所有的人和运算都适用。盲目地接受这个假设不仅没有道理，而且可能是错误的。有些人虽然在完成任务时速度较慢，但他们却做得较好。我们面对的大量现实任务并不要求在极短的时间内完成，反之，绝大多

---

① 金瑜，李其维. 传统比奈式智商测验和智力测验的新发展[J]. 内蒙古师大学报（哲学社会科学版），1996（02）：1—8.

数有意义的任务要求人们做出聪明的时间分配。时间的分配或速度的选择比速度本身更重要。

第四，测验的焦虑。斯腾伯格本人在少年时代就是个测验焦虑者，所以他对这一点特别重视。由于测验结果影响一个人的升学、就业等重大人生道路的走向，因此，他认为，再没有什么情景会使人像面对一个标准化测验时那么紧张了。有很大比例的测试者的成绩会由于焦虑而失真。一个聪明但有测验焦虑的人若仅从测验分数看，也许是"愚笨的"。因此，他认为需要编制某种标准化测验，使之对于每个人都是公平的，其中也包括测验焦虑者。

第五，作为测验依据的智力理论。传统的比纳智力测验的最大不足，归根到底乃是理论基础的薄弱和欠缺。当然不能说测验编制者们在开始编制测验时，对"什么是智力"没有自己的看法。至少当他们选择某些类型的题目作为测试题时，他们认为这些题目是蕴涵着智力因素的。测验学家都是依据自己奉行的智力观编制测验的。然而直到今天，关于什么是智力仍无一个公认的确切定义。而且，所有比纳式测验的理论观点，无论它们各自涵盖的因素组成如何不同，它们的基本特征仍是对智力作某种静态的因素分割。它们注重的是智力的产物而非智力操作的过程。智力的活动特性不能在传统的比纳式测验中得到充分反映。

20世纪80年代以来，在深刻反省传统智力研究的弊端的基础上，多种新兴的智力理论开始出现，包括加德纳的多元智力理论、斯腾伯格的三元智力和成功智力理论、戈夫曼的情绪智力理论以及戴斯等人的PASS模型理论等，在智力测验方面则出现了以动态的过程性的智力评估取代静态的描述性智力测验的趋势。

本章小结

1. 机能主义心理学的发展始于进化论的兴起。18世纪末至19世纪前半叶，第一次工业革命给欧洲各国带来了巨大的变化，其中，不仅有经济的发展、科学技术的进步、考古学的成就，还有传统观念的重大变革。这一切说明，各种事物包括有机体的生命形式并非一直保持着创世纪时的样子，而是不断变化。新事物取代旧事物，新物种取代旧物种。思想观念的变革为进化论的产生准备了土壤。

2. 达尔文在《物种起源》一书中首次提出科学的进化论观点，促进了原本以哲学观点解释人性的传统心理学向科学化发展。达尔文的进化心理学研究肯定了人与动物心理发展的连续性，并对人类和动物的表情以及儿童心理的发展等问题做了深入探究。达尔文的进化论为机能主义心理学的产生奠定了基础，开启了比较心理学和动物心理学的研究，促进了包括儿童与发展心理学、个体差异心理学和心理测量在内的一系列心理学分支学科的建立。

3. 欧洲心理学家最先受到达尔文进化论的影响，英国的高尔顿便是一个代表。高尔顿的心理学研究主要集中在个体差异领域。他坚持智力的遗传论,并在论证智力遗传论的过程中,采用多种创造性方法研究智力的个体差异,这些研究方法比他的心理学思想本身更有意义。高尔顿忽视环境和教育对于人的智力发展的作用,他以智力遗传决定论为依据所倡导的优生学造成了恶劣的社会后果。

4. 与高尔顿同期,法国心理学家比纳设计出心理学史上第一个智力量表,即"比纳—西蒙量表",他因此成为智力测验的创始人。比纳与高尔顿最大的不同是他坚持智力的非遗传论,否认智力仅仅是感觉的敏锐性,认为智力更多地表现在判断力和理解力等方面。比纳—西蒙智力量表即围绕这些指标设计。智力量表的产生为人们了解人与人之间的智力差异提供了一种相对客观、统一的评价标准,实现了智力研究的重大突破。而作为最早的智力测验,比纳—西蒙量表也存在一些问题,因此受到当代智力研究者的批评。

复习与思考

一、名词解释
1. 机能主义心理学 2. 进化心理学 3. 智力的遗传决定论 4. 比纳—西蒙智力量表

二、问答题
1. 达尔文的进化论是在怎样的历史条件下产生的?
2. "自然选择,适者生存"这一生物进化法则对于心理学有何意义?
3. 比较进化论与神创说的观点。
4. 如何理解情绪的普遍性和文化历史性?
5. 高尔顿为何被尊为差异心理学之父?
6. 如何评价高尔顿的智力遗传决定论?
7. 比纳与高尔顿的智力理论有何分歧?
8. 简要评价比纳—西蒙智力量表在心理学史上的地位。

三、论述题
1. 达尔文关于人与动物心理发展的连续性理论对心理学的发展有何意义?
2. 高尔顿对心理学的研究方法有哪些贡献?
3. 论述传统智力测量的意义与问题。

第五章　美国的机能主义心理学

🏛 本章导读

本章的主题是关于美国机能主义心理学的产生、发展形态与基本观点。第一节论述了美国机能主义的理论渊源，着重讨论了构造主义与机能主义的历史论战与主要分歧。第二节、第三节是本章的重点，分别介绍了美国机能主义的芝加哥学派和哥伦比亚学派，以这两派的代表人物杜威、安吉尔、卡尔和卡特尔、武德沃斯、桑代克为线索，分别论述了他们各自的生平、心理学思想，并对两派机能主义心理学作了简要评价。第四节讨论了应用心理学的研究进展，重点介绍了儿童心理学、工业心理学、临床心理学在20世纪早期的发展，这种发展可以看作是机能主义运动留下的最重要遗产。

📍 学习目标

1. 能具体分析美国机能主义的理论渊源。
2. 掌握构造主义与机能主义的主要理论分歧。
3. 能分别阐述机能主义芝加哥学派主要代表人物的心理学思想。
4. 了解杜威、安吉尔、卡尔各自在机能主义芝加哥学派中的地位和作用。
5. 能分别阐述机能主义哥伦比亚学派主要代表人物的心理学思想。
6. 能客观评价霍尔对儿童心理学、闵斯特伯格对工业心理学、威特默对临床心理学的贡献。

如第四章所述，机能心理学有广义和狭义之分。广义的机能心理学泛指所有研究有机体适应环境的机能的心理学，包括欧洲的机能心理学和美国的机能心理学，他们都受到达尔文进化论思想的深刻影响。前面已经讨论了欧洲机能主义心理学的产生与发展，本章介绍美国的机能主义心理学，包括机能主义的芝加哥学派和哥伦比亚学派。在本章，狭义的机能主义心理学指旗帜鲜明地与构造主义对立的芝加哥机能主义，并不包括哥伦比亚学派的机能主义，后者代表美国机能主义心理学总的倾向。

第一节　美国机能主义心理学的产生

一、美国机能主义心理学的理论渊源

美国机能主义心理学是19世纪末20世纪初出现于美国的心理学派，它受达尔文进化论的影响和詹姆斯实用主义思想的推动，主张心理学的研究对象是具有适应性的心理活动，强调意识活动在人类的需要与环境之间起重要的中介作用。

美国机能主义心理学在理论渊源上受到两种思想的影响。一个是达尔文的进化论思想,它为机能主义心理学指明了方向——研究意识的作用或功能。进化论有两个核心观念,即自然选择和适者生存。以此为逻辑起点,进化论认为人是从较低级的动物进化来的,人与动物之间无论在生理上还是心理上都存在着连续性。进化论所主张的适者生存、优胜劣汰的观点,正符合当时美国人开疆拓土的气质,使美国心理学家看到除了冯特、铁钦纳研究意识的内容或结构之外,还有另一种可能,那就是研究意识的功能,研究遗传、环境对心理发展的影响,研究个别差异及其测量。进化论改变了心理学的研究目标,而机能主义心理学就是这种研究目标的倡导者和践行者。正是在这一背景的影响下,19世纪末20世纪初,儿童发展心理学、比较心理学、心理测量学等应用心理学开始蓬勃发展起来。

美国机能主义心理学的第二个思想根源,就是美国土生土长的哲学——实用主义哲学。被誉为"美国心理学之父"的詹姆斯积极倡导实用主义哲学,他在《实用主义》一书中指出:真理的观念乃是那些我们能够同化、证实、确证和检验的观念。有效用的思想就是真理。实用主义哲学观反映在心理学上,认为科学的心理学就是要关注有效用的心理作用、机能,这成为美国心理学家理所当然的命题和任务。心理学是心理生活的科学,发现心理的内容不如弄清它的效用重要,值得重视的是动态的心理机能而不是静态的心理构造。心理机能首先表现为通过适应环境以求生存。

詹姆斯的实用主义哲学为美国机能主义心理学提供了理论根基,詹姆斯本人也是美国机能主义心理学的先驱。但是心理学并非詹姆斯的毕生追求,他后来将主要研究兴趣转向别处,无意建立一个心理学派别,机能主义心理学作为一个自觉的学派肇始于杜威。除詹姆斯外,霍尔、赖德、鲍德温、闵斯特伯格等人都对早期机能主义心理学的发展作出了积极贡献。正是在这些心理学家的共同努力下,19世纪末20世纪初,美国心理学蓬勃发展起来,其中机能主义心理学代表着当时美国心理学发展的主流势力。机能主义心理学更契合美国人的民族性格,更符合美国当时的时代精神——讲求实际、寻求解决问题的方法、注重效用和功能。正如著名心理学史家波林所说,美国人的脾气培养了机能主义,机能主义心理学是美国的心理学。在某种意义上,机能主义心理学是美国心理学的第一个正式的流派,因为构造主义心理学不能算作美国的本土心理学,它是英国人铁钦纳从德国引入美国的一个欧洲传统的心理学流派,与美国本土文化精神和哲学氛围显得格格不入。

二、历史的硝烟:构造主义与机能主义的论战

构造主义心理学与机能主义心理学从哲学基础来看,分别是经验批判主义和实用主义,前者强调"经验""要素",后者强调"适应""功能"。构造主义心理学与机能主义心理学的对立与分歧,可以视为冯特的内容心理学与布伦塔诺的意动心理学之争的延续,只不过争论的战场从19世纪后半期的德国,转移到了19世纪末20世纪初的美国。正如心理学史家墨菲所描述的:"大体看来,在1900年前后,想根据经验的最初形式以及感觉经验的相互关系来写一部心理学的那些人,可以称之为构造论者,虽然后来他们的主要人物宁愿自称为存在主义者;那些强调顺应和适应作用的人在那些年代里被认为是机能主义者。"

为了与同时代的其他美国心理学家相区别,1898年铁钦纳在与詹姆斯、杜威的论战中发表了《构造心理学的公设》一文,他将自己的心理学体系命名为"构造心理学",把其他心理学家代表的心理学取向称为"机能心理学",并不遗余力地展开了对机能主义心理学的批判。在这篇文章中,铁钦纳指出,机能心理学虽然有用,但是必须建立在构造心理学的基础上,好比生物科学的生理学要建立在生物科学的形态学之上一样。构造主义心理学采用实验内省的方法研究意识经验,但在研究的领域范围方面又有所拓展和超越,它不仅研究简单的感知过程,而且探索记忆和思维的过程。与他的老师冯特一样,铁钦纳将构造心理学看成是一门纯粹的科学,只研究心理结构本身,不探讨其机能和功用;只研究心理的一般规律,不关注心理规律的社会应用。

铁钦纳所建立的构造主义心理学与当时美国的时代精神相去甚远,美国人的精神气质与进化论思想更意趣相投,当时美国大多数心理学家更倾向于用进化论来指导心理学研究。虽然美国早期的心理学都表现为机能主义的总倾向,都受进化论和实用主义哲学的影响,但由于它的早期代表人物如詹姆斯、霍尔等人都不是一生致力于心理学研究,无意建立一个明确意义上的理论学派,他们并未试图用一个不同的名称来标示自己以区别于铁钦纳的心理学主张,他们甚至没有一个公认的领袖。正是因为铁钦纳极力撇清他与机能主义心理学的不同,激烈抨击机能主义心理学的主张,才使得机能心理学的思想体系获得了正式的名分,使得机能主义心理学家更加自觉地坚持他们所从事的心理学研究性质,由此造就了构造主义与机能主义作为两个互相对立的心理学派别。从某种意义上说,虽然铁钦纳终其一生都在反对机能主义心理学,但是"铁钦纳却以一种奇特的方式塑造了机能主义运动,或者至少可以这样说,他界定了机能主义运动"。

纵观历史上构造主义与机能主义的纷争,集中体现在鲍德温、杜威、安吉尔等人与铁钦纳之间的论战。早在1895年,鲍德温就提出"反应类型说",认为感觉的反应时间与运动的反应时间的差别属于个人间的类型差别,而不像铁钦纳认为的那样,是由于观察者的随意态度不同引起的。鲍德温与铁钦纳之间的争论使构造主义与机能主义的分歧明朗化。杜威与铁钦纳之间的争论,始于1896年杜威发表的《心理学中的反射弧概念》,杜威在文中批评了构造主义的元素主义、分析主义倾向。1898年,铁钦纳发表《构造心理学的公设》,提出构造主义是研究"是什么"的心理学,机能主义是研究"为什么"的心理学。1899年,铁钦纳又发表《构造心理学与机能心理学》,指出构造心理学才是正统的心理学,是心理学的本门,而机能心理学只是心理学的应用,它必须建立在构造心理学的基础之上。安吉尔与铁钦纳之争,源于安吉尔1907年发表的《机能心理学的领域》,文章中他明确表达了机能主义与构造主义的三个区别。1921年,铁钦纳对此作出回应,发表《机能心理学与意动心理学》,指出机能心理学的四个特点,并认为机能心理学是目的论的心理学,它充其量只是哲学的导言。

以今天的眼光来看,构造主义心理学的这些主张过于狭隘,它将心理学局限在实验室研究中,无法促进心理学的科学与实践两大阵营的联合,更无法提高心理学对社会公众的助益。铁钦纳与同时代的美国心理学家们风格迥异,他的构造主义心理学沉醉于研究象牙塔中的心理结构,与当时美国本土盛行的时代精神——达尔文的进化论思想和詹姆斯的实用主义哲学格格不入。1927年,铁钦纳因脑瘤去世。曾经风行的构造主义心理学随着铁钦纳的离世而日渐式微,轰动一时的构造主义与机能主义之争也烟消云散,只为后人留下一段依稀可辨的论战,并见证着心理学历史发展的纷繁复杂。

透过纷繁复杂的争论迷雾,我们不难发现,构造主义与机能主义论战的核心,不外乎围绕着心理学的四个基本问题展开:

第一,心理学应该研究什么?是研究意识及其结构,还是研究意识的作用和功能?构造主义将心理学与化学类比,认为心理活动与能分解的化学复合物类似,心理学的主要工作是把意识经验分析成若干基本元素,如意识可以分为感觉、意象、情感三个元素。机能主义则主张心理学研究不是把心理分解为一些元素,而是研究人在适应环境中心理的机能作用,强调意识活动在人类的需要与环境之间起重要的中介作用。机能主义心理学要回答的关键问题是"行为的机能或目的是什么",如詹姆斯强调研究意识和"意识流",认为意识的作用就是使个体适应环境。

第二,心理学研究应该采取什么样的方法?是纯粹的实验内省法,还是除此之外采用更为广泛的方法?构造主义心理学主张采取实验内省法来研究意识经验,即自我对其内在经验感受的客观观察与分析。机能主义对心理学研究方法的使用则更加宽泛,除了实验内省法以外,他们还发展了心理测量和心理测验的方法、问卷调查法、生物行为的比较研究法等。与实用主义哲学相一致,机能主义认为只要某种方法对研究人类心理有效,就可以打破条条框框的限制来加以使用。比如机能主义的代表人物之一卡尔提出,心理学应同时采用内省法和客观观察法,他也同意采用文化产物分析法,主张用日常生活的观察资料来补充科学观察之不足。

第三,心理学的目的是纯粹的理论研究,还是在理论研究之外关注心理学的社会应用?铁钦纳坚持冯特当初的原则,将心理学研究限定在实验室中,限定在纯粹的基础理论研究范畴,认为构造主义是"纯"科学,不应落入应用的"技术范畴"。机能主义与构造主义形成鲜明对照,他们极力联结心理学的理论与应用两大阵营,强调心理学应成为对社会生活有用的科学,主张将心理学的研究成果推广到个人生活、教育、工业、职业指导等领域。

第四,心理学旨在研究心理的共同特征和一般规律,还是关注心理的个体差异及其测量?构造主义研究心理的一般规律,关注人与人之间的共同特性。机能主义受进化论影响,关心的是有机体的个别差异以及造成这种差异的内外影响因素。同时,机能主义反对将心理学局限于研究正常人的一般心理规律,主张把心理学研究扩大到动物心理、儿童心理、教育心理、变态心理、差异心理等领域,极大地拓展了心理学的研究范围。

以今天的观点来看,构造主义与机能主义之间貌似存在水火不容的鸿沟,但其实并非那样距离遥远。一方面,因为心理的构造与心理的机能对于人类的自我探察同样重要,它们是密不可分的一个事物的两个方面,今天的心理学研究正在努力将心理的构造和机能整合起来。只要构造主义者承认心理的主动性与适应性,机能主义者同意存在心理的结构,双方摒弃争论中掺杂的许多个人成见,就不会出现历史上这幕著名的学术争端。但另一方面,在心理学的研究方法、理论研究与实际应用的关系以及心理学的研究领域方面,以今天的发展趋向来看,应该说机能主义取得了绝对胜利,因为当今心理学的发展正是顺应机能主义所指引的方向进行的,即重视研究方法的多元化,强调基础研究与应用研究相结合。

> **拓展阅读 5-1**
>
> ### 波林对铁钦纳与冯特心理学的建构[①]
>
> 波林的《实验心理学史》是传统心理学历史编纂学的典型代表。波林写这本书的背景是,心理学的应用领域发展迅速,心理咨询、工业心理、临床心理和管理心理等领域成为心理学的支柱领域,波林担心迅速发展的应用心理学会淹没势力单薄的实验心理学。另外,波林是铁钦纳的学生,而铁钦纳一贯主张"纯科学"的研究,反对机能心理学的实践应用倾向。波林出于师徒之情,维护老师的利益,站在应用心理学的对立面上"建构"了科学心理学创立的历史。所以,科学心理学建立的历史是一种"建构",而非一种客观的史实。
>
> 心理学历史编纂学的这种想象和建构性质在波林对冯特的描述中表现得非常明显。波林为了把他的老师铁钦纳描述成美国的科学心理学的权威,极力渲染铁钦纳心理学的"冯特色彩"。从研究方法、研究对象、研究模式等方面把铁钦纳描述成冯特在美国的忠实继承人。但是铁钦纳的基本教育来自英国,英国的经验主义对铁钦纳有深刻的影响,马赫和阿芬那留斯的要素论影响了铁钦纳,导致了铁钦纳的元素主义研究模式。冯特受到德国理性主义哲学的深刻影响,很快冯特试图寻找意识的组成成分,但是冯特更重视意识的整体,关心意识的成分怎样通过统觉和创造性综合组合成复杂的意识状态。但是波林却刻意地忽略冯特的整体倾向,从语言的描述方面,力图把铁钦纳和冯特的理论观点一致起来,导致许多心理学家对冯特的误解。

第二节 芝加哥大学的机能主义

机能主义心理学的发展与美国的三所大学有着不解之缘,它们是哈佛大学、芝加哥大学和哥伦比亚大学。哈佛大学的詹姆斯是机能主义心理学的先驱,1890 年他出版了《心理学原理》,为机能主义心理学奠定了思想基础。19 世纪末 20 世纪初在芝加哥大学形成的机能主义心理学,完全是在同铁钦纳进行论战的过程中形成的一个学派,主要代表人物是杜威、安吉尔和卡尔。卡特尔、武德沃斯、桑代克等人则是机能主义心理学在哥伦比亚大学的主要代表。芝加哥学派是美国机能心理学的典型形式,而哥伦比亚学派则体现了美国机能心理学的一般倾向。

[①] 叶浩生.心理学的历史编纂学:后现代主义的挑战[J].心理学报,2008(05):626—632.

一、杜威

（一）杜威生平

约翰·杜威（John Dewey，1859—1952）是20世纪西方著名的哲学家和教育学家，同时也是机能主义芝加哥学派的创始人。杜威的学术著作丰硕，仅目录就达125页，其思想涵盖哲学、教育学、认识论、逻辑学、宗教等领域。他曾担任美国心理学会主席（1899）、美国哲学协会主席，是美国进步主义教育运动的代表，被誉为20世纪对东西方文化最具影响力的人物之一。1919—1921年，杜威曾由其弟子胡适陪同，来到中国各地演讲，足迹遍及十一个省份，宣传他的实用主义哲学和教育学思想，对我国的现代教育改革产生过深远影响。

图 5-1　杜威

杜威1859年出生于美国佛蒙特州的伯灵顿市，在伯灵顿市公立学校读完小学至高中课程，1875年进入佛蒙特大学学习政治、经济、哲学和宗教理论，并产生浓厚的兴趣。1882年杜威进入约翰斯·霍普金斯大学，师从G·S·霍尔学习哲学和心理学，1884年以《康德的心理学》获得博士学位。毕业后，杜威受聘为密歇根大学哲学和心理学讲师，并在此工作了10年。

1894年，杜威来到新成立的芝加哥大学，担任哲学系主任，当时的哲学系涵盖心理学和教育学。在芝加哥大学任教期间，他与另一位心理学家安吉尔极力倡导机能主义，使该校成为20世纪初美国机能主义心理学的中心。

杜威是一个有才气的人。但他并不算是一个好老师，他的一个学生回忆到：他总是戴着一顶绿色的贝雷帽。他来到教室，在讲台前坐下，把他的绿色贝雷帽摆到他的正前方，然后就以一种枯燥的声调对着贝雷帽开始了他的讲课……如果有什么东西可以令学生昏昏欲睡，那就是他的讲课。但是如果你能注意到这个家伙讲的内容，你会发现他的课还是很有价值的。

1904年，由于在教育管理和财务方面与校长存有分歧，杜威辞去了芝加哥大学的一切教职，并把机能心理学的领导权交给了安吉尔，而后来到了哥伦比亚大学。转入哥伦比亚大学后，杜威的学术兴趣转向教育和哲学，没有继续他的心理学之旅，但他对心理学的影响并没有因此而削减。

（二）杜威的心理学思想

杜威对心理学的贡献，在于他创建了美国本土意义上的第一个自觉性的心理学流派，即芝加哥机能主义心理学。1896年杜威在《心理学评论》上发表《心理学中的反射弧概念》一文，以反对构造心理学的元素主义为起点，提出机能主义的基本概念和理论基础。这篇文章成为机能心理学诞生的标志性事件，被认为是美国机能心理学的独立宣言。

在这篇影响深远的论文中，杜威指出，心理学研究需要一个统一的原则，而反射弧概念正可以作为这个统一的原则。"反射弧的概念大体上说来比其他个别概念更接近于这种对于一般工作假设的要求。由于它承认感觉—运动装置既是表明神经构造的单位,也是表明神经功能的形式,遂使这种关系的印象传入到心理学中,并且变成了把多种事实归纳在一起的一个组织原则。"杜威反对之前对反射弧概念的割裂理解,认为它并非一个由刺激和反应等多种个别的成分堆积在一起的补丁式的概念,而是一个基本的统一心理单元,反射弧中的刺激、观念(即中枢过程)和反应都发生在一个统一机能的整体中,彼此之间密不可分。在杜威的反射弧概念中,"协调""功效"等观念尤为重要,他特别强调有机体与环境的关系,认为有机体必须适应环境。杜威常以"婴儿抓握烛光——灼痛感觉——缩回手掌"为例,认为反射弧中的行为动作应该依据其适应环境的意义来解释,不能把它还原为感觉运动元素或人为的构想物。这种抽象的构想只能存在于心理学家的头脑中,对于心理学研究没有什么实际意义。

在这篇文章中,杜威抨击了心理学中的分子主义、元素主义和还原论,认为对行为进行人为的分析简化,会使行为失去一切意义,分析的结果只不过是存在于心理学家头脑中的抽象。不应把行为看作一种人为的科学结构,而应该通过它在有机体适应环境中的意义来加以研究。基于这种认识,杜威重新界定心理学的研究对象,认为可以根据行为对环境的有意义适应而研究行为,心理学的适当课题是研究有机体在环境中所引起的作用,人类的心理活动就是对那些能使有机体生存、进步、起作用的适当行为作出有意识的反应。"因此,机能心理学就是研究有作用的有机体。"需要指出的是,杜威虽然反对构造主义的基本主张,但是从来没有声称他的心理学是机能主义,在他看来,将心理的构造与机能分开是没有意义的。

二、安吉尔

(一) 安吉尔生平

詹姆斯·罗兰德·安吉尔(J. R. Angell,1869—1949)在杜威离开芝加哥大学后,成为机能主义芝加哥学派的又一位领袖,在他的努力下,芝加哥大学成为当时美国最有影响力的心理学阵营。安吉尔在《心理学》教科书以及《机能心理学的领域》的演说词中,系统地阐明了芝加哥机能心理学的基本主张,明确界定了构造主义与机能主义的三大区别,将机能主义的精神推进到一个新的发展阶段。

图5-2 安吉尔

安吉尔出生于美国佛蒙特州的伯林顿市,与杜威是同乡。安吉尔早年在密歇根大学随杜威学习心理学,后转入哈佛大学在詹姆斯的指导下获得硕士学位。随后他来到德国的哈雷大学攻读博士学位,但因为一些原因,他最终放弃了博士学位而赴任明尼苏达大学的教职。安吉尔一生授予了几百个人博士学位,但自己却从未获得这样一个荣誉。1894年,安吉尔与杜威相继来到芝加哥大学,两人并肩作战,代表芝加哥机能主义与构造主义展开激烈的争论,成为机能主义芝加哥学派的主要代表人。

（二）安吉尔的心理学思想

1904年，安吉尔出版名为《心理学》的教科书，更加系统地提出了机能心理学的基本主张，认为心理学应研究心理事实和意识事实，意识的基本机能是改善有机体的适应活动，或者说意识是有机体适应环境的工具。在这本教材中，安吉尔明确提出心理学属于自然科学中的生物科学，与构造主义的生理学倾向形成对比。这本书如此成功，以至于在四年中出版了四版。

1906年，安吉尔当选为美国心理学会的第15任主席，在就职讲演中，他明确表达了机能主义的观点以及对构造主义的不满。第二年，安吉尔以就职演说的内容为蓝图，在《心理学评论》上发表了题为《机能心理学的领域》的文章，对机能心理学的概念、原则、任务第一次作了明确、系统的表述，并进一步提出机能心理学不同于构造主义的三个命题：第一，机能心理学对心理操作感兴趣，而不是对心理元素的分析感兴趣。"机能主义的任务是发现心理是如何操作的，它完成了什么以及心理过程是在什么条件下产生的。"如果说构造主义研究心理"是什么"，那么机能主义在此之外还要探讨心理"怎样"以及"为什么"的问题。第二，机能心理学把意识看作是有机体适应环境以满足自身生物学需要的过程，认为意识在有机体和环境之间起调节作用。因此，机能心理学是关于意识基本功效的心理学，而不是意识构造的心理学，它具有鲜明的功利和实用的精神。第三，机能心理学是心理物理关系（心—身关系）的心理学，它关注有机体与环境的整体关系，认为心—身没有真正的区别，两者之间可以很容易地进行沟通。

安吉尔的心理学观点标志着芝加哥机能心理学思想体系的形成。除了以上三个命题，安吉尔还极力拓展心理学的研究领域，认为机能心理学对一切心理过程、生理基础及其外部行为感兴趣，它既研究普通人的正常心理，也研究动物心理、儿童心理、变态心理以及教育心理学、工业心理学、临床心理学等应用领域。所有这些都体现着机能主义的精神实质。

在芝加哥大学工作的25年中，安吉尔先后任助教、教授、心理实验室主任、心理系主任、教务长、代理校长，在他的领导下，芝加哥大学成为机能主义与构造主义对峙的重要阵营。安吉尔培养了许多学生，包括他的继任者卡尔以及行为主义的创始人华生。1921—1937年，安吉尔担任耶鲁大学校长，并创办了著名的人际关系研究所。

三、卡尔

（一）卡尔生平

哈维·卡尔（H. Carr, 1873—1954）是安吉尔的学生和继承人。他生于美国印第安纳州的一个农场主家庭，在科罗拉多大学获得学士和硕士学位，随后来到芝加哥大学，成为安吉尔的学生，1905年获得博士学位。从1908年直至1938年退休，卡尔一直在芝加哥大学工作，是芝加哥机能心理学的第三位领导人。1926年，他被选为美

图5-3 卡尔

国心理学会主席。卡尔阶段的机能主义已经停止了与构造主义的论战,因为此时的构造主义已经随着铁钦纳的去世而衰亡,卡尔的心理学体系代表着芝加哥机能主义的晚期倾向或成熟形态。在卡尔的领导下,芝加哥机能主义达到了颠峰。

(二) 卡尔的心理学思想

1925 年,卡尔出版《心理学:心理活动的研究》,这是机能心理学完成形式的代表著作。在书中卡尔讨论了心理学的研究对象、研究方法、心理活动的心理物理性质,以及从机能主义者的观点来看心理学同其他科学的关系。首先,卡尔主张心理学的研究对象是适应性的心理活动,如记忆、知觉、感情、想象、判断和意志等。他认为每种心理活动可以从三方面来研究,即它的适应意义、它对过去经验的依赖、它对未来活动的潜在影响。其次,在研究方法上,卡尔认为可以使用内省法,也可以使用客观观察法、实验方法以及文化产品分析的方法,主张用日常生活的观察资料来补充科学观察之不足。在他看来,心理学的研究方法应视问题的性质而定,只要一种方法对问题研究和问题解决有效,它就是合理的方法。

在构造主义与机能主义的论战中,铁钦纳的一个学生拉克米克(C. A. Ruchmick) 1913 年曾对机能主义心理学提出批评,认为他们对"机能"一词的界定是模糊不清的,有时指"活动""过程",有时又指活动或过程的"作用""效用"。对这一批评,直到 1930 年才由卡尔站出来作出回应,他指出"机能"的这两种含义并不矛盾,两者指的是同一过程,机能心理学家既对心理活动本身感兴趣,又对活动的效用感兴趣。

关于心理学理论与应用之间的关系,卡尔认为纯科学与应用科学都可以坚持同样严格的科学程序,在工厂、办公室、课堂和实验室进行的心理学研究具有同样的效度和价值。与安吉尔一样,卡尔极力倡导扩大心理学范畴,认为学习、动机、病理心理、教育心理、儿童心理等都应该成为心理学研究的领域。在机能心理学的影响下,个别差异心理学、心理测量学、学习心理学、知觉心理学在美国获得蓬勃发展之势。同时,机能心理学对心理的研究已从单纯的主观方面拓展到心理的客观方面(外部行为),它为华生的行为主义心理学奠定了基础。

四、对机能主义芝加哥学派的简评

纵观机能主义芝加哥学派的发展,正如一些心理学史家指出的,它历经三个阶段:一是 1896 年杜威发表《心理学中的反射弧概念》,成为美国机能心理学的独立宣言;二是 1907 年安吉尔发表《机能心理学的领域》,第一次对机能心理学的理论观点作了明确、清晰的表述;三是 1925 年卡尔出版《心理学:心理活动的研究》,系统地阐述了机能心理学的理论体系,使机能心理学趋于成熟和完善。此时,机能主义的心理学观点已经深入人心,这一学派获得了公认的地位而成为美国心理学的主流,与构造主义曾经的纷争、舌战也成为历史。虽然芝加哥机能主义在构造主义消亡后,作为一个狭义的学派慢慢退出了历史舞台,但作为一种研究倾向,它并没有消失,其精神实质已经被吸收,成为美国心理学的核心概念。

芝加哥机能心理学拓展了心理学的研究领域,它将动物心理学、儿童心理学、变态心理学、教育心理学、临床心理学等纳入到心理学的研究范畴中,使心理学不再局限于实验室。

在研究方法方面,机能主义芝加哥学派虽然提倡心理学研究方法的多元化,反对采取单一的研究方法,但实际运用中他们都强调方法的客观性,即便在使用内省法时,心理学也应该尽可能地进行客观控制。在心理学研究对象方面,机能主义芝加哥学派促进了心理学研究客观的、外显的行为,抛弃了主观的意识状态研究。某种意义上,机能主义为美国心理学的下一次革命——行为主义及其研究的客观主义开拓了道路。

第三节　哥伦比亚大学的机能主义

机能主义芝加哥学派历经杜威、安吉尔和卡尔三个阶段的发展,日益形成自己的明确主张和理论体系,是一个自觉地与构造主义对立的学派。与之相比,机能主义哥伦比亚学派则代表着美国机能主义的总体倾向,它并没有旗帜鲜明地反对构造主义心理学,也没有支持任何一派的学说,而是崇尚自由、宽泛的学术氛围。在他们看来,心理的构造或机能不是争论的焦点,心理学家应充分利用各种学科知识和研究方法,不受某一理论或学派的局限,致力于探讨广泛的心理学问题,只要这些问题具有实际的意义。卡特尔是哥伦比亚机能心理学的创建人,他形成了一套具有实用主义倾向的机能主义理论体系。武德沃斯、桑代克等人则是这一学派的主要代表,他们进一步开拓了哥伦比亚机能心理学的视野,将这一学派的研究推向深入。

一、卡特尔

(一)卡特尔生平

詹姆斯·麦基恩·卡特尔(G. M. Cattell,1860—1949)既是美国心理学的先驱人物,又是哥伦比亚机能心理学的创始人。1890年,他首先提出"心理测验"的概念和心理测验标准化的思想,并在心理测验的编制方面做过许多尝试,为美国后来的心理测验运动热潮作了铺垫。

卡特尔出生于美国宾夕法尼亚州的依斯顿城,1880年从拉斐特学院毕业后去德国留学两年,回国后就读于约翰斯·霍普金斯大学,跟随霍尔学习半年,并对心理测量产生了浓厚兴趣。1883年,卡特尔再赴德国,自荐成为冯特的助手,做了三年的反应时和个别差异的研究,1886年获得心理学博士学位,是冯特指导下获得博士学位的第一个美国学生。

图5-4　卡特尔

1888年,卡特尔被任命为宾夕法尼亚大学心理学教授,据说这是世界上第一个心理学教授职位。1891年,他来到哥伦比亚大学任心理系主任,并在该校创建了一个心理实验室,主持实验室工作达26年之久。1895年,卡特尔当选为美国心理学会主席。卡特尔晚年将主要精力放在心理学期刊的编辑上,先后编辑过《心理学评论》《心理学专刊》《心理学公报》《美国科学家》等杂志。卡特尔一生述而不作,没有撰写过专著,他所有较重要的演讲、心理学研究和论文后来被学生整理收编在《詹姆斯·麦基恩·卡特尔——科学家》(两卷本,1947)一书中。

(二) 卡特尔的心理学思想

卡特尔对机能主义心理学的突出贡献表现在,他使个别差异研究的主题和心理测验的方法获得日益重要的地位,将实验方法和心理测量技术带到哥伦比亚大学,并将建立心理实验室与新兴的测验运动结合起来,为哥伦比亚机能心理学奠定了基础。

卡特尔的研究兴趣相当广泛,涉及反应时、联想、知觉和阅读、心理物理学、等级排列法、个别差异的研究等心理学问题。反应时是卡特尔研究的一个重要方面,他通过研究提出刺激强度是反应时的主要决定因素,在研究过程中他还改良和发明了许多仪器;卡特尔先后进行了控制联想反应时和自由联想反应时的研究,发现控制联想快于自由联想;在心理物理学方面,卡特尔采用高尔顿的误差法和统计法来改造传统的心理物理学,以平均误差的大小来代替最小可觉差的大小,作为衡量感受性的指标;个别差异的研究是卡特尔的核心主题,他主张采用心理测验法,认为"心理学除非建立在实验和测量的基础上,否则它就无法达到物理科学那样的精确性和确定性。朝着这一方向发展的步骤之一是把一系列心理测验和测量应用于大量的个体"。1890年,卡特尔在《心理测验与测量》的文章中首次提出"心理测验(mental test)"的术语。文中介绍他所编制的一套能力测验,测量范围包括肌肉力量、运动速度、疼痛感受性、视听敏感性、重量辨别力、反应时、记忆力等方面。卡特尔每年用这些测验测试大学生,并尝试将这些测验分数与大学生的学业成绩联系起来。在《心理测验与测量》这篇文章中,卡特尔还提出一个重要的测量问题,即心理测验必须建立普遍的统一标准,并要与常模作比较。这种测验标准化的思想为现代心理测量的科学化和客观化奠定了基础。卡特尔堪称美国心理测验运动的先驱人物。

卡特尔的另一个重要贡献,是从应用心理学的层面推动了美国机能主义的发展,培养了一批美国著名的心理学家。卡特尔坚持以实用主义的观点看待心理学,认为心理学的生命力在于社会应用。1921年,卡特尔实现了他的学术理想之一,即推进应用心理学的商业化,他组建了心理学公司,旨在为工业、教育、公众等领域提供心理学服务。该心理学公司在销售韦克斯勒智力量表、主题统觉测验、贝克抑郁量表方面取得很大成功,推动了心理学测验的市场化。但是,公司最初的经营并不理想,很难从中赢利,后来这种状况逐渐得到改观,到1969年销售额已经达到500万美元。

卡特尔在哥伦比亚大学任职期间,在这所大学获得心理学博士学位的人比美国其他任何一所学校都要多。据美国心理学史家希尔加德(Hilgard)统计,1929年美国心理学会704个博士会员中,155人毕业于哥伦比亚大学,99人毕业于芝加哥大学。卡特尔在哥伦比亚大学工作的26年中,亲自指导了50多位博士研究生,他倡导学术研究的独立性,给他的学生以充分的研究自由。这些学生,包括后来对美国机能心理学发挥重要影响的武德沃斯和桑代克,以及编制了著名的斯特朗职业兴趣测验的斯特朗。

二、武德沃斯

（一）武德沃斯生平

罗伯特·塞钦斯·武德沃斯（R. S. Woodworth，1869—1962）出生于马萨诸塞州，父亲是一位基督教牧师。他在马萨诸塞州的阿姆赫斯特学院获得学士学位后，先在一所高中讲授物理课，后又来到一所学院教数学。在此期间，有两件事改变了他的追求：一是聆听了霍尔的一次演讲，二是读了詹姆斯的《心理学原理》。心理学深深地吸引了武德沃斯，他矢志成为一名心理学家。

1895 年，武德沃斯前往哈佛大学学习，受到詹姆斯的指导。后来转到哥伦比亚大学学习，1899 年在卡特尔的指导下获得博士学位。毕业之后，他到纽约医学院讲授生理学，又花了一年时间到英国

图 5-5　武德沃斯

利物浦大学学习，师从著名生理学家谢灵顿。1903 年，武德沃斯返回哥伦比亚大学任教，在那里一直工作到 1945 年他第一次退休。1915 年，武德沃斯当选为美国心理学会主席。1917 年，他接替卡特尔成为哥伦比亚大学心理学的带头人。1958 年，武德沃斯第二次退休。1962 年，他以 93 岁高龄去世。

武德沃斯讲课非常受学生欢迎，到他 89 岁第二次退休之前，他一直给学生开课。他的学生——著名的心理学史家 G·墨菲认为，武德沃斯是他学心理学过程中所见到的最好的老师。墨菲回忆道：

> 他穿着一身松松垮垮的旧西服，脚上穿着军用皮靴走进教室。他走到黑板前，所讲出的言语充满无与伦比的洞见和智慧，我们把这些话记在笔记本上，在以后的 10 年里都不会忘记。

武德沃斯一生著作颇丰，主要代表作包括：《论运动》（1903）、《动力心理学》（1918）、《心理学》（1921）、《现代心理学派别》（1931）、《实验心理学》（1938）、《行为动力学》（1958）等。《心理学》《实验心理学》堪称那个时代经典的心理学教科书。其中，《心理学》一书在 25 年里再版 5 次，其销量超过当时任何其他的心理学教科书；《实验心理学》也被当时美国所有的心理学系视为标准教科书，甚至有心理学家称这本教材为实验心理学的"圣经"。1956 年，"作为心理学知识的综合者和组织者，由于在塑造科学心理学的命运方面作出的无可比拟的贡献"，美国心理学基金会将第一枚金质奖章授予了武德沃斯。

（二）武德沃斯的心理学思想

武德沃斯学术兴趣广泛，他的心理学观点和研究成果对后来的心理学发展产生了重要影响。具体而言，他的心理学思想涉及以下几个方面：

第一，武德沃斯提出心理学的研究对象是人的全部活动，包括意识和行为两方面。他反

对华生将意识排除在心理学研究对象之外。武德沃斯指出,进行心理研究时,必然始于对刺激与反应性质的研究,但心理学家不能忽略研究中最重要的部分,即刺激和反应之间还存在有机体的作用,有机体的能量水平和经验决定着反应的方式和结果。基于这种认识,针对行为主义的S—R公式,他提出了S—O—R模式,其中O代表有机体本身的能量和经验等。这一主张对后来新行为主义提出"中介变量"的观点产生了启迪。

第二,武德沃斯将心理动力观引入心理学,这可谓是他对心理学的最大贡献。"心理动力"的概念是武德沃斯从杜威和詹姆斯那里获得的启示,他试图建立一门"心理动力学"。武德沃斯在《动力心理学》中,对华生的刺激反应论和麦独孤的目的论提出批评,认为应该把行为的机制和行为的驱力区分开来。行为的机制是回答行为"如何"的问题,是原因通向结果的历程;行为的驱力是回答行为"为什么"的问题,是激发机制的内在条件。心理动力学旨在揭示行为的因果关系,发现驱动或激发人的力量,解释人们为什么这样而不是那样行动。简言之,心理动力学是关于动机的学问。但是,需要指出的是,正如波林所言,虽然武德沃斯自称为动力心理学家,但实际上他首先是机能心理学家,然后才是动力心理学家,因为从逻辑上说,他是把动力心理学引入到了机能心理学领域。

第三,武德沃斯因为编制了世界上第一个较为规范的人格测验——个人资料调查表而载入史册。1917年,正值第一次世界大战期间,武德沃斯编制了用于检测士兵神经症的个人资料调查表。他参考有关心理学文献,访谈相关的精神科医生,收集到神经症的一些共同特征表现,并针对这些特征设计出许多测验问题,包括强迫性反应、恐怖反应、幻觉、神经紧张等。武德沃斯将这些题目用于测量正常人和神经症患者,采用实证效度的检验方法,来淘汰那些鉴别性差的项目,保留那些能有效鉴别正常人和神经症患者的项目。这个测验开创了自陈式人格问卷的先河,并为后来的神经症测量奠定了基础。

对于当时纷繁复杂的心理学派别之争,武德沃斯始终采取调整的、折中的立场,既不追随或者抨击任何一种思想体系,也无意建立一种严格意义上的心理学学派,他主张发展和综合心理学的各种研究,这种观点集中反映在他的《现代心理学派别》一书中。这一特点也正彰显了机能主义哥伦比亚学派的学术自由、兼容并蓄的精神实质。

拓展阅读 5-2

武德沃斯的个人资料调查表[①]

武德沃斯个人资料调查表是世界上第一个人格测验量表,它在第一次世界大战中诞生并在战后不久正式出版。编制该量表的目的是测查士兵在战斗中是否具有崩溃倾向。它由116道题目组成,要求被试对每道题都回答"是"或"否"。为了编制该量表,

---

[①] 罗伯特·M.卡普兰(Robert M. Kaplan).心理测验[M].赵国祥,等,译.西安:陕西师范大学出版社,2005:291.

武德沃斯从精神科大夫那里搜集到了大量的神经质患者的临床表现,以及患者在发病前的一些行为表现,并把它们编成题目。该测验是纸笔测验,由"你每天大量饮酒吗?""你夜晚睡觉时出汗吗?""你经常做梦吗?""你感觉自己身体健康吗?""你睡眠好吗?"等题目构成。

尽管武德沃斯量表的题目都由逻辑内容法选取,但该量表还具有另外两个明显特征。第一,计分时排除了那些有25%甚至更多的正常被试表示赞许的项目,这样做可以减少被试被"错误肯定"的数量。也就是说,测验识别被试时有犯错的可能,这种错误在访谈时可以消除。第二,只有那些在神经质患者中出现次数是正常人两倍以上的特征才被选取编成题目。

武德沃斯在解决群体测量上的成功掀起了结构化人格测量的热潮。各种人格测验之间相互借鉴题目,特别是从武德沃斯量表中借鉴的最多,大量的测验题目也被用各种方法编制了出来。然而,所有这些测验的题目都有一些显而易见的特征,即它们具有表面效度。那就是如果被试的反应是什么,被试就被认为是什么。

三、桑代克

(一) 桑代克生平

桑代克(E. L. Thorndike,1874—1949)既是"教育心理学之父",确立了西方教育心理学的名称和学科体系,同时又是美国机能主义哥伦比亚学派的主要代表。他的学习试误说以及学习的三大定律对后世的心理学产生了深远影响。

桑代克生于美国的马萨诸塞州,父亲是一位牧师。1895年,他进入哈佛大学攻读硕士学位,师从詹姆斯学习心理学。最初他的硕士论文选题是研究"通过面部表情阅读人的心灵",这个选题来自詹姆斯的想法。研究结果并不支持最初的实验假设,桑代克转而开始研究动物的智慧,他的实验对象是小鸡。桑代克借用詹姆斯的地下

图5-6 桑代克

室,研究小鸡如何通过多次尝试,寻找逃出篱笆的方法从而得到食物的过程。凭借小鸡的实验研究,他获得了硕士学位。随后桑代克接受卡特尔的邀请,来到哥伦比亚大学学习,继续用猫、狗等动物做实验。1898年,他以《动物的智慧:动物联想过程的实验研究》获得博士学位。在一所学院短暂工作一年后,桑代克回到哥伦比亚大学任教40多年,直到1940年退休。

桑代克所涉足的心理学领域颇为宽泛,如动物心理学、教育心理学、学习理论、教育测量、智力测验、训练迁移等。他一生著作丰硕,包括:《教育心理学》(1903年,后1913年扩展为3卷本)、《动物的智慧》(1911)、《智力测量》(1927)、《人类的学习》(1931)、《比较心理学》(1934)、《愿望、兴趣和态度的心理学》(1935)、《人性与社会秩序》(1940)、《联结主义心

理学文选》(1949)。桑代克对心理学的卓越贡献也为他带来了许多荣誉。1912年,他当选为美国心理学会主席;1917年,当选为美国国家科学院院士;1921年,《科学的美国人》杂志给心理学家排位,桑代克名列第一;1933年,他又当选为美国科学发展学会主席;1942年,退休后的桑代克又返回哈佛大学,接任詹姆斯的讲座,继续他的心理学之旅,直到1949年去世。

(二) 桑代克的心理学思想

桑代克是美国心理学由机能主义向行为主义过渡阶段的代表人物,不少学者将他的理论放在行为主义部分论述。但究其实质,他还是一个机能主义者,他的研究取向代表着哥伦比亚大学广义的机能主义倾向。

桑代克在学习理论方面作出了重要贡献,他的经典实验和理论至今还在被世界各地的教育心理学教科书引用。在他的学习理论中,有两个堪称经典:一是学习的试误说,二是学习的三大定律。这些理论或定律的提出都是通过动物实验而获得的。

桑代克用实验法研究动物的学习,改变了以往动物研究的自然观察法,这也为动物心理学的研究开辟了新的道路。他常常以小鸡、猫、狗等动物为实验对象,其中最著名的就是他的"饿猫实验"。桑代克将饥饿的猫置于自己设计的迷笼中,迷笼中设有一个机关,只要猫触动这个机关,笼门就会自动打开。笼外放着猫渴望吃到的食物。最初猫会在笼中做一些无效的动作,如不停地抓、挠、咬、跳、刨,偶然它触到开门的机关,就能从笼中逃出吃到食物。经过不断尝试,猫逐渐减少无效动作,学会正确开门的方法。由此,桑代克提出学习的试误说:学习是一个不断尝试而逐渐减少错误,从而形成刺激—反应联结的过程。在问题情景中,个体表现出多种尝试性反应,直到其中有一个正确反应出现,将问题解决为止。这种从多种反应中选择其一与特定刺激联结的历程,称为尝试错误学习。

桑代克认为,学习试误说不仅可以解释动物的学习过程,也可以解释人类的学习,虽然人类的学习性质较之动物要复杂得多,但两者在学习时一样要经过尝试错误的过程。人类的学习者,在面临新的情境时,也要历经"选择与联结",选择一个特定反应与情境形成联结,从而完成学习过程。桑代克明确提出,"学习即联结,心理即人的联结系统"。

与学习的试误说密切相联的,是桑代克的三大学习律——学习的准备律、练习律和效果律。所谓准备律指刺激与反应间的联结随个体本身的准备状态而异,当一个传导单位准备好传导时,传导得以实现就引起满意之感,不予传导就引起烦恼。桑代克的准备律实际上在表达学习开始时的预备状态,体现了学习动机的原则。所谓练习律指刺激与反应间的联结随着练习次数的增多而加强(应用律),随着练习次数的减少而削弱(失用律)。但是今天看来,练习律存在一定局限,并非所有的练习都会增加联结,机械的、没有反馈的练习不一定增强学习的联结。效果律是最重要的学习律,它是指一个联结的后果会对这个联结有加强或削弱的作用。具体而言,如果一个反应引起了满意之感,那么联结的力量就得到增强;如果一个反应引起了烦恼之感,那么联结的力量就会削弱。桑代克的效果律直接影响了行为主义强化理论的形成。

除了在学习理论上的突出贡献,桑代克还被称为"教育心理学之父",他于1903年出版了《教育心理学》,这是西方第一本以教育心理学命名的专著。1913—1914年,这本书又扩展成三卷本的《教育心理大纲》,包括"人的本性""学习心理学""个别差异及其原因"三个部分。这本著作开创性地勾画了教育心理学的基本框架,西方教育心理学的名称和学科体系由此确立。在此后的30年里,美国同类的著作几乎都师承了这一体系。桑代克对教育心理的精确测量非常感兴趣,他的经典名言是"凡客观存在的事物都有其数量",他设计过许多种心理测验和教育测验,堪称现代教育测量的鼻祖,成为美国当时心理测验运动的领袖之一。

四、对机能主义哥伦比亚学派的简评

如前所述,机能主义哥伦比亚学派虽然没有旗帜鲜明地反对构造主义心理学,同时也不支持任何一派的学说,武德沃斯甚至不承认自己属于任何学派,但是从这些心理学家的理论观点和研究特点上看,他们具有美国机能主义的一般倾向,属于广义的机能心理学。

与机能主义芝加哥学派不同,机能主义哥伦比亚学派具有两个鲜明的特点:一是注重个体差异的研究,尤其是运用心理测验法考察个体的智力、能力、人格等方面的差异。卡特尔、桑代克、武德沃斯都在心理测验领域作出了开拓性贡献。二是更加重视心理学的社会应用,主张将心理学从"纯"科学转向应用科学,并身体力行地将心理学研究服务于社会生活,使之成为影响人们日常生活的力量。虽然安吉尔、卡尔等人也极力主张心理学的应用方向,但他们的理论观点更多停留在与构造主义的争论上,很多还处于倡导阶段而没有付诸实施。卡特尔、武德沃斯、桑代克等人则通过孜孜不倦的努力,真正将心理学改造成为可运用于心理测验、学校教育、动物研究、军事选拔等领域的应用学科。

相比于机能主义哥伦比亚学派在应用心理学方面的贡献,它在基础研究和理论研究方面则显得较为薄弱。其一,这一学派对许多概念的界定不清晰(这一现象在芝加哥学派同样存在),甚至对"机能"一词的使用也多有歧义;其二,这一学派的理论观点较为零散,缺乏系统、明确的主张,大多是采取兼容并蓄的折中主义立场。

第四节 美国应用心理学的发展

进化论思想在美国深入人心,美国的文化定向是实用。正如霍尔所言:"我们需要的是一种能用的心理学,冯特式的思维决不会适应这里的环境,因为它们与美国的精神和气质相抵触。"机能心理学强调心理机能的研究,关注心理学潜在的应用价值,认为它可以解决人们如何适应日常生活的问题。机能主义心理学在美国的蓬勃发展,使心理学的社会应用获得前所未有的推进,心理学知识被广泛运用于儿童养育、学校教育、工商业、心理诊所、司法程序等领域,发展心理学、教育心理学、比较心理学、心理测量学、临床心理学、工业心理学等应用学科得以迅速发展。同时,19世纪末20世纪初,儿童研究运动、进步教育运动、心理测验运动等一系列思潮席卷欧美大陆,也极大地推动了心理学的社会应用。即使作为构造主义心理学家的铁钦纳也感觉到了这种势不可挡的变化。1910年,他写道:"如果请求某个人用

一句话概括在过去10年中美国心理学的趋势,那么这个人的回答会是这样的:心理学正坚定地向着应用的方向发展。"

20世纪初,美国心理学大步伐地介入社会应用领域,除了当时的时代氛围和机能主义的影响外,经济因素也起着不可忽略的作用。一方面,大量的心理学博士仅仅依靠大学的收入很难维持生计,研究经费更是无从谈起,他们需要在大学以外寻找经济来源。事实上,美国第一代应用心理学家中,许多人正是为了避免生活窘迫而放弃纯学术研究的理想的。另一方面,心理学当时在高校的处境比较尴尬,虽然很多学生喜爱心理学课程,但它在大学中的学科地位并不高,获得的研究资助也非常有限。霍尔当时呼吁,要将心理学的影响扩大到大学以外的地方,以免那些不负责任的人在立法委员会上批评心理学。心理学要想改变现状,要获得更宽松的经济环境和更高的学科地位,最直接的方法就是通过社会应用使心理学变得更有价值,使人们相信心理学能够改善社会。教育、工业、广告、测验、司法系统、临床诊所等成为心理学大有可为的应用领域。在这里,我们着重介绍这一时期儿童心理学、工业心理学及临床心理学的发展。

一、霍尔与儿童心理学的发展

虽然德国心理学家普莱尔被认为是儿童心理学的创始人,但真正推动儿童心理研究的却是美国心理学的先驱——霍尔,他将心理学研究方法运用到真实世界中的儿童身上,"儿童成为霍尔的实验室",并以此为基点建立了真正属于美国人的心理学。

霍尔被称为"心理学界的达尔文",他在儿童与教育心理学方面提出了一个理论假说——"复演论"。霍尔生活的时期,进化论已得到广泛传播,有人甚至用进化论解释一切。霍尔本人对进化论有浓厚的兴趣,他曾在自传中谈到,自己对"进化"一词非常着迷,以至于听到进化论就好像听到了动听的音乐。他认为所有的学科都应该以进化论为基础,进化论不仅可以解释人类种系的产生和演变,而且可以解释人类个体的变化和发展。

霍尔认为,个体心理的发展复演着人类种系心理进化的历史,对种族进化的复演是个体心理发展的动力。他认为,人类进化史上最早出现的活动在个体发展史中最先表现出来,较为高级的活动则要到后期才会出现。在婴幼儿阶段,存在着难以抑制的本能冲动和欲望,这个阶段复演的是未开化的、野蛮人的心理特征,这是人类心理发展的一个必经阶段。对于教育而言,正确的做法不应该是压抑儿童的原始冲动和欲望,而应加以正确引导。不问青红皂白地压抑儿童会造成成年后的心理问题。接下来的少年期复演人类中世纪的特征。青春期则是对人类较为亲近的祖先特征的复演。越是远古的人类祖先遗传下来的特征,越富有动力特性,在儿童身上反映得也越明显。由于儿童心理发展的性质和特点均是人类在进化过程中以某种特定的形态保存下来的,所以说,"儿童乃成人之父"。也正因为儿童心理的发展主要按遗传程序进行,所以,霍尔认为,"一两的遗传胜过一吨的教育"。霍尔的复演论将个体心理发展史与种系发展史等同起来,最终在儿童心理发展的动力问题上陷入了生物决定的预成论。尽管如此,霍尔作为"美国儿童心理学之父"的地位仍是无可撼动的。

在研究方法方面,霍尔广泛使用了问卷法。他和克拉克大学的同事共同编制了194种问卷,内容包括儿童心理和行为的各个方面。霍尔使用这些问卷对儿童青少年的行为、态度、兴趣等作了广泛、系统的调查,并掀起了"儿童研究运动",极大地推动了儿童发展心理学的学科发展。在霍尔的努力下,传统的儿童观得到了根本变革,研究儿童心理激起了公众极大的热情,促成了美国儿童研究运动的发展。霍尔的经典名著《青春期:心理学及其与生理学、人类学、社会学、性别、犯罪、宗教和教育的关系》,将儿童发展心理学的研究范围从生命早期拓展到青春期,并提示教育工作者,青春期是一个充满困惑与压力、紧张与兴奋的阶段,要加强研究和教育。霍尔晚年还探讨了老年心理的问题,出版了《衰老》一书,既从宏观的国家政策角度谈了政府对老年人的保障体系,也从具体而微的角度讨论了老年心理的特征。霍尔对毕生发展心理学的贡献,足以让他在心理学历史长河中熠熠生辉。

二、闵斯特伯格与工业心理学的发展

美国心理学的另一个先驱雨果·闵斯特伯格开启了工业心理学的研究,因此被誉为"工业心理学之父"。

第三章曾介绍过,闵斯特伯格对早期美国心理学的贡献是巨大的,其研究涉及日常生活的许多方面,包括法庭审判、消费广告、职业咨询、心理健康等领域。在所有领域中,闵斯特伯格对工业心理学的贡献最为显著,是这一领域最早的推动者。他于1909年开始从事工业心理学的研究,他的《心理学与市场》一书昭示了心理学在工业领域大有可为的前景,其中涉及职业指导、广告、人事管理、心理测验、员工动机、疲劳等各方面。1913年,闵斯特伯格出版了《心理学与工业效率》一书,该书是他对几个公司进行一系列实用研究后的成果体现。在书中,他对人员甄选、职业伦理、工作绩效的心理因素以及广告心理进行了深入探讨,并提出工业心理学的三个目标,即寻求"最合适的人、最合适的工作、最理想的效果"。至于如何实现这三个目标,闵斯特伯格认为,关键在于能创造一些人员选拔技术,如心理测验和工作模拟,以此来评估员工的知识、技能和能力。此外,闵斯特伯格认为工作时谈话会降低工作效率,由此建议增加车间中机器的间距,用隔板隔开办公室中的办公桌,他因此堪称现代小隔间办公室的倡导者。《心理学与工业效率》一书十分畅销,影响很大,正是这本书奠定了闵斯特伯格作为现代工业心理学创始人的地位。

闵斯特伯格本人是当时美国白宫的常客,也是许多企业家的朋友,成为心理学影响政府决策和企业管理的典范。

三、威特默与临床心理学的发展

莱特·威特默(Lightner Witmer, 1867—1956)出生于美国宾夕法尼亚州的费城,他的父亲是一个富裕的药商。他最初作为助手,师从卡特尔在宾夕法尼亚大学学习心理学,后由卡特尔派往德国,1892年在冯特的指导下获得心理学博士学位。但威特默对冯特式的研究并不感兴趣,认为这些方法有些零乱,实验观察的结果常常难以取得一致。相比而言,他对将心理学运用到变态行为的评估和治疗上更感兴趣,并在回到宾夕法尼亚大学后,积极参与宾夕法尼亚州低能儿童培训学校的工作。1896年,一个14岁儿童的学习障碍问题吸引了威特默,他感到心理学的价值应该体现在对诸如智力迟钝儿童的帮助上,于是这一年他在宾夕法尼亚大学开设了世界上第一个心理诊所,这成为临床心理学产生的标志。

威特默的诊所引起了心理学家对"临床方法"的兴趣,但也遭到当时不少心理学家的批评,主要认为临床心理学不够成熟,并且脱离心理学研究意识的任务。尽管如此,威特默的心理治疗工作得到了费城许多人的支持。1897年夏天,威特默开设了为期4周的临床儿童心理学课程,主要关注对心理上有缺陷、有视觉障碍和行为紊乱的儿童的治疗,课程包括个案演示、诊断技术、心理测验的实施和教育治疗训练等内容。这样的课程一直持续了几个夏天,并帮助了不少前来咨询的孩子。1907年,威特默创办了系统培训发展学校,作为其诊所的附属学校,主要致力于对心理障碍儿童的诊断和智力落后儿童的训练。同年,威特默还创办了《心理诊所》杂志,发表个案报告、书评以及与临床心理学有关的新闻。在这本杂志的第一期里,威特默宣告心理学的一个新兴领域诞生了,他将之称为"临床心理学"。在此后的30年中,《心理诊所》一直是临床心理学领域唯一的一份专业杂志,威特默也一直是该杂志的唯一编辑。

作为第一个临床心理学家,威特默没有多少可以从前辈那里借鉴的经验,他的许多工作必须是开创性的。前往威特默心理诊所的儿童表现出各种各样的心理和行为问题,比如多动症、学习障碍、智力缺陷、言语和运动发展不全等。威特默创造了一系列方法和手段,来诊治这些儿童。首先,他请医生对这些儿童进行生理检查,排除营养不良、视听缺陷等造成的心理和行为障碍;其次,结合当时所具有的心理测量工具和评估手段,心理学家将对这些孩子进行测量和访谈;最后,社会工作者根据儿童的家庭背景,对心理问题的产生原因作出分析。随着临床心理学经验的不断增强,威特默心理诊所建立了一套标准而周密的心理评估与治疗计划,治疗也取得了一些效果。

此外,威特默和他的同事们还探讨了心理与行为障碍的一些成因,认为遗传和环境因素是导致行为和认知障碍的主要原因,其中环境的作用更重要。因此,家庭和学校应该加入到障碍儿童的治疗中,为改善这些孩子的教育环境发挥作用。也就是说,仅仅满足个体需要还不是临床心理学家的全部义务,他们还必须改善那些带来消极影响的环境因素,并努力保障积极的心理环境。威特默甚至敏锐地预见到早期经验的重要性,提出在生命的早期,应该为儿童提供丰富的感觉经验。

拓展阅读 5-3

第二次世界大战与临床心理学的发展[①]

除了威特默把心理学应用于变态行为的评估与治疗之外,另外两本书也为这一领域的发展提供了动力:一是克里福德·比尔斯(Clifford Beers)1908年出版的《一颗找回

---

① 杜·舒尔茨(Duane P. Schultz),西德尼·埃伦·舒尔茨(Sydney Ellen Schultz).现代心理学史[M].叶浩生,译.南京:江苏教育出版社,2005:197—198.

自我的心》，使公众的注意指向怎样以人道的方式治疗精神疾病患者；二是闵斯特伯格1909年出版的《心理治疗》，它通过描述如何帮助心理疾病患者，提升了临床心理学的地位。弗洛伊德的观点对于临床心理学的发展起到了关键的作用，使得这一领域超越了威特默心理诊所实践的范围。他的观点为临床心理学家提供了最初的心理治疗技术。

然而，临床心理学作为一种职业却发展得异常缓慢。直到1918年，也就是弗洛伊德访问美国9年以后，临床心理学方面没有招收过研究生。即使到了1940年，临床心理学仍然是心理学领域中微不足道的一个部分。在那些已经建立的治疗机构中，很少有为成人患者服务的。第二次世界大战改变了这种状况，战争使临床心理学很快变成了一个十分活跃的应用领域，军队建立了几个培训基地，培养了几百个临床心理学家，以便于治疗军事人员的情绪障碍。

战争过后，对于临床心理学的需要甚至变得更大。退伍军人管理局发现，它必须为被诊断为患有精神疾病的40 000多退伍军人负责。300多万其他的退伍军人需要职业和个人咨询，以便顺利返回平民的正常生活。为了适应这些需求，退伍军人事务部启动了研究生培养规划，为那些愿意毕业后到荣军医院、诊所的研究生提供学费。战争前，大多数临床心理学家工作的对象都是有行为或适应问题的儿童，但现在他们面对的将是更为严重的情绪障碍问题。

总之，把心理学的知识应用于解决现实生活中的问题，是机能主义最重要、最持久的贡献，应用心理学的飞速发展可以看作是美国机能主义运动留下的重要遗产。霍尔、闵斯特伯格、威特默分别作为儿童心理学、工业心理学、临床心理学的创始人，成为早期心理科学阵营与实践阵营的真正联结力量。

本章小结

1. 构造主义心理学的建立与铁钦纳的工作密不可分，它与冯特的内容心理学既存在关联，又有着本质区别。构造主义心理学在与美国机能主义心理学的对峙、论战中得到瞩目和发展。

2. 进化论思想和实用主义哲学是美国机能主义心理学的两个主要理论渊源。前者为机能主义心理学指明了方向——研究心理的作用或功能；后者认为揭示心理的内容不如研究它的效用重要，心理机能的首要目的就是通过适应环境以求生存。

3. 构造主义与机能主义主要在四个问题上存在分歧：① 研究对象：构造主义认为心理学应该研究心理的构造，机能主义认为应该研究心理的机能或效用；② 研究方法：构造主义主张采取实验内省法，机能主义除了实验内省法以外，还发展了心理测验、问卷调查、统计方法等更为宽泛的研究方法；③ 研究领域：构造主义坚持研究纯粹的心理学理论，机能主义强调在心理学理论研究之外,应大力发展应用心理学;④ 研究心理的一般规律与个体差异的分歧:构造主义关注心理的一般规律,机能主义对个体差异及其测量更感兴趣。

4. 广义的机能心理学包括欧洲的机能心理学和美国的机能心理学,其中美国机能心理学又包括芝加哥学派和哥伦比亚学派。狭义的机能心理学指旗帜鲜明地与构造主义对立的机能主义芝加哥学派。

5. 机能主义芝加哥学派的主要代表人物是杜威、安吉尔和卡尔。这一学派明确反对铁钦纳的构造主义心理学,主张研究心理的机能,提倡心理学研究方法的多元化。

6. 机能主义哥伦比亚学派的主要代表人物是卡特尔、武德沃斯、桑代克。这一学派崇尚自由、宽泛的学术氛围,代表着美国机能主义的总体倾向,他们对美国心理测验运动、心理动力学、教育心理学等产生了深远影响。

7. 机能心理学强调心理机能的研究,关注心理学潜在的社会应用价值。应用心理学的飞速发展可以看作是机能主义运动留下的最重要遗产。

8. 霍尔、闵斯特伯格与威特默是美国应用心理学的开拓者,他们分别在儿童心理研究、工业心理学和临床心理学领域作出了重要贡献,极大地推进了心理学在社会应用中的发展。

复习与思考

一、名词解释

1. 构造主义心理学 2. 机能主义芝加哥学派 3. 机能主义哥伦比亚学派 4. 心理动力学 5. 学习的试误说 6. 桑代克的三大学习律

二、简答题

1. 冯特是构造主义心理学的主要代表人物吗?
2. 简述构造主义与机能主义的主要区别。
3. 根据安吉尔的观点,机能主义的三个基本主题是什么?
4. 简述霍尔复演论的主要观点。
5. 为什么说闵斯特伯格是"工业心理学之父"?
6. 简要介绍威特默对临床心理学的贡献。

三、论述题

1. 机能主义芝加哥学派的代表人物和主要观点是什么?如何评价这一学派?
2. 机能主义哥伦比亚学派与机能主义芝加哥学派在理论形态上有何不同?
3. 为什么应用心理学在机能主义而不是构造主义中发展起来?

第六章 早期行为主义

本章导读

行为主义革命是西方现代心理学史上的第一次革命。华生所创导的行为主义在心理学界的统治长达半个世纪之久,深刻地影响了心理学的进程。本章主要介绍1913—1930年以华生为代表的早期行为主义的产生和发展历程,对其主要代表人物的重要观点进行了概述。第一节从社会、哲学、自然科学以及心理学的角度阐述早期行为主义产生的历史背景。第二节和第三节分别介绍了其创始人华生的生平和主要观点。第四节简要介绍华生同时代的早期行为主义者如霍尔特、魏斯、亨特、拉什利的基本观点。第五节则对早期行为主义的历史地位作出评价。

学习目标

1. 能对早期行为主义产生的历史背景有一个准确的把握。
2. 辩证地理解华生的行为主义心理学观点。
3. 了解霍尔特、魏斯、亨特、拉什利的行为主义心理学观点。
4. 能合理地评价华生在心理学史上的地位。

行为主义(behaviorism)是美国现代心理学中的一个极富影响力和魅力的心理学流派,被称为西方心理学的第一势力(the first force)。行为主义由美国著名心理学家华生于1913年创立。它公开向构造主义和机能主义宣战,倡导心理学从对意识的研究转向对行为的研究,从而导致了一场行为主义革命。行为主义很快席卷美国,而且几乎遍及全球,在心理学界统治长达半个世纪之久。1913—1930年,以华生为代表的行为主义是行为主义心理学的第一代,也是本章重点介绍的内容。

第一节 早期行为主义产生的背景

著名心理学家杜·舒尔茨称华生为"美国时代精神强有力的代言人"。华生所创导的早期行为主义既有其浓厚的社会文化基础,也有其复杂的哲学、自然科学及心理学的背景,是时代精神的集中体现。

一、社会背景

行为主义产生于20世纪初叶,它并非是华生个人天才的创造,而是美国社会发展需要的产物。当时美国的资本主义发展已进入新的垄断阶段,迫切要求充分利用人的全部潜力来提高生产效率,最大限度地创造利润,最稳定地维持社会秩序。

要想提高生产率,稳定社会秩序,就要了解人的行为规律并据此预测和控制人的行为,行为主义应运而生。正如华生所言:"近些年来常有个趋势,回过来做人的研究:工业上技术和机械方面已做到最高效率,若再要增加产品,必须更透彻地了解工人。心理学家要帮助和鼓励工业去解决这个问题,在工人总体的活动效果上加以研究。"这就是说,生产效率是直接通过身体动作的效率而体现的,要提高生产效率就得提高身体动作的效率;而维持社会秩序也要靠人们的行动来遵守社会秩序。因此,探索和掌握行为的规律,预测和控制人的行为,最大限度地提高工作量及工作效率,是美国资本主义社会大工业机械生产的迫切需要,也是华生行为主义心理学的社会主旨。华生声称,行为主义的理论目标就是对行为的预测和控制。

图6-1 华生

二、哲学背景

华生是以反哲学斗士的身份出现在心理学舞台上的。他拒绝以任何哲学作为心理学的理论基础,但实际上,他的行为主义深受机械唯物主义、实证主义以及实用主义哲学的影响。舒尔茨指出:"到华生着手行为主义的研究时,客观主义、机械主义和唯物主义的影响已经如此地渗透到思想和学术领域,以至于不可避免地导致了一种新形式的心理学,这种心理学没有意识、心灵或者灵魂,它关注的仅仅是能被观察、倾听或触摸的东西,其结果就是一种行为的科学,一种把人看作机器的科学。"

(一)机械唯物主义

机械唯物主义强调心理学的客观性具有悠久的历史,它可以追溯到笛卡儿、洛克、拉美特利、休谟等。二元论者笛卡儿从机械唯物主义的观点出发,提出"动物是机器"的主张和刺激反应的假设,揭示了反射和反射弧的本质;他的身心交感论认为尽管心灵和肉体是两种根本不同的东西,但可以互相影响、互为因果,为华生行为主义机械作用论奠定了基础。在唯物主义经验论者洛克看来,人的心灵好比一块白板,上面没有任何记号、任何观念,只是后天的经验才在白板上留下了印迹,华生行为主义心理学的环境决定论来源于此。法国唯物主义者拉美特利则称赞笛卡儿的"动物是机器"的著名论断,并进一步强调"人也不过是一架机器",同动物相比,人这架机器不过就是多了几个齿轮、几条弹簧而已,这样就恢复了人与动物间的联系,为华生的行为主义机械论铺平了道路。

而最使华生入迷的是休谟的怀疑主义哲学观点。休谟指出,我们不能逻辑地证明明天的太阳会从东方升起,但我们却坚信它会从东方升起,我们的信念在很大程度上受我们的情感影响。我们更多的是一种情绪化的生物而非逻辑的生物,尽管我们用信念来承诺我们的结论。休谟的怀疑论使华生对内省主义心理学产生了怀疑,认为内省经验是靠不住的,必须以行为代替内省经验。正是休谟的怀疑论使华生打败了铁钦纳的内省主义心理学。

(二) 实证主义

黎黑指出:"整个行为主义精神是实证主义的,甚至可以说行为主义乃是实证主义的心理学。"实证主义是19世纪中叶法国哲学家孔德首创的一种科学哲学。孔德始终倡导"以被观察到的事实为基础"的实证精神,实在、确定和证实是实证精神的要素。孔德的实证主义对心理学的影响主要是通过两条方法论原则实现的:一是经验证实的原则,即强调任何概念和理论都必须以可观察的事实为依据,能为经验所证实,超出事实与经验范围的任何概念和理论都应划为非科学的一类。经验证实原则被当成一种不可超越的教条,并进而形成了对经验原则的崇拜。二是客观主义原则,这一原则强调认识过程中主体和客体的分离、主体的知识应绝对反映客观事物的特点,不搀杂个人的态度和情感、信念和价值等主观因素,换言之,在主体的概念和理论与外在客体之间必须有一种一一对应的关系,否则这些概念和理论就不是科学的知识。

虽然华生本人在其论著中极少提到实证主义,但是实证主义已经成为科学时代精神的一部分。华生的行为主义严格遵循了实证主义的逻辑:华生只以可观察到的行为作为心理学的研究对象,断然否认意识的存在与价值;抛弃主观的内省法而改以自然科学的客观方法作为心理学的研究方法,充分显示了实证主义哲学思想对其立场和观点的影响。

(三) 实用主义

尽管华生在学生时代并不热衷实用主义,作为杜威的学生,他声称一直没有懂得老师讲了什么,但这种影响显然是潜移默化的和不自觉的。华生的行为主义尊重实验观察事实、以方法为中心等特点都有着明显的实用主义色彩。实用主义者一再声称,实用主义就是强调行为、实践、生活的哲学,"实在就是有效""真理就是有用""真理只是有效的工具"。实用主义强调立足于现实生活,把确定信念作为出发点,把采取行为当作主要手段,把获得实际效果当作最高目标。华生否定不可直接经验的意识在心理学研究中的地位,把人的实践活动简化为刺激—反应的行为模式,把有效控制人的行为作为心理学的根本目的,这些都是实用主义哲学在心理学中的具体体现。

三、自然科学背景

(一) 物理学

近代科学以哥白尼、开普勒、伽利略、牛顿的物理学革命为标志,物理学成为所有科学仿效的楷模。哥白尼的日心学说使自然科学从此从神学中解放出来,成为自然科学的独立宣言;天文学家开普勒继承哥白尼的日心说,提出了行星运动的三定律;伽利略运用数学—实验方法,发现了惯性定律和地球引力场中的自由落体定律;牛顿则实现了物理世界的伟大综合,确立了牛顿力学体系。牛顿力学体系给科学确立了崇高的地位,经过一个多世纪的充分理解、验证和整理,人们运用牛顿的理论和方法逐个发现天王星、海王星和冥王星,牛顿的运动方程也成为分子运动论的唯一基础,随后电磁学、电动力学、光学也沿着牛顿的路线前进。牛顿力学体系显示了无穷的魅力,成为近代科学的一座不朽的历史丰碑。

牛顿所创立的物理研究方法,很好地实现了分析与综合、归纳与演绎的统一。牛顿的科学创造,既重视观察实验,又重视归纳概括。西方近代科学一直以牛顿的科学方法为楷模,并在方法论的层次上审视着整个世界,华生行为主义就是运用刺激—反应间遵循机械因果论的法则,以达到控制行为、控制环境的目的。

(二) 进化论

达尔文认为自然选择使一切肉体上和精神上的禀赋得以进一步趋于完善,这就为机能主义心理学和行为主义心理学的发展奠定了充分的基础。在《物种起源》(1859)中,达尔文专章论述了本能,他认为本能的概念包括精神能力在内,一切本能的起源都来自然选择,在变动的生活条件下本能的细微变异可能对物种有利;假使我们能证明本能确有变异,无论其如何微小,只要有利就会被自然选择并加以保存和积聚。华生后来和麦独孤在本能问题上的争执,在达尔文的《物种起源》中找到了依据。1871年,达尔文的《人类的祖先》整理了人从较低级的生命形态进化而来的证据,强调动物的心理过程和人的心理过程间的相似性。他认为在心理官能上如情感、好奇心、注意力、想象力、记忆力、模仿性、抽象概念等,人类与高等动物之间的差异是巨大的,但这种差异只是程度上的,而非种类上的。在《人类和动物的表情》(1872)中,达尔文具体研究了人类与动物的表情之间的关系,进一步证实人类与动物心理学的连续性假设。达尔文认为,恐怖时加快的心跳、不规则的呼吸、干渴的咽喉、竖直的毛发等一系列的生理反应,现在看来毫无意义,但对我们的动物祖先却具有直接的生物学意义。在人类长期的历史进化过程中,某种情绪反应与特定的情境之间经过无数次的对应,得以形成固定的习惯性联合,并以遗传的形式延续下来,发展成为人类现有的表情。更重要的是达尔文在研究人类与动物的表情时,采用了行之有效的研究方法,如观察婴孩、研究精神病患者、表情判定法、调查一切人种、观察普通动物的表情等,这些研究方法集中体现了行为的观察与比较,为后来的动物心理学研究和华生的行为主义研究所广泛采用。此外,除了种族心理发展史之外,达尔文还对个体心理学的发展史有一定的研究。1877年发表的《一个婴儿的生活简史》,记录了他刚出生的儿子的发展状况,达尔文以其对婴儿的长期观察和记录开创了儿童心理学研究的先河,华生后来的儿童心理学研究最常用的也是系统观察,他和妻子罗莎莉·雷纳对自己的孩子的心理发展作过详细的记录。

(三) 生理学

如果说机能主义与生物学的关系最为密切,那么行为主义则与生理学的关系更为直接。其中,俄国谢切列夫、巴甫洛夫和别赫切列夫的生理学对早期行为主义的产生有着更为直接的影响。

19世纪70年代,俄国"生理学之父"谢切列夫(Ivan Mikhailovich Sechenov)根据新的反射图式提出把心理学改造成为客观科学的纲领。心理学的发展必须依靠科学的、能够证实的事实,而不是靠未经证实的意识假设。他指出,只有面向自然科学,首先是生理学,先开始对心理生活的较简单方面进行详细的研究,而不立即冲向最高级的心理现象方面的研究,心理学才能转变成实证科学。谢切列夫的这些观点与华生的观点颇为相似。华生也强调心理学应成为实证科学,应关心客观的、看得见的事实,由简至繁地研究心理过程,将意识置之度外。

俄国伟大的生理学家巴甫洛夫(Ivan Petrovich Pavlov)的条件反射学说对行为主义影响更大。他认为,人和动物的心理活动,都是在非条件反射基础上形成的条件反射,主张采用条件反射这一客观的实验方法来科学地研究主观心理现象,强调一切主观活动都是由客观外界所决定的。巴甫洛夫摒弃心灵的思辨,反对内省主义,把客观的研究方法作为自然科学试金石的思想,给行为主义提供了有力的支持。可以说,华生几乎整个地接受了巴甫洛夫的条件作用理论和方法,并运用于其行为主义体系的阐释中。

俄国生理学家别赫切列夫(Valdimir Mikhailovich Bekhterev)则针对主观心理学提出了客观心理学思想,认为不仅应把心理理解为主观的东西,而且还要理解为客观的东西,理解为脑的物质过程。他认为心理过程是伴随着行为动作产生的,因而他又把心理学解释为行为的科学。主张在反射学中排除主观心理学中使用的概念,不要去研究意识,要用严格的客观方式记录外部反应,企图建立"没有心理的心理学"。显然,别赫切列夫的思想既是对早期行为主义的支持,又是对客观心理学反对内省主义斗争的声援。

总之,上述三位俄国生理学家都力图将动物与人类的反射研究完全建立在客观的能够观察的基础之上,力图使心理学成为一门实证科学。他们的许多思想观点被华生所吸收并成为其行为主义的生理学基础。

四、心理学背景

行为主义的产生还有心理学自身发展的思想逻辑。美国20世纪初发展起来的动物心理学、机能主义心理学以及内省心理学都以不同的方式为早期行为主义的产生提供了丰富的乳汁。

(一) 动物心理学

华生行为主义最重要的先行者是动物心理学。对此,华生自己曾有明确阐述,"行为主义是20世纪初期动物行为研究的直接结果"。

达尔文的进化论给人们的重要启迪在于人的心灵与动物心灵之间有连续不断的阶梯性发展关系。其后,人们开始关注动物与人类心理发展的连续性,对动物心理学进行了研究。英国学者罗曼尼斯(George John Romanes)是进化论的积极支持者。他采用自上而下或自人而动物的途径,以人的心理比拟动物,犯了拟人论的错误。英国动物学家摩尔根(Conwy Lloyd Morgan)为了纠正这个错误,采取相反的自下而上的途径,提出所谓的吝啬律,主张只要能用较低级的心灵作用来解释的活动,就绝对不用较高级的心灵作用来解释它。德国动物学家洛布(Jacques Loeb)比摩尔根的观点更为激进,他提出向性(tropism)学说,以无机物运动的物理化学规律来解释植物的运动乃至动物的行为。华生在芝加哥大学曾听过洛布的课,并希望在洛布的指导下从事研究工作,显示出对洛布机械主义观点的好奇。桑代克是动物心理学发展史上最重要的研究者之一。桑代克提出了一种机械的、客观的学习理论,这一理论所关注的仅仅是外显的行为,因为他深信,心理学必须研究行为,而不是心理元素或者意识经验。在研究动物行为时,桑代克企图贯彻摩尔根的吝啬律,但他的立场还不彻底,其效果律仍然假定动物能够感受满足和烦恼。华生正是沿袭和发展这一研究取向,以至于最终不仅消除了对动物行为的一切主观解释,甚至否认人的意识的存在,从而彻底地贯彻了摩尔根的吝啬律,确立了行为主义的立场。

 拓展阅读 6-1

聪明的马——汉斯①

20世纪早期,西方世界流传着关于一匹神奇的马的故事。这匹神奇的马名叫"汉斯",是所有四蹄动物中最聪明的一个。它居住在德国柏林,但它又是整个欧洲和美国的"名人",人们写了许多有关这匹马的歌曲、书籍和杂志文章,广告商也用这匹马的名字来推销产品。

汉斯可以做加法和减法,可以使用分数和小数,能阅读、拼写、告诉你时间、辨别物体颜色、分辨物体,并且表现出惊人的记忆力。它回答问题的方式是用蹄子轻击地面,敲出特定的次数,或者向选对的物体点头。

汉斯的主人威尔海姆·冯·奥斯顿(Wilhelm Von Osten)是一个退休数学教师,也是达尔文进化论的积极支持者。他用了几年时间教汉斯人类智慧的最基本知识,动机是为了证明达尔文观点的正确性。他认为,马和其他动物之所以看起来没有人类聪明,唯一的原因是没有受到足够的教育。他确信,通过正确的训练,汉斯可以证明它是一个具有智慧的动物。

汉斯是否真的是一个具有智慧的动物? 当地政府组成了一个由柏林动物园主任、柏林大学心理学家卡尔·斯顿夫以及一个马戏团经理、兽医、驯马人、贵族组成的委员会,专门考察聪明汉斯的能力,判断其中是否存在着欺骗和诡计。1904年9月,在经过长时间的调查之后,委员会得出结论:汉斯并没有从它的主人那里得到任何有意识的信号或线索,不存在虚假和欺骗。但是,斯顿夫对此并不完全满意,他对这匹马为什么能回答如此众多的问题感到奇怪。他把这个问题交给了一个名叫奥斯卡·芬斯特(Oskar Pfungst)的研究生去解决。奥斯卡·芬斯特用一个实验心理学家的严谨方式开

---

① 杜·舒尔茨(Duane P. Schultz),西德尼·埃伦·舒尔茨(Sydney Ellen Schultz).现代心理学史[M].叶浩生,译.南京:江苏教育出版社,2005:219—221.

始了对这个问题的探讨。

芬斯特把给马提问题的人分成两组:一组知道问题的答案,另一组不知道问题的答案。结果表明,只有当提问的人知道答案时,马才能做出正确的反应。很明显,无论谁给它提问题,汉斯都从他那里获得了某种信息,即使提问题的是个陌生人。

经过一系列周密的实验之后,芬斯特得出结论,认为汉斯已经被他的主人奥斯顿无意识地条件化了。一旦它知觉到奥斯顿的头出现轻微的向下运动,它就开始敲击它的蹄子。当敲击的次数达到正确的数字时,奥斯顿的头会自动抬起,马的行为立刻停止。芬斯特证明,每一个人,即使是那些从来没有接触过汉斯的人,当同它说话的时候,都会有这种难以觉察的头部运动。

因此,心理学家证明了汉斯并没有知识的储存库。它只是被训练得每当它的提问者做出某种运动时,它就开始敲击蹄子,或者把头转向某个物体;而当提问者做出相反的运动时,它就停止了蹄子的敲击。在训练的时候,每当汉斯做出正确的反应,奥斯顿就会给它胡萝卜或糖块,从而强化了它的反应。随着训练过程的进展,奥斯顿发现他不再需要强化每一个正确的行为,因此,他开始偶尔地给汉斯的正确反应提供奖励。行为主义心理学家斯金纳后来证明了在条件反射形成的过程中这种部分的或间歇强化的重大效用。

聪明汉斯的事例展示出实验方法对动物行为研究的价值与必要性,它使得心理学家对那种声称动物具有智慧的主张产生更多的怀疑。然而,它同样也显示出,动物可以进行学习,通过条件化改变它们的行为。因此,人们逐步认识到动物学习的实验研究比早期的那种声称对动物心灵的意识操作推测更有价值。芬斯特的实验报告为华生所关注,华生还就此写了一篇评论文章,刊登在《比较神经学和比较心理学杂志》上。芬斯特的研究结论影响了华生,使得华生更倾向于建立一种心理学,这种心理学仅仅研究行为,而不关注意识。

(二) 机能主义心理学

行为主义的另一个先行者是机能主义心理学。尽管机能主义心理学并不是一个绝对强调客观性的心理学派,但在华生的时代,机能主义心理学的确比它之前的心理学更能代表心理学的客观化倾向。

在华生之前,机能主义心理学家已经开始偏离冯特和铁钦纳的纯粹意识经验心理学,强调行为和研究的客观性,并且表达了对内省法的不满。卡特尔在演讲中指出:"我并不相信心理学应该局限于意识的研究……有一种相当流行的观念,即如果没有内省,就没有心理学;但是这种观点已经为雄辩的事实所驳倒。在我看来,在我的实验室中所做的大部分研究工作都像物理学和动物学那样独立于内省的使用……我看不出有什么理由不能像19世纪物理科学应用于物质世界那样,在本世纪把系统化的知识应用于人性的控制。"卡特尔在演讲时,华生也是听众之一。华生后来的主张与卡特尔的这个演讲有惊人的相似性。一位历史学家认为,如果说华生是行为主义之父,那么卡特尔就应该被称为行为主义的祖父。

安吉尔的机能主义心理学同华生行为主义之间有着同样内在的渊源关系。安吉尔指出:"我们将把意识的一切操作过程——我们的一切感觉、一切情绪、一切意志活动——都视为环境的有机适应的种种表现。"他进一步强调,如果忘掉意识的"可能存在",而代之以客观地描述动物和人的行为,对心理学是有益的。在安吉尔看来,心理是适应环境的机能,心理学应该属于自然科学,主张用客观方法进行实验研究。华生曾是安吉尔的学生,安吉尔的机能主义心理学思想为华生的行为主义心理学提供了重要的心理学基础。华生本人也自称是彻底的机能主义者。

(三) 内省心理学

行为主义的兴起同内省心理学的危机也存在一定的关系。在德国,冯特的体系被他最得意的学生屈尔佩所抛弃,同时意识心理学也遭到格式塔心理学的挑战。在美国,铁钦纳的构造主义已成为机能主义心理学攻击的靶子,构造主义同美国的时代精神格格不入,逐渐陷入了名存实亡的境地,这为华生反戈一击提供了最好的可乘之机。内省心理学的危机导致心理学开始从研究意识转向研究行为,而华生正是顺应了心理学发展的时代精神的潮流,树起了行为主义的大旗。

在华生正式建立行为主义之前的10年里,美国的思想氛围支持了一种客观心理学的观念。武德沃斯指出:"美国心理学家正在与行为主义一起慢慢地向我们走来,从1904年开始,越来越多的人表现了对将心理学界定为行为科学的偏爱,而逐渐远离了那种试图对意识的描述。"因此,心理学应该是行为科学这样一种观念已经深入人心。华生的伟大并不在于第一个倡导了这一观念,而是比其他任何人都清楚地意识到了时代精神的呼唤。作为一场革命的代言人,"他大胆地、明确地对这种呼唤作出了回应。这场革命是不可避免的和注定会取得成功的,因为它早已在进行之中了"。

第二节 华生的生活与工作

华生是美国著名的心理学家和行为主义心理学的创始人。华生富有戏剧性色彩的一生,使得其行为主义纲领充溢着大是大非、大功大过、大立大破等矛盾对立的鲜明特色。

一、早年的家庭生活

约翰·布鲁德斯·华生(John Broadus Watson,1878—1958)1878年1月9日出生于美国南卡罗莱纳州格林维尔城外的一个农庄。他的母亲是个勤恳耐劳、精力充沛、擅长社交、有责任感、笃信宗教的人,但是他的父亲却是一个懒惰、倔强、酗酒成性、爱说脏话、性情暴躁的小农场主。父母两种不同的性格和两种对立的生活方式使华生从小就在矛盾中生存,在矛盾中成长。华生童年的经历对其人格的形成乃至学术思想的发展有着不容置疑的影响。

图 6-2 华生童年时代的家

1891年,父亲的弃家出走对华生来说是一个沉重的打击。若干年后,当老华生在纽约想见名噪一时的儿子时,被华生断然拒绝,只是托人给老华生带去一些钱,帮助他维持生计。父亲的背叛在他的心灵深处造成了极大的创伤,也对华生与母亲的关系产生了重要影响,使得母子间的关系日益亲密起来。尽管华生的身上附着父亲的一些坏习惯和拙劣品格,但是在母亲的眼中,华生却不啻于一颗掌上明珠。华生虽然脾气倔强,不顺从他人,但为了博得母亲的欢心,他还去教堂听从上帝的教诲。华生也从母亲那里学会了如何全力以赴地忘我工作。

二、学生时代

华生早年的教育是在一个只有一间教室的教会学校完成的。在少年和青年时代,华生可以说是个"问题少年"。父亲的不辞而别给华生的震动很大,他在学校的表现日益恶劣。他描述自己说,他是懒惰的和难以管教的,在学校的成绩从来都是刚刚及格。他的老师回忆说,他是一个懒惰、爱吵嘴、有时无法控制的孩子。他一点都不喜欢学校,用华生自己的话说:"那几年没有一个愉快的记忆。"他经常打架,并且曾两次被捕,一次是因为在放学的路上与同学一起玩充满暴力色彩的消遣游戏——"黑人打架"(即从伙伴中选一人扮演黑人,余者与其对打),另一次是因为在城区范围内开枪射击。这些暴力

图 6-3 大学时代的华生(右三)

行为表明了华生因不能应付其父离家出走所带来的情感打击而产生的过激反应。

在华生16岁时,他的人生旅途发生了重大转折。虽然家族的系谱上没有出现过读大学的先例,但他却进入了地处格林维尔的天主教会创办的伏尔曼大学(Furman University),准备将来做一个牧师,这是他给予母亲的承诺。在那里,他学习哲学、数学、拉丁文、希腊语,并期望大学毕业以后进入普林斯顿神学院继续深造。

1899年,华生获得了硕士学位。但是,就在那一年,他的母亲去世了。这倒使华生不必再履行他成为牧师的诺言了,他没有到神学院继续深造,而是去了芝加哥大学。他的传记作者指出,那个时候的华生"是个野心勃勃的、有很强的地位意识、急于在这个世界上留下自己印记的年轻人,但是他不清楚自己应该选择什么职业,又缺乏财力和社会经验,这使他极度地惴惴不安。他缺乏达到目的的方式和社会所需要的那种老练。当到达芝加哥大学校园

时,他的名下只有50美元"。

他选择在芝加哥大学跟随著名的杜威学习哲学,完成他的研究生学业。但是不久以后他就发现,他无法理解杜威的讲课。华生后来说道:"那时,我从来不知道他在说些什么,而且不幸的是,现在我仍然不知道。"但是,他被机能主义心理学家安吉尔的心理学所吸引。在华生的眼里,安吉尔简直是智慧、权威的化身,他渊博的学识、敏捷的思维、极易捕捉要旨的表达能力都使华生敬佩不已。安吉尔的学术思想,对华生后来的发展产生了深远的影响。与此同时,华生还跟随洛布学习生物学和生理学,从洛布那里,他熟悉了机制的概念。

华生在芝加哥的生活怎么样呢?他最初的50美元很快就花光了。为了挣钱,华生同时干着几份兼职工作,如在食堂做招待,在实验室照看白鼠、看大门、为安吉尔清理书桌等。但是生活的艰辛丝毫没有影响他的远大抱负,他将自己所有的精力都集中在了工作和学业上。

1901年11月19日,华生开始了其博士论文的实验工作。这段时间华生简直处于痴狂的状态,他几乎是夜以继日地在实验室工作。实验室里只有他和老鼠为伍,除安吉尔和米德偶尔光顾他的实验室外,再无其他来者。在接近毕业的时候,他患上了严重的失眠症和抑郁症,如果房间没有灯光,他就无法入眠。经过几个月的休学度假,华生才重新恢复了活力。1903年,华生完成了论文《动物的教育:白鼠的心理发展》,成为当时芝加哥大学最年轻的博士,这项研究显示了他早期对动物被试的偏爱。华生的博士论文是由安吉尔和另一位神经生理学教授亨利·唐纳尔森(Henry Donaldson)共同指导的。

与此同时,华生也走上了人生的浪漫之旅。华生与他的一个学生玛丽·伊基斯(Mary Ickes)结了婚。玛丽出身于一个社会上和政治上都很显赫的家庭,她在考试卷上给华生写下了长篇的爱情诗歌。婚后几年尽管他们生活拮据,但却很幸福。华生对自己的妻子体贴入微,而玛丽又是一个聪明的女子,经常帮助自己的丈夫誊写编辑文稿,她还是一个有见地的读者,常为《心理学会刊》撰写一些评论性的文章。

三、学术生涯

博士毕业后,华生留在芝加哥大学任教,讲授心理学,并担任安吉尔教授的助手。在随后的数年里,华生一方面从事教学和学习,另一方面还进行了大量的动物行为实验研究,如《大小迷宫》《正常白鼠、失明白鼠和失嗅白鼠跑迷宫》和以猴子为被试的《动物视觉》等研究。此时华生已经建立了关于动物学习的基本观念:最初的学习是渐进的,而达到顶峰后便很难再学得更好。1906年,应卡内基研究所海洋生物站阿尔弗雷德·迈耶博士的邀请,华生开始从事鸟类行为的研究。这些研究为华生行为主义观点的形成奠定了坚实基础。

1907年,华生开始阅读大量人与动物行为方面的文献,开始思考用行为来代替意识的必要性及合理性,以及这种对正统心理学思想的抨击可能会招致的后果。这使得华生陷入了更多的矛盾冲突之中,他感受到了芝加哥大学空气的沉闷和安吉尔思想的保守。在自传中,华生对自己在芝加哥大学的学习和工作作了这样的总结:"总的来说,我是很满意的……在芝加哥期间,安吉尔指导我研究了詹姆斯,唐纳尔森教我懂得了做研究工作要有耐心和精确性,洛布使我明白了没有兴趣就搞不好研究工作。安吉尔还教我怎样用简练的语言讲演和表达思想,他逐字逐句修改我的论文《动物的教育:白鼠的心理发展》,他既教给了我心理学,又教给我了修辞学。"

1908年,华生被约翰斯·霍普金斯大学聘为教授。尽管华生并不想离开芝加哥大学,但是约翰斯·霍普金斯大学允诺的晋升与物质待遇、先进的实验仪器和充足的研究经费,以及指导实验室的机会让他别无选择。事实证明,在约翰斯·霍普金斯大学,华生度过了他学术生涯最辉煌的岁月。不久,他便接任该校心理学系的系主任和《心理学评论》的主编,由此成为美国心理学界的重要人物,并被约翰斯·霍普金斯大学学生评为最帅的教授。

在从事实验研究的同时,华生不断思考如何对心理学进行比较客观的研究,逐渐形成了他的行为主义的理论体系。1908年,华生在耶鲁大学的演讲中首次提出了行为主义的观点,认为精神的和心理的概念对于科学的心理学没有任何价值。1912年,华生应卡特尔的邀请到哥伦比亚大学做了系列讲座,发表了其行为主义的纲领。1913年,他在《心理学评论》杂志上发表了题为《一个行为主义者眼中的心理学》一文,这正式宣告行为主义的诞生,标志着行为主义革命的开始。华生明确指出,就行为主义者的观点来看,心理学是自然科学的纯客观的实验分支学科,其理论目标在于预测和控制行为。1914年,华生把1913年在哥伦比亚大学所作的8次演讲整理成专著《行为:比较心理学导论》予以出版,系统地阐述了行为主义心理学体系。1915年,年仅37岁的华生被推举为美国心理学会主席。在会上他发表了题为《条件反射及其在心理学中的地位》的就职演说。华生之所以将巴甫洛夫的条件反射概念引入心理学,原因在于条件反射可以将行为分析为最基本的单元:刺激—反应,这就为心理学研究提供了一种客观地分析行为的方法。

华生力图使他的行为主义具有实用价值。为此,他大力推进心理学应用领域的工作,担任了一个大的保险公司的人事顾问。第一次世界大战打破了华生的研究工作和生活秩序,华生到军事航空服务社工作,从事与战争有实际关系的心理学研究。在军队中,他设计了知觉和运动能力测验,用于选择飞行员,他还研究了高空缺氧对飞行员的影响。战后华生和一位医生开办了工业服务公司,为商业界提供人员遴选和管理咨询方面的服务。

尽管华生活跃在应用心理学的这些领域,但是华生的工作重点依然是要把行为主义的方法发展成心理学思想。1919年,他出版了《行为主义立场的心理学》一书,这本书被认为是华生对其行为主义思想的一次更完备的表述。

1919年秋,华生与一位新来的研究生助理罗莎莉·雷纳(Rosalie Rayner)进行了著名的小阿尔伯特(Little Albert)条件性恐惧实验。后来正是这位女学生,使年轻的心理学家再次坠入爱河。1920年的离婚风波致使华生名声扫地,充满希望的大学职业生涯就这样结束了,他被迫辞去约翰斯·霍普金斯大学的一切职务。他的传记作者

图6-4　华生和他的妻子
　　　　罗莎莉·雷纳

写道:"华生被惊呆了,直到最后,他都不愿意相信他真的会被开除……他一直相信,他的学术地位将使他不会因个人私生活而受到任何影响。"但命运之神使华生再次面临着新的考验。尽管他与罗莎莉·雷纳结了婚,但是他再也没有被允许返回学术岗位获得一个全职工作。由于与他的名字联系在一起的这桩丑闻,没有大学愿意接纳他。很快,华生就意识到他必须开始一种新的生活。

四、商业生涯

1920年,华生被迫辞去约翰斯·霍普金斯大学的教授职位,中断了红极一时的学术生涯,改行从事商业活动。1921年,他加入了沃尔特·汤姆森广告代理公司。他挨家挨户做商业调查、销售咖啡、在商店里做营业员,以此来熟悉商业世界。由于他的独特才能和强烈的进取心,并善于将心理学知识和原理用于广告策划,他很快在汤姆森公司取得了辉煌的成绩,3年之后他就成为该公司的副总经理。《纽约人》称华生是汤姆森公司和广告业的巨人,华生的成功在很大程度上改变了美国广告业的性质,显示了行为主义心理学的巨大威力。1936年,他加入了另外一个广告代理公司,直到1945年退休。

华生相信,人的行为同机器的动作没有什么不同。因此,人作为商品和服务的消费者,其行为像其他机器那样,是可以预测和控制的。他指出:为了控制消费者,"你只需使用基本的或者条件性的情绪刺激……告诉他一些与恐惧联系在一起的东西,或者告诉他一些能激起中等程度生气的事物,或者引发情感或爱的反应,或者能触及其心理或习惯的需要的东西"。

在经商的同时,华生还积极利用各种途径,包括为杂志撰写文章、亲自讲课和出版各种通俗读物来宣传和普及他的行为主义心理学。1924年,华生把所做的一些演讲汇编成《行为主义》一书,并于1925年出版。这本书是华生行为主义的通俗表述。1928年,华生又出版了《行为主义的方法》一书,1930年,华生重新修订了《行为主义》一书,这是他对行为主义观点的最后阐述。

五、晚年生活

华生充满智慧、善于表达、帅气和富有魅力,这些品质使他经常出现在公众的视线中,吸引并乐于接受公众的注意。"华生非常喜欢一些男人的活动,如打猎、钓鱼和其他一些可以让成人和儿童展示他们勇气和个人能力的活动。在这些活动中,他感觉自己才能像个海明威式的人物,因为他崇尚能力、勇敢和男性气质。"

1935年,华生的妻子罗莎莉身患痢疾,不幸去世。罗莎莉的离去,使华生变得郁郁寡欢,生气顿失。很快,华生就隐居起来,断绝了与外界的一切联系,全身心地投入了工作,直到1945年退休。

图6-5 老年时代的华生

1957年，为表彰华生在心理学中的卓越成就，美国心理学会授予华生一枚金质奖章，并称赞"华生的工作已成为现代心理学形式与内容的重要决定因素之一。他发动了心理学思想中的一场革命，他的论著已成为富有成果的，开创未来的研究路线的出发点"。

1958年，华生因病逝世，享年80岁。《纽约时报》发表斯金纳的简短讣文，高度赞扬他为心理学科学化所作的贡献。武德沃斯在《美国心理学杂志》也撰文指出：华生的影响不仅限于行为主义学说，他对广告业的贡献也令人瞩目。1981年，美国心理学会的全国学术年会还组织了一次讨论"华生的生活、时代和研究"的专题会议，以纪念他对心理学的贡献。历史没有忘记，心理学界更不会忘记华生及其学说的贡献与影响，他已作为一座丰碑留在人们的心中。

第三节　华生的行为主义

华生的行为主义又称为"刺激—反应心理学"。他反对内省心理学把意识作为心理学的研究对象、把内省法作为心理学的研究方法，主张心理学应该用自然科学的客观方法研究行为，并在此基础上构建了其行为主义的理论体系。

一、论心理学的性质与对象

华生认为，心理学不但应该成为一门"纯粹客观的自然科学"，而且必须成为一门纯生物学或纯生理学的自然科学，否则便没有存在的可能和必要。

19世纪末20世纪初，心理学家主要凭借对感情和感觉的内省了解人的意识活动。华生反对这种做法。在他看来，心理学必须成为一门"纯粹客观的自然科学"，如果把意识作为心理学的研究对象，心理学就永远不能跻身于科学之林。华生认为，不管是构造主义心理学主张研究意识的内容、元素，还是机能主义心理学主张研究意识的机能、状态，都是一种自欺欺人的做法。因为心理、意识和灵魂一样，只是一种假设，本身既不可捉摸，又不能加以证实，所以心理、意识是根本不存在的东西；而几十年来心理学中的混乱、分歧、争论和失败，都是由于在心理学研究对象上被鬼火式的意识所缠绕造成的，"心理学放弃与意识的一切关系的时机似乎已经到来"。

那么，心理学该研究什么呢？在华生看来，心理学的研究对象不是心理或意识，而是人和动物的行为。而何为行为(behavior)？华生认为，行为是有机体应付环境的全部活动。为了便于对行为进行客观的实验研究，华生把行为还原为刺激—反应(S—R)。刺激是指引起有机体行为的外部和内部的变化，而反应则是指构成行为最基本成分的肌肉收缩和腺体分泌。华生指出，反应有内隐的或外显的、遗传的或习惯的之分，根据反应的这两个方面的四种可能的不同结合，华生把反应分为四类：① 外显的习惯反应，如开锁、打网球、拉提琴、与人流利地谈话、与人交往等；② 内隐的习惯反应，如条件反射所引起的腺体分泌、思维活动等；③ 外显的遗传反应，包括人类可观察的本能和情绪反应，如抓握、打喷嚏、眨眼等；④ 内隐的遗传反应，如内分泌腺的全部分泌系统、循环系统内的变化等。

华生从严格的决定论出发,认为一定的刺激必然引起一定的反应;而一定的反应也必然来自一定的刺激。他强调心理学研究行为的任务就在于查明刺激与反应之间的规律性的关系,从而根据刺激预知反应,或根据反应推知刺激,从而预测和控制人的行为。

二、论心理学的研究方法

由于华生在心理学研究对象上摈弃主观意识而主张研究客观行为,因而在心理学研究方法上反对使用内省法而主张采用客观法。华生认为,内省观察仅仅涉及个人私有意识经验,个人只能内省地观察到自己,而无法内省地观察到他人,因而根本无法为心理学提供客观有效的研究材料,也绝不可能在此基础上产生出客观的知识。内省只能给心理学带来分歧与混乱,必须加以抛弃,应大力提倡客观法。华生认为,心理学的客观方法主要有下述四种:

(一) 观察法

华生认为,观察法(observational method)是科学研究的最基本的方法。他把观察法分成两类:一是无帮助的观察,即不需要借助仪器的控制而完成的观察。这种方法可以了解引起反应的刺激及反应和动作的性质。华生清楚地认识到,不使用仪器,行为中有很多现象不可能加以充分科学而有效地控制,所以充其量,这种方法在心理学中不过是一种粗糙而简单方便的方法。二是借助仪器控制的观察,即实验方法。由于有仪器帮助并对被试者加以控制,因而能够更精确地进行研究。

(二) 条件反射法

条件反射法(conditioned reflex method)是华生行为主义心理学最重要的也是最能体现其理论特色的研究方法。条件反射法是俄国著名生理学家巴甫洛夫最先采用的,然而,应用到心理学上,却要归功于华生。所以从心理学意义上讲,条件反射法是行为主义特有的方法,别的心理学派不曾用也不愿意用这种方法。

华生把条件反射法分为两类:一类用以获得分泌条件反射的方法,另一类是用以获得运动条件反射的方法。华生不仅把条件反射法正式列入了心理学的研究方法,而且还亲自应用这一方法对儿童的情绪进行系统的实验研究,取得了有价值的成果。

(三) 言语报告法

华生认为,行为主义者可以通过被试的言语报告来研究他人的行为,并认为言语报告法(verbal report method)比其他客观的方法更为简单实用。他指出:"人类是一种独特的动物,最常用最复杂的言语去进行反应。有一个相当流行的观念认为客观的心理学不谈及言语的反应,这自然是错误的。如果忽视人类的发音行为,那真是愚昧偏执之至。在人类方面往往唯一可观察的反应便是言语。换言之,他对于各种情境的适应用言语的时候比用其他运动机制的动作更为常见。"华生就这样勉为其难而又堂而皇之地将言语报告法引进了行为主义的大门。

众所周知,华生强烈地反对内省法,然而,耐人寻味的是,他竟然允许观察自己身体内部发生的各种变化,并对这些变化进行言语报告。华生这种对内省心理学的妥协曾在西方心理学界引起很大的争议。华生认为,这是由于对行为主义的误解使然。他指出行为主义研究的是个人的整个的或全体的活动,而不仅仅是肌肉与腺体的变化。声称言语报告不客观是不对的,因为言语活动本身就是一种反应,听取别人的言语和观察其身体动作一样,都是客观观察。华生指出,"说就是做,换言之,说就是行为。"在有仪器时,言语报告可以与仪器测量的结果互相补充,而在诸多仪器尚无能力的领域,言语报告经心理学家的处理能提供当时最客观的指标。就这样,华生把内省法从前门大大方方地送出去,又借助于"言语报告法"的伪装把它从后门偷偷摸摸地请了回来。

(四) 测验法

华生的测验法不同于其他心理学家的测验法。他认为,测验法所测验的应是行为而非心理品质;测验的目的并非度量智力和人格而应是被试对测验情境所作的反应。华生认为现有的测验有一个很大的缺陷,就是他们往往依赖于人们的言语行为,这样就排除了对有语言缺陷的人应用测验法的可能性。因此,他主张设计和运用不一定需要语言的有明显外部表现的行为测验。

三、对心理现象的行为主义诠释

华生不仅对心理学的基本问题进行了研究,也对一些具体的心理现象,如本能、情绪、思维、人格等作了行为主义的诠释。

(一) 本能论

华生关于本能的认识的转变前后经历了三个阶段:一开始全盘接受传统心理学的观点,随后产生动摇和怀疑,最后毫不留情地断然否定。

华生早期认为,本能是"在适当刺激作用下系统展现出的先天性反射组合"。在这一组合中的每一种元素都可以看作是反射,而本能是指一系列的连续反射。因此,他给本能的定义是:"本能是一种遗传的模式反应,其个别元素大都是些横纹肌的运动。"在他 1914 年出版的《行为:比较心理学导论》一书中,华生描绘了包括控制随机行为的 11 种本能。他在佛罗里达州海岸旁的一个群岛上研究了一种水鸟燕鸥的本能行为,同他一起去的还有卡尔·拉什利。拉什利那时还是约翰斯·霍普金斯大学的学生,拉什利声称,这次探险活动由于他们缺乏雪茄和威士忌而突然中止了。

到 1925 年的时候,华生修改了他的观点,完全否认行为可以遗传,否认本能的存在,认为心理学不再需要本能的概念。华生认为,人和动物如有什么与生俱来的行为的话,也只是由于有着与生俱来的身体结构。他指出,人类是一种动物,生来就具有一定形式的构造。有了那样的构造,所以在生时对于刺激不能不有一定形式的反应,如呼吸、心跳、打喷嚏等。他把这些反应称为人类不学而能的行为。"……没有一种反应相当于现代心理学家和生物学家的所谓'本能'。所以在我们看来是没有本能的——心理学中我们也不需要这个名词。现在习惯上称为'本能'的一切动作,大概都是训练的结果——属于人类所有的学习行为之中的。"

在这里,华生提出了一个十分重要的命题:构造上的差异及幼年时期训练上的差异就足以说明后来行为上的差异。这就是说,在先天结构差异的基础上,只凭外界的影响,只凭教育的作用,就可随意把人培养成为预定的类型。由此,华生得出了一个极为著名的断言:"给我一打健全的婴儿和我可用以培育他们的特殊世界,我就可以保证随机选出任何一个,不问他的才能、倾向、本能和他的父母的职业及种族如何,我都可以把他训练成我所选定的任何类型的特殊人物,如医生、律师、艺术家、大商人甚至于乞丐。"

华生反对詹姆斯、桑代克、麦独孤等人过分夸大本能的作用,重视环境和教育的作用是有积极意义的。但是他完全否认遗传和本能,主张环境决定论和教育万能论则是错误的。

 拓展阅读 6-2

华生的儿童养育实践①

1928年,华生出版了《婴儿和儿童的心理学关怀》一书。在这部书中,他勾画了一种控制性的,而不是自由放纵的儿童养育体系。这一观点同他的环境决定论主张是一致的。

这本书站在行为主义的立场上,给养育儿童提出了许多严厉的告诫。他提出,父母永远不要"拥抱和亲吻儿童,永远不要让他们坐在你的膝盖上。如果必须的话,那么当他们说晚安的时候亲吻他们的额头一下。早晨起床后和他们握握手。如果他们出色地完成了一项极为困难的工作,就在头上轻拍一下,以示赞扬……这样一来,你会发现你可以多么容易客观地对待他们,同时又不失你的慈爱。你会为以往的那种令人作呕、多愁善感的养育方式而感到十分的羞愧"(Watson,1928)。

这本书改变了美国的儿童养育习惯。整整一代儿童,包括华生自己的孩子,都是按照这种规定养育大的。

华生的儿子,后来成为加利福尼亚商人的詹姆斯·华生(James Watson)回忆说,父亲从没有对他和他的兄弟表达一些爱。他对父亲的描述是这样的:"冷淡、情绪上无法沟通,从不表达他自己的任何感受和情感,对别人的情感也不作反应。我认为,他不自

---

① 杜·舒尔茨(Duane P. Schultz).西德尼·埃伦·舒尔茨(Sydney Ellen Schultz).现代心理学史[M].叶浩生,译.南京:江苏教育出版社,2005:247—249.

觉地剥夺了我和我兄弟的任何一种感情的基础。他深信,任何柔情和爱心的表达都会对我们产生不利的影响。他严格地贯彻着他作为行为主义者的那种基本哲学理念。他从未亲吻过我们,或者把我们当成儿童看待。我们也从没有表示出任何情感上的亲密。因为在家中这是绝对禁止的。当晚上睡觉的时候,我记得父母同我们握手……我和我的兄弟从没有想过要在身体上亲近父母,因为我们都知道,那是一个禁忌。"

(二) 情绪论

华生认为,情绪是一种遗传的模式反应(pattern reaction),其中包括整个身体机制的深刻变化,特别是内脏和腺体系统的深刻变化。这就是说,情绪是遗传的、原初的,其反应是模式化的、类型化的,即反应的各个细节表现出一定的恒常性、规则性及顺序性。华生认为,情绪和本能都是遗传的模式反应,但两者有一定的区别。刺激引出的反应若是内部的,限于被刺激者体内的,就是情绪,例如脸的红涨;刺激若引起机体全部去适应事物,就是本能,例如防御的反应、把握等。在华生看来,情绪活动于体内,是内隐的、混合不清的,而本能表现于外以适应环境;情绪可以离开外显的本能动作而发生,但本能动作基本上总是伴随着情绪。

根据对婴孩的研究,华生提出了著名的情绪三维理论。他认为,原始情绪模式表现为恐惧(fear)、愤怒(rage)和爱(love),它们各有其发生的主要情境及典型表现。恐惧是由高声和突然失去支持引起的,愤怒是由身体运动受到阻碍引起的,而爱则是由抚摩皮肤、摇动和轻拍引起的。华生唯恐人们把恐惧、愤怒及爱理解为意识一类的主观的东西。他希望人们抛弃这些名词的旧含义,而用呼吸、心跳以及其他不学而能的反应的观点来理解。可见,华生的情绪学说和詹姆斯—朗格学说相类似,均把情绪归结为内脏和腺体的变化。所不同的只是华生否定知觉和意志过程,而将不同的情绪确定为特定内脏变化的行为表现。

> 拓展阅读 6-3
>
> **小阿尔伯特实验**[①]
>
> 华生对一个 11 月大的小男孩阿尔伯特进行了实验研究,以论证自己的情绪条件反应理论。在这个实验中,通过条件反射,阿尔伯特形成了对白鼠的恐惧。恐惧是通过制造巨大的噪音而形成的,每当阿尔伯特看到一只白鼠出现,在他的背后就会出现一声巨响,没过多久,只要看到白鼠阿尔伯特就会表现出极度的恐惧。这一条件性刺激逐渐泛

---

① 杜·舒尔茨(Duane P. Schultz). 西德尼·埃伦·舒尔茨(Sydney Ellen Schultz). 现代心理学史[M]. 叶浩生,译. 南京:江苏教育出版社,2005:255—256.

化到类似的刺激上,如兔子、白皮领和作为礼物的圣诞老人。华生认为,成人的所有诸如此类的恐惧、厌恶和焦虑都是在儿童早期通过条件反射而形成的,它们并非像弗洛伊德声称的那样,起源于无意识冲突。

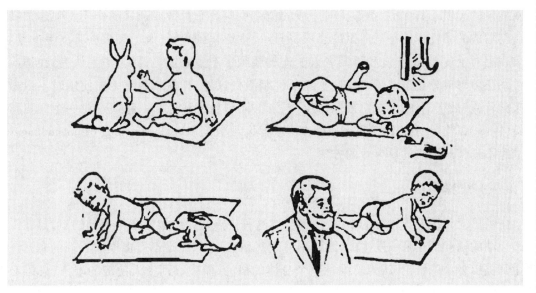

图 6-6　婴儿恐惧情绪的制约学习历程（采自 Thonmpson,1962）

尽管通过条件反射,阿尔伯特产生了对白鼠、兔子和圣诞老人的恐惧,但是当华生准备去消除阿尔伯特的恐惧时,阿尔伯特已经找不到了。这一研究之后不久,华生离开了学术圈。后来他在纽约的广告公司工作的时候,在一次演讲时谈到了这一研究。听众中有华生的妻子罗莎莉的同学玛丽·琼斯(Mary C. Jones)。华生的谈话激发了琼斯的兴趣,她想要知道是否条件反射技术可以应用于消除儿童的恐惧。她请求罗莎莉介绍她认识了华生,然后就开始了她的研究,这一研究现在已成为心理学发展史上的另一个经典。

琼斯的被试是3岁的皮特(Peter)。皮特一开始表现出对兔子的恐惧,当然,这一恐惧并不是在实验室中造成的。当皮特吃饭时,一只兔子被带进房间,但是与皮特保持足够的距离,以便不会引起皮特的极度恐惧反应。经过几周的一系列尝试之后,兔子与皮特的距离越来越近,而且总是出现在皮特吃饭的时间。最终,皮特习惯了兔子的存在,可以触摸兔子且不会表现出恐惧反应。对类似兔子的物体的那种泛化的恐惧反应通过这个程序被消除了。

琼斯的研究被认为是行为矫正的先驱。行为矫正是把学习原理应用于改变适应不良的行为。这一技术在琼斯研究的50年之后变得非常受欢迎。琼斯一直在加利福尼亚大学儿童福利研究所工作。1968年,因对发展心理学的杰出贡献,她获得了斯坦利·霍尔奖。

华生用条件反射原理解释情绪的发展变化,"小阿尔伯特实验"是华生在情绪研究中的一项经典实验。他认为,首先,条件化是使情绪复杂化和发展的机制,人的各种复杂情绪是通过条件作用而逐渐形成的。阿尔伯特刚开始对小白鼠及一些带毛的东西毫不惧怕,并表现出好奇。以重击铁轨的高声作条件反射实验,数次之后,即使没有高声,孩子也开始表现出对白鼠的恐惧。其次,由条件反射形成的情绪反应具有扩散或迁移的作用。阿尔伯特虽然起初形成的条件作用是对白鼠的恐惧,但以后则泛化到兔子、鸽子等多种有皮毛的动物,并表现出对毛皮上衣、头发和圣诞老人的连鬓胡须也产生恐惧。最后,华生认为,在适应的条件下还可形成分化条件情绪反应。除条件刺激白鼠外,其他刺激都单独使用时不以敲击声来强化,扩散则消失,只对白鼠保留反应。此外,华生还和琼斯一起通过对一个3岁孩子皮特(Peter)的实验研究,认为重行条件作用或解除条件作用(re-conditioning or unconditioning)是消除不良情绪反应的最有效的方法。

(三)思维论

华生反对传统关于思维的中枢主义观点,这种观点认为思维完全是大脑的事,是在没有肌肉运动的情况下在脑中发生的,因而不易观察和实验,只能是不可捉摸的心理的东西。而华生则提出外周思维论,认为思维是整个身体的机能,而中心则为天使般的喉头,思维必然是一种感觉运动的行为。

华生将"言语"和"思维"都归结为"语言的习惯",他认为言语是"外显的语言习惯"(explicit language habit),而思维则是"内隐的语言习惯"(implicit language habit)。或者说,语言是"大声的思维",而思维则是"无声的谈话"。在华生看来两者并无本质的区别,两者都是人类所特有的语言习惯,只不过前者是外显的、有声的和供社会之用的,而后者则为内隐的、无声的和供个人之用的。

华生认为,内隐的语言习惯是由外显的语言习惯逐渐演变而来的。他指出,儿童经常自言自语,后来在大众和社会的要求下逐渐由有声状态转变为无声状态,即由外部自言自语转变为内部言语。而且,人除了语言形式的思维,还有非语言形式的思维。如聋哑人在说话时就是用肢体的运动来代替文字的,他们的言语和思维都是以同样的肢体反应来进行的。甚至正常人也并非总是用词来进行思维,当一个人在思维的时候,他不仅发生着潜伏的语言活动,而且还发生着潜伏的肢体活动和潜伏的内脏活动。而在后面两种活动占优势时,就发生了没有语言形式的思维。

华生用实验方法尝试记录思维时的舌头和喉部肌肉运动。这些测量揭示了在被试思维的某些时间里,的确存在着轻微的运动反应。尽管华生无法得到更可靠的研究结果的支持,但是他确信内隐言语运动反应是存在的。他坚持认为,当有了更为精致的实验室设备后,是可以证明他的观点的。

(四)人格论

华生认为,必须完全抛弃以往的人格概念,而改用行为主义的人格概念。在他看来,人格(personality)乃是一切动作的总和,是我们所有的各种习惯系统的最终产物。所有人的资质在出生时都是相同的,但由于生活环境和所受教育的不同,不同的人便因之形成了各种不同的习惯系统,如宗教习惯系统、婚姻习惯系统、私人习惯系统等。但各个习惯系统所占的地位是不同的,对人格的分类和对个人人格的判断,是以占优势的习惯系统为根据的。

华生认为,在人的一生中,幼年和少年时期是各种习惯系统的形成时期,也是人格变化发展最快的时期。随着年龄的增长,新的习惯系统不断形成,旧的习惯年复一年地消除。一般说来,到十三四岁以后,其习惯系统已基本上确立,除非发生新的强烈的刺激,否则其人格是很难有所改变的。但华生认为,人格又是可以改变的,唯一的方法就是改变一个人的环境,使他在新环境中不得不养成新的习惯系统,人格也就得到了改造;而且环境改变的程度越高,人格改变的程度也越高。

总之,华生的行为主义理论体系是建立在他对心理学研究对象和方法客观化的认识基础之上的,他对各种心理现象的行为主义诠释都是对其客观的"刺激—反应"的行为公式的具体应用和说明,其最终目的在于使心理学成为一门能够预测和控制的人的行为的、真正的自然科学。

第四节　其他的早期行为主义者

作为行为主义的旗手,华生是行为主义最有影响的一位人物。到了20世纪20年代,行为主义在美国风行起来。霍尔特、魏斯、亨特、拉什利等心理学家的观点与华生的主张大致相同,但又不完全一致,他们通常被称为早期行为主义者。

一、霍尔特

霍尔特(Edwin Bissell Holt,1873—1946)是新实在论的哲学家,也是早期行为主义心理学家。他出生于美国的马萨诸塞州,1901年获得哈佛大学哲学博士学位,并在哈佛大学和普林斯顿大学度过了他的整个学术生涯。他的主要著作有:《意识的概念》(1914)、《弗洛伊德的愿望及其在伦理学中的地位》(1915)、《动物驱力和学习历程》(1931)等。

霍尔特坚持心理学应当研究行为,主张中枢神经系统只有传递功能而没有任何加工作用的外周论(peripheralism)。霍尔特指出:"生理学家并未发现神经流通过大脑皮层时,被一漏筛过滤而进入不可见的心理世界,或者在这里受到任何意志力的支配。它们穿过大脑两半球这个迷津,并不比穿过低级脊髓有更多的神秘性。"霍尔特的这一观点,为行为主义在心理与神经系统的关系问题上的论述提供了哲学依据。

在遗传对人类行为的影响问题上,霍尔特同意华生的观点,认为遗传对人类行为的形成所起的作用并不重要,人的行为模式是通过两条途径发展起来的,基本途径是学习,其次则是通过成年时代对童年时行为模式的保持。霍尔特也有与华生不同的观点,这些不同之处表现在：① 他承认意识，并把意识包括在行为之中。他指出，意识应该归属于认识论的现实主义。按照现实主义的观点，客观是作为被知觉的东西而存在的，即使在我们没有知觉它的时候也是这样。② 他反对把行为分解为"刺激—反应"，认为行为是"特殊的反应关系"，是完成某种目标的整体。③ 他主张行为是有目的的，行为动机既有外部刺激又有内部驱力，如饥、渴等。霍尔特把内驱力作为学习的动机之一，这对后来的新行为主义者赫尔、托尔曼等人均产生了重大影响。

波林（1950）曾这样评价霍尔特：可能由于他一半是哲学家（实在论者），一半又是优越的实验家，所以他被认为是一位非正统的行为主义者，他的主要功绩是为行为主义提供了一个哲学的框架。

二、魏斯

阿尔伯特·保罗·魏斯（Albert Paul Weiss，1879—1931）是早期行为主义心理学家之一。他出生于德国，童年时移居美国。1916年，在心理学家梅耶（Max Fredirick Meyer）的指导下获得密苏里大学哲学博士学位，此后一直在俄亥俄州立大学任教，从事儿童心理学的研究。代表作有《人类行为的理论基础》（1925）等。

魏斯是一位激进的行为主义者。他主张心理学是一门严格的自然科学，竭力排斥意识和内省法，力图把意识、人格都分解为物理、化学等要素，还原为电子和质子的运动。他认为，用客观的自然科学方法不能观察到的所有现象都应该清除出心理学，因而通过内省所得

图6-7 魏斯

到的心理现象在心理学中就不能存在。心理学不应该去研究意识，只能研究由物理学界定的对象。显然，这是一种极端的还原论（reductionism）观点。

魏斯强调行为的生物要素，然而又不能回避人的行为具有社会性的事实。于是魏斯主张，人是这两种力量的产物，并且创造了"生物—社会的"一词去说明人类行为的特点。他认为，心理学的范围在于生物社会的过程，心理学的观点应是生物社会的。他认为，人的行为是随着有机体的成熟和发展，并在社会影响和人们的互动作用下形成和改变着的。因此，心理学不能局限于生理的研究，还必须研究这种影响和社会关系。但是，由于他最终把社会关系归结为刺激—反应关系，也就是把社会的东西还原为生物、物理、化学的东西，否认了社会生活这种物质运动高级形式质的特殊性，因而不仅使人的行为的社会性成了空话，实质上连社会生活本身的存在也被否定了。

三、亨特

亨特（Walter Samuel Hunter，1889—1953）生于美国的伊利诺伊州，曾就读于机能主义心理学的发源地芝加哥大学，也是安吉尔和卡尔的学生。1912年，获芝加哥大学哲学博士学位，先后任教于得克萨斯大学、堪萨斯大学、克拉克大学和布朗大学。主要著作有：《动物和儿童的延迟反应》（1914）、《心理学与人类行为学》（1926）。他从事动物和人类的实验工作，

对学习和解决问题的研究有着重要的贡献。1931年,亨特当选为美国心理学会主席。

亨特认为,心理学已由争论心理学是什么和应怎样的思辨时代进入实验时代,心理学已走上客观地研究人类行为的道路。同其他早期行为主义者一样,他主张心理学应当努力地描述和解释、预测和控制有机体对外在社会环境的反应即外显行为,他排斥意识和反对内省,力求避免应用带有心灵色彩的术语,主张"心理学"应改称为"人类行为学(anthroponomy)","意识"应称为"刺激与反应"。

亨特以其对动物和儿童的延迟反应的实验研究而著名。实验是让被试学会由一个地点走向几只箱子中有亮光的一个。当箱子发光时,不让被试开始走动,而是等光亮熄灭一定时间后才能走过去,被试之所以在亮光熄灭后能够正确走向发过亮光的箱子,传统的解释是被试的反应不是由当前的刺激所引起的,而是由光亮的意象这种观念的东西所引起的。而亨特认为这是因为动物和儿童能够保持亮光熄灭前的身体姿势,身体姿势产生了动觉,成了完成这种反应的信号。他推测一定还有许多不能为主试者所看到的机体内部变化作为信号,起所谓观念性的意象的作用。这样一来,传统心理学中的心理状态,也就消解在包括语言动作在内的身体动作状态之中,心理、意识的东西也就不再存在。可见,亨特的实验研究是为其行为主义观点寻找根据的。

四、拉什利

卡尔·拉什利(Karl Lashley,1890—1958)是美国杰出的生理心理学家,是华生在约翰斯·霍普金斯大学的学生,1915年获得哲学博士学位。先后在明尼苏达大学、芝加哥大学和哈佛大学执教,最后到伊尔克斯灵长类生物学实验室工作。他以其对动物脑切除的研究闻名于世。拉什利的主要著作有:《意识的行为主义解释》(1923)、《脑的机制与智力》(1929)。1929年,拉什利当选为美国心理学会主席。

图6-8 拉什利

当拉什利还是个孩子的时候,他就对人的构造感到困惑。在玩积木等机械玩具方面,他非常熟练。当他发现人和机器之间存在着巨大的相同点时,他喜欢上了心理学。拉什利打着反对主观主义的旗帜,坚持其师承的行为主义立场。他认为心理学不应该研究意识,因为意识是不可被经验到的。人们所经验到的只是作为意识内容的客观事物本身,而不是意识。由此,他把行为分为意识行为和无意识行为两种,并认为它们只是程度上的差异而无质的区别。他还认为,语言反应和身体的其他反应也无性质上的区别,只不过是一些肌肉群的收缩而已。他也反对内省法,把内省理解为通过内部感官对自己身体内部变化所进行的观察。

通过对白鼠及其他动物脑切除的实验,拉什利提出大脑皮质功能活动的两条原则:① 整体活动原则(mass-action principle),即切除大脑皮质对学习效率影响的大小以切除分量的多少为转移。切除的分量愈多,影响愈大。而且所受影响的大小还依所学活动的复杂程度而异,活动愈复杂,受到的影响愈大,但与切除的部位无关。② 均势原则(或等功原则,

equipotentiality principle），即大脑皮质的一定部位，从其对任务的功效来说，本质上是与另一部位相等的。因此，切除大脑皮质的不同部位，对动物的学习效率并不会产生不同的影响。

根据上述研究，拉什利进一步得出推论，认为大脑皮质并不存在具有确定定位点的感觉装置与运动装置之间的联结，因而脑的作用也并非仅仅是把内导的感觉神经冲动转换为外导的运动神经冲动。实际上，在学习中脑的作用比这复杂和积极得多。拉什利不同意华生把反射只看作是点对点的简单联结、复杂行为是由许多简单反射组合而成的观点。他关于脑整合机制的发现和完形心理学的理论有着一致之处。当然，拉什利和华生的分歧只是在具体问题的看法上的不同，他们在行为主义的基本立场上则是始终一致的。

尽管拉什利的研究使人们对华生行为主义的理论基础产生了怀疑，但是它并没有削弱行为主义的客观研究趋向。相反，拉什利的工作更加确认了心理学中客观方法的价值。

第五节 对早期行为主义的评价

行为主义自问世以来，在心理学界引起了很大的轰动，对心理学产生了持续而深刻的影响。面对这场声势浩大的心理学运动，心理学家的评价往往是毁誉不一，差距很大。

一、早期行为主义的贡献

华生所创立的行为主义是美国现代心理学的主要流派之一，在西方心理学界占据支配地位长达半个世纪，这是其他任何心理学学派所无法与之比肩的，正因为其影响与地位出类拔萃，遂被视为西方心理学的一次革命，英国哲学家罗素更是将行为主义心理学视为犹如伽利略在天文学上的一次革命。

（一）强化了心理学的科学特征

在华生之前，尽管不少心理学家如冯特、赫尔姆霍茨、韦伯、费希纳等都试图将心理学从哲学附庸、神学婢女和灵魂奴仆的地位中解放出来，使心理学成为一门独立的科学，甚至别赫切列夫、安吉尔等人还提出了各自的客观心理学体系或构想。但是，真正使心理学由主观范式转向客观范式的是华生的行为主义：① 华生以机械唯物主义为基点，坚决反对以不可捉摸的、不可接近的意识或心理现象为研究对象，而竭力主张将可观察和控制的人与动物的外显行为作为研究对象，这对于清除传统心理学中哲学思辨式的玄想和唯心主义心理学的主观性、神秘性、因袭性和繁琐性具有极大的积极意义；② 华生坚决主张以严格的客观方法取代主观内省法，并明确地将条件反射法作为心理学的主要研究方法，不仅加强了心理学的科学性和客观性，而且不同的科学家之间可以相互验证，交流经验和结论，有利于心理学的发展；③ 华生主张以预测和控制人的行为作为心理学的目标和任务，而这种预测和控制是通过 S—R 公式来实现的,体现了严格的客观主义立场。

舒尔茨指出:"华生的行为主义改革运动帮助了美国的心理学,使其在研究行为时,从注意于意识和主观主义转变到唯物主义和客观主义。"华生的行为主义坚持客观研究法,彻底摒弃内省心理学,使心理学从主观的唯心主义的玄学向客观的唯物主义的科学发展道路上迈进了一大步,从而强化了心理学的科学特征。

(二) 拓展了心理学的研究领域

行为主义一直致力于心理学的基础研究,在动物心理学、儿童心理学、学习心理学以及教育心理学领域都取得了重大的突破,从而拓展了心理学的研究领域。① 行为主义的产生促进了动物心理学的发展。华生以研究白鼠的行为和鸟类行为起家,遵循摩尔根的吝啬律,力图将意识排除于心理学研究的领域之外,并把行为置于心理学的中心地位,不仅避免了动物心理学中的拟人化的倾向,而且使动物心理学在心理学中取得了应有的合法地位。② 华生在儿童心理学的客观化——方法和术语方面,发挥了巨大的作用。他将实验法引入儿童心理学领域,尤其是他的儿童情绪条件反射的实验研究,促使人们对于儿童情绪的产生、发展和特定情绪的反应模式做了大量的研究工作,进一步丰富了儿童心理学的研究领域。③ 行为主义还注重对学习特别是动物学习的实验研究,并把从动物学习的实验研究中所获得的结论推广到人类的学习之中,从而促进了学习心理学和教育心理学的发展。

(三) 促进了心理学的推广与应用

行为主义注重吸收自然科学的成果,强调预测和控制人的行为,提倡心理学要面向实际生活,促进了心理学的广泛应用。

由于行为主义坚持心理学走客观化的道路,突出心理学对象与方法的客观性、开放性和可操作性,把预测和控制人的行为作为心理学的根本任务,因而决定了行为主义更加注重面向实际生活,重视心理效应,发展应用心理学。历史的发展也已证明,行为主义使许多从实验心理学中分离出来的心理学分支,如药物心理学、广告心理学、法律心理学、测量心理学和心理病理学等取得了突飞猛进的发展。

舒尔茨等指出:"华生对传播心理学所作的贡献或许比任何一个人都要多。"华生不仅倡导心理学的应用,而且身体力行,使心理学走出了书斋和象牙塔,从而获得了强大的生命力和广阔的生存空间。华生离开大学教学岗位后,做了大量的心理学普及工作,竭尽全力地将行为主义原理应用于商业和工业,使行为主义在美国得到了普遍认可。目前,在美国,行为主义方法、技术不仅普遍应用于各种社会机构,如学校、医院、诊疗所、工厂、政府机关,而且已经渗入西方人文社会科学如社会学、政治学、行为科学、文学艺术等领域。应该肯定,早期行为主义在心理学应用方面所取得的创造性功绩与贡献,是任何其他心理学学派所无法比拟的。

拓展阅读 6-4

行为主义的公众吸引力[①]

为什么华生这种大胆、鲁莽的声明在公众中吸引了那么多追随者？的确，大部分人并不在乎心理学的意识观：某些心理学家认为人是有意识的，另外一些心理学家则宣称心理学丧失了它的心灵，此种争论与他们毫无关系。公众中的多数人也不关心思维究竟产生于大脑，还是存在于脖颈。这些问题在心理学家中间引起了相当的评论，但是公众对这些问题几乎没有什么兴趣。

刺激公众的是华生对一种全新社会的呼吁。这种社会建立在行为的科学塑造和控制的基础上，而不是以神话、风俗和传统的行为为基础。这样的观点给那些已经对传统观念丧失信心的人带来了新的希望。在一片狂热的追求声中，行为主义被蒙上了一层宗教色彩。围绕着华生的行为主义，出现了成百上千的文章和书籍，其中有一本是《一个名为行为主义的宗教》。时年23岁的斯金纳读了这本书，写了一篇书评，并寄给了通俗文学杂志。"他们并没有发表我的书评，但是在写作的过程中，我或多或少地第一次把我自己界定为行为主义者。"多年以后，斯金纳继承了华生的事业，并完善和扩展华生的工作。

从报纸对华生《行为主义》(1925)的评论上，可以看出华生的观念所引起的骚动。《纽约时报》宣称：它标志着人类思想史上一个划时代的转变。《纽约先驱论坛》称这本书是"人类有史以来最重要的书，给人带来巨大的希望，同时又让人感到昏眩"。

在某种程度上，人们接受华生的行为主义是因为他富有魅力的人格。作为一个领导人物，华生以热情、乐观和自信推广着他的观点。他又是一个富有吸引力的演说家，无情地讽刺传统，拒绝那时流行的心理学。这些个人品质，加上他运用自如的时代精神，使得华生成为心理学的先驱人物。

二、早期行为主义的局限

舒尔茨指出，行为主义是最重要的也是引起争论最多的美国心理学体系。这说明早期的行为主义有其内在的局限性。

（一）生物学化倾向

华生之所以把人与动物的行为作为心理学的研究对象，是由他坚持把人的心理彻底生物学化和动物学化的立场所决定的。首先，行为主义把心理学看成一门自然科学，将人和动

[①] 杜·舒尔茨(Duane P. Schultz)，西德尼·埃伦·舒尔茨(Sydney Ellen Schultz). 现代心理学史[M]. 叶浩生，译. 南京：江苏教育出版社，2005：257—258.

物看成是相同的或相似的自然实体,忽视人是社会历史的存在物。其次,行为主义主要以猫、白鼠、狗、猩猩等为研究对象,把人的心理完全动物学化或生物学化。行为主义只看到了人与动物的连续性,抹杀人与动物的本质差别,把人归结为动物,必然会陷入生物主义的境地。

(二) 客观主义倾向

华生的行为主义提倡以客观的方法代替主观的内省法,应该说是历史的进步,也是心理学发展的必然结果,其心理学的方法论是具有一定的积极意义的。但是华生的行为主义贬低作为主体的人在心理和行为活动中的地位和作用,否认心理的主观性和内省法,把客观行为和客观方法视为心理学唯一的研究对象和研究方法,认为研究者在研究中应坚持价值中立的立场。如此以行为等同或取代意识,实质上就是肯定客观、否定主观,必然陷入"无心理内容的心理学"或"无头脑的心理学"的客观主义的境地。

(三) 机械主义倾向

华生的行为主义"是一种刻意模仿和追求自然科学,特别是物理学的机械主义方法论的传统来研究心理现象的心理学倾向或主张"。它坚持机械主义的传统和环境决定论的观点,否认生理和遗传对心理的作用,忽视刺激反应之间人的主体性因素,把行为归结为 S—R 的简单模式,千方百计地把人描绘成为一种消极被动而毫无主观能动作用的机械结构,其结果必然又陷入机械主义的境地。

(四) 还原主义倾向

早期行为主义虽然反对冯特和铁钦纳的内省心理学,但却不反对他们元素分析的还原立场。在华生看来,人的"心理"便是肌肉的收缩或腺体的分泌,他把社会的东西还原为生物的东西,再把生物的东西还原为物理、化学的东西,抹杀了社会与自然的本质差别,把心理现象归结为纯自然现象,又陷入还原主义的境地。

尽管如此,华生的行为主义自 1913 年问世以来,受到众多心理学家的欢迎和拥护,发展到 20 世纪 20 年代末期,已经成为美国最有影响和势力的心理学流派,对心理学产生了持续而深刻的影响,华生也因此成为心理学的先驱人物。

> **拓展阅读 6-5**
>
> #### "华山论剑"——华生与麦独孤的辩论[①]
>
> 麦独孤(William McDougall)是华生最强有力的反对者之一,以"本能理论"而闻名。

---

① 杜·舒尔茨(Duane P. Schultz).西德尼·埃伦·舒尔茨(Sydney Ellen Schultz).现代心理学史[M].叶浩生,译.南京:江苏教育出版社,2005:263—264.

麦独孤的本能理论认为,人的行为源于思维和活动的固有倾向。最初人们接受这一观点,但是随着行为主义观点的流行,他的本能理论丧失了基础。华生拒绝本能的观念,在这样一些问题和其他问题上,两人之间爆发了冲突。

1924年2月5日,华生和麦独孤两人在华盛顿的"心理学俱乐部"举行了一场公开的辩论。辩论的胜负由评判委员会成员投票表决,有上千人参加了这次辩论会。

麦独孤以乐观主义的态度开始了他的辩论。"对于华生博士,我具有一种基本的优势。这种优势如此之大,以至于我感觉有些不公平,那就是所有具有常识的人从一开始会站在我这一边。"麦独孤同意华生的观点,认为行为是心理学研究合适的对象,但是他争辩说,意识同样也是不可缺少的。后来的人本主义心理学和社会学习理论也持同样的观点。

麦独孤质问道:如果心理学家拒绝了内省,那么他们怎样判定被试反应的意义或言语行为的准确性呢?如果没有自我报告,我们怎么能了解白日梦和幻想呢?他们又怎样理解或欣赏审美体验呢?麦独孤挑战华生的观点,质问行为主义者究竟怎样解释欣赏小提琴音乐会的体验。他指出:

"我走进这个大厅,看到一个人坐在台上,正在用马尾鬃擦提琴的弦;台下一千多人安静地、全神贯注地坐着,突然又爆发出雷鸣般的掌声。行为主义者会怎样解释这些奇怪的事件呢?由琴弦发出的振动刺激使上千人处于绝对的安静和沉寂状态,对这样一种事实,行为主义又将怎样解释呢?同时,刺激的停止似乎又成为发狂活动的刺激,对此,行为主义又该作何解释呢?"

"常识和心理学会同意接受这样一种解释,即听众以高度愉悦欣赏着音乐,又用呼喊和掌声表达他们对艺术家的感谢和崇拜。但是行为主义者对痛苦和愉悦,崇拜和感谢毫无所知。他们把所有这些都斥之为'形而上学的实体'而弃之如敝屣,因而他们必然寻找另外的解释。那么我们就看看他们怎么寻找吧。答案的寻求过程对他们不会有什么伤害,但足够他们忙活几个世纪了。"

根据华生的假设,人的行为完全是被决定的,我们所做的一切都是过去经验的直接结果,因而一旦我们了解了这些过去的经验,就可以预测人的行为。麦独孤对华生的这个假设提出质疑,他认为,这样一种心理学没有给自由意志和自由选择留下任何空间。如果这种决定论的思想是正确的,即人类没有自由意志,不必为他的行动负责任;如果每一种思想和行为都是由过去的经验所决定的,那么人就不会有任何创造和创新的努力,就不会有任何改善自我和社会的愿望。没有人会去尝试阻止战争,减少犯罪,或者追求任何个人或社会的理想。

麦独孤还就华生否定意识或心灵的作用,否定本能对情绪的作用以及言语报告法提出了批驳。最后麦独孤以乐观的口气断言:用不着几年,华生的行为主义立场就将消失得不留一点痕迹。麦独孤的整个辩论可谓精心设计,词锋犀利,咄咄逼人,他力图先声夺人,以气势压倒华生。

而此时的华生不像行为主义宣言中的华生那样慷慨陈词,气势磅礴,华生似乎变得"老到"了许多。如果说论剑中的麦独孤靠的是"硬功",那么华生靠的则是"内功"。华生的辩词相当的平静和克制,他先以通俗的比拟嘲笑麦独孤论点的荒谬,进而阐明行为主义的科学观。华生认为日常生活经验中的意识不应成为科学心理学的研究课题,因为它是主观的、形而上学的,无法用客观科学的方法加以研究,审美经验只能是常识,不能进入科学心理学的大门。华生也认为"神圣的"自由意志也只能让上帝去加以佐证,科学心理学岂敢容得。

这一论战的最后结果是,评判委员会投票表决华生大获全胜。几年后,麦独孤在《行为主义论战》的后记中写道:"我的预测太乐观了,看来我过高估计了美国公众的智慧……华生博士作为他自己国家的一个深受尊重的发言人,仍然在继续发布着他的观点。"

本章小结

1. 行为主义是美国现代心理学主要流派之一,对西方心理学影响甚巨,被称为西方心理学的第一势力。行为主义由美国著名心理学家华生于1913年所创立,它倡导心理学家从对意识的研究转向对行为的研究,从而导致了一场行为主义革命。

2. 早期行为主义是时代精神的体现。具体而言:① 早期行为主义是资本主义社会提高生产效率和稳定社会秩序的迫切需要;② 机械唯物主义、实证主义、实用主义是早期行为主义的哲学基础;③ 物理学、进化论及生理学为早期行为主义提供了自然科学基础;④ 动物心理学和机能心理学成为早期行为主义的思想来源,而内省心理学的危机又进一步促进了早期行为主义的产生。

3. 华生行为主义的基本理论观点包括:① 心理学是一门研究外显行为的纯客观的自然科学,心理学的任务是预测和控制人的行为。② 心理学应该摒弃主观内省法而使用客观研究方法,如观察法、条件反射法、言语报告法、测验法等。③ 除简单的反射外,一切行为都是后天通过条件反射过程而习得的;个体的行为不是先天遗传的,而是由后天环境决定的。④ 情绪是一种遗传的模式反应,其中包括整个身体机制的深刻变化,特别是内脏和腺体系统的深刻变化;原始情绪模式表现为恐惧、愤怒和爱。⑤ 思维是整个身体的机能,而中心则为天使般的喉头,思维是一种内隐的舌头与喉部肌肉的感觉运动行为。⑥ 人格是一个人的行为系统即一切动作的总和。

4. 早期行为主义者霍尔特、魏斯、亨特、拉什利等心理学家的观点与华生的主张大致相同,但又不完全一致。霍尔特承认意识即行为,把内驱力作为学习的动机之一;魏斯强调行为的生物社会因素;亨特主张"心理学"应改称为"人类行为学","意识"应称为"刺激与反应";拉什利提出大脑皮质功能活动的两条原则:整体活动原则和均势原则。

5. 早期行为主义的主要贡献在于：① 强化了心理学的科学特征。② 拓展了心理学的研究领域。③ 促进了心理学的推广与应用。其内在局限性主要表现为生物学化、客观主义、机械主义以及还原主义的倾向。

复习与思考

一、名词解释
1. 条件反射法　2. 言语报告法　3. 环境决定论　4. 外周思维论

二、问答题
1. 为什么说华生的行为主义心理学是时代精神的体现？
2. 如果没有机能主义心理学的早期工作，华生的行为主义能如此流行吗？为什么？
3. 华生行为主义的基本主张有哪些？
4. 为什么华生对言语报告法的应用会引起争论？
5. 简述霍尔特、魏斯、亨特、拉什利在行为主义心理学方面的探索。

三、论述题
1. 为什么说华生的行为主义心理学是西方心理学的一场革命？
2. 如何认识早期行为主义的贡献与局限性？

第七章　行为主义的发展

📖 本章导读

1913年华生的一篇《一个行为主义者眼中的心理学》掀起了一场声势浩大的"行为主义革命",旗帜鲜明地树起了行为主义科学取向的大旗,自此行为主义作为一种新生力量正式登上了心理学的历史舞台。可以说在20世纪70年代之前,行为主义一直占据着实验心理学中最具影响力的统治地位,被称为心理学的"第一势力",它对心理学的科学地位、研究对象、研究方法、实际应用等均具有实质性的影响,虽然随着岁月的流逝它逐渐式微,但仍然是当今心理学研究中一支不可小觑的力量。本章主要内容包括:第一节介绍早期行为主义的困境与新行为主义的产生。第二节至第五节分别介绍新行为主义的主要代表人物托尔曼、赫尔、斯金纳等人的生平、主要理论观点、贡献及他们的后继研究者。第六节阐述以班杜拉为代表的社会认知行为主义的主要观点与特点。第七节介绍目前行为主义仍然活跃的领域:行为分析。希望通过本章的学习,学生们能够掌握行为主义各阶段的特点和主要理论观点并对行为主义的演变与发展形成一个清晰的思想脉络。

📍 学习目标

1. 了解新行为主义产生的背景及其思想发展的逻辑脉络。
2. 掌握托尔曼、赫尔、斯金纳、班杜拉等人的主要理论观点。
3. 理解新行为主义、新的新行为主义与早期行为主义之间的区别与联系。
4. 能够对行为主义的新发展作出客观的评价。

以华生为代表的早期行为主义是行为主义思想学派的第一阶段。第二阶段是新行为主义(neobehaviorism),时间大约是从1930—1960年。这一阶段的特点是研究者们仍坚持华生行为主义的基本立场,但对其极端简单化的观点和方法展开了不同程度的改进和修补,开始关注动机和认知机制的作用。具体说来,主要包括托尔曼的目的行为主义、赫尔的逻辑行为主义以及斯金纳的操作行为主义。行为主义的第三阶段是新的新行为主义(neoneobehaviorism)或称为社会认知行为主义(sociobehaviorism),时间大约从1960年到现在。这一阶段主要包括了班杜拉等人的工作,它与传统行为主义的区别在于,更加突出了认知过程的积极作用,并从社会互动的角度观察个体的外显行为。从这三阶段的发展,可以看到行为主义心理学的承上启下作用:一方面上承被华生称为"唯一始终、一贯而合乎逻辑的机能主义心理学",另一方面后启认知心理。心理学发展的历史表现为各个不同的理论流派遵循一定的内在逻辑产生、发展和更迭演进的过程。虽然行为主义的势力如今已远不及当年,但行为主义的思想却几乎渗透于心理学的各个领域和分支科学,尤其在心理学的客观方法论和实际应用方面。行为分析,作为行为主义仍较活跃的领域,仍然影响着当今心理学的研究。

第一节 早期行为主义的困境与新行为主义的产生

从早期行为主义到新行为主义的变革,反映了行为主义自身发展的需要,是对早期行为主义单纯研究个体行为、无视内部心理的研究路线的一种修正。逻辑实证主义、操作主义以及机能主义心理学为新行为主义的产生提供了坚实的理论基础。

一、早期行为主义的困境

早期行为主义使心理学的科学性得到了前所未有的提高,开创了心理学发展的新时代。为了突出心理学的自然科学特征,华生坚持以可直接观察的行为作为心理学的研究对象。他将行为分析为刺激产生的反应,将反应归结为具有物理、化学性质的肌肉运动或腺体分泌,抛弃对意识和心理过程的探讨,使心理学变成了无"心理"或无"头脑"的心理科学。这些作法,不仅遭到行为主义心理学阵营之外的学者们的批评,而且在行为主义内部也有不少学者对此表示不满。托尔曼、赫尔、斯金纳就是其中著名的代表人物,他们在坚持早期行为主义基本立场的同时,对早期行为主义进行了不同程度的修正,形成了各具特色的理论体系,将行为主义推向了新的发展阶段。

二、新行为主义的产生

(一)逻辑实证主义

实证主义是早期行为主义的哲学基础之一。20世纪20年代,实证主义已经从孔德的激进实证主义经过马赫的经验实证主义发展到维也纳学派的逻辑实证主义,被人们称为实证主义的第三代,其代表人物为石里克(Moritz Schlick)和卡尔纳普(Rudolf Carnap)。逻辑实证主义坚持实证主义的经验证实原则,同时发展了可间接观察证实的原则,即一个不能被直接观察证实的命题,如果能通过对根植于观察事实的推理或通过已经被证实命题的逻辑推理而证实,也是可以接受的。逻辑实证主义这种间接证实的方法拓展了科学研究的途径,被新行为主义者所吸收,在方法论上突破了早期行为主义以不能直接经验证实为借口而回避对内部心理进行研究的禁忌,将目的、内驱力等心理因素重新纳入心理学的研究之中。

(二)操作主义

"操作主义"是由哈佛大学著名物理学家布里奇曼(Percy Williams Bridgman)于20世纪20年代提出的,其目标是要使科学的术语和语言更加客观和正确,并使科学摆脱那些不能进行客观观察或不能进行物理验证的所谓"虚假问题"。在某种程度上说,操作主义是极端的经验主义,科学的陈述只能根据研究者的操作来报告科学研究的结果,在操作主义看来,任何概念都应该得到精确的界定,缺乏物理参照的概念都应该被抛弃。

新行为主义者认为,意识等一切难以在控制条件下测量和操纵的概念都没有科学价值。但是,如果可以采用操作性定义来表达,那么对这些因素(变量)进行研究也是可以接受的。因此,他们主张把意识经验还原为操作,以便把行为主义心理学体系建立在客观的实验操作的基础之上。信奉操作主义是新行为主义的一个主要特点。高觉敷指出,在某种意义上,"新行为主义者就是操作主义者"。

(三) 机能主义心理学

机能主义为行为主义的产生与发展提供了研究对象和研究方法上的启示,在早期行为主义遭遇重重困境与批评之时,机能主义心理学又再次为新行为主义的产生与发展提供了有力的支持。

机能主义者的很多思想和观点给新行为主义者提供了巨大启示,并为后者所吸收。武德沃斯于1918年提出S—O—R公式取代华生的S—R公式,试图弥补和克服早期行为主义无视有机体内部过程的缺陷。1940年,武德沃斯再次修正了他的公式,提出新公式W—S—Ow—R—W,其含义是有机体(O)在外在环境(W)的刺激(S)作用下,对环境进行调节而产生定势或定向(Ow)。此外,武德沃斯认为生理学与心理学之间的关系不是平行的,而是分层次的,不能相互替代,对行为的心理学研究不能以生理学的描述取而代之。新行为主义者受此启示,提出并使用中介变量的概念,探讨而不是回避有机体行为背后的有机体内部因素。例如,关于情境和定势的思想被新行为主义者托尔曼吸收;赫尔提出内驱力概念假设也是受武德沃斯研究的启发。斯金纳强调对行为进行直接描述,都是直接或间接地受到了这些观点的影响。

第二节 托尔曼的目的行为主义

托尔曼是目的行为主义(purposive behaviorism)的创始人,因其促进了认知心理学及信息加工理论的产生和发展,亦被认为是认知心理学的先驱。

一、托尔曼生平

爱德华·托尔曼(Edward C. Tolman,1886—1959)于1886年4月14日出生于美国马萨诸塞州的牛顿城。迫于家庭的压力,托尔曼进入麻省理工学院学习工程技术。求学期间,他被詹姆斯的《心理学原理》一书所吸引,决心转向哲学和心理学。1911年,托尔曼进入哈佛研究生院学习哲学与心理学。1912年,托尔曼到了德国,师从格式塔心理学家考夫卡,不久后回到哈佛大学,在机能主义心理学家闵斯特伯格的指导下攻读博士学位。在哈佛研究生院的几年里,托尔曼虽然接受的是铁钦纳构造心理学传统的训练,但已经开始转向

图7-1 托尔曼

华生的行为主义。在他的自传中,托尔曼回忆到,华生的行为主义对他来说既是一种巨大的刺激,又是一种安慰。

1915年,托尔曼以论文《愉快和不愉快气味中的无意义音节记忆实验研究》获得博士学位。毕业后,他开始在美国西北大学任教。数年后,他转任加利福尼亚大学伯克利分校比较心理学教授,在该校从事教学研究达三十余年,直至1954年退休。1937年,托尔曼当选为国家科学院院士,同年任美国心理学会主席,1953年任该学会普通心理学分会主席,1957年获得美国心理学会杰出科学贡献奖,并任第14届国际心理科学联合会主席。托尔曼在科学上的贡献,包括《动物与人的目的性行为》(1932)、《战争的内驱力》(1942)、《托尔曼自传》(1952)等巨著和在科学杂志上发表的近一百篇论文。

二、目的行为主义的基本观点

(一)整体行为及其目的性

托尔曼赞成华生的观点,反对使用内省法,坚持以可观察的行为作为心理学合法的研究对象。但在对什么是行为的理解上,托尔曼并不认同华生所持的分子行为观,他认为人类行为是一种有目的的整体性行为,具有以下特征:

第一,具有目的性。个体行为总是为了趋向某些目标或躲避另一些目标,如猫逃脱迷笼的行为,它首先是离开迷笼的禁闭趋向笼外的自由。

第二,具有选择性。行为总是含有对达到目标—对象的手段或方式的选择,如白鼠跑迷津是趋向食物,这种趋向表现为选择某一通道而放弃其他通道。

第三,遵循最小努力原则。即对达到目标—对象的手段或方式所做的选择总是最佳、最简便、最省力的。这一点从白鼠跑迷津的实验中得到了很好的证明:白鼠总是在一定限度内选择在时间和距离上都较短的途径。

此外,整体行为不是机械的、固定的,而是可以通过教育变化的,具有可教育的特征。

托尔曼所论述的整体行为具有目的性和认知性,这一观点在行为主义阵营中引起了激烈反响。托尔曼从逻辑实证主义和操作主义的观点出发,以操作主义方法对有目的和认知特性的行为进行了完全的、行为主义的描述:"整体行为的目的和认知性是直接描述行为的经纬线。毫无疑问,行为是完全严格地依赖于其所根据的一套复杂的物理和化学的功能……不论在老鼠的行为中,还是人类的行为中,都是同样的明显……行为中这样固有的目的和认知,在定义上完全是客观的,这些目的和认知是用我们在观察行为时得到的特性和关系来确定其含义的。"

(二)中介变量

1938年,在《选择点上行为的决定因素》一文中,托尔曼以白鼠跑迷津为例,论述了决定行为反应的五种因素:环境刺激、生理驱力、遗传、以往的训练和年龄。但是,有机体为什么会反应?这并不能直接从外在的行为来推测,需要我们借助在一定情境下有机体产生行为反应的内部因素来进行解释。于是,托尔曼引入了中介变量的概念,即发生于有机体(O)内部,介于环境变量(即自变量)和行为变量(即因变量)之间的,使得有机体对特定情境产生行为反应的所有因素,这些因素虽然不能被直接观察到,但可以根据引起行为的先行条件及最终的行为结果推断出来,也是决定行为的重要因素。这样,他将早期行为主义的公式修改为:"S(刺激)—O(内部中介变量)—R(反应)。"他认为,中介变量随着实验变量而改变,既与实验变量相联系又与行为变量相联系。中介变量的经典研究范例是有关"饥饿"的研究。在人和动物身上,我们并不能直接观察到饥饿变量。但是饥饿可以精确地、客观地与实验变量联系起来,如上次进食以来的时间。饥饿也可以与行为变量联系起来,如消费食物的数量和进食的速度。因此,不可观察的饥饿变量可以参照经验变量进行精确的描绘,使得这个不可直接观察的变量得以数量化和可进行实验操纵。

早年的托尔曼认为中介变量有两类:需求变量和认知变量。前者包括性欲、饥饿、安全、休息等要求,决定着行为的动机;后者包括了对客体的知觉、动作、技能等,它决定行为的能力。1951年,托尔曼受到完形学派勒温的影响,对中介变量做了修改和补充,提出三种主要的中介变量:① 需要系统(need system),指生理需要和内驱力等决定着行为的动机;② 行为空间(behavior space),指机体在某一时刻内感知到的,具有不同地点、距离和方向的客体;③ 信念价值动机(belief-value motivation),指选择某种目的物在满足需要中的相对力量。

(三) 符号学习理论

符号学习理论,或称符号—完形—期待理论,是托尔曼目的行为主义的一个主要部分。它认为学习者不是简单、机械的运动反应,而是学习达到目的的符号及其所代表的意义,学习者通过建立一种"符号格式塔"模式或叫"认知地图",从而达到对整个情境的认知,简言之,符号学习就是符号与符号所表示的事物的联系的学习;学习是获得手段—目的—准备,是由此及彼的信念;习惯在托尔曼看来,具有符号—完型—预期作用的性质;托尔曼根据一系列动物实验,证明了动物在迷津中的行为是受一定目的指导而非通过一系列尝试错误的行动后再达成目标。实验中动物根据对迷津中的颜色、声音、气味以及通道的长度、宽度和转角位置等特点的"认知",把这些特点作为力求达到目的的"符号",并表现出有所期待的状态,在头脑中形成一个完整的"符号—完形—期待"。托尔曼的符号学习理论有三个关键的概念:期待、认知地图和潜伏学习。

1. 期待

所谓期待是有机体关于客观事件的意义,通常是指目标物意义的知识或信念。这种知识既可以是当前习得的,也可以是过去习得的。托尔曼以埃利厄特的实验来论证这一观点。埃利厄特以一群饥渴的白鼠作为被试,安排它们走迷津。最初9天将水放在迷津的出口处作为目标,第10天安排饿着(而非渴着)的白鼠走迷津,同时将出口处的水换成食物,此时白鼠走迷津的错误和花费的时间都显著上升,次日又恢复了先前的水平。这表明,白鼠对"水"这一特定目标有一种预先的认知或期待,换上食物则立即导致了行为的紊乱。但是,由于白鼠新近产生了对"食物"的期待,因此次日的行为又恢复到了原先的水平。

2. 认知地图

认知地图是认知行为轨迹和策略的图式,也是"符号—完形"模式的别称,指在过去经验的基础上产生于头脑中的某些类似于一张现场地图的模型。托尔曼把白鼠学习走迷津的行为看作是认知学习,认为白鼠在走迷津的过程中,并非只是机械式地将左转右转的活动联结在一起,而是把迷津通路中某些特征(行动方向、到达目的的距离及其之间的关系)作为符号标志,获得了关于迷津通路的整体概念,形成了一个完整的认知地图。

3. 潜伏学习

潜伏学习(latent learning)是指个体未表现在外显行为上的学习,亦即有机体在学习过程中,每一步都在学习,只是某一阶段其学习效果并未明确显示,其学习活动处于潜伏状态。1930年,托尔曼设计了一个实验,研究白鼠学习迷津过程中食物(强化物)对学习的作用。他们将白鼠分为三组:甲组为无食物奖励组,乙组为有食物奖励组,丙组为实验组,前10天不给食物,第11天开始给食物奖励。实验结果表明,由于乙组一开始就有食物奖励,减少错误的速度比甲、丙两组均更快,但实验组丙自从第11天开始有食物奖励后,错误下降的速度比乙组更快。由此,托尔曼得出结论:丙组虽然在前10天没有得到食物强化,但动物依然学习了迷津的"空间关系",形成了认知地图,只不过未曾表现出来而已,丙组白鼠的学习是潜在的,一旦有了诱发条件,学习就会表现出来,从第11天起,食物的强化促使动物利用已有的认知地图,学习也就表现了出来,托尔曼把这种现象称为潜伏学习。

拓展阅读 7-1

托尔曼的学习实验

托尔曼设计了一系列特别的实验来证实符号学习理论。他的实验装置之一如图 7-2 所示,实验开始时,白鼠被置于起点处,食物放在其中一条通路的一端。白鼠从起点至食物放置处为一次尝试。托尔曼在实验中发现,若干次尝试之后,白鼠从起点到达食物处的速度明显提高。

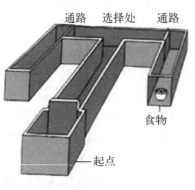
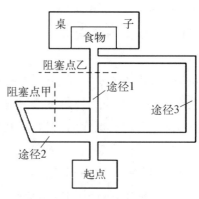

图 7-2　白鼠走 T 字迷宫　　　　图 7-3　堵塞途径的实验

> 他的另一个经典实验是一个堵塞途径的实验,如图7-3所示,白鼠有三条可以从起点通往食物处的道路,而且它们的远近依次递增。通过一段时间的练习之后,实验者将阻塞点从甲处移至乙处(途径一与途径二有一段共同途径),结果发现:这些白鼠径直趋向途径三而避开途径二。
>
> 托尔曼以此来证明白鼠是根据"认知地图"来行动,而不是根据盲目的尝试错误来寻到目的物的。

三、托尔曼的贡献与局限

托尔曼对心理学的突出贡献在于他突破了早期行为主义的限制,在坚持行为主义的基本原则、立场的基础上吸收、借鉴格式塔心理学的概念,通过对整体行为的分析,提出了中介变量的概念,改变了行为主义忽视人的内部因素的错误倾向,推动了行为主义的发展。有学者评价说:"托尔曼的研究给华生的行为公式打开缺口而又填补了空白,为行为主义的发展提供了转机。"

托尔曼强调行为具有目的性和认知性等特征,从而使其理论具有了认知心理学和现象学的特征,其观点被后人所吸收,托尔曼也因此被称为认知心理学的开山鼻祖。

托尔曼提出了符号学习理论,丰富了学习心理学的内容和研究手段。托尔曼是一个体系建立者和实验工作者,他和他的学生以白鼠等材料设计了一系列精巧的实验室专题研究来论证学习的本质和类型:① 潜伏学习(latent learning);② 尝试与错误的相互交替(vicarious trial and error);③ 报酬和期待(reward-expectancy);④ 白鼠行为的假设(hypotheses in rats);⑤ 空间定向与场学习(spatial orientation and place learning),特别是他对位置学习和潜伏学习的实验论证对学习心理学产生了极为重要的影响。在《动物与人类的目的性行为》(1932)这部著作里,托尔曼提出行为是宏观的,具有调节性和完整性。调节性最显著的特点就是目的性和认知性。行为的研究包括自变量(刺激型)与中间变量(目的与认知)之间的联系;中间变量与合成行为的因变量之间的联系两部分。这些主张很明显地对现代心理学产生了普遍的影响,赫尔等后期一些心理学工作者的研究也深受其启发。

托尔曼的体系有两个主要特征:① 范围广泛,无所不包。托尔曼没有提出一个系统而严密的理论体系,对很多概念也没有进行明确的定义,因而他的理论显得凌乱和琐碎。② 托尔曼的体系引入了中间变量等,强调心理学中的推演作用。他以动物(白鼠)学习来解释和说明人类学习和动机等行为,忽视人与动物的基本区别,这种还原论的研究方式也遭到了人们越来越多的质疑。有些人称他为"白鼠心理学者""在一个行为选择点上的行为决策者"。

第三节 赫尔的逻辑行为主义

与托尔曼同时代的赫尔,也是新行为主义的代表人物之一。他守护、扩展、论证了行为主义的客观方法,构建了一套精致、复杂、更具数量化的假设—演绎行为主义体系(hypothetico-deductive behaviorism),该理论在20世纪30—50年代成为行为主义的"顶梁柱"理论,曾经在行为主义中风靡一时。

一、赫尔的生平

克拉克·列奥那多·赫尔(Clark Leonard Hull,1884—1952)出生于美国纽约州的阿克隆的一户农民家庭,父亲是个文盲。赫尔自幼家境贫寒,在求学期间,他不得不经常中断学业,打一些零工以维持生计。赫尔整个一生都被虚弱的身体和糟糕的视力所折磨。24岁的时候,他患了脊髓灰质炎,导致半身麻痹,不得不一生都带着他自己设计的铁拐杖。但他凭借坚强的意志和较高的成就动机这两样最大的资本排除了种种障碍,最终取得了极大的成就。

赫尔1913年毕业于密歇根大学,在学习心理学之前主要研究采矿工程,他喜爱的课程是"实验心理学"和"逻辑学",几乎没有心理学家像赫尔那样精通数学和形式逻辑。赫尔迷恋数学,只要有机会便把他的陈述加以数量化。1918年,他在威斯康星大学以"概念学习的研究"获得哲学博士学位。他早年曾研究概念的形成、能力倾向测验、烟草对行为效能的影响,曾发展过一种统计分析的方法,并且发明了一种与计算机相关的机器(该机器曾经在华盛顿的一所博物馆里展出)。赫尔非常赞赏巴甫洛夫的条件反射学说。从20世纪30年代起,赫尔开始发表一些关于条件反射的文章,认为高级、复杂的人类行为可以用条件反射原理进行解释。很快,赫尔成为这一领域文章被引用率最高的心理学家。40年代,在美国的两个最主要的心理学刊物上,所有实验研究中的40%(学习与动机研究中的70%)的文章都引自赫尔的研究。

赫尔在耶鲁大学任教23年,培养了不少心理学人才。著名心理学家斯彭斯(K. W. Spence)、米勒(N. E. Miller)、吉布森(E. J. Gibson)等人都曾跟随他做过研究。1935年他被选为美国心理学会主席,1936年当选为美国国家科学院院士,1945年获美国实验心理学家协会沃伦奖章。其主要著作有:《能力倾向测验》(1928)、《催眠与暗示感受性》(1933)、《机械学习的数学—演绎理论》(1940)、《行为的原理:行为理论导论》(1943)、《行为纲要》(1951)、《一种行为系统:关于个体有机体的行为导论》(1952)等。

二、逻辑行为主义的基本观点

(一)研究对象

赫尔的体系是一种不妥协的、激进的行为主义,他试图将每一个概念还原为自然科学的术语。他把人类的行为看成自动的、循环的、能够还原为物理学术语的东西。赫尔接受了达尔文进化论和巴甫洛夫思想的影响,认为有机体的行为从本质上说就是一种对环境的适应行为。因为环境所提供的刺激变量和行为反应本身都是客观的、可以观察的。有机体本身的因素虽不能直接观察和测量,但我们能以数量化的方式描述它们,并使之与外在的刺激变量和反应变量紧密相连,因此我们仍然可以客观地研究它们。在赫尔看来,只要把心理学当作研究行为的科学,便可以和物理主义的语言相一致。

(二) 研究方法

赫尔的机械、还原、客观的行为主义清楚地规定了他的研究方法。在1943年出版的《行为的原理》一书中,赫尔解释了怎样建立一个数学方法界定的心理学。"进步存在于辛劳的写作,一个一个地写出几百个方程式;进步存在于用实验去判定包含在这些方程式中的几百个经验常数;存在于设计出实用的单位,以便用这种单位测量由方程式所表示的数量;存在于客观地定义这些方程式中出现的符号;存在于根据定义和方程式来进行严密的推理,推演出几千个定理和推论;存在于精细地完成几千个关键的数量化实验。"

赫尔依据数学模式(几何学)来建立行为体系,形成一种逻辑行为主义的心理学方法论。其基本原则和方法是:① 建立一套表述清晰的公设,并对重要的术语进行操作性的定义。② 从以上公设出发,以最精密的逻辑演绎出一系列相互联结的定理与推论。③ 以所观察到的已知事实去检验、印证以上定理。如果两者一致,则该理论系统为真,否则就没有科学意义。

赫尔称自己的理论体系为"假设—演绎"体系,希望将假设—演绎的方法应用于心理学的研究中,最终使心理学成为像物理学和数学等自然科学一样客观的科学。他一生致力于研究刺激、反应的联结和其间的中介变量层次,并为此演绎了十几条公设,推出了一百多条定理和附律。这些公设和定理反映在他的行为原理中,基本上概括了他关于学习或行为的观点。

(三) 行为原理

1. 学习理论

赫尔深受17世纪机械主义的影响,他的体系结构是生物学的,将有机体和神经系统关联起来,将人看作是一架机器,采用机械化的术语描述行为和人性本质的图像。他认为适应性行为的性质是物理的、机械的,它最终要根据物质世界的原理起作用。赫尔赞同托尔曼关于中介变量和整体行为的提法,重视需要和驱力在个体行为中的作用。他将传统行为公式S—R修改为S—s—r—R,其中S为环境刺激,s为刺激痕迹(刺激引起的神经冲动在刺激消失后仍将持续一段时间),r为运动神经冲动,R为外部反应。赫尔希望用刺激痕迹和运动神经冲动解决传统行为主义的困难。赫尔指出,行为就是有机体与环境之间的相互作用。行为的预测之所以困难,是因为行为极少是单一刺激的结果,而是由各种刺激和刺激的痕迹相互作用,共同决定了行为。

赫尔假设有机体天生具有一个本能反应的簇系,即有机体与生俱来是一个不学而会的非习得性行为库。例如,眨眼反射、体温调节、求食、饮水等。本能反应是新学习得以进行的前提条件。在对待学习的性质问题上,赫尔依然坚持学习的联结观点,认为学习就是刺激与反应的联结。赫尔认为学习进行的基本条件就是在强化情况下的刺激与反应在时间上的接近、接近、强化和内驱力降低是学习的必要条件。由于赫尔强调强化作用,强调内驱力或需要的减弱,因此他的学习理论常被称为"内驱力减弱"理论或"需要的衰减"理论。

2. 行为的动力:内驱力

赫尔采用内驱力(drive,以 D 表示)这一中介变量来表达有机体生物需要的缺乏所激起的行为力量。他认为,每种内驱力都有自己特殊的刺激。例如,饥饿的折磨伴随的是饥饿内驱力,嘴唇、喉头的干燥伴随着干渴的内驱力。这种特殊刺激的存在使得有机体在一种内驱力状态下采取这样的行为,在另一种内驱力状态下采取另一种行为。内驱力的力量可以根据生物需要被剥夺的时间或者引起行为的强度、力量或能量消耗等指标来加以确定。

赫尔把内驱力分为两种:原始内驱力(primary drive)和习得性(learned drive)或称继起内驱力(sendary drive)。原始内驱力与有机体生物的需要状态(如食物、水、空气、体温调节、排便、排尿、睡眠、性交等)相伴随,是有机体维持生存所必需的;继起内驱力是基于原始内驱力而发展起来的,它指某一中性刺激,由于曾伴随过原始内驱力的降低,因而也具有内驱力的性质。例如,小孩子偶然被火炉或开水烫伤,由物理伤害而导致的疼痛导致了原始内驱力,与这个原始内驱力相关的环境刺激,如对火炉、水壶等产生的视觉就成为习得性恐惧内驱力的刺激,日后,一旦产生了这种视觉刺激,便可能导致迅速地缩回手。日常生活中食品的包装、特殊气味等信息,都可能成为继起内驱力。赫尔认为,内驱力对行为具有非常重要的意义。

赫尔提出了反应潜能(以 sE_R 表示)的概念,指一个已经习得的反应在特定的时间是否发生的可能性,这是一种具有兴奋作用的势能,是赫尔理论体系中的一个中心概念。反应潜能是内驱力和习惯力量的函数,反应潜能=习惯力量×内驱力。当习惯力量和内驱力两者中任一变量为零时,反应潜能即等于零。

3. 行为的抑制或消退

赫尔认为一个习得的行为反应,如果没有强化相伴随,就会逐渐削弱以致完全消失,这就是行为的消退现象。消退是由于行为反应被起抑制作用的偶发因素抑制的结果。引起行为消退的抑制有两种方式:① 反应性抑制(I_R),即个体对某刺激重复多次反应之后,即使连续获得强化物,其反应强度也将因多次反应而趋于降低,如疲劳的抑制作用;② 条件性抑制(sI_R),即本已引起个体反应的条件刺激,重新对个体产生另一种条件作用,使个体学到对该刺激不反应。反应性抑制和条件性抑制都可以削弱反应。

4. 零星期待目标反应

赫尔在学术生涯后期对自己的理论作了比较重要的修正。其中之一是提出了零星期待目标反应(以 rG 表示)这一术语,用以解释连锁反应学习的发生。

以白鼠走迷津为例,白鼠由起点走至终点获得食物,这种针对目标物的吃食反应即目标反应。由于终点处的其他刺激经常与食物这一强化物紧密相连,因而成为次级强化物。依此类推,终点处之前的所有其他刺激,也由于与终点处刺激物的强化作用相伴随,同样具有了次级强化作用,成为次级强化物。它们使得白鼠在得到目标(食物)以前对这些原本中性的刺激物产生了条件反应,由于这种反应是部分的、零碎的、于目标之前的,故而称为零星期待目标反应。

赫尔用零星期待目标反应来解释连锁反应学习：动物在达到目的物之前的每一个刺激既是对前一反应的强化，又是引发下一反应的刺激，由此而构成一个完整的行为链。赫尔希望借此概念的提出，客观地说明人类行为的认知、意识过程。

三、赫尔的贡献与局限

赫尔以严谨的形式逻辑和精确的数学语言为工具，创建了一个精致、庞杂、数学化的逻辑行为主义理论体系，成为当时行为主义理论体系中占支配地位的理论。赫尔设计了一系列控制严密的实验来研究动物的行为，并据此提出了四种关于建立客观、科学的心理学的科学方法：简单观察、系统控制观察、对假设进行实验检验和假设—演绎（即根据一组先验地确定的公式进行演绎），他希望通过自己的努力使心理学摆脱模糊、玄奥和深不可测的痕迹，而成为一门客观精确的自然科学。

赫尔的理论产生了巨大反响，当时的一些心理学家把它看作"心理学界的牛顿力学"，心理学家劳里曾经指出："一个真正理论天才的出现，这在任何领域都是不常有的，而在心理学界极少数这样的人物中，赫尔的确可以列为第一。"那个时代似乎是赫尔的时代，他和他的追随者几乎支配了当时的美国心理学。他的研究论文成为在实验研究和学习、动机研究领域被引用率最高的人，不论是赞同者还是反对者都对此展开了广泛研究，以验证或批评他的理论。这样既繁荣、推动了心理学的实验研究，也为心理学的发展培养了一批思维严密、工作投入、具有韧性的重要人才。

赫尔对于心理学理论工作的贡献大于其理论本身。赫尔的理论体系因其庞杂而受到人们的批评。第一，赫尔的研究试图涵盖所有的行为现象，并试图以极其精确的数理逻辑语言对每一种行为现象加以说明，致使其理论体系过于庞杂、高深、具有概括性，若没有相关的数理基础就很难理解他的理论。第二，赫尔把人看成机器，在方法论上他采纳的是机械主义和还原论的态度。他把人类高级认识活动还原为刺激和反应，其理论基础又仅仅建立在对白鼠的行为研究上，忽视了人的根本特征。人们普遍认为"基于这种极端特殊的实验证据对所有行为进行概括，是靠不住的"。赫尔的理论只能在他的实验室里使用，出了实验室就几乎没有什么价值。随着斯金纳的操作行为主义的兴起，赫尔的理论在20世纪50年代之后迅速衰落了。斯金纳的理论建立在实验的基础上，贴近社会生活，对公众有更大的吸引力，很快就取代了赫尔，占据了行为主义的中心地位。

第四节 斯金纳的操作行为主义

斯金纳（B. F. Skinner,1904—1990）是心理学界的巨匠，几十年来，一直是世界上最具影响的心理学家之一。他深受实证主义、操作主义以及巴甫洛夫和华生的影响，在坚持心理学研究的客观主义立场上，比华生走得更远，成为激进行为主义的代表。

一、"心理学界发明家"的多彩人生

伯尔赫斯·弗莱德里克·斯金纳于 1904 年 3 月 20 日出生于美国宾夕法尼亚州的萨斯奎汉纳城的一个温暖、稳定的中产阶级家庭。他的父亲是一名律师,母亲是一位聪明、美丽、严格遵循规则的人。斯金纳儿童时期就阅读了大量关于动物的书,对火鸡、蛇、鳄鱼、蟾蜍和花栗鼠等进行了分类。对动物研究的喜爱为他后来以白鼠、鸽子等动物为被试的心理学研究奠定了坚实的基础。从儿童时代起,斯金纳就热衷于不停地制造东西,如各种模型、滑行帆船、运货车、木筏以及可以把胡萝卜、土豆等发射到屋顶上的蒸汽炮。他甚至试图制造一架滑翔机,并从事永动机的发明工作但未获成功。斯金纳这种

图 7-4 斯金纳

非凡的创造力和超强的动手能力成就了他后来辉煌的学术生涯。他设计了养育儿童的"空中摇篮"、用于程序教学的"教学机器"。他设计出了举世闻名的"斯金纳箱",成为心理实验的经典工具之一,并曾被艺术家设计成艺术品在博物馆展览。多年之后,斯金纳在他家中的地下室里为自己建造了一个"斯金纳箱"。这是一个可以提供积极强化的受控环境。他睡在一个巨大的、由黄色塑料制造的箱子里,里面放置一个床垫、一台电视和几个书架。他每天晚上 10 点钟睡觉,睡眠 3 个小时后起床,工作 1 小时,再睡 3 个小时;早晨 5 点钟起床,再工作 3 个小时,然后走到办公室去处理其他的工作。每天下午通过欣赏音乐、写作对自己实施自我强化。

1922 年,他进入纽约汉密尔顿学院主修英国文学,并在一个家庭担任家庭教师。在那户人家,他学会了出色地鉴赏音乐、艺术、写作和"生活的艺术"。斯金纳从小生活在一种崇尚自由、鼓励探索的环境里,学院中束缚学生的各种条条框框的规矩和毫无生机的教学使他感到压抑。在汉密尔顿学院,他卷入了各种惹是生非的活动而与好学生无缘:为报复一位让学生们深恶痛绝的老师,他曾恶作剧地以这位老师的名义策划了一场子虚乌有的全校性活动,谎称将邀请著名喜剧演员卓别林到校参观,由这位老师主持、接待。后来,事态发展到不可控制的地步,整个校园被围得水泄不通,火车站也挤满了迎接卓别林的人群。面对愤怒的人群的质问和混乱不堪的环境,这位教授真是百口莫辩、狼狈不堪;斯金纳曾在一个学生刊物上攻击 BK 联谊会;他在毕业班的开幕式上带头引起骚动,校长警告他们如若再胡闹将取消毕业资格,这样,又一场闹剧才得以避免。总之,那时的他是一个挑战校规、扰乱学校秩序的调皮鬼。他曾说道,我从来没有适应学生生活。我加入了博爱协会,但我对它根本不了解。我不擅长运动,害怕在冰球运动中腿部受伤使我遭受痛苦……学院以那些不必要的苛求逼迫着我,令我感到不满。几乎大部分学生都没有显示出学术兴趣。

大学毕业后,斯金纳试图以写作为生,渴望着成为一名著名作家。他为自己布置了一间书房,开始了勤奋、艰辛的创作过程。但文学只是斯金纳人生中一段短暂的插曲。两年以后,他就感到自己已经没有什么更多的东西可说了。他感觉自己像一个失败者,再加上爱情方面的打击,他曾经压抑得想向精神病学家进行咨询。他阅读了华生和巴甫洛夫的条件反

射实验,这唤醒了他对人性科学的兴趣。1928 年,斯金纳考入哈佛大学,成为波林的学生。在学习期间,斯金纳发现波林所讲授的心理学枯燥、乏味,但是波林的《意识的物理维度》(1933)一书给了他深刻的印象,启示斯金纳从物理主义的角度看待意识。尽管斯金纳在进入哈佛大学之前没有学过心理学的课程,但三年之后,他顺利获得了博士学位,此后的五年时间,他留校从事博士后的研究工作。斯金纳的博士论文是关于条件反射与行为分析方面的论题,这一论题也预示了他一生的追求。

1936—1945 年,斯金纳到明尼苏达大学任教,他在实验室研究和课堂教学中都非常具有创造性。第二次世界大战期间,斯金纳曾在美国科学研究和发展部署服役,采用操作性条件反射的(operant conditoning)方法训练鸽子,用以控制导弹和鱼雷。1945—1947 年,他到印第安纳大学担任心理学系主任,1948 年重返哈佛大学,主持詹姆斯讲座,并被聘为该校心理学系终身教授。斯金纳一生著述颇丰,发表文章 122 篇,出版著作 18 部。其中影响较大的有:《有机体的行为》(1938)、《科学与人类行为》(1953)、《言语行为》(1957)、《强化的程序》(1959)、《教学技术》(1968)、《强化的相依关系》(1969)、《关于行为主义》(1974)、《行为主义的反射和社会》(1978)、《享受老年》(1983,与 M. E. Vaughan 合著)、《关于更多的反射》(1987)、《行为分析中最近的问题》(1989)、《超越自由与尊严》、关于人的行为控制思想理论的著名乌托邦小说《沃尔登第二》。斯金纳的文章被引用率极高,甚至超过了弗洛伊德。鉴于斯金纳对心理学的贡献,1958 年美国心理学会授予他杰出科学贡献奖;1968 年,美国政府授予他国家科学奖,这是美国政府对科学家的最高奖励;1990 年,美国心理学会又授予他心理学终身贡献奖。接受此奖项 8 天之后,斯金纳因白血病去世,终年 86 岁。《行为科学史杂志》上的讣告将斯金纳描述为"这个世纪行为科学的领头人物"。斯金纳一直是一个积极乐观的人,在一次采访中他谈道:"我并不信教,因此我用不着为死后会发生什么而感到焦虑。当听到我患了白血病,只还有几个月的时间,我一点也不感到有什么不平静的心绪,没有丝毫的痛苦、恐惧或焦虑……我生活一直非常幸福,如果还抱怨什么,那是非常愚蠢的。因此,我会像以往一样,享受这最后的几个月。"

二、斯金纳心理学的基本立场

(一)心理学:描述行为的科学

斯金纳深受行为主义的奠基人华生思想的影响,他曾经说:"我不认得华生,也从未见过他,但他对我的影响,无疑很重要。"斯金纳沿袭了华生要建立一门直接描述行为的行为心理科学的主张,并在此道路上走得更远。

斯金纳认同华生的将行为作为心理学研究对象的观点,但他们在行为的界定上略有区别。斯金纳认为"行为是一个有机体的机能中用以作用于外界或与外界打交道的那个部分"。显然,他对行为的界定包含思维等有机体内部所发生的事情,但他并不主张用心灵主义的术语解释这些心理过程,而认为这些有机体皮肤之内所发生的事情同样具有物理维度。因此,对行为的研究必须建立在丰富的实验材料基础上,以实验分析为基础,直接描述行为并揭示行为自身的内在规律。斯金纳坚持心理学研究只处理能够观察的行为,行为是生物的主要特征。能运动的任何东西都有可能被称之为有生命的——特别是当运动具有方向或者动作改变了环境……斯金纳认为科学研究的任务就是探求一定现象同先行现象及相继现象的函数关系的叙述,同一事实的核心是函数分析,行为是外界"环境"变量的函数。

(二) 操作行为主义思想体系

斯金纳坚持行为主义的观点也是受巴甫洛夫条件反射研究方法的影响。1929年,斯金纳亲耳聆听了巴甫洛夫在国际生理学大会上的报告,深受启发,也更加坚定了研究行为的信心和决心。此后他越来越倾向于行为主义,对非行为主义的观点不屑一顾,以至于在进行博士论文答辩时,他对奥尔波特提出的问题"请概括一下对行为主义的反对意见"瞠目结舌,无以应对。

斯金纳在巴甫洛夫经典条件反射学说的基础上提出了操作性条件反射,增强了对人类行为多样性的解释力度。斯金纳是以实证主义和操作主义为基础来构建其操作行为主义体系的。在他看来,操作主义是:① 一个人的观察;② 观察中的操作和计算手续;③ 介于早期和晚期陈述之间的逻辑和数理步骤;④ 别无其他。例如,斯金纳在解释被他作为行为函数分析中的"第三变量"的内驱力和情绪时,尽量使用一些客观化的概念以保持其理论体系的客观性。他将内驱力看作缺乏和满足的效果以及其他改变行为概率的操作手续的一个方便的说法,通过测量动物禁食的时间可得到的一组操作;斯金纳以影响特定反应发生的可能性的情境或事件来定义不同的情绪。情绪反应是由反应结果或者反馈机制所强化的,是一定反应强度概率的标志。例如,强化物被取消将导致压抑和伤心;强化物再次呈现将带来欢乐;而焦虑则是一个预警信号,预示伤害可能随之而来。由此可以看出,斯金纳理论的最大特点就是尽力将隐蔽的东西客观化,直到使它能为人们感知到并通过操作进行实证研究为止。

(三) 客观、实证的捍卫者

在哲学方面,斯金纳深受实证主义的影响。他自己明确宣称他的思想观点的形成受到了马赫、彭加勒、布里奇曼和罗素等人的启示。在心理学方面,斯金纳受到了巴甫洛夫、华生和桑代克研究的重要启迪。他把心理学看作是完全致力于行为研究的自然科学。对行为的预测和控制一直是斯金纳整个研究体系的中心内容,被批评者称为"没有有机体的探究"。与赫尔的假设—演绎方法不同,斯金纳倡导一种不带理论结构的经验研究体系。他的方法总是从经验的资料开始,然后小心地进行试验性的概括归纳。他一直强烈倡导一种客观的行为分析方法,虽然他也承认基因禀赋、思维等因素对个体行为的影响,但他坚持环境因素是决定个体行为的根源因素,他认为有机体的行为反应(因变量)就是情境刺激(自变量)的函数(f),用公式表示为:$R=f(S)$,其中 R 表示行为反应,S 表示刺激情境。环境或者自变量的一小部分是包围在有机体的内部的,它是"私有的",其特点在于研究上的可观察的有限可接触性,除此之外别无他法。斯金纳认为"一个反射就是一种刺激和一种反应之间的相互关系,而不是任何别的东西"。从以上观点可以看出,"斯金纳立场是旧的华生行为主义的新生",在心理学基本立场上,斯金纳比华生表现得更为激进,因此又被称为"激进行为主义者"。

三、斯金纳的操作行为主义原理

斯金纳的行为原理实质上就是"操作—强化理论","操作—强化说"是斯金纳操作行为主义体系的重要内容,也是操作行为主义的理论基础。

(一) 应答性行为与操作性行为

斯金纳把行为分成两类:一类是应答性行为(respondant behavior),这是一种由已知的先行刺激引起的"应答性"行为,由刺激控制。本能行为和巴甫洛夫式的条件反应就属于此类行为。人类生活中如学生听到上课铃声后迅速安静坐好就是应答性行为。另一类是操作性行为(operant behavior),这类行为没有明确的先行刺激,是有机体自发的反应并受到行为结果的影响。日常生活中的大多数动作与活动如书写、讨论等都是操作性行为。与这两类行为相对应,斯金纳把条件反射也分为两类:由应答性行为所导致的条件反射是"反应性条件反射(respondent conditioning)",与巴甫洛夫的经典条件反射一致,称为S(刺激)型条件反射,其特点是强化是与刺激相联系的;"操作性条件反射(operant conditioning)"也称为工具性条件反射",是斯金纳新行为主义学习理论的核心,是指由强化有机体自发的操作性行为而形成的条件反射,它与桑代克的工具性条件反射相类似,称为R(反应)型条件反射,其特点是强化与反应相联系,其结果是有机体学会了新的行为。如白鼠在笼中偶然触到杠杆,则有食物落下,多次尝试后,白鼠便学会了按压杠杆的行为,即建立了操作性条件反射。斯金纳认为,人的一切行为几乎都是操作性强化的结果,在学习情境中,尤为如此,因此,研究行为科学的有效途径就是研究操作性行为。

(二) 操作性条件作用的规律

为了更好地研究行为,斯金纳采用了有别于其他心理学家的反射分析法,还专门设计了"斯金纳箱(Skinner Box)"(如图7-5所示)。利用这一实验装置,斯金纳设计和完成了大量的动物行为实验,系统控制和分析了影响动物行为的因素,他的这一套方法体系被称为行为的实验分析体系。斯金纳认为,操作性条件作用的原则是:其一,任何一操作反应若有强化刺激物尾随其后,则有重复出现的倾向;其二,强化刺激可以是增强条件反射概率的任何事件。操作性条件反射的原理可以解释人或动物的许多行为,例如,迷信行为的形成就是行为和强化物之间的偶然关联的结果。人在周围环境中所形成的很多生活技能,诸如说话、走路、写字、驾驶,甚至道

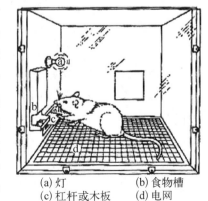

(a) 灯　　　　　(b) 食物槽
(c) 杠杆或木板　(d) 电网

图7-5　斯金纳箱

德、人格的形成以及社会文化的传递和社会规范的延续等，都是操作性条件作用的结果。操作性条件反射原理既可用于消除一种不良行为，也可以用于巩固理想的行为。例如，当孩子偶然表现出助人行为时给予表扬，那么，今后在类似情境中这个孩子将倾向于更多地表现出助人行为，当这种行为经常表现出来时，我们就说这个孩子已经形成了乐于助人的道德品质或人格特征。由此看来，"所谓的人格不过是一组反映强化史的行为模式"。个体特殊的"个性"正是由其生活经历中不同的强化所造成的。

（三）操作性条件反射的消退

斯金纳非常强调强化在条件反射建立中的作用，认为操作及其强化是操作性条件反射形成的关键。但他不同意巴甫洛夫关于强化增加条件反射的强度的观点，而认为它所增强的是这种反射发生的概率（或倾向性）。当操作不再伴随有强化刺激物，操作性条件反射发生的频率就会逐渐降低，但它并不随强化的停止而骤然停止，而是将持续反应一段时间，这期间可能还会因为情绪的干扰而出现波动。这一从终止强化到操作性条件反射不再出现的过程就是消退过程。在实验中，斯金纳发现操作性条件反射消退过程的快慢与习得这种反应的力量的强弱成正比，如果一个反应的力量很强或者说建立的操作性条件反射非常牢固，那么消退的时间就长，反之消退的时间就短。例如，斯金纳发现，在多次对白鼠按压杠杆的行为给予食物的强化后，即使停止强化，白鼠仍继续按压杠杆达250次之多；而一次强化后即停止强化，则白鼠按压杠杆只达到50次左右。在操作行为主义理论体系中，消退被看作是计算操作反射力量的一个指标，即把消退过程时间的长短作为测量反应力量的一种手段。

（四）操作性条件反射的分化

操作反射是行为的一个机能部分或者函数部分；通过操作性条件反射的形成，环境建立起基本的行为细节，即我们用以保持平衡、走路、游戏、操作仪器和工具等的行为细节。操作的强化作用是"行为操作环境来改进行为的效率"。利用对自发行为进行强化，有机体的行为反应也可以加以分化。所谓分化，就是强化操作性条件反射的某一特征以使其形成选择性反应的过程，其关键因素也是强化。斯金纳就曾设计了一系列的实验，成功训练白鼠以不同的、新的方式来行动。如在实验中，如果只有白鼠在灯亮时按压杠杆才给予食物强化，经过一段时间的训练后，白鼠就学会了灯亮时按压杠杆的操作行为。操作性条件反射的分化在人类身上也表现得很明显，人们根据分化原理学会在特定的场合作出特定的反应，如在葬礼上表情凝重、话语低沉；而在联欢晚会上则大声喝彩、鼓掌等。条件反射的分化可以使人和动物的行为更加精确，从而更好地适应环境。我们也可利用这一现象对人或动物的行为进行人为塑造。

（五）强化的种类

斯金纳认为：行为科学最有效的途径就是研究操作性行为的条件作用和消退。斯金纳非常强调强化在个体行为的形成、维持等方面的重要作用。他将强化分为两类：正强化（积极强化)和负强化(消极强化),两者都可以使行为得到增强,但它们的作用方式不同。正强化是指当个体做出某种行为时就给予食物、奖赏或各种社会需求物等,从而促进该行为的发生频率,在当前情境中增加或所给予的物品称为积极强化物,它可以是任何一种刺激;负强化则是指当个体作出某一行为时就从情境中撤去某种刺激物,如去除电震动或者高温,这也将起到增强该行为的作用,被撤除的刺激物称为负强化物(或厌恶刺激)。一种厌恶刺激的去除也能加强行为。例如,当白鼠按压杠杆时给予食丸,白鼠按压杠杆的频率提高,食丸成为正强化物;如果白鼠被安放进一个特制的、随时有电击发生的箱子里,只有当白鼠按压杠杆时,电击才停止,这样白鼠很快就学会了按压杠杆以逃避电击,电击就是负强化物,因为它的撤除也增加了白鼠按压杠杆的频率。虽然负强化物也起到了增强某种行为的作用,但由于个体做出这种行为是为了逃避某种东西,内心感受总不如正强化可以得到某种东西那样舒服。因此,在行为控制方面,斯金纳大力支持使用正强化物;斯金纳强调正、负强化物是依据它们的效果定义的,而不是依据日常概念。只有当这种刺激物的出现确实增加了一种反应出现的可能性时,我们才称之为正强化物;也只有当除去这种刺激物时的确增加了反应的概率,我们才称其为负强化物。普遍流行的行为矫治和厌恶疗法就借鉴了该原理。

为了解释人类行为受强化影响的程度,斯金纳提出了一级强化物、二级强化物、概括性强化物等概念。斯金纳把天然具有强化作用的刺激物如食物、水等称为一级强化物;把学历、关爱等中性刺激由于与一级强化物相匹配而具有强化作用的条件刺激物称为二级强化物,其强化的力量与一级强化物的匹配次数成正比。当一个条件刺激物与多种一级强化物联系在一起,一般来说就具备了多方面的强化作用,成为一个概括性的强化物。金钱因与人的衣、食、住、行等具有重大意义的一级强化物普遍联系,具有最广泛的强化作用而成为最常见、最典型的概括性强化物。在斯金纳看来,即使概括性的强化物所赖以建立的一级强化物不再伴随它们,它们仍然是有效的,即概括性的强化物具有持久的效果。因此,概括性强化物在人类行为的习得和保持中具有非常重要的意义。

通过大量的实验研究,斯金纳总结出一套包括连续强化和间歇强化在内的复杂的强化作用模式。连续强化是指对有机体的每一次操作都给予强化。实践表明,这种强化方法在现实生活中很难实现,也存在边际效应。间歇强化(interval)是指由外部控制条件,按照一定的时间间隔或工作量的比率对操作给予强化。实践观察表明,间歇强化的效果良好、恒定、难消退。这对教育和企业、事业管理等的启示显而易见。他指出,强化间隔越短,反应就越快;在延长反应强化间隔时间的情况下,反应速度就下降。间歇强化又可分两大类四小种,如表7-1所示。

图7-6 斯金纳的实验室

表 7－1　间歇强化安排表

间歇强化（interval）安排形式			
间隔强化（时间）		比率强化（反应次数）	
固定间隔强化（FI）	变化间隔强化（VI）	固定比率强化（FR）	变化比率强化（VR）

表格中的固定间隔强化，即按照固定的时间间隔对操作反应实施强化，月工资就是一种固定间隔强化，其缺点是强化之后个体的反应效率很快降低，会出现一个休息期，且所建立的操作性条件反应维持也不长久。如果将强化的时间间隔进行变化式调整，就形成了变化间隔强化，强化的随意性越大，反应的稳定性也越大，且形成的操作性条件反射也不容易消退。固定比率强化是指在有机体做出一定标准次数的反应以后给予强化。工厂中的计件工资就是典型的固定比率强化的例子。变化比率模式是指保持强化比率的平均值不变，变更两次强化之间的反应比率。此种强化模式效果最好，有利于有机体维持一种稳定、快速的反应率。斯金纳认为间歇强化比连续强化更容易维持已形成的行为。赌博、赛马等就是一种间歇式强化，这也是赌瘾难以戒除的原因。

拓展阅读 7－2

鸽子也迷信？[①]

在远古时代，当人类的祖先无法解释种种奇妙的自然现象时，便迷信冥冥之中一定有一种神奇的力量在操纵世界。你信不信像鸽子等动物也迷信？让我们一起来看一看斯金纳的实验。

图 7－7　鸽子实验

斯金纳将饥饿的鸽子关进笼子里，每隔一段时间就往笼中投放一点食物。若干次后，他发现这些鸽子在喂食前做出了各自不同的怪异的举动——有的鸽子不停地点头；有的在抬头仰望；有的围着笼子转圈圈；有的还跳起了伸缩脖子的奇怪的舞蹈。所有这些怪异的行为在食物降临之后暂时停止了，但在下一个循环，每一只鸽子又做出了固定类似的举动。这和人类的祭拜神仙的活动何其相似！事实上，人类祭拜神仙与愿望达成之间并没有必然的联系，但迷信的人总是以为是自己的诚意和行动感动了各路神仙，从而在神的帮助下实现了自

[①] 熊哲宏.西方心理学大师的故事[M].桂林：广西师范大学出版社，2006：123—124.

己的愿望。鸽子也一样,它们认为是自己奇怪的动作导致了食物从天而降,因而乐此不疲。鸽子的动作与人类的迷信行为还有其他相似的地方,例如,人类不是每次祈祷都会如愿,但是迷信中的人们从来不会怀疑自己的信仰,而是认为自己的诚意不够,因而会加强自己迷信活动的频率。

在斯金纳的观察者中,鸽子也一样。他发现,如果延长投放食物的时间间隔,那些迷信的鸽子不但没有停下来休息,反而跳得更加勤快了。斯金纳运用他自己设计的斯金纳箱,以鸽子为被试,做了大量的心理学实验。他用操作性条件反射原理和强化理论对鸽子的行为作出了合理的解释。

四、斯金纳行为原理的应用

斯金纳的兴趣所在就是解决现实世界的问题,他的《有机体的行为》(1938)一书,因其重要的实践价值,在出版50年之后被评为"改变心理学面貌的为数不多的几本书中的一本"。斯金纳的行为原理在教育、管理、言语行为、动物训练、心理治疗以及社会控制等方面的广泛的应用,使得他成为了普通百姓熟知的明星式心理学家。

(一) 言语行为

对言语行为的研究是斯金纳早期应用性研究的一项重要内容。斯金纳坚持以操作强化原理来解释人类的语言。依据斯金纳的观点,个体的言语行为(包括思维在内)可以通过两个人的互动模式得到预测和控制。如果说话者每次说到某个词,听者都微笑,那么听者就增加了说话者再次使用那个词的可能性。例如,婴幼儿偶尔发出类似"妈妈"的声音,会因妈妈的爱抚、鼓励等行为强化而保留下来。斯金纳认为,正是通过这样的一种方法,父母或者其他的养育者教会了咿呀学语的婴儿发出清晰、准确的声音;儿童学会了使用正确、礼貌的用语。根据言语与强化反应的关系,斯金纳把言语行为概括为具有召唤、命名、形声、复合四种不同功能。斯金纳于1957年出版了《言语行为》一书,在书中他概括了这方面的研究成果。斯金纳曾经认为,言语行为的研究是他对心理学的最重要的贡献。

但斯金纳的观点遭到了语言学家乔姆斯基(A. N. Chomsky)的批评和否定,为此,两人还进行了多次激烈的论战。乔姆斯基认为个体语言能力的发展是一个十分复杂的过程,幼儿语言的发展速度非常快,从咿呀学语到单字句再到一连串的语言是一个飞跃性的发展,几岁幼儿的语言就已经相当丰富,在现实生活中,根本难以保证每一句话都经过强化;斯金纳以从动物实验中得出的操作强化原理来解释语言发展的做法太简单而且还原色彩太浓,在现实生活中根本无法解释语言创造性和大量获得性这些语言行为中的重要问题。

(二) 程序教学与教学机器

一次,斯金纳以一位四年级学生家长的身份应邀听课,但这堂课令他大失所望。他认为教师根本没有遵从行为控制的规律,也违背了及时反馈原则,因而不能激起学生学习的主动性和积极性,使学生的学习经常处于令人反感的刺激的控制之中。他对这种可能"毁灭孩子心灵的"教学感到深切不满。于是,他决定设计一个依据科学的行为原理来控制教学的程序和教学机器,此即程序教学和教学机器。

教学机器是一种台式机械装置,内置教学程序。放进机器的教学程序是印在纸带上的、按一门学科内容分成一系列具有逻辑联系着的知识项目,并以问题的形式由浅入深、由易到难编制成一套几百乃至几千个严密、渐次加深的问题框面。学生正确地回答了前一框面的问题,可以得到及时的反馈,并前进到一个新的框面。学完一个单元后,可再学习另一个新的程序,也可以反复学习。这被称为机器教学或程序教学。首先,程序教学的优点在于学生每学习一小步都能得到及时的反馈,因而能起到激励作用;其次,每个学生都能按照自己的程度自定学习进程,更适合个别教学;最后,它可集中全国最优秀的教师来编制程序,使得优秀教师资源在更大的范围内得到利用。教学机器的发明,缓解了美国当时学生过多、教师过少的教学压力,迎合了当时美国与苏联空间探索竞争、要求进行教育改革的社会要求。在20世纪五六十年代,教学机器在数学、音乐等领域都得到了广泛的应用,取得了一定的成果。但程序的编写需要耗费很大的人力物力,编排的程序琐碎,在教学中有许多的不便;更为重要的是机器教学无法取代教师的人格教育活动,不利于学生良好个性的形成。20世纪50年代以后,随着计算机的普及,最初的教学机器很快与计算机联结起来,形成一种新的教学形式,即计算机辅助教学(Computer Aided Instruction,简称CAI)。

(三) 行为塑造与行为矫治

1. 行为塑造

行为塑造包括刺激的辨别和反应的分化两个重要方面。刺激的辨别,即要求有机体只对适宜的刺激作出反应。人们喜爱的海豚顶球、后滚翻等动物表演节目就是通过对动物"自发性"行为进行强化,塑造出的一些新的行为。斯金纳曾经成功地教会鸽子打乒乓球、弹玩具钢琴甚至发射导弹,如训练鸽子只对红色盘反应。反应的分化则是一个循序渐进地塑造理想行为的过程。我们要经过鸽子的头部转向接近红盘、啄红色圆盘等几个阶段的训练才能形成我们所期望的鸽子只有见到红色圆盘才啄,见到其他颜色的圆盘则没有反应的行为。玛丽安·布里兰和凯勒·布里兰曾是斯金纳的学生,他们二人运用操作性条件反射的原理训练了150多种、6000多只动物进行商业电视演出、拍电影和舞台表演等。他们在阿肯色州的温泉胜地开办了一个"智慧动物园"进行各种奇妙欢愉的动物表演:小鸡走钢丝,随着自动点歌机翩翩起舞;兔子驾驶冒火的卡车、鸣汽笛,并且旋转幸运轮盘、挑出幸运顾客……最奇妙的是一只小鸡被训练玩一种 Tic-Tac-Toe 游戏,在游戏中小鸡从没输过,即使在与斯金纳的对阵中也当仁不让。

斯金纳的行为塑造原理也可以用于对日常生活中正常人行为的分析、调节和塑造。斯金纳反对采用传统的关于人格的心理动力理论,而采用实验行为分析的方法。他强调个体外显行为的观察和积极的强化,而不管个体心灵中究竟发生了什么。我们可以观察个体(包括自己)的行为,确立一个基线频率,然后当其作出理想行为之后就给予正强化,从而达到塑造行为的目的。在行为控制中他强调要尽可能使用积极的正强化而少采用负强化,尽可能不使用惩罚的手段。他分析了人类社会行为中由于不恰当的惩罚等控制不良导致的行为和情绪上的副作用,如逃避、药物成瘾、反抗、消极抵制、恐惧、焦虑、愤怒等。

2. 行为矫治与"代币制"

斯金纳指出,对个体本身或他人烦扰或危险的行为需要治疗。1952年,他曾在马萨诸塞州沃尔瑟姆的大都会州立医院发起一个行为治疗项目,并发表了一篇题为《行为治疗的研究》的文章。斯金纳对使用操作技术治疗精神病等患者感兴趣,20世纪50年代初,斯金纳曾在哈佛大学医学院建立了一间研究精神病患者的操作行为实验室。在其专著《科学与人类行为》一书中,他专列了一章用以讨论心理治疗。在斯金纳看来,所谓治疗就是在诊断的基础上对需要治疗的行为的控制。心理治疗的主要技术旨在翻转作为惩罚的结果而产生的行为变化。他假设人们用和他们习得正常行为同样的方式习得异常行为,因此,行为治疗就是要移开维持不良行为的强化物而加强社会认可的行为的强化。斯金纳认为:精神病、神经症和其他的行为问题,都可以在环境中找到病症的原因,例如特殊的强化经历、过度缺乏或过度满足、粗暴的惩罚等。试想一下,如果孩子为了得到某件东西而哭闹、打滚、乱发脾气,家长被他吸引前去哄劝或者因心疼孩子抑或怕在公共场合丢面子而顺从他的要求,那么,父母就强化了他令人不快的行为。斯金纳指出,可以通过积极强化理想行为而不强化非理想行为进行行为矫正(behavior modification)。例如,想纠正儿童的不礼貌的行为,就要在他表现出礼貌时予以奖励,而当他出现踢打、尖叫等粗鲁行为时予以忽视,经过一段时间以后,儿童的行为就会产生变化。行为矫正计划的实施要注意设计恰如其分的改进目标和精心设计有效的强化手段。

"代币制"是在精神病院、监狱、学校、家庭中常被推荐使用的一种行为矫正技术。代币是纸票或假钱等做成的强化物。个体获得了代币,就可以用它来交换食物、特权或其他的强化物。个体为了获得代币就要做出打扫自己的房间、按时完成作业、遵守某种规则等特殊的行为。斯金纳曾经在一家精神病院进行实验,通过强化病人合适的行为动作和惩罚消极或破坏性的行为,使患者的病情得以控制。精神病人稀奇古怪的行为有时会因为医护人员不再注意它们,不再强化这些行为而逐渐消失,同时自愿进食等正常的行为又会得到糖果、香烟、某些特权等奖赏的及时强化。这种方法被证明是相当有效的,行为矫正技术已经成功地治疗了患有自闭症、言语障碍的儿童以及强迫症、恐怖症、僵直性精神分裂症等患者,现在仍然被广泛地应用于心理治疗领域。

(四)社会控制计划

斯金纳是一个彻底的环境决定论者,他信奉"人是机器"的理念,他坚信"控制环境,你就可以控制行为"。他的畅销小说《沃尔登第二》(1948)建构了一个由1 000个成员组成的乌托邦社会,在这里,资源保护、人际关系的改善、儿童的教育以及防止战争等问题都可运用操作强化原理进行社会控制。这部小说吸引了大批信徒和狂热的追随者对这一理想社会进行实践。1967年,一些斯金纳的追随者将《沃尔登第二》中描述的生活付诸实践。他们在弗吉尼亚州靠近洛依莎的双橡树建立起了一个真实的社会。但该社区的正常生活是在经历了各种修改之后,这个理想的社会才得以保存下来,当然,它已经很难说是对斯金纳观点的真实检验了。1973年,追随者们在墨西哥建立了另一个微型理想社会——洛斯霍克斯。到1989年,这个社区已经由最初的六个成人和一个儿童发展到28个成人和11个儿童。他们在整个社区的运作中遵循斯金纳的社会控制观念:行为的保持或改变是由于周围环境的作用,积极强化策略起到重要作用。他们彼此合作、地位平等、共享和平。这个理想社会成功的事例说明斯金纳的观点可以运用于人类社会。

 拓展阅读 7-3

空中摇篮和鸽子导航[①]

斯金纳为了将妻子从琐碎的家务中解放出来,他依据操作强化原理设计了一种机械化照料婴儿的装置——"空中摇篮"或称"婴儿看管者"。这是一个有床那样尺寸的居住空间,有一个大的图片式的窗子,空气经过清洁、杀菌后从底部进入,经过加温加湿,向上沿着帆布顶棚向四周扩展。婴儿在室内可以自由地运动、做游戏、睡觉。这种充气式婴儿床曾经在商店里出售,但销量并不高。斯金纳因设计了这种装置而受到美国一般群众特别是年轻母亲们的称赞。但也遭到了一些攻击,使他在公众中"臭名远扬"。在这个"空中摇篮"中抚养长大的二女儿就曾抗议她父亲将她作为白鼠一样的实验被试的做法。

在第二次世界大战中,斯金纳设计了一种导航系统,引导从战机落下的炸弹准确击中地面目标。他把鸽子放到导弹的前部突出部位,这些鸽子经条件反射的训练后,会啄目标的图像,鸽子的这些反应影响到导弹的角度,因而可以使得导弹击中正确的目标。斯金纳证明了这些鸽子可以获得高度的精确性,但是美国军事部门明显对此不感兴趣,不愿意把鸽子也纳入到他们的武器库中。

1971年,斯金纳出版了《超越自由与尊严》一书,这本书的畅销进一步使他成为了美国普通公众也熟悉的名人。1972年,《今日心理学》杂志指出:"在美国历史上,或许第一次使一位心理学教授获得了明星那样的知名度。"在书中他再次系统地阐述了其环境决定论的思想:人类没有绝对的自由和尊严,人的一切行为,从简单的注意、知觉到复杂的社会行为,都是由环境特点所决定的。因此,控制无处不在。既然如此,我们不如承认这一事实,积极选择、改变和完善控制,而不是反对社会控制,唯其如此,当社会控制良好时,人类也将获得最大程度的自由与尊严。

[①] 杜·舒尔茨(Duane P. Schultz). 西德尼·埃伦·舒尔茨(Sydney Ellen Schultz). 现代心理学史[M]. 叶浩生,译. 南京:江苏教育出版社,2005:283—284.

五、"心理学学科巨人"的功与过

斯金纳是公认的最卓越的心理学家之一,在《普通心理学评论》上刊登的20世纪一百位最杰出的心理学家中排名第一。《美国心理学家》杂志的主编称赞斯金纳是"我们学科的巨人之一,在心理学上留下了永恒的烙印"。1990年8月10日,也就是在斯金纳离世前几天,美国心理学会授予斯金纳心理学终身贡献奖。1992年,美国心理学会发行量最大的刊物《美国心理学家》专门出版了一期纪念他的文章,分析斯金纳对心理学的贡献。

斯金纳对心理学的杰出贡献在于他丰富了行为主义理论,推动了整个心理科学的发展。他发展了巴甫洛夫的经典条件反射,凭借精确严谨的行为分析方法,建立了影响深远的操作行为主义体系,对一些难以回避的"主观"现象坚持以操作强化原理进行具有说服力的解释,极大地提高了我们预测和控制有机体行为的能力。斯金纳秉承了华生极端客观的行为主义立场,并有所创新。他提出了操作性强化作用的概念,充实了华生的"S—R"行为公式改为"S—O—R",在处理人的内部心理过程时,斯金纳采取了更加灵活又不丧失原则的立场;有史学家说"华生的精神是不灭的,这种精神得到净化和提纯,通过斯金纳的作品继续栩栩如生地存在着"。斯金纳用一生的努力执着地捍卫着行为主义,就在他逝世的前八天,他还拖着虚弱的身体在心理学年会上充满激情地批驳对他的行为主义造成极大挑战的认知心理学。在他去世的那天晚上,他还写了他的最后一篇论文《心理学能成为心灵科学吗?》,以再次批驳对他的心理学观点造成威胁的认知运动。可以说,"斯金纳是行为主义心理学的无庸置疑的领导人和战士,他的工作对美国现代心理学的影响,大于历史上任何其他心理学家的工作,甚至大多数批评他的人们也不得不承认这一点"。他逝世以后,以他的操作性条件反射为基本原理的行为分析仍然十分活跃。行为分析仍然是当代心理学的一个重要研究领域。

斯金纳的另一个重要贡献是推动了心理学的应用研究。心理学的生命力就在于它的实际应用价值。斯金纳不仅仅是一个象牙塔里的学者,从一开始他就把目光指向应用领域,这是他的理论富有活力的秘密武器,他的影响远远超出了学术领域,他的社会控制计划使他在美国家喻户晓,成为人人皆知的著名心理学家。他的强化理论和操作性条件反射理论广泛地应用于教育、临床心理咨询、军事、管理、社会改造等领域。有人称"20世纪60年代初至80年代斯金纳及其追随者统治了学习心理学的领域"。斯金纳还探讨了人类衰老的过程。1983年,他与哈佛大学的玛格丽特·沃恩共同出版了一本非技术性的《颐养天年》,书中对饮食、锻炼、退休、感觉迟钝、健忘和对死亡的恐惧等老年所关注的话题给出了自己的见解和建议。

斯金纳的理论体系因其激进的行为主义观点也招致了众多批评,他曾经与那些反对者展开了持久的论辩。较为激烈、持久的论战在他和人本主义的主要代表人物罗杰斯之间展开,他们曾多次在公开的会议以及各种刊物上激烈辩论,捍卫各自的主张。斯金纳的心理学体系在欧美心理学界曾引起如此大的反响,即使弗洛伊德也没有引起如此不同的赞同者和敌对者两个对立的阵营的影响。

对斯金纳的批评主要表现在以下几方面：① 斯金纳忽视理论研究,他无意像赫尔那样建立严密的理论,本人也反对理论体系的建构,但他的确以高度精确的实验技术构筑了一门行为科学。② 当然对斯金纳批评最多的是他以动物的有限行为作为研究对象,并将研究结果推论到人类的社会生活领域。他认为在科学分析的范围内,人和动物并没有本质差别,他们的基本过程——有机体被动地接受外部环境作用而发出行为是一致的,仅仅在复杂性、多样性及成就大小方面人与动物有些不同,这显然过于简单化、片面化,这些主张是备受其他心理学工作者争议的方面。③ 人们对斯金纳的环境决定论也持强烈的批评意见。拥有敏锐观察力的著名心理学者弗洛伊德是从内部来观察人类,斯金纳则是从外部世界对有机体进行观察,他明确指出人的行为由外部环境决定,不存在主宰人类行为的所谓的"内部小人"。然而,一个科学家如果仅仅将他的研究限于观察材料,将窄化某一学科的研究范围。例如爱因斯坦如何只在经验范围内知觉四维空间？俄罗斯著名化学家门捷列夫也不可能在观察过所有化学元素的基础上得出元素周期表。心理实验是在一个有限范围内进行实验研究的,例如人类的动机、情绪等人类行为的重要问题,实验的范围很受限制,但我们能够将人类动机、情绪等排除在心理学的研究之外吗？斯金纳企图以操作行为主义的原理来进行社会控制,但他却忽视了政治、经济对社会制度的决定作用,因而难免步入歧途。斯金纳的体系留给我们很多有待于进一步研究的课题。

第五节 新行为主义的新发展

随着实证主义和逻辑实证主义的动摇,一些新行为主义者的追随者发展了前辈理论的某个方面,他们继续坚持对可观察的心理现象进行研究,建立了一些小型理论,并表现出向认知方向的转变。

一、新托尔曼学派：塞利格曼与习得性无助学说

托尔曼过世之后,一些对他的思想和方法有着浓厚兴趣的学者继续沿着托尔曼的研究路径和方向研究动物和人类的行为,具有更多的认知心理学思想倾向。

马丁.E.P.塞利格曼(Martin E. P. Seligman,1942—)出生于美国纽约州的奥尔巴尼。1964年,他毕业于普林斯顿大学哲学专业,获文学学士学位。1967年,毕业于宾夕法尼亚大学,获哲学博士学位。目前是宾夕法尼亚大学福克斯全球领导中心的心理学教授。

塞利格曼认为：不存在关于学习的普遍定律,已有的理论不能够解释所有的行为现象。他与合作者提出了关于回避学习的观点：在一个特定情境中,某个特定的反应将产生某个既定的结果,这就是有机体的预期,依据个体所预期的结果,个体将做出相应的选择。在塞利格曼的研究中,有一个非常经典的习得性无助研究。该研究中实验者将24只狗分为三组,分别为：可逃脱电击组、不可逃脱电击组和无束缚的控制组。可逃脱组和不可逃脱组的狗均在90秒内给予65次电击,研究者发现,可逃脱组的狗很快学会了通过触动相应的设备避开电击的行为。实验的第二阶段所有的环境设置是一样的,但当有电流通过的时候,研究

者发现参加第一阶段可逃脱组的狗做出更多的避开电击的行为,而不可逃脱组的狗虽然环境的设置已经发生了变化,但它们更多的做出哀鸣、原地不动的隐忍电流击打的被动消极行为。塞利格曼将这种狗由于受到预置的不可避免的伤害,进而表现出被动性隐忍行为的现象称为习得性无助(learned helplessness):有机体由于环境的限制经历了种种挫败等学习,以致于其后期表现出更多的沮丧、逆来顺受、被动等待、消极隐忍、坐以待毙等行为,形成自我无能的、努力避免失败的应对策略。研究者将习得性无助分为:动机的、认知的、情绪的三类;塞利格曼等研究者在长期的研究和社会观察中发现:人类中曾经遭遇了失恋、被施暴、意外的天灾人祸等不幸遭际的部分个体,如果他们将所有的不幸看作是固有的、无法改变的,往往容易陷入到失助的境地。这些观点体现在其所著的《习得性无助》一书当中。

塞利格曼也是临床咨询与治疗专家,他将习得性无助理论应用于临床治疗领域。他认为,抑郁症的发展与动物习得性无助的形成过程非常相似。他从积极正向出发,对习得性无助个体的矫治策略从认知、自我对话、自我控制、自我评价、问题解决、示范等维度进行调整,取得了一定的效果。塞利格曼和他的同事在 70 多个国家进行了大样本的大量的跨文化研究,发现美德和幸福之间的相关性高达 0.8,因此,塞利格曼提出"感恩"在治疗抑郁以及提升个体的心理健康水平方面有重要的作用。

塞利格曼主要从事习得性无助、抑郁、乐观主义、悲观主义等方面的研究。塞利格曼以习得性无助研究出名,关于习得性无助的研究在许多领域引起争论,并影响着当代的研究。习得性无助的研究从 20 世纪 60 年代后期开始,1990 年以后,塞利格曼的研究开始渐渐往习得性乐观发展,后推广积极心理学,被誉为"积极心理学之父"。由于其对动物方面的杰出研究,1976 年和 2006 年塞利格曼两次获得美国心理学杰出科学贡献奖。1998 年,塞利格曼担任美国心理学会主席,倡导实践与科学结合。从 2000 年开始,他致力于促进积极心理学领域的发展,包括研究积极情绪、积极的人格特质等,曾获得美国应用与预防心理学会的荣誉奖章;2002 年,获得美国心理学会的终身成就奖。塞利格曼在 20 世纪一百位著名的心理学家排名中名列第 31 位,"教科书最常引用的心理学家"榜第 13 位。无疑,塞利格曼是现当代对心理学有重要影响的人物,他的主要著作有:《习得性无助》(1975)、《活出最乐观的自己》(1991)、《你能够改变与无法改变的》(1993)、《教出乐观的孩子》(1996)、《真实的幸福》(2002)、《幸福能够教吗?》(2004)、《持续的幸福》(2011)。

二、新赫尔学派: 斯彭斯、米勒和多拉德的研究

(一)斯彭斯的研究

赫尔在耶鲁大学工作期间,吸引了一大批学者聚集在他周围,形成了"耶鲁小组"也称"耶鲁学派"。这些人在赫尔去世之后,继续发展赫尔理论,出现了以斯彭斯、米勒、多拉德等为核心成员的新赫尔学派。

肯尼斯·瓦廷贝·斯彭斯(Kenneth Wartinbee Spence,1907—1967)是新赫尔学派的主要代表,也是赫尔逝世之后其理论传统的领导者,影响了许多研究者。斯彭斯在 R·M·耶

基斯的指导下完成关于黑猩猩视觉灵敏度的博士学位论文,于1933年获得哲学博士学位。他在职业生涯初期就坚持认为心理科学一定要借助于数学来表达,斯彭斯与赫尔的研究促进并影响了心理学的数学取向。他因对条件作用和学习理论的实验研究而著名。1953年获得美国实验心理学会沃伦奖章,1955年当选为国家科学院院士,1956年获得美国心理学会颁发的科学贡献奖。在20世纪一百位最著名的心理学家中名列第62位。

斯彭斯对赫尔行为主义理论的主要贡献是对辨别学习的解释。他以动物为实验对象,设置了"go-no-go"式装置,训练动物对正、负刺激进行辨别学习,人为控制,当动物对一个刺激(S^+)做出反应时受正强化,而对另一个刺激(S^-)做出反应时没有受到强化,经过训练,动物准确地对S^+反应,对S^-不反应,表明动物学会了辨别学习。斯彭斯对赫尔的理论做了重要的拓展与修正,他是最早从理论上把诱因动作的假设结构与部分预期目标反应力量联系起来考虑的研究者。斯彭斯假设习惯力量是S—R接近尝试次数的函数,而奖励条件则被假定通过诱因动机作用因素影响反应的潜在可能性。一项研究显示,20世纪60年代后期,斯彭斯是实验心理学杂志中论文被引用得最多的心理学家,他的研究使得赫尔的理论流传于世,该理论也被认为是"赫尔-斯彭斯理论"。

(二)米勒和多拉德的研究

尼尔·米勒(Neal E. Miller,1909—2002)于1931年在华盛顿大学获得学士学位,1932年获得硕士学位,1935年在赫尔的指导下获得哲学博士学位。1958年当选为国家科学院院士,1959年获得美国心理学会颁发的杰出科学家贡献奖,1960—1961年担任美国心理学会主席,1965年获得国家科学奖章。他是生物反馈学说的创始人,他致力于探索动机和奖励的生理和生化机制分析,探讨个体如何学会控制自身内部环境,他关于强化机制和自主行为控制之间关系的研究也获得了重大的发现,为这一领域作出了重大的贡献。在20世纪一百位最著名的心理学家排名中,米勒位居第八。米勒的同事多拉德(John Dollard,1900—1980)多才多艺,是美国艺术与科学学院的成员,米勒和多拉德都是耶鲁小组的主要成员,二人曾长期合作,共同致力于弗洛伊德精神分析理论和赫尔体系的综合研究,他们合作出版了《挫折与攻击》(1939)、《社会学习与模仿》(1941)、《人格与心理治疗:基于学习、思维与文化的分析》(1950)。《人格与心理治疗:基于学习、思维与文化的分析》一书中介绍了采用学习、习得性驱力和冲突的假设来分析个体思维、语言、人格、神经症的原因、模仿和社会性行为,该书曾多年被用作学习理论、临床训练的教科书,对二战后第一代临床心理学家的训练产生了巨大的影响。

米勒和多拉德断言,人类行为是习得的,他们提出了四个基本的学习因素:驱力——线索——反应——强化。驱力也是刺激,包括性、饥渴等天生的初级驱力和成功、恐惧等习得的次级驱力,驱力促使有机体去行动,并产生某些反应类型。米勒提出了习得性驱力概念:通过条件作用过程而获得驱力功能特征的刺激,焦虑、恐惧都属于习得性驱力,恐惧是对痛苦刺激的天生反应,对人类的适应性行为具有重要作用;线索决定了有机体做出反应的时间、地点以及方式;反应是学习的必要条件,由驱力和即时的线索诱发出来;强化可以提高重复反应发生的概率事件。米勒是驱力降低的强化作用假说的重要提倡者。

米勒和多拉德的另一个贡献是精确地表达及发展了冲突理论。从20世纪30年代末到50年代初期,米勒通过广泛的动物研究来洞察动机、线索、反应和奖赏在冲突、压抑、移情等弗洛伊德精神动力现象中的作用,他们认为神经症是习得的。心理治疗就是创设一种鼓励患者表达被压抑的思想的情境,将患者以往经历中被泛化的条件反射逐渐消退,因此,在治疗中,冲突、消退、泛化、移情都是治疗过程中的重要组成部分。米勒和多拉德等人关于挫折和冲突的研究已经成为经典,直接支持心理治疗领域的行为矫正。

三、斯金纳后继者的实验研究

斯金纳的三位学生继承和发扬了斯金纳的研究传统,继续在学习理论中开展了一系列卓有成效的研究。

乔治·斯坦利·雷诺兹(George Stanley Reynolds,1936—1987)在芝加哥大学任教期间,将操作性条件反射原理用于生理心理、学习、动机领域,并出版了《操作条件入门》一书。雷诺兹系统地考察了行为的情景中的相互关系,提出了行为的对比效应(behavioral contrast),当呈现两个刺激时,有机体对这两个刺激的反应速度朝相反的方向转移和变化。出现这种现象的关键在于两个刺激相联系的强化条件关系。例如,雷诺兹曾设计了一个鸽子啄动红、橙、黄三种颜色的键盘的实验,当设置成为只对鸽子啄食红色键盘给与强化,对啄食其他颜色的键盘不予强化时,会发现鸽子啄食红色键盘的行为迅速增加,而啄食其他颜色键盘的行为则迅速减少,出现对比效应。雷诺兹发现对比现象也适用于人类的行为,因此,在进行人类行为训练时,要谨慎地使用惩罚,妥善安排惩罚时间表,使得惩罚准确有效。

特勒斯(Herbert Sidney Terrace)于1961年在斯金纳的指导下获得哈佛大学哲学博士学位,现任哥伦比亚大学心理系教授。一直以来,他致力于研究灵长类动物的认知能力,包括序列学习和认知模仿。其代表性论文是《串行记忆的种系发生与个体发生:鸽子与猴子的序列学习》(1993)。特勒斯的突出成就是通过实验证实了无错误辨别学习(errorless discrimination learning)现象。他尝试提出了无错误辨别学习的有关最佳水平的观点,提出了有关训练条件的最佳时间安排问题。这一系列的研究成果在教育领域、心理治疗以及其他一些领域都有着重要的启示。

普雷马克(David Premack,1925—)是另一位斯金纳学习理论的追随者。他的重要论文有:《关于经验行为法则:积极强化》(1959)、《从依随反应的独立比率来预测工具性行为》(1961)、《强化关系的可塑性》(1962)、《影响反应概率的非强化变量分析》(1962)等。普雷马克在斯金纳操作性行为传统下,提出了学习心理学的两条重要理论假设,即强化可塑性和强化优势理论。普雷马克认为任何反应都具有强化的功能,利用高频行为(有机体喜欢的行为)可以成为低频行为(有机体不喜欢的行为)的有效强化物,关键是找准个体的高频行为和低频行为,个体具有差异性,另外就是时间顺序不能够相反,要在个体先出现低频行为之后,高频行为才能够成为有效的强化物,从而促进低频活动的发生,这就是强化优势理论的基本假设。它是一种关系理论,这种前后关系不可颠倒,要利用频率较高的活动强化频率较低的活动,同时要让个体认识到强化和某一行为之间的依随关系,这一规则也称为普雷马克原理或祖母法则(祖母对付孙子常用这种方法,例如,先吃一口蔬菜,然后你就可以吃肉)。普雷马克的研究,扩展了强化优势理论,认为强化关系或过程具有可塑性。该理论在个体行为塑造的领域有着较重要的影响。1959年,普雷马克做了一个实验:他让孩子们从两种活动中选一种:玩弹球游戏机或吃糖。有的孩子选择了前者,有些孩子选择了后者。有趣的是,对于喜欢吃糖的孩子,如果把糖作为强化物,便可增加他们玩弹球游戏机的频率;相对更喜欢玩弹球游戏机的孩子,如果把玩弹球游戏机作为强化物,则可提高他们吃糖的数量。这种要想 B 除非 A 的普雷马克原理是家长帮助孩子克服某些缺点的一个不错的妙方。

第六节　社会认知行为主义

当行为主义处于危机与衰落之时,在认知革命的影响下,班杜拉、米契尔等一些接受行为主义训练的心理学家及时地吸收了认知心理学的研究成果,在坚持行为主义基本原则的基础上,从内部心理过程解释人的行为,开创了一条新的道路,属于"第三代行为主义"。这些温和的新行为主义者们是在批判、继承传统行为主义的基础上形成自己的观点的,这些观点变化如此之大,几乎全然丧失了其可鉴别的特点,被美国心理学家库克称之为"新的新行为主义"。

一、倡导"为自己创造机会"的心理学大师

艾伯特·班杜拉(Albert Bandura,1925—　),美国当代著名心理学家,社会学习理论的创始人,出生于加拿大阿尔伯特州北部的蒙台尔,像斯金纳一样,他也是在一个小镇上长大的。他的小学和中学都是在该镇上唯一的一所学校度过的。这所学校仅有两名只会照本宣科的教师,承担着所有课程的教学。贫瘠的教学环境也逼迫学生养成了自学的能力,班杜拉在此方面感到受益匪浅。中学毕业以后,班杜拉去了哥伦比亚大学。一次偶然的机会,选修了心理学入门课程,从此对心理学产生了兴趣,使得本想读生命科学的班杜拉决定学习心理学专业。大学毕业之后,他赶赴学术气氛浓厚的美国爱荷华大学,师从赫尔的学生斯彭斯。当时,爱荷华大学在心理学方面非常活跃,包括拓扑心理学家勒温在内的许多著名心理学家都在那里工作。那里每周都有学术报告会和讨论会,给班杜拉学术思想的成长提供了沃土。1952 年,班杜拉获得临床心理学博士学位。1953 年,他进入斯坦福大学从事儿童心理的教学与研究工作。此后除任行为科学高级中心研究员一年外,他一直任该校心理学教授直至现在。他曾担任过心理学系主任。班杜拉在读书期间就提出了社会学习理论,该理论强调人的行为、环境、个体认知之间相互影响,从某种意义上说,个体是自己一部分命运的塑造者,自己可以为自己创造机会。

图 7-8　班杜拉

班杜拉的婚姻如同其专业生涯的选择一样充满着偶然,他在高尔夫球场遇到了美丽、幽默的瓦恩斯,两人携手踏上了婚姻的红地毯。班杜拉重视学术,同样重视家庭生活的幸福。结婚后班杜拉夫妇长期居住在斯坦福大学附近的旧金山湾,工作之余,他们夫妇常领着两个女儿或漫步在美丽的校园,或徜徉于如花的海滨,或做做手工,或登山宿营,享受大自然之美。闲暇之余,一家人还会到歌剧院欣赏歌剧或听交响乐。总之,班杜拉总能使自己严肃的学术研究与闲适的生活和谐交融,在晚年,班杜拉在享受含饴弄孙的天伦之乐之余,仍时有振聋发聩的学术文章发表。

社会学习理论在社会上产生了重大的反响,也为班杜拉赢得了心理学界的地位,凭此他获得了许多荣誉和奖励:1972年获美国心理学会临床心理学分会杰出科学家奖;1974年被选为美国心理学会主席;1980年获美国心理学会杰出科学贡献奖,同年当选为美国艺术与科学院研究员;1989年当选为美国国家科学院医学院院士;1991—1995年担任儿童发展研究会国际事务委员会委员;1999年获美国心理学会教育心理学杰出贡献桑代克奖,并担任加拿大心理学会授予的名誉主席;2001年获得行为治疗发展学会终身成就奖;2002年获得西部心理学会终身成就奖。他还经常出席各种咨询委员会、联邦政府机构的各种委员会、美国国会听证会等。他还获得包括不列颠哥伦比亚大学在内的16所大学授予的荣誉学位。此外还担任《美国心理学家》《人格与社会心理学杂志》《实验社会心理学杂志》等20余种杂志的编辑。班杜拉的主要著作有:《青少年的攻击行为》(1959,与沃尔特斯合著)、《社会学习与人格发展》(1963,与沃尔特斯合著)、《行为矫正原理》(1969)、《心理学的示范作用:冲突的理论》(1971)、《攻击:社会学习的分析》(1973)、《社会学习理论》(1979)、《思想与行为的社会基础:一种社会认知的观点》(1986)、《变化社会中的自我效能》(1995)、《自我效能:控制的运用》(1997)等,社会认知理论和自我效能理论的创建既是其变革思想的结果,也是对行为主义学习理论的超越。

二、班杜拉的社会学习理论

(一)观察学习的概念、特点及其基本类型

班杜拉曾在斯彭斯的指导下接受多年的新行为主义思想方法的训练,因此,他以可观察的行为作为心理学的研究目标、恪守客观性原则,强调强化的重要性,在其研究中遵循了行为主义的基本理念。但班杜拉的观察学习理论形成于认知心理学日益崛起的20世纪60年代,因此,认知心理学的思想、方法对他的理论产生了很大的冲击。班杜拉受米勒和多拉德等人研究的启发,开始进一步关注影响儿童攻击行为的社会和家庭因素,他突破了行为主义把人类仅看作由外部环境刺激塑造的被动的接受者,注重社会互动在塑造和控制行为方面所发挥的作用,强调人类的自主性和自我调节能力。他的学习理论把强化理论和信息加工理论有机地相结合,并赋予认知因素在行为决定中的重要地位,确立了观察学习是理解人类复杂的社会行为的社会学习的最主要形式之一,也正是在这个意义上,我们称班杜拉的理论为社会认知行为主义。

1. 观察学习的基本概念及特点

观察学习(observational learning)也称替代学习(vicarious learning),是指个体经由对他人的行为及其强化结果的观察,获得某些新的反应,或使现存的行为反应特点得到矫正。观察学习是继经典条件反射、操作性条件反射这两种行为主义学派的学习模式之后的第三种学习模式。

观察学习具有三个特点:

第一,观察学习并不必然具有外显的反应。班杜拉认为,个体可以通过观察他人的表现而获得新行为或者矫正自己原有的某些行为,个体的这些行为只有在条件具备时才会表现出来。

第二,观察学习并不依赖直接强化。班杜拉认为强化在观察学习的过程中并非关键因素,一种行为是否能引起观察者注意并最终模仿、实施这种行为,关键在于操作这种行为是否能获得某种形式的奖赏。例如,影视传媒中各种助人行为如果能够得到社会的赞赏,将导致更多助人行为的发生。这是一种观察者因看到榜样受强化而受到强化的替代性强化,具有唤起观察者情绪反应的功能。

第三,观察学习是一种间接经验的学习,经由观察即可获得被示范的行为反应,因此,观察学习也称为"非尝试学习"。个体观察学习的对象称为榜样或示范者,他可以是现实生活中观察者所接触到的具体的、活生生的人或事物等,也可以是通过语言或影视图像而呈现的典型的、诫例性的符号榜样,在观察的基础上,观察者把知觉到的刺激事件以表象或隐蔽的语言符号加以表征,这些中介认知过程的发展在观察学习的过程中扮演着关键角色,它对个体的社会化、各种社会规则的学习起着重要作用。

2. 观察学习的类型

社会学习理论探讨了观察学习的行为效果:① 学习者学到新的行为模式;② 通过替代强化,学习者加强或削弱对已习得行为的抑制;③ 第三种行为效应是促进反应效应,在足够的诱因下,该行为将表现出来。

根据观察者的不同的行为反应,班杜拉把观察学习分为三个基本类型:① 直接的观察学习,亦称行为的观察学习。指的是对示范行为的简单模仿。日常生活中的大部分观察学习属于这种类型,特别是对幼儿来说,更是如此。② 抽象性观察学习。指观察者从他人的行为中获得一定的行为规则或原理,以后在一定条件下观察者表现出能体现这些规则或原理的行为,却不需要模仿所观察到的那些特殊的反应方式。③ 创造性观察学习。即观察者通过观察可将各个不同榜样的行为特点组合成不同于个别榜样特点的新的混合体,从而形成一种新的行为方式。例如,我们是在同父母、亲朋、同伴的交往中形成了自己独特的行为风格。创造性观察学习体现了观察者在学习的过程中认知功能的积极调控作用。

(二) 观察学习的心理过程

受信息加工认知心理学的影响,班杜拉用信息加工的模式分析观察学习的心理过程。它包括四个子过程(如表 7-2 所示)。

表 7-2 观察学习的心理过程①

注意过程→	保持过程→	动作复现过程→	动机过程
示范事件 　显著性 　情感诱发力 　复杂性 　流动性 　实用价值 观察者的特性 　知觉能力 　知觉定势 　认知能力 　唤醒水平 　习得的偏爱	符号编码 　认知组织 　认知演习 　行为演习 观察者的特性 　认知技能 　认知框架	认知组织 　对复现行为的观察 　反馈信息 　概念匹配 观察者的特性 　生理机能 　行为成分	外部的诱因 　物质的 　感觉的 　社会的 　控制的 替代性诱因 　自我诱因 　物质的 　自我评价的

示范事件 → （表） → 匹配行为

1. 注意过程：对榜样的知觉

班杜拉认为学习者注意到学习的对象是观察学习的第一步，观察学习的方式和数量都由注意过程筛选和确定，因此，注意过程是观察学习的基础。班杜拉认为，除非学习者给予示范行为以足够的注意，并精确地知觉到示范行为的特点和突出的线索，否则观察者就不能学到多少东西。他认为，观察者的心理特征、示范活动的特征以及观察者与榜样之间的社会关系特征是影响注意的重要因素。正如我们日常观察到的，子女较多地模仿父母和偶像的行为；学生较多地模仿教师；好斗分子则更易于模仿电视剧中的攻击行为，究其原因在于观察者与榜样之间的邻近、交往频率、心理距离、相似性等因素增强了行为模仿的频率。观察者的特征如觉醒水平、价值观念、态度定势、强化的经验、认知水平、人格特征等也会影响观察学习的注意过程。例如，有依赖性的、自我概念低的或焦虑的观察者更容易产生模仿行为。观察者对榜样行为价值的认识直接影响他是否集中注意观察榜样的行为，班杜拉称之为自我调节，在此体现了观察者的主观能动性。另外，示范活动的特征，如示范行为的显著性、复杂性、生动性、行为的效果和价值、榜样人物的魅力等都影响着观察学习的速度和水平。

2. 保持过程：示范信息的储存

学习者经由注意而获得的示范信息，只有进行积极的符号转换和建构，保持存储在记忆系统中，才能用于指导今后的行为操作。因此，观察学习的第二个主要阶段是示范信息的由外到内、由接收到储存的过程。班杜拉把示范行为的认知表征分为两种：第一种即表象的表征，即学习者先将观察到的活动转换成记忆表象；第二种是语言符号的表征，即把观察到的行为转换成语义符号贮存在头脑中，通过符号的中介，瞬间的示范经验进入长时记忆中。高度发展的符号保留了所观察的行为的基本特点和结构，使人们可经由观察学会大量行为。一些研究发现，经由观察而获得的示范行为还要经过认知上的演习或实际上的行为操作后，才能保持长久的记忆。学习者将获得的示范信息重现、改善，可加深记忆的痕迹，也便于发

---

① 班杜拉.思想与行为的社会基础：一种社会认知的理论[M].

现问题,在今后的行为中进行改进,因此,演习是一个重要的记忆支柱。但在现实生活中,由于时间、环境和资源等的种种限制,不可能经常进行行为的实际操作演习,此时认知的演习就起着不可替代的作用。班杜拉曾进行实验证实,那些在想象中观察自己执行某种操作的人,较之那些没有进行这种认知演习的被试,在随后进行这种操作时,表现得更为熟练。认知演习提高了学习者的信心,增进了学习者的自我效能感,因而促进了操作的技能。

3. 动作复现过程:从记忆向行为的转化

观察学习的第三个阶段是行为的再造,即观察者凭借表象或语义符号再现示范行为。这是一种由内到外、从概念到行为的过程,观察者要根据示范行为的特点来组织自己的动作反应,并依靠反馈信息检视和纠正自己的行为。班杜拉指出动作再现过程是观察学习的中心环节,它包括动作的认知组织、实际动作和动作监控三步。学习者在观察过程中所获得表象的准确性、完整性以及学习者的自我效能感、当前所具备的行为再现所必要的技能等将成为这一过程顺利实施的影响因素。因此,再造示范行为的初始阶段,仍有可能发生错误。中枢概念与行为反馈信息的差异给行为调整提供了方向和范围,使匹配行为逐渐接近理想的操作。个体必须正确选择和重新组织(创造)反应要素,并在信息反馈的基础上自我观察和矫正反馈并不断练习。对于那些要求较高熟练程度的活动,例如驾驶汽车、溜冰、钢琴演奏等,更是如此。

4. 动机过程:从观察到行动

受托尔曼"潜伏学习"概念的影响,班杜拉认为从示范行为的习得到示范行为的操作是有距离的,还需要有足够的诱发动因和激励。因此,观察学习的第四阶段是动机阶段,该过程的特点是在一定的诱因驱使下,观察者表现并获得行为。可以说动机过程贯穿于观察学习的始终,它引起和维持着人的观察学习活动。班杜拉指出行为操作主要受三类诱因源所左右:第一类为直接诱因,又称外部诱因,包括各种物质精神的奖赏、积极或消极的社会评价、愉快或令人难受的感觉刺激等形式。人们倾向于操作那些有实用价值的、可以使学习者获得直接强化的行为。第二类为替代诱因。替代性强化是班杜拉提出的一个非常重要的概念,指通过观察别人受强化,在观察者身上间接引起的强化作用。我们看到别人成功的行为得到肯定,就加强产生同样行为的倾向;反之,看到别人的某种行为受到处罚,自己就会避免那样做。这种榜样作用可以扩大到电影、电视、小说等媒体中的人物。第三类为自我诱因。自我生成的诱因也是调节行为操作的重要因素,包括自我评价、调节和自己规定的奖励,在此,强调学习的认知性和学习者的主观能动性。人们更倾向于表现那些令自己满意的行为,而摒弃那些让自己生厌的行为。

以上四个过程是紧密联系不可分割的。在任何情境中,观察者不能重复示范原型的行为很可能是由于下列因素:没有注意有关活动;记忆表象中对示范行为进行了不适当的编码;所学的东西不能在记忆中保持,无动作观念;没有能力去操作或没有足够的诱因驱动。

(三) 社会学习理论的基本特点

1. 以环境、行为、人三者之间的交互作用解释人的行为

心理学工作者在解释行为的起因方面各执一词,班杜拉等社会学习理论工作者在整合

了人本主义等心理学家所持有的"个人决定论"和激进的行为主义者关于"环境决定论"的观点,在此基础上提出了交互决定论的观点:"行为、人的内部因素(认知和其他内部因素)、环境影响三者彼此相互联结、相互决定。"

2. 强调人具有替代学习的能力

传统的学习理论注重个体在直接经验基础上通过反应后果而进行的学习,社会学习理论拓展了人类学习的领域,这对于人类的生存和发展具有极其重要的意义。班杜拉认为:"事实上所有导源于直接经验的学习现象都可以通过观察他人的行为及其后果,在替代的基础上发生。通过观察而进行学习的能力使人们不必经过冗长乏味的尝试错误的过程而获得新的反应模式以及调节行为的规则。"社会文化、社会习俗和生活风格的传递,许多都是通过观察学习来实现的。

3. 赋予自我调节以突出的地位

社会学习理论指出被传统行为主义所忽略的"自我"在调节行为中的作用。"如果个体的行为仅仅由外部的报酬或者惩罚所决定,人们就会像风向标一样,不断地改变方向,以适应作用于他们的各种短暂的影响……事实上,除了在某种强迫压力下,当面临各种冲突的影响时,人们表现出强有力的自我导向……由于人们具有自我指导的能力,使得人们可通过自我的结果对自己的思想、感情和行为施加某种影响。社会学习理论认为,自我调节包含着自我观察、判断和自我反应三种功能。在调节和指导自己的行为时,首先必须观察自己的行为操作水平。自我判断包括绝对操作水平、个人标准和社会参照;自我反应成分随着一个人如何认识其行为的决定因素而发生变化。总之,社会学习理论把"自我"看成是一种给行为评价提供参照标准的认知结构,自我的影响部分决定着一个人行为的过程。

4. 重视认知控制对人的行为的影响

现代社会学习理论把行为的控制系统分为三个方面,即先行刺激控制、行为后果刺激和认知控制,把认知控制的过程置于突出的地位,但仍坚持认知事件并不能独立地发挥作用,它的独特性……它的发生是处于刺激和强化的控制之下的。社会学习理论认为,认知控制的另一表现是人们可以在思维中而不是实际行动中解决大多数问题,这样规避了一些人类在面临复杂的生存环境所带来的严重威胁时可能遇到的风险。

三、班杜拉的社会认知理论

20世纪70年代末之前的很长一段时间,班杜拉的学术活动主要集中在社会学习理论的建构上。随着研究的深入,他更加关注人类思想和行为改变的社会根源和主体内部因素的作用。到了20世纪80年代中期,班杜拉初步形成了以社会学习理论为基础的社会认知理论。1986年出版的《思想和行动的社会基础:一种社会认知的理论》是这一方面思想的总结,也标志着班杜拉学术思想的转折。在此之前,他不过是想走一条不同于传统行为主义,又不同于认知心理学的中庸之路,成为一名新的新行为主义者。

（一）交互决定论

社会认知理论有两大基本假设，解释了人在某种程度上的自由性。在影响个体行为的因素方面，班杜拉是一个交互论者。他不同意个体的行为仅由个人的本能、需要等内部的因素决定的个人决定论者的观点，也不赞同斯金纳等激进的行为主义者单纯环境决定论的主张。班杜拉指出，行为、环境、人的内部因素（自我觉知、观念、信仰等）三者并不能独立地发挥作用，而是彼此相互联结、交互决定构成一种三角互动关系。

这一过程涉及三个因素的交互作用而不是两因素的结合或两因素之间的单向作用，它们是相互决定的（如图7－9所示）。

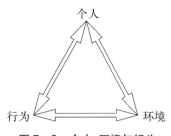

图7-9 个人、环境与行为

例如，有一个以前你很不喜欢的人邀请你吃饭，你能想象出这顿饭将会是多么的索然无味，因此，你的内部期望可能会使你拒绝邀请。但是你知道，这个人现在股票信息很灵通，如果陪他吃饭，他肯定会向你透露一些内部消息，作为股票迷的你此时感到了取舍的两难。最后，外部强大的诱因决定了你的行为——你如期赴约。果然，你获得了许多股票信息，大赚了一笔。你发现那顿饭也还不错，你甚至还发现那个人也挺可爱的。再往后，你就愿意和他多交往了。从这个日常生活中常见的人际互动的例子中，我们可以看出奖励、惩罚等各种环境变量、个体的期望等内因和行为如此循环交互作用。班杜拉在《交互决定论中的自我系统》一书中详细阐述了以上的主张。

在班杜拉的模型中，环境和行为是相互依赖、相互决定的。班杜拉在其社会学习理论中明确指出："……行为部分决定着哪一种潜在的环境影响将开始起作用，并采取什么形式；反过来，环境影响也部分决定着激活和发展哪些行为潜能成为实际行为，总之，环境、人、行为三因素密切联系，互为因果。"他把环境和行为区分为潜在和实际两种，它们之间的相互依赖与决定表现在：环境影响决定了哪些潜在的行为倾向会成为实际行为，而行为又决定了哪些潜在的环境将成为实际影响行为的环境。班杜拉注意到了行为对环境的反作用，他主张人的行为能影响并创造环境。例如，一次聚会上，大家对两个人的态度本来一视同仁，但其中一个举止粗俗，周围的人对他的惩罚就会多而奖励少；另一个很友善，就可能创造出奖励多而惩罚少的环境。这就是班杜拉所谓的"我们自己为自己创造了机会"。班杜拉同时指出了个人的内部因素与行为以及与环境之间的相互作用。个人不同的动机、观念和认知使人表现出不同的行为，而这种行为反过来以其结果使人的动机、观念和认知发生改变。个人因素与环境的关系也是如此，个人可以通过自己的性格、气质上的特征激活不同的社会环境反应；不同的环境反应又反过来影响了个人对自我的评价，从而导致气质与性格上的某种程度的改变。

班杜拉指出，在不同的条件下相对于不同的个体，个人、环境和行为三种因素的作用是不尽相同的，有时是环境的影响，有时是个体的行为抑或是认知因素在这个交互决定中起决定因素。不过，班杜拉特别重视人的因素，他把人的因素概括为自我系统，在三维交互决定系统中起重要作用,因此,他的理论又具有人本主义的色彩。

总之,班杜拉强调行为是以认知为中介的,思维、信念和期待等认知过程调节着人的行为,通过改变认知过程,可以改变人的行为。他的这些主张被用于心理治疗和行为矫正之中。他的观点在行为主义派和认知心理之间架起了一座桥梁,并对认知—行为治疗作出了巨大的贡献。

(二) 人的能动性或意向性

社会认识理论是一种关于人类思想和行为改变的综合理论。班杜拉分析了人的发展、适应和改变,并把人的能动性放在一个更为广阔的社会网络中来考察。他认为人的意向性或能动性包括以下几个方面:

(1) 人类能够将各种信息以符号的方式表征,充分利用替代学习,获得新知识。

(2) 人类有预见思维(forethought)的能力,因此,这种前瞻性思维使得人类的行为是有目的和目标导向的。

(3) 人类具有自我反思能力。人类是自身能动性的考察者,这是人之为人的显著特征。班杜拉曾说:如果人有什么与众不同的特征,那就是反思性的自我意识能力。在各种反思中,人的信念在对影响自己的生活事件进行控制中起着核心和普遍作用。对人类能动性的强调,特别是对包含自我效能信念在内的自我系统在自身行为调节中的核心作用的强调,使得班杜拉走向了对自我效能理论的创建。

(4) 人类有自我调节的能力。社会认知论假设人类具有自我反省和自我调节能力,人类是环境的积极塑造者。人类可以根据计划、预期等来激活、指导和调控自己的行为。社会认知理论假设,个体具有自我调节的机制,从而做出自我导向的改变。

(5) 人类具有替代学习的能力。人类具有通过观察他人的行为及其结果而产生学习,这种学习能力大大提升了人类生存和发展的空间

四、班杜拉的自我效能理论

在建立了社会认知理论之后,班杜拉投入了大量的精力在"自我现象"的研究上,在"应激状态下个体知觉对神经递质和血液中荷尔蒙的释放的影响"和"示范行为在治疗恐蛇症中的作用"的两项研究中,班杜拉发现"自我"影响了人们行为的改变。这引发了他研究自我参照思维影响心理机能的兴趣,促使他开始转向自我能力、自我调节、自我参照思维等主体因素的研究。20世纪70年代末,班杜拉提出了自我效能(self efficacy)的概念,建立自我效能理论。并于20世纪90年代中后期建立起了较为完整的自我效能理论。1997年,班杜拉出版了《自我效能:控制的运用》一书,对自我效能理论的研究进行了总结和系统的理论建构。

(一) 自我效能的概念和性质

20世纪80年代之前,班杜拉将自我效能定义为:人们对于完成某个特定行为或者产生

某种结果所需要行为能力的信念,是对个体较为具体的能力的预期;知觉到的效能预期影响着个体的目标选择、努力程度等;到80年代之后,班杜拉强调个体对影响自己生活的事件的自我控制能力的知觉,还包括一种对组织和实施达成既定操作目标的整合行动过程的自我生成能力的判断。到了20世纪90年代,自我效能被界定为:人们对其组织和实施达成特定成就目标所需要的行动过程、动机和认知资源的能力的信念。从这些不同时期的界定来看,自我效能具有如下几层涵义:

（1）自我效能是个体对其能够做什么的行为能力的主观判断和评估,而不是个体实际拥有的技能或行为能力。

（2）自我效能是个体整合其各种能力信息后自我生成的知觉到的自我效能感;班杜拉指出:自我效能是一种生成能力,它综合认知、社会、情绪及行为等方面的技能,把它们组织起来,有效地运用于多种目的。

（3）自我效能具有领域的特定性,即个体对完成不同的任务或达成特定目标的预期判断是不同的;自我效能是具体性和普遍性的统一。

（4）自我效能最终会形成一种内在自我信念系统;班杜拉指出:效能信念是人类动因的基础,起着指导和动机激发作用的任何其他因素都根植于人们相信其有能力使行为产生预期效果的核心信念。

（5）自我效能的个体性和集体性的统一。早期,班杜拉自我效能的研究主要集中在个体对自身不同情境中能力的评估和判断,随着他意识到现实生活中集体协同工作及个体之间的相互依赖性,班杜拉开始对集体动因进行深入研究。作为一个整体,人们对其产生期望结果的集体能力的共同信念——集体效能是其关键因素。20世纪80年代中后期,班杜拉又将自我效能从个体领域拓展到了集体领域,开拓了研究团体主体性的新视角——集体效能(collective efficacy)。集体效能是个体相互作用的动态过程所创造的一个突出属性,但不等于个体效能的简单总和。

总之,自我效能是指个体对成功地实施达成特定目标所需行动过程的能力的预期、感知、信心或信念。自我效能作为人类自我参照思维,它是一种复杂的、多重性质统一的心理现象。自我效能理论和集体效能理论有着较广泛的应用价值,在学校教育、临床心理学、体育运动、职业指导等领域均有应用。

（二）自我效能的结构、测量和信息来源

从结构来看,自我效能是多维度的,它主要围绕水平、强度、宽度三个维度变化,因此,对自我效能的测量也要从这三个维度出发作出全面而细致的评价。自我效能的水平主要从所接受任务的难度、复杂程度和挑战性这一维度;自我效能的强度则是从完成任务的坚定性方面的考量;自我效能的宽度是指个体获得的自我效能感的可迁移领域的广度,表明人们是在一个广泛的活动领域或仅在某个领域判断其行为的有效性。

人们的自我效能信念是以各种效能信息源为基础经过个体的认知加工形成的。班杜拉认为自我效能有如下四个主要的信息源:

(1) 亲历的个体经验。个体通过自己的亲自实践,获得关于自己有能力完成某一任务的直接经验。个体的直接经验是自我效能中最强有力的信息来源,对自我效能的影响最大,提供的证据最具说服力。

(2) 替代经验。当自己没有机会亲自实践,通过观察他人的行为,看见他人能做什么,注意到他人的行为结果,也可以获得关于自己能力的可能性的评估和判断。由替代经验所形成的自我效能是通过参照比较的方式产生的,榜样的相似性、行为方式、努力程度以及环境的相似性都是重要的参考信息。

(3) 言语说服或社会说服。他人的鼓励、建议、反馈性评价等语言是影响个体评估自己是否具备某种能力的一种有效手段。言语说服性效能信息受劝说者的地位、威望、专长以及反馈方式和劝说内容的可信性影响。

(4) 生理和情绪状态。人们有时判断自己的能力会部分地依靠生理和情绪所提供的躯体信息,尤其在包含身体运动、健康机能和应激应对的活动领域,个体效能判断更加依赖躯体信息所提供的生理和情绪信息,高情绪唤醒和紧张的生理状态会阻碍行为操作,降低其自我效能感。同样,像其他效能信息源一样,生理和情绪状态提供的信息也是通过个体的认知加工最终影响到自我效能感。因此,对生理状态引发的原因的认知评价、生理唤醒强度、活动环境、个体的解释倾向等都会制约生理状态对效能判断的影响。

(三) 自我效能的机制

从各种效能信息源所获得的效能信息,要通过个体的认知加工,对效能信息进行整合,形成效能判断,深化到自我价值系统就形成了自我效能信念,总之,个人效能感是通过一个复杂的自我说服过程得以建构的。效能信念影响人们如何思维、感知并激活行动等,它在个体的后继行为与影响源之间发挥着包括认知过程、动机过程、情感过程和选择过程等中介作用,对人们的行为和成就有显著的促进作用。自我效能是社会认知理论的主要部分,它强调个体对其获得特定的操作方式所需要的构造与执行行为过程的能力的判断;在1986年出版的《思想与行为的社会基础:一种社会认知的理论》一书中,班杜拉明确指出:"大多数外部影响通过中介的认知过程而对行为产生作用,认知因素部分决定着哪一种环境事件被观察到,这些事件又被赋予什么意义,它们是否留下持久的影响,有什么样的效益和功用,以及怎样组织它们所传递的信息以备将来使用……人的思维是一种理解和有效应付环境的强有力的工具。"自我效能感影响着我们生活的许多方面,自我效能感高的个体比自我效能感低的个体更容易获得好的未来前景,具有更好的身心健康状态。自我效能理论是班杜拉社会学习理论的新发展,一经提出,就在社会上产生了影响,引起了许多心理学家的研究,现在已经有大量的实证研究证明了该理论的正确性。

五、班杜拉的贡献与局限

传统行为主义一直把学习过程的研究局限于个体经验的范围内,无论是赫尔的假设—

演绎系统,还是斯金纳的操作强化理论,其范围都没有超出个体的水平。班杜拉"青出于蓝,而胜于蓝",他批判地继承了先前的学习理论,突破性地融入了社会动因,提出了社会学习理论,并在此基础上进一步发展和突破,形成了包括社会学习理论、自我效能理论在内的,关于人类心理机能和行为的综合理论,可以称其为社会认知学习理论。

  首先,班杜拉对心理学的重要贡献之一是提出了人类的重要的学习形式——观察学习,发展和深化了学习理论。班杜拉的理论注重社会因素的影响,在实验的社会心理学和学习论之间架起了一座桥梁,填补了这一间隙,对学习心理学和社会心理学的研究、发展作出了独特的贡献。美国心理学家劳尔曾说:"在所有类型的学习中,观察学习始终为心理学家所忽视,只有班杜拉给它以严肃认真的考虑……"观察学习易于解释新反应的快速获得,模仿是学习的一个独立方面……获得过程可以由于社会的模仿而大大缩短,即观察学习过程完全可以合理地说明每一种复杂行为的快速出现过程。与经典条件反射和操作性条件反射的方法相结合,观察学习理论被证明是一种强有力的解释工具。

  其次,班杜拉在坚持行为主义的基本立场的基础上及时吸收了认知心理学的研究成果,实现了理论参照点由行为到认知的转变,顺应了当代关注内部认知变量、解决现实问题的思想潮流。他重视社会因素和认知过程在个体行为中的重要作用,后期理论尤其重视对个体自我现象的研究,强调主体的积极性、主动性和自我调节的作用,改变了传统行为主义重刺激—反应、轻中枢过程的思想倾向。班杜拉对认知因素的强调使他赢得了声誉,但也受到了激进的行为主义者的批判。美国心理学家蓝丁曾指出:"正是由于他利用了认知过程中的内部原因,因而班杜拉被人们看作是一个'软'的行为主义者,他的方法已经偏离了行为主义的基本原则如此之远,以致于不能再称其为行为主义而应属于另外的阵营。"已有一些学者指出班杜拉的社会认知理论是从新行为主义到社会建构主义的转变。

  再次,班杜拉重视社会因素的作用,强调人的能动性,突出了人的主体性地位。在方法论方面,他反对把动物实验的结论推论至人类社会领域的做法,他以人为被试设计了大量的实验,在丰富坚实的实验验证基础上提出了社会认知理论,他的理论及其示范治疗方法体现了当代美国心理学的机能和实用精神。他的这一努力,使得行为主义阵营内部开始注重人类学习不同于动物学习的特殊方面,也使得一些心理学家把他看作行为主义阵营中的人本主义者。个体学习不仅是个体性质的,更是社会性质的,大量的学习是在社会大背景下通过交互作用的方式发生的。在1963年出版的《社会学习与人格发展》一书中,班杜拉指出:"日常观察和实验室实验的证据表明,提供实际或符号形式的榜样是传播和控制行为的一种极其有效的程序,但作为行为模仿影响源的社会动因的重要性却在很大程度上被忽视了。"社会认知学习理论关注到人类具有的自我反省和自我调节能力,这样就突破了行为主义把人看作环境的消极反应者的局限,而将人看成具有自我反思、调节、自我组织的环境的积极塑造者。

  最后,班杜拉重视理论的应用价值,其社会认知学习理论在个体的社会化、行为矫正、学校教育、体育运动、职业指导、公共健康和管理等领域作出了重要的贡献。班杜拉的观察模仿学习、替代强化、自我效能等理论观点具有重要的现实意义:社会规范通过榜样的行为而对观察者产生影响,影视媒体等对攻击性和暴力行为的宣传将导致人们的模仿,尤其青少年犯罪行为的发生,这一切对于研究犯罪心理具有重要的参考价值。班杜拉的研究,引起社会有识之士对大众传播领域宣传媒体材料所引发的社会效应的重视,班杜拉的社会认知学习理论给我们进行思想品德和行为规范的教育、个体个性形成、生活和工作方式的养成、社会性行为的塑造提供了一条新的途径。

当然,班杜拉的理论也存在着一些不足之处:由于具有开放性和发展的特征而导致其缺乏内在统一的理论框架;班杜拉的研究坚持行为主义的经验论立场,其理论观点中对生物遗传和发展变量重视不够;研究攻击行为时采用了让儿童观看具有攻击性行为的录像,因而被一些研究者指责他犯有教唆实验者观察学习攻击性行为的错误;虽然班杜拉强调了认知在个体行为中的重要作用,但他仍把心理学的研究目标定位在研究行为上,使得他的研究实际上并没有给认知因素应有的位置。

六、其他的社会认知行为主义

班杜拉等一些研究者超越了以往的行为主义者仅从个体经验及其结果方面研究学习过程的局限,从社会互动、个体认知等视角阐释个体的学习,这些研究者所关注的重心依然是对个体行为的预测与控制,在条件反射及其强化原理的指导下阐述个体行为,因此,仍隶属于行为主义,代表了行为主义和认知心理学相结合的态势,也正是从这个意义上,我们称第三代行为主义为社会认知行为主义。在认知心理学和人本主义心理学几乎平分心理学天下的当代,社会认知行为主义的理论独树一帜,在西方心理学界产生了重要的影响,波及实验心理学、社会心理学、人格心理学、临床心理治疗以及教育、管理、大众传播等社会生活领域。

下面,我们将介绍另外两位新的新行为主义的代表人物。

(一)罗特的社会行为学习理论

1. 毕生关注社会不公正现象的心理学家

朱利安·罗特(Julian B. Rotter,1916—   ),美国当代著名心理治疗专家和人格理论家,新的新行为主义的主要代表人物。1929年美国经济大萧条时期,罗特父亲的生意破产了,这一年成为他生活的转折点,窘迫的生活使罗特饱受磨砺。

作为犹太人,他时刻感到社会对他们的不公正。在布鲁克林学院以及随后的研究生院,罗特就多次被告知"无论取得什么样的学历,犹太人都不可能获得学术职位……"。困苦的生活经历使他深刻地了解了人格和行为是怎样受到情境条件的影响,也感召他终生关注社会的不公正现象。弗洛伊德和阿德勒的有关精神分析的一些

图7-10 罗特

书籍激发了罗特对心理学的兴趣,促使他走上了心理学的研究道路。1941年从印第安纳大学获得博士学位后,罗特到康涅狄格州立精神病院找了一份工作。1988年获美国心理学会颁发的杰出科学贡献奖。罗特的主要著作有《社会学习与临床心理学》(1954)、《人格的社

会学习理论》(1972,合著)。

2. 罗特的主要理论观点

罗特的社会学习行为理论形成于20世纪40年代末50年代初,该理论兼收并蓄,吸收借鉴了勒温、托尔曼、斯金纳等的观点。罗特强调实验研究的科学严谨性,他采用建构论的观点,发展了一系列有预测效应的、精确界定的、具有可操作性的概念,其精密、严格具有较好操控性的实验方法促进了心理学的实验研究,他的方法具有典型的行为主义的特点。他的理论与班杜拉的理论有较多的共同点,重视人与人之间的相互作用、相互影响,强调家庭关系的重要性。在对认知过程的强调方面,他甚至超过了班杜拉。他指出,个体的主观期待和价值观等这些内部认知状态决定了不同的外部刺激和强化物对个体的影响。其理论将动机变量和认知变量有机地综合在一起,采用了心理情境、行为潜能、期待和强化值四个基本变量及其相互关系来预测个体的行为,成为具有鲜明特色的社会行为学习理论;罗特在分析个体行为时不注重对生理过程的探讨,也反对把由动物研究所归纳出的一些法则类推到人类行为上,其理论强调的是行为表现而非习得行为,有人也把他的社会行为学习理论称为"社会行为表现理论"。

3. 罗特的主要贡献

从20世纪60年代起,罗特开始探索将其理论付诸实际应用,并将控制点和人际信任等抽象的人格变量引入研究过程中,他的控制点的概念更是成为心理学和其他的社会科学中研究最多的变量之一。罗特在人格的发展、临床心理学、学习理论、变态心理学、实验研究等领域均有创意。他对心理学的最大贡献在于他整合了心理学中的两大传统——强化理论和场理论,发展了社会学习理论,推动了对于人的社会互动学习模式的研究以及学习理论的临床应用研究。例如,他把米勒和多拉德提出的社会学习这一概念应用于临床和人格领域;把赫尔的学习理论扩展到变态心理、儿童心理与社会心理的研究中。在由传统的行为主义向新的新行为主义转变的过程中,罗特起到了重要的作用。其他的新的新行为主义者,如班杜拉、米契尔等人,也运用他的一些思想观点和概念,将社会学习理论发展到了一个新的高度。罗特孕育了认知行为疗法。他作为一名著名的心理治疗专家,提出了许多独到的见解,发展了心理治疗的理论和方法。在1970—1974年间的《临床和咨询心理学》杂志中,罗特的论述是引用率最高的。他在临床上主要采用认知行为治疗法,强调治疗家要关注患者获得真实生活中的新经验,关注直接研究改变行为的方式以及情境因素对病人症状的作用方式。1987年,罗特退休后,仍积极从事社会学习领域的著述和研究工作。1989年,美国心理学会授予罗特"心理学杰出科学贡献奖"。

(二)米契尔的认知社会学习理论

1. 研究满足延宕的第一人

沃尔特·米契尔(Walter Mischel,1930—)是奥地利维也纳人,9岁之前住在离弗洛伊德家仅咫尺之遥的地方,这样,弗洛伊德的理论对其早期的研究工作有潜移默化的影响。1956年,米契尔获俄亥俄州立大学临床心理学博士学位。他先后在科罗拉多大学、芝加哥大学、哥伦比亚大学、哈佛大学和斯坦福大学任教。他承认自己的理论深受人格心理学家乔治·凯利和罗特两位良师的影响,他在斯坦福大学又同班杜拉一起做过许多研究,其理论以及一些概念与罗特和班杜拉的有许多相似之处。米契尔曾经对一种特殊的人格变量——满足延宕进行过大量专门的实验研究,确定了满足延宕研究范型,成为这方面研究的头号代表人物。他在人格的结构、过程和发展,自我控制以及人格差异等领域的研究十分著名,其理论在国外的影响日益显著。1968年,他出版了《人格及其评定》一书,确立了他在心理学中的地位,随后又出版了一些著作,发表了许多论文来阐明自己的观点。

图 7-11 米契尔

1971年,他出版了《人格导论》,到2003年该书已出版第七版。1982年,米契尔获美国心理学会颁发的杰出科学贡献奖。1985年,米契尔担任美国心理学会人格与社会心理学分会主席。2000—2003年任《心理学评论》主编。1991年,他被选为美国艺术与科学学会委员;2000年,他获得美国实验社会心理学家协会授予的杰出科学家奖。2002—2003年,他当选为人格研究协会主席;2005年,他获得杰克·布洛克人格心理学杰出贡献奖。2004年,被选为美国国家科学院成员。2007年,被选为心理科学协会主席,在20世纪心理学家知名度排名中,米契尔作为人格心理学家、心理学界的"后起之秀",名列第25位。

2. 米契尔的社会认知学习理论的主要观点

认知社会学习理论是当今心理学界的重要且较为成熟的理论体系,米契尔是这一体系的重要奠基者。他的社会学习理论大致包括四个部分,即满足延宕的研究、认知社会学习的个体变量、认知原型法、人格的认知—情感系统理论。

米契尔认为人的行为既受个人因素的制约,也受情境变化的影响,强化在人通过认知功能对特定情境进行预测时起作用。这些看法成为新的新行为主义理论中的核心原则。从1973年开始,米契尔在批判心理动力理论、特质理论、行为主义人格理论等这些传统的人格理论的基础上,融合了凯利的个人建构论和罗特的社会学习理论,重新对人格进行了界定,强调个体与情境的相互作用以及认知变量的影响,提出了自己独特的理论观点。他以选择注意、编码、复述与存储过程、认知的转化和对认知以及行为的积极建构等五种认知的社会学习人格变量来解释不同情境中个体不同的行为模式与人格特点。1995年,米契尔扩展了这些变量,将情绪、情感和个体行为的目标也加入个体变量,作为认知—情感单元,认为认知—情感单元之间的结构构成了人格的核心,并据此提出了著名的认知—情感人格系统理论。该理论将认知与情感两大因素统一在人格系统中,有助于更加深入地探讨各种心理现象之间的相互作用规律及其对个体行为表现的影响。此外,米契尔还提出了可以用于对人和情境进行分类的原型理论。原型是一种相对稳定的认知结构,是关于某一类事物特征的模式,其中包含了几种典型的特征,可以作为一种理想的样板或可参照的标准。他指出,每个人都具有自己独特的、可以动态发展的原型。我们可以用原型从人与环境交互的视角作为估价个体行为差异的真实性与稳定性的一条途径。米切尔的社会学习理论(Mischel,1968)对行为治疗产生了极大的影响。

3. 满足延宕

米契尔做了大量关于满足延宕(dely of gratification)的实验研究,其满足延宕研究可以说是心理学实验研究的典范。满足延宕是指个体为了将来得到较大的、更有价值的酬赏,经由自我控制而宁愿舍弃即刻的、价值较低的奖赏物的过程。该领域的研究至今仍具有非常重要的价值。通过相关研究他发现,延宕选择的偏好与社会责任、过失行为、父爱缺失、智力、成就需要等均存在相关。在满足延宕过程中,影响儿童延宕行为的因素,并不是实际呈现在儿童面前的真实物品,而是儿童内部的认知表征过程;被试对预期不可能得到的奖赏的价值评价,要高于预期可能得到或一定能得到的奖赏的价值评价;真实榜样比通过符号呈现的榜样在儿童延宕行为的改变上产生的影响更持久、稳定;最令人感兴趣的是,米契尔发现,儿童早期的延宕等待时间能够预测十几年之后的认知和自我调节能力,并且与青少年的学业成绩和人际交往成功有显著的正相关。

4. 米契尔的主要贡献与局限

米契尔的认知社会学习理论体现了第三代行为主义者的研究特点,他的满足延宕研究成为心理学实验经典。米契尔研究了人和情境的分类,提出了人与情境交互作用的观点,这些观点与刻板印象、定势等在一定程度上都体现了认知经济的原则。米契尔批判了包括特质论等传统人格研究方法,提出了社会认知—情感方法,为人格理论研究提供了新的视角和途径,但他的理论未能实现整合人格心理学的设想,另外米契尔的研究因对社会历史因素、生物遗传因素和无意识过程重视不足而受到其他研究者的批评。

(三) 斯塔特的心理学行为主义

阿瑟·维尔伯·斯塔特(Arthur W. Staats,1924—   )是为数不多的还健在的心理行为主义理论家之一,他属于行为主义的第三代。多层次理论与方法(multiple levels of analysis)是斯塔特心理学整合观的具体体现,他将传统心理学的各个相对独立的研究领域看作是相互联系、相互影响的不同研究水平。这些水平从简单到复杂依次包括生物学水平、基本动物学习水平、人类学水平、社会交互作用水平、儿童发展水平、人格水平、心理测量水平、变态心理学水平、行为治疗水平。多层次理论与方法为心理学的整合提供了新的视角与思路,也为心理学解决现实问题提供了有效的途径。

阿瑟·维尔伯·斯塔特出生于纽约的埃尔姆斯福德,母亲珍妮是从俄罗斯移民到美国的犹太人,从小生活在一个贫穷、政治上比较激进、有着犹太教无神论传统的家庭中的斯塔特,从小就有着批判性思维,并将其渗透到生活的方方面面,包括后来的各种学术研究领域。在第二次世界大战期间,斯塔特在海军服役。然后他进入加利福尼亚大学,于1956年获得博士学位。他的论文题目为"言语和工具反应等级与解决人类问题关系的行为主义研究"。最初他受雇于亚利桑那州立大学,在那里,他被推动着建立了一个现代化的行为部门。1967年,斯塔特成为夏威夷大学心理学与教育心理学教授,直到他1999年退休。斯塔特兴趣非常广泛,涉及临床心理学、儿童心理学、教育心理学、社会心理学等各个领域,他是美国心理学会八个分会的会员,同时也是美国心理学协会、科学发展协会、儿童发展研究协会、行为治疗发展协会等成员。

从20世纪50年代起,斯塔特就开始建构一种综合理论,用于分析各种人类的行为。1968年,斯塔特第一次提出了心理学的"分裂"问题和统一的必要性。1975年出版的《社会行为主义》一书,呈现了一个广泛的统一理论。在其研究中,斯塔特逐渐发现心理学发展的主要障碍在于混乱的多样性和不统一性。1983年出版的《心理学的分裂危机:统一科学的哲学和方法》,指出统一是正式科学非常重要的方面,从分裂到同一,是每门科学发展过程的基本规律。1996,斯塔特出版了《行为与人格:心理行为主义》一书,他所建设的被称为心理行为主义(psychological behaviorism,简称PB)理论是一种非折衷的整合框架,试图整合心理学与第一代、第二代与第三代行为主义。心理行为主义理论被构建为一个统一整合的框架,它使用和引用先前的研究,在此基础上又有发展,它也引入了行为主义之外的研究,整合了一些重要的观点,无论他们来自哪里。在其漫长的职业生涯中,斯塔特一直致力于心理学整合的理论研究与组织工作。在他的倡导下,1985年美国心理学会成立了"心理学统一问题研究协会",专门讨论心理学的同一问题。在过去的50多年里,斯塔特为心理学的发展作出了重要贡献。斯塔特的研究解决了激进行为主义的缺陷:① 强调特定的人类学习过程,启用累积分层学习对人格和智力等现象进行行为处理;② 建立一个更为发展的理论,用于表明情感和语言与某一确定的行为之间的因果关系;③ 将心理学的不同主要领域相互关联,整合成解释复杂人类行为的综合理论。试图吸收以往所有理论的合理之处,并克服前人研究的缺点,具有很强的包容性。心理行为理论为心理学的整合提供了新的思路和视角。斯塔特本人也看到了在统一各种复杂水平的过程中,有更多的事情需要做,而不只是建构一个广泛而全面的统一理论。

斯塔特指出行为治疗的三个基础之一是心理行为方法。他曾对住院的精神分裂症病人进行行为分析,指出医生要强化这些患者的正常的语言和行为,而对异常行为不再强化;每一种治疗方法都来自与人类行为有关的源概念。斯塔特从基本的学习水平,直到人类学习的认知水平、儿童发展水平、社会交互作用水平、人格水平、变态心理学水平、心理测量水平,分析了在每个水平上的理论指导下的行为治疗实践,表明每一个水平都可以用于临床问题,在每一个水平上都可以进行行为分析和治疗。这意味着心理治疗是一个多水平理论框架,除了基本的条件作用原理之外,其他水平原理都可以直接用于人类行为治疗。斯塔特指出,临床上对统一的兴趣源于心理行为主义对统一的必要性的分析和强调。随着神经科学的兴起,其贡献涉及心理学的各个分支领域,在心理学中扮演的角色日益突出。斯塔特认识到在实践领域,体验性、关系性和可观察的行为多层次的分析评估比对个体的大脑神经状况呈现更卓有成效,因此,他不认同某些学者提出的神经网络和计算机科学(neural network models)能够为心理学的整合提供一个单一的模板。

斯塔特看到了心理学的分裂现状,提出了心理行为主义这一整合的理论框架,对各领域的心理学工作者正确认识心理学的历史和发展现状具有一定的警示和指导意义,促进了心理学的发展。

第七节　行为分析：当代行为主义的活跃领域

行为主义作为传统的意识心理学的反叛,在人类行为学方面提出了不少革命性的、颇有争议的观点。三代行为主义者都认为心理学的主要任务是描述、解释、预测和控制有机体对外的主要是社会环境的外显行为。行为主义者主张：争论心理学是什么或怎么样,不如对人类的行为进行实验分析。斯金纳认为：行为实验分析是为人类未来谋幸福的希望。在行为主义日渐式微的今天,行为分析是行为主义者一直坚守的、得到更多的其他领域的心理学工作者认同的一块阵地。

一、两种视角下的认知革命

（一）认知主义者眼中的认知革命——一场库恩范式革命

从20世纪50年代中期到20世纪60年代认知主义蓬勃发展,在认知主义者眼中,"认知革命"导致行为主义的日渐消亡,由认知范式取代了行为主义成为主流心理学范式。认知革命是同一时期心理学、语言学、计算机科学、人类学和神经科学一系列学科发展的产物。认知心理学的产生推翻了行为主义的假设,把思维、记忆、推理等高级心理过程置于一个重要地位。在各类研究文献中使用引用文分析和关键词汇的搜索,结果也表明了认知心理学的稳定增长和行为主义日渐衰弱的趋势。

（二）行为主义者眼中的认知革命

从行为主义史学家眼中,行为主义并没有因认知取向的出现而销声匿迹,仍然有许多研究者试图缩小两者之间的距离。认知主义的崛起,逐渐替代了行为主义的主流地位,激进行为主义日渐消亡。斯金纳的操作性条件反射传统一直被一些行为分析师所坚守并致力于行为研究,行为分析被视为行为主义的代表,并逐渐发展成为一个有组织的领域和系统。从行为分析的视域阐释着不同版本的"认知革命"。他们认为："认知革命"导致认知心理学在实验心理学等领域取得了主导地位,而这种"霸权的优势地位"也只是暂时的存在于认知主义所选择的领域内,并且迟早也会消失,而在临床咨询、经济学等领域,行为主义将依然作为有吸引力的主要方法而存在。

20世纪60年代,第一代认知科学以"计算机隐喻"为基础。20世纪80年代,第二代认知科学以精神和身体、思维和行为、理性与感觉之间的交互作用为基础,重新思考人类心智的核心特征。强调生理体验与心理状态之间有着强烈的联系的具身认知(embodied cognition)的提出和相关的实证研究使得人们又重新思考行为主义的假设。1996年,意大利帕尔玛大学神经科学中心的研究人员发现了镜像神经元(Mirror-Neuron),证明人感知、认知和行为反应并不是独立的过程,而是彼此交织在一起的,人的思维是一系列对真实世界、身体状态、行为内部表征的模拟组合。由于强调了认知过程对身体和环境的依赖性,具身认知研究思潮被一些心理学家视为一种新形式的行为主义。一些心理学家认为,心理学在经历了"认知革命"以后,似乎现在正在回归行为主义。

二、从行为主义到行为分析: 行为主义的式微及行为分析的发展

20世纪50年代的认知革命导致了行为主义的逐渐衰落甚至日渐消亡,但根植于激进行为主义的行为分析至今仍然是当代心理学一个活跃的行为主义领域,他们在用自己的方式书写着历史。

行为主义经历的几代的发展,行为分析(behavior analysis)作为行为主义内部纷争背景下行为主义的一种方法论,由斯金纳首先做了开创性的研究,到20世纪50年代,成为行为主义阵营研究人的心理现象的一个前沿系统。行为分析学会(Association for Behavior Analysis)是由一些沿袭斯金纳操作性条件反射基本原理的研究者组成的学术组织。他们创办学术杂志,刊发新的研究。《行为的实验分析杂志》(1958年创刊)和《应用行为分析杂志》(1968年创刊);中西部行为分析协会(MABA)(1974年)建立,后者1978年创办了自己的期刊《行为分析师》(TBA)。至此,到20世纪70年代末期,行为分析已经发展成为一个有组织的重要的行为主义领域,并且蓬勃发展,呈现出独有的生机。在过去的几十年里,行为主义在行为分析和相关领域,已经获得了多元化的发展。作为一个领域,行为分析今天有三个有着内在关联的主要领域:

(1) 行为的实验分析,在实验室致力于对行为过程的实证研究。斯金纳的操作性条件反射原理奠定了实验行为分析的概念、方法和基础。行为的实验分析在个体行为塑造和临床精神患者的治疗中有着较好的实践效果。在行为主义者瓦尔特亨特著名的延迟反应的实验中,实验是让被试学会由一定地点走向几只箱子中有亮光的一个,实验的设置是当这只箱子发光时被试不能立即走过去,而要等到亮光熄灭时才能够走向刚才发光的箱子。研究者观察发现,那些在延迟时间内保持灯光未熄灭时的身体姿势的动物或儿童,他们的成功率更高,因此,研究者指出被试的身体在特定姿势下产生的动觉,成为了完成某一反应的信号,这里的动觉包括言语动作在内的身体动作状态和有机体的内部变化。

(2) 应用行为分析(Applied Behaviour Analysis,简称ABA),一种技术,应用行为分析解决实际问题。在实践中,就是按照一定的方式和顺序先把任务(知识、技能、行为、习惯等)分成若干较小的或者相对独立的步骤,然后运用提示和强化促使儿童正确完成。ABA强调任何一种行为变化都和它自身的结果相关联。自从1993年以来,ABA在美国等欧美国家越来越广泛地受到教育界的重视,尤其是在对自闭症等特殊儿童的行为塑造中,ABA发挥着重要的优势。

(3) 行为的概念分析,主要采用理论反思和问题调查方法。

在行为分析文献中,也有研究者讨论行为分析正在"黯然失色"这一现象(eclipse of behaviorism)。行为分析被发现是孤立的。大多数时候,他们似乎在自言自语。从1958年至1989年,统计发现《行为的实验分析期刊》的自我引用率很高。

行为分析将认知作为分析个体行为现象的不可分割的一部分,开始了行为分析和认知

研究之间紧张而又模糊的关系,20世纪70年代末期,在行为分析的主要期刊之一的《行为实验分析》的期刊中,包含认知关键词的研究论文明显增多,在1989年关于"认知与行为分析"的特刊彰显了这一主题的重要性。《行为实验分析》的编辑毫不犹豫地说:认知与行为分析将有一个持续的、紧密的也许是艰难的关系。

对行为进行更好的结构性分析,有着重要的实践意义,通过结构式的行为分析,我们可以更好地理解个体的行为和认知,为此目的,我们需要行为科学而不是行为主义。

第八节 新行为主义的贡献及特点

这里所说的新行为主义,是指早期行为主义的新发展,包括第二代与第三代行为主义,它们的发展过程呈现出从容易客观度量的外部可观察的行为到更多地接纳意识、认知、社会因素等不容易客观度量的中介变量的趋势,而这一趋势的呈现,也正是心理学历史画卷所呈现的特点。行为主义心理学流传的时间长,尤其新行为主义对心理学的发展作出了突出的贡献,影响范围深远。现在虽呈现日渐式微的趋势,但其对心理学的发展作出了突出的贡献,尤其在心理学的社会应用方面产生了不可磨灭的贡献。

第一,新行为主义以逻辑实证主义为共同的哲学基础,并接受操作主义原理。早期的行为主义以孔德的实证主义为哲学基础,排斥任何不能直接证实的理论和假设;而新行为主义者继续遵循客观、实证原则,同时大都接受逻辑实证主义的信条:只要理论和假设符合逻辑实证主义的原则,那就是可以接受的。他们在各自的研究中以操作主义的方式,将不可直接观察的内驱力、目标、期待等概念运用于心理学的研究中,进行了大量的实验研究,丰富了心理学的研究领域。

第二,新行为主义者以行为作为心理学的研究对象,认同心理学的研究目的在于预测和控制行为,强调在个体行为过程中"中介变量"的作用。托尔曼首先将中介变量的概念引入心理学的研究中;逻辑行为主义者赫尔的"中介变量"更加具体、精细化和可测量;斯金纳的中介变量则更加模糊、笼统,在其理论中的地位没有被详细论述;社会认知行为主义者班杜拉则以"自我调节系统"来说明中介因素。总之,新行为主义的几位代表均以各自的方法考察了影响个体行为的介于刺激和反应之间的"中介变量",虽然他们的界定和作用有所差异,但都成为纠正早期行为主义"无头脑"简单化倾向的有力工具。

第三,新行为主义者认为有机体适应环境的主要机制是学习,因此,心理学的核心是对学习的研究,可以说新行为主义的理论体系是以学习理论为主建构起来的。新行为主义对心理学的最大贡献是提出了影响深远的各种类型的学习理论,丰富了学习理论及其研究方法。托尔曼认为学习的实质是位置学习,而其表现形态是潜伏学习;赫尔则根据假设演绎法和大量的研究资料建构了一个精密的学习理论体系,把学习理论加以数量化;斯金纳提出了学习的操作强化说,认为学习就是在有机体操作之后受到强化的结果,并运用操作性原理设计了程序教学和教学机器。班杜拉一改其他新行为主义者以动物为被试的研究传统,以人为被试,在大量实验研究的基础上提出了人类的重要学习方式——观察学习,把学习心理学的研究和社会心理学的研究结合在一起,对学习理论的发展作出了重要贡献。

第四,新行为主义者都强调理论的社会应用,他们面向实际生活,强调预测和控制人的行为,他们的另一重大贡献就是推动了行为矫正和心理治疗等应用领域的发展,促进了心理学的广泛应用。行为治疗(behavior therapy)是20世纪60年代初发展起来的心理治疗,通常指以经典条件反射为基础的治疗。而行为矫正专指建构在操作性条件反射基础上的改变行为的技术。格思里、斯金纳及其追随者对心理矫治作出了不朽的贡献,20世纪80年代的调查表明,美国心理学家把行为矫正看作是第二次世界大战以来最重要的发展之一,这些领域的发展是与新行为主义的贡献分不开的。

第五,以班杜拉为代表的一批新的新行为主义者吸收了"认知革命"中的一些成果,在行为主义领域中导致了一场"认知革命",使行为主义发展到一个新的阶段。

现代社会学习理论在本世纪60年代"认知革命"的影响下,突破了行为主义的禁忌,大胆地探索认知、思维在调节行为中的作用,许多西方心理学家称社会学习理论为"认知行为主义"或"新的新行为主义"。班杜拉等社会认知行为主义者吸收了人本主义心理学一些思想,承认人的主体性和自我效能,赋于自我调节以突出的位置,但社会学习理论仍没有偏离行为主义的基本立场,在研究认知、思维等主观因素时,社会学习理论家坚持使用客观化的方法。班杜拉在解释观察学习时运用了各种认知过程(如记忆、语言、评价和预期等),这些认知过程使得个人得以把经验整合起来,具有社会建构的意味,可以说是较早的社会建构的雏形。社会认知理论的一个主要的建构主义成分就是自我调节;班杜拉的观察学习强调个体与环境的相互作用,通过与环境相互构造的引导掌握,促进认知能力和肯定的自我信念的增长。

但是,新行为主义接受进化论的观点,认同"人是机器"的假设,沿袭了早期行为主义以动物为被试开展心理学实验的传统,否认了人与动物心理本质的差别,将从动物实验中获得的结论推广到人的社会行为解释上。虽然承认心理内部因素的存在,但他们坚决抛弃任何心灵主义的概念和术语,以物理语言解释各种概念,强调环境对个体的影响,存在不同程度的忽视个体主体能动性的倾向,因此,新行为主义仍然存在机械论、还原论的倾向。这是行为主义者受到批评最多的方面。

后现代主义者对行为主义的方法论给予了猛烈的抨击。但发展心理学的科学态度应该是超越现代主义和后现代主义的对立,实现两者的互补。

本章小结

1. 新行为主义是对早期行为主义的发展,它依然以行为作为心理学的研究对象,遵循客观主义原则,执行心理学研究的科学主义路线,在对早期行为主义进行改良的过程中对于行为的各种内部因素给予了不同程度的关注,从而形成了多种类型、具有多个代表人物的新行为主义。

2. 托尔曼是温和的新行为主义的代表之一。他吸收借鉴格式塔等学派的观念,第一个运用逻辑实证和操作主义的原则对早期行为主义简单、机械、分子式的研究方式进行了改造。他提出了符号学习理论,指出学习的本质是位置学习而不是机械地刺激反应模式的学习。托尔曼对动物的学习进行了大量的实验研究,他的学习理论得到了实验的证实,他设计的一些实验已成为经典实验。

3. 赫尔是新行为主义代表人物之一。他守护、扩展、论证了行为主义的客观方法,构建了一套比华生简单、粗糙的行为主义更为精致、复杂,更具数量化的行为主义体系——假设—演绎行为主义,该理论在20世纪30年代至50年代成为行为主义的"顶梁柱"理论。逻辑行为主义体系是由十几条公设及由此推出的一百多条定理和附律所组成的。这些公设和定理基本上概括了其关于学习或行为的基本观点。

4. 迄今为止,斯金纳仍然是世界上最具影响力的心理学家之一。他坚决地捍卫客观、实证的行为主义,成为激进的行为主义的代表。斯金纳以鸽子、白鼠为被试进行了大量实证研究,在此基础上以逻辑实证主义原则为指导提出了颇具影响的操作—强化理论。他区分了应答型行为和操作型行为,提出了继巴甫洛夫的经典条件反射之后的影响深远的操作性条件反射原理,用以解释人与动物的大多数行为和学习。他强调正强化在行为塑造中的重要作用,并指出尽可能少用负强化和惩罚。斯金纳的行为原理在教育、管理、言语行为、动物训练、心理治疗以及社会控制等方面的广泛应用,使得他成为了普通百姓熟知的明星式心理学家。

5. 班杜拉根据多年的研究提出了人类学习的另外一种重要的学习方式——观察学习。受信息加工认知心理学的影响,班杜拉在其观察学习理论中加入了心理过程的分析。20世纪70年代末,班杜拉提出了自我效能(self efficacy)的概念,建立了自我效能理论。80年代中后期班杜拉又将自我效能从个体领域拓展到了集体领域。自我效能理论和集体效能理论有着较广泛的应用价值,在学校教育、临床心理学、体育运动、职业指导等领域均有应用。

6. 新行为主义的共同特征:① 以逻辑实证主义为共同的哲学基础。② 以行为作为心理学的研究对象,对早期行为主义的经典公式"刺激—反应"进行了修改,引入了"中介变量"。另外,他们对于"强化"在个体行为中的不同作用给予了应有的重视。③ 新行为主义的各位研究者沿袭了早期行为主义研究者以动物为被试开展心理学实验的传统。④ 新行为主义者大都以学习为研究的主题,提出了影响深远的各种类型的学习理论。⑤ 新行为主义者大都接受操作主义的观点。

复习与思考

一、名词解释

1. 中介变量 2. 认知地图 3. 潜伏学习 4. 应答性行为 5. 操作性行为 6. 操作性条件反射 7. 习得性无助 8. 观察学习 9. 自我效能 10. 满足延宕

二、简答题

1. 行为主义的发展可以分为哪三个阶段?

2. 新行为主义产生的条件是什么？简述新行为主义阶段的特点。
3. 什么是操作主义？它对20世纪20年代和30年代的新行为主义有哪些影响？
4. 赫尔后期对他的理论进行了哪些方面的修改？
5. 简述托尔曼的符号学习理论及其对当代心理学的影响。
6. 怎样区分正、负强化？它们的作用是什么？请举生活中的实例说明。
7. 斯金纳将行为分为哪两类？与此对应的条件反射是哪两种？请举生活中的实例说明。
8. 简述班杜拉观察学习的几个阶段。
9. 社会认知行为主义的特征有哪些？
10. 怎样让个体走出习得性无助？

三、论述题

1. 托尔曼、赫尔、斯金纳、班杜拉的理论观点是怎样的？他们对于中介变量、强化等的理解有何差异？
2. 为什么说班杜拉等仍然属于行为主义学派？
3. 自我效能在日常生活中有哪些应用？自我效能感低的人与自我效能感高的人有什么不同？
4. 假设你家养了一个可爱的小宠物，如何根据行为主义的原理对它进行行为训练？
5. 请举实例说明怎样运用操作性条件反射原理进行行为矫正？
6. 强化在斯金纳的理论中的作用如何？它是怎样发挥作用的？固定间隔强化模式与固定比率强化模式有什么区别？请举例说明。
7. 假设你是某公司的高级管理人员，你将如何运用行为主义的强化原理提高你公司的工作效益？
8. 结合本章的学习内容，请尝试谈一谈你对于心理学未来整合之路的看法。

第八章　格式塔心理学

📖 本章导读

　　本章讲述格式塔心理学的产生背景、代表人物、基本观点及其对心理学发展的贡献。第一节的内容主要介绍了格式塔心理学产生的德国社会历史、哲学思潮和心理学发展背景。第二节主要介绍了格式塔心理学的主要代表人物韦特海默、苛勒和考夫卡,在他们三人小组中韦特海默是"智力之父、思想家和革新者",考夫卡是"这个小组的销售者",而苛勒就是"内部人士、是干实事的人"。第三节讲述的是似动现象与格式塔心理学建立的关系。第四节详细地阐述了格式塔心理学的几个知觉组织原则:图形与背景的关系原则、接近或邻近原则、相似原则、封闭的原则、好图形的原则、共方向原则、简单性原则和连续性原则。第五节主要讲述了格式塔心理学的学习理论和创造性思维。第六节集中对勒温的拓扑心理学进行专门的介绍,除了简单介绍勒温的生平外,着重对勒温的心理动力场理论和团体动力学进行了较为详细的论述。第七节对格式塔心理学的历史地位进行了评述,分析了其贡献与局限。

📍 学习目标

1. 能理解格式塔心理学产生的背景。
2. 能回答"格式塔心理学的三个代表人物是谁"。
3. 掌握似动现象的概念及其与格式塔心理学建立的关系。
4. 了解格式塔心理学学派的知觉组织原则。
5. 能够回答什么是顿悟学习理论,掌握格式塔心理学创造性思维研究的核心思想。
6. 了解勒温的心理动力场和团体动力学理论。
7. 能够把握格式塔心理学对西方心理学发展的贡献及其自身的局限。

　　格式塔心理学是西方现代心理学的主要流派之一。1912 年在德国诞生,后来在美国得到进一步发展,与构造主义心理学相对立。"格式塔(Gestalt)"一词具有两种涵义:一种涵义是指形状或形式,亦即物体的性质、特性,在这个意义上说,格式塔意即"形式";另一种涵义是指具有一定形状或形式特征的某个具体实体,它涉及物体本身,而不只是物体的特殊形式,形式只是物体的属性之一。在这个意义上说,格式塔即任何分离的整体。综合上述涵义,格式塔意指物体及其形式和特征,曾译为完形心理学。

第一节　格式塔心理学产生的背景

格式塔心理学的出现是心理学内在历史进程的必然表现,也是德国整体观文化传统的必然产物。但是,直接催生格式塔心理学的是德国的社会背景、哲学思潮和心理学发展背景。

一、整体观的思想传统

格式塔心理学强调运用整体观研究心理。整体性思想的核心是有机体或统一的整体构成的全体要大于各部分单纯相加之和,与原子论思想把整体仅仅看作是部分相加的一个连续体相对立。整体论思想在古希腊和古罗马时代就已出现,德国哲学家黑格尔认为人类历史的基本单位是国家和民族而不是个体,国家和民族并不仅仅只是由所有的个体成员简单相加,它还包括文化传统、政治及经济形态、民族精神和风俗习惯等。因此,历史事件不能还原为个人行为,国家先于它的成员,同样,整体也就先于它的部分。这种文化传统成为格式塔整体性的思想基础。韦特海默和考夫卡曾在符兹堡研究过无意象思维过程,他们的共同之处都是从事较高级精神功能的研究:韦特海默研究有阅读问题的、思维迟钝的孩子和病人的思维能力;考夫卡的博士论文研究节奏形态;苛勒研究声响心理学。

二、社会历史背景

格式塔心理学的整体观是具体的社会历史条件的产物。20世纪初,心理学的重心由欧洲开始移向美国,但格式塔心理学却土生土长在欧洲的德国,这在很大程度上与当时德国的社会历史背景条件有关。德国自1871年实现全国统一后,经过二三十年的迅速发展,已经赶超了老牌的英、法等资本主义国家,一跃成为欧洲最强硬的政治帝国。新崛起的德国要求重新划分势力范围,妄图称霸世界、征服全球,使全世界归属于德意志帝国的整个版图中。在意识形态中,格式塔心理学更强调主动能动、统一国民意志、加强对整体的研究。德国的政治、经济、文化、科学等领域的研究,都被迫适应这一背景和潮流,心理学自然也不可能例外,格式塔心理学不过是这一社会历史条件下的一种产物。

三、哲学理论背景

格式塔心理学的产生受到德国哲学家康德的先验论和胡塞尔的现象学理论的影响。格式塔心理学把现象学作为它的理论基础,并以现象学的实验来研究心理现象。影响格式塔心理学的哲学思想包括:

第一,康德的先验论。格式塔拒斥经验主义选择了先天论,其中康德的哲学思想对格式塔心理学影响甚大。康德认为,存在的客观世界可以分为"现象"和"物自体"两个世界,人类只能认识"现象"而不能认识"物自体",而对"现象"的认识则必须借助于人的先验范畴。康德认为,人的经验是一种整体的现象,不能分析为简单的各种元素,心理对材料的知觉是在赋予材料一定形式的基础之上并以组织的方式来进行的。康德的这一思想成为格式塔心理学的核心源思想,也成为格式塔心理学理论建构和发展的主要依据。

第二,胡塞尔的现象学。格式塔心理学采取了胡塞尔的现象学观点,主张心理学研究现象的经验,也就是非心非物的中立经验。在观察现象的经验时要保持现象的本来面目,而不能将它分析为感觉元素,并认为现象的经验是整体的或完形的(格式塔),所以称为格式塔心理学。在胡塞尔看来,现象学的方法就是观察者必须摆脱一切预先的假设,在此基础上对观察到的东西做如实的描述,从而使观察对象的本质展现出来。现象学的这一认识过程必须借助于人的直觉,才能掌握对象的本质。现象学意指尽可能对直接经验做朴素的和完整的描述。也就是说,要将直接经验分解为感觉或属性,或者分解为其他某些系统的元素,但非经验性的元素。格式塔心理学将现象学作为自己的方法论,并对现象学的方法进行了改造,主张采用直观的方法去研究直接经验。格式塔的三位领导者在柏林都受到过斯顿夫的影响,从哲学中借来了现象学说,并植入了心理学。在现象学心理学中,主要的研究材料都是日常现实生活中的经验,而不是基本的感觉和感情。

第三,实证主义。格式塔心理学与实证主义关系比较复杂。考夫卡认为实证主义是文明中强大的文化力量。如果实证主义可以被视作一种整合的哲学,那么它的整合在于这样的教义,即一切事件都是不可理解的、不可推理的、无意义的和纯事实的。考夫卡还认为不论一个人是否是彻底的实证主义者,它对一个人的生活是有影响的。每一种假设,都需要进一步论证,但是不该把对特定假设的态度与一般的原理混淆起来,因为一般的原理是不受特定应用所支配的。如果关于知觉运动的格式塔假设被证明是错误的话,格式塔理论也不会被拒斥。至于格式塔原理的真实性,应由未来科学的历程来检验。

此外,格式塔心理学还受到怀特海的新实在论观点和摩尔根的突创进化论的影响。比如,格式塔心理学认为深度感觉是存在的,它由视网膜刺激的不一致而引起,这一点仅仅是一个微不足道的基础,在此基础上的三维空间结构是由经验创造出来的。格式塔认为先天论和经验主义之间并不矛盾,唯一的差异在于,经验主义者否认任何一种原始的深度知觉,而先天论者却接受深度知觉,并把它视作其知觉的基础。

四、科学背景

19世纪末20世纪初,科学界涌现了许多新发现,其中物理学中"场论"思想的提出就是这一时期的一个重大发现,当时的科学界普遍接受了关于场的观念。物理学的场的理论对格式塔心理学更有直接的影响。科学家们把场定义为一种全新的结构,而不是把它看作是分子间引力和斥力的简单相加。1875年,马克斯韦尔提出了电磁场理论,认为场不是个别物质分子引力和斥力的总和,而是一个全新的结构,并且指出,如果不参照整个场力,就无法确定个别物质分子活动的结果。在这一思想影响下,苛勒在《静止和固定状态中的物理格式塔》(1920)一书中,采取了物理学的场论,认为脑也是具有场的特性的物理系统,从而论证知觉与人脑活动是同型的。

格式塔心理学认为,不能就用生理术语来描述环境场,因为生理场是在我们要求一种解释性理论时所必需的建构;但却不是一个观察的事实。如果想从事实出发,我们就必须回到我们的行为环境上去,而且要充分意识到行为环境充其量只是整个活跃的环境场的一部分对应物。这一思想为格式塔心理学家们所接受和利用,他们希望借助于场的理论来对心理现象及其机制作出一个全新的解释,因此,格式塔心理学家们在其理论中提出了一系列的新名词,如考夫卡在《格式塔心理学原理》中就提出了"行为场""环境场""物理场""心理场""心理物理场"等多个概念。

五、心理学背景

格式塔心理学的产生还有其特定的心理学理论基础。1894年,狄尔泰在《叙述和分析心理学》中提倡从研究经验者的整体出发,反对艾宾浩斯的分析心理学;1906年,斯特恩在《人与物》中也强调人格的整体性,反对传统的元素主义心理学。格式塔心理学就是在这种总的社会历史的思潮下,强调积极的主观能动,倾向于整体的研究。

(一)马赫的影响

物理学家马赫(Ernst Mach)一生拥有众多巨大的成就,他批判了机械论的自然观,被爱因斯坦称为"相对论的先驱";他是法国实证主义过渡到逻辑经验主义的重要人物,被西方哲学界奉为第一位科学哲学家;他还发现了"马赫带"的生理现象,提出了形式元素说,又因此被格式塔心理学奉为先驱。他在《感觉的分析》一书中,把感觉当作一切科学研究的对象,认为物理学所研究的声、光、温度的世界与心理学所理解的声、光、温度的世界具有同质性,并由此把客观世界主观化。他认为,感觉是一切客观存在的基础,也是所有的科学研究的基础。马赫认为一个圆周的颜色和大小可以改变,但其圆周性不因其而变;一支曲调的连续的音符可以改变,但听来还是同样的曲调。马赫把圆周称为空间形式的感觉,曲调称为时间形式的感觉。这样他就把感觉扩大到了一切事物,把空间、时间以及事物的性质等都认为是由感觉组成的,这些观点形成了格式塔心理学的基本思想。

(二)形质学派的影响

布伦塔诺的弟子克里斯蒂安·冯·厄棱费尔(Christian von Ehrenfels)进一步深化和扩展了马赫的研究。在马赫和布伦塔诺的意动心理学影响下,厄棱费尔提出"形质"学说。他把不能用一般的感觉所能说明的经验性质,称之为形质。厄棱费尔认为形质不是感觉的简单的集合,而是感觉成分属于另一种组织形式的新的性质。这些思想对格式塔心理学理论的形成都有重要的影响。厄棱费尔认为,有些经验的"质"(这里的"质"类似于性质)不能用传统的各种感觉的结合来解释,同时这种"质"也不是马赫所谓的独立的物体的存在形式,他把这种"质"命名为格式塔质,又称形质,同时认为形质的形成是由于意动。形质学派倡导研究事物的形、形质,是一种朴素的整体观,这对格式塔心理学的产生有重要的影响。形质本身就是一种元素,不是感觉,不是形式,是由心理作用于感觉元素所创造的一种新元素。尽管形质学派并不像格式塔心理学家们那样真正反对元素主义,他们只是增加(或发现)了一个新的元素,但形质学派的出发点是为了完善元素主义的心理学,所以形质学派应该是格式塔心理学的直接前驱。他们的共同点是:(1) 两派理论都强调经验的整体性及整体对部分的决定作用;(2) 两派理论都比较侧重于对知觉问题的研究等,这一点在当代心理学史界基本得到了认同。

 拓展阅读 8-1

你看到了什么?①

设想一下你是 20 世纪初期冯特风格的德国心理学实验室中的学生。主持实验的心理学家请你描述你在桌上看到的东西。

你回答说:"一本书。"

"是的,当然是本书,"他同意你的观点,"但是你究竟看到了什么?"

"你是什么意思,'我究竟看到了什么?'"你困惑不解地问道,"我告诉你我看到了一本书,书不大,有一个红色的封面。"

这位心理学家坚持问道:"你真正知觉到的是什么?尽可能精确地描绘给我听。"

"你的意思是说它不是一本书吗?我们在干什么,在跟我开玩笑?"

实验者变得有点不耐烦了。"是的,它是一本书,没有人跟你开玩笑。我只是想让你精确地描绘你看到的东西,既不要添加什么,也不要减少什么。"

现在你的猜疑更大了。"好吧,"你回答说,"从这个角度来看,书的封面看起来好像是一个暗红的四边形。"

"对!"他高兴地说,"你在平行四边形上看到暗红色,还有呢?"

"它下面有一条灰白色的边,在那下面有另一同样暗红色的细线。在细线下面,我看见桌子——"他向后退了一点,"在它周围,我看见一些闪烁着淡褐色的杂色条纹,这些条纹大致是平行的。"

"很好,很好。"他向你的合作表示感谢。

当你站在那里看着桌上的那本书时,你为这个固执的家伙让你做出这样的分析而感到难堪。他使得你如此地谨慎,以至于你都不敢确定你真正看到了什么和你认为你看到了什么……由于你的谨慎,你开始用感觉这类术语谈论起你看到的东西,而在刚才,你十分确定桌上放着的就是一本书。

你的沉思突然被一位心理学家的出现而打断,这位心理学家看起来有点像威廉·冯特。"谢谢你,你帮助我们再次确证了知觉理论。你已经证明,"他说道,"你看到的书不过是元素性感觉的复合。当你力图精确、细致地告诉我们你真正看到的东西时,你

---

① 杜·舒尔茨(Duane P. Schultz),西德尼·埃伦·舒尔茨(Sydney Ellen Schultz). 现代心理学史[M]. 叶浩生,译. 南京:江苏教育出版社,2005:300—301.

必须说出那块颜色、而不是物体。色觉是最基本的,且每一视觉对象都可以还原到这样的感觉。你对书的知觉是由这样的感觉构成的,就像分子是由原子组成的一样。"

这段简短的谈话显然是一场战斗开始的信号。"胡说!"一个声音从大厅的另一头传来。"简直是胡说!任何一个呆子都知道书是最初的、直接的、立即的和不容质疑的知觉事实!"你看到发出这声喊叫而向你走来的这位心理学家有点像威廉·詹姆斯,但是他似乎带点德国口音。你不敢肯定他的脸是否由于愤怒而涨得通红。"你一直在谈论的这种把知觉还原为感觉的方法只不过是一种智力游戏。物体并不是一束感觉。任何人在应该看到书的地方,却看到了一块块的暗红色,那么他肯定是一个病人!"

当这场争斗开始进入高潮时,你轻轻地带上门溜走了。你已经得到了你所需要的解释,即有两种态度和两种不同的方法,他们对感觉提供给我们的信息进行了不同的解释。

第二节 格式塔心理学的主要代表人物

格式塔心理学的兴起比行为主义在美国的兴起还早了一年。由于格式塔心理学体系建立初期的主要研究是在柏林大学实验室内完成的,故有时又称为柏林学派。格式塔心理学是西方心理学发展史上一个较大的流派,它的主要代表人物是韦特海默、苛勒和考夫卡。在他们三人小组中,韦特海默是"智力之父、思想家和革新者",考夫卡是"这个小组的销售者",而苛勒就是"内部人士、是干实事的人"。

一、韦特海默

马克思·韦特海默(Max Wertheimer,1880—1943)在格拉斯大学就读时曾是著名形质学派代表人物厄棱费尔的学生,后又到柏林大学师从斯顿夫。他最大的贡献是在研究似动现象的基础上创立了格式塔心理学,虽然韦特海默著作不多,但对格式塔心理学的影响最大,是格式塔心理学派的创始人。当时,有一些心理学家不服冯特原则,他们通过内省的办法来探索有意识的思维。韦特海默突然想到,运动错觉的成因可能不是发生在许多心理学家所认为的视网膜上,而是在意识里,某种高级的精神活动在连续的图片之间提供了转接,因而形成了运动的感知。于是,他让苛勒、考夫卡和他的妻子作为被试,进行了近半年的系列实验。为了变更控制条件,韦特海默使用了一根竖直的线条和一根水平的线条。速度刚好的话,受试者会看到一条线以90度的角度前后转动。在另一个变换中,他使用了一些灯,这些灯,如果速度恰好到临界点,好像就只有一只灯在动一样。他还使用了多根线条,不同的色彩和不同的形状来试验,在每种情况下,这些东西都能制造出运动的错觉。韦特海默提出结论说,这种错觉是"一种精神状态上的事",即运动错觉的发生不是在感觉的水平上,也不是在视网膜区,而是在感知中,即在意识之中。从外面进来的、互不关联的一些感觉都被看作是一种组织起来的整体,其自身带有自己的意义。韦特海默把这种总体的感觉叫做格式塔。

在法兰克福对运动错觉的研究之后不久,韦特海默便接受了维也纳精神研究院的儿童诊所的主任医生的要求,去寻找教授聋哑儿童的办法。尽管韦特海默认为格式塔理论是整个心理学的基础,可他的大部分研究都是关于知觉问题的,实际上早年所有的格式塔心理学家们半数的研究都是如此。在十几年的时间里,韦特海默与苛勒和考夫卡这三位著名的格式塔心理学家发现了一系列知觉原理,或者"格式塔心理学定律"。韦特海默总结了自己和别人的一些观点,并讨论了若干主要的定律。由于不堪纳粹迫害,韦特海默1933年举家移居美国,后来一直在纽约市社会研究新学院工作,直至去世。

 拓展阅读 8-2

韦 特 海 默①

良好的家庭环境:音符四溢的童年

韦特海默1880年4月15日生于布拉格,父亲是一所学校的校长,母亲是有才华的音乐家。他从小生活环境很优越,受到良好的家庭教育和艺术熏陶。韦特海默受母亲的影响主要表现在对音乐的热爱上,经常缠着妈妈唱歌给他听,每当妈妈一展歌喉的时候,他都会很专注地投入到音乐的世界里,甚至会情不自禁地跟着哼唱。父母为他创造了良好的家庭氛围,韦特海默从小学习拉小提琴,技艺精湛,这是他母亲非常引以为豪的地方。爱因斯坦的名字可谓家喻户晓,他也是韦特海默的挚友,他们不仅在事业的发展过程中互相支持,而且在音乐方面有强烈的共鸣,他们在闲暇之余会一起演奏,醉心于音乐的海洋。韦特海默曾经一度想子承母业当个音乐家,父母也对他抱有很大的期望。但是,最后他倾心于心理学,可见心理学对一个年轻人的魅力有多大。

自古英雄出少年:创造性思维培养要从娃娃抓起

曹冲称象的故事想必大家都不陌生。我们可能会对这个故事不以为然,这有什么稀奇,与现在的技术相比简直不值一提,但如果置身于那个时代,我们能够想出更巧妙的办法吗?这有赖于我们的创造性思维。

韦特海默与他的挚友爱因斯坦有着很大的共同之处,那就是勤于思考。韦特海默资质甚高并且刻苦努力,父亲经常会给他一些启发,童年的韦特海默就非常注意周围世界的奇异现象。吃晚饭的时候,他会望着窗外的星空,父亲以为儿子在欣赏美丽的夜景,但是韦特海默的问题却出乎父亲的意料:为什么星星总是到晚上才出来呢?为什么它们有时候会躲起来?父亲总是很耐心地回答儿子的问题,并试图用最通俗的语言来让小韦特海默明白这些自然现象,鼓励韦特海默发表自己的见解。因此,韦特海默善于捕捉问题的习惯得益于父亲。

---

① 熊哲宏.西方心理学大师的故事[M].桂林:广西师范大学出版社,2006:136—139.

口若悬河的雄辩家：惧怕写作

1898年读完大学预科后，韦特海默18岁，同时进入布拉格大学攻读法律。韦特海默是出生在布拉格的犹太人。大概是命运作弄人，他的长相有些孩子气，但是却秃顶，他蓄着一脸"俾斯麦式"的大胡子，看上去严谨又有些滑稽。他外表英武却不失浪漫的文学气质。韦特海默热情开放，富有幽默感和音乐天赋，他是极富煽动力的雄辩家。他的思想如同浩瀚海洋中奔流的海浪，强烈而不可遏止，并且一刻不停地涌动。因此，甚至他自己也无法捕捉自己的思绪，只能任其奔放流淌，转瞬即逝。所以他惧怕写作，写作的过程对他来说，可能就如同要求一个乘坐飞机的人试图看清路过的每一片云彩一样，他觉得将自己的思想跃然纸上是如此的困难，因为每时每刻的思想都是那样的可触而不可即。"当一个人的思想快于光速的时候，他的思想将永远不朽。"

他善于思考，并且经常尝试用新的方法解决问题，他希望有一天能够通过实验的方法来验证自己的假设。他一直对于人类难以捉摸的心理现象十分感兴趣，于是他毅然放弃了自己的法律专业，转而从事心理学。1901年，他21岁的时候去了柏林大学学习心理学，后来又去了符兹堡大学。1904年，年仅23岁的他在符兹堡大学获得了博士学位。

万花筒里看到的世界：创造性思维

1910年，韦特海默到法兰克福大学任教。由于韦特海默经济上很宽裕，因此他做任何研究都不受限制，可以到任何地方去做实验。从1916年到1929年，他在柏林大学任教并做研究工作。在这段时间里，正是他才华横溢的黄金时间。

1920年，他写了《创造性思维》(1945年，他逝世两年后才发表)，直到今天还被公认为关于"创造性思维"的经典著作。

下面有一道题，您不妨试一下：

一人家住28层，他每天乘电梯下到底楼，但是每天下班回来却只乘到十三楼，十三楼以上的楼层则走楼梯，但下雨天他却一直乘电梯到顶层。请尽情发挥你的想象力回答这个问题。

其中的一个答案是这样的：因为这个人很矮，而电梯楼层的按钮又是从低到高的排列，所以这个人平常情况下触不到28层的按钮，跃起脚尖只能触到13层的按钮，下雨的时候由于有雨伞的帮助，所以可以乘到28层。

现在你对创造性思维是不是有了些感性的认识了呢？我们来看一下格式塔心理学鼻祖韦特海默是怎么说的吧！

韦特海默喜欢举一个关于著名数学家卡尔·高斯的例子。这个轶事是说，当高斯6岁时，他的老师问班上的同学说，谁能最先算出 $1+2+3+4+5+6+7+8+9+10$ 的总和。高斯几秒钟就举了手。"你怎样这么快就算出来的?"老师问。高斯说："如果我按1加2加3这样算下去会费很多时间，可是1加10等于11，2加9等于11，3加8

等于11,等等,总共有5个11。答案是55。"他看出了该问题的结构,很快得出了问题的解决办法。

因此,韦特海默认为真正的有意义的学习,并不是建立在死记硬背、训练和外部强化的基础之上的。这种机械式的学习只能解一时之需,而不能使人终生受益。例如,我们都有这样的经验:高中时代拼命背一些化学方程式,到了高三,哪怕再难的方程式,只要老师一声令下,要求我们将某某与某某反应的方程式写出来,并且配平,我们可以很快地给出答案——大多数都是正确的。但是现在,恐怕当时只是小事一桩的方程式我们都要思考很长时间,也未必能给出正确的答案,原因很简单,因为当时很多方程式都是死记硬背的结果。韦特海默非常反对机械的记忆和逻辑教学,他认为学习并且运用这种"逻辑规则"只会扼杀人的创造性思维。因为一旦我们学习了这种方法就必须时刻提醒自己去用这些法规,而不会有自己的思考时间。长此以往,人会被这些法规占据头脑,而没有了自己的思想。遇到问题时,首选是参考过去的经验(可以是别人的或者是自己的),很少会想到创新。

二、苛勒

苛勒(W. Kohler,1887—1967)出生于爱沙尼亚,先后求学于杜宾根大学、波恩大学和柏林大学,1909年在柏林大学从斯顿夫手里获得哲学博士学位。大学毕业后,他到了法兰克福大学工作,与韦特海默、考夫卡共同从事研究工作,是格式塔心理学的创始人之一。任柏林大学、哥廷根大学教授。在著名物理学家普朗克的指导下,他接受了物理学方面相当深入的训练。正是这一原因,他强调主张心理学必须和物理学结为联盟。1913年,苛勒接受普鲁士科学院的邀请,到康那利群岛的西班牙属地腾纳列夫研究黑猩猩的学习。在他到达6个月后,第一次世界大战爆发,致使他在那儿滞留7年之久。

图8-1 苛勒

幸运的是他在那里成功地进行了动物学习的经典实验,在对猩猩进行实验的基础上,苛勒提出了自己著名的顿悟学习理论。这一理论对后来的学习心理学产生了重要影响,成就了苛勒的一生辉煌,使他成了一个世界闻名的大心理学家。其研究成果《类人猿的智慧实验》被认为是格式塔心理学的经典之作,成为后来实验心理学、灵长类行为研究的先驱。1920年,苛勒回到德国。1922年,他在柏林大学继任斯顿夫的职务,并一直工作到1935年。

1934—1935年,他接受了W·詹姆斯的邀请去哈佛大学讲学,从而使他于1935年永远地离开了德国,执教于美国的斯沃莫尔学院和达特茅斯大学,直至退休。1956年,他荣获美国心理学会授予的特殊贡献奖。1959年,当选为美国心理学会主席。

苛勒在任职柏林大学之前,与韦特海默、考夫卡三位年轻人只在10年的时间内就击退了冯特心理学的防线,从而确立了他们自己新的心理学的合法地位。这种心理学是关于大脑的,它以演示和实验证据为基础,而不是靠思辨和形而上的推想。苛勒最重要的发现之一就是,理解力的学习不一定像桑代克对猫进行的刺激—反应实验那样依靠奖励的办法,这对有关学习的心理学具有极大的意义。当然,猩猩的确是在寻找奖励,但它们学习的结果并不是奖励带来的,它们在吃到食物之前就解决了这个问题。另一项重要的发现是,当动物得到某个理解力时,它们不仅知道了解决问题的办法,还会概括并把稍加改变的方法应用到其他不同的情形之中。按照心理学的术语来说,理解力的学习是能够进行"积极迁移"的。

苛勒主要著作还有:《价值在事实世界中的地位》(1938)、《心理学中的动力学》(1940)、《图形后效》(1944)等。

三、考夫卡

考夫卡(K. Kaffka,1886—1941)美籍德裔心理学家,格式塔心理学的代表人物之一。他出生于德国的柏林,1903—1904年求学于爱丁堡大学,对科学和哲学产生强烈的兴趣。回到柏林后,师从斯顿夫研究心理学,1909年获柏林大学哲学博士学位。自1910年起,他同韦特海默和苛勒在德国法兰克福开始了长期的创造性合作。"似动"实验成为格式塔心理学的起点,他本人也成为格式塔学派三人小组中最多产的一个。1911年,考夫卡受聘于吉森大学,一直工作到1924年。

第一次世界大战期间,考夫卡在精神病医院从事大脑损伤和失语症患者的研究工作。1921年,他出版了《心理的发展》一书,该书被德国和美国的发展心理学界誉为成功之作,它对改变机械学习和提倡顿悟学习起过促进作用。战后,美国心理学界已模糊地意识到正在德国兴起的这一新学派。1922年,考夫卡为美国《心理学公报》写了一篇论文《知觉:格式塔理论导言》。论文根据许多研究成果提出了一些基本概念。自1924年起,考夫卡先后在美国康奈尔大学、芝加哥大学和威斯康星大学任教,1927年,为逃避德国纳粹而来到美国,担任美国史密斯学院心理学教授,主要从事知觉的实验研究。1932年,考夫卡为了研究中亚人,曾随一个探险队进行调查工作,开始写作《格式塔心理学原理》,该书由纽约哈考特—布雷斯—约万诺维奇公司于1935年出版。这是一部集格式塔心理学之大成的著作。1941年11月22日,考夫卡卒于美国马萨诸塞州北安普顿。

在1921年用德语出版,1924年又用英语出版的《思维的成长》里,考夫卡用格式塔心理学的眼光回顾了有关精神成长的现有知识。在他提供的许多新思想和解释中,有两点特别突出:第一,本能行为不是一串由某种刺激通过机械原理激发的一系列条件反射,而是一组或者一种反射的模式——由这个动物强加到自己的行动上的一种格式塔——旨在实现一个特别的目标。一只小鸡在某些它"知道"可食的东西上啄,可是,本能是趋向目标的,由饥饿所驱动,而不是看见食物时产生的机械和自动反应。小鸡饱的时候不啄食,尽管它看见食物,尽管有反射。第二,考夫卡反对行为主义的教理,即所有的学习都是由一连串由奖品创造的联想构成的。他用苛勒进行的猩猩解决问题研究和小孩子的、可比的解决问题研究作为证据反驳以上观点,认为许多学习都是发生在奖品出现之前,通过思维的组织和重新组织进行的。

波林在他权威性的心理学史中用另一个比喻说明了这一点:"看起来好像是这样的,正统学说沿着感官分析这条狭窄笔直的通道已经走入了迷途。而正是敞开宽广大门的现象学通向了人生大道。"尽管格式塔心理学家并不是第一批也不是唯一作出这个发现的人,但他们以如此令人信服的形式作出了这个发现,它已经被纳入科学心理学的结构之中了。

第三节 似动现象的研究与格式塔心理学的建立

一、似动现象

格式塔心理学产生于1910年韦特海默的一项研究。在假期乘火车旅行途中,韦特海默突然产生了一个想法,对实际没有发生运动,但却看到运动的现象进行实验。他立刻中止了旅行计划,在法兰克福下了车,买了一个动景器玩具,在旅馆里对他的观念进行了初步的验证。后来,韦特海默在法兰克福大学对这一现象进行了更为广泛的研究。

韦特海默以考夫卡和苛勒为被试,对实际没有发生明显的物理运动条件下的运动知觉进行了实验探讨,并称这个现象为运动的"印象"。韦特海默使用速示器通过两条细缝投射出两条光线:一条垂直,另一条和这个垂直线成20度或30度的角。如果先通过一条细缝呈现一条光线,然后再通过另一条细缝呈现另一条光线,且在两条光线之间有一相对较长的时间间隔(大于200毫秒),被试看到的似乎是两条相继出现的光线:首先这一条出现,然后另一条出现。当两条光线呈现的时间间隔较短,被试看到的似乎是两条连续的光线。如果两条光线处在一个较为理想的时间间隔上,即相距大约60毫秒,被试看到的就是一条单一的光线,这条单一的光线似乎从这个细缝向另一个细缝运动,然后又返回来。

然而,根据以冯特为代表的主流观点,所有的意识经验都可以被分析成感觉元素。那么在仅有两个静止光缝的条件下,如何用个别感觉元素的总和来解释这种似动知觉呢?难道一个静止的刺激加到另一个静止刺激上就会产生运动感觉吗?显然,这是不可能的。韦特海默以其简单、巧妙的解释对冯特理论的解释提出了挑战。他相信,实验中的现象就其本身来说和感觉一样,是一种基本的东西,但是又明显不同于一个感觉或一系列感觉。他把这个现象称之为"似动现象(phi phenomenon)"。当那个时代的心理学家都无法解释这个现象时,韦特海默是怎样解释的呢?他的回答与他的实验一样巧妙:似动现象不需要解释,它就像你知觉到它那样存在着,不能被还原为任何更简单的东西。

根据冯特的观点,对于刺激的内省将导致两个相继的光线,不会产生任何更多的东西。但是不管人们如何严格地内省两条呈现出来的光线,运动中的单一光线的经验都持续存在着,任何更进一步的分析必然要失败。从这一条线到另一条线的似动现象是一个整体的经验,它不同于它的部分(两条静止的线)的总和。因此,联想的、元素的心理学受到了严重的挑战,而且元素心理学无法应对这个挑战。

二、格式塔心理学的建立

1912年,韦特海默发表了他的研究结果,题目为"运动知觉的实验研究"。这篇文章被认为标志着格式塔心理学学派的正式开始。

第四节 格式塔心理学有关知觉的研究

知觉是格式塔心理学理论的核心内容,其最大的特点在于强调主体的知觉具有主动性和组织性,并总是用尽可能简单的方式从整体上去认识外界事物。在这方面,格式塔心理学家们一方面总结前人的经验,另一方面通过大量实验,提出了许多知觉的组织原则。这些原则描述了决定主体如何组织某些刺激,以及如何以一定的方式构建或解释我们所看到的某些刺激变量。其中的许多原则在今天仍然是知觉心理学中的重要原则,主要可以概括为以下八条。

一、图形与背景的关系原则

当我们对某个对象进行知觉时,并不是对对象的所有方面都有清晰的感知,其中的有些方面能被我们明显地感受到而凸现出来,这一部分就形成图形,而对象的另外一些方面则退居到衬托的地位就形成背景。图形和背景在知觉上的性质是不同的,图形是封闭得比较好、有分明的轮廓,并组织得比较严密和有完整的对象;背景则是没有明确界线的同一性的空间和时间,显得不那么确定而且没有清楚的结构。图形的范围一般较小,常在背景的上面和前面;而背景所包含的范围则较大,好像在图形的后面以一种连续不断的方式在展开。图形与背景的差别越大,图形就愈有可能被我们感知;图形与背景的差别越小,图形就越不容易被我们从背景中知觉出来。军事上的伪装就是利用了图形与背景的混淆。如图8-2所示,你能看出这幅图画的是一条花狗正在雪地里寻找食物吗?

图8-2 雪地里的狗

图8-3 花瓶和人脸

当然,在一些特殊情况下,图形与背景会出现互相逆转的情形,如图8-3所示就是这样一种情况。你可能一会把这幅画看作是一个花瓶,一会又把它看作是两个人头,这主要是由于主体的经验不同和注意力有了不同的指向所致。

二、接近或邻近原则

两个对象在空间或时间上比较接近或邻近时,则这两个对象就倾向于被一起感知为一个整体,如图 8-4 所示。在这个图形中离得较近的黑点就易被联系起来感知为一个整体,从而组成四条竖线条。同样,当我们在生活中听到一系列响声时,我们总是倾向于把时间上接近的响声组合为一个整体,这是时间上的一种接近。

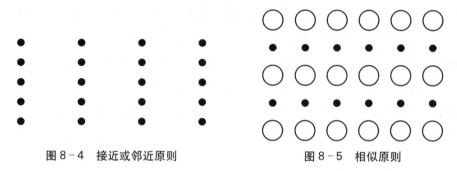

图 8-4　接近或邻近原则　　　　图 8-5　相似原则

三、相似原则

当刺激物的形状、大小、颜色、强度等物理属性方面比较相似时,这些刺激物就容易被组织起来而构成一个整体。如图 8-5 所示,由于图中的圆圈和黑点分别在颜色、大小等方面各自相同,因此,这个图形就很容易被感知为横线的排列。

四、封闭的原则,有时也称闭合的原则

有些图形是一个没有闭合的残缺的图形,但主体有一种使其闭合的倾向,即主体能自行填补缺口而把其知觉为一个整体。如图 8-6 所示,虽然这个图形五个角都是相对独立的,和其他几个部分不封闭,但我们在知觉它时,仍然倾向于把它知觉为一个完整的五角星而不是五个独立的角。

图 8-6　封闭原则

五、好图形的原则

主体在知觉很多图形时,会尽可能地把一个图形看作是一个好图形。好图形的标准是匀称、简单而稳定,即把不完全的图形看作是一个完全的图形,把无意义的图形看作是一个有意义的图形。如我们看天上的火烧云时会把它们想象成生活中的许多事物,一些风景名胜的奇山怪石也常被人们看作是各种神话、历史中的人物或生活中的情景等,这些都是好图形原则的例证。如图 8-7 所示,我们常常把它知觉为一个完整的猫头鹰,而不是事实上的弧线、角、圆和字母 m 等的集合。一般说来,生活中好图形原则常常战胜接近原则而取得知觉的优势。

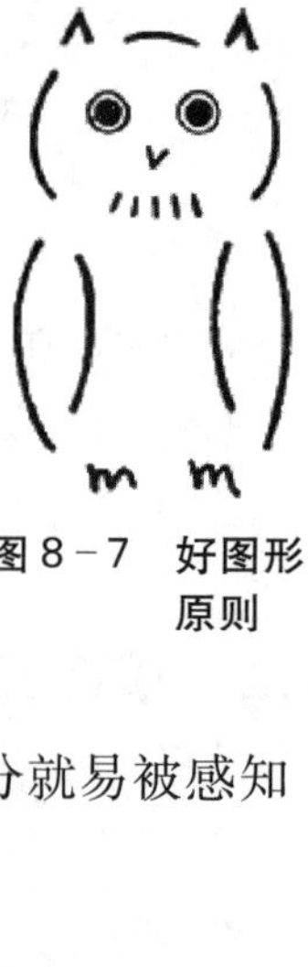

图 8-7　好图形原则

六、共方向原则,也有称共同命运原则

如果一个对象中的一部分都向共同的方向去运动,那这些共同移动的部分就易被感知

为一个整体。如图 8-8 所示,在这个图形中我们看到的不是由黑点组合成的四列竖线,而是比较容易把前两列和后两列分别看作是一个整体。

七、简单性原则

人们对一个复杂对象进行知觉时,只要没有特定的要求,就会常常倾向于把对象看作是有组织的简单的规则图形。如图 8-9 所示,简单性原则就很容易使我们将它看作是一个三角形里面镶嵌了一个圆,而不会把它视为一个圆的周围有三个角。

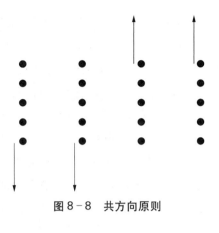

图 8-8　共方向原则

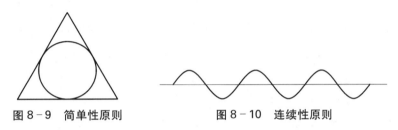

图 8-9　简单性原则　　　　图 8-10　连续性原则

八、连续性原则

如果一个图形的某些部分可以被看作是连接在一起的,那么这些部分就相对容易被我们知觉为一个整体。如图 8-10 所示,人们总是将这个图形看成是由一条直线与一条曲线多次相交而成,很少有人会把它看成是由多个不连续的弧形与一条横直线组合而成。

尽管以上这些原则中的许多不是格式塔首创,但格式塔心理学家们将这些原则有效地组织了起来,并进行了系统的整理,从而使其成为了格式塔知觉理论中最有特色的一块。

这些组织原则并不依赖于高级心理过程或过去的经验,而是存在于刺激本身,韦特海默称它们为外周因素。但是韦特海默同样也承认,有机体的中枢因素影响着知觉。例如,我们知道,态度、熟悉这样一些高级心理过程的确影响知觉。然而一般说来,较之学习和经验的效应,格式塔心理学家更多地关注知觉组织作用的外周因素的影响。

第五节　格式塔心理学的其他研究

一、学习理论

尽管格式塔心理学的主要贡献是对知觉的研究,但任何心理学书籍在谈到学习理论时一定会提到苛勒的顿悟说,它是苛勒通过对黑猩猩的实验而提出的。1913—1917 年,苛勒应德国科学院的邀请,担任非洲特纳里夫岛类人猿考察站站长,在这几年的时间里,苛勒做了大量的实验,其实验结果《人猿的智慧》于 1917 年出版。在这本著作里,苛勒描述了他在测验黑猩猩解决复杂问题时所采用的四类课题：第一，迂回的课题；第二，利用现成工具的课题，这一课题包括对现成工具的直接利用和间接利用两种；第三，必须利用已有条件创造一种新工具才能解决的课题；第四，建筑课题。

通过这些实验，苛勒认为，人和类人猿的学习不是对个别刺激做出个别反应，是通过对一定情境中的各事物的关系的理解而构成一种"完形"来实现的，是一种顿悟形式的智慧行为。当学习者理解了情境之后，会产生突然的、迅速的领悟。学习不是盲目的"试误"，是"参照场的整个形势，是一种完善解决的出现"。这就是苛勒关于学习的顿悟说。顿悟说的最大特点是用顿悟来反对桑代克的试误，因此，顿悟说是和试误说完全相对立的学习理论。在仔细考察苛勒的这些实验后，我们可以从苛勒的理论中提炼出顿悟的四个特点：

第一，顿悟严重依赖情境条件，只有当学习者能够理解课题的各个部分之间的关系时顿悟才会出现。顿悟说批评桑代克的试误说，认为桑代克谜箱中的猫面对的情境太复杂，超出了动物可以理解的范畴，它不可能一下子就能对整个情境理解清楚，这就迫使猫不得不进行盲目的试误。也就是说，动物只要掌握并理解了情境条件，它就会顿悟而不会再去试误。

第二，顿悟是跟随着一个阶段的尝试和错误之后产生的。但苛勒指出，这种尝试的行为并不是桑代克所谓的盲目的、胡乱的冲撞，而是一种近似于行为假定的尝试程序，动物在尝试中验证自己的假定，并不断累积经验，从而最终出现顿悟。这一观点实际上是反对桑代克的练习律和效果律，因为在桑代克看来，学习成功与否只取决于多次重复的动作和这些动作所带来的满足或烦恼的结果。顿悟说认为如果多次练习能使动作巩固，那么最终保留下来的应是盲目尝试的无效动作而不是最后的那个成功动作。至于效果率，格式塔心理学家认为，既然动物每次的成功动作都不完全相同，那么就无法证明上一次的成功动作的效果能对下一次的动作产生影响。

第三，顿悟是一种质变，它无需量的积累。顿悟的这一特点也和桑代克的试误说有很大的区别，因为试误说认为学习是一个渐进的量变过程。

第四，顿悟是可以迁移的，特别是在类似课题中顿悟可以高度迁移。迁移理论也是格式塔心理学关于学习理论的一个重要方面。格式塔心理学认为由顿悟而获得的学习方法既能保持长久，又有利于把这种方法运用到新的相类似的课题中去，顿悟是迁移的一个决定因素。在迁移问题上，格式塔心理学家和桑代克也有明显的分歧。桑代克主张迁移的共同要素说，也就是说只有当两个或两个以上的情境存在着共同要素时，学习者从某一个情境中获得的心理机能的改进才能影响到其他情境中的心理机能的改进。格式塔心理学家们则认为，迁移不是由于两个学习情境具有共同成分、原理或规则而自动产生的，而是由于学习者顿悟了两个学习经验之间存在关系的结果，后人把这种迁移理论称为关系转换说。

为了证明格式塔迁移理论的正确，苛勒曾做了一个著名的迁移实验。开始时将两张深浅不同的灰色纸片放在动物面前，在较深灰色的纸片下放置有食物，较浅灰色的纸片下是空的，通过不断移动两张纸片的位置反复训练，这样动物就学会了只对较深灰色的纸片做出反应而获得食物。以后变换实验情境，保留原来较深灰色的纸片，用黑色纸片代替较浅灰色的纸片,食物则放置在黑色的纸片下。在这个变换了的情境中,先前经过训练的动物都会立即对黑色纸片做出反应,而不对原来和食物紧密联系的较深灰色的纸片做出反应而获取食物(较深灰色的纸片在这两个情境中是共同要素),这说明迁移是结构、关系的迁移,而不是共同要素的迁移。

> **拓展阅读 8-3**
>
> **猿 的 智 慧**①
>
> 黑猩猩并不是天生就具有某种特殊倾向,可通过堆积任何建筑材料,帮助它们获得放在高处的物体。但是,当情境需要且有材料可资利用的时候,它们可以通过自己的努力,达到这个目标。人们总是倾向于忽视黑猩猩在这种情境中的真正困难。因为他们假定把第二个建筑材料放到第一个上需要的仅仅是动作的重复,即重复把建筑材料放在地上的第一个动作。当第一只箱子放在地上以后,箱子的平面就成为与地面一样的东西。因此,在这个建筑过程中,唯一的新因素就是实际的叠加,因而所留下来的唯一问题就是动物的行为是否利落、叠加箱子的动作是否笨拙等……
>
> 然而,当苏丹(Sultan,被认为是最聪明的黑猩猩)第一次尝试叠加时,我们就会看出还存在着其他特殊的困难:当苏丹第一次抓起第二只箱子,它举起这只箱子,莫名其妙地在第一只箱子上来回挥动,并不把第二只箱子放在第一只箱子上。第二次的时候,它把第二只垂直放到第一只箱子上,似乎没怎么犹豫,但是这个建筑仍然太低,因为目的物悬挂得太高了。
>
> 实验立刻继续进行。目的物被悬挂在距一边两米远的笼顶较低的地方。苏丹的建筑还是放在原处,但是苏丹前面的失败似乎有一种干扰性的后效,在很长时间里,它与原来的情形完全相反,根本就不注意箱子,而是发现了一种新的方法,并反复使用……
>
> 实验继续进行,但是令人奇怪的事情发生了:动物回归到以前的老方法。它用手拉着看守人到目的物下,看守人拿掉它的手,它又来尝试拉我,也被我拒绝了。看守人告诉我,如果苏丹再来拉他的话,他感觉已无法抗拒了,但是一旦动物爬到了他的肩膀上,他就蹲了下来,不让动物有机会够到食物。
>
> 事情变成了这个样子:苏丹把看守人拉到目的物下,仍然爬上他的肩膀,看守就弯下腰来。动物跳下来,抱怨着,然后用两只手拉看守人,用力试图让他挺立身体。这真是一种奇怪的方式,它在尝试着改善人这个工具。
>
> 由于苏丹曾经独立发现了这一问题的解决方法,而现在却再也不注意箱子,因此,现在似乎应该消除它原来失败的原因。我把箱子相互叠加起来,而且就放在目的物下

---

① 杜·舒尔茨(Duane P. Schultz),西德尼·埃伦·舒尔茨(Sydney Ellen Schultz).现代心理学史[M].叶浩生,译.南京:江苏教育出版社,2005:312—314.

面,就像它第一次尝试的那样,然后让它拉下了食物。

至于苏丹尝试把看守人推到挺立的位置,我想在一开始就对这一问题有所解释,以免他人的误解。这一过程就如同描述的那样,没有任何误解的可能性。这个事例并非唯一的一次……在这里,我再描述一些类似的事情:

有一次,目的物置于苏丹够不到的地方,我在笼子里距他不远,苏丹无法解决这样一个问题。经过各种徒劳的尝试之后,它向我走来,用手抓住我,把我推向栏杆,然后又用力拉我的手,试图把我的手伸向栏杆之外获得目的物。由于我不去抓食物,动物就走向看守人,尝试同样的事情。

过了一会,它又尝试同样的过程,但不同的是,它首先必须用忧伤的恳求把我呼唤到栏杆前,因为我站在外面。在这种条件下,我就像第一次一样态度坚决,让动物毫无办法。苏丹拉着我的手不放松,除非我的手碰到了目的物。但是为了以后的实验,我并不帮助它获得食物。

我还要提另外一件事情。有一天,天气非常炎热,动物们不得不比通常等待更多的时间才有水送来。最后,动物们干脆抓住看守人的手、脚或膝盖,尽最大的力量把看守人推向门边。通常,水坛就放在门后面。这种行为一度成为它们的习惯。如果人们持续给它们喂食香蕉,奇卡(Chica)就会平静地把香蕉从他手中拿走,放到一边,然后拉着他走向门口(奇卡总是干渴)。

在这些事情上,如果认为这些黑猩猩无知和愚笨,那就错了。这些动物特别能辨别那些不穿上装,仅仅穿着裙子或裤子的土著服装。如果有什么东西让它们感到困惑,它们就会进行探查。任何打扮或外表上较大的变化(如留胡子)都会令格兰德(Grande)和奇卡立刻进行审查。

经过对苏丹的鼓励性帮助以后,箱子再次被放到了一边。一个新的目的物被放在屋顶的同一个地方。苏丹立刻把箱子叠加起来,但是却放在了目的物原来在的那个地方,也就是它原先叠加箱子的地方。在它上百次尝试中,这次是它最笨拙的一次。显然,苏丹感到非常困惑,而且或许也非常疲劳了,因为在这样炎热的天气里,实验已经持续了1个多小时。苏丹漫无目的地把箱子推来推去,我们只好再次为它建筑好箱子,它跳上去,得到了香蕉。这是我唯一一次看到它这样困惑和不安。

第二天,我清楚地意识到,问题本身有特殊的困难。苏丹把一个箱子搬到目的物下,但是却不知道再把第二个搬来。最终,我们为它建筑好,它就跳上去,达到了目的。然后我们把建筑拆掉,再进行同样的实验,可是并没能诱发它进行建筑工作。它不断地尝试使用观察者作为它的脚凳,最后,我们只好再次为它摆好箱子。在第三个目的物下,苏丹放了一个箱子,把另外一个箱子拉过来,放在一边,但是在最关键的时候却停了下来,它持续看着目的物,同时摆弄着第二个箱子,突然,它坚定地抓起箱子,十分干脆地把它放在了第一个箱子上面。这一快速的解决方法与它长时间的困惑形成鲜明的对比。

两天以后,实验重复进行。目的物被再次悬挂在一个新的位置上。苏丹把一只箱子放在了目的物下面旁边一点的地方,然后拿来了第二个箱子,开始准备叠加。这次它观察着目的物,又把箱子丢在了一边。在经过其他的一些动作(爬上顶棚、拉观察它的人等)之后,他又开始建筑。它在目的物下小心地把第一只箱子直立起来,又花费了巨大努力把第二只放到了第一只上,并不停地转动和扭动那个箱子。第二只箱子扣到了第一只上面,但是位置摆放得不太合适。因此,当苏丹爬了上去,整个建筑就倒了下来。

由于过于疲劳,它躺在房间的一角,从那个地方可以看到箱子和目的物。过了很长时间以后,它重新开始工作。它把一只箱子直立,然后跳上去试图达到目的物;跳下来,抓住另外一只箱子,以一种固执的神态,成功地把第二只直立在第一只箱子上,但是第二只箱子摆放得过于靠边,每次它想爬上去,建筑就要倒塌。在经过长时间、盲目的尝试之后,最终上面的箱子牢牢站住了脚。苏丹爬了上去,得到了食物。

在经过这次尝试之后,苏丹总是立刻使用第二只箱子,而且也明白应该把它摆在什么地方。

二、创造性思维

韦特海默对思维问题进行了系统研究,特别是研究了儿童的创造性思维。在研究中,他把顿悟学习原理运用到对人类创造性思维的探讨上,韦特海默宣称,创造性思维对儿童来说应该是思维的自然方式,但往往由于盲目的思维习惯和学校的错误训练反而变得缺乏。这是因为传统的教育制度总是迫使学生根据传统逻辑的定义、命题、推论和三段论演绎来对思维进行分析,这样学生的思维就变得贫乏、烦琐而没有创造性。这种思维经常只是一些机械的思维程序的盲目重复,当学生遇到变化了的问题时,学生就不会解答了。要改变这种状况,韦特海默认为必须引导学生学会创造性思维。

创造性思维的核心是思维者关注问题的整体,要让问题的整体来决定或支配部分,同时要深刻理解整体与部分之间的关系。韦特海默在他的遗作《创造性思维》一书中列举了大量的有关创造性思维的例子,通过这些例子及相关内容,我们可以概括出创造性思维的四个要点:第一,创造性思维必须理解课题的内在结构关系,同时要把课题的各个部分合并为一个动态的整体;第二,任何问题必须根据课题的结构统一性来理解和处置,并向寻求更适当的完形方向发展;第三,思维者必须认识问题的次要方面和根本方面的不同,并根据不同点把问题的各方面形成一个层次结构,即重组问题的层次关系;第四,创造性思维不是一种纯智力活动,它受一个人的动机、情感、先前的训练等因素的影响。韦特海默的这些理论观点对近年来兴起的创造学的发展起了很大的作用。

第六节　勒温的拓扑心理学

库特·勒温(Kurt Lewin,1890—1947)是完形学派的一员,严格说该学派属于格式塔心理学派的分支,但他的理论在完形学派中具有独创性,因此,心理学史上有时会把勒温的理论当作一个独立的体系,本书中我们把它列为单独一节。

勒温和韦特海默、苛勒、考夫卡几乎是同时代的人,他于1890年出生于德国的摩克尔诺,是一个德籍犹太人,虽然他的家庭在德国相对比较富裕,但他还是受到德国20世纪初反犹太人浪潮的歧视和迫害,这些遭遇影响了他一生的心理学观点。他于1916年在柏林大学斯顿夫教授的指导下获得哲学博士学位。第一次世界大战期间,他曾在德国军队服兵役、参战并负了伤。战后他回到了柏林大学任苛勒的助手,他的博学多才使他成为柏林大学最受学生欢迎的老师。后因受希特勒的政治迫害逃往美国,先后在马萨诸塞研究院、麻省理工学院等地从事心理学研究。勒温在其研究的前期主要研究个体心理学,而后期则开始关注社会心理学。1947年,勒温病逝于美国。

勒温对科学发展的基本结构做了分析,并以此作为自己心理学理论的基础。勒温认为科学已经经历了三个发展的时代,他分别把这三个时代命名为思辨的时代、描述的时代和建设的时代。思辨的科学时代主要指早期古希腊的科学,这一时期科学的主要目标是发现自然现象的基本元素或过程,其主要特征是从少数概念导出对世界的理解,如柏拉图的心身二分论,赫拉克利特的一切事物来源于火的还原论,亚里士多德的联想定律等,都是这一时期的典型代表理论。在描述的科学时代,科学的主要目标是尽可能积累较多的客观事实,并对这些事实予以准确描述和抽象分类,这一科学时期对推论却不重视,如达尔文以前的生物学就是只对动植物进行描述和分类,并没有在此基础上做出有价值的科学推论。建设的科学时代(勒温也称之为伽利略式的时代)以发现事物间关系的定律为目标,科学家能根据这些定律做出准确的推论,并以此来解决人类社会所面临的或将要面临的现实和问题。

根据这种分类,勒温认为构造主义心理学属于一种描述性科学,纯粹是由现象的逻辑顺序维系在一起的,它对解决社会生活问题基本没有什么作用。反之,勒温认为心理学必须成为伽利略式的科学。因此,勒温在其理论中比较追求心理学的定律(主要是在一般情境中概括得到的),并根据这些定律来对个体所处于特殊情境中的行为做出有效的推论和预测,勒温的心理学理论正是基于这一思想而提出的。

一、勒温的心理动力场理论

勒温心理学研究的最大特色是对需要心理系统、紧张心理系统、团体行为、个体行为和社会气氛等的强调,是一种趋向于社会科学的心理学。同时在其理论建构中,勒温借用了拓扑学和向量学来陈述心理事件在人的心理生活空间中的移动,以及个体的这种移动要达到的目标和达到目标的途径。所以我们可以概括地说,勒温的心理学就是利用拓扑学和向量学的有关概念,来研究个体在特定区域中出现的行进方式,以及由减弱或增强障碍所引起的部分生活空间区域变化的可能性,因此,勒温的心理学又称拓扑心理学。拓扑学是几何学的一个分支,它研究的是在拓扑变换下图形保持不变的性质和关系。这种不变的性质和关系就称为拓扑性质,拓扑学不问面积和距离的大小,以严格的非数量方式来表述空间的内在关系。勒温的这种数学主义心理学思想在其心理动力场理论中体现得最为明显。

(一) 心理环境

和其他格式塔心理学家一样,勒温也把行为作为心理学的研究对象,他提出的行为公式是 $B=f(PE)$。在这个公式里,B 代表行为,f 是指函数关系(也可以称为一项定律),P 是指具体的一个人,E 是指全部的环境。用文字来解释这个公式的话,就是说行为是随着人与环境这两个因素的变化而变化的,即不同的人对同一的环境条件会产生不同的行为,同一个人对不同的环境条件会产生不同的行为,甚至同一个人,如果情境条件发生了改变,对同一个环境也会产生不同的行为。勒温的这种描述显然比较符合客观实际状况。

为了更确切地具体分析一个人在特定情境中的行为,勒温提出了心理环境这一概念,心理环境也就是实际影响一个人发生某一行为的心理事实(有时也称事件)。这些事实主要由三个部分组成:一是准物理事实,即一个人在行为时,对他当时行为能产生影响的自然环境;二是准社会事实,即一个人在行为时,对他当时行为能产生影响的社会环境;三是准概念事实,即一个人在行为时,他当时思想上的某事物的概念,这一概念有可能与客观现实中事物的真正概念之间存在差异。在这里勒温提出了所谓的"准事实",他是想借用这个概念来说明影响人行为的事实并非客观存在的全部事实,而是指在一定时间、一定情境中实实在在具体影响一个人行为的那一部分事实。这一部分事实有时候可能与客观存在的事实相吻合,有时候也可能不吻合。勒温的这一思想实际上反映了他的整体论的观点,认为物体或行为只有在它与环境之间的关系中,只有在个体和环境之间的交互作用中,才能寻找到真正的原因。也就是说,行为研究应当考虑个体和环境这两种状态,而不仅仅只是考虑其中的一种。

勒温的心理环境概念和考夫卡的行为环境概念看起来有点类似,但其实是有所区别的。行为环境概念的外延要小于心理环境概念,考夫卡的行为环境是指一个人行为时所意识到的环境(有时候这一环境可能是一个不存在的虚拟环境),即行为人行为时头脑中具有的那个环境;而勒温的心理环境则指凡是对主体有影响的所有事实,即不仅指行为人行为时所意识到的环境,行为人当时没有意识到、但对人的行为却又有影响的那部分环境也属于心理环境。

(二) 心理动力场

心理场是勒温心理学体系中一个最重要的概念,同时也是其理论的核心。场这个概念是勒温从物理学中借用过来的,勒温认为心理场就是由一个人的过去、现在的生活事件经验和未来的思想愿望所构成的一个总和,也就是说,心理场包括一个人已有生活的全部和对将来生活的预期。勒温又认为,每一个人心理场的过去、现在和未来这三个组成部分都不是恒定不变的,它们会随着个体年龄的增长和经验的累积在数量上和类型上不断丰富和扩展,如婴儿缺乏经验,婴儿的心理场几乎没有分化;成人则生活经验丰富,有很多阅历,因此成人的心理场就分化成了许多的层次和区域。同时每个人心理场的扩展和丰富在速度和范围上又有其个别差异性,但总的来说,一个人的生活阅历越丰富,他的心理场的范围就越大,层次也越多。从勒温对心理场的这些分析来看,心理场这个概念有点类似于我们平常所说的认知结构。不过在勒温的心理学中,勒温主要借助心理场来研究一个人的需要、紧张、意志等心理动力要素(这一点不同于我们平常所说的认知结构),因此,我们又常把勒温的心理场称为心理动力场。

为了更好地说明心理动力场,勒温又提出了一个新的概念——心理生活空间(life space),有时也简称生活空间。生活空间实际上就是心理动力场和拓扑学、向量学相结合的另一种心理学化的表现方式,$B=f(PE)$这一公式就代表了一个人的生活空间。按照勒温的说法,生活空间可以分成若干区域,各区域之间都有边界阻隔。个体的发展总是在一定的心理生活空间中随着目标有方向地从一个区域向另一个区域移动。而个体发展的心理过程实质就是生活空间的各个区域的不断丰富和分化,这些区域的丰富和分化沿着多个方面进行,如身体、时间、现实和非现实等方面。勒温的生活空间其实是对心理环境和心理动力场的一个总的描绘,它后来成了勒温理论中最有影响的一个概念。

(三) 行为动力

为了对个体的心理事件在生活空间中的移动做出具体的陈述,勒温首先对心理事件移动的动力作了分析。他借用拓扑学的概念来陈述心理事实在心理生活空间中的移动。但拓扑学缺乏方向的概念,勒温于是又借助数学中向量分析的概念来陈述心理事实的动力关系及其方向。勒温一生中用了很大的精力致力于心理事实在生活空间中的移动及移动的动力系统的研究,这样勒温就提出了他的以需要为动力的动机体系,这一动机体系主要包括六个基本概念:需要、紧张、效价、矢量、障碍和平衡。

1. 需要

需要是勒温心理学中行为的动力源,它主要是指个体的某种由生理条件的缺失所引起的一种动机状态,即主体对某一外界对象所产生的欲望,或达到某一目标的意向。它是从个体的内驱力或从意志的中心目标(如追求一种职业就是意志的中心目标)中派生出来的,它是行为的动力,可以激发、维持、导向行为以使个体的缺失状态得到满足。勒温把需要分为两种:一是客观的生理需要,这是一种由生理状态的某种缺失所引起的需要,它不受情境条件的影响,这种需要一般没有特定的具体指向目标。如饥饿的人容易追求食物,口渴的人更想寻求水喝,但这里的食物和水并不是某种被确定了的一个具体事物,而是一种泛指。二是准需要,勒温的准需要是指在心理环境中对心理事件起实际影响的需要,也就是个体所具有的一种心理需要,如在校学生在学业上求得高分、求得成功,信写好了要投入邮箱,顾客点好了菜,服务员想要收账等。在勒温心理学中所提到的需要一般是指第二种需要,也即准需要,他认为这些准需要对人的行为起着实际的影响作用。

2. 紧张

紧张是伴随需要而产生的一种情绪状态,也称内部张力。勒温认为需要的内驱力不是联结作用而是一种内部张力状态。当人产生某种需要时,伴随着就会产生一种紧张的心理系统,这时人的心理就会失去平衡,只有消除这种紧张或至少是减弱这种紧张的情境出现时,个体才能重新恢复平衡。如当孩子需要食物时,他便处于一种紧张状态,得到了食物后这种紧张状态就会被缓解。反之,如果需要被满足的情境不出现,这个紧张系统就会继续存在下去,并促使人去努力进行新的尝试意向。

勒温平时喜欢和他的学生一起去学校附近的一家咖啡馆去喝咖啡并讨论一些问题。在喝咖啡的过程中,他发现咖啡馆的服务员的记性很好。你只要招呼为你服务的服务员来付账,服务员就能把每个人的消费情况记得清清楚楚,几乎从不出错。最重要的是服务员几乎从不把每个人的消费情况记在本子上而只是用脑子去死记住。有一次在结完账之后过了一小段时间,勒温又把服务员招呼了过来,要他把刚才每个人的付账情况再重复一遍。这个刚才还记得很清楚的服务员变得很生气,大声说道:你们已经付过账了,我再不记得你们的消费情况了。勒温对这个情况进行了分析,他认为,当自己和学生们还没有付账时,服务员会由于收账的需要而产生一种紧张,这种紧张使他一直保持着良好的记忆。而一旦账收完之后,这种紧张就会自动解除,脑中相关的记忆也就同时消失了。勒温认为紧张不一定经常能被人清醒地意识到,它有时是以潜伏的形式存在于我们的头脑中,特别是当紧张是由那些对个人具有潜在需要意义的外界对象引起时。但这并不能否认紧张的存在,只要有适当的时机和情境,紧张就能被个体体验为朝向原来活动的压力。

勒温的学生蔡加尼克在柏林大学就做了一个著名的实验,后来这个实验被命名为蔡加尼克效应(Zeigarnik Effect)。

蔡加尼克分派给她的受试者 18—22 个简单的问题,如完成拼图、演算数学题和制作泥土模型等。当一项任务完成到一半时,其中的一半受试者被有意打断,并接着做另一项工作,而另一半受试者直到完成了自己手边正在做的任务后才去做另一项工作。当所有的受试者都完成后续工作后(这时所有的孩子都已做过一些已完成任务的工作,同时也已做过一些未完成任务的工作),蔡加尼克要求受试者回想自己所有做过的任务,结果受试者对未完成任务的回想率达到 68%,对已完成任务的回想率只有 43%。这一实验证明,半途被中止的任务要比已被完成的任务在回忆时占有优势。为什么会出现这种现象呢?蔡加尼克对此的解释是:后者的准需要已经满足,它所引起的心理紧张系统业已松弛;而前者的准需要尚未满足,由此所引起的心理紧张系统仍在持续。

3. 效价

效价原是化学方面的一个名词,勒温在这里用它来表示个体对一个对象喜爱或厌恶的程度,对象如果能满足个体的需要或对个体有吸引力,那么这个对象就具有正效价;反之,对象如果对个体有威胁或惹人生厌,则这个对象就具有负效价。在这里我们必须认识到,对象并非真的具有化学概念中说的那种"价"的意义。勒温所谓的效价,其实是指人在一定的情境中对对象产生的一种主观情绪体验,如对一个饥饿的人来说,米饭便具有正效价;但对一个吃得很饱的人来说,米饭就具有了负效价。

4. 矢量

矢量在数学上原指一条有向直线,勒温利用这一概念来表示对象吸引力的方向或强度。也就是说,矢量(有时也称向量)在勒温的心理学中就是指人与一定的对象间所产生的有方向的吸引力或排斥力,吸引力会使人趋向目标,排斥力会使人背离目标。假如只有一个矢量影响某人,这个人就会沿着这一矢量所指的方向发生移动。假如有二个或二个以上的矢量并以不同的方向影响某人时,那么这个人的移动就由这些力量的合成力而决定,如果两个矢量之间力量相等,那么它们之间的作用就是我们通常所说的冲突。勒温曾用图示和文字对冲突的多种形式进行了精彩的分析,这些冲突主要可以分为三种类型:

第一种冲突类型是双趋冲突。这种冲突存在于一个人面临两个具有差不多同等吸引力的正效价对象之间,他必须就其中的某一个对象做出一种选择,也就是我们中国人所说的鱼和熊掌不可兼得的情境。比如一个人同时收到两份具有同等吸引力的工作邀请,他选择了其中的一项就意味着对另一项的拒绝,这样这个人就会处于摇摆不定的犹豫状态——这种状态也是一种平衡状态。但这种情况并不会维持很久,当这个人在一些因素的影响下开始向其中的一个目标移动时,这时较近的那个目标就开始增强它的吸引力,而远离的那个目标的吸引力就开始下降,这就出现了心理学上的目标梯度效应。即当目标越来越接近时,目标的激励作用和吸引力也会越来越增大。

第二种冲突类型是双避冲突。这种冲突就是指一个人面临两项都想逃避的对象时,他必须就其中的一项做出自己的选择,也就是我们生活中常说的左右为难的情境。如高考时一个学生要么去读自己不喜欢的专业,要么就没有大学上。当一个人面临这种情境时,一般是在两害之中取相对较轻的一项,像上一个例子大多数人都会选择去读自己不喜欢的专业。

第三种冲突类型是趋避冲突。这一种冲突形式和上两种冲突形式有所不同,它是指一个人对同一个对象又趋又避,也就是我们生活中的所谓又爱又恨。如一个吸烟上瘾的人又想吸烟又怕吸烟致病等。在这一种情境中正效价和负效价是平衡的,如果你向正效价一方移动时,那负效价的一方就会产生相等的排斥,因此,这种情境中矢量运动的可能性最小,所以生活中许多人戒烟经常半途而废。

以上是三种基本的冲突方式,勒温在分析这些冲突方式时也承认生活中有更复杂情境出现的可能性,即一个人面临许多的选择目标,而每一个选择目标又有趋避的可能性,这就是我们现代心理学中常提到的多重趋避冲突。对这一种冲突模式,勒温只是提到而没有做具体的分析和研究。

5. 障碍

障碍也是勒温动机体系中的一个重要概念,勒温认为障碍可能是物、人、社会制度、法律等,也就是说凡是任何阻碍个体达到预定目标的事物都称为障碍。当个体接近障碍时,障碍便具有了负效价的性质。障碍能引起人的探索行为,人在探索过程中通常是绕过障碍而达到目标,当绕不过时人就会对障碍发起攻击,通过消除障碍来达到目标。

6. 平衡

平衡是勒温动机体系中的一个重要概念,平衡是相对于不平衡而言的,而人的不平衡是唤起人需要的一个前提条件。勒温把不平衡定义为"一种贯穿个人全身的程度不同的紧张状态"。与此相反,我们就可以把平衡解释为这种紧张状态的解除。在生活中,人的一切动机行为的最终目的都是回到平衡状态,从而使人的紧张状态得到解除。例如,饥饿、性欲望和自我实现等需要,会使得人出现紧张而处于不平衡状态,当这些需要得到满足后,紧张便消除了,人也就恢复了平衡。但这种平衡只是暂时的,人在新的情境条件下又会产生新的不平衡,从而产生新的需要,出现新的紧张,人就是在这种平衡——不平衡——平衡的过程中不断得到发展。

二、勒温的团体动力学及其发展

勒温早期主要致力于个体心理学的研究,着重研究个体的发展模式以及发展的动力问题。由于勒温采取了格式塔的整体研究原则,将个体整体行为作为自己的研究对象,这就使他的研究不得不接触到对生活具有实际意义的社会因素,从而引发了他对一些社会问题进行的思考。另一方面,由于勒温在第二次世界大战中亲身经历到辛酸的遭遇,到美国后,他仍感到美国社会存在许多问题,于是他就产生了致力于改造社会的愿望。从 20 世纪 40 年代开始,勒温组织了一群年轻的心理学家,进行了一系列社会心理学的研究和实验,并最终形成了独具特色的社会心理学理论——团体动力学。团体动力学是勒温把其早期研究个体行为的心理动力场或生活空间学说应用于研究社会问题的结果,它以研究团体生活动力为目的,主要研究团体的气氛、团体内成员间的关系、团体的领导作风等。团体动力学把群体研究与实证的实验方法结合了起来,这对后来的社会心理学的发展作出了很大的贡献。

勒温认为团体是一个动力整体,这个整体并不等于各部分之和,整体中任何一个部分的改变都必将导致整体内其他部分发生变化,并最终影响到整体的性质。团体不是由一些具有共同特质或相似特质的成员构成,特质相似和目标相同并不是团体存在的先决条件。团体的本质在于其各成员间的相互依赖,这种相互间的依赖关系决定着团体的特性。勒温认为团体和个体一样都是真实的,而非神秘的。因此,勒温直接就把研究个体心理学的方法搬了过来,认为生活空间的概念也一定适应于对团体的研究。勒温指出,个体和他的情境构成了心理场,与此相同,团体和团体的情境就构成了社会场;个体的行为主要由其生活空间内各区域间的相互关系决定,团体的行为也主要由团体的社会场中各区域的相互关系所决定。

(一)团体内聚力

任何一个团体都面临着内聚和分裂对抗的压力,分裂的压力主要来源于团体内各成员间交往的障碍,或团体内每个个体的目标和团体目标间的冲突;内聚力则是团体内抵抗分裂的力量,是团体成员间的正效价或吸引力,它的强度依赖于个体求得成员资格的动力强度。分裂和内聚是团体中时刻进行斗争的一对矛盾,一个良好的、有生命力的团体必须要有较强的内聚性才能防止团体的分裂。怎样培养一个团体的内聚性呢?勒温及其学生在这方面做了系列性的研究。

勒温的一个学生贝克设计了一个让被试成对地合作完成一套图画的实验,通过这个实验贝克得出结论,团体的内聚性是在以下三种之一基础上而形成的:一是个体由于对其他团体成员的喜爱而喜爱团体;二是由于团体成员资格能赋予成员以一定声望而使团体成员喜爱团体;三是由于团体是达到个人目标的手段而使团体成员喜爱团体。同时贝克还发现,不论团体内成员间相互吸引的原因如何，越是密切结合的对象越能够力求意见一致，越是密切结合的对象也越受团体讨论的影响。

勒温、李波特、怀特的一个关于"专制气氛"和"民主气氛"的实验表明，团体的内聚性也受领导者的工作作风的影响。一般而论，民主的小组更富有成果，内聚性较强，小组内成员对待领导的态度也较好，小组成员间的分歧干扰更少，民主小组在活动的创造性上相对也较高。与民主小组相比，专制小组在活动中不是更放肆就是更漠然，但漠然的小组在小组领导不在时却爆发出更放肆的行为。当实验中故意对各小组展开攻击时，专制小组显得士气低落，并有分崩离析的倾向，而民主小组则比受攻击前团结得更紧密。另外，在这个实验中，勒温等还发现一个奇怪且令人迷惑的现象，即孩子从民主气氛过渡到专制气氛要比从专制气氛过渡到民主气氛更容易。

勒温和他的同事、学生等所做的另外一些实验也表明，团体成员对团体活动的兴趣、团体内成员的交往频率、各成员的遵从行为等也都能影响到一个团体的内聚力。

（二）团体与行为改变的研究

勒温还就团体对其成员行为改变的影响做了系统研究。在第二次世界大战期间，由于战争的影响，勒温开始从事改变人们饮食习惯的研究。在研究中他发现，团体决定比单独做出的决定对团体中的个人有更持久的影响。在一些实验中，勒温给予一些年轻妈妈以个别指导，说明婴儿用餐最好加些橘子汁；另一些年轻妈妈则六人一组，让她们讨论改善孩子食谱的好处，最后达成有关婴儿用餐最好加些橘子汁的共同决定。以后的结果表明，参与团体决定的年轻妈妈要比那些接受个别指导的年轻妈妈更遵守婴儿用餐加些橘子汁的做法，这说明团体强化了个人行为的改变。根据这个实验勒温得出结论：无论是训练领导，还是改变饮食习惯等，如果首先使个体所属的社会团体发生相应的变化，然后通过团体来改变个体的行为，这样做的效果远比直接去改变一个个具体的个体更好。反过来，只要团体的价值不发生变化，个体就会更强烈地抵制外来的变化，个体的行为就不容易发生变化。这实际上就是格式塔整体比部分更重要的思想的具体体现。

勒温在这种实验研究的启发下，开始把这种方法广泛运用于社会各方面的改造上。他提出了改变社会的三个阶段：第一阶段称为"解冻"，即尽可能减少或消除与团体过去标准的关联；第二阶段引进或制定一个新标准；第三阶段是"再冻结"，这是建立在新标准之上的一种重新建构。在所有的这三个阶段中，个体都要参与团体的决定，这样比单是向每一个个体提出改变要求要好得多。如果团体与过去标准的关联明显地减少了，个体就更愿意接受新的标准。如果把新标准看作是由团体决定而不是由外界强加的，它就会更容易被人接受；如果个体参与了整个的决定过程，则新标准就会更自然地被吸收。

另外，勒温也希望利用他的团体与行为改变方面的研究来解决一些社会问题，主要解决关于社会问题同引起变革的观念之间的关系，他把这种解决社会生活实际问题的研究称为行动研究。在行动研究方面，勒温主要提出了几个关键问题并就这些问题做出了自己的分析和阐述，勒温所提出的关键问题主要有：① 关于提高那些力图改善团体内部关系的领导者的工作效率的条件问题;② 使来自不同团体的个人与个人之间发生接触的条件及效果问题;③ 对小团体成员的最有效的影响作用的问题,这种影响要能增强个体的归属感并能很好地协调同一团体内其他成员的关系。

与此同时,勒温在行动研究中还比较关心种族冲突问题和社会偏见问题,他曾亲自指导了关于社团中集体住宿对偏见的影响的研究、关于服务机会均等的研究和关于儿童偏见的发展和预防的研究等。勒温对社会心理学的一个重要贡献是他于1942年建立了社会问题心理学研究会,这个学会大大促进了以解决社会问题为主旨的研究。

三、对勒温理论的评价

许多人都抱有一种同感,即勒温的社会心理学的实验方案设计已经被证明要比他的理论观点更有价值,也更受心理学家们的欢迎,他所留下的一些经典实验,长期以来一直被许多心理学家反复提到。我们指出这点并不是说勒温的理论对心理学的影响不大,事实上,勒温心理学研究中的一些观点和结论,就是在今天也仍然有它独特的地方。我们可以发现,勒温的著作和概念已经影响了实验心理学、社会心理学和儿童心理学的多个领域,甚至在人格和动机心理学中我们也可以看到勒温的许多概念和实验技术。

(一)勒温对心理学的贡献

勒温对心理学的贡献主要表现在以下几个方面:① 勒温创造性地借用了物理学、数学等学科的概念,并把这些概念和心理学巧妙地结合了起来,形成了独具特色的拓扑心理学体系,这在心理学史上绝对是一件开创性的工作。② 勒温把他的场论思想应用于研究社会问题,从而开创了团体动力学。团体动力学对实验社会心理学的产生起到了极大的推动作用。③ 勒温的团体动力学的研究方式也对后来心理学理论联系实际产生了很大的影响,如他曾把现实问题变成可控制的实验,以便社会能从严密的实验研究中获得好处,同时这又可以避免学院式实验室的人为性和枯燥性。勒温的这种研究方式大大提升了心理学的应用性。同时这也更加促使心理学开始关注我们身边的一些社会生活实际,并最终使心理学从实验室走向了社会生活。④ 勒温培养了一大批心理学人才,特别是培养了大量的实验社会心理学人才。勒温的学生海德、费斯廷格等就是在勒温的影响下才建立了社会认知心理学。

(二)勒温心理学的局限性

勒温的心理学也存在着一些不足,主要表现在以下几个方面:① 勒温的心理学体现着明显的主观唯心主义观点,这一点从他的心理生活空间理论中可以得到反映,他所谓的区域、疆界、移动等基本是主观想象的。② 勒温的心理学理论还存在着一定的混乱问题,特别是混淆了主观世界和客观世界的界线。如他的心理环境、生活空间等概念有时指的是物理世界,有时又是指纯心理世界。而且他从物理学、数学中借来的概念并没有显示出什么明显的优越性,反而在一些地方造成了心理学概念的混乱,变成了数学主义心理学。③ 勒温忽视了个体的过去历史。他的动力学理论总是涉及一个比较小的时间差异,这使人们感到他的理论似乎显得很单薄,缺乏厚度。

第七节　格式塔心理学的历史地位

格式塔心理学是20世纪初兴起的一种学院派心理学,到20世纪30年代,格式塔心理学已经形成为一个比较完善的心理学理论体系,当时心理学的许多重要领域及问题都不得不根据完形论的理解来重新下定义。格式塔心理学的一些重要理论主张开始进入应用心理学、精神病学、教育学等,同样,人类学家和社会学家也对格式塔理论加以关注和利用。以美国为例,当韦特海默和其他一些完形论者因为受纳粹的迫害而来到美国后,格式塔心理学的发展似乎又找到了一个更广阔的大陆,"特别是在(美国,作者注)东部滨海区,人们遇到成打的青年心理学研究者,他们已学会用完形概念进行思考,并能就这一方法的前景进行引人入胜的谈论,不论是在学术界以内还是以外";"完形心理学开始成为美国心理学的一个英气勃发的新阶段,当这些学说发表出来并散见于美国各种期刊而热心的年轻避难者自己也证明利用或不利用这些新思想会造成多么不同的后果时,完形心理学又迅速向西部挺进了"。

一、格式塔心理学的贡献

(一) 反击元素主义心理学

格式塔心理学在许多方面作出了自己的贡献,其最突出的一点是对构造主义为代表的元素主义心理学的反驳。格式塔心理学家称构造主义心理学为砖泥心理学,也即元素是砖,由联想(泥)粘在一起,认为构造心理学用内省把人的心理还原为分子、原子,这是人为的,不能揭示心理的任何东西。

(二) 对人本主义心理学的兴起具有一定的促进作用

格式塔心理学强调整体论,主张心理学研究应以整体的组织来代替元素的分析,这一观念对人本主义心理学的发展有很大影响。人本主义心理学的创始人马斯洛就曾在韦特海默的指导下学习整体分析的方法,并最终形成了人本主义心理学的整体研究的方法论原则。同样地,人本主义的几个著名的代表人物也都主张对研究对象的整体体验和描述,主张心理学应是存在分析的心理学,这些都表明了格式塔心理学对人本主义心理学的潜在影响。

(三) 对认知心理学的积极贡献

格式塔心理学对认知心理学的贡献可以分为两部分:一是对狭义的认知心理学,即信息加工认知心理学的贡献。信息加工认知心理学重视研究心理的内部机制,强调从整体上对信息的输入、加工和输出进行模拟研究,这一点可以说是深受格式塔心理学的影响。二是对广义的认知心理学的贡献,如知觉心理学、学习心理学等。可以毫不夸张地说,正是格式塔心理学卓有成效的知觉研究才导致知觉心理学脱离感觉心理学而成为一个独立的分支。

同样,格式塔心理学的学习理论也颇具特色,顿悟说已成为人类历史上较有影响的学习理论。

(四)对社会心理学的影响

场的思想最早是由格式塔心理学家们引入心理学的,这一思想后来在社会心理学中得到广泛的应用,许多社会心理学理论的建立都以此为出发点。同时,格式塔心理学卓有成效的实验现象学为后来的社会心理学的发展提供了方法论基础,实验现象学方法及其变种已成为当前社会心理学研究普遍采用的有效方法。

二、格式塔心理学的局限

(一)唯心主义的理论基础

格式塔心理学的哲学基础是先验论,带有明显的唯心主义色彩。格式塔心理学家们没有认识到人脑是心理的器官,客观世界是心理的源泉这一基本事实,从而最终导致了自己的理论研究走进了死胡同。

(二)现象学实验不够严谨,缺少客观性

格式塔学派过分依赖现象学的方法,他们的一些实验结果受人为因素的影响较大,别人很难进行重复性的验证,这就使得许多人对其实验结果的正确性和合理性产生了怀疑。

(三)许多理论观点的概念不很明确

格式塔心理学家是以批判构造主义心理学而名噪一时,在它逐渐成熟后又开始高举起反行为主义的大旗。也正是格式塔的这种过于张扬的批判,导致格式塔自己也没有建立起完整的理论体系,正如有人指出的"或许是对别的理论指责过多,他们竟没有足够的精神和时间来构建更令人信服的理论,显得勇气有余、底气不足"。同时,格式塔学派在自己的理论中大量采用了数理概念,而且不加以特别说明,许多概念有被滥用的倾向,这就使得格式塔心理学的理论过于晦涩深奥,使人难以理解,这一点是格式塔学派的致命弱点。

本章小结

1. 格式塔心理学又称完形心理学,是1912年产生于德国的一个心理学流派。它反对构造主义心理学对意识经验的人为分析,主张对意识经验采取公正的、无偏见的态度,采用现象学的方法对意识经验进行整体的、自然的描述。

2. 通过似动现象的研究,格式塔心理学得出结论,认为似动现象是一个整体或格式塔,绝不是孤立的感觉元素可以解释的。由此可以推论:在一切心理现象中,整体是不可分为元素的。整体不是元素的总和,整体先于部分,并决定着部分的性质。这一研究的重要意义

并不在于似动现象本身,而在于确立了一种心理学研究的新观点,标志着格式塔心理学的建立。

3. 顿悟学习有四个特点:第一,从问题解决前阶段到问题解决阶段的过渡是突然的、飞跃式的,它不是一个渐变的过程,而是突发性的质变过程;第二,在问题解决阶段,行为操作通常极为顺利,很少出现错误的行为;第三,由顿悟而产生的问题解决方法通常能在记忆中保持较长的时间;第四,由顿悟而获得的学习原则通常易于应用到其他类似的学习情境。顿悟说同桑代克的尝试错误说显然是截然对立的,这种对立主要体现在两个方面:一是学习是否需要理解、领会和思维等认知活动的参与;二是学习过程究竟是渐进的、连续的量变进程,还是突变的、飞跃式的质变过程。

4. 心理生活空间是勒温的拓扑心理学最重要和最有影响的概念。生活空间是指在某一时刻影响行为的各种事实的总体,包含了人及其环境。行为受生活空间的调节,行为是生活空间的函数。勒温在论述心理生活空间时,提出了一个动力原则,即"实在的是有影响的"。依据这些原则,凡存在与生活空间的事件或事实,必然对个体的行为产生影响和效果。

5. 勒温认为,在需求的压力下,心理的平衡被打破,出现了一个紧张的心理系统。由此而产生的行为如果导致了需求的满足,则紧张的心理系统得到解除;若需求没有得到满足,则紧张的心理系统维持下去,促使个体产生进一步的行为,直到需求得到满足。勒温的学生蔡加尼克在勒温的指导下进行了"关于完成任务和未完成任务的保持"的实验研究,证实了勒温关于紧张心理系统的假设。

6. 格式塔心理学的主要贡献有四个方面:第一,反击元素主义心理学。格式塔心理学家称构造主义心理学为砖泥心理学,也即元素是砖,由联想(泥)粘在一起,认为构造心理学用内省把人的心理还原为分子和原子是人为的,不能揭示心理的任何东西。第二,对人本主义心理学的兴起具有一定的促进作用。格式塔心理学强调整体论,主张心理学研究应以整体的组织来代替元素的分析,这一观念对人本主义心理学的发展有很大的影响。第三,对认知心理学的积极贡献。第四,对社会心理学的影响。场的思想最早是由格式塔心理学家们引入心理学的,这一思想后来在社会心理学中得到广泛的应用,许多社会心理学理论的建立都以此为出发点。

复习与思考

一、名词解释

1. 格式塔 2. 现象学 3. 似动现象 4. 顿悟说 5. 心理动力场 6. 蔡加尼克效应 7. 团体动力学

二、简答题

1. 格式塔心理学是如何理解知觉现象的?
2. 格式塔心理学关于创造性思维的理解有何独到之处?
3. 勒温的心理空间的含义是什么?

4. 如何理解勒温的团体动力学与心理场动力学的关系?
5. 勒温为什么要在拓扑心理学中引入生活心理空间概念?

三、论述题

1. 为什么说似动现象的研究标志着格式塔心理学的建立?
2. 如何理解"格式塔"? 格式塔学派与构造主义之间的矛盾本质是什么?
3. 为什么说勒温开辟了格式塔心理学的新领域?
4. 为什么说勒温是实验社会心理学之父?
5. 格式塔心理学有哪些贡献与局限?

第九章　精神分析

🏛 本章导读

本章介绍了古典精神分析产生和发展的过程,对其主要代表人物的重要理论和观点进行了阐述。产生于19世纪末的精神分析,从探讨神经症入手,逐渐发展为20世纪重要的社会思潮,它的出现给心理学的发展带来了巨大的影响。本章第一节从社会、思想和心理病理学角度阐述了精神分析产生的背景。第二节和第三节分别介绍了其创始人弗洛伊德的生平和主要理论观点,尤其是他的潜意识理论、本能论、人格的结构和发展理论等。第四节将对弗洛伊德精神分析理论作出评价。而最后一节,则涉及了弗洛伊德精神分析分裂的相关内容。了解弗洛伊德精神分析的有关思想是建构完整的心理学史体系的必要条件之一。

📍 学习目标

1. 能对精神分析出现的历史背景有一个完整的了解。
2. 能辩证地理解弗洛伊德的潜意识、本能论、人格发展理论、梦论等。
3. 能对弗洛伊德的理论及其影响作出客观、全面的评价。
4. 掌握阿德勒的"追求优越""生活风格"等概念,了解个体心理学的主要观点。
5. 掌握荣格的"个体潜意识""集体潜意识"等概念,对其理论体系有初步了解。

"哲学开始于惊异。"事实上,人类的好奇心从未停止过它的脚步。当人们沉浸在探索周围客观世界的喜悦中时,心理学家把注意力投到了自身,而弗洛伊德则更进一步,将潜意识带进了人们的视野。虽然弗洛伊德的精神分析只是心理学的一个分支,但对于普通大众而言,在相当长的一段时间内,精神分析就是心理学的代名词。人们或许不知道感觉与知觉、情绪与情感的区别,但却饶有兴致地分析着自身行为的深层含义,并且试图揭开这黑匣子里的秘密。更有甚者,由此踏上了追寻心理真相的道路。因此,对精神分析和弗洛伊德本人进行一个大致的了解,既有助于人们更客观地认识这一理论体系,也有利于人们对该理论进行辩证地思考,从而避免将其神秘化。

第一节　精神分析产生的历史背景

一、社会背景

19世纪末20世纪初是自由竞争的资本主义向垄断资本主义过渡的阶段,而在作为当时欧洲最著名的文化中心之一的奥匈帝国首都维也纳,社会转型给底层劳动人民带来的痛苦尤为明显。一方面,封建势力的疯狂压迫、哈布斯堡王朝对多民族采取的残酷剥削及垄断组织卡特尔的急速增加,像三座大山压得人们喘不过气来,众多中小型企业的纷纷倒闭,导致大批工人失业,彻底失去了生活来源。当温饱成了毫无着落的大问题时,生存便成了一种折磨。事实上,这种动荡不安的局势和尖锐的社会矛盾给人们的精神生活带来了巨大的压力,神经症和精神病的发病率一路上扬。

另一方面,维多利亚女王时代陈腐伪善的道德和华而不实的文风在文化上占据了统治地位。禁欲主义盛行一时,人人谈"性"色变,甚至完全否定妇女在性方面也和男人拥有同样的需求和权利。"窈窕淑女,君子好逑"一直是千百年来为人们所津津乐道的话题,自然的感情流露一时间竟然成了众矢之的。有了感情无处诉说,正常的生理欲望无法得到满足,人们甚至要为自己产生了这样的"肮脏"念头而自责。在这样的情况下,性本能受到严重压抑。尤其在家长式统治的犹太人社会里,社会禁忌更为严格,因而其神经症和精神病的发病率也日益增高。也难怪弗洛伊德会将"性"作为治疗神经症的切入点了。

二、思想背景

(一)对无意识思想的探讨

弗洛伊德并非探讨无意识思想的第一人,事实上,早在柏拉图时期就已有人对此有所涉及,只是那时的探讨相对而言比较朴素。到 18 世纪初,德国的数学家和哲学家莱布尼茨(Gottfried Withelm Leibnitz,1646—1716)提出了单子论,认为世界是由单子构成的,单子在本质上是精神的,但同时具有物理的特性。最低级的单子是构成无机物的单子,只有一种微觉,几乎同无意识一样。一个世纪后,赫尔巴特(Johann Friedrich Herbart,1776—1841)将其无意识观念发展成为意识阈限的概念,通过阈限,人的心理活动可划分为意识与无意识两部分,一个观念可以由无意识进入到意识领域,同样,被排斥的观念也可以从意识领域被压入无意识,两者之间是动态的。费希纳则进一步提出了"冰山理论"——心理类似于冰山,它的相当大的一部分位于水面以下,在这里有一些观察不到的力量对它发生作用。而这些思想为弗洛伊德研究无意识提供了良好的基础。

(二)对意动心理学的了解

弗洛伊德在维也纳大学选修过布伦塔诺的课,由此接触到了意动心理学,了解到了意动、意向性等概念,这些有可能影响了其后他本人的动力学概念等。此外,他还通过布伦塔诺认识到了亚里士多德的逻辑学和哲学,这些可能对他的精神结构学说有所启发。

(三)进化心理学和能量守恒定律

达尔文的《物种起源》打碎了人们对自身的美好幻想,亚当夏娃的美丽神话永远定格为了神话,在一些人愤怒的同时,另一些人却看到了希望的曙光。弗洛伊德即属于后者。他用生物决定论的观点探讨人的心理,对本能的强调就打上了生物学决定论的深刻烙印。此外,

19世纪自然科学领域提出的"能量守恒和转换定律"也成为了弗洛伊德的理论来源之一。既然物质世界的能量可以由一种形式转换为另外一种形式,而且在转化和传递的过程中能量不灭,那么心理能量是否也遵循同样的规律?这一观念嵌入到了弗洛伊德对利比多的探讨之中。

三、心理病理学背景

在人类社会的早期,人们对于精神病患者有着很强的偏见,尤其在中世纪,很多精神病患者被当作是"魔鬼附体"而被活活烧死。而活着的也好不到哪里去,住宿条件的艰苦和落后愚昧的治疗手段让他们的康复成为了天方夜谭。到了18世纪末19世纪初,在资产阶级革命的影响下,西欧的精神病领域开始了一场全新的革命,曙光终于照到了这个黑暗的角落,各种治疗手段喷涌而出,其中较为有名的是催眠术。弗洛伊德曾留学法国巴黎和南锡,学习催眠技术用于神经症的治疗。不过后来在实践的过程中,弗洛伊德发现催眠的受用人群很有限,并且疗效值得商榷,于是最终用自由联想的方法取代了催眠。

拓展阅读 9-1

催眠的奥秘①

多年来,民间催眠术师、"通灵术士"和一些心理治疗家一直都在声称他们能够使被催眠者"时光倒退"到若干年前乃至若干个世纪以前。有些治疗师宣称催眠可以帮助患者准确地回忆起遭到外星人诱拐的经历。我们应该如何看待这些说法呢?

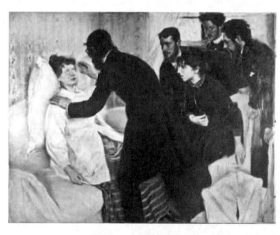

图 9-1 催眠进行时

所谓催眠,就是施术者通过暗示使被催眠者的感觉、知觉、思维、情感或行为发生变化的过程(Kirsch & Lynn, 1995)。而被催眠者则往往试图根据催眠师的暗示来改变他或她的认知过程(Nash & Nadon, 1997)。通常来说,催眠过程中所使用的暗示包括使被催眠者做出某种行为("你的胳膊会缓慢抬起")、使被催眠者不能做出某种行为("你的胳膊不能弯曲了")或是对正常知觉或记忆的扭曲("你不会感到疼痛","直到我给你信号之前,你将不会记得自己正处于被催眠状态")。人们通常报告自己感到自然而然就遵从了这些暗示。

---

① 卡萝尔·韦德(Carole Wade),卡萝尔·塔佛瑞斯(Carol Tavris).心理学的邀请[M].白学军,等,译.北京:北京大学出版社,2006:204.

> 为了诱导出被催眠的状态,催眠师通常会通过暗示使被催眠者感到放松,感到困倦,眼皮变得越来越沉。催眠师用歌唱式的或单调而有节奏的声音,使被催眠者感到在这种状态中"越陷越深"。有时,催眠师会让被催眠者目不转睛地盯着一种颜色或一个小物体,或使其专注于某种躯体感觉,被催眠者报告说注意的焦点转向外部,转向催眠者的声音。有时,这些被催眠者将催眠的感受比作沉浸于一本好书、一场演出或一段心爱的音乐。被催眠者能够完全意识到正在发生的事情,并且在事后记得这种经历,除非催眠师通过明确的暗示使被催眠者忘掉这一切——即使催眠师这样做了,这段记忆还是能够被一个预先规定的信号储存起来。

第二节 弗洛伊德的生活和工作

一、早年的家庭生活

西格蒙特·弗洛伊德(Sigmund Freud,1856—1939)1856年5月6日出生于摩拉维亚的弗莱堡(现为捷克的普莱波)的一个犹太人家庭。结合当时的社会背景——犹太人处于社会最底层,再反观弗洛伊德最后所取得的成就和声誉,他的成功颇具有一些励志色彩。了解他早年的家庭生活,能让我们看到一个真实而生动的弗洛伊德,从中我们也可以隐约窥见一些他后来思想和观点的影子。

弗洛伊德的父亲是一个不太成功的商人,弗洛伊德出生时,他已近不惑之年。而此时,弗洛伊德的母亲却才刚过二十。巨大的年龄差距让弗洛伊德更倾向于与母亲交流而非他的父亲。事实上,作为他母亲八个孩子中的老大,弗洛伊德从出生就受到了更多的关注和疼爱。她的母亲尽量创造学习条件,让他的天分得以充分发展。为了让这个孩子有一个安静的学习环境,他的妹妹甚至被剥夺了在家练琴的权利。

此外,同为犹太人,父母二人对此各不相同的态度给弗洛伊德留下了深刻的印象。弗洛伊德的母亲从来没有因为自己是一个犹太人而有任何的不安,相反,她为自己的血统而自豪。她在家只使用犹太人所使用的语言而排斥"高地德语"。而他的父亲,年轻时因为种族问题被人欺负却不敢反抗,这一点让弗洛伊德心中父亲的形象轰然坍塌。作为犹太人,弗洛伊德的立场与其母亲是相近的,他时常提醒自己:"我经常感受到自己已经继承了我们的先辈为保卫他们的神殿所具备的那种蔑视一切的全部激情;因而,我可以为历史上的那个伟大时刻而心甘情愿地献出我的一生。"骨子里那种反抗的勇气和捍卫的热情让他与母亲之间有了更多的共同点。事实上,不管是生活上还是思想上,母亲给弗洛伊德造成的影响都是深远的,这也是他日后提出"俄狄浦斯情结"的基础。

二、求学过程

弗洛伊德9岁时就进入了文科中学学习,比一般人整整提前了一年的时间,入学后连续七年获得第一名。17岁时就被保送进入著名的维也纳大学医学院学习。25岁以优异的成绩获得了医学博士学位。

在大学期间,弗洛伊德在老师的指引下,凭借自己的仔细观察和缜密思考,完成了四项具有独创性的研究并发表了相关论文,对蝲蛄的神经细胞进行研究所获的成果更让他成为现代神经元学说的开拓者之一。就算日后没有从事精神分析,我们也有理由相信弗洛伊德会在他所选择的任何领域都作出杰出的贡献。事实上,他所投入的精力和专注程度与他的成就是成正比的。而当一个人知道自己的优势所在并且愿意付出辛苦和努力的时候,成功就只是简单的时间问题了。

尽管精神分析在一般人眼中略带神秘色彩,而且还颇具玄学的味道,但弗洛伊德接受的教育及其早期从事的研究却是正儿八经地出自科学的殿堂。对于动物的生理机能和神经系统的学习与研究,造就了他独立思考的能力和科研的精神。只是他并不满足于单一学科的学习,前人关于无意识的探讨、达尔文的进化论、迈尔等人提出来的"能量守恒和转换定律"、哲学家布伦塔诺的课程等都在不同程度上吸引着这位好学者的注意。他对知识的广泛涉猎为自己的思考提供了多种不同的角度,也为自己的创造奠定了厚实的基础。"如果说我看得更远,那是因为我站在了巨人的肩膀上。"这句话虽然不是弗洛伊德的原创,却是对他极为恰当的表述。

三、工作经历

弗洛伊德在毕业之初从事的是一份科研工作,虽然此时的他在学术方面已有所建树,但是生活的窘迫、赡养家人所需的费用、结婚必备的各种硬件设施等成了他不得不面对的问题。最后,在他的老师布吕克的建议下,他转而成为了一名临床助理医生,完成了他人生中最重要的转折。

图9-2 弗洛伊德

1883年5月,弗洛伊德转到梅纳特(Meynert)的精神病治疗所,开始直接接触精神病人,虽然在这里只工作了五个月,但是为他日后的工作埋下了伏笔。1885年,他获得了一笔数目可观的奖学金,得以跟随法国精神病学大师沙可进行学习。1889年,他又前往法国南锡,继续学习精神病学的相关知识。

弗洛伊德在1886年开设自己的私人医院时,已年近30。他最初的合作者是当时著名的内科医生布洛伊尔(Josef Breuer, 1842—1925)。1895年,他们二人合作完成了《癔症的研究》一书。这本书是他们友谊的结晶,却也导致了他们关系的破灭。弗洛伊德坚持"性"在癔症患者意识中的重要性,而布洛伊尔对此虽不敢苟同,却也没法阻止弗洛伊德将这一观点写进书中。新书出版后引来的质疑与恶评让布洛伊尔颇感委屈,而弗洛伊德不以为然的态度更加剧了他们之间的隔阂。1898年,他们之间伟大的友情便划上了句号。此后,虽然弗洛伊德的诊所经历凋敝、复又兴旺,提出的思想为世人所接受,跟他学习的人蜂拥而至,但作为学者,他一生的大部分时候都是孤独的。他最得意的弟子先后离他而去,另立门户。这其中固然有学术上的分歧,正所谓"道不同,不相为谋",但曾经的师徒关系演变成为学派观点的势不两立,也与他的性格密不可分。他不允许自己的弟子与其他精神分析学派有任何往来,甚至还将忠于自己的精神分析学家组成秘密的核心小组,每人配发一枚与自己拥有的相类似的戒指。但这也不能保证他这一集团的稳定性,几年后,分道扬镳的故事接踵上演。

第三节 弗洛伊德的基本观点

一、潜意识与人格理论

回想一下,你有没有试图探寻过自己行为背后的真正动机?有没有犯过"低级失误"而事后仔细想想,这些失误似乎又不那么简单,它好像还暗含了某些可能连自己都没有意识到的愿望?弗洛伊德在对癔症患者进行催眠后发现,患者表现出来的症状是有其深层原因的,而非看起来的那么简单。经过进一步的思考,他提出了"潜意识"这一概念。虽然此概念并非弗洛伊德原创,在此之前,已经有很多人对此进行了探讨,但是,像这样系统地对此加以说明,并试图用它来解释人类的精神世界,甚至还以此为出发点,提出一系列理论的,弗洛伊德是第一人。

简单地说,潜意识指被压抑的欲望、本能冲动及其替代物,主要由本能的欲望,尤其是性的本能欲望构成。与之相对应的,则是意识与前意识。意识指我们平时所能察觉到的心理活动。潜意识不断想要进入意识的领域,而前意识则起到了一个过滤器的作用。它阻止潜意识中那些不为人们所接受的观念、想法进入意识层面。由此,意识、前意识和潜意识就构成了弗洛伊德早期的人格结构。对于这三者的关系,有一个著名的比喻——意识就是水面上冰山的一角,而剩下的二者,尤其是潜意识,构成了水面以下冰山更为庞大的部分。

后来,弗洛伊德则对此稍加改进,用本我、自我、超我取代前面三个概念,成为人格的基本结构。本我与潜意识相对应,指人与生俱来的原始欲望与冲动。超我则指人格中最道德的那一部分。如果只有本我,无疑会危害社会;而如果只有超我,那么个人利益将会受到侵害。这时候就需要"自我"出面进行调解。自我指的是人格机构中有意识的结构部分,依照现实原则进行活动。它在超我的框架内寻求可能的途径让本我最大限度地得到满足。这三者之间追求的是一种动态的平衡。当自我无法处理好本我和超我之间的需求时,个体就会体验到焦虑的心理感受,并出现神经症的有关症状。

二、人面下的兽心:本能论

"人面兽心"这个成语相信大家都不陌生。除去它的隐喻不说,光从字面进行解释,也正好与弗洛伊德早期的本能论不谋而合。

弗洛伊德的"本能"指的是人的生命和生活中的基本要求、原始冲动和内驱力,是人与生俱来的一部分。具体而言,分为自我本能和性本能。自我本能指的是有助于个体自我保存的原始冲动,也就是与个体生存息息相关的基本需求。而性本能则指与性欲和种族繁衍相关的冲动。虽然同为本能,但是它们二者却有着显著的区别:性本能的实现可以延缓,而自我本能则更加迫切。当一个人感觉到饥饿而想要寻找食物时，除非得到满足，否则这种欲望是不会随着时间自行消失的。而性本能则不相同，性本能可以加以抑制，乃至进入潜意识领域，而自我本能的欲望却不能简单地从潜意识领域离开；性本能可以升华，可以通过其他目标形式得以满足，而自我本能则不行。将自我本能与性本能区分开来，使得人类的很多行为和动机在一定程度上就得到了划分和解释。人们可以客观地面对自己的各种需求，根据手头的资源分出轻重缓急加以实现。可是，如果人只有这两种本能，那么如何将人与动物区别开来？为什么人与人之间还会有杀戮？

第一次世界大战的爆发使得弗洛伊德不得不重新思考自己的本能理论。人为的血腥屠杀撕去了人类伪善的外衣。弗洛伊德重新整理了自己的理论后提出，人还有生本能和死本能。生本能代表着潜伏在人类自身生命中的一种进取性、建设性和创造性的力量，它包含了先前的自我本能和性本能，因为它们都指向于生命与种族的延续；而死本能则与生本能相对立，代表着潜伏在人类生命中的一种破坏性、攻击性、自毁性的力量。当这种力量指向外部世界时，表现为吵架甚至战争；而当其指向内部时，则表现为自责甚至自残。这种划分，使得弗洛伊德将本能论脱离了纯生物学意义的讨论而加进了一定后天和社会的因素，将自己的理论放在了更广阔的背景上。因此，本能论不再是简单意义上的"人面兽心"了。

这样的划分虽然是一个突破，但是仍然有着浓厚的生物决定论色彩，也为侵略者的野蛮行径提供了开脱的借口和理由。

三、人格发展理论

3岁的时候你在干什么——是忙着到处找糖吃还是想方设法满足自己的性欲？如果突然被问到这样一个问题，你会不会很诧异？在我们的社会中，性是一个不可言说的东西。青春期身体的自然发育都能让青少年们窘上好一阵，更不用说这个话题了。而在弗洛伊德看来，人们出生没多久就有了性欲，在不同的阶段它通过特定的区域使性欲得到满足，这一区域即为性感区。需要注意的是，弗洛伊德所说的"性"，即利比多（Libido）没有局限于生殖器的快感，同时还包括从身体的其他部位获得的满足。而这样一个不断满足的过程就构成了人格的发展。当某一阶段的性欲没有得到很好的满足或过度满足，利比多就会停留在这一阶段，以致成年后，人们仍然会经常表现出这一阶段的特征。因此，我们需要从更为广义的平台上理解人格的发展。具体而言，人格的发展分为口唇期、肛门期、性器期、潜伏期和生殖期五个阶段。

1. 口唇期（0—1.5岁）

这一时期婴儿的活动以口唇为主。这时候，婴儿通过嘴和舌的活动来使利比多得到满足，比如吮吸。如果这一阶段发展顺利，那么人们成年后的性格都倾向于乐观、活跃等积极方面；而如果在这一阶段发展受到了阻碍，那么成年后人们会更加依赖他人，而且他们会通过各种方式来弥补，比如说抽烟。

2. 肛门期（1.5—2岁）

这一时期的性感区集中在肛门。因为大多数孩子在这个时候开始学习怎样上厕所。这一时期如果家长的要求过于严格,孩子长大后容易有洁癖、强迫的表现。

3. 性器期(3—5岁)

这一时期的性感区位于生殖器。儿童在这时候发展出对父亲或母亲的爱恋之情,即男孩的恋母情结(也称俄狄浦斯情结)和女孩的恋父情结(也称奥列屈拉情结),对于父母异性一方的爱恋使得孩子想要取代同性一方来获得同等的关注与情感,一旦发现愿望无法实现,孩子又会迅速转为学习父母中同性的一方,从而发展了其对性别角色的学习,这有利于孩子的成长。

4. 潜伏期(5—12岁)

潜伏期的利比多处于休眠状态,儿童将注意力转移到了其他的事物上,学习、游戏等成为他们生活中极为重要的一环。

5. 生殖期(12—20岁)

生殖期与潜伏期统称为"后俄狄浦斯"阶段。由于青春期激素的分泌、身体的发育,利比多重新被激活。人们进行正常的恋爱,等到生理和心理都完全成熟以后,便可以建立家庭以及从事相应的社会工作。

弗洛伊德的人格发展理论为探究人格的发展过程提供了一个全新的视角,对早期经验的强调、重视行为的历史原因等都成为了他理论中的闪光点。但是他认为,人格的发展在人生的前五年就已基本完成,这样的结论不免有失偏颇。

四、梦论

古今中外,梦一直是人们热衷探寻的话题。在我们的文化中就有"周公解梦",而在每一个旷世奇才出生前,梦到青龙也是他们的母亲必做的准备之一。我们的祖先通过对梦了解现在,预知未来,听起来非常奇幻。梦在一定意义上成了百科全书,现在看来,这样的民间智慧显然是登不得大雅之堂的。而在西方,梦则受到了不同的礼遇。

弗洛伊德在对他的病人进行自由联想时发现,当分析进行到一定程度时,病人开始出现不配合,有的时候并不是他们刻意而为之,甚至他们自己对此都没有意识,弗洛伊德称之为"阻抗",是病人避免自己体验到痛苦情绪的保护手段之一。因此,这个时候就需要通过别的方式来使工作继续。而他相信,梦代表着被压抑的欲望和愿望的一种虚假的满足,因此,通过对梦的分析,我们可以获得更有价值的材料。

经过大约两年的自我分析之后,1900年,弗洛伊德的著作《梦的解析》问世。1917年,《精神分析引论》相继推出。在这两本书中,弗洛伊德构建了他关于梦的知识体系。前一本书的第一版虽然卖得甚是艰难,但是却吸引了荣格投入他的门下,也算是个安慰了。

弗洛伊德认为,我们梦到的内容只是其表面部分,称为显梦;而我们真正要探究的,是他背后隐藏的潜意识动机,也就是隐梦。当然,隐梦不会堂而皇之地出现在我们面前,它往往通过凝缩、移置、象征和润饰等方式出现。精神分析工作者要做的就是剥去显梦的层层伪装,探寻梦境要表达的真实意思,发现隐梦。不管他采用什么样的手段进行分析,也不管他从什么样的角度介入,弗洛伊德对于梦境的解释最终多以他的性本能为落脚点。比如说,梦中的房子往往代表女性的子宫,而梦见上楼梯则暗含了对性交的渴望。这样的论调显然不是每一个人都能接受的。如果说周公还有点浪漫色彩的话,那么弗洛伊德则实际得多,目标直指自身,探求欲望的满足。

五、皇帝的新衣:焦虑与心理防御机制

"焦虑"是现代人生活中并不陌生的一个词,突如其来的紧张、莫名其妙的失眠、有的甚至还伴随着消化功能的紊乱……人们想要摆脱这种状态却无从下手,最终陷入恶性循环。而早在20世纪初,弗洛伊德就已经尝试着用自己的理论来解释有关焦虑的现象,并且还由此提出了一系列的心理防御机制的理论。

弗洛伊德早期的理论认为,焦虑来源于被压抑的利比多。利比多在人体内是不断运动着的,它需要不断地被满足,一旦找不到正当的发泄途径,就会变成焦虑。如果事情真的是这个样子,那么,人类就成了自然的奴隶,除了等待利比多发号施令,人们无计可施。事实上,弗洛伊德也看到了自己理论的缺陷,于是,在1926年,他提出了第二种焦虑论,认为焦虑是作为一种信号出现的,意味着发现了危险的情况,即所谓的"焦虑—信号说"。

(一)三种焦虑

弗洛伊德早期认为,焦虑通常有三种情况:一是客观焦虑,指的是产生焦虑的原因是客观存在,做出的反应是符合常理的。比如说看到迎面而来的汽车时体验到的害怕,这是任何正常人都会产生的体验。二是神经症焦虑,在这种情况下,一味追求自己本能的满足可能会导致个体受到外界的惩罚,由此产生的情绪体验即为神经症焦虑。三是道德焦虑,指的是个体的行为与超我的标准相抵触时,所产生的罪恶感和羞耻感。比如说当某人考试时,想要作弊却又觉得这样做不道德,这种矛盾的心情就会在一定程度上给其带来焦虑,结果是更不利于其真实水平的发挥。

(二)心理防御机制

与焦虑相对应的,就是一系列的心理防御机制。简而言之,指的就是面对焦虑时,人们采取非理性的、歪曲现实的方法来减轻焦虑,类似于"皇帝的新衣"。比如说行人被当街抢劫时,有的会记住罪犯的容貌特征,马上报警,有的则立马坐到地上嚎啕大哭,引来众人驻足围观。后一种反应显然不够成熟,但是我们却能找到它存在的理由。一般来说,小孩子得不到想要的玩具时总会通过哭、闹的方式来使自己的要求得到满足。在上面提到的第二种情况中,这个人希望用这种儿童化的反应方式来找回自己的失物,而他这样做也许是无意识的。弗洛伊德称之为退行。此外,还有几种主要的防御机制:

1. 压抑

压抑指的是将意识所不能接受的欲望或使人痛苦的经验压进潜意识中。小说中经常出现的选择性失忆,往往都是主人公为了抹去过去的伤痛,重新开始生活而做出的努力。

2. 投射

投射指将自己内心不能接受的欲望、冲动归咎于他人。"疑邻偷斧"说的就是这个道理。

3. 升华

升华指将本能的欲望冲动转化到被社会所容许或赞许的对象上去。最有名的例子莫过于歌德了。早年失恋的经历让他痛不欲生,于是他决定用结束自己生命的方式来告别痛苦,但在那之前,他决定还要留下点什么,于是他开始写作。他每天不停地写、不停地写,等到他终于写完的那一天,他突然发现,心中的不快已经消失了,没必要再去死了。而这部作品,也给他带来了巨大的荣誉,这就是著名的《少年维特之烦恼》。

4. 认同

认同指个体模拟心目中偶像的行为方式和特征,以提高自身价值感的方式。2002年的韩日世界杯足球赛上,当贝克汉姆以鸡冠头的造型出现在世人面前时,他一定没有想过日后会刮起如此大的模仿飓风,有的人把自己头发修理了一番还不够,还硬逼着自己的宠物狗也时尚了一回。

弗洛伊德提出的心理防御机制还包括反向作用、合理化等。但他从未就此进行过系统的阐述,有关的思想散见于他的著作中,由他的女儿安娜·弗洛伊德整理完成。

六、社会文化论

在弗洛伊德后期的作品中,他把注意力投向了更为广阔的空间,将自己的理论运用于社会文化历史领域。这不仅进一步充实了他的理论,而且在无意中也扩大了他的理论的影响,让人们从不同的角度接触到了精神分析。听弗洛伊德分析社会文化显然是一件惊心动魄的事情,我们不知道他又会带来怎样的震撼。不过,事实证明,相对于个人的内心世界,这一次的冲击要小一些。

文明是怎样出现的?弗洛伊德认为,在原始社会中,人是弱小的,为了抵御大自然的侵害以及其他生物的威胁,人们唯有群居才能生存。而人与人之间本能的满足是相互抵触的,因此,为了共同地生活下去,人们就需要订立契约,互相做出约束。"文明只不过意指人类对自然之防御及人际关系之调整或积累而造成的结果、制度等的总和。"同时,人们为了避免只有性爱时对对方的过分依赖及其所带来的不稳定性和失望,把爱的力量分散到其他人身上。这样一种方式的"爱"使人们在更高的一种情感上连接在了一起,从而促进了文明的发展。所以,尽管文明在一定程度上限制了本能的满足,最终却成为了人们生活方式的选择。

此外,弗洛伊德还用自己的"俄狄浦斯情结"对图腾崇拜作出了解释。在原始部落中,部落首领将所有的妇女据为己有,而将他已经长大的儿子们驱逐出去。愤怒的儿子们一怒之下杀掉了父亲,事后又陷入了深深的自责,于是他们将对父亲的内疚融入到对图腾的敬畏中,希望通过对图腾的崇拜来弥补杀父的罪恶。同时,为了保证族内的长治久安,避免自己人因为女人而产生争斗,人们只能同外族人通婚,由此产生了原始部落生活的雏形。

第四节　弗洛伊德的历史地位

不论是在精神分析内部还是纵观整个心理学的发展，弗洛伊德作出的贡献与其造成的影响都是不可小觑的。尽管他的思想有偏激和不可取之处，但他促进了心理学的发展却是不争的事实。当弗洛伊德已经离我们远去，精神分析也有了它进一步发展的今天，我们有可能对弗洛伊德的精神分析作出一个相对客观的评价。

一、弗洛伊德思想对心理学发展的贡献

第一，强调无意识的重要性，拓宽了心理学研究领域。从冯特建立心理学的实验室以来，人们将注意力集中在对意识的分析与理解上，而弗洛伊德在吸收了前人智慧的基础上提出了人的心理不仅由意识组成，同时还应包括更为广阔的无意识，以此来了解人们的深层需要和动机。同时，他通过自由联想、梦的分析以及对日常生活的分析来进一步了解无意识的世界，虽然人们对其研究方法的有效性和科学性意见不一，但是，弗洛伊德这个伟大的举措让心理学家研究中的人更加完整、更加真实了。

第二，促进了其他心理学流派以及分支的发展。弗洛伊德将自己的思想积极运用于实践，从个人的发展到社会的成形，他从实际生活中提取自己的理论，同时又不忘把自己的理论放回实践，对人们困惑的问题做出指导。事实上，他的触及面如此广阔，以至于人们无法回避他而谈论心理学的发展。他的很多思想，也成了后来者灵感的源泉。作为第三思潮的人本主义心理学的代表人物马斯洛，也不得不承认弗洛伊德动力学思想对其造成的影响。而人格心理学、社会心理学、宗教心理学、变态心理学……更是渗透了他的影子。

第三，弗洛伊德重视心理治疗的思想影响了传统心理学的发展。弗洛伊德的心理学思想不是来自于课堂，而是来自于临床实践。他的理论最初是被传统的学院派所极力排斥的，但他对问题的见解却赢得了大众的欢迎。虽然也有反对声，但是，最终学院派不得不重视这个半路出家的"心理学者"，并且对于其合理的地方予以接纳。

第四，弗洛伊德的思想促进了其他人文社科领域的发展。潜意识的发现与提出，"人"作为实验对象的回归，在不同程度上刺激了当时的艺术、文学创作甚至是哲学的发展。萨尔瓦多·达利在谈及其著名的油画《记忆的永恒》时，毫不掩饰弗洛伊德对自己的影响。在他的绘画中，蚂蚁象征着紧张、焦虑和衰老，暗示着其潜意识里的恐惧、无力、不安和性焦虑。

拓展阅读 9-2

达利绘画中的潜意识符号①

提及达利的绘画，人们的脑海里总会浮现蚂蚁、面包、软表、拐杖、抽屉等形象，它们

---

① 达利艺术作品赏析在线[EB/OL].[2020-11-18]. http://www.cnkang.com/nrjk/201205/531386.html.

频繁地出现在达利的作品中,那么特别而又引人注意。达利更多地是通过这些象征他童年记忆的潜意识符号来诠释着他的梦境,在达利的作品中,每一种东西都不是它的本体,都被达利赋予了特殊的涵义。

1. 蚂蚁

当儿童时的达利从堂兄手中接管那只受伤的蝙蝠开始,蚂蚁走进达利的记忆注定是天意。对这只受伤的小蝙蝠,达利倾注了他所有的爱。但是有一天,噩梦降临在小达利身上,不知什么原因,他最爱的小蝙蝠被一大群疯狂的蚂蚁包围着,遍体鳞伤,痛得发抖,已是奄奄一息。他跳起来拿起爬满蚂蚁的蝙蝠,并发疯似的咯吱咯吱咬蝙蝠的

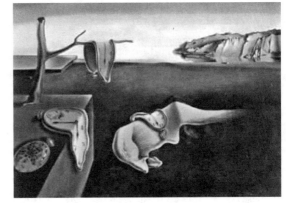

图9-3 记忆的永恒

脑袋,还把它扔进了水里。从此,蚂蚁就伴随着达利。在达利的作品中,忙碌的蚂蚁通常是紧张、焦虑和衰老的象征,暗示着达利潜意识里的恐惧、无力、不安和性焦虑。

2. 面包

正如达利在《一个天才的日记》中所说的:"我一生中,面包无止无休地紧跟着我……"面包对达利来说是另一个不可缺少的主题。在达利的眼中,外表坚硬、内部柔软的面包是性欲的象征。面包是达利喜欢描绘的对象,借助它,达利可以尽情表达他对情欲的幻想。

3. 软表

柔软的钟表是达利最广为人知的题材。达利著名的油画《记忆的永恒》、雕塑《时间的贵族气息》《时间马鞍》《时间的侧影》等都出现了仿佛是快被烈日晒化的钟表。柔软的钟表达了达利与时间的狂热关系,以及他对时间的制约性和时间对记忆固有的重要性的理解。达利经常把时间的使者——钟表描绘得软绵绵的,这种象征主义的手法只限于他所痛恨的事物。在《达利的秘密生活》一书中,他指出:"机械从来就是我个人的仇敌;至于钟表,它们注定要消亡或根本不存在。"

4. 拐杖

拐杖也是达利作品中经常出现的标志性物体。当幼年时的达利在阁楼上第一次发现那根顶端分成两岔,包着已被磨破的暗花呢绒,用来支撑在腋下走路的拐杖时,他的感受是如此的强烈:拐杖"遮住了我的一切幻影,深深地震动了我的灵魂……它那僵死的诗意沁入了我的肺腑"。"我当即拿起拐杖,并且明白,我永远再不会与它分开了,在这一瞬间我变成了一个狂热的拜物教信徒。这手杖有多么伟大!它包含了多少尊严和安宁!"拐杖传达给了达利以前所缺乏的自信和傲慢的信息,从此拐杖在达利的眼中就

成了"死亡的象征"和"复活的象征",并频频出现在其作品中。

5. 抽屉

对于抽屉,达利曾作过如下的解释,他认为有抽屉的人体与弗洛伊德精神分析的理论有关,即儿童天生对封闭的强烈好奇心驱使其打开抽屉,一是要满足探知未知物的欲望,二是排除未知物可能造成伤害的恐惧。弗洛伊德解释,抽屉代表女人潜藏的情欲。在达利的作品中,抽屉基本是在女性人体上出现,这或许正应验了弗洛伊德的解释,也表现了达利对情欲的幻想。

二、弗洛伊德思想的不足

其一,非理性主义倾向。虽然将无意识引入研究是弗洛伊德的贡献之一,但是对无意识的过分强调,甚至连意识都要让位于无意识的主张让人们停下了狂热的脚步。如果主宰我们生活的是那个我们无法触及的无意识世界,那么,生活将滑向不可知的一极,人将成为"自己"的奴隶。此外,其理论的主观色彩太过浓厚,难以进行科学验证。

其二,生物学化倾向。弗洛伊德的理论深受达尔文进化论的影响,虽然有利于他从以往理论的禁锢中挣脱出来,但是对原始本能的推崇以及对自己理论的过分自信使他走向了一意孤行的境地。他泛性论的主张成了他众多弟子离开的原因之一。当人类的一切行为都要屈从于自己的生物学本能时,生活成了毫无悬念的游戏,大自然成了一切的主宰。而这显然为人们日渐觉醒的自我意识所不能容忍。

其三,方法论上以偏概全。弗洛伊德的理论来源于对神经症患者的临床观察,他对于资料的搜集与解释曾一度受到质疑,而他将由此得出的结论运用于正常人群,甚至是人类社会的发展时,反对的呼声日益高涨。此外,他试图用生物学和物理学的理论、观点描绘人的心理世界,从新的角度再次将"人"分离出去,显然是一种倒退。

第五节　精神分析的分裂

弗洛伊德理论日渐强大的同时,也暴露了其自身存在的欠缺。1929—1933 年的世界经济危机、第二次世界大战的爆发等让很多的新问题浮出水面。此外,由于二战期间很多精神分析学家逃到美国,新环境下科技的进步、人文学科的发展让他们从不同的角度审视原有的理论,对弗洛伊德理论的分歧导致了这一学派的分裂。而阿德勒的"个体心理学"和荣格的"分析心理学"就成了从古典弗洛伊德主义向新弗洛伊德主义的过渡。

一、分裂的开始:阿德勒的"个体心理学"

阿德勒的个体心理学取自"Individual"的拉丁文原意,即"整体、不可分的"。他以一种整体的视角来对待心理学的研究对象,并部分地利用了社会学的角度加以探讨,而反对像弗洛伊德那样将其划分为几个部分,并强调性本能的观点。当然,这些分歧虽然最初就有,但真正的成形并茁壮成长还是在他们决裂以后,否则,弗洛伊德也不会容忍一个"异己"在自己的身边"潜伏"这么久。阿德勒的理论较弗洛伊德的而言,少了几分神秘,添了几分实在。

(一) 阿德勒的生平

阿尔弗雷德·阿德勒(Alfred Adler,1870—1937)1870年出生于奥地利的一个犹太人家庭,在六个孩子中排行老二,上面还有一个哥哥。阿德勒从小就得了软骨病,五岁时得肺炎,差点失去了他的生命,再加上他两次被车撞的经历,使这个原本就弱小的孩子的成长之路显得崎岖又艰险。软骨病使得阿德勒的身材受到了一定的影响,而偏偏他的哥哥玉树临风,就算有父亲的宠爱,阿德勒还是决定要靠自己的努力走出哥哥的光环带来的阴影。

图9-4 阿德勒

于是他积极发展自己的交际圈,找寻自己可以依靠的优点。很难想象,如果阿德勒生来就健健康康、甚至仪表堂堂,那么他的人生轨迹会变成什么样子?幸而历史容不得假设。几次与死神擦身而过的经历使阿德勒确定了读医的志向。

阿德勒于1888年考入维也纳大学医学院,1895年获得医学博士学位。1902年,阿德勒因发表文章捍卫弗洛伊德的观点而受到了弗洛伊德的关注,并获邀参加每周三举行的精神分析研讨会。但是因为不同意弗洛伊德对性本能的过分强调及其他因素的影响,1911年,他中止了与弗洛伊德的事务性联系,并和其他几个人一起成立了自由精神分析研究会,几年后改名为个体心理学会。

阿德勒在中止了与弗洛伊德的往来后,自己的事业并未受到过多的影响。相反,他创建了自己的杂志,把自己的理论积极运用于实践。他在中学开办的儿童指导诊所和针对非专业人士举办的一系列讲座为他赢得了巨大的声誉并进一步扩大了影响。1937年,他在欧洲讲学时由于过度劳累,心脏病突发而辞世,享年67岁。

(二) 阿德勒的理论

身体的羸弱带给阿德勒的却是内心的强大,虽然这两者之间没有必然的因果关系。阿德勒理论的发展过程其实就是他本人生活经历、思想成熟历程的真实写照。

1. 追求优越

阿德勒这一思想受到了尼采的"权力意志"的启发。尼采的这个概念有渴望统治、权力和不断创新表现和充实自己的一面。但阿德勒的理论显得更为温和,他加入了社会的因素。认为人人都追求一种更为完全和完整的发展、成就、满足和自我实现,而这样一种为实现优越而进行的奋斗,不仅在个人层面上进行着,在一切文化的历史上也有同样的轨迹。

2. 自卑与补偿

是什么推进了人的成长？弗洛伊德认为是利比多的不断满足，而阿德勒认为是我们对于自卑感的补偿。阿德勒指出，人一出生就有一种自卑感。对于儿童而言，身材的矮小就是他们面对成人时体验到的自卑之一，为了克服这种自卑，我们需要为此做出抗争，而这种抗争，就叫做追求优越。正如幼年的阿德勒为了弥补自己身体的缺陷而努力在游戏中寻找自身的闪光点一样。当人们认识到自身的不足而体验到一种自卑时，会给自己设定一个目标以弥补这一缺陷。自卑的范围不局限于身体方面：技能的缺失、人与人之间的交往能力……都是人们关注的对象。因此，在实现一个目标后，人们总能发现另一个不足，从而开始新一轮的努力。就是在这样不断的实现与超越的过程中，人成长了。这样的观点加入了人的主观能动性，不仅在当时有很大的吸引力，就是现在也同样能唤起人们的共鸣。不过这样的理论也不具备绝对的普遍性，要不然我们的文学上也不会有"阿Q"这样生动的人物了。

3. 生活风格

既然人们有追求优越的渴望，那么，人们通过什么样的方式来实现自己的目标呢？条条道路通罗马。每个人都发展了他所特有的反应形式——这也就是他自己的生活风格。生活风格指向的是一系列的行为方式，人们由此去补偿他真实的或想象中的自卑。生活风格的形成最早可以追溯到个体的早期经历，在这一点上，他与弗洛伊德是一致的。由此，他提出了解个体生活风格的三个方面：

第一，出生顺序。阿德勒认为，如果一个家庭中有几个孩子，那么，头一个孩子更容易成为"问题儿童、神经病患者、罪犯、酒鬼和性反常者"，因为第一个孩子在刚出生时，总会受到父母前所未有的关注，而由于缺少经验，这种关注极易变成一种溺爱。当他的弟弟妹妹相继来到世界上时，他身上的爱会被转移，甚至还要担负起与父母一起照看弟弟妹妹的责任，这样一种角色的转变和落差会给头生儿带来强大的冲击，从而带来更大的自卑。而成功者往往是家中的老二，因为他不仅不会被娇惯——还有后面的弟弟妹妹要被宠爱，而且打一出生就有要超越的目标。显然，他这一观点的提出显然有太浓的个人色彩。

第二，早期的回忆。阿德勒提出，生活风格最初是每一个儿童用以对付困境的方法和策略，在生活中不断加以总结、归纳和概括，逐渐固定下来。因此，人们对于童年的记忆很大程度上影响了他们现在的行为。又由于人们的记忆具有主观的选择性，因此，对于人们早期记忆的了解，可以发现他们的兴趣所在，从而了解人们的生活兴趣和理想。

第三，个体对梦的解释。"日有所思，夜有所梦。"阿德勒认为，梦境是个体生活风格的一种表现方式，个体在梦中对问题持有的态度与其清醒时采取的态度具有一致性。而个体自身对其梦境的解释也带有极其浓重的生活风格色彩，因此，个体的梦以及他对此作出的解释就为我们提供了了解其生活风格的两条途径。

4. 社会兴趣

社会兴趣是人具有的一种为他人、为社会的先天思想准备和自然倾向，表现为了为社会进步而与他人合作。作为人类社会的一员，人对社会和世界的事业负有责任。第一次世界大战期间，阿德勒作为军医在奥地利军队服务，这一段随军的经历带给他很深的触动，他通过对比,得出结论——神经症患者更多地关注自身利益,其追求的优越目标带有很强的个人主义色彩;而健康的人有较强的社会兴趣,他追求优越的目标往往还包括了社会的福祉——"先天下之忧而忧,后天下之乐而乐"。阿德勒认为,职业的选择、人的社会活动以及爱情和婚姻是人们在生活中必然会遇到的三个问题,这些问题的解决情况就代表了人的社会兴趣发展的程度。

阿德勒是精神分析学派第一个因与弗洛伊德产生分歧而另立门户的人,其整体论的研究范式、社会科学取向以及对人自身能动性的强调让人们在还原论的瓦砾中重新找回了自己,也为心理学的进一步发展提供了可能。事实上,他的思想也成了随后众多心理学家获得灵感的来源。但是,他对问题的分析还不够深入,理论也存在一定的个人色彩,不够全面。种种局限使他的理论注定了只是从古典精神分析到新精神分析的一种过渡,而非新的发展趋势。

二、"王储"的出走:荣格的"分析心理学"

荣格是弗洛伊德最得意的弟子之一,被称为"王储",也就是说,不出意外的话,等到弗洛伊德告老还乡的那一天,将由荣格接替他的位子,主持精神分析运动。但荣格不是弗洛伊德思想的傀儡,他一直有着自己不同的见解,只是出于对弗洛伊德的尊敬和对分歧的包容而没有表达出来。当他觉得已经没有办法再妥协下去的时候,争端爆发了。正如两条偶然相交的直线,虽然有着相同的目标,也有过共同的交集,但最终,他们长达七年的友谊以破裂而告终。

(一)荣格的生平

卡尔·古斯塔夫·荣格(Carl Gustay Jung, 1875—1961)1875年出生于瑞士康斯塔丁湖畔的一个小镇。父

图9-5 1910年的荣格

亲是一位牧师,母亲笃信宗教,常给他讲些神秘的故事。荣格从小就经常跟着大人们出席当地人的葬礼,恐怖的仪式和浓郁的宗教氛围带给荣格的收获之一就是噩梦不断。此外,荣格九岁之前是家中唯一的孩子,由于父母关系紧张,他也没人说话,于是就为自己雕了一个小木偶,作为倾诉的对象。荣格孤僻而又内向的性格有一部分就发源于此。据荣格自己说,他从小就有宗教体验,这些外人不能理解的经验深深地扎根在他的记忆里。我们从他的理论中也可以看出这些痕迹。

1900年,毕业于巴塞尔大学的荣格成了苏黎世大学伯格尔私立精神病院的助理医生。对唯灵论的兴趣和多次神秘现象的体验促使他在1902年完成了博士论文《论所谓神秘现象的心理学和病理学》。同年,他赶往巴黎,师从皮埃尔·让内。1904年,荣格和他的同事们开始通过字词联想试验来研究人,并由此提出"情结"理论。1906年,在反复阅读了弗洛伊

德的《梦的解析》后,荣格开始与弗洛伊德通信,并由此拉开了他们伟大友情的序幕。虽然在弗洛伊德的这部著作中,荣格找到了英雄所见略同的感觉,但是,荣格却对泛性论的观点有所不满,在他看来,利比多代表的是一般的心理能量,而性欲只是其中的一部分。学术上的分歧为他们的友谊埋下了隐患。终于在1914年,他辞去了国际精神分析学会的主席职务。友情的破裂给荣格的内心带来了巨大的创击,此后的六年,他辞去了工作,开始了对自己进行漫长的分析。幸运的是,荣格的学术生涯没有因此而划上句号。他开始尝试提出自己的心理理论,并开始了游历,在创建分析心理学的同时,提出了许多颇有建树的观点。接下来,就让我们试着走进荣格的分析心理学世界。

(二)荣格的理论

1. 字词联想和情结理论

字词联想最初是由英国的弗朗西斯·高尔顿发明的。1904年,荣格和他的同事们开始利用它对人类的心理进行研究。在这个试验中,主试每念一个词,即要求被试用头脑中出现的第一个联想的词对此作出反应,并记下反应时间。第一次呈现结束后,马上重复呈现一次,对比两次反应所得的结果。理论上说,对于所有的词,被试的反应都应该相同,但实际上,却出现了反应时间延长、回忆错误和回忆重复。荣格称之为"情结指示词"。比如说,对于苹果、香蕉和西瓜,理论上说,被试对于这三个名词的反应时间都是一样的,但如果正巧碰上被试有一段由一个苹果引发的浪漫故事,而结局充满遗憾,于是被试会努力抹掉这段回忆。那么,在试验过程中,他对这个词的反应时间就会延长,主试也就可以由此作出判断。

荣格认为,情结是一些相互联系的潜意识内容的群集,带有强烈的情绪和情感色彩,是每个人都有的心理现象。虽说情结是潜意识的,对人的思想和行为却有着很大的影响,并足以改变人的意识活动。它主要来源于人们童年期的心理创伤和与本性不和谐的道德冲突。

2. 人格结构理论

荣格对于人格结构的理解,是从整体的角度加以把握的,因此,也有人将他的人格结构理论称为人格整体论。从1919年起,荣格开始了他的游历。对不同国家文化的接触和对原始部落的考察,让他发现西方人的潜意识心理与原始人的神话和崇拜的心理表现有着惊人的相似。由此他开始提出人格结构理论。

荣格将人格分为意识、个体潜意识和集体潜意识三个部分。而心理治疗的目的,就是使人格得到发展。意识指的是能被自我感受到的任何心理活动。这一点上,荣格与弗洛伊德的看法趋于一致。

而个体潜意识指的是潜意识的表层,它包含了一切被遗忘了的记忆、直觉和被压抑的经验。它带有很强的个人色彩,虽然属于潜意识,但是经过努力,部分个体潜意识可以进入意识层面而被主体认识到。在个体潜意识中,一组一组的心理内容集结成簇,便形成了情结。在他看来,情结是了解一个人潜意识重要途径之一。早期的荣格认为情结起源于个体的童年经验,但后来,他对自己的理论进行了修正,认为它也可以部分地来自集体潜意识。

所谓集体潜意识,指的是在人类历史演化过程中世代积累的人类祖先的经验,是人类据以作出特定反应的先天遗传倾向。潜意识主要由本能和原型构成。在这里,本能指的是一种典型的行为模式;而原型,指的是一种本原的模型,其他各种存在都是根据这个模型而成形。本能和原型相互依存,本能是原型的基础,而原型则是本能的潜意识意向。比较典型的原型有以下几种:

人格面具(persona),即我们在公众场合根据要求表现出来的、与我们自身的实际想法相违背的一面。人们通过这种方式来获得他人对自己的认可。

阿尼玛(anima)和阿尼姆斯(animus),在古老的西方神话中,人是雌雄同体的,因而力量很强大。上帝因为畏惧任由人类这样发展下去,早晚有一天会危及到自己的地位,于是将人分成了两半,散落在世界上。因此,人出生后都要寻找自己的另一半,以期获得完全的发展。在荣格看来,人天生就具备了异性的一些基本特质,比如说男性偶尔表现出的阴柔和女性身上所具有的刚强。这种男性身上具备的女性基本特质被称为阿尼玛,而女性身上蕴含的男性基本特征则被称作阿尼姆斯。人们通过这种先天的原型来了解异性。而人们所要寻找的另一半,也就是符合他们原型的人。当然,现在也有人指出,对异性的原型并不是先天的,而是在后天的经验中逐渐形成的。正所谓"你嫁你的爹地,我娶我的妈咪",也就是说,男生倾向于选择与自己的母亲有相似之处、而女生则偏爱于与自己的父亲有相同之处的异性作为生活伴侣。

阴影(shadow),暗指人格中的阴暗面,即代表着人身上恶的一面。阴影有一部分存在于人的个体潜意识中,而剩下的部分则存在于集体潜意识里。荣格主张,一个调节得很好的人,能够把善和恶融合进自己的整体中。

3. 人格动力论

人格是以什么为动力进而发展的呢?弗洛伊德认为是利比多,即性欲的满足。而荣格也同样沿用了"利比多"这个名词,但是他所谓的利比多,指的是一种普遍的生命力,几乎可以认为是包含了所有的动机,而性只是其中的一部分。为了避免误解,后来荣格干脆将利比多改名为心理能(psychic energy)。

心理能的发展主要遵循两个原则,即等量原则和熵原则。前者有点类似于物理学中的"物质不灭,能量守恒",即在某种活动中消耗掉的能量,将会在其他方面展示出来,就像物体在降落的过程中,势能会转化为动能一样,心理能量不会消失,只会被取代;后者是指心理能量不会总是集中在某一方面,当两种心理能量之间的差异过大时,人自身会进行一定调试,使各方面的心理能量趋于平衡,从而避免紧张感的产生。

4. 人格类型学说

荣格从两个维度对人格的类型进行了区分。根据心理能量的指向,可以分为外向型和内向型;而依据人们与世界联系方式的不同,则可以分为感觉、情感、直觉和思维四种类型。两个维度上的成分排列组合之后,就得到了荣格的八种性格类型:外倾感觉型、外倾情感型、外倾直觉型、外倾思维型、内倾感觉型、内倾情感型、内倾直觉型和内倾思维性。虽然从理论上说,只有八种类型,但是在运用到实践中时,事情却远非如此简单,有的人在不同的时候表现出相异的类型。事实上,荣格也认识到了这一点。但就他考虑问题的角度而言,确实是心理学研究工作上迈出的重要一步,此后,人格逐渐成为人们关注的热点。

荣格的理论进一步拓宽了心理学的研究领域,他对心理现象进行跨文化研究的方式甚至影响了晚年的弗洛伊德;他将字词联想法引进了心理学的研究,虽然后人对其进行了改良,但他的作用功不可没。但同时,他的理论有浓厚的神秘主义色彩,将一切无法解释的现象归结于集体潜意识;他强调潜意识,却无法提供更多科学、系统的手段对他的假说加以验证,这些都成了他学说中致命的软肋。

本章小结

1. 潜意识指被压抑的欲望、本能冲动及其替代物,主要由本能的欲望,尤其是性本能欲望构成。意识、前意识和潜意识三个部分构成了弗洛伊德早期的人格结构模型。

2. 本我指人与生俱来的原始欲望与冲动;超我则指人格中最道德的那一部分;自我指的则是有意识的结构部分,依照现实原则进行活动。

3. "本能"指的是人的生命和生活中的基本要求、原始冲动和内驱力,是人与生俱来的一部分。分为自我本能和性本能。自我本能指的是有助于个体自我保存的原始性冲动,而性本能则指与性欲和种族繁衍相关的冲动。

4. 人有生的本能和死的本能。生的本能代表着潜伏在人类自身生命中的一种进取性、建设性和创造性的力量,它包含了先前的自我本能和性本能;而死本能则与生本能相对立,代表着潜伏在人类生命中的一种破坏性、攻击性、自毁性的力量。当这种力量指向外部世界时,表现为吵架甚至战争,而当其指向内部时,则表现为自责甚至自残。

5. 焦虑是作为一种信号出现的,意味着发现了危险的情况,即所谓的焦虑—信号说。

6. 人出生就有一种自卑感,为了克服这种自卑,我们需要为此做出抗争,而这种抗争,就叫做追求优越。

7. 社会兴趣是人具有的一种为他人、为社会的先天思想准备和自然倾向,表现为为了社会进步而与他人合作。

8. 个体潜意识指的是潜意识的表层,它包含了一切被遗忘了的记忆、直觉和被压抑的经验。它带有很强的个人色彩,虽然属于潜意识,但是经过努力,部分个体潜意识可以进入意识层面而被主体认识到。在个体潜意识中,一组一组的心理内容集结成簇,便形成了情结。

复习与思考

一、名词解释

1. 利比多 2. 心理防御机制 3. 集体潜意识 4. 生活风格

二、问答题

1. 请用弗洛伊德的理论简要描述人格的发展过程。
2. 弗洛伊德如何解释社会的发展,你对此有何看法?

3. 请对弗洛伊德的理论作出简要评价。
4. 集体潜意识能否影响我们的生活？
5. 尝试套用荣格的理论对自己作一个描述。

三、论述题

为什么说精神分析的出现是历史的必然？

第十章　精神分析的发展

🏛 本章导读

本章以精神分析的演变和发展为线索,着重介绍自我心理学和社会文化学派的精神分析思想。第一节以时间为线索,对弗洛伊德之后精神分析的演变进行了梳理,对自我心理学、客体关系学派、自体心理学、社会文化学派、存在精神分析和结构主义精神分析等理论分支给予概括性的介绍。第二节在简介自我心理学的产生及演变过程之后,重点阐述自我心理学各个代表人物的思想,其中以哈特曼和埃里克森的自我心理学思想为分析讨论的重点。第三节首先探讨了社会文化学派产生的根源,然后阐述霍妮、沙利文、卡丁纳和弗洛姆等代表人物的思想,并对前两人给予较详细的介绍。第四节分别从临床心理治疗、跨学科研究和社会问题研究等三个方面,概括和分析了精神分析当前的研究现状。

📍 学习目标

1. 了解精神分析的发展演变历程,掌握其发展线索和各个理论分支的基本内容。
2. 理解自我心理学的产生过程和主要发展阶段,掌握安娜·弗洛伊德的发展线概念、哈特曼的自我观和埃里克森的人格发展理论。
3. 理解安娜·弗洛伊德、哈特曼和埃里克森等人在自我心理学的创立和发展中各自所起的作用。
4. 理解社会文化学派产生的社会历史条件及其对古典精神分析学派的修正,掌握霍妮、沙利文、弗洛姆和卡丁纳等人的代表性思想。
5. 能够举例说明精神分析当前的研究和发展现状。

回顾精神分析的历史,它既像一幅波澜壮阔的历史画卷,又像一出人物众多、故事曲折的多幕话剧,演绎着忠诚和背叛、分裂与整合的相似主题。这出话剧的主角就是智慧且威严的精神分析学的"大家长"弗洛伊德,其配角则是睿智和创造性丝毫也不逊色的安娜·弗洛伊德、哈特曼和霍妮等精神分析的后继者。上一章已向我们展示了古典精神分析的全貌,并开启了精神分析分裂的序曲,即阿德勒和荣格分别自立门户,建立了个体心理学和分析心理学。本章将进一步跟踪历史的脚步,揭示精神分析发展和演变的历程。

第一节　精神分析的演变

一、精神分析的早期分支

精神分析正式建立之后,除了弗洛伊德本人不断对其加以修正之外,还屡遭其弟子们的背叛和挑战。由于在利比多的性质、自我的功能和潜意识的内涵等基本观点上的分歧,阿德勒和荣格分别于 1911 年和 1914 年建立了自己的个体心理学和分析心理学,开启了精神分析运动史上的分裂之途。然而,分裂并不代表抛弃或完全推翻弗洛伊德的精神分析体系,他们的工作更多的是在坚持潜意识这一基本前提的基础上,对弗洛伊德的理论进行扩展和修正。在 20 世纪上半叶,精神分析内部出现了众多的理论分支,与弗洛伊德的古典精神分析关系较为密切的是自我心理学、客体关系学派和自体心理学,与之较为疏远的是社会文化学派、存在精神分析和结构主义精神分析。前者形成精神分析的内部发展线索,后者体现了精神分析与社会学、人类学、哲学和语言学等学科的融合(如表 10-1 所示)。

表 10-1 精神分析的主要理论分支

理论分支	创立时间	代表人物	核心观念
个体心理学	1911 年	阿德勒	追求优越、生活风格
分析心理学	1914 年	荣格	集体潜意识、人格类型
自我心理学	1939 年	安娜 哈特曼 埃里克森	发展线 自我的自主性 自我同一性
客体关系学派	20 世纪 30—40 年代	克莱因 费尔贝恩 温尼克特 克恩伯格	内部客体、心态 客体利比多、内心结构 过渡客体 整合性客体关系
社会文化学派	20 世纪 40 年代初	霍妮 沙利文 弗洛姆 卡丁纳	文化神经症 人际关系 社会潜意识 文化与人格的交互作用
存在精神分析	20 世纪 30—40 年代	宾斯万格 鲍斯 弗兰克尔 罗洛·梅等	存在分析 人的存在性 意义治疗 焦虑的意义
结构主义精神分析	20 世纪 50—60 年代	拉康	想象界、象征界、实在界
自体心理学	20 世纪 70 年代初	科赫特	自恋利比多、自体客体

传统精神分析学的一个重要分支是自我心理学,它由本能研究转向自我研究,强调自我机能具有自主性。海因茨·哈特曼的创造性工作《自我心理学与适应问题》(1939)对这一运动的产生起了极大的推动作用。在哈特曼的著作发表之后,出现了大量研究来审视弗洛伊德的古典驱力理论与自我的关系。这一学派的代表人物有安娜·弗洛伊德、哈特曼和埃里克森等人。

大约和自我心理学同一时期,客体关系理论在英国发展起来,它是 20 世纪 40 年代在英国形成的一个独特的精神分析理论分支,以弗洛伊德对"本能的对象"的论述为基础,把客体关系(object relation)特别是早期的亲子关系置于理论和临床的视野中心,重视关系,轻视驱力,贬低或否认本我的作用,重视自我的统合功能。客体关系理论最初由克莱因(M. Klein)

创立,英国的费尔贝恩(W. R. D. Fairbairn)、温尼克特(D. W. Winnicott)、冈特里普(H. Guntrip)和鲍尔比(J. Bowlby)等人发展了该理论。到20世纪60年代,英国的客体关系理论通过南美洲传播到北美地区,又出现了以美国的克恩伯格(O. Kernberg)为代表的客体关系理论,并与美国的精神分析自我心理学由对立逐渐走向融合,对自我的重视是二者相互融合的基础。

20世纪30年代,由于德国法西斯疯狂残害犹太人,迫使一大批精神分析学家先后移居美国,其中有霍妮和弗洛姆。他们在新的历史条件下,植根于美国的土壤之上,结合文化人类学的研究,形成了精神分析的社会文化学派。社会文化学派继承了弗洛伊德的潜意识动机和人格的动力学观点,但强调社会文化因素对人格形成和发展的影响,旗帜鲜明地反对弗洛伊德的本能决定论和性驱力理论。其代表人物还有在美国本土成长起来的沙利文和卡丁纳。

存在精神分析也产生于20世纪30年代,是存在主义哲学与精神分析相结合的产物。20世纪30年代的欧洲,由于第一次世界大战的战争创伤和随后的经济危机,引发许多社会问题,人们普遍感到人生的沮丧和生活的渺茫,心理疾病患者明显增多,但其病因却明显与弗洛伊德所处时代的病因不同。关于人生目的和生活的意义正是存在主义哲学所探讨的问题。因而一批具有存在哲学倾向的精神分析学家试图把弗洛伊德的精神分析学与当时流行的存在主义哲学结合起来,从而开创了欧洲的存在精神分析学运动。存在精神分析的发展可分为两个时期:早期主要在欧洲发展,代表人物是瑞士的宾斯万格(L. Binswanger)和鲍斯(M. Boss)以及奥地利的弗兰克尔(V. E. Frankl)等人;20世纪50—60年代又在美国和英国兴盛起来,主要代表是美国的罗洛·梅(Rollo. May)、布根塔尔(J. Bugental)和英国的莱因(R. D. Laing)等人。

宾斯万格和鲍斯的存在分析观点基本一致,都认为人的存在是在世界中的存在,即在世之在,是一个人的整体、此时此刻的存在。人存在于三个领域:周围世界、共同世界和自我世界,人的存在的动力是自由选择,发展则是选择的结果。弗兰克尔是意义治疗学的创始人,其理论基础包括相互联系的三个方面,即意志自由、意义的意志和生活的意义。他认为神经症患者是在生活中迷失了方向,丧失了生存意义的人。人要摆脱困境就必须超越其存在,追求存在的意义,意义治疗就是帮助病人找回他的特殊意义。罗洛·梅是倡导自由选择的存在分析学家,同时也是一个具有存在主义倾向的人本主义心理学家。受存在主义哲学探索人生意义的启发,他努力去发现人存在的真谛,探索存在的意义。他提出存在分析心理治疗,认为心理治疗的核心过程是帮助病人认识体验自觉的存在,帮助病人恢复自由选择能力,使病人能够正确地认识和肯定自我。莱因把传统的精神分析学和存在主义哲学结合起来,创立了存在精神病学。他提出要将精神病患者的特殊经验置于"在他世界中的存在"的前后关系之中来理解,并进一步考察了精神分裂性个体的内部自身世界和外部关系世界,扩大和加深了传统精神分析学基本概念的内涵。

二、精神分析的后期发展

精神分析在整个心理学历史中的地位时有起伏,但其发展的脚步却从未停止。在20世纪中期之后，除了上述学术分支仍在活跃之外，新的理论形式不断涌现，科赫特的自体心理学和拉康创立的结构主义精神分析学就是20世纪后期影响较大的新的分支学派。

自体心理学(Self Psychology)诞生于20世纪70年代，由美籍奥地利裔精神分析学家海因兹·科赫特(HeinzKohut，1913—1981)创建。科赫特改造了传统精神分析中本我、自我和超我的人格结构模式，提出了新的心理病理观和治疗观。科赫特强调核心自我(nuclear self)，认为核心自我是成为独立个体的基础。核心自我是从婴儿和环境中的所谓自体客体(self-object)之间的关系中发展起来的，由于自体客体都是在个体的生命中扮演重要角色的人，因而个体相信他们是其自我的组成部分。母亲就是婴儿最初的自体客体。

图10-1　科赫特

科赫特认为，本我中有两种不同性质的利比多，即对象利比多(object libido)和自恋利比多(narcissisticlibido)，两者的发展相互平行、相互独立。弗洛伊德的古典精神分析可以解释对象利比多的发展变化及结构性神经症(structural neurosis)，自体心理学则可以解释自恋利比多的发展变化及自恋性神经症(narcissisticneurosis)，两者各有其适用领域。通过对自恋性人格障碍患者的研究和治疗，科赫特认为自恋与自体障碍意味着人格的真正中心结构是有缺陷的。也就是说，他认为是自体结构的缺陷(deficit)而非"本我—自我—超我"的冲突(conflict)导致了许多人患病。

弗洛伊德把自恋看作是病理性的而且是不能分析治疗的，科赫特则认为，通过自体心理学特定的治疗方法和目标，自恋人格障碍和自恋行为障碍均可以治疗。传统精神分析治疗的实质在于扩展意识的范围(使潜意识中的本能冲突显现于意识之中)，提高自我的功能，而自体心理学的治疗目的在于弥补自体结构中的缺陷，其实质是使病人有缺陷的自体，能够继续因早期自体客体的创伤性失败而受阻的发展过程，理解和解释是其"基本的治疗单元"。

科赫特的自体心理学是精神分析的一种新范式，它不仅扬弃了传统的精神分析的驱力模式，而且对自我心理学和客体关系理论均有超越，它发展出治疗自恋障碍的精神分析方法，从而拓展了精神分析的治疗范围，此外，它对人性的看法也较传统精神分析更加积极和理性。

结构主义精神分析学的创始人是拉康(JacquesLacan，1901—1981)。拉康以结构主义哲学和结构主义语言学为哲学基础和方法论工具，对弗洛伊德的精神分析进行了解读和重建。首先，他提出"回归弗洛伊德"的口号，力图重新唤起人们对潜意识的重视，并借助语言学研究发现了潜意识——语言——梦之间活动规律的相似性。其次，他提出了一种新的主体论，用实在界、想象界和象征界这三种心理成分代替弗洛伊德的本我、自我和超我。最后，他在传统的精神分析治疗观的基础上形成了独特的治疗理论，将语言的重要性提高到了前所未有的地步，认为精神分析治疗是一种话语治疗；治疗的目标就是揭示病人话语中流露出来的潜意识欲望；对于解释和移情的作用提出新的看法；将精神分析机械而固定的治疗时间变成更为弹性的时间。拉康的结构主义精神分析学不仅对弗洛伊德的精神分析有所发展和创新，同时也是后现代精神分析的重要内容，其理论和思想对心理学之外的哲学、人类学、精神病学和文学评论等都产生了深远的影响。

第二节　自我心理学的建立与发展

精神分析的自我心理学代表着正统的精神分析运动的新发展,在国际精神分析学界处于领导地位。弗洛伊德理论体系所蕴含的自我心理学思想,经安娜的过渡,最终由哈特曼确立了自我心理学体系。二战之后,自我心理学的重心转移到美国,并由埃里克森将其发展到顶峰。

一、自我心理学的建立

(一) 弗洛伊德与自我心理学的奠基

自我心理学思想孕育于弗洛伊德的理论之中。弗洛伊德的古典精神分析理论大致可以划分为创伤范式、驱力范式和自我范式三个发展时期。精神分析运动的最初十年是创伤范式时期。弗洛伊德认为神经症主要源自童年的性创伤,并提出"防御"的概念。大约从1897年开始,弗洛伊德放弃创伤范式而转向驱力范式,开始强调潜意识中的本能驱力特别是性本能的作用,用利比多能量解释人的一切心理活动,他把自我也看成是一种本能。大约从1914年开始,弗洛伊德进入"自我心理学"时期。1923年,他出版《自我与本我》一书,提出本我、自我和超我的一般人格结构理论。这标志着他的理论从驱力范式转向自我范式,也标志着他的自我心理学思想的重大发展。

然而,弗洛伊德的理论仅为自我心理学勾划了一个初步的轮廓,指出了一个继续发展的方向。古典精神分析的核心依然是本我和潜意识的本能动力学。

(二) 安娜与自我心理学的合法化

弗洛伊德的自我心理学思想为其女儿安娜直接继承。安娜把精神分析的重点由本能冲突的分析转移到对自我的分析,把自我的功能由单纯的防御转移到对环境的适应方面,自此,自我成为精神分析的一个合法的研究对象,自我心理学亦在精神分析运动中获得了合法地位。此外,安娜还把精神分析治疗从成人扩展到儿童,为儿童精神分析学的创立作出了重大贡献。

安娜还进一步系统总结和扩展了弗洛伊德对自我防御机制的研究。她于1936年出版的《自我与防御机制》一书,强调自我的作用并对防御机制进行了总结。她归纳出其父亲提出的十种防御机制,又补充了她自己提出的五种。但她仍把主要注意力放在否认、自我约束、对攻击者的认同、禁欲作用和利他主义机制上。对这些防御机制她都进行了明确的阐述。安娜并不像弗洛伊德那样,视防御为理解潜意识的障碍,相反,她认为防御具有独特的适应意义。在满足生物需求和适应社会环境的过程中,人们都会产生防御行为,这是正常的和必不可少的。安娜关于防御机制的研究对自我心理学的发展具有重要意义。因为尽管自我的功能很多,但其防御功能却是主要的。它们直接和自我的强度、性质紧密相关,具有重大的临床意义。自我发展总离不开防御机制的发展,通过防御机制的活动可以看到自我的影子。

安娜继承和发展了弗洛伊德的自我心理学思想,对自我心理学的建立作出了重要的贡献。但是她并没有真正解决弗洛伊德思想中始终存在的自我的两种机能的不协调,即狭义的防御(与本能冲突中产生的)与广义的适应(与环境相互作用中产生的)矛盾。她仍在自我与本我的冲突与防御中来研究自我,并未使自我从本我中独立出来,所以安娜仅仅是发展弗洛伊德的自我心理学思想的一位过渡人物,而自我心理学的真正建立则是由哈特曼完成的。

拓展阅读 10-1

安娜与精神分析①

安娜·弗洛伊德(Anna Freud,1895—1982)生于1895年12月3日,同年,布洛伊尔和弗洛伊德合著的《歇斯底里研究》一书出版,这标志着精神分析学的建立。

安娜认为,她和精神分析学是一对从一出生就争着引起她们父亲注意的双胞胎。当安娜还是一个小孩时,就开始对父亲描述自己的梦,而且其中的几个梦被写进了弗洛伊德的《梦的解析》。其实,安娜小时候并不受父亲重视,她曾经在与朋友的信函中提到:"当时如果有避孕药,我是不会来到这个世界的。"但就是这样一个柔弱的小女子,并未令弗洛伊德失望,成为了六个兄弟姐妹中唯一继承他衣钵的人。

恋父情结是指女孩子对父亲的爱慕,这是弗洛伊德的著名论断。在弗洛伊德的六个孩子中,小女儿安娜始终珍藏着对父亲的崇拜与依恋。虽然弗洛伊德没有向他的孩子们灌输自己的精神分析理论,但是安娜自幼对精神分析学就产生了浓厚的兴趣。不知道

图 10-2　安娜与父亲

是因为年轻人的热情与梦想,还是因为对父亲的那种深深的依恋,高中一毕业,安娜便义无反顾地展开了对精神分析的热切追求。她经常出席父亲的演讲会,为他做记录,逐渐成为父亲的得力助手。为了照顾晚年患病的父亲,为了将父亲的事业发扬光大,她甚至终生未婚。安娜·弗洛伊德为心理学作出的贡献早已载入史册,尽管她未曾受过正规的学校教育,却最终成为运用精神分析方法研究儿童发展的创始人之一,并被后人评为"20世纪100位最杰出的心理学家"之一。

---

① 熊哲宏.西方心理学大师的故事[M].桂林:广西师范大学出版社,2006:181.

(三) 哈特曼与自我心理学的建立

如果说安娜使自我成为精神分析的一个合法的重点研究对象,那么哈特曼的工作就是使自我真正脱离本我而成为独立的结构。他为自我划定了独立的领域——"无冲突的自我领域",认为自我与本我均来自遗传,都是从"未分化的基质"中产生的,是同时存在的心理机能,具有自己独立的能量。自我具有自主性,其根本机能是适应。自我试图在心理机制内部维持人和环境之间的平衡。适应概念的提出使自我走出了与本我和超我的冲突,转向了人与外部环境的交互作用。

海因茨·哈特曼(Heinz Hartmann,1894—1970)出生于德国,早期主修医学,获得医学博士学位后,在维也纳跟随安娜学习精神分析。第二次世界大战爆发后他移居美国,主办《儿童精神分析研究》杂志,致力于创立精神分析的自我心理学。1939年,哈特曼将自己在维也纳精神分析学会上所作的演讲概括而成《自我心理学与适应问题》一书,此书被誉为自我心理学发展的第二块里程碑,可以与弗洛伊德的《自我与本我》(1923)相提并论。哈特曼是第二次世界大战后自我心理学最著名的理论家,被尊称为"自我心理学之父",发表了一系列有关自我心理学的论文。1964年出版《自我心理学文集》。

图10-3 哈特曼

1. 没有冲突的自我领域

哈特曼指出,古典精神分析的最大弊病就是忽视了没有冲突的心理学领域,把冲突作为自己唯一的研究任务。在他看来,自我并不一定要在与本我和超我的冲突中成长,就个体而言,它能够在经验上存在于心理冲突之外的过程。诸如知觉、思维、记忆、语言、创造力的发展乃至各种动作的成熟和学习等自我的适应机能,并不是自我与本我驱力相互作用的产物,它们是在没有冲突的领域里发展着。所谓没有冲突的自我领域(theconflict-freeegosphere),并非指空间的"领域",而是指"一套心理机能,这些机能在既定时间内在心理冲突的范围之外发挥作用"。哈特曼的整个自我心理学体系都是围绕着没有冲突的自我领域展开的。

2. 自我的起源及其自主性的发展

在弗洛伊德的理论体系中,本我的出现不论是在生物学上还是在心理学上,都比自我的出现要早;自我是从本我中发展出来的,并服务于本我。但在哈特曼看来,自我与本我是两种同时存在的心理机能,自我独立于本能冲动,但又是与它同时发生发展的。他认为,自我与本我都是从同一种先天的生物学的禀赋——"未分化的基质(the undifferentiated matrix)"中分化出来的。在这种未分化的基质中,一部分生物学禀赋演化为本我的本能驱力,另一部分生物学禀赋演变为先天的自我的自主性装备(the apparatuses of ego autonomy)。自我与本我一样都是先天遗传的,都是分化的产物。在起源上区别本我与自我,有利于我们认识自我的主动性,揭示人类区别于动物的特点。

自我在起源问题上摆脱了本我,也就具有了独立发展的可能性。哈特曼称之为自我的自主性发展,并区分了两种自我的自主性:初级自主性(primary autonomy)和次级自主性

(second autonomy)。初级自主性是指那些先天地独立于本我的没有冲突的自我机能。这种自我机能一旦从未分化的基质中分化出来,就开始对环境起着适应作用。在个体心理发展的过程中,初级自主性主要表现为一种自我机能的成熟过程。哈特曼强调,自我的知觉、思维、运动机能都有自己独特的结构和发展规律。"这些机能的应用独立于直接的需要,与外界刺激具有更加分化的关系,它们是现实的自我发展部分。"自我的这些特点及其成熟处在现实和本能驱力的影响之外,哈特曼把它们称之为自我的初级自主性因素,它们起源于遗传的生物学禀赋。从半岁到1岁,自我的初级自主性开始成熟起来,它们包括知觉、运动、记忆、学习和抑制等机能的成熟。这些变化使婴儿能更好地控制自己的身体,部分地掌握生活空间中的非生命客体,形成一定的预测能力。

所谓次级自主性是指从本我的冲突中发展起来并作为健康地适应生活的工具的那些自我机能,即指最初服务于本我的防御机制而后逐渐演变成一种独立的结构,摆脱了冲突的领域。哈特曼认为,防御在本能水平上已经存在了,这种存在于本能中的机制后来可以服务于自我并演化成自我应付本我的手段。自我的次级自主性的一个例子是理智化作用(intellectualization)。理智化原是一种防御机制,是指人们为了防御不可接受的潜意识动机而故意用智力活动压抑它,如小孩可借助看小人书而压抑恋母情结。但在这一过程中,理智化在自我结构的组织和利用下可以演化成一种高超的智力成就。理智化作用具有与现实环境相互作用的方面,体现了人们对现实的认识,可以转化为人的思维、记忆等智力活动,这一过程实质上是一个机能转变过程,作为防御机制的理智化变成了作为适应的自我的次级自主性。哈特曼提出了自我的次级自主性对于进一步理解防御、适应和自我作用是很有意义的,但同时反映了其理论的保守性立场。因为尽管次级自主性也是一种自我机能,但它仍起源于本能,必须从本我中获得能量,这等于说明次级自主性仅凭借自身的力量难以完成整合的使命,必须依赖本我。

3. 能量的中性化

弗洛伊德认为,心理能量主要来自本我的利比多能量,它是一切心理活动的动力源泉。自我的能量来自本我,也受制于本我。因此,哈特曼要想促使自我彻底离开本我,赋予自我自主性,就必须修正和扩展弗洛伊德的心理能量概念。在他看来,如果某一服务于自我的能量过于接近本能则会妨碍自我的机能,因此,必须使本能的能量中性化(neutralization)。所谓中性化是指一种把本能能量改变成非本能模式的过程。哈特曼认为,自我机能一旦从本我中解脱出来为它自己服务时,中性化的过程就产生了。3个月的婴儿就多少有一些使驱力能量中性化的能力,比如当他饥饿时,他就能把饥饿感觉和过去得到满足的记忆痕迹联系起来,于是他就用哭声来呼唤母亲。这时,他已经将新生儿的无目的的哭声变成有目的的了。在饥饿驱力和呼唤母亲的联系之中就存在着中性化的过程。自我在反对本我的斗争中,将本能驱力中性化,转变成为自我服务的能量,从而脱离和控制本能的能量,实现其自主性机能和达到适应环境的目的。

4. 自我的适应过程

能量的中性化过程的产生,也就是自我的适应过程的产生。适应(adaptation)实质上是自我的初级自主性和次级自主性作用的结果,也就是说,一旦自我装备与环境取得平衡就产生了适应。研究自我的适应机能是没有冲突的自我领域的必然要求。哈特曼把适应看作是一种有机体与环境交互作用的过程,一种不断地与环境相适合的连续运动,而不是一种静态的产物。在哈特曼看来,人类的适应包括两个过程:人类活动使环境适应人的机能,然后又使人类活动适应自己创造的环境。

哈特曼认为,适应过程既受生理心理组织的影响,又受外部环境的影响。在环境方面,他提出了"一般的期待环境(average expectable environment)"这一概念。所谓一般的期待环境是指人的正常适应和发展所面临的环境,是正常人可以期待和想象的环境。正常人一生的大部分时间都处在正常期待的环境中,其个人发展的要求与环境的要求是吻合的。一般的期待环境首先从对儿童发生作用的母亲和其他家庭成员开始,日后逐渐扩大到整个社会关系。在哈特曼看来,对一个健康的新生儿自我来说,这种日常期待的环境就是婴儿自我最适合的环境。在这种环境中,婴儿借助他的自我调节机能影响着环境,而环境又反过来影响着婴儿自我。婴儿的自我正是在这种交互作用的关系中螺旋式地逐步与环境保持平衡,并不断向前发展的。哈特曼的自我心理学理论强调自我与环境的调节作用,使精神分析从本我心理学的理论框架中解脱出来,走向普通的发展心理学,这无疑是一个巨大的进步。

在哈特曼建立自我心理学体系后的数十年间,西方涌现出了许多新的自我心理学家。斯皮茨(RenéA. Spitz)、玛勒(Margaret Schoenberger Mahler)和雅各布森(Edith Jacobson)等人把哈特曼的自我心理学作为出发点,在其理论基础上建立了各自的自我心理学体系。而埃里克森则进一步发展了哈特曼所重视的社会环境对自我适应作用的思想,从生物、心理、社会环境三个方面考察自我的发展,提出了一个以自我为核心的人格发展渐成说,使自我心理学的理论达到了一个新的水平。

拓展阅读 10-2

自我心理学的历史演变①

著名的自我心理学家拉波帕特(D. Rapaport)最早对精神分析自我心理学的历史演变作出了概括。他在1959年发表的《精神分析的自我心理学的历史概略》一文中,把自我心理学的历史划分为四个发展阶段:第一阶段是从1886年至1897年,弗洛伊德提出最初的防御概念。第二阶段是从1897年至1923年,弗洛伊德把自我看作一种本能,提出自我本能、自我驱力和自我利比多学说。第三阶段是从1923年至1937年,弗洛伊德划分人格结构中的本我、自我和超我三种成分,给自我相对独立的地位。安娜进一步强调自我的作用,阐述了自我的防御功能。第四阶段是从1937年至1959年,即从1937年哈特曼在维也纳精神分析学会发表他的《自我心理学与适应问题》著名演讲开始,这

---

① 叶浩生.西方心理学的历史与体系(第二版)[M].北京:人民教育出版社,2014:325—326.

被看成是自我心理学真正建立的一年。自此自我心理学进入了一个新的历史发展时期,成为现代心理学的一个重要流派。后来自我心理学家布兰克夫妇在《自我心理学》(1979)一书中,把第四阶段的后限延伸到1975年,以玛勒《人类婴儿的心理诞生》一书的发表为标志。1986年,他们又在《超越自我心理学》一书中,将前述的第三阶段(1923—1937)称为早期的自我心理学,第四阶段(1937—1975)称为后期的自我心理学。

二、埃里克森与自我心理学的转向

美国心理学史家墨菲指出,现代弗洛伊德心理学的锋芒所向是自我心理学,而其杰出的代表人物则是埃里克森。埃里克森进一步发展了哈特曼所重视的社会环境对自我适应作用的思想,从生物、心理、社会环境三个方面考察自我的发展,提出了一个以自我为核心的人格发展渐成说,使自我心理学的理论达到了一个新的水平。

图10-4 埃里克森

埃里克森(Erik Homburger Erikson,1902—1994)出生于德国的法兰克福,只接受过大学预科教育。1933年,他参加了维也纳精神分析学会,并随安娜从事儿童精神分析工作。同年去美国波士顿作为职业心理医生开业。1936—1939年,在耶鲁大学医学研究院精神病学系任职。1939—1944年,参加加利福尼亚大学伯克利分校儿童福利研究所的纵向"儿童指导研究"。40年代他曾到印第安人的苏族和尤洛克部落从事儿童的跨文化现场调查。1950年,他由于拒绝在忠诚宣言上签名,而离开了加利福尼亚大学。1951—1960年,他任匹茨堡大学医学院精神病学教授。1960年起,任哈佛大学人类发展学教授,直至1970年退休。埃里克森一生出版了许多著作,主要有:《儿童与社会》(1950,1963)、《同一性与生命周期》(1959)、《同一性:青春期与危机》(1968)、《生命周期的完成》(1982)等。

(一) 自我及其同一性理论

埃里克森自认为是弗洛伊德学说的热烈拥护者,他同意弗洛伊德对人格结构作本我、自我和超我的划分,但他对自我的理解不同于弗洛伊德。埃里克森认为自我是一个独立的力量,不再是被本我和超我压迫的产物。他把自我看作一种心理过程,它包含着人的意识活动并且能够加以控制。自我是人的过去经验和现在经验的综合体,并且能够把进化过程中的两种力量——人的内部发展和社会发展综合起来,引导心理性欲向合理的方向发展,决定着个人的命运。自我过程已失去防御性质的重要性,其所表现的游戏、言语、思想和行动等带有自主性,具有对内外力量的适应性。

埃里克森赋予自我许多积极的特点,诸如信任、希望、独立性、意志、自主性、决心、勤奋、胜任、同一性、忠诚、亲密、爱、创造、关心、统整、智慧等。这些特性都是弗洛伊德从未提到的。他认为,凡是具有这些特性的自我都是健康的自我,它能对人生发展的每一阶段所产生的问题加以创造性地解决。

在上述的自我特性中,埃里克森特别重视自我的同一性(ego identity)。他指出:"对同一性的研究已成为我们时代的策略,犹如弗洛伊德时代对性欲的研究。"在他看来,具有建设性的机能的健康自我必须保持一种同一性,即自我同一性或心理社会同一性。同一性的反面是同一性混乱或角色混乱,即通常所讲的同一性危机。同一性混乱是指只有内在零星的、少量的同一性,或者是感受不到一个人的生命是向前发展的,不能获得一种满意的社会角色或职业所提供的支持。埃里克森还认为,自我的同一性最初起源于婴儿,但要到青春期才能正式形成。

(二) 人格发展的渐成论原则

埃里克森认为人的发展是依照渐成原则(epigenetic principle)进行的。这个原则借用了胎儿发展的概念,把人的发展看作一个进化的过程。他认为人的一生是一个生命周期,可以划分为八个阶段。这些阶段是以不变的序列逐渐展开的,而且在不同的文化中是普遍存在的,因为它们是由遗传因素所决定的。但他又指出,每个阶段能否顺利地度过则是由社会环境决定的,在不同文化的社会中,各阶段出现的时间可能不一致。他以个人的自我为主导,按自我成熟的时间表,将内心生活和社会任务结合起来,形成一个既分阶段又有连续性的心理社会发展过程,以区别于弗洛伊德的心理性欲发展过程。

埃里克森认为,人格发展的每个阶段都由一对冲突或两极对立所组成,并形成一种危机(crisis,不是指一种灾难性的威胁,而是指发展中的一个重要转折点)。危机的积极解决,会增强自我的力量,使人格得到健全发展,有利于个人对环境的适应;危机的消极解决,就会削弱自我的力量,会使人格不健全,阻碍个人对环境的适应。而且,前一阶段危机的积极解决,会扩大后一阶段危机积极解决的可能性;前一阶段危机的消极解决,则会缩小后一阶段危机积极解决的可能性。每一次危机的解决,都存在着积极因素和消极因素,当积极因素的比率大时,危机就会顺利地解决,否则反之。健康人格的发展必须综合每一次危机的正反两个方面,否则就会有弱点。例如,成长过程中有一点不信任等消极因素,不能认为是完全不好的。

(三) 人格发展的八个阶段理论

埃里克森所划分的人格发展的八个阶段,其中前五个阶段与弗洛伊德划分的阶段是一致的。但埃里克森在描述这几个阶段时,并不强调性本能的作用,而是把重点放在个体的社会经验上。至于后三个阶段则完全是他独自阐述的。

1. 基本信任对基本不信任(0—1岁)

该阶段相当于弗洛伊德的口唇期。这个阶段的儿童最为软弱,非常需要成人的照料,对成人的依赖性很大。如果父母等人能够爱抚儿童,并且有规律地照料儿童,以满足他们的基本需要,就能使婴儿对周围的人产生一种基本信任(basic trust),感到世界和他人都是可靠的;相反,如果儿童的基本需要没有得到满足,儿童就会产生不信任感和不安全感。儿童的这种基本信任感是形成健康人格的基础,也是以后各个阶段人格发展的基础。如果这一阶段的危机得到积极解决,就会形成希望的品质;如果危机是消极解决的,就会形成惧怕。

2. 自主对羞怯和疑虑(1—3岁)

该阶段相当于弗洛伊德的肛门期。这个阶段的儿童学会了走、爬、推、拉和谈话等,而且他们也学会了把握和放开。这不仅适用于外界事物,而且同样适用于自身控制排泄大小便。也就是说,儿童现在能"随心所欲"地决定做什么或不做什么,因而使儿童介入自己意愿与父母意愿相互冲突的危机之中。如果父母对子女的行为限制过多、惩罚和批评过多,就会使儿童感到羞怯,并对自己的能力产生疑虑。如果这一阶段的危机得到积极解决,就会形成自我控制和意志的品质;反之就会形成自我疑虑。

3. 主动对内疚(3—5岁)

该阶段相当于弗洛伊德的性器期。这个阶段的儿童活动更为灵巧,语言更为精炼,想象更为生动。他们开始了创造性的思维、活动和幻想,开始了对未来事件的规划。如果父母肯定和鼓励儿童的主动行为和想象,儿童就会获得主动性;如果父母经常讥笑和限制儿童的主动行为和想象,儿童就会缺乏主动性,并且感到内疚。这一阶段的危机得到积极解决,主动超过内疚,就会形成方向和目的的品质;反之就会形成自卑感。

4. 勤奋对自卑(5—12岁)

该阶段相当于弗洛伊德的潜伏期。这一阶段的儿童大多数都在上小学,学习成为儿童的主要活动。儿童在这一阶段最重要的是"体验从稳定的注意和孜孜不倦的勤奋来完成工作的乐趣"。儿童可以从中产生勤奋感,满怀信心地在社会上寻找工作;如果儿童不能发展这种勤奋,使他们对自己能否成为一个对社会有用的人缺乏信心,就会产生自卑感。如果这一阶段的危机得到积极解决,就会形成能力品质;如果危机是消极解决的,就会形成无能感。

5. 同一性对角色混乱(12—20岁)

该阶段相当于弗洛伊德的生殖期。这一阶段的儿童必须思考所有他已掌握的信息,包括自己和社会的信息,为自己确定生活的策略。如果在这一阶段能做到这一点,儿童就获得了自我同一性或心理社会同一感。同一性的形成标志着儿童期的结束和成年期的开始。如果在这个阶段青少年不能获得同一性,就会产生角色混乱和消极同一性。角色混乱指个体不能正确地选择适应社会环境的角色,消极同一性指个体形成与社会要求相背离的同一性。如果这一阶段的危机得到积极解决,青少年获得的是积极同一性,他就会形成忠诚的品质;反之就会形成不确定性。

6. 亲密对孤独(20—24岁)

该阶段属于成年早期。该阶段及之后的各阶段,弗洛伊德心理性欲发展阶段就没有相对应的时期了。只有建立了牢固的自我同一性的人才能与他人发生爱的关系,热烈追求和他人建立亲密的关系。因为与他人发生爱的关系,就要把自己的同一性和他人的同一性融合一体,这里有自我牺牲,甚至有对个人来说的重大损失。而一个没有建立自我同一性的人,会担心同他人建立亲密关系而丧失自我。这种人离群索居,不与他人建立密切关系,从而有了孤独感。此阶段的危机得到积极解决,就会形成爱的品质;反之就会形成混乱的两性关系。

7. 繁殖对停滞(25—65岁)

该阶段属于成年期。如果一个人很幸运地形成了积极的自我同一性,并且过着充实和幸福的生活,他们就试图把这一切传给下一代,或直接与儿童发生交往,或生产和创造能提高下一代精神和物质生活水平的财富。如果这一阶段的危机得到积极解决,就会形成关心的品质;反之就会变得自私自利。

8. 自我整合对失望(65—死亡)

该阶段属于成年晚期或老年期。这时人生的主要工作都差不多已经完成,是回忆往事的时刻。前面七个阶段都能顺利度过的人,具有充实幸福的生活和对社会有所贡献,他们有充实感和完善感。这种人不惧怕死亡,在回忆过去的一生时,自我是整合的。而在过去生活中有挫折的人,在回忆过去的一生时,则经常体验到失望,因为他们生活中的主要目标尚未达到,过去只是连续的不幸。如果这一阶段的危机得到积极解决,就形成智慧的品质;反之就会形成失望和毫无意义感。

埃里克森对人格发展八个阶段的分析,始终贯穿生物的、心理的和社会的交互作用的思想,并强调了社会环境在自我形成和发展中的作用,将弗洛伊德的心理性欲发展理论修正为心理社会发展理论,把自我心理学理论提高到了一个新的水平。但是他的理论中也有许多不足之处。比如他的理论体系不够严密,思辨性多于科学性,他提出的人格发展阶段缺少足够的证据,人们很难验证每个阶段的各种品质。

第三节 精神分析的社会文化学派

精神分析的社会文化学派产生于 20 世纪 30—40 年代的美国,它既是当时美国特定的社会政治经济条件影响的结果,也是当时美国心理学界两种"妥协"趋势相结合的产物:一方面是美国本土对弗洛伊德精神分析的承认;另一方面是新一代精神分析学家利用 20 世纪兴起的社会科学(社会学、文化人类学、社会心理学)的新范式,对弗洛伊德理论进行修正。该学派的主要代表人物有霍妮、沙利文、卡丁纳和弗洛姆等人。

一、社会文化学派的建立

(一) 美国本土对精神分析的接纳

精神分析产生于欧洲大陆,那里的文化土壤有利于主观心理学和动力心理学的发展,因为这种心理学似乎比其他心理学更容易适应天主教会的社会背景。天主教会关心人类天职,特别注意人类动机的本性。而美国是一个宗教多样化且宗教背景并不深厚的国家,其精神就是"重实用"和"重行动"。当精神分析在欧洲创立和发展之时,美国心理学已发展为机能主义,并准备走向行为主义。行为主义因为重视客观性和精确性,重视实验研究,以物理学和化学的研究方法作为科学方法的典范,而极富主观色彩的精神分析被视为非科学的,因而直到 30 年代中期,精神分析对美国学院心理学的影响还是相当微小的。

尽管当时美国主流心理学不重视精神分析,但是美国的哲学、文学、艺术、社会学、人类学等领域却逐步接受了弗洛伊德的影响,美国精神医学和临床心理学等应用领域也比较容易接受弗洛伊德的观点,因为弗洛伊德提供了一种关于人格、神经症病理学和治疗学的综合理论。20世纪30年代中期以后,学院心理学的态度有所改变。由赫尔及其弟子米勒、多拉德等人组成的"耶鲁小组",在1936—1943年组织了一系列讨论会,沙利文和埃里克森等精神分析学家也参加了这些讨论会。他们试图将精神分析的活力、自然科学实验室的严谨和文化事实结合在一起,将精神分析的理论整合到儿童心理学、人格心理学和心理治疗的理论体系中。

第二次世界大战也为精神分析向美国的迁徙和新范式的出现提供了契机。20世纪三四十年代,近200名精神分析学家为逃避纳粹迫害移居美国,其中大多数是犹太人,包括霍妮、弗洛姆、埃里克森等后来成为著名人物的精神分析学家。他们的成就主要是到美国以后取得的。战时的研究项目迫使不同学科和研究领域的专家一起工作,暂时促使一些心理学家从狭隘的理论和方法偏见中解脱出来,这给一些不同意精神分析的心理学家提供了接触精神分析的机会,例如,沙利文就曾参与了战时研究项目的工作。美国社会特别是学术界对弗洛伊德精神分析的承认为精神分析社会文化学派的形成和发展创造了条件,同时,社会文化学派对弗洛伊德理论的修正又加速了这种承认并进一步扩大了精神分析在美国的影响。

(二) 对古典精神分析的修正

促使精神分析社会文化学派产生的直接原因,是弗洛伊德理论自身的局限和弱点。弗洛伊德在早期提出神经症的病因主要源于性本能和潜意识冲突。1900—1910年,其间弗洛伊德放弃了神经症的性创伤说,但仍旧强调本能驱力而忽视环境的影响。荣格和阿德勒是对弗洛伊德的理论进行修正的早期代表。而社会文化学派的学者们在新的社会形势和新的临床实践的基础上,对弗洛伊德的理论进行了更为深刻的改造。

社会文化学派的主要代表人物霍妮根据社会科学的发展和她自己对病人的经验,对神经症提出广泛的文化解释。她在1937年出版的《我们时代的神经症人格》中,强调了社会文化因素在神经症形成中的作用,并对弗洛伊德的许多基本观点进行了修正,这部著作的出版标志着精神分析社会文化学派开始形成。沙利文于1938年创办《精神医学》杂志,以传播他的人际关系理论。他认为心理疾病是由人际关系的失调引起的,而不是性本能与社会的冲突引起的。卡丁纳于1939年出版了《个人及其社会》一书,将其通过人类学研究所得出的不同于弗洛伊德的结论公之于世。弗洛姆在20世纪30年代发表了一系列论文,试图用马克思主义修改弗洛伊德的精神分析学。他于1941年出版的《逃避自由》一书,进一步致力于从社会学的人本主义哲学取向上修改弗洛伊德的理论,不同于弗洛伊德从本能中寻找战争的心理根源。到了40年代初,精神分析社会文化学派完成了对弗洛伊德的古典精神分析学的修正。1941年,霍妮被纽约精神分析研究所开除,旋即她又创建了美国精神分析研究所并自任所长。这一事件标志着社会文化学派正式独立。

二、霍妮的文化神经症理论

凯伦·霍妮(Karen Horney,1885—1952)是20世纪最重要的精神分析思想家之一,也是首位伟大的精神分析女权主义者。她摒弃了弗洛伊德理论的生物学取向,而代之以强调文化和人际关系等社会因素对人格的影响。

文化神经症理论全面地阐述了神经症形成的社会文化根源、微观机制以及神经症的类型和治疗等问题。

霍妮出生于德国汉堡,犹太人。大学期间,她对精神分析产生兴趣。1913年,获得柏林大学医学博士学位。1914—1918年,在柏林精神分析研究所接受亚伯拉罕指导的精神分析训练。1920—1932

图10-5 霍妮

年间,在柏林精神分析研究所任教。1932年移居美国,担任芝加哥精神分析研究所的副所长。两年后,霍妮迁居纽约并创办了一所私人医院,同时在纽约精神分析研究所培训精神分析医生。由于与弗洛伊德的正统理论分歧增大,导致她与研究所其他成员的关系紧张。1941年,霍妮创建美国精神分析研究所,亲任所长,直到1952年逝世。霍妮一共有七部著作,其中五部《我们时代的神经症人格》(1937)、《精神分析的新道路》(1939)、《自我分析》(1942)、《我们的内在冲突》(1945)、《神经症与人的成长》(1950)是在她生前出版的,而《女性心理学》(1967)和《最后的讲义》(1987)这两部是其学生根据她的遗著和生前的讲义编辑而成的。

(一)文化与神经症

霍妮认为,神经症是由神经症人格结构决定的,而神经症的人格结构又是由个人所处的文化环境和社会生活环境造成的。也就是说,社会文化才是神经症产生的最根本原因。所以,要想了解神经症的人格结构,就必须去了解产生神经症的文化环境和个人生活环境。霍妮指出,现代文化最显著的特征是强调竞争。每个人都生活在充满竞争的氛围中,每个人都成了另一个人潜在的竞争对手。竞争无时不在,无处不在。竞争已经渗透到了各种社会关系中,它不仅存在于商业、政治中,而且也存在于爱情、家庭、朋友、同学之间。这种普遍存在的竞争成了产生神经症的根源。

(二)基本焦虑与神经症需要

霍妮认为,宏观的社会文化虽然是造成神经症的根本原因,但它也是间接原因,而儿童所面对的人际关系才是造成神经症的直接原因。宏观的社会文化最终只有通过微观的人际关系才能影响人的个性发展。在霍妮看来,涉及性格形成的最主要的因素是一个孩子成长于其中的人际关系,所以神经症最终是由人际关系的障碍决定的。

过度竞争的社会文化造成了人际关系的紧张。由于父母也受社会文化的影响,所以父母与子女的关系中经常渗透着过度的和不适当的竞争。过度竞争的父母会对子女表现出如下的行为：进行直接或间接的支配，冷漠、行为前后不一致，不尊重孩子的个人需要，不能给予孩子真诚的指导，轻视孩子、缺乏可信赖的温情，强迫孩子偏袒父母中的一方，对孩子不公平，不遵守承诺，等等。霍妮称这类行为为基本罪恶（basic evil）。如果父母经常对儿童表现出这类消极行为，儿童就会产生一种孤立、无助的感受，认为周围的世界潜藏着敌意。霍妮将儿童体验到的这种感受称为基本焦虑（basic anxiety）。

为了应对基本焦虑带来的不安全感、孤独感和敌意感，儿童经常采取某种防御性的态度和策略。防御性策略表现为神经症患者为重新建立对环境的信心而进行的努力或一些神经症性需要。神经症需要的特征是无意识和强迫性，即患者以一种无意识的并且是被动的方式表现出这种需要。霍妮（1942）概述了10种神经症需要：① 对关爱和赞许的神经症需要。表现为不加选择地取悦他人，并希望获得他人的爱和认可。② 对主宰其生活的伴侣的神经症需要。表现为过度依赖他人，完全以伴侣为中心，将爱视为解决一切问题的法宝，害怕被抛弃，害怕孤独。③ 将自己的生活限制在狭窄范围内的神经症需要。表现为害怕表达自己的愿望，害怕遭到别人的反对和嘲笑。④ 对权力的神经症需要。渴望支配他人，不尊重他人的个性、尊严和感情，而只关心他人是否服从。⑤ 对利用他人和剥削他人的神经症需要。为了感到安全而剥削他人，对他人充满敌意和不信任。⑥ 对社会认可和声望的神经症需要。这种人的整个生活完全被他人赞美和尊重的需要所驱使，害怕失去社会地位。⑦ 对个人崇拜的神经症需要。这种人内心充满着自我鄙视和厌恶，为了逃避这一痛苦的感受，他们不由自主地虚构出一个理想的自我形象，希望被看作是圣人和天才。⑧ 对个人成就和抱负的神经症需要。这种人总希望自己在很多领域中成为最优秀者，但往往因期待太多注定失败。⑨ 对自足和自立的神经症需要。以通过与他人保持距离来维持关于自我优越的幻想。⑩ 对完美无缺的神经症需要。这种人会执着地追求完美，对可能存在的缺点反复地思索和自责。害怕出错，害怕批评和指责。

健康人与神经症患者的区别不在于有没有这些需要，而在于这些需要存在的方式不同。神经症患者不能随着现实情况的变化改变需要和满足需要的方式，而仅仅偏执于其中的一种或几种需要，并且他们在满足需要的方式上也缺乏灵活性和变通性；健康人则能根据现实情况在十种需要中选择合理的需要，并且也能以灵活而实际的方式满足其需要。所以，神经症患者很难像健康人那样有效地适应生活。

（三）神经症人格

需要和满足需要的方式构成了人格，而神经症的需要和神经症需要的满足方式构成了神经症人格。对应上述十种神经症需要，神经症人格可分为三种：① 顺从型（complianttype），这种类型人格的典型特征是亲近他人。对关爱、赞许，对伴侣主宰其生活或者对将自己的生活限制在狭窄范围内有神经症的需要。害怕别人的批评、拒绝和遗弃。其病理信念是"如果我顺从，我就不会受到伤害"。② 攻击型（aggressivetype），这种人格的典型特征是对抗他人。这种人对权力、剥削他人、社会认可和声望、个人崇拜以及个人成就有神经症的需要。其病理信念是"如果我有力量，就没有人能够伤害我"。③ 逃避型（detachedtype），这种人格的典型特征是逃避他人,对自足和完美有神经症的需要。为了逃避与他人的紧张关系而离群索居,保持着与他人的距离。其病理信念是"如果我后退,任何人都不能伤害我"。

(四)神经症的基本冲突及治疗

上述三种神经症人格类型不是互相排斥的,它们实际上是同时存在于每位神经症患者身上,只是其中一种占着绝对的优势。占优势的类型就是这位神经症患者的人格类型。一般来说,神经症患者会坚持不懈地追求与他的人格类型相关的神经症需要,而与其他两种类型相关的神经症需要被压抑了。这样的话,三类需要之间就出现了不平衡和不协调,这就是神经症的基本冲突(basic conflict)。冲突引起了个体的混乱和不安,造成了个体的紧张状态。冲突消耗了个体的精力,使他们感到疲劳,但还不能有效地解决问题。

神经症的冲突正是心理治疗所要解决的问题。霍妮认为人生来就具有实现自己潜能的建设性力量。神经症治疗就在于使病人发现并发展自己的潜能,将其天赋中的建设性力量引向自我实现的轨道。也可以说,自我实现的内在潜能是神经症治疗能够成功的原动力。在具体治疗技术上,霍妮也使用弗洛伊德提出的自由联想、梦的分析等手段。但她用这些手段主要是为了分析存在于患者身上的神经症冲突,认清各种需要之间的不平衡关系,并最终使其恢复平衡,实现个体内部的和谐以及与他人的和谐。

三、精神病学的人际关系理论

哈里·沙利文(Harry Sullivan,1892—1949)出生于美国纽约州的诺威奇,祖籍爱尔兰。1908年,他进入康奈尔大学学习。1917年,获芝加哥医学院医学博士学位,沙利文把这所学校称作"文凭制造所"。1918—1922年间,沙利文曾在陆军医疗队任军医,同时供职于处理退伍军人问题的联邦政府机构。这段经历使他获得了多方面的临床工作机会,并被政府正式承认为神经精神病学家。第一次世界大战后,沙利文因在巴尔的摩和华盛顿特区私人医院成功地治疗了精神分裂症而名声大振。1922年,沙利文进入首都华盛顿的圣伊利莎白医院,并担任美国著名医学家怀特(White)的助理。1936年,他创办《精神医学》杂志,以推广他的人际关系理论。沙利文一生未婚,1949年1月1日,他在阿姆斯特丹参加完国际心理卫生联合会的执行委员会会议的返程途中,因突发脑溢血而客死于巴黎,终年57岁。沙利文生前只出版过一部著作,即《现代精神医学的概念》(1947)。去世后,他的同事和学生陆续将他的演讲记录、笔记和手稿整理出版,包括《精神医学的人际理论》(1953)、《精神医学的会谈方法》(1954)、《精神医学的临床研究》(1956)、《作为人的过程的精神分裂症》(1962)、《精神医学和社会科学的结合》(1964)、《平民精神学》(1972)。

图10-6 沙利文

> 拓展阅读 10 – 3
>
> ### 沙利文与同性恋[①]
>
> 　　沙利文强调青少年期人际关系的重要性,或许是对他紊乱的青少年时代生活的反映。8岁时,他与13岁的贝林格建立了很密切的友谊。传记者们对他们是否同性恋关系意见不一,但他们指出,当时人们普遍是这样认为的。贝林格后来也成为一名精神病医生,他们的关系在沙利文过了青年期后就结束了。
>
> 　　艾伦·赫尔曼在《同性恋与第二次世界大战》一书中写道:
>
> 　　"在二战之前,美国军队从未系统地阻止过同性恋入伍。甚至在二战初期,各地的征兵机构也从未被告知要筛选出同性恋者,同性恋也没有被列为是'伤残范围'或精神'变态'。这很有可能与军队筛选机构的第一位主任哈里·斯塔克·沙利文有关。沙利文是弗洛伊德派的精神病专家,同时是一个著名基金会的主任。他把自己形容为'相貌平常的单身汉'。他和他的长期伴侣吉米生活了22年。几乎可以肯定他是个同性恋,尽管有很少人愿意承认这一点。"

　　精神病学的人际关系理论是沙利文在长期的精神病治疗中形成的精神分析理论,它主要阐述了精神分裂症形成的社会根源、人格的形成和发展、精神分裂症的治疗等问题。

(一) 人格的人际关系理论

1. 人格

　　与霍妮一样,沙利文也反对弗洛伊德的本能论和泛性论,他认为人格的形成和发展是人与人之间相互作用的结果。他从人际关系的角度构建人格理论,把人格界定为"人际关系的相对持久的模式","一个人生活的特性"。在沙利文看来,人是人际的存在。人在本质上是离不开人际情境的,人只有在人际情境中才能生存,才能发展。沙利文借用了生物学的三个原理说明了这一点。① 共同生存原理。指生命离不开它所必需的生存环境;有机体的生存有赖于同环境不停地进行能量交换。② 组织结构原理。是指生命体的静态构成和变异重组。这是指人的身体构造适合于同环境进行能量交换,共同生存。③ 机能活动原理。指生命体在环境中的复杂反应。根据以上三个原理,沙利文认为,不应该像弗洛伊德那样孤立地研究人的心灵,而应该研究个体与必需的生存环境的关系,研究人际关系。

2. 人格动力

　　沙利文认为,人就是一个充满着能量的系统。这种能量在性质上与物理学上的能量是一样的。当个人的人际关系失衡时,能量就积累而导致紧张,而能量的转换就可消除紧张。能量的转换需要一个途径或方式。为此,沙利文提出了动能(dynamism)的概念。所谓动能

[①] Jerry M. Burger. 人格心理学[M]. 陈会昌,等,译. 北京:中国轻工业出版社,2004:90.

就是构成人格的最小单位,它是一个人在人际情景中经常表现出来的能量转换模式。而能量转换模式就是人与人的相互作用方式,就是一个人的行为模式。某种行为模式在一个人身上反复出现,我们就说他具有某种动能。动能体现了一个人处理人际关系的特点和风格。例如,害怕陌生人的小孩,我们就说他具有恐惧动能;处处提防他人或经常为难他人的人,我们就说他具有敌意动能。

3. 自我系统

沙利文强调人性中的社会性,认为人生来就和周围的环境相互作用,并形成尚未定型的心理组织,即自我系统(selfsystem)。自我系统是一套具有防御功能的自我知觉系统或评价自己行为的标准,其功能主要是实现满足和安全的需要,减少内心的焦虑不安。自我系统的形成与"重要他人"是分不开的。所谓重要他人是指父母、教师、警察等对个体生活起指导作用的人。自我系统是儿童在与重要他人的互动中形成的一种心理结构。它由好我、坏我和非我三部分构成。那些能够使需要得到满足,同时又受到重要他人赞许的行为和经验,就构成好我;能使需要得到满足,但受到重要他人反对的行为和经验,构成坏我;既不能使需要得到满足又受到重要他人强烈反对的行为和经验,构成非我。可见,沙利文的自我系统具有更多的认知性,是在人际关系中通过接受重要他人对自我的反应而形成的。沙利文认为,自我系统一旦形成,就成了儿童的一个过滤器或选择器。它就会将可能引起焦虑的经验过滤掉,而只允许那些不引起焦虑的经验进入个人的意识中。这就是自我系统的选择性不注意(selective inattention)功能。但注意和不注意的界限不容易维持得那么分明,一旦界限被破坏或被超越,焦虑就会产生,甚至导致精神疾病。

4. 人格化

沙利文用人格化(personification)来表示人的社会化和人格的形成,意指个体在追求生理需要和减少焦虑的经验中对自己、他人及各种事物所形成的具有态度倾向性的形象。人格化可以完全是假想的或幻想的,主要有四种类型:对自己的人格化,将"好我"、"坏我"与"非我"综合起来所形成的关于自己的整体形象;对他人的人格化,指他人在我们心中的形象;对事物的人格化,指对自然现象、对所有物的人格化;对观念的人格化,如人们头脑中的上帝或神的观念。往往是人格化的形象。沙利文认为,人格化的意象是个体所直接面对的心理现实。个人对自己、他人、事物或观念的反应实际上是对这些东西在个人头脑中的人格化意象的反应。但是,人格化的意象有时与真实世界是不一致的,如果这种不一致很严重,那么个体对世界作出的反应就可能是不适宜的或者是病态的。

5. 人格的发展阶段

沙利文根据人际关系的特点将人格的发展划分为六个阶段:① 婴儿期,指从出生到言语能力的成熟。在这一阶段,自我系统中好我、坏我、非我开始形成,并逐步将自己与环境区分开来。② 儿童期,指从言语能力成熟到学会寻求玩伴。自我系统更加完善,结果逐渐明确,并能发挥防御焦虑的功能。③ 少年期,指从寻求玩伴到亲近同性玩伴。自我系统在支配行为过程中能习惯性地避免焦虑。④ 前青年期,指从亲近同性玩伴到生殖器成熟。显著特征是结交同性密友,视密友为知己,能体谅他人,关心他人,表现出慷慨、平等的特性。
⑤ 青年期初期,从生殖欲到情欲行为的模式化。这一时期生理变化急剧,性机能发育成熟。
⑥ 青年期后期,开始形成适合于自己的生殖行为模式,并与特定的异性建立稳定关系。自我系统稳定。沙利文认为,人生来具有一种自我调节和整合的功能,使人的潜能向完善的方向发展。人格的发展具有连续性,个体必须达到某种能力的成熟才能意识到外界环境中的种种人际关系,从而加以对待和适应。人格的发展史实际上是人际关系的发展史,在任何一个发展阶段焦虑都可以干扰令人愉悦的人际关系,而使个体出现人格障碍。

6. 人际经验模式

沙利文认为,随着人格的发展,个体的人际经验模式(mode of experience)也在逐步成熟,儿童先后获得三种人际经验模式:① 未分化的模式(protaxic mode),是婴儿特有的心理状态,在自我和外界间没有界限。② 并列的模式(parataxic mode),这个阶段的儿童能将自己与外界区分开来,并能理解事件之间的关系。但对事物之间因果关系的认识缺乏逻辑根据。人类的早期以及现代的精神病患者就处于这一阶段。③ 综合的模式(syntaxic mode),处于这一阶段的人能运用共同有效的语言符号进行思考和交往,能够认识事物之间的逻辑关系。沙利文认为,人际间的联系是通过言语能力实现的。

(二) 精神分裂症的人际关系说

人格是在人际关系中形成的,不健康的人格是在不健康的人际关系中形成的。沙利文针对精神分裂症这种不健康的人格进行了深入的研究。他一改医学界认为精神分裂症是由遗传决定,并且不能彻底治愈的传统观点,而认为精神分裂症是由不良的人际关系造成的。这种不良的人际关系既可能是由其母亲造成的,也可能是由生活中的重要他人造成的。这种生命早期的不良人际关系使个体产生了严重的焦虑,导致自我系统的防御功能失灵。人格化意象脱离现实太远,不能将意象、幻想、梦等与现实区分开,根据意象内容做出的反应与现实不能匹配,生活混乱,人际关系遭到进一步的破坏。人格发展停滞不前甚至倒退,经验模式倒退到并列的甚至原始的水平。

既然精神分裂症是由不良的人际关系造成的,所以对精神分裂症的治疗也要从不良的人际关系入手。首先要创造良好的人际环境,沙利文首创了环境疗法(milieu therapy)。沙利文认为,精神病治疗家应该是人际关系专家,要尊重患者,并与患者形成良好的医患关系,要通过交谈、梦的分析等治疗技术使患者恢复健康人格。沙利文将疾病的缓解和治愈看作是人格的成长,所以他认为精神病院本质上是人格成长学校,而不是人格缺陷者的治愈场所。沙利文在他主持的精神病院按照他的治疗理论进行施治,取得了良好效果,成为治疗精神分裂症的权威。

四、文化与人格的相互作用理论

卡丁纳的文化与人格的相互作用理论是对精神分析学和人类学加以整合的结果,是精神分析社会文化学派的一个特殊方向。文化与人格相互作用理论的核心目标在于解释和说明：文化是如何影响人格的？已经形成的人格对文化的变迁又有何影响？

阿布拉姆·卡丁纳（Abram Kardiner，1891—1981）出生于纽约。1921—1922年间，卡丁纳在维也纳接受了弗洛伊德的精神分析训练，并对弗洛伊德产生了强烈的崇敬之情。约从20世纪30年代开始，卡丁纳借助其人类学知识来修正弗洛伊德的文化理论。1933—1936年，他在纽约组织了一个讨论弗洛伊德的社会学著作的学习班，参加者多数是人类学者，其中拉尔夫·林顿（RalphLinton）、杜波伊斯（DuBois）等人后来成为著名的人类学家。1937年，卡丁纳和林顿同时被哥伦比亚大学人类学系聘为教授，由此开始用精神分析法对一些土著民族进行合作考察和研究。卡丁纳的主要著作有：《个人及其社会》（1939）、《社会的心理疆界》（1945）（与林顿、杜波伊斯等合著）、《压抑的记号》（1951）、《他们研究了人》（1961）。

图10-7　卡丁纳

（一）对人类学现场研究材料的分析

卡丁纳是从分析人类学现场研究材料开始其理论研究的。但卡丁纳本人没有进行过人类学的现场研究，他的分析材料都是由他的人类学家同事们提供的。卡丁纳在《个人及其社会》（1939）和《社会的心理疆界》（1945）中详细分析了五种文化的现场研究材料。下面是卡丁纳对林顿提供的马克萨斯人、塔纳拉人和杜波伊斯提供的阿洛人的三种现场研究材料的分析。

马克萨斯人是生活于太平洋中部波利尼西亚群岛上的一个土著部落。他们的生存环境比较恶劣，经常要面临严重干旱导致的周期性饥荒。为了解决食物匮乏的问题，他们采取杀死女婴的方法来控制人口。这种方法使男女比例出现了失调，所以在婚姻中就形成了一妻多夫的制度。妻子把大部分时间用在打扮自己和满足几个丈夫的需要上，为此甚至不给哺乳期的婴儿喂奶。成年人对孩子们基本上采取了放任不管的态度，也没有任何纪律上的要求，对性行为没有任何限制。孩子们在这样的生活模式和养育模式中得不到安全感，得不到来自母亲的爱和温暖。他们从小就对女人怀有恐惧和憎恨，同时把父亲或其他男性当作自己的依恋对象。在另一方面，男人之间较多的是合作，女人之间较多的是嫉妒。在马克萨斯的民间传说中，女人的形象是恶毒、黑心的剥削者。她们抢夺儿童的食物，勾引天真无邪的青少年。没有类似俄狄浦斯的神话，但有类似奥列屈拉的传说。

塔纳拉人是生活在非洲东南部马达加斯加群岛上的一个土著部落。塔纳拉人是一夫多妻制，男子的地位高，而女子的地位低。父亲的权利至高无上，长子拥有特权。母亲的主要职责是照料孩子，女儿的地位很低。因此，塔纳拉人对父亲既崇拜又恐惧，而对母亲怀有强烈的依恋。在养育方式上，婴儿断奶很晚，对孩子的大便训练很严格。性行为受到严格的限制，女人的贞操被看得很重。塔纳拉人还非常看重个人的服从、忠诚、勤劳、认真等品质。在他们的宗教观念中，家神喜欢这些品质，如果触犯了这些品质就会受到家神的惩罚，如生病。有类似于俄狄浦斯的神话传说。

阿洛人是生活于东印度群岛上的一个土著部落。阿洛人的生活方式是男人负责供应肉食，女人负责供应蔬菜。对儿童的教育不太重视。成年人在外谋生，儿童被留在家里。儿童在未成年期一直遭受着吃奶或进食方面的挫折。儿童在走路、说话、排便等方面的训练不系统。是非对错标准不明确，前后不一致。同一种行为，有时得到赞许，有时得到惩罚，使得儿童难以适应。这种生活和养育方式使阿洛人较多地表现出多疑、焦虑、自卑的人格特点，并且喜欢说谎和骗人。在他们的民间传说中，大多数内容反映的是因父母引起的挫折和对父母的仇恨。他们的宗教中没有理想化的神灵，因为他们认为神灵不能满足人的需要和愿望，不能给人带来安慰。

(二) 论文化与人格的相互作用

通过对各种土著部落的生产和生活方式、儿童教育方式、人格特征、传说和宗教等的分析，卡丁纳发现这几个因素之间存在着相互作用的关系，并提出了文化与人格的相互作用理论。

1. 文化与人格

卡丁纳认为，文化（culture）是一个有组织的社会所拥有的习惯性规范，是人们对待生老病死等人生问题的稳定态度，是人们谋生的手段和技术，等等。当这些规范、态度、技术能够在社会成员中持续不断地传播下去时，就成了文化。为了使文化这一概念具体化和可操作化，卡丁纳使用了制度这一概念。所谓制度（institution）是一个社会的成员所共同具有的思想和行为的固定模式。卡丁纳将制度分为初级制度和次级制度两种。初级制度（primary institution）指一个社会中的家庭组织、群体结构、基本规范、哺乳和断奶方式、对孩子的关怀和忽视、大小便训练、性的禁忌、谋生技能等。这些制度古老而稳定，很少受气候或经济变化的影响。次级制度（secondary institution）是指民间传说、宗教信仰和仪式、禁忌系统、思维方式等。同时，卡丁纳承认还有很多制度无法明确地归为初级制度或次级制度。

卡丁纳提出了另外一个核心概念，即基本人格结构（basic personality structure），指同一文化或制度背景下的所有社会成员共同具有的人格特征，它也是所有社会成员共同具有的一种适应工具。不同文化或制度中的基本人格结构是不同的。与基本人格结构相对应的是性格，性格是指同一文化中的成员之间的人格差异。

2. 初级制度塑造了基本人格结构

卡丁纳认为，一个社会中的基本人格结构是由本社会的初级制度决定的。另外，他还继承了弗洛伊德早期经验决定论的思想，认为早期经验决定着一个人的基本人格结构。因此，初级制度是间接地通过决定早期经验来决定基本人格结构的。从微观机制上来看，初级制度塑造了一个社会比较固定的养育儿童的方式，正是育儿方式决定了一个儿童具有什么样的早期经验，进而决定了其基本人格结构。

3. 基本人格结构创造了次级制度

卡丁纳认为，一旦基本人格结构形成了，它又会反过来创造出本社会的次级制度。卡丁纳认为，基本人格结构是通过投射作用创造本文化的神话、宗教等次级制度的。所谓投射作用,就是个体无意识地将自己的过失或不能满足的欲望归咎于外界事物,以便减轻内心焦虑的过程。由于基本人格结构是对挫折的反应,所以,次级制度实质上是过去所受挫折经验通过投射创造出来的产物,它是挫折经验的潜意识的派生物,是人的主观愿望的曲折体现。卡丁纳以先民的祈雨仪式为例说明了投射作用的实现方式。长期干旱后,先民的生存需要受到了威胁,他们感到了严重的焦虑和不安。处于科学技术极其不发达的时期,他们别无选择,只能求助于万能的神。先民们把自己的欲望投射到神身上,认为神能帮助自己渡过难关。于是,他们创造出了祈雨仪式,以使神来帮助自己。同时,这种仪式在客观上缓解了焦虑和不安。其中,先民与神的关系相当于幼小儿童与父母的关系,先民求助于神相当于幼小儿童求助于父母。所以,宗教在本质上是人在受到挫折时向童年时代的倒退。

五、弗洛姆的人本主义精神分析学

人本主义精神分析学是弗洛姆运用人本主义来调和马克思主义和弗洛伊德精神分析学的产物,它的最终目的是要改善现代人的处境和精神状态。

埃里克·弗洛姆(Erick Fromm,1900—1980)出生于德国法兰克福,犹太人。1922年,获海德堡大学哲学博士学位,1923年,进入慕尼黑大学研究精神分析,并去柏林精神分析研究所接受训练,在此认识了霍妮。1929—1934年,在法兰克福精神分析研究所任教并从事心理治疗工作,同时也在法兰克福大学社会研究所工作。1934年,移居美国并加入美国国籍。先后任职于哥伦比亚大学国际社会研究所、怀特精神医学研究所(1947年任所长)、耶鲁大学等多家美国著名大学和研究机构。1980年,在80岁生日前夕,弗洛姆因心脏病突发客死于瑞士洛桑。弗洛姆是一位非常多产的学者,共出版了20多部著作。主要有:《逃避自由》(1941)、《为自己的人》(1947)、《弗洛伊德的使命》(1959)、《弗洛伊德的贡献与局限》(1980)等。

(一)论人的需要

弗洛姆整个哲学思想的核心是人的问题,即人与社会的关系。弗洛姆认为,与自然界中的其他生物相比较,人具有生物上的软弱性,与动物相比较更缺乏本能的调节。人为了克服生物学意义上的弱点创造了文明,获得了自觉、推理和想象的能力,但是这却使人陷入了一系列的困境,这些困境植根于人的存在本身,弗洛姆称其为人的存在的矛盾性。这些矛盾有三种:生和死的矛盾、人的潜能实现和人的生命之短暂之间的矛盾、个体化和孤独感的矛盾。

在他看来,人尽管不可能逃脱上述矛盾,但也并不是消极忍受。为此,人发展出了各种心理性需要来克服这些矛盾。这些需要是人面对存在性矛盾的一种反应。由于每个人的具体情况不同,所以人们在满足这些需要时采取了不同的方式。有的人采取的是健康、正常的方式,结果使人性趋于完善;而有的人采取了不健康、不正常的方式,这不但不能充分发挥自己的潜能,反而会引起神经症性的症状,严重的则导致精神病。弗洛姆提出了五种心理性需要:① 关联性(relatedness)需要,包括爱和自恋;② 超越性(transcendence)需要,包括创造和破坏;③ 根植性(rootedness)需要,包括母爱和乱伦;④ 同一感(sense of identity)需要,包括独立和顺从;⑤ 定向(a frame of orientation)需要,包括理性和非理性。

弗洛姆认为,上述各种需要不是由社会产生的,而是通过长期进化而深藏于人性深处的东西。但这些需要的满足方式是由社会决定的,是人所生活于其中的社会的安排。所以他认为人性的病态源于社会,强制性的社会是造成病态满足需要方式的根源。

(二) 个人性格和社会性格

弗洛姆认为人格是由气质和性格合成的。性格反映了人的社会性,是人格的核心,所以,弗洛姆专门研究了性格。他认为性格是由个人性格和社会性格两个部分构成的。个人性格(personal character)指同一社会中各个成员之间的差异,它受人格的先天因素和社会环境特别是家庭环境的影响;社会性格(social character)指同一社会中绝大多数成员共同具有的基本性格结构,是性格结构的核心部分。社会性格是经济、政治、文化诸因素交互作用的结果,而经济因素在这种交互作用中起着更大的作用。家庭则是将社会文化因素所需要的性格特点转移到孩子身上的中间环节。对性格和社会性格的强调反映了弗洛姆对社会文化因素的重视。

(三) 性格类型理论

弗洛姆认为,人与世界的关系有两种:同化和社会化。同化(assimilation)指人与物的关系,是人们摄取或获得物体的方式;社会化(socialization)指人与人的关系。同化和社会化可表现为各种性格特性,而一些具有共同倾向性的性格特性合称为性格倾向。具体到每个人,其性格结构中可能有几种不同的性格倾向,我们通常根据占主导地位的性格倾向来确定一个人的性格类型。弗洛姆把同化过程中的性格取向分为两大类:非生产性性格(nonproductive character)和生产性性格(productive character)。前者包括接受型性格、剥削型性格、囤积型性格和市场型性格四种类型;生产性性格的典型特征是独立、自主、自爱、爱人、创造,具有这种性格特征的人能够肯定个人的价值和尊严,富有理想和创造力,能竭力发挥潜能,实现自我,达到最高的创造境界。在弗洛姆看来,前四种非生产性的性格类型都是不健康的、非创造性的性格;而只有生产性的性格是一种创造性的性格,是一种完美的理想性格,是人类的发展目标和希望所在。

(四) 社会潜意识

社会潜意识理论是弗洛姆对弗洛伊德潜意识理论的最大发展,是精神分析研究由个体转向社会的一块基石。社会潜意识(social unconscious)指社会绝大多数成员共同受社会压抑而未达到意识层次的那部分心理领域,社会潜意识由社会不允许其成员所具有的那些思想和情感所组成。弗洛姆认为,有史以来的社会都存在着矛盾和不合理之处,都是少数人统治多数人的社会。但每个社会都能存在一段时间,就是因为该社会通过压抑的方式使该社会的大多数成员都意识不到这些矛盾和不合理之处。对个人来说,这种压抑可使自己免受排斥和孤立。

社会潜意识是个人带有社会制约性的过滤过程的产物。形成社会潜意识的社会制约通过三种文化机制发生作用。一是语言。语言包含生活态度,语言通过词汇、语法和句法,通过其中所蕴含的精神,来决定哪些经验能够进入我们的意识。二是逻辑规则。逻辑规则是一个文化中指导着人们思维的规律,不同的文化有不同的逻辑规则。不合逻辑规则的经验将不能进入意识中。三是社会禁忌,也是最重要的要素。它规定某些思想和感情是不合适的、危险的,因此阻止它们进入意识层面,即使进入了,也要将其驱逐出去。凡是能通过这三重过滤器的思想、感情和经验,才有可能成为社会意识,否则就被停留在潜意识中。社会潜意识是除了社会性格之外的另一个联系经济基础和意识形态的中间环节。

第四节 精神分析的现状

精神分析自身具有多种二重性:精神分析产生于神经症的治疗实践,是一种治疗心理疾病的方法,同时又是一种关于潜意识的心理学说;精神分析是现代西方心理学的一个主要流派,被称为西方心理学的第二大势力,但其影响却远远超越了心理学的范围,扩展到社会科学的各个领域,成为一个无所不包的"弗洛伊德主义";精神分析治疗依赖主观的话语解释,其理论观点更多来自观察和推论,但精神分析的科学化却一直是精神分析家的梦想和追求。下面,我们就从治疗技术、跨学科研究和社会影响三个方面简要分析精神分析当前的现状。

一、作为临床治疗技术的精神分析

精神分析在创立之初并不被接受,然而两次世界大战却促进了精神分析的快速发展,因为战争使人类遭受了巨大的心理创伤,迫切需要心理安慰和治疗。20 世纪 50 年代以后,随着精神病药物治疗的发展,精神分析又受到严峻的挑战。然而,自 20 世纪 70 年代以来,由于心理治疗的迅速开展,精神分析作为最基本的心理治疗方法又得到重视。精神分析的教育和培训受到人们的热情欢迎。受过精神分析训练的心理治疗者的数目不断增加,他们工作在北美、拉丁美洲和欧洲的许多国家。澳大利亚、以色列、印度、日本等国家也有许多从业者。中国大陆自 20 世纪 80 年代末开始最初的精神分析师培训,到 2004 年举办第一届"中国精神分析年会",接受培训的学员已达数百人。

早期的精神分析治疗又被称为长程精神分析治疗,因为它在时间上有严格的规定并且是高度密集性的。一般每次会谈不应超过 50 分钟,每周连续 3—5 次,一个疗程约需 2—5 年。后来随着社区心理卫生运动的开展和对卫生保健费用的考虑,短程精神分析治疗迅速发展起来。短程精神分析治疗通常是每周一次,10—20 次为一个疗程,特殊病例可达 40 次。短程精神分析治疗比长程精神分析治疗更依赖于病人的自省能力,因为它要求病人必须有能力识别自己的焦点冲突。治疗者就是通过解决病人生活中最关键的冲突而使病人的成长过程得到改变的。

精神分析治疗最初只是一种一对一的个体心理治疗,然而,经过拜昂(Wilfred Bion)、福克斯(S. H. Foulkes)和梅因(T. Main)等人的努力,它已发展为一种小组的或团体的分析性心理治疗。拜昂提出工作小组(work group)概念,重视小组的整体功能,福克斯倾向于成员之间以及成员对引导者的复杂移情模型,梅因则将精神分析思维运用到了治疗团体中,帮助个体理解、学习他们自己以及居住社区内的人际关系。在安娜和克莱因之后,成人精神分析的模式被以游戏治疗的方式运用到了儿童和青少年的心理治疗之中。

二、精神分析的跨学科研究

纵观精神分析的发展历史,精神分析与其他学科的交叉和融合从未中断过。早期,精神分析中的左派赖克(W. Reich)和哲学家马尔库塞(H. Marcuse)就试图将精神分析与马克思主义相结合,分别创立了性革命论和爱欲解放论等学说。20世纪60年代,法国精神分析学家拉康将精神分析与结构主义语言学相融合,创建结构主义精神分析学。之后,法国后现代主义哲学家德勒兹(G. Deleuze)和精神分析学家伽塔里(F. Guattari)合作提出精神分裂分析学,解析了弗洛伊德精神分析理论中潜意识和欲望的文化表征问题,在批判当代资本主义制度的基础上建立了后现代主义的政治分析理论和革命理论。美国后现代思想家詹姆逊(F. Jameson)则继承德勒兹和伽塔里对当代资本主义与精神分裂表征的分析,吸收了精神分析学的潜意识观和欲望观,对弗洛伊德和拉康的精神分析理论均进行了重要的修正,从而把弗洛伊德的生物性"个体潜意识"和拉康的"语言潜意识"修正为"政治潜意识"。

在心理学内部,近年来这种交叉性的研究也日益增多。比较有代表性的是实验心理学以及神经生物科学与精神分析的整合。众所周知,精神分析历来重视婴幼儿期的早期经验,认为早期经验将成为日后一切行为反应、心理活动特点和社会适应模式的基础,但无论是弗洛伊德的经典精神分析还是后来的客体关系理论,对早期经验的研究都依赖于观察和推测。福纳吉(Fonagy)和梅因(M. Main)等人通过一些精巧的实验设计,将精神分析和实验心理学结合了起来。梅因及其研究小组设计了成人依恋访谈表(AAI),要求个体描述并评估早期人际关系和早期经验。访谈表的脚本由受过训练的评定者编码,对依恋状态划分了四种类型:安全—自主,弥散—分离,偏执—纠缠,未决—无序。1993年,福纳吉等人对一组父母施测AAI,分别在其第一个孩子出生之前和之后施测。他们发现,父母自身的依恋模式可以预测其子女在陌生情境中的依恋模式,表明特定的不安感模式和防御性策略能由父母传给子女。对自己或他人心灵的反射能力(又称反射性自我功能,reflective self function)对处理强烈情感和抚养孩子时的自我管理能力极其重要,好的反射能力与亲子双方的安全型依恋密切相关。福纳吉等人的研究被视为整合精神分析和实验心理学研究的典范。

自20世纪80年代以来,发展精神分析学与神经生物学理论出现了相互交融的趋势。1999年《神经—精神分析学》(Neuro-psychoanalysis)杂志创刊,2000年国际神经精神分析学协会(the international neuro psychoanalysis society)成立,它们成为神经精神分析学(neuro psychoanalysis)建立的标志。神经精神分析学旨在将精神分析学与神经科学相结合,促进精神分析学与神经科学的跨学科研究。研究者们希望通过借鉴精神分析学的理论概念、整合神经科学与精神分析学的研究方法来研究人的整体、动态的心理过程,并将研究成果应用于临床实践,从而建立一门紧密联系心理与生理的新研究领域。代表人物有里克·坎德尔(E. Kandel)和马克·索姆斯(M. Solms)等。

三、对社会问题的关注

弗洛伊德持一种性恶论的人性观,认为冲突和竞争是人类无法逃避的部分,因此在个人与社会的关系上,他主张人的本能必须由社会加以控制。具有精神分析倾向的社会心理学家斯蒂芬·弗罗施(S. Frosh)和迈克尔·拉斯廷(M. Rustin)都赞同这样的观点:人性中的破坏性力量是不可避免的,因此社会应该更具"容忍"性。他们认为,我们如果能够更好地理解爱、恨和妒忌的复杂的内在和外在的起源,就能更好地规划社会公共机制,如学校、医院、工厂和监狱,这将通过认真地处理好思维的内在状态,通过反思而不是对外投射或惩罚性的恶意报复行为,更好地培养人们之间的关系。

精神分析对研究社会中的暴力和偏执问题也有贡献。客体关系学派的成员汉娜·西格尔(H. Segal)对核威胁的研究作出了贡献。她比较了两种思维状态:一种是在战争期间尽力挽救和保护一些有用的东西;另一种则是完全的破坏的心态,什么东西也不保留下来。精神分析师法克瑞·戴维兹(F. Davids)研究了种族歧视问题。西格尔和戴维兹都应用了人性的"病态组织"的观点,认为粗鲁的、极权主义的组织已经嵌入人性以及人们的交往方式。

> **拓展阅读 10 - 4**
>
> 精神分析虽然经历了一段曲折的历史,但仍在西方心理学领域取得了相当的成绩,并成为了20世纪50年代精神治疗的主导力量(Lazarus,2000)。
>
> 杂志种类的增多证实了西方精神分析在二战后的发展和力量。1909年西格蒙德·弗洛伊德和欧根·布洛伊勒(Eugen Bleuler)(1857—1939)一起创立了第一份精神分析期刊《精神分析及精神病理学研究年鉴》。后来,诸如《无意识意象》(1912)和《精神分析国际期刊》(1913)等精神分析的其他杂志,在弗洛伊德有生之年艰难维持。另一些英文版本的精神分析出版物呈现繁荣景象,其中包括《精神分析评论》(1913)、《美国人的无意识意象》(1944)、《美国精神分析协会杂志》(1952)、《分析心理学杂志》(1955)、《当代精神分析》(1964)和《现代精神分析》(1976)。这些杂志的感染力仅仅是精神分析健康发展的一个缩影。《协会百科全书》(参见 Bruek, Koek & Novallo,1989,P. 2989)列举了40多个美国国内及国际的精神分析社团,其中包括"美国精神分析协会""美国精神分析研究院"以及"国际精神分析协会"。
>
> 虽然取得了上述的成绩,一些学者仍对精神分析的未来表示怀疑。艾斯勒(1965)警告说,精神分析对于来自宗教、政府、生物和社会学的观点,尤其是医学正统思想的攻击显得脆弱无力。当意识到这些中肯的批评时,许多精神分析学家逐渐艰难地将这些危险消除(Kirsner,2001)。例如,美国精神分析协会在20世纪30年代建立了一些标准,

要求精神分析学家去医学院学习。但是,在1988年的反对医学正统观念的庭外决定的标志性事件中,精神分析学家开始认识到博士有权要求进行精神分析的培训(Buie,1988)。著名的精神分析协会同意接纳更多的心理学家成为职业社团的成员以及对培训设备的分配。这一大胆的举措拓展了精神分析的研究基础并有助于确保其未来发展。①

本章小结

1. 自弗洛伊德之后精神分析的分裂和修正从未停止,出现了自我心理学、客体关系学派、自体心理学、社会文化学派、存在精神分析和结构主义精神分析等理论分支,它们一方面继承了传统精神分析对潜意识、动机和人格等问题的关注,另一方面则适应当时的社会历史条件并吸收了人类学、语言学等其他学科的研究成果。

2. 精神分析的自我心理学代表着正统的精神分析运动的新发展。自我心理学的思想在弗洛伊德的理论体系中已有萌芽,后经其女儿安娜的过渡,使自我心理学成为精神分析运动的合法化领域,最终由哈特曼确立了自我心理学体系。埃里克森的理论则代表着自我心理学的社会文化转向。

3. 精神分析的社会文化学派是当时的美国社会文化对弗洛伊德古典精神分析理论进行修正和改造的产物,他们把社会文化因素视为人格形成和发展的根本原因。该学派的主要代表人物有霍妮、沙利文、卡丁纳和弗洛姆等人。

4. 精神分析在当今仍然保持旺盛的生命力,这主要表现在三个方面:第一,精神分析本身作为一种有效的心理治疗手段得到重视和发展,它以其临床心理治疗技术的基础性地位而被广泛学习;第二,精神分析与实验心理学和神经生物科学等的整合,引发了新的研究成果并直接导致神经精神分析学科的创建;第三,关注暴力和核威胁等社会性问题的研究。

复习与思考

一、名词解释

1. 初级自主性 2. 能量的中性化 3. 自我同一性 4. 基本焦虑 5. 社会潜意识 6. 基本人格结构 7. 人格化 8. 社会性格

二、简答题

1. 简述自我心理学的建立过程。

---

① 瓦伊尼(Wayne Viney),布雷特·金(Brett D. King). 心理学史:观念与背景(第3版)[M]. 郭本禹,等,译. 北京:世界图书出版公司,2009:466.

2. 简析哈特曼的自我自主性理论。
3. 简述埃里克森关于人格发展的渐成论原则。
4. 霍妮关于神经症人格有哪些分类?
5. 沙利文的人际关系的含义是什么?
6. 弗洛姆所区分的性格类型包括哪些?

三、论述题

1. 试述埃里克森人格发展的八个阶段。
2. 论析哈特曼对自我心理学的贡献与局限。
3. 初级制度怎样塑造了基本人格结构?基本人格结构又是怎样创造了次级制度?
4. 精神分析心理学在当前出现了哪些跨学科的研究?其意义是什么?

第十一章　皮亚杰理论

🏛 本章导读

本章讲述皮亚杰及其学派的历史贡献,皮亚杰创立的发生认识论及其儿童认知发展理论是本章的基本主题。第一节集中于皮亚杰的生平介绍及其主要工作经历,简要地回顾了皮亚杰辉煌的一生。第二节介绍了皮亚杰的儿童认知发展理论,主要从智力的本质、认知结构的基本概念、影响儿童认知发展的因素、儿童思维发展的阶段等几个方面概括了皮亚杰对儿童心理学的贡献。第三节讲述了皮亚杰理论中最核心的内容:发生认识论,主要从发生认识论的内涵、形成、实质、意义等几个方面呈现了皮亚杰发生认识论的基本面貌。第四节讲述了新皮亚杰学派对皮亚杰理论的继承与发展,新皮亚杰学派有广义与狭义之分,他们对皮亚杰理论有继承更有发展与超越,从不同方面丰富、完善了皮亚杰理论,柏斯卡·莱昂内的辩证结构论、凯斯的控制结构论、卡米洛夫·史密斯的表征重述理论是其中的典型代表。第五节讲述了皮亚杰理论的历史地位,分析了皮亚杰理论的特点、影响、贡献与不足,突出了皮亚杰理论在心理学史上无可替代的学术地位,虽然存在着一些缺陷,但毕竟瑕不掩瑜,作为心理学发展史上的一座里程碑,皮亚杰理论将持续发挥它的影响。

📍 学习目标

1. 了解皮亚杰的生平与主要工作经历。
2. 理解智力、格式、同化、顺应、平衡、自动化调节、内化建构、外化建构、运算等基本概念。
3. 理解皮亚杰关于影响儿童认知发展的因素。
4. 掌握儿童思维发展的四个阶段。
5. 掌握发生认识论的内涵、实质,理解发生认识论的形成与意义。
6. 能够把握皮亚杰理论的特点、影响、贡献与不足。

让·皮亚杰(Jean Piaget,1896—1980)是瑞士著名的儿童心理学家和发生认识论创始人,他因创建发生认识论(genetic epistemology),提出智慧的本质、儿童心理发展的本质以及具体阶段而享誉世界。他在认识论、儿童心理学、心理逻辑学、心理语言学等领域作出了突出贡献。皮亚杰以其深厚的生物学、逻辑学、心理学、哲学、认识论、科学史等方面的知识为基础,吸收心理学各流派的精髓,创建了一个关于儿童智力发生和发展的综合性学说。这一学说已被公认为是现代西方心理学发展史上的一个重要里程碑。

图 11-1　皮亚杰

第一节 皮亚杰的生平与工作

一、生平

1896年8月9日,皮亚杰出生在瑞士南部的纳沙特尔。早在童年时代,皮亚杰就养成了独立专心的思索习惯和科学探究的精神。这与他自幼接受的家庭熏陶和教育,特别是与他父亲的影响有关。他的父亲是纳沙特尔大学文学和历史学教授,治学严谨且富于批判精神,追求真理和认识的完美,反对浅尝辄止。这种踏实的治学作风和科学的进取精神对皮亚杰有着潜移默化的深刻影响。皮亚杰以一生的实践遵循着这种精神的指引。少年早慧的皮亚杰很早就按捺不住创造的欲望,不到10岁时就曾拉开架势写了一本小册子,题为《我们的鸟》。11岁时,他观察到一只患有特殊白化病的麻雀,随后写成了一篇不足一页的观察报告,寄给了当地一家名为《枞树枝》的自然科学杂志,并得以发表。15—18岁之间,他独自撰写了一系列有关软体动物的论文,这些文章使得还是中学生的他成为当地一位小有名气的软体动物学家。

在中学时期,皮亚杰经常跟随他的教父外出度假。他的教父是一位学者,熟悉哲学和认识论。皮亚杰在教父的启发下产生了对认识论的兴趣。事实上,皮亚杰对生物学和认识论的兴趣一生都没有减退,在他后来的著作中,处处显示出生物学和认识论的影响。

1915年,19岁的皮亚杰获生物学学士学位。随后,他继续攻读生物学博士学位,并同时攻读哲学博士学位。1918年,他获生物学和哲学双博士学位。在攻读双博士学位期间,皮亚杰通过对生物学和哲学认识论的研究发现,在从生命机体与环境的相互作用到思维主体与客体的相互作用的发展过程之间,存在一段空白,而可以填补这一空白的,正是对儿童思维的发生与发展的研究。从此,他的兴趣开始转向了心理学。1919年,皮亚杰来到法国巴黎大学学习病理心理学,还进修了逻辑学和哲学课程。1921年,获法国国家科学研究院博士学位。继而在巴黎给西蒙当助手,在一所小学里的比纳实验室研究儿童的智力测验,并将测验方法标准化。比纳智力测验法的主要特点是,要求儿童回答一系列事先设计的问题,能准确回答的问题越多,智商就越高。

皮亚杰在这一工作中发现,儿童在被测时常常做出一些可笑甚至荒谬的回答,儿童的错误回答比正确回答更能显示儿童的智力水平,因为同一年龄组儿童的错误回答与另一年龄组儿童的错误回答具有质的不同。而这种错误在比纳的标准化测验中却得不到反映。因此,皮亚杰发展了他自己的研究儿童智力的方法,即临床法。临床法是在单纯观察法的基础上,扬弃测验法的优缺点,汲取实验法的长处而对儿童智慧进行研究的方法。皮亚杰的临床法是一种开放形式的提问,问题不是事先设计好的,而是根据前一个问题的回答决定,提问因人而异,不拘泥于标准化的程序。这一方法能使研究者与儿童进行无拘束的交谈,使整个研究过程保持一种自然的状态。谈话法的重心是儿童实际思维的过程,是思维产品背后的真实情景以及差异中的规律性。

二、工作经历

1921年,皮亚杰应当时著名的心理学家、日内瓦大学卢梭学院院长克拉巴柔德的邀请,担任日内瓦大学卢梭学院研究所主任。克拉巴柔德为当时欧洲机能主义心理学的执牛耳者,其机能主义思想给予皮亚杰以深刻的影响。皮亚杰的"智慧的本质是适应"的思想就是这一影响的生动写照。从此,皮亚杰开始了创造自己"发生认识论"体系的真正的事业!

从在日内瓦大学任职起,皮亚杰就开始应用自己的研究方法探索儿童智力或儿童的认识和思维形成和发展的规律。至1932年,他已发表了《儿童的语言和思维》(1924)、《儿童的判断和推理》(1924)、《儿童的世界概念》(1926)、《儿童的物理因果概念》(1927)、《儿童的道德判断》(1932)等5本论述儿童心理的专著。这些著作使他蜚声海内外,成为国际著名的儿童心理学权威。此后,他以自己的三个孩子为被试,在妻子的协助下,用大量时间观察儿童动作并进行各种实验,细心研究了每个孩子两岁以前的行为方式和思维发展的过程,并把这些研究成果汇集成《儿童智力的起源》等几部著作,这些研究为他创立发生认识论奠定了基础。

在1929年之后的漫长岁月里,皮亚杰和同事长期致力于发生认识论的研究,从儿童的逻辑、数量、时间、空间、几何等概念的形成和发展到儿童思维中关于守恒、分类、序列、转化的发展,遍布了皮亚杰探索的足迹,见证了皮亚杰的发生认识论思想发展的历程。在这期间,皮亚杰完成了《智慧心理学》(1947)和三卷本巨著《发生认识论导论》,标志着发生认识论走向了成熟。

1954年,皮亚杰当选为国际心理学会主席,此后又任联合国教科文组织领导下的国际教育局局长。1955年,他在日内瓦创建了"国际发生认识论研究中心",并担任主任。皮亚杰还和英海尔德、辛克莱、西敏斯卡、伦堡希等人组成了以他为代表的"日内瓦学派",这一学派的观点对国际心理学界、教育界和哲学界产生了广泛影响。

鉴于皮亚杰的杰出贡献,1969年皮亚杰73岁大寿时,美国心理学会授予他"卓著科学贡献奖",他成为第一个享饮此誉的欧洲人。1977年,国际心理学会授予皮亚杰爱德华·李·桑代克奖金,这是心理学界的最高荣誉。皮亚杰曾到许多国家讲学,获得几十个名誉博士、名誉教授和名誉科学院士的称号。1980年,皮亚杰在瑞士去世,享年84岁。皮亚杰一生探索不止,创作不息,著作等身,留给后人60多本专著、500多篇论文。

第二节 皮亚杰的儿童心理学理论

皮亚杰理论涉及范围广泛,融合了生物学、心理学、逻辑学、认识论等多学科知识,但总体而言,他的独特贡献主要体现在两方面:一是儿童心理学理论,二是发生认识论。皮亚杰选择儿童智慧为切入点,以儿童心理的发生、发展机制为研究对象,最终目的是探究人类知识的发生学,创立发生认识论。

一、智力的本质

皮亚杰在比纳测验中心工作时,就发现了比纳智力测验的缺陷。比纳测验法以儿童正确回答条目的多少来计算儿童的智力,皮亚杰对此持反对态度。他认为智力乃是一种适应形式。适应本是生物学术语,它是生物体屈从环境的威力所做出的适合生存的改变。皮亚杰认为,不仅在生理水平上机体要适应环境,而且在心理水平和认识水平上也都存在着机体对环境、主体对客体的适应。儿童的智力既不是起源于先天的成熟,也不是起源于后天的经验,而是起源于动作。这种动作的本质是儿童对客体的适应,儿童通过动作对客体环境的适应,是儿童智力发展的真正原因。因而,皮亚杰强调,智慧就是适应,智慧乃是一种最高形式的适应。它的功能是使有机体有效地对付不断变化的环境,使有机体接近生存的最理想条件。换句话说,智力总是在现存的条件下为有机体的生存创造最理想的环境。智力具有动力性的特点。随着环境和有机体自身的变化,智力的结构和功能必然不断变化,以适应变化的条件。

智力的本质是适应,而适应又是有机体与环境达成的一种平衡状态,那么智力的这种适应是如何形成的呢?皮亚杰认为,只讲内因或只讲外因的发展观都是片面的,应在承认进化论的前提下,以内在因素和外在因素之间的不断交互作用来解释适应的变化,因为这种观点强调了同化、顺应与动作发展间所体现的自我调节机制。适应的形成在生物学上是同化与顺应的平衡,在心理学上就是内因与外因之间相互作用的一种平衡状态。

二、认知结构的几个基本概念

皮亚杰理论具有极大的开创性。在这一理论中,皮亚杰创造性地使用了许多概念,有些概念是从其他学科借用的,如同化与调节,但皮亚杰赋予了这些概念以特殊的意义。大多数概念则是皮亚杰通过研究、总结、概括而得来的。这些概念既是他的理论的一部分,又是理解他的整个理论的基础。皮亚杰从心理的发生发展来解释认知结构的获得,他强调认知的获得必须用一个将结构主义与建构主义紧密联系起来的理论加以说明。在用心理学术语描述认知结构时,皮亚杰用了下述几个基本概念。

(一) 格式

格式是皮亚杰心理学理论中的一个关键概念。在皮亚杰的理论中,格式既可被看成是有机体认知结构中的一个子结构,又可被看成是认知结构中的一个元素。

皮亚杰认为,所谓认识,就是主体以一系列动作或运算去转变外物。在转变的过程中,这些动作或运算彼此获得了一系列功能上的联系,然后通过相互的协调,产生了具有概括性、稳定性和可重复性的组织。这些由动作或运算组成的具有以上这些性质的组织就是格式。认知结构就是协调了的格式的整体形式。

皮亚杰本人在20世纪60年代后,对格式与图式(schema, schemata)两个概念作了区分。格式指操作活动,代表动作中能重复和概括的东西,它可从一种情景迁移到另外一种情境,换句话说,格式就是在同一活动中保持共同的那个东西。例如,在婴儿出生的头一个月里,无论嘴唇碰到任何物体,婴儿都产生吮吸反射。此时,婴儿具有"吮吸的格式"。而图式并不涉及操作,它只是指思想的图像方面——企图去表现现实,并不去转变现实。可以说,图式就是一种简化了的意向。例如,一个城镇的地图、一个玩具的粗略形象等。

格式种类的多寡和质量的高低随年龄和经验的增长而变化。新生儿只有极少数较为笼统的格式,如吮吸、抓握、哭叫等。随着婴儿的成长,格式的种类逐渐增加,内容也变得更加丰富。从简单的格式到复杂的格式,从外部的动作格式到内隐的思维格式,从无逻辑的格式到逻辑的格式,至成年时,人就形成了复杂的格式系统,这个格式系统就构成了人的认知结构。

(二) 同化与顺应

同化是皮亚杰从生物学借用的术语,在生物学中,同化是指有机体在摄取食物后,经过消化和吸收把食物变为自己本身的一部分这一过程。皮亚杰把这一概念应用于心理学中,意指人们把知觉到的新鲜刺激融于原有的格式中,从而达到了对事物的理解。在这一过程中,个人的同化过程是受他已有的格式所限制的。个人所拥有的格式越多,他所能同化的事务范围就越宽广;个人所拥有的图式越少,他所能同化的范围越狭窄。

同化是个体认识成长的机制之一。同化的直接结果是促进格式范围的扩大。但是同化本身并不能促使格式种类发展,它只引起格式量的变化,而不能导致质的改变。显然,若只有同化,人类的认识能力只能停留在婴儿时期的吮吸、哭喊、抓握的水平上。因此,为了给生存创造更为理想的环境,人类发展了认识成长的第二种机制——顺应。

顺应就是"同化性的格式或结构受到它所同化的元素的影响而发生的改变",换言之,顺应就是认知结构受被同化刺激的影响而发生改变。它包括两个方面:一是把原有的格式加以改造,使其可以接纳新的事物;二是创造一个新的格式,即增加一个新类别的格式,以接纳新事物。顺应过程使格式产生质的变化,导致认知结构的成长与发展。

每个人的认识过程都涉及同化与顺应两个方面。对于那些与个体原有格式一致的刺激或事物,个体就同化它;对于那些与个体原有格式不一致或不能以现有格式去处理的刺激或事物,个体就采用顺应的方式去处理。一切认识都离不开认知结构的同化与顺应机能,它们是"外物同化于认知结构"与"认知结构顺应于外物"这两个对立统一过程的产物。这两种过程都是人类认识成长所必需的,任何一方的过度发展都会造成认识的失衡,导致认知能力的畸形发展。

(三) 平衡化与自动调节

平衡化指的是一种动态的平衡,其目标指向是达到更好的平衡状态。从适应的角度来看,也就是指认知同化与认知顺应这两极趋于更佳的和谐一致。认识的发展需要这两种活动之间和谐一致。因为若这两种活动中的任何一个居于支配地位,而另一个受到压抑,都会阻碍智力的正常发展。例如,若只有同化,那么人的认识会停留在非常幼稚的水平上,一切新事物都被纳入几个笼统的格式中;若只有顺应,则人会得到一大堆杂乱无章的知识,抽象概括能力将得不到发展。因此,保持同化与顺应的和谐发展,使之处在一种平衡状态,是智力正常发展的必要条件。

用皮亚杰的话说,"平衡化指的是这样一种过程,即通过多重的去平衡与再平衡,导致从一个接近平衡的状态向一个质上存在差异的平衡状态递进发展"。换言之,"平衡化就是对更好、更高的平衡状态的探求"。平衡状态是相对的,平衡过程却是绝对的。我们可以把平衡状态理解为认知结构固定的系统,而平衡化才是认知结构的真正构成阶段,是平衡状态的形成过程。同化和顺应每获得一次平衡,认知结构就会随之更新。随着同化和顺应之平衡→打破平衡→再平衡……的发展,认知结构也不断地由低级向高级发展。

为什么在去平衡之后能够实现向更高水平的再平衡过渡呢?皮亚杰用"自动调节"的机制加以说明。在知识建构过程中,同化与顺应之间的平衡是通过主体的自动调节来实现的。自动调节也是皮亚杰从生物学中引进的概念。在生物学中,自动调节是指生物体在内外环境条件的变化中保持形态和生理状态的稳定以维持生存的现象。皮亚杰认为,自动调节是介于同化和顺应之间的第三者,对同化和顺应进行调整以达到两者的平衡。当同化大于顺应时,通过自动调节可以加强顺应的作用,同时抑制同化的作用;当顺应大于同化时,通过自动调节可以强化同化作用。在主体和客体相互作用的过程中,自动调节随处发挥自己的功能以保证同化和顺应正常地进行。

(四) 内化建构和外化建构

根据皮亚杰的看法,在"同化于己"和"顺应外物"的主客体相互作用的过程中,实际上包含着"动作内化"和"格式外化"的两极转化。一切知识,从功能机制上说,是同化与顺应的统一;从结构机制上分析,则是主体认知结构的内化产生和外化应用的统一。

主体的同化性的活动(动作或运算)经过重复和概括就会形成一定的格式,而这些格式都趋向于综合,趋向于彼此间的协调,这种协调具有一种组织化或结构化的倾向,认知结构是协调的产物。内化建构意指认识主体对动作进行分解、归类、排列、组合等各种协调,从而形成动作结构,或者对已有动作格式进行再协调或再建构,从而形成更高级、更复杂的格式。换言之,内化建构是把动作或动作格式按照新的方式、在新的水平上组织起来。按照发展顺序,内化建构首先是对外部感知运动动作的协调,然后是对表象水平的精神动作进行协调,最后才是对逻辑运算水平的精神动作的协调。

外化建构是运用动作格式(内化的或尚未内化的)把客体或客体经验组织起来,从而建立客体的关系与变化结构。与内化建构次序相反,外化首先是在主体头脑中把物理经验组织在格式之中,形成有关客体的物理知识(广义),然后根据这些知识把主体实际动作组织起来以作用于客体,使客体以新的方式发生相互作用,从而改造转变客体。主体认识结构逐步外化到实际客体,人类技术发明往往就是格式外化的产物。

（五）运算

运算实质上也是一种动作，是一种内化了的、可逆的动作。运算是组成认知结构的元素，各个运算联系在一起就组成了结构的整体。运算具有以下几个基本特征：首先，运算是一种内化了的动作。所谓内化，即指动作可以在思想中按原有特点进行。其次，运算具有可逆性。即运算可以向一个方向进行，也可以向相反方向进行。再次，运算具有守恒性。一方面，运算的守恒性与可逆性有着密不可分的联系，没有某种内容的守恒，可逆性就失去了依附；另一方面，守恒性也是通过可逆性获得的。最后，运算不是孤立的。它总是集合成系统、构造成结构的。一个单独的内化动作不是运算，只能算作直觉表象。只有当运算形成体系后（即被协调在一个统一结构整体的各个系统中后），才能称之为真正的运算。总之，运算既是逻辑思维的标志，也是逻辑思维的细胞，运算的结合形成了认知结构。

儿童最初的运算依赖于那些具体的、能为儿童体验到的事件，皮亚杰称这种形式的运算为"具体运算"。随着儿童的发展，思维逐渐脱离具体事务，可以抽象符号为中介，在假设的水平上进行，这种形式的运算就是皮亚杰所说的"形式运算"，形式运算是智力发展的最高形式。

三、影响儿童心理发展的基本因素

皮亚杰在《儿童逻辑的早期形成》《儿童心理学》等著作中对制约儿童心理发展的因素进行了分析，他认为儿童心理发展主要受成熟、实际经验、社会环境的作用和平衡化四个因素的影响，前三者是发展的三个经典性因素，而第四个条件才是真正的原因。

（一）成熟

成熟主要表现为由遗传决定的生理成熟过程，包括机体的成长，特别是神经系统和内分泌系统的成熟。无疑，神经系统和内分泌系统的成熟与否对智力发展有着不可低估的影响。从遗传学的角度来说，成熟是儿童智力发展的生理基础。但是皮亚杰也指出，神经系统和内分泌系统的成熟只是智力发展的必要条件，并非智力发展的充分条件。生理成熟为发展提供了可能性的条件，但从可能性转化为现实性的条件却不能完全由遗传程序或神经系统的成熟本身自然决定。生理上的成熟与否可在一定程度上促进或阻碍智力的进步，但对儿童智力发展起着更重要影响的因素来自儿童后天的活动和社会环境。随着年龄的增长，成熟因素的作用相对降低，而环境的影响愈益增加。

（二）实际经验

通过各种各样的活动而获得的实际经验对儿童智力的发展起着很大作用。"知识在本源上既不是从客体发生的，也不是从主体发生的，而是从主体和客体之间的相互作用中发生的。"这就是说，为了发展自己的认识能力，儿童必须经常参与各种活动，在活动中对客体施加各种动作，从而获得各种实际经验，才能促进智力的发展。

在活动中获得的实际经验包括两个方面:物理经验和数理逻辑经验。物理经验是由主体对个别动作通过简单抽象所获得的经验。物理经验直接反映了客体的某些性质,诸如物体的颜色、重量、比例、速度等。主体通过物理经验可获得有关客体的知识。数理逻辑经验虽然也是在主体作用于客体的过程中获得的,但这种经验不是客体本身的性质,而是反映了主体动作间的某种关系。它是主体对动作协调进行反省抽象所形成的经验。这种经验来源于动作而不是来源于客体。由这种经验进一步形成的知识就不是有关客体本身的知识,而是超越客体的逻辑数学知识,它成为主体自身的认知框架。例如,$A+A'=B$ 与 $A'+A=B$,无论 A 和 A' 顺序如何,结果都是一样的。在这里 $A+A'$ 和 $A'+A$ 并不是物体本身的属性,而是主体动作的结果,通过主体排列的这种秩序而获得的经验就是数理逻辑经验。数理逻辑经验最重要的特点是主体关于自身动作协调的反省,所以,它涉及的就不只是个别的动作,而是一系列的动作。正因为有一系列动作的参与,才会有对这些动作之间的关系的协调,数理逻辑经验正是对这些协调的反省结果。由于个别动作与动作协调的区分是相对的,因而,物理经验与数理逻辑经验的划分也具有相对性。

皮亚杰指出,实际经验是儿童智力发展的重要因素之一,但它也只是必要因素,而不是充分因素。

(三) 社会环境

社会生活、文化教育、语言信息的交换和交流对儿童智力发展有着重要影响。每个儿童的活动都不是发生于真空中,而是发生于社会环境中,是在与他人交互作用的过程中进行的。实际上,社会环境的影响,只能起到一定范围内的加速或推迟的作用。因为教育和社会因素对儿童来说,它们只是在提供环境刺激和丰富经验材料的意义上发挥着作用。如果儿童不能把通过教育传递而得到的语言信息和社会经验同化并整合于自己的认知结构中,这些信息和经验就不会有任何效果。当主体能够同化它们,它们就会对主体发挥某种作用。正如皮亚杰所指出的,"发展阶段在任何环境下总是按照同样连续性的次序发生,这一事实本身就足以指出社会环境不能说明一切"。

皮亚杰认为,以上三个因素对于智力的发展都是重要的。但是,任何一个因素本身都不足以说明问题,其中每一个因素都包含有一个"基本的平衡化因素"。

(四) 平衡化

前面我们曾经谈到,皮亚杰主张儿童有一种维持平衡的内在倾向,每当认识上产生不平衡时,儿童就会通过各种方式恢复平衡。皮亚杰认为,这种追求平衡的内在倾向是儿童智力发展的决定因素。

皮亚杰之所以提出平衡化的概念,主要是基于以下两点理由:第一,既然成熟、经验和社会因素都不足以完全解释发展的原因,那么,必然存在着另外一种因素将这三种经典因素之间的相互作用进行协调,这种协调因素就是第四种因素,即平衡化;第二,皮亚杰观察到,任何结构的形成,主体都要经历大量的试误过程,这种试误过程实际上就是不断地同化和顺应活动所组成的反应系列,这是一种自动调节活动。自动调节正是平衡化的实质所在,"自动调节系统存在于有机体的功能作用的各个水平上……它是生命最普遍的特征之一,也是机体反应和认知反应所具有的最一般的机制"。

于是,主客体相互作用的过程就变成了成熟、个体经验和社会环境三种因素的平衡化过程。平衡化过程有其自身的机制。正是在这个意义上,平衡化因素才成了发展的第四个因素。

平衡化促进了同化与顺应之间的和谐发展,并使得成熟、实际经验和社会环境之间处在协调状态。更为重要的是,平衡的倾向作为一种过程,总是把儿童的认知水平推向更高的阶段。当低层次的平衡被冲破以后,由于有了这种倾向,平衡就在高一级的水平上得以恢复,从而导致了智力的发展。

以上四个因素,尽管有轻重之分,但每个因素都有自己独特的贡献,是其他因素不可取代的。它们共同作用,推动智力向前发展。

拓展阅读 11-1

制约儿童心理发展因素的历史论述[①]

自从科学心理学创建以来,有关心理发展的制约因素问题一直是心理学的基本理论问题之一。探讨儿童心理发展因素的问题,主要集中于"遗传"和"环境"之争,这场争论从中世纪开始一直持续到现在。

一、单因素论(19世纪中叶—20世纪初)

20世纪初期,心理学研究者往往各执一端,片面强调单因素的决定作用,于是出现了"遗传决定论"和"环境决定论"。遗传决定论以优生学创始者高尔顿为代表,该学派认为儿童心理发展是受先天的遗传素质决定的,个体的发展及其品性早在生殖细胞的基因中就决定了,发展只是内在因素的自然展开,环境与教育仅起到引发作用。高尔顿用家谱调查作为其观点的论据,这些资料是经过几代间接了解的,且其中调查对象的环境因素没有对其认真地分析,因此,很难做到客观、实际。

环境决定论以行为主义者华生为代表,他认为儿童心理的发展完全是外界影响的被动结果,片面地强调和机械地看待环境、教育的作用。他运用经典条件反射的方法对婴儿的行为进行了"塑造",这种"塑造"行为的理论在婴幼儿教养中曾发挥过积极的作用。但它的用处有限,不能解释儿童如何学会谈话、使用工具、跳舞等敏捷的和复杂的技能。而且,该理论否认了遗传的作用,否认儿童的主动性和自觉性。

二、双因素论(20世纪初—20世纪60年代)

到了20世纪中叶,心理学家开始注意到了遗传和环境两者都是必不可少的条件,

---

① 易利红.简论影响儿童心理发展的因素[J].云梦学刊,2002(02):96—98.

同时开始分析各自的作用,此期的代表人物有"辐合论"的倡导者斯腾和"成熟论"代表格塞尔,"辐合论"认为人类心理的发展既非仅由遗传的天生素质决定,也非只是环境影响的结果,而是两者相辅相成所造成的,这是一种折衷主义的发展观,没有摆脱以静止、孤立的观点处理二者之间的关系;格塞尔的"成熟论"本质上是一种内在发展的理论,但不否认发展需要环境的促进,不否认环境的作用。他认为某种机能的生理结构未成熟之前,学习训练是不能进行的,只有达到成熟状态训练才能有效。

三、相互作用论(20世纪60年代开始)

随着遗传与环境的科学研究的进一步深入,心理学研究者们发现了二者的复杂关系,于20世纪60年代提出了相互作用论。这种观点认为是遗传和环境二因素的相互作用导致发展,好的遗传和好的环境产生好的发展结果,不良的遗传和不良环境产生不良的发展。这种观点是当时比较流行并得到普遍承认的思想,主要代表有皮亚杰的相互作用论、苏联的维列鲁学派等。

四、儿童心理发展的阶段理论

皮亚杰认为,根据儿童智力发展的主要特征和变化的规律,可把儿童智力的发展划分为几个主要的发展阶段,即感知运动阶段、前运算阶段、具体运算阶段和形式运算阶段。

(一)感知运动阶段智力发展的特点

感知运动阶段指的是儿童从出生到大约两岁这段时间。这段时间智力发展的特点是,智力活动以感知和运动反射为主要形式,且智力活动依赖于眼前的人和事物,当这些人和事物不在眼前时,不能运用心理表象从事智力活动。但到达阶段的末尾时,儿童已开始具有运用心理表象的能力,虽然这种能力还不十分完备。皮亚杰把这个阶段智力的发展划分为六个层次:

1. 反射练习时期(0—1个月)

这一个月内,婴儿的行为全是反射性的,如吮吸反射和抓握反射等。无论面临什么刺激,婴儿都以少数几个反射格式进行同化。到两三个星期时,才开始出现简单的调节,如移动头部寻找奶头等。这些同化与调节虽然简单,却构成了日后智力发展的基础。

2. 初步适应和初步循环反应出现的时期(1—4.5个月)

在上一时期,婴儿的活动全是反射性的,即只有在受到刺激后,才出现反应性的智力活动。而到了这一时期,婴儿形成了一些简单的习惯,如吮吸手指、移动头部等,这些简单的习惯并不是反射性的,而是适应性的,是婴儿主动做出的。例如,上一时期吮吸大拇指是出于偶然,而现在婴儿努力把手指放在嘴里,表现出一定的主动性。

在这一时期的发展过程里,皮亚杰还提出了"循环反应"的概念。循环反应意指婴儿发现一个偶然的反应是有趣的,于是就重复这个反应,渐渐形成了一种习惯,例如,上面所说的吮吸手指,还有目光随物体移动、咿呀学语的动作等。这一时期的婴儿具备了初步的眼手协调和眼耳协调的能力,就使得循环反应的出现成为可能。

3. 意向行为的形成时期（4.5—9个月）

在这个时期里，婴儿不仅把循环反应运用在自己身上，而且也应用在身体以外的其他事物身上，他开始把握和玩弄他伸手所及的一切物体，表现出视觉与触觉的协调。

意向行为或有目的行为始于婴儿开始领悟到对象与对象之间的关系，并能利用这种关系达到自己的目的。例如，这一时期的婴儿可以抓住挂在铃铛上的一根线，拉动这根线使铃发出响声，这说明这个时期的婴儿有了简单的意向行为能力。不过这种意向行为中目的还只是初步的、笼统的，在进入下一个时期后，明确的目的行为才开始出现。

4. 格式的初步联系运用时期（9—12个月）

这一时期的婴儿开始显示出明显的意向行为，他能运用已有的格式实现不能直接达到的目的，表现出把格式联系起来运用的特点，这时，真正的智力活动就产生了。此时真正的智力活动不再是利用单个格式去应付问题，而是通过格式的组合和协调实现预定的目标。例如，婴儿可拉动成人的手向着他自己不能达到的地方，以利用成人的手达到自己的目的；或在抓一件玩具受到阻碍后，会推开障碍物，以达目的。在这里，目的的实现都是通过不同格式之间的协调运用达到的。

物体守恒的观念在此阶段开始出现。当正在玩耍的玩具被拿开以后，婴儿知道去寻找。因果律的观念也始于这一时期，例如，当父母摆动玩具的手停下来后，婴儿会拉动父母的手，要求父母继续下去，这说明婴儿已理解了父母的手（原因）和玩具的摆动（结果）之间的关系。

5. 通过积极的尝试而创造新的格式（12—18个月）

周岁后的儿童已不满足于把已有格式联系起来解决问题了，而要积极地尝试可能的结果，去发现解决问题的新方法。例如，一玩具放在床单的另一头——儿童摸不着的地方，开始时儿童试图直接伸手抓到，在经过多次尝试后，他偶然拉动了床单，观察到床单运动和玩具的关系，他就继续拉动床单，直到拿到玩具，从而形成了拿到远处物体的一种新格式。这一通过尝试而发现解决问题新方法的智力活动是思维出现之前最高级的智力活动形式，是智力发展中重要的一环。

6. 通过心理组合而创造新的格式（18个月—2岁）

此时期儿童的智力活动开始摆脱感知运动的模式而向着表象智力模式迈进。这一时期的最明显特点是，儿童的智力活动对具体的事物和具体的动作的依赖逐渐减少，而对表象的利用逐渐增加，它无需通过实际的尝试，而只要利用关于事物的表象就可建立解决问题的新格式。例如，儿童只要通过观察就能发现用竹竿可拿到高处的物体，而无需从尝试中发觉这个道理。当然对于儿童智力活动的这一特点不能作孤立的解释。它既是前五个时期智力活动综合的结果，又是下一阶段智力活动的开端。

（二）前运算阶段智力活动的特点

前运算阶段指2—7岁这段时期。在这个时期，儿童的智力活动呈现以下特点：

1. 以表象思维为主

事实上，在感知运动阶段的后期，表象思维已开始出现，但还没有占据统治地位。进入这一阶段之后,在上一阶段感知运动智力活动的基础上,儿童能利用实际生活中获得的表象进行思维,且这种思维成为智力活动的主要方式。依靠这种思维,儿童可以回忆他过去曾接触过的人和事物,并利用这种记忆表象进行各种象征性的活动,例如,把一根竹竿当马骑;还可以进行延迟模仿,如模仿以前看过的电影中某个人物的动作等。但是,此时儿童的表象思维缺乏逻辑性。儿童的大脑中充斥着一大堆具体的、杂乱的表象,缺乏概括性。

2. 自我中心主义

在感知运动阶段,儿童便处在极端的自我中心状态中,此时儿童根本不能把自己的身体与外部世界分离开来。进入前运算阶段后,儿童能区别自己和其他物体,但此时儿童还无法从他人的角度考虑问题。他只能以自我为中心,从自己的角度观察和描述事物。因此,他深信他人的想法与自己相同,不愿采纳同自己观点不一致的意见。他也深信自己的观点是正确的,即使遇到同自己观点相矛盾的事实,他也会毫不犹豫地宣称事实是错误的。这一特点并不能说明儿童的本性是自私的,而只是表明了儿童思维发展过程中的一个过渡性特点,随着人际交往的增加,这一现象会逐步得到改善。

拓展阅读 11-2

自我中心主义的实验研究[①]
——三山实验

皮亚杰设计了著名的"三山实验"来检测儿童的"自我中心"的思维特征。如图11-2所示,在"三山实验"中,实验材料是一个包括三座高低、大小和颜色不同的假山模型,实验首先要求儿童从模型的四个角度观察这三座山,然后要求儿童面对模型而坐,并且放一个玩具娃娃在山的另一边。实验任务是要求儿童从四张图片中指出哪一张是玩具娃娃看到的"山"。结果发现,幼童无法完成这个任务,他们只能从自己的角度来描述"三山"的形状。皮亚杰以此证明,幼童无法想象他人的观点,他们的思维具有"自我中心"的特点。

图 11-2 三山实验

3. 中心片面性

所谓中心片面性是指儿童在观察事物时,仅仅把注意集中在他最感兴趣的,或事物最突出、最显著的方面,而对其他方面视而不见、听而不闻。智力活动的这一特点,使得他的判断

[①] 改编自"三山实验"[EB/OL].[2020-11-18]. https://baike.so.com/doc/6701292-6915231.html.

和推理缺乏全面性,显得鲁莽和幼稚可笑。例如,一个6岁的孩子对一个5岁的孩子说:"我今年6岁,你才5岁,你怎么能打得过我呢?"这个儿童只看到年龄大小,而没有想到身高、力气和勇气在打斗能力中的作用,故而得出年龄大的一定能打过年龄小的片面结论,让人感到幼稚可笑。随着儿童智力的发展,这种片面性逐步改善。到7岁左右时,儿童开始学会全面观察事物,判断和推理能力也相应趋于完善。

4. 不可逆性

了解不可逆性之前要了解可逆性。在皮亚杰的理论中,可逆性指思维反向进行的过程。例如,在内心想象这样一组动作:把一个瓶子里的水倒入另外一个瓶子里,再把这一过程逆向进行,即把这个瓶子里的水倒回原来那个瓶子。若能进行这种思维,则说明思维具有可逆性。

前运算阶段儿童的思维还不具备可逆性,思维还只能沿着单一的方向进行。例如,把两杯同量的水中的一杯当着儿童的面倒入一个细长的量杯,然后询问儿童两个容器中的水是否相等。此阶段的儿童大多数都认为不相等。因为他们不能在头脑中把水倒回原来的杯中,因而无法理解两个容器中的水相等这个道理。皮亚杰认为,由于缺乏可逆性,这阶段的儿童还不能形成"守恒"的概念。

图11-3 皮亚杰守恒实验

5. 非变换性

事物在从一种状态向另一种状态发展的过程中,要经过许多中间状态,若能理解事物这一演变的过程,就说明思维具有了变换性。皮亚杰认为,这一阶段的儿童还缺乏这种变换性,即在观察事物时,只注意到事物的开始状态和终结状态,完全忽视过渡状态。例如,实验者把一只球从桌上抛到地下,要儿童画下这一过程。大多数儿童只画出球在桌上和地下的位置,球的中间状态却被忽视了,这说明儿童还不能形成一个系列表象,缺乏变换性。

前运算阶段为2—7岁,历时5年。这5年又可粗略地分成准备期和完成期两个小阶段:2—4岁为准备期,此时儿童的智力活动还具有感知运动阶段的一些特点,但由于语言的发展,认知和思维活动迅速进步,使得儿童的智力活动迅速摆脱前阶段的特点,形成这一阶段的各种心理能力;从5岁开始进入完成期,各种心理能力进一步完善,为进入具体运算阶段打下了坚实的基础。

（三）具体运算阶段智力活动的特点

具体运算阶段相当于儿童的小学阶段，时间大致为7—12岁。在这一阶段，智力活动具有了守恒性、可逆性，儿童掌握了群体运算、空间关系、分类和序列等逻辑运算能力，较之前一阶段，智力活动的性质有了本质上的改变。但由于这一阶段的儿童运算还离不开具体事物的支持，只能把逻辑运算应用于具体的或观察所及的事物，而不能把逻辑运算扩展到抽象概念中，因此称为"具体运算"。具体运算阶段儿童的智力活动有以下特点：

1. 守恒

守恒是一种认知格式，它意指儿童认识到物体不会因形状和位置的变化而导致质量改变的道理。换句话说，儿童能不为事物的各种具体的、表面的变化所迷惑，在变幻中把握事物的本质，就是建立了守恒的格式。皮亚杰和他的学生做了一系列小型实验来研究儿童的守恒能力。

一是物理的守恒。物理的守恒包括物质的守恒、重量的守恒、体积的守恒。例如，用塑胶泥做两个同样大小的圆球。当儿童承认这两个球大小、重量相等时，把其中一个球压成饼状，或搓成长条状，然后再问儿童胶泥含量是否一样。对于这个问题，前运算阶段的儿童回答被压成饼状或长条状的胶泥含量多，而具体运算阶段的儿童则会回答两者一样多。造成这种差别的原因是，前运算阶段儿童的智力活动受具体知觉的支配，且不能进行可逆性思维；而具体运算阶段的儿童具有了可逆性，他们可在头脑中把变形的球还原，因而认识到两者是统一的。因此，守恒的观念是建立在思维可逆性的基础上的。空间的守恒包括长度守恒、面积守恒和空间中的体积守恒。以长度守恒为例，把两根长度相等的线摆在儿童面前，在儿童测量过线的长度，知道两线一样长后，把其中一根折几个弯度，然后再问儿童两根线是否一样长。与前例相同，前运算阶段儿童的回答是否定的，因为在视觉上，折弯的线短些；具体运算阶段儿童的回答则是肯定的，这说明他们已建立了长度守恒的概念。再以空间中的体积守恒为例。在儿童面前摆两块正方形木板，一块大，另一块小，问儿童能否在两块木板上建两个空间一样大小的两所小房子。前运算阶段的儿童认为不能；而具体运算阶段的儿童能从高度上考虑房子的空间，故认为是可以的，显示出空间体积守恒能力。不过这一能力发展较晚，要到11、12岁时才能具备。

二是数的守恒。数的守恒是明白数目和事物形式的相互关系，通晓物体的数目不会因其排列形式不同而改变这个道理。典型的实验是在儿童面前摆两排数目相等的小瓶子，其中一排放得松散，看起来长一些，另一排紧凑，因而看起来短一些。然后询问儿童两排瓶子是否一样多。正如前几例一样，前运算阶段的儿童由于智力活动较多地依赖于知觉提供的材料，故认为松散的一排瓶子多些；而具体运算阶段的儿童会先数一数两排瓶子的数，然后做出肯定的回答，这表明他们知道数目不会因为排列形式不同而不同的道理。

2. 分类

分类是根据事物的性质或关系对事物进行不同的组合。儿童从感知运动阶段的末期起就已经能进行简单的分类活动。到前运算阶段，幼儿可依据事物的颜色或形状给事物明确分类。但这时的分类只是在同一级的单一维度进行,复杂的、等级性的分类能力要到具体运算阶段才能出现。例如,在学龄儿童面前放 15 张卡片,其中 8 张卡片上是花猫,2 张卡片上是白猫,5 张卡片上是小狗。然后问他们:是花猫多还是白猫多?是猫多还是动物多?此时期的儿童可依据下列运算回答问题:

A(花猫)+A⁻(非花猫)= B(猫)

B(猫)+B⁻(小狗)= C(动物),故 A<B<C

这种等级分类能力是前运算阶段的儿童所不具备的。

3. 列序

列序也是具体运算时期的一个重要认知格式,基本上同分类能力一起出现,是指在内心依据大小、多少、轻重和长短等关系对事物的次序做出安排的能力。前运算阶段的儿童不具备这种能力。例如,实验者向儿童出示铅笔 A 和铅笔 B,A 比 B 短,即 A<B;再用 B 同铅笔 C 比较,B<C,此时把铅笔收起来,问儿童谁最长谁最短。前运算阶段的儿童对这个问题茫然不知所措;而具体运算阶段的儿童通过内心的比较,知道 A<B<C,故 A<C,因而能作出正确回答。

(四)形式运算阶段智力活动的特点

形式运算阶段大约从 12 岁开始至 15 岁左右结束。该阶段儿童的智力活动呈现出下列特点:

1. 假设—演绎性

进入形式运算阶段以后,儿童的认知能力趋于成熟。他们可以摆脱具体事物的内容而在纯形式的水平上,依据一定的假设来进行逻辑推理和命题运算。在假设—演绎的思维活动中,结论首先是通过假设的方式而被预先接受的,就是说结论在与现实接触之前,就以可能性的方式存在了。在这里,可能性先于现实性。这样,儿童的思维就摆脱了现实范围的束缚而大大扩展了。

例如,有"地球是平的"和"地球是圆的"两个命题,要儿童作出是非判断。处于形式运算各阶段的儿童思维受具体事物或知觉资料的支配,他们所看到的地球是平面的,因而无法理解为什么地球是圆的。而一个形式运算阶段的儿童不受眼前具体事物的支配,可依据假设进行推理。他们可能会这样思考:"如果地球是平的,那么太阳就不可能每天从东方升起,在西边降落,只有是圆的,才能解释这一现象。"由这一假设—演绎的过程,得出了"地球是圆的"这一结论。

假设—演绎式的思维是人类认识自然现象和社会现象的一个有力武器,正是因为人类敢于假设,人类的科学思想才得以不断进步,人类对于地球、太阳系乃至整个宇宙的加深不断认识,正是敢于应用假设思想的结果。

2. 组合分析

进入形式运算阶段的儿童不仅可以从单一的角度对问题做假设和演绎式的逻辑推理,还可以从不同的角度对组成某一问题的全部因素做各种可能的结合,然后逐一进行分析,这种分析就叫组合分析。

例如,皮亚杰曾做了这样一个试验:给儿童 A、B、C、D、E 5 瓶药水,其中 A、C、E 3 瓶药水混合后能形成一种黄色液体,B 是一瓶清水,D 是漂白剂。然后让儿童设法配成黄药水。具体运算阶段的儿童只知道把任意两瓶水溶在一起,即 AB、AC、AD、AE 或 BC、BD、BE 等,当这些尝试失败后,干脆就把 5 瓶水倒在一起,但是由于漂白剂的作用,还是不能达到目的。而形式运算阶段的儿童在两两融合失败后,会开始尝试 3 瓶的结合,即 ABC、ABD、ABE、BCD 等,直到通过 ACE 的结合最终达到目的。可以想象,若这样融合还不能达到目的,他们还会尝试将 4 瓶分别结合。这说明,这一阶段的儿童具有了组合分析能力。但是皮亚杰又认为,这样的组合分析还只是物体的组合分析,仅仅是低层次的,更能表现形式运算本质的组合分析是命题的组合分析。

命题的组合分析是高层次的组合分析。皮亚杰以数理逻辑和逻辑代数的语言分析了儿童的这一能力。

假定有这样一个问题:"这只动物是北极熊,它是白色的。"这一问题由两个命题组成,即"这只动物是北极熊"(以 p 表示)和"它是白色的"(以 q 表示)。$\bar{p}$ 表示前一命题的否定(即"这只动物不是北极熊"),$\bar{q}$ 表示后一命题的否定(即"它不是白色的")。对这两个命题及其反命题作不同的集合就能得到:

1) $p \cdot q$(这只动物是北极熊,它是白色的)
2) $\bar{p} \cdot q$(这只动物不是北极熊,它是白色的)
3) $p \cdot \bar{q}$(这只动物是北极熊,它不是白色的)
4) $\bar{p} \cdot \bar{q}$(这只动物不是北极熊,它不是白色的)

由这四种结合形式中每次取一个、两个、三个、四个或一个也不取,我们就能找出 16 种命题组合:(∨ 读作"或")

组合元素	皮亚杰的编号及命名
1) (0) = 0	(2) 完全否定
2) (1) = $p \cdot q$	(3) 合取
3) (2) = $\bar{p} \cdot q$	(8) 非蕴含
4) (3) = $p \cdot \bar{q}$	(10) 非反蕴含
5) (4) = $\bar{p} \cdot \bar{q}$	(6) 合取否定
6) (1)+(2) = $(p \cdot q) \vee (\bar{p} \cdot q)$	(13) p 的肯定
7) (1)+(3) = $(p \cdot q) \vee (p \cdot \bar{q})$	(15) q 的肯定
8) (1)+(4) = $(p \cdot q) \vee (\bar{p} \cdot \bar{q})$	(11) 等价
9) (2)+(3) = $(\bar{p} \cdot q) \vee (p \cdot \bar{q})$	(12) 互反排斥
10) (2)+(4) = $(\bar{p} \cdot q) \vee (\bar{p} \cdot \bar{q})$	(16) q 的否定
11) (3)+(4) = $(p \cdot \bar{q}) \vee (\bar{p} \cdot \bar{q})$	(14) p 的否定
12) (1)+(2)+(3) = $(p \cdot q) \vee (\bar{p} \cdot q) \vee (p \cdot \bar{q})$	(5) 析取
13) (1)+(2)+(4) = $(p \cdot q) \vee (\bar{p} \cdot q) \vee (\bar{p} \cdot \bar{q})$	(9) 反蕴含

14) (1)+(3)+(4) = $(p·q) \vee (p·\bar{q}) \vee (\bar{p}·\bar{q})$　　　　（7）蕴含
15) (2)+(3)+(4) = $(\bar{p}·q) \vee (p·\bar{q}) \vee (\bar{p}·\bar{q})$　　　　（4）不相容
16) (1)+(2)+(3)+(4) = $(p·q) \vee (\bar{p}·q) \vee (p·\bar{q}) \vee (\bar{p}·\bar{q})$　　（1）完全肯定

上述 16 种组合构成了性质完全不同的逻辑运算,它是形式运算阶段儿童处理二元命题的 16 种可能的形式。当然,这一阶段的儿童还不能有意识地运用这些逻辑公式。但是他们已具备了这种命题组合分析能力,随着经验的积累,这种分析组合能力也渐趋完善。

3. 四元变换群

皮亚杰认为,形式运算阶段的儿童在判断两种现象之间的关系时,可以应用正向、逆向、互反和对射四种变换形式对现象与现象之间的关系进行推论。皮亚杰曾举了这样一个例子,来说明儿童的这一推理过程。当儿童在观察物体的运动与否与灯亮和灯灭之间的关系时,其可能进行的推理过程是:

I$(p \supset q)$（因为灯亮,所以物体运动）

N$(p \supset q) = (p·\bar{q})$（灯亮而物体不动）

R$(p \supset q) = (q·p)$（因为物体动,所以灯亮）

C$(p \supset q) = (\bar{p}·q)$（灯不亮,但物体运动）

其中 I、N、R、C 分别代表正向、逆反、互反和对射;p 代表灯亮,$\supset$ 表示蕴含关系,q 代表物体运动。$\bar{p}$ 和 $\bar{q}$ 分别是 p 和 q 的否定。

这样一来,对每一正面运算 I 来说,从逻辑上必有一逆反运算 N,从关系上必有一互反运算 R,而互反的逆向则为对射运算 C。INRC 这种组合关系就是四元变换群。四元变换群的建立标志着儿童的思维从局部性的逻辑结构达到了整体性的逻辑结构。随着四元变换群的出现,儿童的运算能力产生了质的变化。此时,儿童不仅可以进行多层次的组合分析,还可以进行比例、概率的运算和排列组合与因素分析。总之,经过感知运动阶段、前运算阶段和具体运算阶段的发展后,儿童的运算能力臻于成熟,基本达到了成人逻辑思维的水平。

第三节　皮亚杰的发生认识论

1955 年,皮亚杰在日内瓦创建"发生认识论国际研究中心",汇聚世界各国著名的哲学家、心理学家、教育家、逻辑学家、数学家、语言学家和控制论学者致力于发生认识论的研究。皮亚杰发表三卷本的《发生认识论导论》,标志着发生认识论体系的建立。

一、皮亚杰发生认识论的内涵

发生认识论是皮亚杰学说的理论基础,用皮亚杰的话说"发生认识论试图根据认识的历史、认识的社会根源、认识所依据的概念和'运算'的心理起源来解释认识,特别是解释科学的认识"。法国《拉罗斯大百科全书》对发生认识论的定义更为简洁明了:发生认识论是一门关于"知识的成长和知识成长规律的科学研究"。广为接受的另一种观点是"发生认识论是一门跨学科的科学,它研究认识(知识)——包括动物和人类(从新生儿到科学家)的知识——成为可能的必要的和充分的条件,以及知识从较少确定性向较高确定性的历史发展"。由此可见,发生认识论乃是用发生学的方法来研究认识论,其研究对象是知识的心理起源和过程结构,试图揭示人类知识增长的心理机制。发生认识论有两个显著的特点:一是用发展的观点研究个体知识的发生、发展机制;二是结合生物学、逻辑学、数学、心理学、语言学、控制论等学科,成为一门跨学科的研究领域。广义的发生认识论包括概念和范畴结构的历史发生和个体发生,发生认识论的实质就是探索这些概念和范畴的发生发展。值得注意的是,发生认识论所考察的"知识"并不是个体所学到的具体知识,发生认识论所关心的是知识的普遍形式和结构,它主要研究知识和思想所必需的那些概念和范畴如空间、时间、因果性、必然性、序列、分类、数量、速度、比例、概率、整体、部分等概念或范畴的发展史。

二、皮亚杰发生认识论的生成

皮亚杰早年对康德、伯格森的哲学非常感兴趣,他的哲学思想主要受康德主义的影响。皮亚杰直言不讳地说:"我把康德范畴的全部问题重新审查了一番,从而形成了一门新的学科,即发生认识论。"皮亚杰的"图式(schema)"概念即受康德"先验图式(transcendental schematism)"的启示,从皮亚杰的发生认识论中可以看到康德哲学的烙印。

皮亚杰受结构主义哲学思想影响较深。结构主义是20世纪60年代在西方特别是在法语国家兴起的一种哲学思潮,索绪尔(F. Saussure,1859—1913)的结构主义语言学,乔姆斯基(N. Chomsky,1928—)的转换生成语言学对皮亚杰的学说产生了一定影响。皮亚杰把分析心理的研究方法称作结构发生法,并企图在认知结构的研究上使结构主义与建构主义结合起来。

皮亚杰早年对生物学有深入的研究。1918年,他在纳沙特尔大学获得的是生物学博士学位,生物学的观点深刻影响着皮亚杰的理论形态。他的研究工作的主线就是力图寻找一种能够说明生物适应和心理适应之间连续性的模式。同时,他还一直探索如何架设一座从生物学通向认识论的桥梁。

皮亚杰的理论还深受布尔代数(Boolean algebra)、符号逻辑学(symbolic logic)以及体现时代精神的控制论的影响。20世纪40年代开始,皮亚杰采用数理逻辑(logico-mathematique)作为研究儿童智慧活动的工具,他从逻辑学中引进"运算"概念,以此作为儿童思维发展水平的标志。控制论对皮亚杰理论的影响可以从同化、顺应、平衡等学说中得到印证。

皮亚杰中后期的思想受到格式塔心理学、机能主义、精神分析等心理学理论的影响。结构的整体性思想来自格式塔,将结构视为机能上的结构来自机能主义,临床法(clinical method)的提出与应用来自精神分析。

三、发生认识论的实质

皮亚杰将生物学研究与认识论研究作了类比。对生物学来说,研究结构的学科是解剖学,研究功能的学科是生理学;与此类比,对于认识论来说,研究认识结构的学科就称为心理解剖学,研究认识功能的学科就称为心理生理学;从认识发生的角度来看,发生认识论就应称为比较心理解剖学。在生物学上,研究比较解剖学主要有两种方法:一是研究不同种属的成熟个体间的结构与发展;二是通过胚胎来研究个体的发生。同样,对于比较心理解剖学来说,也存在两条研究途径:一是研究某些概念之间的进化结构关系;二是研究心理胚胎学或个体的心理发生学。

(一) 认识发生的生物学模型

皮亚杰把生物学上的表型复制理论运用于认知发展,揭示出内因与环境相互作用的生物学概念与主客体间必要的相互作用的认识论概念两者之间的关系。支配表型复制的核心因素是"平衡化的自动调节"机制,这是皮亚杰学派对发展原因的根本见解。

表型复制(phenocopy)理论是一种生物学的理论模型。表型复制是一个生物学概念,它指的是生物体初始的外源表型(phenotype of exogenous)被一种同形态的内源基因型(genotype of endogenous)所取代。这里,外源型指的是生物体的外显特征,内源基因型指的是生物体的遗传物质或基因结构。皮亚杰认为,表型复制体现的是一种机体内部的平衡化自动调节机制。这种调节是通过机体与环境的相互作用而得以实现的,这种调节也是对初始遗传物质的重构,是一种使机体对环境更加适应的自动调节。

皮亚杰将生物有机体的自动调节机制和表型复制过程与认识的形成和发展进行了类比。相应于生物学上的外源型变异和内源型变异,皮亚杰把认识也分成两种:从经验中得到的外源性认识与从主体动作的内部必然协调中导出的内源性认识。皮亚杰认为,儿童认知结构的发展是由于产生了内源性重构的结果,认知的内源性重构取代了外源性知识,就是认知的表型复制过程。内源性重构是一个连续不断的过程,它的实质是寻求更佳的平衡状态。内源性重构不是外源经验的简单内化,它是受机体自动调节的平衡化机制所支配,这种自动调节是一种有秩序的重新组织。

(二) 认识的心理发生

儿童的认识或思维是从哪儿来的?唯心论者或成熟论者认为,思维来自先天的遗传,思维水平的差异在于人的先天遗传素质不同,思维的发展乃是有机体自身成熟的结果;经验论者认为,思维来自对客体的知觉,从思维的内容来说,它来自客体,从思维的形式来说,来自对客体的抽象,没有客体就没有对客体的抽象,也就没有思维。

皮亚杰根据心理发生学(psychogenetics)的分析,认为认识既不来自客体(object),也不来自主体(subject),认识是主客体之间相互作用的产物。主体与客体之间的相互作用(interaction)是依赖动作(活动)这一中介来实现的,因此,也可以说认识来源于动作,动作既是感知的源泉又是思维的基础。主体要认识客体就必须对客体施加动作从而改变客体。主客体之间的关系是一种双向关系,即在客体作用于主体的同时,主体也作用于客体。所以,人们把皮亚杰的发展理论称为"相互作用论"或"互动论(interactionism)"。

在皮亚杰看来,在"同化(assimilation)于己"和"顺应(accommodation)于物"的主客体相互作用过程中,包含着"动作内化"和"图式外化"的两极转化,所谓智慧,其实就是这种双向建构的综合。发展的高低决定于双向建构的深化程度的不同。

主体的同化性的活动(动作或运算)经过重复和概括就会形成一定的图式(scheme;schemes)或"格式""格局""架构",而这些图式都趋向于综合,趋向于彼此间的协调(coordination),这种协调具有一种组织化或结构化的倾向,认知结构是协调的产物。内化建构意指认识主体对动作进行分解、归类、排列、组合等各种协调,从而形成动作结构,或者对已有动作图式进行再协调或再建构,从而形成更高级更复杂的图式。换言之,内化建构是把动作或动作格式按照新的方式,在新的水平上组织起来。按照发展顺序,内化建构首先是对外部感知运动动作的协调,然后是对表象水平的精神动作进行协调,最后才是对逻辑运算水平的精神动作的协调。

外化建构是运用动作图式(内化的或尚未内化的)把客体或客体经验组织起来,从而建立客体的关系与变化结构。与内化建构次序相反,外化(exteriorization)首先是在主体头脑中把物理经验组织在图式之中,形成有关客体的物理知识(广义),然后根据这些知识把主体实际动作(action)组织起来以作用于客体,使客体以新的方式发生相互作用,从而改造转变客体。主体认识结构逐步外化到实际客体,人类技术发明往往就是图式外化的产物。

皮亚杰指出:"发生认识论的目的就在于研究各种认识的起源,从最低级形式的认识开始,并追踪这种认识向以后各个水平的发展情况,一直追踪到科学思维并包括科学思维。"

(三) 认识的建构结构论

皮亚杰发生认识论的根本观点就是把结构主义(structuralism)与建构主义(contructivism)紧密结合起来。如皮亚杰所说,"认识的结构(structure)既不是在客体中预先形成的,因为这些客体总是被同化到那些超越于客体之上的逻辑数学框架中去,也不是在必须不断地进行重新组织而预先形成的。因此,认识的获得必须用一个将结构主义和建构主义紧密地结合起来的理论来说明,也就是说,每一个结构都是心理发生的结果,而心理发生(psychogenesis)就是从一个较初级的结构过渡到一个不那么初级的(或比较复杂的)结构"。皮亚杰认为,认识是不断建构的产物,建构物、结构对认识起着中介作用。结构不断地建构,从比较简单的结构到更为复杂的结构,而建构的过程则依赖于主体的不断活动。

拓展阅读 11-3

皮亚杰理论:结构主义还是建构主义[①]

皮亚杰理论到底是结构主义还是建构主义?在皮亚杰的著作里,既提"structure",也提"construction";皮亚杰既推崇"structuralism"作为人文科学方法论,又将自己对于认

[①] 杨莉萍.皮亚杰理论:结构主义还是建构主义[J].常州工学院学报(社科版),2007(01):42—48.

识发生和儿童心理发展过程的研究称为"constructivism"。英语中"structure"和"construction"都有"结构""建造""构造"的意思,"structuralism"和"constructivism"都可以理解为"构造主义"。因此有人认为,"constructivism"既指建构主义,又指结构主义,二者是一回事。

将建构主义等同于结构主义是一种错误。结构主义与建构主义是现当代两种不同的哲学思潮,除了都是某种哲学、一种思维方式,都是一种人文社会科学的研究或分析方法之外,在其他方面没有太多相似之处,甚至有些方面完全对立。首先,"结构主义"的核心是"结构","结构主义"的前提假设是:一切事物无论表面怎样杂乱无章,其内部必然隐藏着某种"结构"。结构主义的思维方式认为,世界不是由事物构成的,而是由事物之间的各种关系构成的;事物的真正本质不在于事物本身,而在于它与其他事物之间的那些关系。

皮亚杰深受结构主义哲学思潮的影响,他本人曾特别说明,他的著作"是在结构主义(structuralisme)的启发下撰写的"。皮亚杰理论的核心即"认知结构的发生"。他有关"图式""同化""顺应""平衡"等认知机能的讨论都是围绕这一核心展开的。没有相应的结构,上述这些机能就无从存在。在皮亚杰看来,儿童认知结构正是在一次又一次的同化、顺应中,在平衡—不平衡—新的平衡的不断循环中逐渐丰富、提高和发展的。

建构主义不同于结构主义,其最基本的区别在于,结构主义中的"结构"是一种客观存在,而建构主义(特别是激进的建构主义)则是这种客观主义的彻底背离。建构主义认为,事物真正的本质并不存在于事物本身或事物之间的客观性关系,而在于我们如何对其加以构造。

皮亚杰的结构主义是一种"新结构主义",皮亚杰结构主义的"新"及独特性正在于它与建构主义的紧密结合。正如皮亚杰自己所说:"这些(运算)结构总是同建构主义(constructivism)紧密相联的,脱离了建构主义,运算结构就失去了解释意义。"

第四节 皮亚杰理论的发展

皮亚杰学派著名发展心理学家英海尔德说:"我们用不着赞美皮亚杰已完成的工作,对他最好的纪念是推进他的研究。"从20世纪70年代初开始,皮亚杰及其同事对其理论进行了一系列的拓展、修正,除了致力于发生认识论本身的理论建构之外,还在诸多领域开展了令人瞩目的开创性研究,这些研究对发生认识论起到了补充和论证的作用。

一、新皮亚杰学派的兴起

皮亚杰经典理论中存在着一些不足和缺陷,主要体现在两方面:一是皮亚杰在研究认知发展时忽视社会文化因素的影响;二是皮亚杰只研究认知发展的宏观规律,而忽视认知发展的微观规律,对个体差异研究不感兴趣。皮亚杰理论的缺陷为后人的进一步研究留下了空间。针对皮亚杰理论的缺陷,在过去几十年中,出现了两种不同的修正路线:一是以日内瓦为中心的新皮亚杰学派,试图弥补皮亚杰理论的第一种缺陷,补充教育和社会文化的影响因素;二是针对皮亚杰理论的第二种缺陷,试图以信息加工的观点说明认知阶段,这一学派的心理学家分布于世界各地。前者称为狭义的新皮亚杰学派,后者称为广义的新皮亚杰学派。

不论是哪一种新皮亚杰学派,都保留了皮亚杰的基本思想,新皮亚杰学派对皮亚杰理论的继承主要表现在如下几个方面:其一,保留了认知结构概念;其二,认知结构由儿童自己所创造;其三,认知结构有不同的水平,儿童通过不同水平的结构遵循一种普遍的序列;其四,早先的结构包含、融合在后继的结构之中;其五,获得不同特征和不同水平的结构有着大致的年龄阶段。简言之,皮亚杰关于儿童认知的结构—建构论和发展阶段论的基本思想都为新皮亚杰学派所继承和保留。

二、新皮亚杰学派对皮亚杰理论的发展

新皮亚杰学派通常是对这样一些学者的统称,他们在保留皮亚杰理论的基本框架的前提下,对皮亚杰的理论进行修订、补充和完善。

(一)柏斯卡·莱昂内的辩证结构论

柏斯卡·莱昂内(Juan Pascual-Leone,1933—)是新皮亚杰学派的开创者。有人认为他是日内瓦学派的反叛者,实际上,他所提出的辩证结构论保留了皮亚杰理论的许多成分,他完全接受了格式、认知结构、同化、顺应等概念,正是这些概念体现了相互作用活动论的基本内涵。虽然柏斯卡·莱昂内始终将自己的理论视为对皮氏理论大厦的修缮,将自己视为一个无论在追随皮亚杰还是在否证其理论时都受到其思想巨大影响的后人,但是,柏斯卡·莱昂内对心理逻辑结构的描述性模式的批评,确实从壁垒森严的发生认识论心理学中闯出了一条新思路。

柏斯卡·莱昂内提出的心理智能(mental capacity,M-capacity)概念是对皮亚杰格式概念的补充,其实质是一种机能对结构的补充。事实上,后期皮亚杰与日内瓦学派已经将研究重点从结构转向机能。用柏氏的话说就是从"纯粹的结构主义"转向"辩证的结构主义",可以说,纯粹的结构主义对应于皮亚杰早期结构主义时代的结构分析研究,而辩证结构主义则对应于后期皮亚杰已经开始的对心理主体的现实行为进行功能—结构分析的研究。

由于皮亚杰本人更注意儿童认知结构的质的变化,其后期的功能—结构分析仍没有解决结构转化的机制问题,尤其未能阐明如何从量变导致质变的转化细节。于是,柏斯卡·莱昂内"心理智能发展性增大的理论"对皮氏的理论加以补充。心理智能是柏氏辩证结构论中的核心概念,它代表一种单纯的机体过程,不直接接收经验并受信息的限制。柏氏用计算机

构成来比拟心理智能的特性,心理智能犹如计算机的硬件,与此相对,软件则指心理操作的格式,它与经验内容相连,是由具体情景限定的主、客体相互作用的过程。作为硬件的心理能量是大脑神经解剖结构的心理表现形式,不与当前的活动发生直接联系。如果说它与主体的活动有什么联系的话,必须将其理解为主体以前活动的长久塑造的产物,它已经历一个从软件向硬件的转变,这是一个漫长的自然过程,实现这一转变的真正工程仍然是人的活动。换言之,应该把当前神经系统所固有的功能性的一般特征理解为人与外物长期相互作用的活动参与其中的进化的结果。

(二)凯斯的控制结构论

罗比·凯斯(Robbie Case,1944—2000)的控制结构论是一种控制结构理论,试图把过程的、机能的研究与结构的、横断面的研究加以整合。凯斯控制结构论既不像经典皮亚杰理论那样用逻辑规则去刻画结构特征,也不像柏氏理论那样以心理智能的大小和同时加工信息的数量对不同阶段的认知结构作质的说明,他是以"控制结构"来描述各个发展阶段的结构特征。凯斯认为,控制结构概念比经典皮亚杰理论以及心理智能概念更好地阐明了"跨领域或跨任务的一致性"本质,因为它不仅对结构本身的描述更为具体,同时注重了对结构的发展,即过程的分析。他认为在认知发展的每一个阶段都有各自发展的控制结构。凯斯认为,儿童思维发展从整体上经历了感觉运动阶段、相互关联阶段、维度阶段和抽象维度阶段,由于这种划分是从控制的角度去加以定义和划分的,因而,虽然也大致对应皮亚杰的阶段,但又不尽相同。

凯斯的控制结构其实就是解决不同问题的一种计划或程序,它由特定的象征格式和运算格式的序列、关系所暂时构成。所谓象征格式就是刺激样式的状态表象,而运算格式则是表征对这些刺激样式的改变方式,又称运算。儿童生来就能对自己的认知经验和情感经验进行某种程度的主动控制,这种控制性的结构可分解为三种成分:儿童对问题的表征(即问题表象)、目标表征和策略表征,这三种成分构成所有阶段的基本样式。智力的发展体现在这些成分构成的复杂性的增加上,但基本的控制结构仍然相同。

不同水平的问题解决则意味着不同水平的控制结构。控制结构的量的发展决定于"短时存贮空间概念"所允许的加工处理的因素数的多寡及其不同的组织形式,而控制结构的质的变化乃决定于加工处理的因素的类型。至于量变怎样导致质变,凯斯的解释是:"每一前阶段的精化协调分阶段作为下一阶段发展的基线水平(操作巩固阶段)。"凯斯提出的控制结构论突出了主体的作用,又兼顾了文化教育和生物学的因素。

柏氏的辩证结构论和凯氏的控制结构论既保留了传统皮亚杰理论的基本方面,又发展了传统皮亚杰理论中那些过于静态、模糊或难以操作的方面,同时还改变了皮亚杰理论中的某些假设。

(三)卡米洛夫·史密斯的表征重述理论

卡米洛夫·史密斯(Karmiloff-Smith,1938—2016)的思想集中体现在《超越模块性——

认知科学的发展观》这本书中,在书中,她既挑战了以福多为代表提出的先天论模块观,也挑战了皮亚杰的经典理论(特别是他的阶段论和结构观),她积极倡导的,是一种关于儿童发展的先天后天相互作用的动力论。

"心理的模块性"概念是由福多在1983年正式提出的,他认为人的心理是由遗传规定的、独立的功能"模块(modules)"所构成的,心理模块具有四个基本特征:即"领域特殊性(domain specificity)""信息封闭""不可通达"和"先天性"。福多特别强调模块的先天性,即模块具有固定的神经构架是由遗传规定的。卡米洛夫·史密斯用"逐渐模块化过程"来取代福多的模块概念,与福多严格的先天概念不同,她主张如果人类心理都以模块的结构为终点,那么,即使在语言问题上,心理也随发展的过程而逐渐模块化。"先天"只是规定了最初的偏向或倾向,它把注意力引向有关的环境输入,而这又影响随后的脑发育。显然,先天与环境输入有丰富的相互作用,并受环境输入的影响。卡米洛夫·史密斯以福多模块的先天论为靶子,主张先天后天的相互作用。

卡米洛夫·史密斯暗示皮亚杰主张的领域普遍的观点在有些地方可能是错误的,皮亚杰与行为主义在不同意婴儿有任何先天结构或领域特殊的知识方面观点是一致的,行为主义视婴儿为一张白纸,没有内在的知识,皮亚杰把婴儿的心理看作是"空无知识的"。可见,先天论与皮亚杰的后成建构论需要调和或融合。这样就需要将皮亚杰强烈的反先天论与全面的阶段性主张进行修正。调和先天论和建构论会使我们既坚持皮亚杰的后成建构论,又放弃他的领域普遍观而赞同领域特殊性的观点。

卡米洛夫·史密斯认为,皮亚杰的"阶段论"和"结构论"不再具有生命力,而其"主客体相互作用论"与建构论应该保留,有鉴于此,她提出了"表征重述模型"作为对皮亚杰发展理论的替代。所谓"表征重述",简单说,就是儿童心理中的内隐信息逐渐变成心理的外显知识的过程。虽然卡米洛夫·史密斯的观点存在值得商榷之处,但它至少可以使我们解放思想,学会倾听"另类"的声音。

三、新皮亚杰学派对皮亚杰理论的超越

(一)进一步区分了发展和学习

皮亚杰在继承前人理论的基础上,清楚界定了发展和学习。从认知结构的同化—顺应角度来看,发展意指现存结构框架的改变,体现在顺应功能中,而学习则指现有结构对新内容的同化。所有的新皮亚杰理论都对发展和学习进行了区分和创新。如努力对结构改变之过程作出解释。柏氏提出的内容学习和逻辑结构学习,前者主要体现为同化,使认知结构包含的内容在量上增长,后者主要体现为内化与顺应,促进形成新水平的认知结构。

凯斯在其控制结构论中,以对"问题解决和探索"过程与"固定化和自动化"过程为标准对发展与学习进行了区分,前者可以导致新认知结构形成,现存的格式被整合进新模型之中,与发展相对应;而后者可以促进现存的结构单元之间的联系更强,以致能被自动激活,与

学习过程相对应。

(二) 发展并非必然是"全系统性的"

晚年的皮亚杰已经意识到,发展的重建可以首先在一个特殊(个别)的类上或结构的亚群上进行,未必在整个结构系统上进行。新皮亚杰学派的学者普遍接受了这种发展的"局部观",柏氏提出的学习观点和凯氏提出的问题解决和探索过程都可能是在某一具体时间内对某一部分的结构而不是对整个结构整体发生作用。

(三) 在许多方面改变了皮亚杰理论的面貌,体现出"新"意

1. 重新定义认知结构

经典皮亚杰理论中的认知结构是一种以符号逻辑的术语来界定的抽象结构,新皮亚杰学派多以一种层级整合(hierarchical integration)的形式来定义认知结构。导致这些结构产生的过程不仅有主体的经验,而且包含了社会文化的因素,决定发展水平的因素不再只是抽象的逻辑数学水平,社会文化过程也可能发挥关键的作用。

2. 认知结构的复杂性存在某种变异的"上限"

认知结构的发展既存在普遍性又存在文化、情景或个体的特殊性,认知结构的变化过程会因人、因时不同,发展的图景会变得更为复杂。如果我们既要保留一般性(因为不同种类的认知结构总存在典型的获得年龄),又要保留特殊性(因为结构变化会在某些特殊领域或先或后发生),就需要作出区分与妥协,即必须假定特殊性要受到某种限制,即变化只能在一定的范围内发生。这就是所谓的"天花板效应(ceiling effect)"。当然,发展也有所谓的"地板效应(floor effect)",因为,在某种社会文化大背景下的正常儿童,他们获得的经验是类似的,因而也是"一般的"。

3. 成熟因素普遍受到重视

新皮亚杰学派经常利用"工作记忆"的概念来说明认知活动,因此,决定工作记忆容量大小的生理成熟必然受到重视,同时,影响儿童认知发展的另一主要因素——注意系统也受到了重视,因为注意能力也从属于生物因素的影响。固然皮亚杰理论也谈到了生理成熟这一主题,然而,新皮亚杰学派把这一主题进行了具体化和细节化。

4. 各阶段结构变化的过程是所有新皮亚杰学派的研究重点

新皮亚杰学派理论研究的主旋律是过程分析,它们以结构—过程的动态研究取代了经典皮亚杰阶段内的静态结构分析研究,各自提出一套解释过程发展和结构变化的途径和机制。

可以说,新皮亚杰学派是皮亚杰未竟事业的继续,新皮亚杰学派的工作与皮亚杰的后期工作已经存在很多相契合之处,并非自皮亚杰之后突然出现的。

第五节 皮亚杰理论的历史地位

一、皮亚杰理论的特点

就某种意义上说,皮亚杰也是经验论者。因为皮亚杰强调了知识对后天经验的依赖性。新生儿初生时仅有几个简单的反射格式,通过后天的实践活动,这些格式不断发展变化,成为复杂的认知结构。很明显,这一复杂的认知结构的形成与后天的经验是紧密相关的。但是皮亚杰反对行为主义的被动经验论。依照皮亚杰的观点,个体并非被动地接受刺激,任一刺激若要进入个体的认知领域都必须通过个体已有的认知格式。换句话说,认知格式为主体提供了吸收经验的范围和结构,它决定了个体获得经验的种类和方式。

行为主义把经验看成是外部刺激的直接结果。皮亚杰则把经验分成两类:一是物理经验,起源于外部事物的性质;二是逻辑数学经验,起源于个体的活动。无论哪种经验,都不是被动获得的,而是在主体作用于客体的过程中,通过双方的交互作用而产生的。皮亚杰指出,"实际上,为了认识客体,主体必须对它们施加动作,改变它们……从简单的感觉运动活动到最为复杂的、内化后而在内心进行的智力运算都具有这一特点。知识是经常与活动或运算联系在一起,即同'转化'联系在一起的"。

皮亚杰的理论同格式塔心理学也有某些共同之处。格式塔心理学受康德的"先验范畴"观点的影响,认为人具有先天的"完形"组织能力,这种先天完形组织能力支配着人的知觉、学习、记忆等心理过程。皮亚杰在提出"格式"这一概念时,显然受到了康德的影响,皮亚杰认为与生俱来的几个简单格式是后天复杂认知结构形成的基础,因而强调了先天禀赋的作用。与格式塔心理学不同的是,皮亚杰并不把先天禀赋放在起决定作用的地位。他认为与生俱来的格式并非一成不变,而是通过个体后天的各种活动不断成长。个体认知结构的最终形成并不依靠先天的格式,而是依靠同化与调节之间的不断平衡。可见,皮亚杰理论具有创造性综合的特点。在这一理论中,既有经验论的色彩,又有认知建构论的特征;既承认了先天的影响,又强调了后天经验的重要性。

纵观皮亚杰的儿童认知发展理论,有三大特点贯彻始终,即相互作用论、结构—建构论和逻辑决定论。

其一,主、客体相互作用的活动是皮亚杰心理学的逻辑起点,既是皮亚杰建构主义的认识论,也是其认知发展心理学的出发点。他认为认识既不发端于客体,也不发端于主体,而是发端于联系主客体的动作(活动)之中。在认识起源的问题上,既超越了经验论的外成论,也超越了唯理论的内成论。认识既非从外界"发现",也非内部的先天预成,而是主体后天的构造。

其二,结构—建构论是皮亚杰对认知发展机制的具体描述。认知结构是皮亚杰认知发展理论中的基础概念。皮亚杰的儿童认知发展理论中的"发展"的涵义,主要指认知结构的变化。结构的变化既有量的增长更有质的改变,后者构成认知发展阶段划分的基础。认知结构的功能主要体现为同化与顺应,一切知识都离不开认知结构的同化与顺应机能,它们是

"外物同化于认知结构"与"认知结构顺应于外物"这两个对立统一过程的产物。认知结构的形成机制乃是内化与外化的双向建构。

其三,认知结构之所以能决定行为的发展水平乃是因为认知结构蕴含着不同的逻辑水平。皮亚杰的智慧观不仅体现在他以不同水平的逻辑作为刻画各认知阶段根本特征的工具,而且还在于他特别强调每一阶段的逻辑的功能决定了下一阶段新逻辑的构造。

二、皮亚杰理论的贡献

(一)创立了发生认识论

皮亚杰的发生认识论的贡献主要体现在以下方面:首先,皮亚杰的发生认识论填补了传统认识论中的空白。传统认识论只研究认识的高级水平,忽略了认识的初始起源,忽略了认识结构从低级水平到高级水平的演变过程。皮亚杰的发生认识论研究填补了这一空白,不仅研究了人类认识的起源,而且研究了认识的发生、发展机制。其次,皮亚杰的发生认识论超越了传统的认识反映论,将认识发生的哲学阐释提升到了一个新的高度。他提出认识既不产生于主体,也不产生于客体,而是产生于主客体相互作用的建构中,揭示了认识发生的辩证运动规律。再次,皮亚杰将康德哲学中的认识论范畴演变为经验科学的认识发生论,为现代跨学科的纵深研究开辟了一条创新性的道路。最后,在认识的起源上,皮亚杰为长期的经验论与唯理论之争开辟了一条新的道路,对传统认识论中的经验论和唯理论进行了合理的扬弃,他提出活动论以反对传统的经验论和唯理论,摒弃了以往认识论问题上的机械论和唯心论色彩。

(二)提出了儿童思维发展的阶段理论

通过大量的实验、观察研究,皮亚杰提出了缜密的儿童思维发展阶段理论。这一理论是皮亚杰对发展心理学的主要贡献,也是他闻名于世的重要原因。皮亚杰除了确定儿童思维发展的四个阶段之外,还概括了这些发展阶段的特点。其一,智力发展阶段的划分是相对的。儿童智力的发展是一种平衡→不平衡→再平衡的连续发展过程,呈现出智力发展的连续性。但在不同的年龄阶段,智力发展又有不同的特点,呈现出阶段性。这种不同年龄阶段出现的心智特点是阶段划分的依据。其二,阶段的先后顺序是恒定不变的。儿童的智力随年龄的增加,由低到高,从一个阶段进入下一个阶段,逐步达到最高水平。但是发展阶段同年龄之间的联系并不是固定不变的。由于社会环境、文化教育和活动范围的不同,有些儿童可能发展得快些,有些儿童可能发展得慢些,但智力发展的次序是不变的,既不能跨越某个阶段,也不能颠倒阶段的次序。其三,每一阶段的发展都为下一阶段打下基础,而且前一阶段发展所形成的认知结构都被归入到下一阶段形成的认知结构中,成为其中的一个基本成分。其四,每一阶段都有一个准备期和完成期。在准备期内,智力发展的特点同上一阶段有着明显的联系,还不能形成本阶段应有的智力特点。在进入完成期后,该阶段所应具备的认知结构才达到平衡状态,并为进入下一阶段作好准备。

皮亚杰提出的儿童思维发展阶段理论激发了世界各国许多研究者的后续研究,并得到了许多实证材料的支持。尽管世界各地的文化背景和教养方式各异,但却发现了大致相同的思维发展阶段,这表明皮亚杰心理发展阶段的理论具有普遍性。这一理论对世界各国的教育教学实践产生了重要影响,昭示教育工作者:不能超越儿童思维的发展阶段拔苗助长,教材的结构、教材的难度要与学生的认知发展水平相匹配。

(三) 系统地探讨了儿童心理发展的影响因素及其作用机制

皮亚杰系统探讨了儿童心理发展的影响因素,认为成熟、物理环境、社会环境、平衡是制约儿童心理发展的主要因素,并特别强调平衡过程是最重要的决定因素,认为它是整合其他三个因素的核心。这一观点突破了以往对心理发展影响因素的探讨。以前的心理学诸派别在探讨儿童心理发展的影响因素时局限于遗传因素、环境因素以及教育因素之间的关系,没有在动态的水平上探讨这些因素之间的作用机制。皮亚杰创造性地提出了平衡这一概念,认为平衡就是个体通过同化与顺应两种形式来达到机体内部组织与环境间的协调,儿童心理发展的实质就是个体不断地平衡——不平衡——平衡的适应过程。平衡概念的出现,使发展的内在因素和外在因素之间获得了连接的桥梁,发展成一个动态的、整合性的系统。

(四) 开创了儿童思维发展研究的新方法

皮亚杰的理论之所以影响广泛,还与他首创了一种卓有成效的儿童心理研究方法——"临床法"密切相关。临床法不是严格意义的实验方法,因为它没有对变量进行严格控制,也缺乏严密的实验程序设计。临床法既不是标准化的测验方法,也不是单纯的自然观察方法。皮亚杰批判性地对其他方法加以考察分析之后,根据自己的研究特点,创造了这种注重与儿童展开直接对话的临床方法。临床法正是在单纯观察法的基础上,扬弃测验法的优缺点,汲取实验法的长处而创造出的对儿童智慧进行研究的方法,即研究者和儿童在半自然交往中向儿童提出一些活动任务,让他们看一些实物或向他们提出一些特定问题,从而收集资料的一种方法。儿童对研究者提出的问题可以毫无拘束地自由作出回答和反应,研究者则继续提出新的任务或对儿童进行追问。

临床法主要有六个方面的特点:第一,采取参与和自然观察的方式进行研究。皮亚杰强调在儿童自然活动状态下了解儿童、研究儿童,只有从整体的观点出发,才能获取更客观的研究成果。第二,设计丰富多彩的小实验。为被试儿童当面呈现一系列丰富多彩、各式各样的物理化学小实验,或要求儿童自己动手做,以此来研究儿童的思维水平。第三,安排合理灵活的谈话。主试可以不受严格的指导语约束,也不必拘泥于标准化的程序,可以根据被试的不同特点来提问,可以围绕谈话的主体自由发挥。第四,采用新颖严密的分析工具,不采用标准式的测验来评估行为。皮亚杰把数理逻辑引用到心理学的研究工作中来,用数理逻辑作为分析儿童思维或智力水平的工具。第五,不限制被试的反应,注意从个体自发性反应中分析其心理历程。第六,研究对象数量相对较少,有时只有一人。

一定意义上,临床法也是一种实验方法,因为研究者在展开一项研究之前,总是事先对研究的主题有所准备。但临床法的所谓实验并不施以严格的变量控制,因而可以避免一般实验法可能有的"系统误差"。

三、皮亚杰理论的影响

由于皮亚杰理论的跨学科性质特点,它对心理学、哲学、教育等领域都产生了重要影响。

(一) 对现代西方心理学的影响

发生认识论所提出的问题,皮亚杰是通过个体的心理发生的途径予以阐述的。因而发生认识论在一定意义上就演变成儿童认知发展心理学。皮亚杰对心理学的贡献绝不比任何一位专业心理学家逊色。在发展心理学界,就理论的独创性和完整性而言,迄今为止,似乎还无人可与皮亚杰相比肩。他在20世纪最杰出的100位心理学家中名列前茅。

皮亚杰以深邃的洞察力、独特的研究方法、严谨的实证探索揭示了儿童认知发展的规律,令人信服地刻画了儿童认知发展的心理特点和机制,对当代西方心理学的发展产生了重要影响。

第一,皮亚杰以智力为主要研究对象,探索智力的结构和功能与年龄的关系,开创了认知研究的先例。当时,行为主义和精神分析支配心理学界。行为主义以动物行为的研究方法探索人的心理,把人看成是S—R的机器;精神分析则探索人的潜意识,认为人受本能的支配。皮亚杰不为这两种主流倾向所影响,应用多门学科的知识,探索儿童认识能力的起源和变化,研究知识的心理起源以及认知结构的功能和特点。他所创立的学说促进了认知研究的兴起,成为广义的认知心理学的一个重要部分,为认知发展心理学的建立奠定了基础。

第二,皮亚杰的理论在学习心理学的发展史上也占有重要地位。传统的学习理论在很大程度上依赖于动物学习的实验研究,这些理论忽视了人类学习的社会性和主动性,把人类的学习等同于动物的学习。皮亚杰反对这种观点,他把社会影响、物理环境的影响和个人内部的动力因素有机地结合起来,既考虑了先天格式的作用,又注意到后天活动的功能;既承认年龄阶段对学习过程的影响,又强调了社会环境对心理发展的促进作用。这一解释学习过程的学说超出了传统的学习理论,对学习心理学的发展产生了重要影响。

(二) 对哲学认识论、科学认识史的影响

"人的认识何以可能?"这在哲学认识论史上提出了不同的主张:先天论、经验论、唯理论,这些理论都不足以解释认识何以发生。皮亚杰认为,"发生认识论就是企图根据认识的历史、它的社会根源以及认识所依据的概念和运算的心理起源,借以解释知识,尤其是科学知识。"发生认识论对知识发生、发展的解释是一种结构主义与建构主义相结合的哲学立场。这种发生认识观是以结构的整体性、转换性、自身调节性来解释所有科学认识的结构问题。皮亚杰以此分析了数学、物理学、生物学、心理学、语言学、社会学、人类学的结构问题,对科学认识史产生了广泛的影响。

在皮亚杰的发生认识论中,其辩证法思想处处可见。活动理论、结构-建构主义理论、儿

童认识发展的阶段理论、平衡理论等,无不蕴涵着丰富的辩证法思想。皮亚杰的有关认知活动发展的连续性和阶段性相统一的思想,认识发展年龄特征的稳定性和可变性相统一的思想以及认知发展的结构不断发展、完善和成熟的思想,描绘了儿童在认知世界的过程中,其知识的量变和质变的辩证关系;皮亚杰对于同化与顺应的平衡的分析,则刻画了在认知世界的过程中,儿童对客观世界认识的"肯定"和"否定"两个矛盾方面的对立统一关系。

(三) 对教育理论与实践的深远影响

皮亚杰理论对教育理论与实践也产生了重要的影响。虽然皮亚杰并未直接涉足教育领域,但是他的理论却给了教育工作者以重要启示。依据皮亚杰的理论,儿童的认识能力具有阶段性的特点。在每一年龄阶段,其智力的结构与功能限制了儿童能获得什么样的知识和怎样获得知识。"儿童并非缩小了的成人"这句话正是皮亚杰上述思想的具体体现。依据儿童认知发展的这一特点,教育工作应根据儿童的认知特点组织课程,不要使学习材料超越或落后于儿童的认识水平。把课程的结构建筑在儿童认知结构的基础上,以儿童心理发展的特点作为组织教育与教学的科学依据。我国皮亚杰理论研究的资深专家卢濬曾指出,"皮亚杰是当代对教育影响最大的心理学家,他的认知发展理论中蕴含着丰富的教育含义。许多西方教育工作者根据各自的理解,从中推演出一些教育和教学原则,拟定了详细的计划或方案进行教育实验"。卢濬教授认为,皮亚杰的理论对教育教学实践和改革产生了以下影响:① 教育的主要目的在于促进学生智力的发展,培养学生的思维能力;② 让学生主动、自发地学习;③ 注意儿童的特点,符合发展阶段;④ 儿童应通过动作进行学习;⑤ 要重视社会交往,特别是合作性的交往;⑥ 让儿童按各自的步调向前发展。

皮亚杰对活动的强调也深深影响了教育工作者。依据皮亚杰的理论,知识是主客体相互作用的产物,而动作是主客体相互作用的桥梁,这就启示教育工作者应组织各种各样的活动,使儿童在活动中发展智力,成为知识海洋中的主动探索者。

(四) 皮亚杰理论在建构主义运动中获得了新生

西方日渐兴起的建构主义思潮犹如星星之火呈燎原之势,建构主义作为一种哲学观的演变,动摇了长期以来在认识论中处于统治地位的反映论,同时,它已经超越了哲学的界限,渗透到社会生活的众多领域,极大地影响了这些领域的理论建构和研究取向。建构主义从发轫之日起就与心理学、教育学领域结下了不解之缘,与知识观、学习观、教学观息息相关,近些年来的教育观念和教育实践的变革极大地受到了建构主义思潮的影响,体现了建构主义理念的浸染。在众多的建构主义流派中,最具有互补性质的是皮亚杰的认知建构主义与维果茨基的社会建构主义。

认知建构主义又称个人建构主义(personal constructivism),对认知主体的潜在隐喻是:一个"正在进化的有机体"。根据这一隐喻,认知主体是一个生物体,通过认知结构对材料和数据进行解释或建构,认知主体形成认知图式来引导行为和表达经验。为了解释知识的建构与认知的发展,皮亚杰提出了两个基本原则:组织与适应。随着儿童的成熟,其认知结构就被整合与重组为更复杂的系统,以便更好地适应他们所处的环境。认知结构的适应通过同化与顺应过程而发生,通过同化,新信息进入了儿童已经存在的认知结构,通过顺应,儿童改变其认知结构重新达到一个平衡状态。同化是认知结构数量的扩充(量变),顺应则是认知结构性质的改变(质变),认知个体通过同化与顺应这两种形式实现与周围环境的平衡,同化与顺应过程解释了个体所有年龄阶段的认知发展变化。在此基础上,皮亚杰提出了著名的双向建构理论(theory of double construction),认为人的建构活动一方面产生了以逻辑范畴为代表的人类智慧的基本结构,另一方面,广义的物理知识也正是在建构活动中产生的,前者为内化建构,后者为外化建构。随着建构的发展,内化与外化这两个过程的相互联系日益紧密,同时,各自制约着对方所能达到的水平。皮亚杰的建构主义思想奠定了建构主义理论大厦的基石,突出了知识的建构性而非反映性,彰显了认知主体的积极主动性而非被动接受性。后来形成的形形色色的建构主义尽管形态各异,但其基本理念都与皮亚杰的建构主义思想一脉相承。皮亚杰也因此获得了"建构主义之父"的盛誉。

四、皮亚杰理论的局限性

皮亚杰是心理学界大师级的巨匠,他创立的理论、提出的问题、指明的方向拓宽了心理学研究的视野,然而他并没有为我们描绘认知发展的终极图画,其理论学说本身还有很大的发展空间,也存在着不少缺陷与不足。

(一) 生物学化倾向

皮亚杰发生认识论的基本方法是一种生物学类比,他将生物学意义上的"适应"扩展至人类社会,将"平衡化"概念也作了相应的延伸,以生物学原理类比心理发展机制。这种研究视角忽略了人的社会属性,具有社会达尔文主义倾向。

(二) 对认知发展阶段理论的质疑

尽管早期有许多验证性研究支持了皮亚杰的心理发展阶段理论,但近年来的一些研究发现,这一研究是不完备和充满例外的,主要表现在:① 儿童认知能力的发展不完全如皮亚杰所描述的那种"全或无"的形式,许多重要的认知能力在个体十分年幼时就已存在;② 形式运算并非是思维的最高阶段,有人提出辩证思维是思维发展的第五个阶段;③ 皮亚杰设计的实验过于困难,不适合年幼儿童。

(三) 忽视智力发展中的社会因素

虽然皮亚杰提出的心理发展影响因素中包含社会环境的影响,但一些心理学家认为皮亚杰对社会因素的重视程度不够或理解过于狭窄。皮亚杰认为认知发展是一个遵循固定顺序的平衡——不平衡——新的平衡的建构过程,认知发展有其自身的规律和节奏,外在因素或教育措施对认知发展的促进或阻碍作用有限。这种轻视教育作用的观点使皮亚杰受到了许多批评。还有一些人认为,在皮亚杰的认知研究范式中,实验情境都是一些脱离具体领域和文化背景的抽象任务,这使得认识主体没有社会类别、民族、文化、人格等内涵。

(四) 临床法的缺陷

临床法是皮亚杰独创的一种研究方法,避免了实验室环境下的生硬和不自然,为儿童心理研究采用至今。但皮亚杰搜集数据的方法仅局限于个案观察以及与儿童的谈话,缺乏严格的实验设计,这使皮亚杰理论常受到"科学性"的质疑,皮亚杰的研究方法的确有改进的余地。

虽然存在着上述缺陷,但毕竟瑕不掩瑜,作为心理学发展史上的一个里程碑,皮亚杰理论将持续发挥它的影响。

拓展阅读 11-4

皮亚杰与维果茨基认知发展观的比较[①]

维果茨基与皮亚杰是发展心理学历史上两位里程碑式的人物,从不同的角度阐述了儿童发展的基本观点,引发了认知发展研究史上一场旷日持久的争论。时至今日,这场论争已不像当年那样剑拔弩张、势不两立,然而,争论的余韵依然在影响着当代的儿童发展研究,辩证地剖析两种理论之间的相互关系既具有深远的历史意义,又具有积极的现实意义。

一、壁垒分明:研究取向显著不同

针对两种理论之间的差异,不少学者进行了卓有成效的多方面探索,事实上,两种理论之间的差异存在着明显的主次之分、本末之别,甚至是前因与后果的关系,因而理解两种理论之间的差异首先需要对深层差异与表层差异加以区分。

(一) 两种理论的深层差异

第一,两位大师是从不同的出发点、切入点接触儿童认知发展的。皮亚杰终生追求的核心事业是认识论,与其说他是一位发展心理学家,不如说他是一位认识论专家,他是在利用儿童发展的研究探索知识与逻辑的起源和性质,儿童发展研究是其完成总体目标的手段而不是其追求的目标。维果茨基关注的是儿童如何成为高级文化共同体中的成员,同时,他也是一个方法论专家,致力于发展一种新的整体心理学。可见,两位大师对自己研究方向的定位从一开始就存在着显著差异。

第二,两位大师所持的世界观、哲学观、认识论明显不同。皮亚杰的理论崇尚自由主义,在研究取向上表现为个体主义,而维果茨基的理论明显倾向于社会主义;皮亚杰的研究是一种机体主义的、生物学的取向,而维果茨基的方法明显地表现为社会文化取向;皮亚杰深受哲学家诸如柏拉图、笛卡儿、卢梭尤其是康德的影响,维果茨基的理论则

[①] 麻彦坤.维果茨基与现代西方心理学[M].哈尔滨:黑龙江人民出版社,2005:119—134.

深受马克思、恩格斯、列宁思想的影响;维果茨基是一位辩证唯物主义者,采纳的是一种现实主义的认识论,其个体发生观是唯物主义的,而皮亚杰在这些问题上"拒绝采取一种坚定的立场";如果说维果茨基在哲学观上是一元论者,坚持马克思主义哲学即辩证唯物主义,并以此统帅其认识论,那么,皮亚杰则是一位多元论者,受到许多哲学观点的影响,他采取的态度是兼收并蓄,为我所用。两种理论在这些方面的不同为许多方面的差异奠定了基础。

第三,两种理论对个体发展的最初原因的重视程度不同。皮亚杰没有指出发展的首要动因,维果茨基批评他,"将发展看成一个 A 和 B 彼此相互影响的川流不息的过程,不存在发展的首要原因"。与此相反,维果茨基旗帜鲜明地指出,社会互动是个体知识发展的首要原因,"在儿童的文化发展中,每种机能都是在两个方面两次登台,首先是社会的,作为一种心理间范畴的人与人之间的关系,其次是心理的,儿童内部的心理内范畴……所有高级心理机能都是社会关系的内化"。这一差异构成了两种研究范式差异的基础,两者之间的大多数分歧都源自这一简单而重要的差别。

(二) 两种理论的表层差异

表层差异是围绕深层差异而表现出来的林林总总的多方面差异,这些差异分散于皮亚杰与维果茨基的系列观点之中,我们可以从不同角度、不同侧面对这些差异进行描绘。差异集中体现为:人类个体发生的模式、认知发展过程、成人与同伴对个体发展的影响、发展阶段论与普遍适用论。

二、殊途同归:研究方法与具体观点多处交叉

皮亚杰与维果茨基作为同一时代的两位发展心理学家,尽管在研究取向、关注重点等方面存在明显的差异,然而这绝不意味着两位大师的理论是水火不容、非此即彼的关系,相反,两位大师从不同角度关注了同一问题:儿童发展,并且对许多问题的看法存在着惊人的相似。正如格拉斯曼(Glassman)所言,"皮亚杰与维果茨基的理论非常相似,尤其是他们的理论核心"。

首先,两种理论殊途同归,虽然出发点不同,但对儿童发展的关注是相同的,都认为:儿童发展存在着彼此交织的两个方面、两条线路(个体和社会),缺少任何一方都不可能完整地理解发展;历史条件是理解发展的必要条件而不是充分条件,历史虽然重要,但不能独立解释思维结构;心理发展经历了思维的质的转变而不仅仅是量的增加。这些共同信念奠定了两种理论的共同基础,如果没有这一共同基础的存在,两者的比较也就失去了实际的意义。

其次,两种理论研究都自觉或不自觉地使用了辩证法,这一共性构成了两种理论的方法论基础。辩证逻辑不仅是两种理论相似性的源泉,而且是两种理论相互通约的基础。维果茨基明确指出他对辩证逻辑的使用,"儿童发展是一个复杂的辩证过程,不同机能的发展体现出了发展的阶段性与不平衡性,在儿童克服障碍的适应过程中,一种形

式向另一种形式的质的转变错综复杂地交织着外部与内部的许多因素"。维果茨基的研究可以说是心理学中创造性地使用辩证法的典范。皮亚杰研究取向中的辩证法,受到了一定的批评,因为他隐含地将西方科学理性作为认知发展的框架,倾向于将康德范畴的形式抽象作为认知发展的目的论。皮亚杰试图揭示,这样的范畴不是由遗传决定的,而是由人类建构的,他将康德范畴体系作为普遍适用的建构过程的终点。皮亚杰的方法与理论反映了内部关系系统的自我矛盾运动的辩证思想,他自己意识到了这种倾向,坦率地承认"在我的研究工作中自发地使用了辩证法"。正像托尔曼指出的那样,"不管在皮亚杰的观点中存在什么样的缺点,辩证法是最基础的"。从这点来看,维果茨基与皮亚杰的理论站在了一起,明显不同于西方多数心理学理论。

研究对象与研究方法的通约,决定了两种理论研究过程及具体观点的多处交叉重合,突出地表现为以下几个方面:社会因素在儿童发展中的中心性作用;内化不是对环境的简单复制而是一个转化过程;发展的个体性。

三、互动互补:两种理论的未来走向

维果茨基与皮亚杰的理论是20世纪发展心理学中两种最有影响的理论,他们从不同的角度、以不同的风格提出了各自的发展观,两种发展观各有所长,共同描绘了儿童发展的整体画卷。如前所述,两种理论有交叉更有区别,有对立更有互补,如何辩证地对待两种理论的未来走向,成为当代发展心理学必须面对的敏感话题。

一种观点认为,两种理论代表了两种完全不同的研究取向,开辟了儿童发展的两条理论线路,理应区别对待。另一种观点认为,两种理论的差异是表面的而非系统的,差异的存在是因为关注重点与关注程度的不同而不是种类的不同。

我们认为,上述两种观点都有一定的合理之处,因为两种理论本身确实既有区别又有联系,既不能将两种理论截然分开,又不能将两者仓促整合,截然分开会割断两者的联系,仓促整合可能会忽略两者的分歧。两位大师都明确意识到了确实存在着两条发展路线,但都止步于关注其中的一条而牺牲另一条。将个体发生发展与文化发展整合进一个单一的范式只是一种良好愿望,实际操作起来困难重重,如何将发展的两个方面结合起来依然是一个令人困惑的问题。由此可见,将两种理论的关系定位在一种动态互补关系也许更有助于我们今后的研究。

本章小结

1. 皮亚杰涉足的领域极其广泛,我们重点把握其儿童心理学理论及发生认识论。

2. 皮亚杰认为智力的本质是适应。在描述认知结构时,皮亚杰用了格式、同化、顺应、平衡、自动调节、运算等概念。

3. 儿童心理发展主要受成熟、实际经验、社会环境的作用和平衡化四个因素的影响,前三者是发展的三个经典性因素,而第四个条件才是真正的原因。

4. 皮亚杰认为,根据儿童智力发展的主要特征和变化的规律可把儿童智力的发展划分为几个主要的发展阶段,即感知运动阶段、前运算阶段、具体运算阶段和形式运算阶段。

5. 发生认识论乃是用发生学的方法来研究认识论,其研究对象是知识的心理起源和过程结构,试图揭示人类知识增长的心理机制。皮亚杰把生物学上的表型复制理论运用于认知发展,揭示出内因与环境相互作用的生物学概念与主客体间必要的相互作用的认识论概念两者之间的关系。

6. 皮亚杰最大的贡献在于创立了一门新的学科,即发生认识论,由此填补了传统认识论研究的一页空白。发生认识论不仅揭示了认识的发生问题的重要意义,而且更可贵的是,还为"发生"找到了正确的源头,用著名的相互作用活动论和内、外化的双重建构论阐明了发生的机制,为认识论的研究开辟了一条独特的道路。

7. 新皮亚杰学派对皮亚杰理论的发展主要体现为:柏斯卡·莱昂内的辩证结构论、凯斯的控制结构论、卡米洛夫·史密斯的表征重述理论。新皮亚杰学派对皮亚杰理论的超越主要体现在:进一步对发展和学习加以区分、发展并非必然是"全系统性的",在许多方面改变了皮亚杰理论的面貌,体现出"新"意。

8. 皮亚杰理论具有创造性综合的特点。在这一理论中,既有经验论的色彩,又有认知建构论的特征;既承认了先天的影响,又强调了后天经验的重要性。纵观皮亚杰的儿童认知发展理论,有三大特点贯彻始终,即相互作用论、结构—建构论和逻辑决定论。

9. 皮亚杰的贡献主要集中在:创立了独具特色的发生认识论、提出了儿童思维发展的阶段理论、系统地探讨了儿童心理发展的影响因素及其作用机制、开创了儿童思维发展研究的新方法。

10. 皮亚杰理论对西方心理学产生了极大的影响,同时深刻影响了哲学认识论,给世界各地的教育理论与教育实践带来了多方面的启迪。皮亚杰理论在建构主义运动中获得了新生。

11. 皮亚杰理论并没有为我们描绘认知发展的终极图画,其理论学说本身还有很大的发展空间,也存在着不少缺陷与不足。如生物学化倾向、认知发展阶段的不完整性、忽视智力发展的社会因素、临床法的缺陷。虽然存在着上述缺陷,但作为心理学发展史上的一个里程碑,皮亚杰理论将持续发挥它的影响。

复习与思考

一、名词解释

1. 格式 2. 同化 3. 顺应 4. 平衡化 5. 自动调节 6. 运算 7. 内化建构 8. 外化建构 9. 发生认识论

二、问答题

1. 怎样理解智力的本质是适应?
2. 影响智力发展的因素有哪些?

3. 简述儿童智力发展的四个阶段。
4. 简述发生认识论的内涵、起源、实质与意义。
5. 简述新皮亚杰学派对皮亚杰理论的发展。

三、论述题

1. 论述临床法的特点。
2. 讨论皮亚杰理论的影响与贡献。
3. 探讨皮亚杰理论的不足。

第十二章 认知心理学

本章导读

本章讲述认知心理学的形成与发展历史,主要涉及三个方面的问题:认知心理学兴起的历史背景、渊源和发展历程;认知心理学发展过程中形成的主要理论取向;认知心理学的研究和发展现状。由于认知心理学是当代心理学的主流,许多心理学理论都采用其观点,因此,学习、研究科学心理学,不能不学习认知心理学。本章第一节系统阐述认知心理学产生的背景、认知心理学的历史渊源和认知心理学的基本内涵。第二节到第四节分别讲述当代信息加工论(符号主义)、联结主义和活动主义等三种认知心理学取向。第五节介绍了认知心理学的研究和发展现状,对认知心理学的不足之处(包括人们对它的质疑)和积极意义进行了较为详细的分析。

学习目标

1. 能简要阐述认知心理学形成和发展的历史背景。
2. 能回答认知心理学的历史渊源。
3. 理解掌握认知心理学和认知计算主义的概念。
4. 能阐述信息加工认知心理学的基本观点与研究方法。
5. 理解掌握联结主义认知心理学的基本假设、特征和主要理论观点。
6. 理解掌握活动主义认知心理学的基本假设和主要理论观点。
7. 解释遗传算法的基本内涵。
8. 能够对认知心理学的历史地位或作用加以评述。

20世纪50年代,随着当时占据主导地位的行为主义存在的问题日益凸显以及由此形成的第二次科学心理学危机,许多新的心理学取向或学派应运而生,又一次形成了心理学的"百花齐放、百家争鸣"的局面。一时间,"意识""动机""思维"等曾一度被行为主义摒弃的概念重新回到心理学中,成为心理学家们和心理学刊物感兴趣并津津乐道的议题。所有这一切都预示着一场新的心理学革命即将来临。认知心理学就是这场革命中诞生的旗帜性的心理学取向。

第一节 导 言

一、认知心理学的历史溯源与发展历程

(一) 认知心理学的历史溯源

认知心理学研究和思想可以追溯到人类社会诞生之时,无论是东方还是西方,两千多年前人们就开始对认知或智慧进行探究。我国的老子、孔子、墨子、庄子、孟子等,古希腊的苏格拉底、柏拉图、德谟克利特、亚里士多德等,都做过这方面的探讨,并提出了许多有价值的看法。这些探讨,开人类对认知或智慧探讨之先河,对后世有很大的启迪作用。

在西方,到中世纪末和文艺复兴之时,西方哲学开始发生由本体论到认识论的转变,"心理是经验的还是先验的和知识是从哪里来的"逐渐成为心理学的中心议题。到16、17世纪,这种转变得以完成。自此,人的认识受到重视,形成了经验主义和理性主义两大思想,英国的联想主义、法国的感觉主义、德荷的唯理论三大思潮。19世纪末,随着科学心理学的诞生,人们开始对认知进行系统的科学研究。随后,构造主义和机能主义研究意识,格式塔心理学和皮亚杰把认知作为研究对象或内容,托尔曼也开始研究认知。所有这些都为认知心理学的诞生作了思想、知识、方法等准备。

(二) 认知心理学的诞生与发展

对认知心理学的发展历史加以划分,从二战结束到1955年的十余年是认知心理学的萌发与形成期;1956年到1967年的十几年是认知心理学的确立期;1968年到1980年是认知心理学的巩固期,1980年以后是认知心理学的多元化发展期。

1. 认知心理学的萌发与形成

一些认知心理学研究开始出现,并形成了以知觉为主要研究内容的领域。1947年,布鲁纳(J. Bruner)研究了贫富不同程度的人对钱币大小的知觉,发现它受钱币在知觉者心目中的价值的影响。1955年,吉布森夫妇吸收信息和认知方式概念,用实验证明知觉受人的经验影响。在研究的基础上,他们构建了后来影响很大的生态心理学。到20世纪50年代中期,有关认知尤其是知觉的研究蓬勃开展起来。

2. 认知心理学的确立

认知心理学的名称开始出现并被广泛使用,其研究领域和体系得以确立。1956年可以说是认知心理学里程碑式的一年。这一年,在麻省理工学院的一次会议上,乔姆斯基提出了其语言学理论,米勒在《神奇数字7±2:信息加工能力的某些限度》中论述了短时记忆容量问题,纽厄尔(Allen Newell)和西蒙探讨了后来极富影响的"通用问题解决者"计算模型,布鲁纳、高德诺(Goodnow)和奥斯丁(Austin)从认知加工的角度探讨了概念形成的规律。除此

之外,人工智能领域在这一年被确立,①自此开始了认知心理学与人工智能的相互促进。因而,有人认为,认知心理学和认知科学诞生于1956年(艾森克,基恩,2004)。自此以后,认知成为心理学合法研究领域和谈论话题,其研究领域与内容不断扩展,方法与手段不断更新与进步,许多研究成果相继问世,关于认知的研究机构开始成立,刊物开始出版。1958年,布罗德本特(Broadbent)提出了信息加工的记忆三阶段理论;1960年,米勒和布鲁纳在哈佛大学建立了认知研究中心;1965年,麦卡洛克(Warren S. MaCulloch)和皮茨(W. H. Pitts)出版了《神经活动内在概念的逻辑演算》;1967年,奈瑟尔出版了《认知心理学》,对认知作了明确界定,并确立认知心理学的研究内容与领域,因此该书被普遍作为认知心理学诞生的标志。

3. 认知心理学的巩固

符号主义快速发展,取得了令人瞩目的成就,由此进一步巩固了它在心理学中的主流地位。1976年,纽威尔与西蒙的《作为经验探索的计算机科学:符号和搜索》和奈瑟尔的《认知与实在》分别出版。许多刊物诸如《认知心理学》(1970)、《认知》(1971)、《记忆与认知》(1973)、《认知科学》(1977)、《认知治疗与研究》(1977)、《心理意象杂志》(1977)相继问世,这些杂志主要刊登认知心理学方面的研究成果。由此认知心理学有了自己的阵地。不仅如此,认知心理学的影响不断增大,研究内容不断拓展,逐渐渗透到社会心理学、发展心理学、教育心理学、生理心理学、神经生理学、病理学(主要是神经病学)等领域中。即使是行为主义,也不可避免地受其影响,积极吸收认知心理学的研究成果改造自己。所有这些都说明,认知心理学已成为心理学的主流且地位愈来愈巩固。

拓展阅读 12-1

奈瑟尔与认知心理学的诞生

奈瑟尔(Ulric Neisser),美国认知心理学家,1967年著《认知心理学》一书,标志着认知心理学的诞生。他与提出"物理符号系统"观点的西蒙和纽厄尔一起,共同促使20世纪60年代末心理学界的一场"信息革命"的发生。他的主要研究兴趣是记忆、智力以及自我概念。他对自然环境下关于生活事件的记忆和个体、群体在测验成绩上的差异的研究十分著名。1984年当选为国家科学院院士。1976年他呼吁认知心理学家研究那更"现实性的"认知活动,推进了认知心理学的生态模式的产生。

图12-1 奈瑟

---

① 在Dartmouth学院的一次会议上确立,参加这次会议的有乔姆斯基、明斯基、姆克卡塞(John McCarthy)、纽威尔、西蒙、米勒等在认知心理学领域极具影响的人物,他们对认知心理学的建立作出不可磨灭的贡献。

4. 认知心理学的多元化发展

认知心理学呈现出多元化发展，除符号主义认知心理学（信息加工论）向纵深方向发展外，又形成了联结主义认知心理学、认知神经科学。到20世纪90年代，又形成了活动主义和具身认知取向。这些取向相互促进与补充，使认知心理学向更广、更深的方向发展，形成了许多新学科。除此之外，一些刊物如《意识与认知》(1992)和《意识研究杂志》(1994)等创刊和一些有影响的著作相继出版，各取向的研究成果大量涌现。同时，认知心理学还分化出许多属于广义的认知心理学范畴的有影响的心理学取向。

（三）认知心理学的发展历程

通过上述分析，可以将认知心理学的发展历程总结如下：

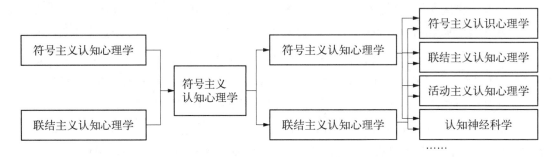

图 12-2　狭义认知心理学发展历程图

图 12-2 显示，认知心理学的发展经历了两花竞放到一枝独秀，再到并驾齐驱，再到多元发展。

20世纪40年代，在认知心理学研究肇始之初，出现了符号主义和联结主义两个研究方向。联结主义可追溯到麦卡洛克于1943年建立的第一个人工神经细胞模型。他在与数学家皮茨合作发表的一篇题为《神经系统中所蕴含思想的逻辑演算》中提出了联结主义思想。1949年，赫布(D. O. Hebb)出版了《行为组织》一书，提出了突触联结可变的假设，建构出脑模拟研究的经典理论，提出联结主义概念。20世纪50年代末到60年代初，人工神经细胞模型与计算机结合，研制出了具有感受神经网络的输入层、中枢神经网络的联络层和效应神经网络的输出层结构的简单感知机。这是科学史上第一个具有计算功能的神经网络模型，激发了人们对神经网络模型的热情，导致联结主义研究迅速开展。

可惜好景不长，随着人们对联结主义因期望太高而导致的失望以及随之而来的明斯基(M. Minsky)和佩伯特(S. A. Papert)对感知机的强烈批判，神经网络研究陷入低谷。而此时，符号主义认知心理学则取得了重大成就，由此形成符号主义一枝独秀的局面。

但随着符号主义取向陷入一定的困境和研究技术手段的发展，人们重新发现了联结主义的价值，于是20世纪80年代兴起了一场"人工神经网络革命"，联结主义取向得以复兴。1981年，辛顿(C. E. Hinton)和安德森发表了《联想记忆的平行模型》；1982年，霍普菲尔德

(J. Hopfield)的人工神经网络模型成功求解了计算复杂度为 NP 型的"旅行商"问题;再一次激起神经网络研究热。其后,可求解非线性动力学系统优化问题的神经网络模型(1983)、基于人工神经网络的并行分布式处理的认知过程的"微结构"理论(1985)和可用于求解非线性感知和复杂模式识别的多层感知机、具有良好自适应特性的自适应神经网络(1986、1987)等相继出现。使得联结主义取向迅猛发展。由此形成了 20 世纪 80 年代符号主义与联结主义并驾齐驱的局面。

符号主义和联结主义虽然取得了巨大成就,但主要研究认知或智能活动,基本不涉及认知或智能的形成与发展;同时,它们只是用计算机模拟人脑(功能模拟和结构模拟),很少涉及脑与身体其他部分的关系和整个生命系统,致使它们存在着先天不足。为解决这些问题,20 世纪 90 年代又形成了活动主义认知心理学。它以认知或智能的进化——生成与发展为研究对象,从生命演化和符号运作与竞争的角度研究认知的产生和发展,试图用进化计算的方法模拟整个生命过程。1990 年,托马斯·雷(Tomas Ray)意外发现他所设计的复杂程序铁尔拉(Tierra)在机器上演化出一个丰富多彩的电子生态系统,他由此看到了从人工有机体最基本的结构中涌现出一种令人吃惊的复杂性的可能性(被活动主义者视为进化的威力)。自此,认知心理学家不再满足于功能模拟和结构模拟,而开始进入建基在细胞自动机理论、形态形成理论、非线性科学理论和遗传理论之上的人工生命研究,试图通过用计算机生成自然生命系统行为的仿真系统,了解真实世界中的生命和生命过程,这一领域的有效工具是采用信息数学模型模拟进化的遗传算法。

与此同时,在认知心理学、心理语言学等多个研究领域,出现许多自身难以解决的难题,这些难题须在人脑认知活动机制中寻找答案。随着神经影像技术等新技术和方法的出现以及神经科学研究所取得成果的积淀,认知神经科学诞生的条件逐渐具备,由此,专门直接研究人类意识和智能的脑机制的新学科得以诞生。

除此之外,20 世纪末,哲学和心理学界通过对身心关系的重新审视与思考,提出了具身认知(embodied cognition)概念,形成了具身认知取向。该取向对第一代认知科学(包括符号主义和联结主义)从元理论到方法论等多方面都有很大突破,提出了许多有价值、富有启迪的新的理论观点,开拓了心理学的新领域和课题,引发了人们的众多思考,促进了包括认知心理学在内的认知科学乃至整个心理学的发展。正因为如此,有人把它视为盘旋在认知科学实验室上空的幽灵,称之为"后认知主义(postcognitivism)"革命或第二代认知科学。

综上所述可以看出,到 20 世纪 90 年代,认知心理学向多元化发展,出现了许多新取向。其中既有以科学主义为理念建立起的取向(狭义的认知心理学),还有按照人文主义理念构建的取向,还有二者兼而有之的取向。本章主要阐述属于自然科学模式的符号主义、联结主义、活动主义、认知神经科学四种取向。

二、认知心理学的内涵

认知心理学有广义和狭义之分,现从以下几个方面加以分析。

(一) 广义认知心理学

广义的认知心理学是指以认知为研究对象所开展的一切心理学研究和所建构的所有心理学理论。广义认知心理学包含的范围比较广,包括皮亚杰的心理学理论、符号主义理论、格式塔理论以及建构主义、认知神经科学等。按照美国心理学史家黎黑的观点,在20世纪50—70年代,广义的认知心理学可分为结构主义、心理主义和符号主义(信息加工论)三种。结构主义认知心理学以心理逻辑结构的演变来解释行为发展,包括皮亚杰的理论、乔姆斯基的理论等。心理主义的认知心理学复活了符兹堡学派有关"无意象思维"的研究,强调以非联想原则解释记忆和思维。它通常以谚语(双关歇后语)和成段的文字材料进行研究,探讨意义和主题对认知活动的影响。符号主义的认知心理学把人看成是信息加工系统、研究人如何接受、编码、操作、提取和利用信息的信息加工模式。现今这个概念更为广泛,包括狭义的认知心理学各取向、建构主义、意义心理学等众多以认知为研究对象的心理学取向或学科。

(二) 狭义认知心理学

狭义的认知心理学是以"认知可计算主义"为研究纲领,按照自然科学模式进行研究和理论建构的认知心理学。当前,它主要包括符号主义、联结主义、活动主义、认知神经科学等取向。本章所说的认知心理学主要是狭义的认知心理学。

认知可计算主义是指认知的本质就是计算。基本含义是:作为信息处理系统,描述认知和智能活动的基本单元是符号,无论是人脑还是计算机,都是产生、操作和处理符号的形式系统,认知和智能的任何状态都不外乎是图灵机的一种状态,认知和智能的任何活动都是图灵意义上的算法可计算的。"作为一般的智能行为,物理符号系统具有的计算手段既是必要的也是充分的。"人类认知和智能活动经编码成为符号都可以成为可计算的。

(三) 几个密切相关的概念

为弄清认知心理学的内涵,有必要对与之密切相关的概念或取向进行探讨。

1. 认知科学和认知心理学

(1) 认知科学。认知科学是以认知为研究对象的一门跨学科的综合性科学,被称作21世纪智力革命的前沿,是哲学、心理学、语言学、计算机科学、人类学、神经科学、进化生物学和动物行为学等学科交叉形成的学科。认知科学研究人脑的认知过程和机制,包括从感觉的输入到复杂问题求解,从人类个体到人类社会的智能活动以及人类智能和机器智能的性质。其研究涉及的范围很广,包括认知心理学、人工智能、认知神经科学等众多学科或领域,凡是探讨认知、心智或智能的学科或领域都可以包含在认知科学之中。

认知科学肇始于20世纪50年代,形成于70年代,其重要标志是1977年国际性期刊《认知科学》的问世。认知科学并不是包括所有相关学科的"伞型组织",而是一门独立的新学科。其基本任务是探究在人类心智中发生的表示和计算的具体类型、机理和形式。

(2) 认知心理学。认知心理学包括广义的和狭义的认知心理学(前已有述,此不赘言)。

(3) 它们之间的关系。首先,它们是一种包含与被包含的关系:认知科学包含了广义和狭义的认知心理学,广义的认知心理学包含狭义的认知心理学。其次,它们相互影响、相互渗透:认知科学的研究及有关理论向认知理论和狭义的认知心理学渗透,对它们产生极其重要的影响。认知理论或广义的认知心理学向认知科学和狭义认知心理学渗透,对它们产生影响。狭义认知心理学的研究和理论也向认知科学渗透,对它们产生影响。最后,它们共用许多理论取向或范式。如符号主义、联结主义、活动主义等取向既是认知科学的取向,也是狭义认知心理学的取向。

2. 认知心理学与认知神经科学、建构主义心理学

(1) 认知神经科学。认知神经科学是20世纪最后10年心理科学发展的突出代表,旨在阐明心理活动的脑基础,揭示心理与脑的关系,探讨心理的神经活动机制。它是认知科学与神经科学相结合的产物,建立在现代认知心理学和当代神经科学的基础上,具有高度的跨学科性和学科交叉性。

认知神经科学的诞生,又使心理学有了新的研究范式——认知神经科学范式。[①] 它采用脑成像技术(包括脑代谢功能成像和生理功能成像)和认知生理心理学的研究方法,把心理活动通过生理指标较为清晰系统地展现或暴露出来,避免了符号主义研究范式的推论或猜测,使心理更具公开性,更加公开直接地显现出来为人们直接客观地观察研究,使得更为客观、直观、直接用实验法研究心理活动成为现实,进而使心理学在科学化的道路上前进了一大步。它不给主体(被试)的自我报告留下任何余地,使心理拒绝任何现象学描述而成为合法的客观的研究客体。该范式不仅可以对外显意识过程和内隐无意识过程的特性、心理过程的深层机制进行实验操作的客观研究,而且还可找到与之并存的许多相应的脑功能参数。正因为如此,该范式使得心理学研究在许多方面都取得了突破性进展。

(2) 建构主义心理学。建构主义心理学是认知心理学的新发展,不过它发展出与原有的认知心理学完全不同的取向,强调意义、建构和活动等。"它研究的是各种各样的符号系统的意向性使用,意向性的使用是由积极的、主动的、处于公共或私下的情景且为完成各种任务或计划的人完成的,完成的过程往往是同他人协同作用的结果。"

其基本假设有:① 核心假设——"认知即建构";② 建构是以人为中心的,是人的主观能动性的体现;③ 知识既是人的建构结果,又是人进一步建构的基础;④ 建构是在人的日常活动中进行的,可以说它是活动的组成部分。

建构主义与符号主义一样,认为心理学应研究符号及其内容。不过,它强调符号及其内容的主观性与差异性,突出符号意义的中心性。它认为符号及其意义是人主观建构的结果。

---

① 在心理学发展史上,心理学研究范式经历了传统实验范式、行为主义范式、符号主义范式和认知神经科学范式四个阶段。

由此，它把符号作为建构材料，把心理看作是符号世界，以符号的形成与演变为立足点研究认知或智能的生成与发展，强调认知或智能的动态性、开放性与功能性，力图以此为基础阐明人的存在方式，更好地增强人的适应性。其基本目的是探明或理解符号与意义建构过程。亦即了解人用符号建构世界和意义建构的过程，人的心理是如何被建构的及其对行为的作用。

（3）三者的关系。认知神经科学和建构主义心理学都是认知心理学的发展，不过三者各有侧重，发展方向也各不相同。① 认知神经科学继承了心理学的科学主义传统，试图从生理学的角度揭示心理，它可归到狭义的认知心理学范畴中；而建构主义心理学则发展了心理学的人文主义传统，力图复兴意义在心理学中的地位。② 狭义认知心理学和认知神经科学坚持客观性原则和还原论，注重自然科学方法，都试图按照自然科学的模式来建构心理学；而建构主义心理学坚持相对主义和主观主义，注重质性方法和解释学方法，发展心理学的人文方向。尽管如此，三者之间也不无联系，他们可以相互补充、相互借鉴、共同发展。

第二节　符号主义认知心理学

符号主义着重研究符号的操作与表征，其目标是寻找一种形式结构，将人类的认知或智慧活动转换成抽象的符号系统的运作。它认为，任何认知过程都是先把信息符号化，然后操纵和处理符号，即人通过感官接受信息，经过处理，把之转化为能代表外界事物的内部符号，并贮存在头脑中，然后再经过一系列处理，将内部符号（观念或概念）转化为外部符号（语言或行为），成为输出信息，对刺激做出特定反应。由于它以符号为中心，突出符号在信息加工系统中的作用，故被称为符号主义或认知心理学的符号范式。由于它主要研究的是信息加工过程，故又被称为信息加工论或信息加工取向。本章中这几个术语交汇使用。

一、符号主义取向兴起的历史背景

符号主义诞生于20世纪50—60年代，它的兴起不是偶然的，有其特定的历史语境。

（一）社会背景

20世纪40年代，随着科学知识与技术尤其是武器装备技术特别是其中的信息通讯技术的迅猛发展，人们面临着信息的大量积聚与增长的局面，这就对人的信息选择、识别、加工处理、输出等提出了要求，由此形成了与人的信息处理有关的需要解决的课题。二战期间，为了满足战争的需要，各个国家大力研制新式武器。在这些武器装备中，有两个方面与认知心理学的兴起密切相关。一是制导系统。该系统就好像有智能一样，能够追踪运动着的目标并击中它。它是一个自动化的信息处理系统，能通过对信息的接收、选择和加工处理实现对系统行为的控制。二是大量信息任务处理系统。大量的信息任务使得人对信息的处理愈加困难。如飞行员对机舱中众多的仪表所呈现的信息难以进行有效的加工处理。这些课题被心理学家带到实验室,开始有关信息加工的研究。这些研究涉及的核心问题是信息,主要包括:(1) 人对信息的处理能力及其特点;(2) 如何对仪器设备进行恰当设计,使人更容易识别信息并对设备进行操作。

随着军事技术转为民用,社会和经济发展对自动化设备和信息通讯系统的需求也越来越多。1943年,有人设计出日常生活中常用的恒温器,它通过信息反馈系统实现对内部温度的自我调整。随后,依据这种原理设计的数字计算机的出现,使得机器似乎能产生有目的或智慧的行为(李汉松,1988)。正是这样的社会需要,向心理学提出了要求,要求心理学研究人的认知或智慧活动,在此基础上不断发明和更新社会所需要的"有目的和智慧"的机器(人工智能)。

(二) 哲学背景

认知心理学的哲学基础有多方面,实证主义、决定论等行为主义的哲学基础都为它的诞生奠定了思想与理论基础,这里主要从以下几个方面加以阐述。

1. 理性主义与经验主义的联姻

理性主义对符号主义纠正以往心理学尤其是行为主义的纯粹的还原论、机械论倾向,要求探讨内部的认知结构有重要意义,而经验主义则对符号主义采用实证方法建立自然科学模式的心理学有重要影响。可以说,带有理性主义色彩的经验主义对认知心理学的产生有直接作用。之所以这样说,是因为符号主义总体上是按照经验主义进行研究,采用实证方法。但由于它以认知为研究对象,而认知是人的内部心理活动,很难对之直接观察或客观反映,因而不得不在一定程度上接受理性主义思想。

2. 还原论

还原论启迪符号主义对认知或智能活动进行机械还原或生物还原,即把人的智慧智能简化为物理符号系统或计算式的神经过程,在不违背科学主义原则的基础上对认知或智慧活动进行客观性研究。

3. 操作主义

操作主义旨在用操作分析的方法来探讨科学概念的精确定义。它假定可以把心理现象转换成可操作、可计算的东西,并力求用操作性的语言来定义或表述心理现象。符号主义正是汲取了操作主义的基本思想,把认知或智能看作是操作过程,从符号操作的角度进行研究。

4. 计算主义

计算主义来自于制造控制其他机器的机器史,如机械织机、卡片存储机和数值计算器等。这些机器获取、储存、转换、解释和使用信息,而这一过程并不能归于物理过程。这一思想最早由图灵(Alan Turing)给予明确系统表达,他在理论上提出"能行可计算(effective computability)"的概念和理论。除此之外,他还作出两大贡献——提出图灵机(也就是后来的计算机)的设想并设计出它;提出图灵检验。由此奠定了计算主义的理论基础。计算主义认为,任何运动或活动过程都是或都能转换成"能行可计算"过程,而计算是一个操作过程或信息加工过程。计算主义为认知心理学提供了研究纲领。

5. 语言(义)学哲学

语言(义)学哲学又称为形式主义学派或理想语言学派或人工语言学派,是由弗雷格(G. Frege)、罗素(B. A. W. Russell)、维特根斯坦(L. Wittgenstein)、石里克(M. Schlick)、卡尔纳普(R. Carnap)等人所创立或倡导的语义哲学研究。它实际上是转向以语形(义)学为主要面向的逻辑句法分析。它突出理性,强调形式尤其是逻辑形式;以现代数理逻辑为基础,将逻辑学作为整个哲学的基础与中心,把对思想的逻辑分析归结为对语言的分析,而对语言的分析是运用逻辑方法;主张抛弃日常语言,仿照数理逻辑,另创一种理想化的人工语言或形式语言,主张使用语言语形分析手段解决哲学问题;提出了"主体—语言—世界"的三元结构世界观。

语言学哲学的"主体—语言—世界"的三元结构世界观、逻辑实证主义、乔姆斯基的生成语言学、逻辑分析方法等为认知心理学提供了世界观、元理论和研究方法或途径,促成心理学研究以形式理性为目的,以符号加工为研究对象,研究认知或智能的一般形式;对认知或智能活动的一般过程进行研究,以期弄清认知或智能的像普遍语法那样的基本逻辑形式。特别是它"以符号为中心,把认知或智慧看成是符号加工过程",直接催生了符号主义认知心理学。可以这样说,20世纪依托语言学发展起来的逻辑实证主义和语言哲学成为认知科学形成的先导和包括符号主义和联结主义在内的第一代认知科学的思想源泉。

(三) 科学理论背景

为符号主义诞生奠定科学理论基础的主要是信息论、控制论与系统论。它们的影响可归纳为两个方面:一是启发认知心理学家从系统、信息、控制的角度来研究人脑内部的信息加工过程,信息量的测定受到重视;二是为符号主义提供很多术语,为其成型铺平了道路。

1. 信息论

信息论是运用概率论与数理统计的方法研究信息、信息熵、通信系统、数据传输、密码学、数据压缩等问题的一门学科,其创建者是英国科学家申农(Claude Shannon)。英国的布罗德本特(Broadbent)运用信息论来处理人的知觉和注意以及信息通道等心理学问题,开创了信息论在心理学中应用的先例,为研究内部心理机制提供了一个新的研究方向或途径。

2. 控制论

控制论是研究动物(包括人类)和机器的内部控制与通信的一般规律的学科,着重于研究过程中的数学关系。其创建者是美国数学家诺伯特·维纳(Norbert Wiener)。他把人看作是信息处理系统,从更为广阔高远的控制论视角讨论信息问题。该理论启发心理学家把人视为自我调整的信息加工系统和伺服系统,为认知心理学的诞生奠定了理论与方法论基础。

3. 系统论

系统论是研究系统的一般模式、结构和规律的学问,它用数学方法定量地描述系统功能,寻求并确立适用于一切系统的原理、原则和数学模型,是具有逻辑和数学性质的一门科学。其创建者是美籍奥地利人、理论生物学家贝塔朗菲(L. Von. Bertalanffy)。其核心思想是系统的整体观念。它把处理的对象当作一个系统,分析其结构和功能,研究系统、要素、环境的相互关系和变动的规律性。它认为,整体性、关联性、等级结构性、动态平衡性、时序性等是所有系统共同的基本特征。这些观点既为心理学奠定了思想理论和方法论基础,又启迪心理学家从系统、整体的视角研究信息加工过程,在一定程度上促成了符号主义的诞生。

(四) 其他学科背景

对符号主义诞生有重要影响的学科主要有计算机科学与技术、语言学、神经科学与物理学等。

1. 计算机科学与技术

正是计算机的出现,让人们找到了科学研究认知或智能的新方法——计算机模拟方法和分析人的内部心理过程和状态的新途径,给人们提供了解释心理机能的一个新模型或新的隐喻。"心灵之所以能再次回归,行为主义之所以被人们遗弃,都得益于这样一个观念,即大脑像计算机。"计算机的出现,既使得通用图灵机得以真正实现,更重要的是使人们看到了它如何神奇地表现出人类的某种智能,人们似乎找到了建立人类认知和智能的形式模型的有效工具,由此人们乐观地认为,人类的认知和智能活动完全可以转换成计算程序用机器进行模拟,以有效揭示大脑中实现的运行过程。

2. 语言学

索绪尔的结构主义语言学和乔姆斯基的转换生成学说尤其是后者对符号主义的诞生影响很大。它们对符号主义兴起的作用主要表现在:① 对行为主义尤其是斯金纳的理论的反叛或批评,使心理学家认识到行为主义的不足;② 关于语言的内在机制观点启发心理学家去探究心理或行为的内在机制;③ 关于语言结构的思想,启发人们去探究认知或智慧结构。

语言学家和语言哲学家乔姆斯基是20世纪50年代众多学科变革的领袖,是对符号主义取向产生重要影响甚或说促成其诞生的重要人物。他从语言视界探索心智,把语法分为语法 I(即内在语言,是在心智假设中存在的结构官能)和语法 II(即语言学家建构的关于内在语言的理论)。他提出了语言(义)哲学的核心概念——普遍语法(Universal Grammar,简称 UG)和人工语言。正是在乔姆斯基等人的语言学哲学的影响下,符号主义得以诞生。乔姆斯基对认知革命的贡献主要有:① 建立普遍语法和形式文法;② 确立唯理主义和心理主义语言学和语言学哲学研究路线;③ 发现先天语言能力(ILF)和普遍语法(UG);④ 找到一条从语言到心智和认知的发展道路。这些思想奠定了第一代认知科学的基础。正因为如此,他被称为传统认知科学的领袖。

3. 神经科学

神经科学对认知心理学兴起的作用主要有以下几个方面:① 为了解人的认知本质提供

了一条便利的途径;② 规范心理学研究尤其是认知研究;③ 提供一定的知识、方法与技术支撑;④ 支持认知研究的开展,并为其提供证据或事实材料;⑤ 神经科学的研究表明,人的行为与其内部活动密切相关,进而为认知、意识等内在的心理活动在心理学中的回归奠定了基础。

4. 物理学

物理学的发展所提供的思想氛围和知识孕育了认知运动,使心理学家再次接纳意识。19世纪末20世纪初,物理学研究中出现了越来越多的用古典物理学理论无法解释的新发现的实验事实,从而导致了一场严重的物理学危机。为消除这场危机,科学家们不得不对古典物理学的理论基础进行根本性的变革。之所以说这场变革是根本性的,是因为它已不再是局限于对旧理论范式的修修补补,而是要建立新的科学范式。新范式使人们逐渐拒斥自伽里略(G. Galileo)、牛顿(Isaac Newton)时代以来在物理学界一直占据主导地位的机械宇宙模型,导致对科学研究中主体因素的肯定和重视,凸现了"人"在科学研究中的主导地位和辩证作用。由此,物理学家对客观的、机械的研究对象的否认和对主观性的认可恢复了意识经验的作用。因为意识经验在我们获得外部世界信息方面发挥着至关重要的作用。物理学中的这场革命有效地影响了心理学,使得意识成为心理学研究对象的一个合法部分。尽管科学心理学的传统抵制了新物理学达半个世纪之久,一致坚持着过时的模式,顽固地定义自身为行为的客观科学,但是最终它对时代精神作出了反应,矫正自身,重新接纳了认知过程。

(五) 心理学学科发展的内在背景

心理学背景主要表现在两大方面:一是以往的心理学研究为认知心理学的诞生奠定了基础;二是行为主义心理学的危机呼唤像认知心理学这样的新心理学出现。

早期实验范式、格式塔学派、行为主义、皮亚杰学派等为认知心理学的诞生作了相应准备。早期实验心理学为认知心理学的诞生作了研究理念、方法和课题等准备。其科学主义理念等成为认知心理学的核心气质;其内省法、实验法等经改造后成为认知心理学的主要研究方法;其研究课题如感知觉、反应时、注意等成为认知心理学的重要内容。格式塔心理学为认知心理学的兴起提供了指导思想和研究课题,并奠定了知识基础、研究理念和方法基础。其现象学思想和整体观被它所承继与发展;它对知觉、思维等内部心理机制的研究及其成果为它提供了研究课题、信心与途径;其实验现象学方法为它提供了方法论基础;它主张研究意识,为意识、知觉、思维等在心理学中的复兴作出积极贡献。行为主义为认知心理学的诞生奠定了思想与方法论基础。其客观性原则、实证论和操作主义思想、还原主义方法论等为符号主义所继承。皮亚杰学派的系统论思想、结构主义理论、发生认识论、认知发展理论等,为认知心理的诞生奠定了思想、知识和方法论基础。

认知心理学的诞生与行为主义危机的关系密切。由于行为主义的理论观点与日渐积累起来的愈来愈大量的经验事实不一致,与心理学发展的要求发生了尖锐矛盾,与其他心理学流派或取向的冲突愈演愈烈且明朗化,其他心理学流派或取向对行为主义的反抗力量愈来愈强。究其原因，主要是行为主义对内部心理过程的否定，由此预示着，被行为主义所否定的内部心理过程将重新回到心理学中成为必要与可能。

拓展阅读 12-2

乔治·米勒与信息加工论

乔治·米勒（George Armitage Miller），美国心理学家，信息加工认知心理学的先驱或奠基者之一，他在记忆方面的研究十分著名。

米勒的主要贡献有：（1）与西蒙、奈瑟尔等人一起促成了符号主义的诞生，由此，心理学的定义也随之由行为主义时代的"研究行为的科学"改变为"研究行为与心理历程的科学"。（2）提出"米勒法则"，即你要想理解一个人正在说的话，你必须假定这话是对的并试图想象它的正确含义是什么。（3）"神奇数字7"为信息处理功能提供了理论证据，确定的短时记忆的性质及其

图 12-3　米勒

重要性，为信息加工论研究记忆开创了道路，自此出现了一系列对记忆错觉的定量研究。（4）创建了一个描绘心理贮存和使用语言的方式的语言学知识库。（5）用"TOTE"说明人处理信息的行为是有结构并按计划进行的。其含义是测试—操作—测试—停止（Test-Operate-Test-Exit）。后来在信息加工论中，TOTE 转变为：刺激（信息）→感觉登记→选择性注意→短时记忆中心理操作→复习→长时记忆中分类组织后永久储存。

拓展阅读 12-3

西蒙及其对信息加工论的主要贡献

西蒙（Herbert A. Simon，1916—2001），中国名叫司马贺，美国科学家，认知心理学的奠基者，信息加工心理学和人工智能的开创者之一。

20 世纪 50 年代，西蒙和纽厄尔（Allen Newell）等人共同创建了信息加工心理学，提出了物理符号系统假设。他们把人脑和电脑都看作是加工符号的物理系统，而人脑的心理活动和电脑的信息加工都是符号的操作过程。这一理论开辟了从信息加工观点研究人类心理（思维）的取向，推动了认知科学（cognitive science）和人工智能的发展。

图 12-4　西蒙

> 1954年，西蒙和纽厄尔研发出一种具有思维的计算机程序"逻辑理论器"，以代数符号来进行逻辑公理的证明。尔后他们与肖尔(P. Shor)一起开发出一套程序GPS(通用问题解决者)。GPS有两项特征：表征(representation)、信息处理(information processing)。表征即以某些特殊的符号来代表一些现象，利用符号进行模拟，就可以把大脑神经的反应看成是图像、文字、思考的表征；信息处理是透过一步一步的程序，将信息作某些调整，以达致目标状态。正是具有如此特征，GPS提供给心理学家更精细的心理过程概念。另外，西蒙和威廉·切斯(William Chase)发现，象棋大师对于棋盘布局的记忆，并非视觉上的，而是在棋子的攻防移动位子上。

二、符号主义的基本理论观点

第一，人脑和心灵与计算机一样都是物理符号系统，都具有产生、操作和处理抽象符号的能力，完全可以在形式系统中通过用规则操作符号演算来生成智能。符号主义假定，信息加工系统都是符号操作系统，而任何符号系统都具有智能。由于人和计算机都是符号系统，因而可用计算机来模拟人的智能活动。符号主义的基本隐喻是人脑类似于计算机，即人脑像计算机一样都是符号操作系统，二者的活动机理都是对表征信息的物理符号进行输入、编码、贮存、提取、复制和传递的过程。由于人脑的工作原理与计算机的工作原理是相同的，因此，完全可以在计算机程序所表现的功能和人的认知过程之间进行类比，即把人脑与计算机进行功能比较，用计算机程序和语言模拟人的认知或智能。

第二，任何信息加工过程都是先把信息符号化，然后操纵和处理符号。既然信息加工系统都是符号操作系统，因而信息加工过程就是符号操作过程，即产生、操作、处理与输出过程。在这一过程中，编码、释码与译码非常重要。符号主义的目的就是要确定符号加工过程以及认知任务中所有操作的表征。

第三，信息加工系统具有对环境的适应能力，表现出目的性行为。信息加工系统总处在与外部环境的交互作用。一方面系统从外部环境获取信息，并以符号的形式贮存于记忆系统；另一方面系统又把自己的信息(包括加工处理后的信息)以符号的形式向外部环境输出，对环境施加影响；据此实现系统与环境的协调一致。研究表明，信息加工是一种目的性行为，其目的是实现系统对环境的适应。绝大多数信息加工论者都认为，信息加工系统是具有普遍目的的符号系统，而符号是贮存于长时记忆中的模式，这些模式指定或指向它们之外的结构，最终被转化成代表外部对象的符号。

第四，符号主义主要研究信息的描述、不断分解、连续性、动态性和物理具体化。描述是指对信息的性质、属性、状态、种类和数量加以说明，旨在确定环境和内部加工的信息的性质和数量。分解是将复杂的认知过程分解为简单、具体的认知活动或环节，以分析其顺序、层次和结构。连续性是指信息的加工处理是从输入到输出的连续过程，其间，信息被及时有序地加工，直到输出为止。动态性是指信息加工伴随着一定的生化电反应，任何信息加工都需要一定的时间,在这段时间内,信息会经过一系列的变化或转换。物理具体化是指任何认知或智能活动都是实现信息的物理符号转换与操作过程,因此,对信息的加工过程的分析,应分析信息如何转换为物理符号及其符号操作。

三、符号主义的目标与研究方法

(一)符号主义的目标

符号主义的目标主要是寻找一种形式结构,将人类的认知和知识活动转换成抽象的符号系统的运作。只要能对人们所了解或相信的日常生活的非形式知识提供形式化理论,就能通过恰当的编程来获取、表达和处理知识。由此可以说,信息加工论的主要研究内容是基于规则的形式系统研究。

(二)符号主义的主要研究方法

信息加工论的研究方法主要有信息加工方法、口语报告法和计算机模拟法。其中,计算机模拟法是信息加工论最常用的方法。

1. 信息加工方法

信息加工方法是把信息加工过程分解为几个连续的步骤,在每一步中都对某个信息进行分析。该方法通过测量出一个过程所需要的时间去确定这个过程的性质。具体做法是用记录反应时实验和眼动实验来考察人的认知活动。符号主义把传统的反应时实验和计算机的程序分析结合起来,设计出各种程序加减的反应时实验来探讨人脑内部的信息加工过程。眼动实验的预设是在信息加工的不同阶段,人的眼球运动的轨迹是不同的,因此,通过记录人们认知时的眼球运动轨迹就可以分析人的认知特点。

2. 口语报告法

口语报告法是让被试在进行某项认知活动时大声报告他自己思考的内容,而不是以回忆的方式来描绘思考的过程,即要求被试"出声思考",故又被称为"出声思考法"。其实质是把内部的思维过程外部言语化。

3. 计算机模拟法

计算机模拟法是用计算机对信息的加工处理模拟人的认知活动过程的方法,其做法是把总认知任务分解为多个具体步骤,根据这些步骤编写相应的计算机程序,最后将计算机运行的结果和从人的认知实验中得到的实际数据进行比较,以此来验证人们对认知过程的分析是否正确。

这种方法以图灵检验为理论基础,实际上是图灵检验的变式。它常与理论分析结合在一起,多从程序缩减、流程分析、程序模拟三个方面入手。程序缩减是以潜在性因素作为资料来源,用分离技术来探讨认知过程的方法。其典型设计是让被试完成两种复杂程度不同的认知任务,比较它们的操作时间和信息加工过程,以此来了解认知加工程序。流程分析是通过与计算机流程图的比较来研究心理操作时心理表征的顺序和方向。程序模拟就是用计算机的程序模拟人类认知活动的机制。其做法是把人的认知过程编制成某种计算机程序输入计算机,若输入程序能正常工作,研究者至少知道某种心理过程在逻辑上是可行的,即获得逻辑合理性方面的验证。

四、简评

符号主义的诞生,是心理学发展史上的一次革命,对心理学的发展具有十分重要的意义。① 开辟了现代心理学研究人类心智的新方向,把心智和行为研究统一起来;② 关注高级认知过程的研究,对理解人类认知的奥秘具有重要意义;③ 引进并开创了新的科学研究方法和先进的研究工具,为了解人类智慧提供了新的途径;④ 强调认知主体的主观能动性,为主体作用的发挥提供了依据;⑤ 试图整合心理学的各个研究领域,对心理学的整合作了有益探索。

其局限性主要有:① 其基本假设存在逻辑错误,进而导致它不妥当地把人完全等同于计算机。比如,即使可以像它那样假定任何符号系统都具有智能,但也不能反过来推出任何有智能的东西都是符号系统,这在逻辑上说不通。因为按照第一个假设,符号系统范围小,智能范围大,前者包含在后者之中,但不能反过来说后者包含在前者之中。这就使得其研究无法真正地弄清人的智慧活动。② 忽视了不同物质的属性与功能的差异,不利于对智慧活动的物质基础和内在的物质活动过程与深层次的加工过程的探讨。③ 难以对情感、意向活动、变态心理和心理治疗等进行研究。④ 难以处理大量的背景知识尤其是社会历史文化因素,很难弄清涉及背景知识的人类的智能,进而导致它探究智慧本质的目标难以完全实现。⑤ 对人的心理的形成与发展研究匮乏。

正因为符号主义存在局限性,才导致人们对它的修正与发展,由此而形成了新的认知心理学取向。

第三节 联结主义认知心理学

联结主义认知心理学复兴于20世纪80年代,它的兴起在一定程度上解决了符号主义难以解决的问题,弥补了其不足,促进了认知心理学的发展。

一、联结主义认知心理学产生与发展的背景

(一) 哲学背景

对联结主义诞生产生重要影响的哲学思想主要有联想主义、经验主义、唯物主义、计算主义、语言学哲学。

1. 联想主义

联想主义是用观念、经验或精神要素之间的联接来解释或说明人的知识或心理的理论或思想学说。它给予心理学的启示主要有:既然意识经验是由元素通过联想组合而成的,

那么人的认知或智能是否也是由小的元素联结起来的？如果是，那么小的元素如何联结成较大的认知或智能？连接的方式是怎样的？这就奠定了联结主义认知心理学的基本思想基础。

2. 经验主义

经验主义对联结主义形成的作用主要有：① 感觉经验联合的启示，即人的复杂的认知或智能是由心理因子的连接形成的；② 以观察到的现象为依据进行分析或探究；③ 注重客观性，以心理现象的物质基础为根据。

3. 唯物主义

唯物主义对联结主义取向产生的作用主要体现在：① 从心理的物质基础上采用类比的方式探讨心理活动，即脑模拟；② 分析心理活动的物质原因，用物质原因来说明或解释心理活动；③ 注重客观性和可观察性。

4. 计算主义

计算主义认为，任何系统在规则支配下的动态运行或迁移过程都是计算，计算是由态、规则或规律、过程构成的集合体。既然如此，神经系统的活动当然也可通过计算来理解，其实质是一种神经计算。由于心智活动的物质基础和机制是神经系统，因此，理解心智活动就可以用神经计算来理解。由此就诞生了联结主义的研究纲领即核心假设。

5. 语言学哲学

语言学哲学对联结主义诞生的影响主要表现在：① 人的认知或智能活动遵循一定的逻辑规则或语法规则，因此，研究认知或智能，应研究它所遵循的逻辑规则或语法规则；② 符号是由亚符号构成的，亚符号按照什么样的规则或法则构成符号，值得研究，这是深入弄清符号加工的必然要求；③ 应研究语言之语言即符号形成的途径或法则，由于创作符号和使用符号是通过人的智能活动来实现的，它是智能活动的表现和外露，因此，研究认知或智能就必然要求研究符号的创造过程及其所应遵循的法则；④ 符号是相互联结的，符号的意义即所指只有在符号相互联系所形成的系统中才能得以恰当理解。这就启发心理学家要注重联结，研究联结在符号意义表征、贮存中的作用。

（二）心理学背景

联结主义取向的诞生有以往心理学的基础。在联结主义诞生中发挥作用的心理学主要有以下几个方面：

1. 斯宾塞的进化论心理学

斯宾塞（H. Spencer，1820—1903）提出了一种进化心理学思想。他认为，人的生理和心理都是进化得来的，都遵循进化规律。其思想对联结主义诞生的影响主要表现在：① 力的恒久性规律（the law of persistence of force）。依据这一规律，任何持久或持续作用于同一事物的力都必将引发该事物的不断变化。力对事物的持续作用遵循"增值规律"，即力的持续作用会使得事物在某些方面的变化不断增加。这一规律启示心理学家：从生理和心理各因素以及它们之间的相互作用的角度去考察心理活动；从力的持续作用所引起的变化的角度去探究心理的变化和发展。实际上,联结主义的赫布规则就是受到这一规律启发而提出来的,这从二者非常高的相似度就可以窥探出。② 神经细胞的整体活动。斯宾塞认为,单个神经细胞的活动不足以产生复杂的心理活动,任何心理活动都是多个神经细胞相互联系所形成的网络的整体活动的结果。人的心理活动实际上是神经细胞变化矩阵中的"神经交往";神经细胞相互联系形成相互交叉与关联的神经网络,该网络在力的作用下会产生许多"弥漫性的局部变化"。之所以说是弥漫性的,是因为这些变化会通过网络联系相互影响,其共同作用构成了整体性的心理活动。这一思想启发心理学家从"联结变化""变化的分布式储存与相互影响"等角度去探究心理活动。联结主义的"分布式表征""并行加工""联结权重变化"等莫不与之有关。③ 联想思想。斯宾塞认为,所有的智力无论是低级形式还是高级形式,抑或是从低级到高级的变化,都可以用连续的心理状态的联想加以解释,而联想是在力的作用下内在状态变化的联系,取决于内在状态之间联想的程度。他指出:"智慧的生长有赖于这一规律,当任何两种心理状态紧靠在一起相继发生时,便会产生这样一种结果:如果第一种状态后来重复发生,那么第二种状态便会有随之而发生的倾向。"这就提出了联结主义的基本思想。

2. 詹姆斯的心理学

詹姆斯的思想中对联结主义诞生起到积极推动作用的主要有以下几个方面:① 记忆理论。詹姆斯认为,人的记忆力好坏与头脑中的"脑道"或"挂钩"的多少有关。他所说的"脑道"实际上就是暂时神经联系。詹姆斯的这种注重神经联结(神经联系)、神经网络、事实联系与网络的思想与联结主义认知心理学不谋而合,奠定了联结主义的思想基础。② 心脑关系论。詹姆斯特别重视心脑关系,认为脑是心理的条件。既然心理与脑的活动存在一致性和相关性,那么就可以从脑的活动去考察心理活动,这为联结主义的脑模拟奠定了基础。③ 联想论。詹姆斯认为:"当两个基本的大脑过程被同时激活或继发激活时,一个过程的再次激活将导致把兴奋传导到另一个过程。"同时,詹姆斯还提出,"大脑中任何已知点的激活量是所有其他点流入其中的倾向性的总和"。这些观点启发人们从神经联系和神经细胞通过联系而相互影响的角度进行探讨。从詹姆斯的这种看法与赫布规则非常类似上就可以看出詹姆斯的心理学对联结主义的影响。

3. 桑代克的机能主义心理学

桑代克的机能主义心理学又被称为联结主义心理学,可见联结在该理论中的重要性。他明确指出:"学习即联结,心理即人的联结系统。"[①]这种思想启发人们要从心理要素之间联结的角度去探讨人的心理活动。

4. 巴甫洛夫的大脑皮质理论

巴甫洛夫的大脑皮质理论认为:① 反射的生理基础是神经联系,条件反射的生理机制是暂时神经联系。② 兴奋和抑制是神经活动的基本过程,二者相互联系、相互制约、相互转化,共同构成了神经系统活动。③ 神经细胞的兴奋和抑制具有扩散和集中、相互诱导等特

---

① 桑代克.人类的学习(英文版)[M].1931:122.

性。其理论使心理学家注意到：① 研究人的心理活动的生理基础或神经机制；② 从神经细胞的联结以及兴奋或抑制的扩散与集中和相互诱导的视角去分析心理活动。所有这些，都为联结主义的诞生奠定了基础。

5. 行为主义理论

新旧行为主义理论对刺激和反应之间的联结的强调，启示心理学家把心理活动看成是心理因素的联结。在行为主义理论中，赫尔的理论对联结主义的产生有重要影响。他的反应势能和习惯强度理论、消退与抑制观、零星目标期待反应理论等对联结主义都有启迪作用。这从联结主义与这些理论的相似处可以看出。

（三）相关学科背景

（1）控制论和系统论。控制论和系统论主要启示心理学家从构成系统各因子的相互联系的角度去分析心理活动。这在本章第二节中已有论述，此不赘言。

（2）新三论。新三论指耗散结构论、协同论、突变论。耗散结构论启示心理学家把大脑看作是一个开放的系统，具有耗散结构的特点，应通过对该特点的分析，来弄清其自学习、自组织的特征。协同论启示心理学家从各神经细胞和心理各因子的协同活动的角度来分析。突变论启示心理学家注意突变在系统自组织演化过程中的普遍意义，关注心理系统和脑的活动的复杂性；考虑心理系统的内部因素与外部相关因素的辩证统一；心理变化和发展中的渐变与突变的辩证关系以及确定性与随机性的内在联系；注重质量互变规律。

（3）计算机科学。计算机科学的发展，既为联结主义的诞生提出了要求，也提供了理论基石，同时也提供了一定的技术手段。计算机科学为联结主义提供了计算主义思想（计算主义的影响在前面的哲学基础里已讲，此不赘言）和计算理论与模型；计算机科学的发展也为联结主义的诞生提供了技术手段和工具，使人们能够通过计算机或机器人来模拟人的神经结构和智能结构。这就对联结主义的诞生提出了要求。

（4）神经科学。神经科学既为联结主义的产生与复兴打下了坚实的理论基础，又提供了研究方法和技术手段，同时神经科学对神经系统的研究又为联结主义的结构模拟提供了思路或途径，使这种模拟成为可能。因为联结主义是建立在对神经系统的结构和功能的了解的基础上的。

20 世纪 40 年代，神经科学与计算机科学结合形成了神经计算科学（联结主义认知心理学的雏形），它成为认知心理学产生和发展的动力之一。自此，许多心理学家对有计算能力的机器与神经系统的相似性很感兴趣。这既促进用机器模拟心理活动的模拟法的使用，又激发了对认知的神经机制的研究，促进了信息加工论和联结主义的诞生。

一般而言，神经科学的研究对认知心理学兴起的作用主要有以下几个方面：① 为了解人的认知本质提供了一条便利的途径；② 规范了心理学研究尤其是认知研究；③ 提供一定的知识、方法与技术尤其是无损伤技术支撑；④ 支持认知研究的开展，并为其提供证据或事实材料。

二、联结主义取向的形成与发展历程

联结主义取向源于仿生学,特别是对人脑模型的研究。其形成与发展历程一般可分为萌芽期、初步形成期、蛰伏期、复兴期。

联结主义取向源于对心理的物质基础——脑的研究和联结主义思想,因此,它有一个遥远的过去。到 20 世纪 40 年代时,各方面的研究已经积累到一定程度,由此导致联结主义的诞生。当时,它的代表性成果是 1943 年由生理学家麦卡洛克和数理逻辑学家皮茨创立的脑模型,即 MP 模型。它从神经元开始进而研究神经网络模型和脑模型,开创了用电子装置模仿人脑结构和功能的新途径。1949 年,赫布提出 Hebb 学习规则。1958 年,罗森布莱特提出感知器(perceptron)模型,该模型具有分类、自学习、分布式贮存、并行处理和一定的容错性。

但这之后,由于当时的理论模型、生物原型和技术条件以及人们对脑的认识的限制,神经网络模型的学习规则和算法很不成熟,难以对付复杂的计算问题,以及符号主义取得的巨大成就,使得联结主义的脑模型研究落入低潮。特别是当时有影响的人工智能科学家明斯基和佩帕特出版的《感知机》对感知机的质疑与否定,大大降低了许多人对联结主义模型的研究热情,导致了其后十多年中联结主义的研究进展缓慢。

直到 20 世纪 80 年代,伴随着神经研究技术的突破性进展,联结主义得以复兴。其中最具标志性的事件是霍普菲尔德(J. J. Hopfield)提出用硬件模拟神经网络,由此,联结主义又重新抬起头来。1981 年,辛顿(C. E. Hinton)和安德森发表了《联想记忆的平行模型》;1986年,鲁梅尔哈特(Rumelhart)等人提出多层网络中的反向传播(BP)算法,此后,联结主义从模型到算法,从理论分析到工程实现,为神经计算打下了基础。

三、联结主义的基本假设与特征

(一) 联结主义的概念与基本假设

所谓联结主义,顾名思义,强调单元之间的联结,指通过简单加工单元之间的联结方式进行计算的一类理论模式。与符号主义用明确清晰的程序来阐明信息加工的全过程不同,联结主义探讨信息加工的内在机制,研究知识背景模糊、规则不明确、环境信号十分复杂的无意识的信息加工处理过程,重点研究加工网络如何调整和改变它们自己以实现对信息的处理。它采用分布式表征,突出网络自身的意义建构。

联结主义的核心假设即硬核是:神经活动的实质即计算,即认知或智能活动的本质是神经计算。它包含神经元结构假设和动力系统假设。神经元结构假设假定,信息的内在加工处理器的结构与处理信息的神经系统的结构相同;抽象地模拟了神经网络的一般特征;对信息的贮存、加工和表征也与神经系统类似,通过单元(神经元)之间的联结变化来实现。动力系统假设假定,连接网络的信息加工状态由每一单元的大量活性值的向量精确界定;其动力学机制由不同的变异方程控制,该方程的参项组成了直觉处理器的程序或知识;系统状态是根据变异进化方程不断进化的大量向量。

(二)联结主义的主要特征

(1)分布式表征与平行结构和平行处理机制。信息以分布的方式贮存于不同的节点或联结中,用联结权重及其变化来表征信息。加工网络并行运算或加工处理信息,同一层次所有单元的操作或活动可同时进行。

(2)连续性和亚符号性。运算具有连续性即运算或加工必然是相互联系或连续的,是联结主义模型处理知识的本质特征。这与符号主义所假定符号操作具有离散性有很大区别。这种运算或加工处理的是"亚符号",即直觉经验和尚未结晶或升华为能在意识中明确表述的符号的东西。

(3)容错性。这是指允许一些错误出现,并能消除错误保持正常运行的特性。

(4)自学习、自适应、自组织等特点。当给予网络新信息时,网络可"学习"去产生特定的新产品。其本质通过是网络对单元(要素)的组织或重组来实现对外部环境的适应。

(5)抵制噪音。联结主义模型或网络可以在噪音背景下正常工作,在噪音没有达到足以严重干扰网络正常工作的情况下,网络可以自主排除(抵制)噪音,正常运行。

拓展阅读 12-4

赫布与联结主义心理学

赫布(Donaid O. Hebb,1904—1985),加拿大心理学家,提出用细胞联合理论来解释知觉及在大量脑组织损伤条件下仍能保持一定智力水平的现象。他是首先提出"联结主义"概念的人之一。1960年当选为美国心理学会主席,1961年获美国心理学会颁发的杰出科学贡献奖,1979年当选为国家科学院院士。他提出了联结主义理论中著名的Hebb规则:权重变化与神经元的输出成正比。当神经细胞A的轴突足够接近细胞B并能激活使之兴奋时,如果A重复或持续激活B,那么在这两个细胞或其中一个细胞上必然有某种生长过程或代谢过程的变化。这种变化使A激活B的效率有所增加。

四、联结主义取向的基本理论观点与方法论

联结主义的基本理论观点主要有:心理活动类似于大脑,一切认知活动完全可以归结为大脑神经元的活动;信息分布在各个单元和单元联结之中,信息加工采用了类似于神经元联结的方式,是通过合作并行主义的形式来运用单个的神经元;所处理和表征的是亚概念或亚符号,是处于符号水平和真实神经元层次之间的无意识加工。

联结主义认为,联结主义网络模型与人的神经网络具有很大的一致性,主要表现在:单元状态类似神经元状态,由大量的持续变量来界定;这些状态持续发生变化;单元联结的可

变参数变量与神经元之间的相互作用相一致;都运用大量的状态变量;都存在高级复杂的相互作用。正因为如此,联结主义强调在研究人的认知或智慧活动时,应进行功能与结构两方面的模拟。这与符号主义仅进行功能模拟明显不同。

与人工神经网络的研究相一致,联结主义通过研究人工神经网络的神经计算来探讨认知与智慧活动。由此认为运算并不是处理离散符号,而是亚符号变量。它是单元之间相互作用的加权参数值——权重,网络学习规则取决于以连续参数值为变量的活动值方程。

联结主义的目标是模拟人类的高级智能,把符号加工范式精致化,用机器程序精确阐明大脑的硬件结构。其主要研究内容是人工神经网络研究,即用计算机模拟神经系统的结构,研究神经系统如何记录和产生认知或智能。

与符号主义不同,联结主义认知心理学研究建立在对输入—输出之间的中间环节有一定的了解但又不是完全充分了解的基础上。这种部分知和部分不知的系统相对于黑箱而言就是灰箱。因此,联结主义采用灰箱方法论。采用灰箱方法,应充分利用已有知识,辅之于通过其他方法得到的知识,来掌握系统的内部状态。

与符号主义相同,联结主义基本研究策略或方法论是还原论。不过,符号主义是心理—物理还原,而联结主义则主要是心理—生理还原。由于脑或神经网络的活动是一种整体活动,其各部分的功能通过相互间的连接交互作用,因而联结主义的方法论可以说是整体还原论。它主要探究人工神经网络的大脑式的非程序、适应性的信息处理的实质、机理和途径,企图依据神经元的相互作用原理与方式用大规模的并行集成计算构建人工大脑。

五、简评

联结主义克服符号主义单纯进行功能模拟的不足,精致化了符号主义范型,拓宽和深化了认知心理学研究,使对认知和智能的研究更加趋于深层,接近认知或智能的内在实质。但它也存在一定的局限性:① 其大脑同构型或同态型假设具有局限性。由于计算机与大脑不可能完全同构或同态,使得用计算机模拟大脑有一定的困难。由于人的心理并不只是大脑的生理活动或大脑神经细胞单纯生化活动的结果,认知与脑不会完全对等(同构或同态),因而联结主义的基本假设或研究纲领存在问题。② 无法模拟带有文化色彩的特性。脑模拟研究充其量只能是结构与功能模拟,根本无法融入心理活动所具有的社会历史文化特性。③ 脑模拟总是受人对大脑的认识水平的制约。④ 并未对认知或智能的形成与发展进行探讨,从而使得对认知或智能的认识受到影响。

第四节 活动主义认知心理学

活动主义认知心理学兴起于20世纪90年代,其兴起主要源于符号主义和联结主义的不足以及电子生态系统的形成,是进化心理学、行为主义心理学、认知心理学相结合的产物。也汲取了人工智能、神经科学、遗传学、生物学等方面的知识与方法。

一、活动主义认知心理学兴起的背景

（一）社会背景

活动主义取向的兴起源于社会的需要,是社会发展向心理学提出需要解决的课题的结果。

到20世纪80、90年代,计算机已经发展到一定程度,计算机虽然已经做了许多人类做不了的事情,但因存在先天缺陷,它仍不能完成一些人们需要机器完成的工作。如火灾中的救援工作、对人难以到达的地方的侦测、空中精确打击等。此时,社会迫切需要能有一种通过与环境的相互作用进行自学习、自组织、自调节和自行解决问题等能够移动的机器即智能机器设备,也就是人们通常所说的机器人。特别是美国的战略防御倡议(Strategic Defense Initiative)即星球大战计划(Star Wars Program)的提出和实施,在军事上向这种智能机器提出了需要。同时,军事上的需求很快转向民用,引发民用社会实践领域的需求。这些需求都向心理学提出了要求,需要心理学把其作为研究课题。正是这种社会需要,极大地激发了人们的兴趣和愿望,为活动主义的诞生提供了原动力。

（二）哲学思想

1. 哲学进化论

哲学进化论认为,生物是进化的结果,生物的心理也是进化的结果,进化是有机体与环境相互作用的结果。这就启示心理学家,要弄清人的智能或心智,就必须从有机体与环境相互作用而进化的角度去探讨。这就确立了活动主义的研究方向。

2. 交互隐喻

交互隐喻是指,心智是在人与物、心智与外部世界、心智与身体、身体与外部环境的相互影响、相互作用中形成和发展的,是主体与高度结构化的身体、复杂的外部环境相互耦合作用的结果,它具有实时性、情境性和时间性。实时性是指心智是在特定的情况下解决具体的问题时表现出来的;情境性是指主体的行为是在具体的情境中由具有动态结构的目标驱动的;时间性是指心智都是特定时间的心智,发生并起作用于一定时间。正是以此为基础,活动主义取向特别注重机体与环境相互作用的活动。

3. 计算主义

计算主义使人们意识到有机体的生命活动也是可计算的,因此,可从计算的角度进行研究,以探明在生命活动中如何形成和发展智能。

4. 语用学哲学

语用学哲学又称为自然语言或日常语言学派或非形式主义学派,它强调语言的功能或作用,将语言视为心理规则和行为,是人对世界(包括外部世界和人的内在世界)的建构;重视对日常语言的意义分析,尤其是对语词所能完成的功能以及(完成这些功能的)使用条件即语境因素的分析;采用语用分析方法,注重历史、时代与文化背景和心理因素;关注语言符号意义的语用方式;把重点放在主体和客体交往的主体间性上。它对活动主义的影响主要表现在:① 对语言使用条件即语境的重视启发人们重视心理或行为的环境及其作用;② 对主体和客体交往关系的重视启示人们重视有机体与环境的交互作用;③ 强调人对世界的建构启发人们重视人的主观能动性。

5. 心智哲学

心智哲学兼顾主体的内外要素,即微观与宏观因素。就前者而言,它关注主体的认知结构、解构与建构。就后者而言,它关注社会文化,强调物理语境、文化语境、社交语境、心理语境及其多维相互作用语境,合理解释这些语境下的主体行为、活动过程、相应选择与顺应;它注重内外认知语境的相互作用,强调在认知、语言与存在统一体以及内外认知语境下合理考察主体的活动。它为活动主义取向的诞生奠定了一定的思想基础:① 交互隐喻思想;② 重视主体在环境中的活动和适应性行为;③ 强调主体在适应环境中的主观能动性;④ 强调环境中各种因素的相互关联性;⑤ 重视系统的动态性。

(三) 科学理论背景

科学理论基础主要是新三论。耗散结构论使人们认识到:① 人的心智及其所处的环境构成一个动态的开放的系统;② 心智的形成与发展过程实际上是由不平衡到平衡再到平衡被打破再重新平衡等连续过程;③ 心智的形成与发展是非线性的;④ 心智的形成过程中可能会出现变异、突变现象。

协同论认为,系统中各种因素的协同变化导致系统由已有结构向新的结构发生改变。若用之看待心理或智能,可以说心理或智能与身体、环境等相互影响、相互作用,协同变化。其间既有环境、身体对心理或智能的影响或作用,也有心理对环境、身体的作用。

突变论为活动主义心理学的诞生提供了:① 突变思想;② 方法论和基本方法;③ 研究的基本思路。

(四) 其他学科的影响

1. 生物学

生物学对活动主义的影响是巨大的:① 生物进化论在活动主义的诞生中起着关键性作用;② 生物学中的遗传、变异等现象被活动主义所借鉴,成为活动主义的理论基础;③ 提供了研究方法和技术手段。

2. 计算机科学和人工智能

计算机科学和人工智能的发展既为活动主义的诞生奠定了理论、方法、技术手段基础,也向它提出了要求或需求。

(五) 科学技术的发展

到 20 世纪 80 年代,随着计算机技术、材料技术、方法等科学技术的发展,造出具有自学习、自组织、自适应的机器已成为可能,由此,人们用机器来模拟有机体与环境的相互作用,并据此研究认知或智能在其中的变化,就逐渐被提到议事日程上来。可以说,若没有科学技术发展所奠定的技术基础,活动主义诞生似乎还无日可待。

(六) 以往心理学的影响

1. 詹姆斯的心理学思想

詹姆斯对活动主义诞生的影响主要有:① 强调意识或心理的功用,认为意识或心理是生物对环境的适应,既是生物适应环境的结果,又是用来使有机体更好地适应环境即发挥适应环境的作用;② 心理是一种有目的的反应,启发心理学家重视心理和行为的目的性,通过分析心理或行为的目的研究它们;③ 心理是有用的,启发人们从心理的用途或作用方面去探究它;④ 意识或心理必定有它自身以外的对象,启发人们从心理与其对象的关系角度进行研究;⑤ 意识是变动不居的,连续不断的,启发人们从心理的演变角度去开展研究。

2. 机能主义

机能主义对活动主义的影响主要体现在:① 强调心理的适应机能促使人们从有机体适应环境的角度进行研究;② 对动物心理和人的心理的连续性或共同性的强调,启发人们注意由动物心理到人的心理的连续变化;③ 桑代克对动物的研究以及他所提出试误说对活动主义有启迪或借鉴意义。

3. 行为主义

行为主义对活动主义的影响表现在:① 对心理公开性的重视;② 对适应性行为的重视;③ 提供了客观的方法论和方法。

4. 条件反射尤其是操作性条件反射理论

条件反射理论使心理学家注意到了刺激和反应间的联结以及不断根据环境刺激调节反应。操作性条件反射理论对活动主义的影响主要表现在:① 心理学是一门关于行为的科学,使活动主义注重对行为的分析;② 科学研究的任务就是要在先行的、实验者控制的刺激条件和有机体随后的反应之间建立函数关系,启发活动主义者建立环境刺激与行为关系的可计算模型;③ "有机体自发操作的行为,这种行为是主动的,代表着有机体对环境的主动适应",启示活动主义注重主体的主观能动性和有机体的适应过程。

5. 符号主义和联结主义认知心理学的影响

符号主义和联结主义既为活动主义的诞生打下了坚实的基础,同时它们所遇到的问题急需解决又呼唤活动主义。就前者而言,活动主义继承和发展了它们的基本思想如计算主义、方法论和方法如计算机模拟等,二者的研究既为活动主义打下了坚实基础,又为活动主义提供了研究课题和研究内容。就后者而言,由于它们主要研究认知或智能活动,基本不涉及认知或智能的形成与发展;同时,它们只是用计算机模拟人脑(功能模拟和结构模拟),很少涉及脑与身体其他部分的关系和整个生命系统,致使它们存在着先天不足。要消除它们的先天不足,就需要一种新的心理学取向。

二、活动主义的基本假设

活动主义①的核心假设即硬核是:"生命的本质就是计算"。其基本思想是:行为是适应性的,它总是指向一定目标,因而可以通过认识行为的目标来了解行为。

其基本假设是目的论与进化论:目的论来自于亚里士多德的目的论(Teleology),其基本含义是,认知和行为具有目的性。亚里士多德认为,任何生命都有自己所追求的内在目的,其目的是自我保存与延续,心理学就是研究灵魂达到目的的功能。活动主义继承与发展了亚里士多德的这一思想,认为认知是有目的的,目的是一种运动形式,是行动或事物的终极原因。由此,它以认知的目的性为出发点,以认知或智能的形成与发展为立足点进行研究。它认为,认知行为是以"感知—行动"的反应模式为基础的,智能水平完全可以而且必须在真实世界的复杂境域中进行学习训练,在与周围环境的信息交互作用与适应的过程中不断进化和体现。生物的自适应、自组织性造就了自身,而不在于是否由有机分子构成。由此,心理学研究应略去知识的表征与推理环节,考虑在感知和行为之间建立直接联系,期望主体在感知刺激后,通过自适应、自学习、自组织的方式产生适当的行为反应。这是活动主义认知心理学的基本出发点。

该取向提出心理事件公开性假设,即心理与行为一样具有公开性,在某种意义上说,认知也是一种行为,或者说是行为的一个组成部分,其终极状态是行为。这表明,认知或智能活动并不是内部的不可观察的东西,而是通过其形成和发展的痕迹以及其目的表露于外,可以为自己或他人所认识、了解。从这里可以看出,活动主义与行为主义既有相同之处,也有不同之处。相同之处是二者都强调心理学研究的可观察性、可证实性;不同之处是后者因认知等内部的心理活动不可观察而排除它们,而前者则要把认知等内部活动变为可观察的,以此把其纳入心理学研究范畴。同时也可以看出它与符号主义的区别。后者主要通过推论与模拟研究认知或智能,而前者则通过把认知或智能变成公开的而直接对其加以研究。

> **拓展阅读 12-5**
>
> ### 托马斯·雷与数字生命②
>
> 托马斯·雷(Thomas S. Ray)一直在探寻是什么创造了地球上的生命这一问题的答案。由于地球上的生命都有同一起源,样本量为1。为了解决这一问题,托马斯·雷提出了在计算机上创建不同于自然界生命的数字生命的构想。

---

① 其英文单词是"actionism",有人把之翻译为"行为主义"或"行为科学范式"。根据其词义和该取向的研究内容和理论观点以及为避免与以前的行为主义(behaviorism)相混淆,我们认为应当把它翻译为"活动主义"更为恰当。
② 任晓明.数字生命的本质和意义[J].自然辩证法通讯,2003(04):104—107+112.

1990年1月9日,世界上第1例数字生命诞生在托马斯·雷的计算机中。他设计的计算机实验是这样的:把关于生命进化的概念引进计算机领域,用数字计算机提供的资源(RAM单元,CPU时间以及操作系统)为数字生命提供一个生存环境。他所设计的数字生命以数字为载体,旨在探索生命进化过程中出现的各种现象、规律以及复杂系统的突现行为。托马斯·雷认为,这种数字生命必须被设计成适合在这样的环境中生存的某种数字代码程序。这个程序能够自复制,而且直接被CPU执行,并且还能够直接触发CPU指令系统以及操作系统的服务程序,通过对资源的占有来体现其在进化过程中的优势。

托马斯·雷设计的数字生命世界叫Tierra,它是类似于我们地球上真实生命世界那样的数字生命世界。就像真实的生命进化那样,在Tierra的运行过程中,随着进化的推进,数字生命种类日益增多,"单细胞"逐渐进化为"多细胞",也出现类似于自然界中物种大爆炸那样的物种爆炸现象。经过一段时间的进化,还会产生数字社会。这种数字生命世界与真实生命世界之间存在许多相似之处,可以说,Tierra中的生命也就是真实生命世界的生命形式的数字版本,地球上真实生命的各种行为,自然进化中所有的特征,都可以出现在Tierra中。

Tierra系统有空间环境(存储器)、能源(CPU时间),资源分配的算法(分时器),在有限空间内保持有限数量的生命体的死亡机制(收割器)和进化机制(突变器)。

托马斯·雷编写了一个汇编语言程序,把它作为Tierra中数字生命的祖先。他将这个祖先放入"汤"中,它生出许多生命体。生命体在上千次计算机换代之后,物种通常呈现出多样性。他还发现,在捕食者存在的场合,物种可能进化得更快。托马斯·雷的研究表明,外部不可见的遗传变异逐渐积累,达到"临界量(Critical mass)"就必然导致表现型的突变。

通过研究,他把生命系统定义为"自复制的,可以不断进化的"系统。他认为,运用软件技术在计算机上创建数字生命可以分成两种类型:一是生命过程的模拟;二是生命过程的例示(instantiation)。生命过程模拟首先要建立所研究生命体的结构或进化的计算模型,并把它转变为程序在计算机上运行,然后将获得结果与观察或实验所得的结果进行比较,以达到对原型——所研究的生命体——的认识。在生命过程例示中,创建的数据结构包含表示被模拟实体状态的变量,这样,计算机中的数据被看作是对某些真实事物的表征。数字生命例示的基本目标之一是把生命的自然形式和过程导入计算机,以产生非碳基的数字生命形式。

三、活动主义的理论观点、基本目标、方法与主要研究内容

活动主义的理论观点主要有:认知行为以"感知—行动"反应模式为基础;认知系统具有自学习、自组织、自适应等特性;认知或智能是整个有机体的活动结果,是在整个有机体进化和对环境的适应过程中产生和发展的;生命是系统内各组成部分的一系列功能的有机化,

这些功能的各方面特性能够在物理机器上以不同方式被创造;进化可看作搜索试验过程,完全可以独立于特殊的物质基质,可能简单地发生在为了争夺存储空间的计算机程序的某种聚合中,就像在早期环境中以碳为基础的有机体在竞争中发生的进化过程那样。

活动主义的基本目标是用计算机生成自然生命系统行为的仿真系统,了解真实世界中的生命和生命过程。其主要研究内容是人工生命研究。

该取向的基本研究方法是进化计算方法。它包括遗传算法、进化策略和进化规则。

四、简评

活动主义从生命体适应与进化的角度研究认知或智能的形成与发展,开辟了认知心理学的新的发展方向;促进了人工生命和模拟进化计算的研究与发展;提出了新的研究思路和方法;加深了对认知或智能本质的认识或理解。但它也存在一定的不足:仍未能摆脱"强计算主义"的樊篱;有很多方面不可行;仍无法获得一般规则;忽视历史文化因素。

第五节 认知神经科学

认知神经科学是20世纪末以来认知科学发展的典型代表,是认知科学中最具潜力的学科,引领着认知科学的发展。

一、认知神经科学产生的渊源与背景

认知神经科学形成于20世纪70年代末,由嘎赞尼吉亚(M. S. Gazzanigia)和米勒(G. A. Miller)共同提出;1989年《认知神经科学杂志》在美国正式创刊。纵观认知神经科学的发展,可以说其渊源和背景主要体现在以下几个方面。

(一)心理学发展的需要

1. 古代人们的探讨

无论是东方还是西方,在古代就已经对心理与脑的关系进行了探究。古代人们探究的主要问题有:灵魂活动的生理机制是什么?脑如何使心理成为可能?

2. 近代探讨

近代的探讨提出两种不同但相互补充的学说——脑功能定位说和脑机能统一(整体)说。有人试图把它们整合起来,但整合起来的模型仍然不能对脑产生心理的机制给予完整合理地说明或解释。

3. 现代认知心理学的产生与发展

现代认知心理学提出一种隐喻式描述。符号主义取向采用一种对脑的功能或形式模拟的方式,使得对认知或智能的认识向前推进一大步;联结主义取向用一种类比的方式对脑进行结构与功能模拟,使人们对认知或智能的认识更加接近其真谛;活动主义模拟生命活动,使得人们对认知或智能发展的认识更加深刻。但它们都未能根本解决一些令人感兴趣的问题。如,认知或智能的物质基础是什么？其神经机制如何？这就提出了认知神经科学研究的课题,对认知神经科学的产生提出了要求。

(二) 神经科学研究技术的突破性进展

认知神经科学的产生得益于神经科学研究技术的突破性进展,这些进展为认知神经科学的产生提供了技术支撑。

早期的研究方法或技术主要是脑损伤尤其是脑解剖技术。由于这些技术会对脑造成伤害,因此无法研究正常工作的脑的机能。为此,开发出无损伤技术才更加必要和重要。随着技术的发展,逐渐开发出脑电波技术、事件相关电位(event-related potential,简称 ERP)技术、电子计算机 X 射线断层扫描机(简称 X-CT 或 CT)、磁共振成像技术(magnetic resonance imaging,简称 MRI)、正电子发射断层扫描技术(positron emission computed tomography,简称 PET)等,正是这些技术为认知神经科学奠定了技术支持。

(三) 人类疾病研究的实际需要

要治疗与神经系统相关的疾病,比如脑肿瘤(压迫神经)、老年痴呆、脑血管疾病、癫痫、毒品成瘾、精神分裂等,需要了解哪个部位发生病变,发生了什么病变,病变后会产生什么样的心理功能障碍,尤其是认知功能障碍,脑功能障碍与心理活动有什么关系。对这些疾病的治疗和预防,需要了解它们的生理和心理机制,测查脑认知功能,弄清执行认知任务时的脑功能图像。由此就呼吁了认知神经科学的产生。

二、认知神经科学的性质与基本理论

(一) 认知神经科学的基本观点

认知神经科学的基本观点主要有二：脑的结构与功能具有多层次性,脑结构是其功能的基础。

从结构来说,我们现在研究最细微的是分子水平即生物活性分子水平,比如蛋白质分子；其次是亚细胞结构(亚细胞结构不是完整的细胞而是细胞的某一部分,研究细胞的某一部位)；再高一层的是神经元(它是神经系统的基本功能和单位)；再高一层是简单的局部神经网络(它由多个神经元组成)；然后到脑区；再到功能系统；最后到最高层次整个脑。

从功能上看,一种功能常需要多结构参与,一个结构单位可能参与多种功能活动。有人依据认知神经科学的研究成果提出了生态现实的脑功能模块理论。该理论认为,完成某种活动不是单个大脑区域活动的结果,而是多个大脑区域活动的结果；也不是整个脑活动的结果,是几个脑区联合活动的结果。几个区域结合起来形成脑模块,这些脑模块专门解决某些认知任务。

(二) 认知神经科学的主要理论

认知神经科学的主要理论有：特征检测器与功能柱理论、群编码理论、模块理论、基于环境的生态论等。

1. 特征检测器与功能柱理论

该理论主要是对符号主义理论尤其是其中的特征检测论的支撑。特征检测器又被称为特征觉察器,是视觉系统中只对视野内确定位置上有一定特征的刺激形式产生最大反应的某些特殊神经元。该理论认为,视觉识别是通过提取图形的几何特征实现的。这与符号主义的图像识别中的特征提取理论相一致。

功能柱是具有相同感受野并具有相同功能的视皮层神经元,在垂直于皮层表面的方向上呈柱状分布,只对某一种视觉特征发生反应,从而形成了该种视觉特征的基本功能单位。目前发现的视觉功能柱主要有特征提取功能柱和空间频率功能柱两种。视皮层内存在许多视觉特征的功能柱,如颜色柱、眼优势柱和方位柱等。

2. 群编码理论

群编码是指大脑的信息处理是由神经元集群发放来编码和传递特定刺激下的信息。由于单个神经元发放编码的信息十分有限,很难完成对刺激所具有的多个信息的加工处理,因此,大脑对信息的加工是采用群编码的方式。该理论与联结主义及其并行分布处理观相一致,在神经元活动的时空构型中发现了联结主义并行加工的神经基础。

3. 模块理论:模块重组

模块理论把认知过程划分成模块组成的输入系统和范围非特异的中枢系统。模块性认知系统是范围特异的、先天的、由硬件构成的、自主的且非集成性的系统。该理论认为,认知或智能活动是由不同的模块动态组合在一起共同完成的,受制于不同模块,以不同模块的动态组合或重组为基础。

4. 基于环境的生态论

生态论是一种研究动物(人) 环境交互体的动态交互过程,尤其倾向于研究生态环境中的具有功能意义的心理现象的取向。它认为,人类行为乃是个体内在因素与外在环境相互作用的结果。它以交互作用原则为中心原则,以生态效度的实验研究法和自然主义研究法等为主要方法,通过揭示人和环境的交互关系来研究、解释和预测现实生活中的行为和心理现象。环境系统依次可分为微观系统(microsystem)、中间系统(mesosystem)、外层系统(exosystem)、宏观系统(macrosystem)。该理论为认知神经科学研究提供了一个新思路。

三、认知神经科学的各分支学科

认知神经科学的各个分支学科主要有认知神经心理学、认知心理生理学、认知生理心理学、认知神经生物学等。

(一)认知神经心理学

认知神经心理学是从宏观上研究脑区和整个脑,研究对象是脑损伤病人,研究方法是神经外科检查、神经心理测查(用心理学工具对人的心理机能进行测查)、行为实验研究(设置行为情景对人的行为进行研究）。其研究对象是有特定认知过程受损或未能正常获得某些认知能力的病人即脑损伤患者的认知活动模式。其作用主要有：脑损伤患者的认知活动可用认知心理学理论来解释；来自于脑损伤患者的相关证据有助于拒绝由认知心理学家提出的某些理论并且提出关于正常认知活动的新理论。其证据主要来自于分离（dissociation）方法与现象。

其理论假设主要有：① 认知系统具有模块化（modularity）特点。大脑中存在着众多的认知处理器（cognitive processor）或模块（modular），它们的功能相对独立，损伤其中一个将不会影响其他模块运作，它们在解剖上也相对独立。模块具有如下特点：信息绝缘（informationnal encapsulation），即在功能上独立；功能特异化（domain specificity），即每一模块只处理一种信息输入（相当于大脑的分工）；必然性或强制性操作（mandatory or compulsory operation），即模块功能不能自主控制（voluntary control）（一有信息的输入就会进行处理）；先天性（innateness），即每个模块与生俱来。② 心脑同型论。大脑物理组织与心理结构存在对应关系（每种心理活动都有其对应的脑基础）；大脑在物理水平的组织方式与心理或认知的组织方式之间存在对应关系；任何特定功能或认知都发生于大脑某一区域（区域局限性）（心理活动的产生有它特定的区域）。③ 研究脑损伤患者的认知功能可帮助了解正常人的认知机制。④ 绝大多数患者可依据综合征或症候群或综合病征（syndrome）加以分类。综合征或症候群或综合病征（syndrome）是指发病时一同出现的某些症状群。其研究方法是：采用归纳法对大量的脑损伤患者进行分类，对相对小数目的患者类别进行研究。其目的是：确定与认知功能有关的大脑区域。

（二）认知心理生理学

认知心理生理学是心理学与神经病学和神经外科学的交叉学科，主要采用神经监测的方法研究脑损伤病人的心理障碍与脑损伤定位以及性质的关系。它主要研究人的生理、心理机制，研究对象是人的脑区、整个脑，方法主要是用生理仪器记录生理信号。

认知心理生理学的理论主要有：认知过程与生理参数的时序性原理、认知活动的通道容量有限性原理、生理参数与心理时序性和容量有限性的关系理论。

（三）认知生理心理学

认知生理心理学诞生的基础是：① 微电极与微机控制技术的发展；② 现代神经组织学和组织化学交叉融合。

目前这方面的研究主要有：① 前额叶皮质高级功能的研究：前额叶神经元的多重感觉性和可塑性，前额叶神经元的功能特异性；② 颞叶皮质的认知功能：猴颞叶的面孔认知单元，颞叶与记忆、听觉；③ 视觉功能研究。

（四）认知神经生物学

认知神经生物学是研究神经系统内分子、细胞水平及细胞间变化过程以及这些过程在中枢功能控制内的整合作用的一门学科。其研究材料：多种多样；其研究对象：认知活动的生化机制。

主要研究内容有：① 联合型与非联合型学习的神经机制；② 学习和记忆的分子基础；③ 突触的可塑性与学习和记忆。

第六节 认知心理学的现状、挑战与意义

当前，认知心理学存在一定的问题和局限性，正是它们使其招致许多批评，也使其发展陷入一定的困境；同时认知心理学也在迅猛发展，其影响日渐扩大，触角不断延伸。由此，对待认知心理学，既要看到其问题，又要注意其影响。

一、认知心理学的困境

认知心理学当前所面临的困境主要有：

（一）研究纲领面临挑战

认知心理学的研究纲领（硬核）——"认知计算主义"存在一定的问题，由此遭遇许多质疑与挑战。许多学者从哲学视界对认知心理学的研究纲领进行反思，他们认为，人类的许多认知或智能活动不能简单地被看作是遵循规则行事的。人类的心灵、大脑和计算机之间存在着"本质差别"，大脑的功能也许可以说是一台计算机，但更深层的智能活动，特别是以意向性为核心的心智活动决不是计算机的算法可穷尽的。按照语法规则定义的计算机程序本身不足以担保心的意向性和语义的呈现，心理的本质不是可计算的。

（二）理论受到质疑

认知心理学的研究和理论是建立在还原论基础上的，因此，导致它无法顾及社会文化因素，缺失心理活动的意向性和主观性。一些批评者指出，人们无法从大脑或神经状态来确定心理的内容，即大脑神经过程决定不了意识的内容。柏格森（Henri Bergson）认为，不可能存在完整的意识——脑词典，设想有这样一个词典，通过它从大脑中解读意识的内容是不可能的。大脑只能提供一个框架，而意识则在这个框架中放置"图画"。

认知心理学遭到的最为强烈的批评之一是意义的缺失。认知心理学研究符号、亚符号，但却无法研究符号的意义。其原因是它力图找到确定性的不变的东西。认知心理学坚持表征论或摹写论，认为"符号"与"世界"是映像关系，二者相互对应。这样就赋予符号及其意义客观特性，研究了符号，也就研究了意义。它的语义网络模型、激活扩散模型、集理论模型、特征比较模型、ACT模型和分布表征与加工模型等众多理论模型莫不是以此为基础建构起来的。但实际上，符号的意义来自于社会的使用，具有社会性。普特南（H. Putnam）认为，意义不是在头脑中，而是在现实社会生活中。而社会中使用的符号的意义具有不确定性、复杂性。

（三）方法需要修正

计算机模拟法是整个认知心理学最主要的方法，而这种方法是建立在心智活动独立于其物质基质这一假设的基础上的。这实际上忽视了心智活动、人脑与计算机的本质差异。正因为如此，导致它只能对人类认知和智能的本质接近，但不是真正全面的认识。从生物学和复杂性科学的角度看，大脑与现代计算机不同，其每一部分都是特异化的，并在相互作用中完成整体心智活动。脑的活动和心智活动体现出一种内在的、依存性的、整体自涌现的形式。因此，必须放弃纯粹的理性主义、还原主义和物理主义倾向，而代之以复杂性思维和生物学眼光。协同学的领袖人物哈肯（H. Haken）曾经预言，从长远的观点看，有希望制造出以自组织方式执行程序的计算机来模拟人类智能。就连著名的认知心理学家明斯基也不得不承认，人脑在进化过程中形成了许多用以解决不同问题的高度特异性的结构，认知和智能活动不是由建基在公理上的数学运算所能统一描述的现象，不能完全用在物理学中获得成功的方法和简单而漂亮的形式系统来解释智力。他主张，要在认知科学领域有实质性突破，就应当放弃唯理主义哲学，从生物学而不是物理学中寻找启示和线索。

（四）对问题的认识或理解存在着分歧

认知心理学缺乏为研究者共同认可的统一的概念，对许多术语使用和概念的界定存在混乱。比如，尽管绝大多数认知心理学家持"认知可计算主义"，但对它的解释却众说纷纭，在有影响的认知心理学家的论著中，几乎找不到两种完全相同的解释性表述。究其原因，主要是由于认知心理学家来自于不同的领域，他们往往从各自专业的角度和研究立场出发阐述概念。根据施密斯（B. C. Smith）的分析，目前对计算概念至少存在6种不尽相同的解释，其中主要有3种：① 形式符号操作；② 图灵意义上的能行可计算；③ 信息加工过程。尽管认知心理学家从各方面来证明他们在功能上是等价的，但实际上它们仍存在一定差异。如信息加工过程涉及符号的句法和语义两个方面，图灵意义上的可计算性则只涉及句法。

（五）研究不全面

有批评者指出，认知心理学过分强调认知而忽视动机、情绪等其他因素。奈瑟尔指出："人的思维是充满激情和情绪化的，人们的行为来自于复杂的动机。相比较而言，计算机程序……是没有感情的、专注和一心一意的。"他觉察到了危险，即认知心理学有可能像行为主义固着于行为上一样固着于思维过程上面，从而走向了另一个极端。布鲁纳警告说，认知科学正在变得限制自己于一些狭隘的、甚至琐碎的问题上。

二、认知心理学的积极意义

认知心理学诞生以后，获得了很大成功，主要表现在它发展迅速，影响深远。布鲁纳认为它"是一场革命"。诺贝尔奖获得者罗杰·斯佩里认为，同心理学中的行为主义革命和精神分析革命相比，认知的或意识的革命是"一场最激进的转变，修改得最多，改革得最彻底"。

当前,它虽然招致来自各方面的批评,并形成了"第二次认知革命"的反叛运动,但其作用和主流地位仍不能被取代。正因为如此,它仍在快速发展,并试图突破心理学范畴,整合人工智能、哲学、语言学、神经科学、人类学、计算机科学等学科,以联合的方式研究认知或智能。这一学科被称为"认知科学"。哈佛大学等全美大学的认知科学研究机构(认知科学实验室或研究所)相继成立,一些心理学系也改名为认知科学系,以"认知科学"为名义的杂志相继创刊,1986年加州大学圣地亚哥分校率先设立认知科学博士学位,麻省理工学院等成立了世界上第一批认知科学系,这些都标志着这一学科逐渐走向成熟。更为重要的是,认知科学作为一门独立学科,已经逐渐形成了一套独特的研究纲领、工作范式和基础假设。可以说,心理现象和心理过程的认知方法已经支配了心理学及其相关的学科。

总的来说,其积极意义主要表现在如下几个方面:第一,使人类对智能的研究从一种哲学思辨、依赖于直觉的猜想以及停留于过分经验式的观察结论,开始转向对智能的产生和认知的本质的理论与科学研究;第二,开辟了心理学研究人类心智的新方向;第三,拓展了心理学的研究技术和方法;第四,解决了以往困惑心理学的许多问题,加深了对认知和智能的本质的认识和理解;第五,促进了人工智能技术的发展,取得了丰硕的研究成果,极大地促进了人工智能研究和计算科学的发展。

由此来看,尽管当前认知心理学受到多方面的批评,但它在心理学中仍得到广泛认可,仍居于主流。有人对近20年的《美国心理学家》《心理学年鉴》《心理学公报》和《心理学评论》四大心理学刊物的论文及其索引和美国的心理学的博士论文的分析表明,认知心理学被当今心理学普遍认同。可以说,心理学的认知心理学时代并没有结束。

本章小结

1. 认知心理学的兴起,既是信息社会发展的需要,也是心理学自身发展的需要,同时又有哲学基础、科学知识和技术基础以及其他学科的影响。

2. 在认知心理学的发展过程中,形成了符号主义、联结主义和活动主义三种主要理论形态,目前三种理论取向相互促进、补充。

3. 本章所讲的认知心理学是狭义的认知心理学,即以认知可计算主义为研究纲领,按照自然科学模式进行研究和理论建构的认知心理学。认知可计算主义是指认知的本质就是计算的思想理念。

4. 信息加工论是最早出现的认知心理学理论,它着重研究符号的操作与表征,力图寻找一种形式结构,将人类的认知或智慧活动转换成抽象符号系统的运作。它以符号为中心,突出符号在信息加工系统中的作用,故又被称为符号主义认知心理学或认知心理学的符号范式。

5. 联结主义认知心理学是指通过简单加工单元之间的联结方式进行计算的一类理论模式。它探讨信息加工的内在机制,研究知识背景模糊、规则不明确、环境信号十分复杂的无意识的信息加工处理过程,重点研究加工网络如何调整和改变它们自己以实现对信息的处理。它采用分布式表征,突出网络自身的意义建构。

6. 活动主义认知心理学兴起于20世纪90年代,是进化心理学、行为主义心理学、认知心理学等相结合的产物。其核心假设是"生命的本质就是计算",基本思想是"行为是适应性的,它总是指向一定目标,因而可以通过认识行为的目标来了解行为"。它提出心理事件公开性假设,力图用计算机生成自然生命系统行为的仿真系统,了解真实世界中的生命和生命过程。其主要研究内容是人工生命研究,基本研究方法是进化计算方法,包括遗传算法、进化策略和进化规则。

7. 认知神经科学是研究认知或智能的脑机制的一门学科,它构成了当今心理学研究的重要范式。

8. 认知心理学的兴起,对心理学乃至整个认知科学、人工智能等的发展有十分重要的意义,但它当前也面临着一定的困境,这些困境暴露出心理学发展中存在的问题。

复习与思考

一、名词解释

1. 狭义的认知心理学 2. 认知可计算主义 3. 信息加工论 4. 联结主义认知心理学 5. 活动主义认知心理学 6. 心理事件的公开性 7. 认知神经科学

二、简答题

1. 简述认知心理学兴起的历史背景。
2. 认知心理学的发展经历了哪些阶段?各阶段有哪些重要的事件?
3. 在认知心理学的发展中,分别出现了哪几种主要的理论取向?
4. 当前认知心理学主要面临哪些发展困境?
5. 认知心理学对心理学的发展有何积极意义?
6. 简述认知神经科学的研究任务。
7. 简述心理公开性的概念及其研究方法或途径。

三、论述题

1. 信息加工论的主要理论观点有哪些?
2. 联结主义认知心理学的主要理论观点有哪些?
3. 活动主义认知心理学的基本思想和基本目标是什么?它有哪些基本理论观点?
4. 信息加工论、联结主义认知心理学和活动主义认知心理学有什么异同?

第十三章　人本主义心理学

本章导读

本章的主要内容是人本主义心理学的发生、发展和基本主张。第一节讨论人本主义心理学的兴起和发展。第二节讨论马斯洛的自我实现心理学。第三节讨论罗杰斯的人本主义心理学思想。第四节讨论罗洛·梅的存在主义心理学主张。第五节则主要分析了超个人心理学的发展及其主要观点。最后一节是对人本主义心理学的历史地位的评价。

学习目标

1. 了解人本主义心理学发生发展的主要背景,尤其是现象学和存在主义对人本主义心理学的影响作用。
2. 了解马斯洛人本主义心理学的基本内容,其中包括需要层次理论、高峰体验等。
3. 通过罗杰斯的个人中心疗法来理解他的心理学思想以及教育观。
4. 了解罗洛·梅存在心理学的基本主张,比如关于人的三种存在方式、焦虑理论等。
5. 通过超个人心理学的基本主张了解东西方文化传统的交融和心理学思想的对话。
6. 能够对人本主义心理学作出客观的评价。

人本主义心理学(humanistic psychology)是20世纪50—60年代在美国兴起的一个心理学流派,它既反对精神分析学派把行为动力归结为无意识本能的生物还原论,又反对行为主义把人视为机器的机械环境决定论,而强调对正常人进行研究。它把人的本性、潜能、尊严和价值作为研究对象,力图给人以人文关怀。由此,它主要研究人的动机,探讨培养、挖掘和发挥人的潜能的方法或途径,揭示发挥人的创造性动机。它认为,人在充分发展自我潜力时,力争实现自我的各种需要,从而建立完善的自我,并追求建立理想的自我,最终达到自我实现。人在争得需要满足的过程中能产生人性的内在幸福感和丰富感,给人以最大的喜悦,这种感受本身就是对人的最高奖赏。基于其影响和它与精神分析、行为主义的不同,人本主义心理学被称为与它们并列的心理学第三势力。

第一节　人本主义心理学形成与发展历程

人本主义心理学的产生和发展,既有社会历史条件的作用,也受到哲学发展等学科的影响,更有心理学自身发展的原因。

一、人本主义心理学产生的历史必然性和历史条件

（一）社会历史背景

人本主义的兴起是二战后美国社会发展的需要。这主要表现在：

1. 物质财富发展与精神需求匮乏的矛盾

美国在两次世界大战中大发战争横财，社会经济快速发展，一跃成为世界头号强国。社会经济快速发展既激发了人们愈来愈高的精神需求，又促使社会处于一种物化和功利化的过程或状态，导致人们过分追求物质财富而忽视精神的需求，带来愈来愈严重、愈来愈普遍的社会性精神困顿和人的生命意义缺失以及由此产生和构成的具有社会普遍性的无聊感，形成民众日益增长的精神需求与精神日益困顿和生命意义日渐缺失的矛盾，社会开始逐渐走向物质财富的快速增长所导致的精神萎缩和荒芜之路。这实际上是一种异化现象，即社会经济发展不仅没有给人以智慧，使人精神充实和高尚化，反而却使人感到精神痛苦和思想贫乏，内心世界日趋苍凉，人们普遍感到压抑、冷漠、孤独，想释放自我，从精神痛苦和折磨中解脱出来，但却苦于找不到出路甚至退路。另外，经济发展逐渐导致社会转型，造成了人们适应新的生产方式和生活方式的心理压力。对于这样的普遍性社会问题，传统的精神分析和行为主义已难以解决，急需一种新的理论，人本主义因此应运而生。

2. 二战及随后的军备竞赛所造成的心理恐慌

第二次世界大战给人们造成了严重的心理恐慌，二战后美苏两大军事集团的军备竞赛和战争威胁又雪上加霜，使战争威胁阴魂不散，始终盘踞在人们的心灵上空，施加给人们巨大的心理压力。这些心理压力需要得到缓解。尤其是当时美国归国的很多参战士兵，战争的惨烈给他们造成了心理阴影，由此形成了一定的社会心理问题，这些问题也需要解决。

3. 人的机器化和科学技术的异化

随着社会经济和科学技术的发展，社会分工越来越细，导致社会成员在社会产品生产中生产整个产品的可能性越来越小，即社会成员通过劳动不是生产整个产品，而是仅生产社会产品的某一部分。这就使每个社会成员在社会中仅是一个越来越小的量，这个量只有同其他量联系起来，合在一起，才有价值、有意义。有人把现代人比做机器齿轮上的一个齿，以说明人在社会中已经变得微不足道。这样就会使得社会成员的独立价值感日趋丧失。价值感的丧失必然引起人们的失落与焦虑，而失落与焦虑又反过来增强人们对自我价值的渴望与追求，驱使人们努力找回价值感，这就不可避免地形成一种矛盾，使许多未能正确认识社会和自我、科学合理认识并实现自我价值的人在心理上形成一种恶性循环，迷失实现自我价值的方向，产生这样或那样的心理问题。

二战后，大量新技术的产生与应用，既促进了社会经济的发展和结构调整，也导致了至少四个密切相关的社会问题：① 技术机器与人"抢工作"，即技术机器所带来的劳动率大幅度提升使许多人失业；② 新技术岗位虚位以待和许多不具备新技能的人无业可就的矛盾；③ 增大了人们继续学习的压力，终身学习被提上议事日程；④ 社会经济与科学技术的发展

导致社会生活文化变迁,引发人的文化适应问题、心理冲突和价值信仰危机。马尔库塞认为:"人们用科学来把握和控制自然,重新出现在既生产又破坏的设备中,这种装备在维持和改善个人生活的同时,又使个人屈服于(他们的)主人——技术装备。"这一方面导致了大量受教育水平低的人失业,另一方面许多新技术岗位又虚位以待。未来学家海曼·西摩认为,新技术所具有的惊人的效率意味着所需要的劳动力将出现一个绝对的和直接的净减数。尤其是战后回国的大批军人,由于缺乏一技之长,他们就业的难度比较大。虽然一些人可以通过继续受教育或终身学习再就业,但这样的人毕竟有限,且学习也在很大程度上增加了人们的生活负担或压力,使许多人因此而产生这样或那样的心理问题。在这种情况下,人们更难以适应社会,从而逃避社会现实。①

4. 人的潜能发挥的需要

二战后,美国社会经济进入快车道。社会经济发展需要强有力的人力资源支撑,由此人的能力或价值就被提到议事日程上来。

5. 表面繁荣的背后隐藏着尖锐的社会矛盾和异化现象

当时美国主要的社会问题有愈来愈剧烈的贫富分化、种族歧视、性别歧视。正是这些问题,自20世纪50年代起,美国陆续形成了民权运动、女权运动等。美国心理史学家赫根汉称这个年代为"喧嚣的时代"。罗洛·梅则称之为"意志瘫痪的时代"。这说明,当时的美国社会已经出现了问题。罗杰斯认为,"恐怖、敌意和侵犯的存在是我们时代的紧迫问题"。对于这些社会问题,需要心理学来研究解决。

6. 社会变迁所导致的社会心理问题呼唤新的理论

社会生活中的文化变迁、心理冲突与价值观的危机,需要一种新的心理学理论和心理疾病治疗技术模式。20世纪六七十年代,美国传统的文化价值观受到了怀疑和冲击,导致了当时以年轻人为主流的反文化运动的产生。他们张扬摇滚音乐,主张通过毒品、政治、社会、性"意识提升"以及"另样的"生活方式等来解放并扩张人的"自我意识(self-awareness)"。反校园文化、嬉皮士运动、吸毒、性解放、青少年犯罪、自杀、大学生失业等现象十分严重。许多人陷入心灵孤独、情感焦虑、价值危机、意义感丧失等心理冲突之中而难以自拔。在这种背景下,传统的心理学取向受到了公开的挑战。在社会文化所导致的这些病态社会、心理危机冲突面前,当时盛行的心理分析、行为主义的理论和精神疾病治疗技术模式显得手足无措、无能为力,因此,一种提供"自由、自主,并向经验开放",以探索人的"心理生活新方式"为己任、强调对人自身价值潜能发掘的人本主义心理学思潮也就应运而生了。

(二)哲学基础

人本主义心理学的哲学思想渊源远可追溯到古希腊思想家苏格拉底、柏拉图、亚里士多德等对人的价值的强调,近现代哲学思想的依据则主要是存在主义和现象学。

---

① 李炳全.当代我国心理问题的社会心理根源剖析与对策[J].内蒙古师范大学学报(哲学社会科学版).2002(03):63-68.

1. 现象学对人本主义心理学的影响

现象学通过对"纯粹意识内的存在"的研究,企图揭示人的生活世界的本质,从纯粹主观性出发达到"交互主观性"的世界。它的一个最重要的特征就是重视主观体验,强调整体的或综合的方法,反对机械论、还原论,认为人是自己的主观世界和客观世界的能动解释者。布伦塔诺的"第一现象学"突显了人的主观意识心理活动的对象性特征;胡塞尔的"第二现象学"研究主观意识经验的本质。所有这些,都启发人本主义心理学家关注主体的直接经验,把自我视为一个完整的解释结构,重视自我现象场。马斯洛反对行为主义的实证主义和还原论、原子论思想基石,主张用现象学方法研究个体的自我内在感受。他认为,现象学方法更适合于研究人类的个体心理现象,由于现象学更强调自我的内在感受,因此,现象学方法应成为心理学所使用的方法。罗杰斯构建的"来访者中心疗法""现象经验""自我现象场""Q技术"等,都以现象学为基础。奥尔波特认为,研究人格和人的价值这些广泛而复杂的问题,需要用现象学方法和整体的方法,而不能仅仅依赖于实验方法和统计方法。

2. 存在主义对人本主义心理学的影响

存在主义的核心是,强调本体论问题在哲学中具有首要的意义,反对理性主义的哲学认识论传统;把非理性的个人存在当作全部哲学的基础和出发点;要求在人的具体情境中来思考人,包括文化、历史、与他人的关系,而最重要的是个人存在的意义。需要注意的是,存在主义哲学所讲的"存在",并不是通常所理解的客观存在、现实存在,而主要是非理性的意识活动的"存在"。人的"生存""主观性""自由""体验""孤独""烦恼"等心理状态,才属于人的本真状态。

存在主义是人本主义心理学思想的重要来源。存在主义反对客观主义和极端决定论,认为人既不是由环境决定的,也不是由遗传决定的,强调以人为中心,强调人的存在价值、主体性、主观性,主张以人为本、高扬人的个性,研究人的自由价值、选择责任等,为人本主义心理学提供了哲学基础和理论前提。(1)存在主义为人本主义心理学家提供了一个认识人的重要突破口:运用非理性的内心体验或内省直观。(2)存在主义对人特有的选择性的重视,启发人本主义心理学家们从人的存在出发,关注正常人,倡导个体关注自己的存在。存在主义认为,自由基于个人的选择,由此它关注人的生存与发展,强调人的自主选择与创造。萨特认为:人的本质可以自由地选择并创造出来,在这一过程中显出自身的意义与价值。

存在主义主张研究自由、价值、选择、责任等主题,给人本主义心理学提供了理论支柱:① 人本主义心理学把"人生哲学"的存在主义作为其哲学基础;② 人本主义心理学家接受存在主义面向社会现实生活的态度,开始走向社会,探讨当代人所面临的种种紧迫问题;③ 存在主义的本体论极大地影响着人本主义心理学的发展;④ 形成了人本主义心理学中以罗洛·梅为代表的存在主义取向。

(三)心理学背景

人本主义心理学兴起的心理学背景主要表现在两个方面:① 已有的心理学发展奠定了坚实基础;② 已有心理学尤其是行为主义和精神分析存在的问题需要新的心理学来加以

解决。

1. 心理学发展奠定了基础

人本主义的兴起,是心理学发展的结果和需要。20世纪20、30年代,格式塔心理学、人格心理学、精神分析的个体心理学、自我心理学、社会文化学派等为之作了较为充分的理论准备。前已所述,阿德勒的个体心理学已经开始探讨人的价值或潜能,格式塔心理学也对人的价值和智能作了现象学研究,新行为主义者托尔曼从中介变量的角度对内驱力、期待等动机作了探究。哈佛大学的重要心理学人物、人格心理学家奥尔波特为学院派中人本主义心理学的诞生创造了条件,他本人就是人本主义先驱。默里、墨菲等人把生物因素和社会因素整合起来,为人本主义理论的发展打下了基础。霍妮、弗洛姆、埃里克森等重视社会因素,注重人的潜能,成为人本主义的理论来源。人本主义先驱戈尔德施泰因(K. Goldstein)1939年出版的《机体论》,第一次从机体潜能的发挥出发论述自我实现,用心理学的实证研究强化了这一本来由哲学提出的概念,由此成为人本主义的自我实现论的基石。①

概括起来,心理学内部发展的影响主要体现在:① 在伏尔泰人文主义思想和解释心理学的影响下,德国心理学家斯特恩(W. Stern)和斯普兰格(E. Spranger)把心理学作为一门关于具有体验的个人的科学,并从社会文化视角对人格进行了研究,斯普兰格依据人的社会价值取向将人格分为六种类型;② 受斯特恩和斯普兰格等人的影响,奥尔波特提出了人格特质论,非常重视对人格特质的组织研究;③ 格式塔心理学重视对人的主观经验的实验研究,要求依据人的整体经验理解意识经验现象。

2. 已有心理学尤其是行为主义和精神分析存在的问题需要解决

20世纪中叶,心理学在其发展过程中遇到了巨大问题,特别是作为当时主流心理学的行为主义危机。心理学要健康发展,就必须解决这些问题。人本主义心理学就是为解决一些心理学发展中存在的问题而产生的心理学取向。到20世纪中叶,由于种种原因,行为主义和精神分析逐渐显露出它们自身的局限性。为克服这些心理学发展局限,人本主义心理学在思想内容、研究方法和研究对象以及心理治疗方法上,对行为主义和精神分析进行了辩证否定或扬弃。

(1) 行为主义的危机与人本主义的兴起。20世纪40—50年代,行为主义存在的问题日益暴露出来,与心理学发展的要求不相适应,由此开始衰落,呈现出危机。在这种情况下,有人认为行为主义已经过时,应另辟蹊径。人本主义就是这种蹊径之一。它认识到行为主义的不足或局限性,指出它所面临的困境,用新视角审视它,对其内在固有的问题给予批判、反思,并对其衰落的原因进行批判性、创新性的剖析,针对其问题,构建自己的理论体系。纵观心理学的发展历程,新心理学取向或流派的建立,都是肇始于发现已有的心理学取向或流派特别是主流心理学存在的问题,对之加以批判并力图解决这些问题。之所以如此,是因为:① 主流心理学在发展过程中,其内在固有的问题会逐渐暴露出来,由此会逐渐陷入一定的困境乃至危机。为解决这些问题,一方面主流心理学自身会加以自我修正或改进,另一方面

---

① 主要引自 http://www.360doc.com/content/15/0304/16/13091393_452523084.shtml.

会立足于此而产生一些新的心理学取向或理论流派;② 主流心理学代表了心理学发展的主导方向,它所存在的问题直接制约着整个心理学的发展,不发现并解决这些问题,势必会滞碍心理学的健康发展;③ 主流心理学占据主导地位,以之为靶子所进行的否定或批判易引起人们的关注,影响大;④ 对主流心理学的否定或批判是建构新理论体系的基石,因为这样可以提出与之不同的新理论。由此可以说,心理学的发展在很大程度上是通过不断的理论争鸣和在此基础上的否定之否定而得以实现的。[①] 人本主义就是如此,它建立在对行为主义的反叛基础上。[②] 它反对行为主义把意识看作是行为的副现象,认为心理学也不应该建立在对动物行为的研究上,而应建立在对正常人的研究上,因为人不是更大一些的白鼠和猴子。

（2）精神分析的局限与人本主义的兴起。精神分析的研究对象是精神病人,它把对精神病人的研究成果推广到正常人身上,由此不可避免地会出现问题。它认为,潜意识的冲动和本能是强有力的、无法控制和校正的;我们并没有生活,而是无数未知的和无法控制的力量使我们生活着。人的一切行为完全受无意识的本能欲望所驱动,而性本能则又是推动人的一切行为活动的根本动因。人本主义取向反对精神分析把意识经验还原为基本驱力或防御机制,认为心理学研究不应该完全建立在对精神病患者和心理病态的人的研究上。由于正常人具有与精神病人不同的心理特征,因此,对精神病人的研究不足以了解正常人。由于社会中的人绝大多数是正常人,因此,心理学应以正常人为研究对象。

二、人本主义心理学的产生和建立

人本主义心理学大致经历了兴起、形成和发展三个阶段。

（一）人本主义心理学的崛起时期

20世纪50年代是人本主义心理学的兴起时期。人本主义心理学的主要开创者马斯洛早期曾是实验心理学家,但在20世纪40年代末期,他在研究过程中逐渐发现行为主义的问题,由此开始对当时占据主导地位的行为主义日益不满,并发表了一些"不合正统"的心理学观点,这被学术界视为美国人本主义心理学萌芽的出现。50年代初,马斯洛担任布兰迪斯大学的心理学系主任,从而为人本主义心理学的产生提供了一定的有利条件。1954年,马斯洛出版了《动机与人格》,这是人本主义心理学的奠基之作。1956年4月,马斯洛等人发起并创立了人本主义研究会,讨论了人类价值的研究范围问题。次年10月,组织了"人类价值新知识"的研讨会。1958年,英国学者约翰·库亨(J. Cohen)在其著作《人本主义心理学》中首次阐述了人本主义心理学的基本主张。同年,萨蒂奇(A. J. Sutich)等人创办了《人本主义心理学杂志》内刊。1959年,马斯洛主编了《人类价值的新知识》一书,成为人本主义心理学发展史上的重要文献。这些重要事件和学术活动,有力地促成了人本主义心理学运动的

[①] 心理学不是纯然的自然科学,具有人文社会科学性质。而人文社会科学的发展不只是通过不断的证实和证伪来实现,在很大程度上是通过不断地争鸣而深化和发展的。
[②] 李炳全.文化心理学[M].上海:上海教育出版社.2007:12—13.

到来。

(二) 人本主义心理学的形成时期

20世纪60年代为人本主义心理学的形成时期，其主要标志性事件有：

(1) 专门的学术刊物《人本主义心理学杂志》于1961年春开始正式出版，成为阐述人本主义心理学思想的基本阵地。

(2) 1962年，人本主义心理学者布根塔尔(J. F. Bugental)在加利福尼亚心理学会议上发表题为《人本主义心理学：一个新的突破》的学术演讲，这一讲演稿发表在权威的《美国心理学家》(1963)杂志上，被认为是人本主义心理学发展史上的又一个里程碑式文献。

(3) 1963年夏，75位人本主义心理学者在费城召开会议，正式建立"美国人本主义心理学会(AAHP)"，标志着人本主义心理学的正式诞生，布根塔尔被推选为第一任主席。

(4) 1964年夏，美国人本主义心理学会在洛杉矶召开了第二届年会，与会学者增加到了近200名。1965年11月，著名学者彪勒当选为人本主义心理学会的第二任主席，会员发展到了500多人。12月，美国人本主义心理学会及《人本主义心理学杂志》与主办单位脱钩，成立了一个独立的教育学院，标志着一种有影响的第三势力心理学的出现。1969年，美国人本主义心理学会改名为"人本主义心理学会(AHP)"，成为一个国际性的学术组织。

(5) 在60年代中后期，一批人本主义心理学的学术专著相继问世，如《心理学中的人本主义观点》(1965)、《人本主义心理学的挑战》(1967)等。罗洛·梅编辑出版的《存在心理学与精神病学杂志》(1967)也产生了一定的影响。

(三) 人本主义心理学的迅速发展

进入20世纪70年代以后，人本主义心理学迎来了一个迅速发展的时期。1971年，美国心理学会正式接纳美国人本主义心理学会为该会第32分会，这标志着人本主义心理学终于得到了美国心理学界的正式承认。同时，国际性的人本主义心理学学术活动也蓬勃开展起来。1970年，彪勒担任人本主义心理学会国际顾问委员会主席，1971年，在荷兰召开了人本主义心理学国际邀请会议，扩大了人本主义心理学在世界各地的影响。70年代初期，人本主义心理学会在欧洲许多国家建立了国际分会，以色列、印度、南美洲等国家也相继成立了分会，并在伦敦、斯德哥尔摩、莫斯科、东京和中国香港等地举办了国际学术会议活动。到1975年，美国已有281个单位加入了人本主义心理学发展中心，其他13个国家也有50多个与人本主义心理学有关的学术组织或机构中心。这些组织不仅传播人本主义的学术和理论观点，而且开始建立组织、从业人员培训等方面的信息网络活动，如人类潜能小组、心理剧、会心团体小组、超个人心理学以及神秘现象等方面的研究内容。这一时期，美国的瓦尔登大学、杜克大学、菲尔丁学院等高等院校纷纷开设人本主义心理学的教学计划和课程。另外，人本主义心理学又分化和产生出了超个人心理学派，成为人本主义心理学发展的一个新取向。但在80年代末罗杰斯去世之后，人本主义心理学运动出现了一定的衰落。

三、人本主义心理学的基本主张

人本主义心理学指出,心理学应该从"人"的维度去关注人的那些基本(primary)的东西,把人从生物—物理学观点的遏制、束缚中解放出来。有研究者概括出人本主义心理学的五项原则:① 意识经验是基本资料的来源。只有承认主观经验的独特性,才会更多地关注个人的潜能和自由。② 整体和综合的人性观,不主张把人及其经验分析为固定的结构、元素、类型、属性、功能。③ 人有生物和物理的局限,但从根本上来说,人是自主而自由的。④ 坚信意识经验的本真性,避免用化简主义(物理的还原主义)的立场对待意识现象。⑤ 任何一种心理学理论都不可能完美无缺地概括人的经验之丰富意义及无穷无尽的变化。

人本主义心理学的基本主张与自然科学的心理学以及精神分析的区别在以下三个方面:

(一)科学心理观

人本主义心理学反对自然科学心理学所谓的价值中立的研究规则,认为心理学不是物理学那样的自然科学,而是一门独特的、关注人的人类科学(human science),及其在各个领域和广泛的社会文化生活中的应用。所以人本主义心理学强调人的主观经验的独特性,关注人的潜能和自由;强调研究应以问题为中心,而非以方法为中心。

(二)研究对象和课题

人本主义心理学反对还原论,反对把人的心理活动简化或还原为化学和物理或动物层次,认为这样会忽视人的独特性。它主张人独有的意识经验应该成为心理学研究的基本出发点。布根塔尔在"美国人本主义心理学会"上颁布的人本主义心理学的四项基本原则,① 第一项就是"集中注意经验着的人:在研究人的时候,把经验作为主要研究对象。经验本身及其对个人的意义是首要的,而理论上的解释和外显行为都是其次"。同时,人本主义心理学也反对精神分析单单以精神病和神经症患者的潜意识为研究对象,并把这种研究结果推及到对所有人的心理解释中。他们认为,即使是相对健康的人也可以从心理治疗中得到益处,有助于他们更进一步地了解自己,使自己的日常生活更加有效。如果把更多的时间和精力用在健康人身上,就会更好地造福于人类,所以健全的人格和心理也应该成为心理学的研究对象。人类所特有的同一性、选择性、创造性、价值观、爱、依恋、实现自我和自我超越等特性应是心理学研究的重点;心理学应关心人的尊严和价值这些存在的主题。只有坚持以健康的人、自我实现的人作为心理学的研究对象,"才能有最好的生活"。

(三)方法论的建设

人本主义心理学认为,传统的科学方法不足以解决人类心理的复杂问题,他们反对传统

---

① 1963年,"美国人本主义心理学会"正式建立时所颁布的人本主义四项基本原则是:① 以人的经验为主要研究对象;② 研究选择性、创造性、自我实现等;③ 注重研究的社会意义;④ 重视人的尊严和价值。

的主流心理学所采取的方法中心论。"传统科学特别是心理学的许多缺陷的根源,在于以方法中心或者技术中心的态度来解释科学。方法中心就是认为科学的本质在于它的仪器、技术、程序、设备以及方法,而并非它的疑难、问题、功能或者目的。"方法中心论强调方法至上,先有方法,后有问题,用问题来配合方法,问题必须适合于方法。人本主义心理学主张问题中心,研究方法要顺应问题,并为问题服务。作为一门研究人的科学的心理学,必须考虑人的特殊性,关心人类生活的意义、价值,应该以对个人和社会有意义的问题为中心,尊重人的价值与尊严,而不能陷入无价值的方法繁琐倾向。

以方法为中心使得心理学一味追求客观性,造成其远离开了人类的实际生活。同时,方法中心论也必然限制了心理学的研究范围,将心理学的研究局限在某一方法或者技术所能许可的范围之内。正确的做法应该以对个人或社会有意义的问题为中心,以心理现象的本质为中心。人本主义心理学方法论并不排除有效的传统科学方法,而是扩大了科学研究的范围,以解决过去一直排除在心理研究范围之外的人类信念和价值问题。马斯洛曾提出整体动力论的研究方法。该方法要求:① 必须了解整体,然后研究部分在整个有机体中的组织和动力学作用;② 对整体的理解和把握是一个反复研究的过程,即先从对于某种现象整体的模糊理解出发,分析其整体结构,通过分析发现原先理解中的问题,然后再进行更有效、更精确的重建或重述等步骤;③ 整体分析重视质性的把握,侧重将整体分析为层次和等级,但并不排斥量的研究。

第二节　马斯洛的自我实现心理学

一、马斯洛生平与主要成就

马斯洛(A. H. Maslow,1908—1970)1908年生于一个犹太家庭,父母是从苏联移民到美国的犹太人,他是家中七个孩子的老大,父亲酗酒,对孩子们的要求十分苛刻,母亲极度迷信,而且性格冷漠、残酷暴躁。儿时的他与父母相处得很不愉快。这使他在童年体验了许多孤独和痛苦。不仅如此,由于他所在的学校很少有犹太孩子,他变得害羞、敏感并且神经质。正是这种幼年时的心灵折磨,使他逐渐对宗教产生了强烈怀疑,对无神论产生了尊重。为寻求安慰,他把书籍当成避难所。在阅读美国历史书籍的过程中,托马斯·杰斐逊和亚伯拉罕·林肯成了他心中的英雄。几十年以后,当他开始发展自我实现理论时,这些人则成了他所研究的自我实现者的基本范例。青少年时期,马斯洛因体弱貌丑而极度自卑,藉锻炼身体冀求得到补偿。进入大学后读到A·阿德勒的《自卑与超越》等著作,他从中受到启示而改变了自己的一生。

1922年进入男子高中,马斯洛喜欢科学尤其是物理学。他的老师推荐给他厄普顿·辛克莱的书。书中所揭露的社会阴暗面触发了马斯洛潜在的对社会问题和道德问题的兴趣。1926年,马斯洛进入纽约市立大学学习法律,因对法律不感兴趣而于次年即1927年转到康奈尔大学,师从铁钦纳学习。但他很快厌倦了构造主义心理学的元素分析,而迷上了华生的行为主义。1928年9月,他转到威斯康星大学的麦迪逊分校,师从赫尔研究动物学习行为。

但后来研读格式塔心理学和精神分析著作,使他对行为主义的热情渐渐减退。1931年冬天,他选修了灵长目动物研究的主导研究者哈里·哈洛(H. F. Harlow)的研究实习课,并成为其第一个博士生。期间马斯洛曾师从惠特海默学习,深受其影响。1932年2月至1933年5月,他对35个灵长目动物悄悄进行观察,并做了详细的笔记。1934年,在哈洛指导下他完成了博士论文《支配驱力在类人猿灵长目动物社会行为中的决定作用》。他在文中指出,支配驱力在猿猴和其他哺乳动物及鸟类的社会行为和组织中,都是一个关键的决定因素;支配似乎源自一种"内在的自信心"或"优越感",是通过迅速的注视以及相互打量而建立的,而不是通过身体攻击取得的。这说明,他正在构思一个建立在支配驱力之上的初步理论,用来解释高级动物中的许多社会行为。由于该论文得到了桑代克的赏识,为马斯洛提供了一份博士后奖学金,邀他协助自己进行"人性和社会秩序"的新课题研究。1935年,马斯洛到哥伦比亚大学任桑代克助理。

1937年,马斯洛受聘到纽约城市大学布鲁克林学院担任心理学副教授,真正开始由行为主义转向人本主义。其主要原因有:(1)他的第一个孩子出生后,通过观察到的婴儿行为的奇妙现象,使他领悟到行为主义无法解释人类行为;(2)二战期间,很多到美国避难的欧洲著名心理学家如惠特海默、柯勒、考夫卡、霍妮、阿德勒、弗洛姆等人对他产生了影响。

美国卷入二战后,国际国内局势日渐紧张、险恶,马斯洛通过研究发现一条实现他的和平幻想的途径,那就是发展一个完整的人类动机理论。之前,他曾发表题为《支配情绪、支配行为和支配地位》的论文。他在文中暗示,人性中具有某种生物学上的内核,它受文化和历史因素的影响和调节,但不会被完全清除。从那以后,马斯洛开始强调人类固有的情感和精神能力,并开始了对人类动机理论的探讨。

1945年中期,马斯洛准备投入更多精力研究自我实现。1946年初,他揭示自我实现者有两个重要特征:对于隐私的强烈需要和易于产生神秘体验。他预感到第三种特征:更能够用准确的目光看待世界。该年年底,马斯洛提出14个命题。1954年出版《动机与人格》,提出把传统心理学研究转变为兼有科学与伦理意义研究的令人振奋的设想。1962年,马斯洛出版《存在心理学探索》。该书与《动机与人格》奠定了人本主义心理学的理论基础。1963年,在马斯洛等人的积极倡导下,美国人本主义心理学会建立。1967年,他出版《科学心理学:一种探索》,该书以实验心理学为范例,对传统科学进行了有力的批评。后来,马斯洛意识到,任何关于人性的理论都应该承认我们自身的不完善性,即使是最优秀的人包括他所认为的自我实现的人也是不完善的,但不能因此陷于绝望。由此,他开始构建一种新的超越个人经验的心理学,这种超个人心理学构成了心理学的第四势力。1970年6月8日,马斯洛因心脏病突发不幸去世,年仅62岁。

马斯洛几乎创建了人本主义心理学的主要理论,像人性本善论、需要层次论、存在价值论、自我实现论、高峰体验论、超越自我论、教育改革论、Z管理学说等,他的众多理论建树在西方人本主义心理学家中首屈一指。他一生勤奋,著作颇丰。除了上述几部代表作以外,还有《人格问题和人格发展》(1956)、《健康的心灵管理》(1965)、《宗教、价值和高峰体验》(1964)、《人性能达到的境界》(1971)等。

二、人性观与价值论

（一）人性观

马斯洛在人性问题上，反对精神分析学派的本能论和性恶论，也反对行为主义的机械论和环境决定论。他持性善论，认为人性是似本能的，人天生是善的，由此提出人性积极向上发展倾向的假设，强调人的价值和尊严。其人性观主要表现在以下几个方面：

1. 性善论

他认为，人性是似本能的，人天生是善的，是积极向上、乐观的、富有建设性的。似本能是指人类天生微弱但极易被环境所改造的本性。换言之，似本能的善本性是由遗传得来的，但由于它微弱，所以其表现和发展容易被后天环境或学习所改变。如不恰当的教育能扼杀人天生的善本性，阻碍人的潜能的发展与展现。他指出："我们的本能冲动与其说是掠夺性的不如说是友爱性的；与其说是使人憎恶的，不如说是令人赞美的。"[①]"这些微弱的似本能倾向是好的，人们所期望的是健康的，而不是邪恶的。"[②]

2. 马斯洛的人性的基本特征

马斯洛所说的性善的似本能具有如下特征：① 人的固有趋势、内在本质、内部天性，是人性的内核和集中表现；② 既类似于本能又不同于一般生物本能的东西，只是本能的碎片或原基，不是动物身上的那种完整的本能；③ 人的一些潜能，多数可因外部因素而实现、发展或窒息，教育等外部因素可改变它；④ 合作而不是敌对的；⑤ 人性发展的内在依据，而社会文化环境则是人性发展的外在条件。

3. 马斯洛的人性观的基本观点

概括起来，其人性观主要包括：① 人性天生是善的：由于真正自我的内核是美好的、值得信赖和有道德的，因此，人总是选择对他们来说是美好的东西；② 人性是不断成长发展的：人性先天具有积极成长即发展与自我实现的倾向，人类有机体未来发展的潜在倾向是积极的，具有一种积极向上的、前进发展的良性驱力，驱使着有机体越来越完满的发展；③ 人性具有自主性、能动性，能进行自我选择，若它自由发展，就会发展出积极的品质，概言之，人是自己的积极建构者、推动者和选择者，是自己的主人；④ 受家庭、教育、环境和文化影响乃至塑造。

（二）价值论

1. 价值论的基本观点

① 一种潜能就是一种价值，潜能的发挥就是价值的实现；② 能量要求被运用，只有发挥出来才会停止吵嚷；③ "存在价值"是一种需要，即"超越性需要"。

2. 价值体系

马斯洛的价值体系是在其人性观的基础上构建起来的，以其性善论为中心，主要体现在

---

① 马斯洛.人性能达的境界[M].林方,译.昆明：云南人民出版社.1987：136.
② 庄耀嘉.人本主义心理学之父——马斯洛[M].台北：允晨文化实业股份有限公司.1982：205.

以下几个方面：① 人性是善的；② 心理潜能高于生理潜能，人高于动物；③ 高级需要的价值高于低级需要；④ 利他行为与自我实现需要的满足是一致的；⑤ 创造潜能的实现是高级需要的满足，是人生追求的最高目标；⑥ 创造潜能的充分发挥是一种最高奖赏，是一种高峰体验的出现；⑦ 自我实现者有发自内心的追求潜能发挥的倾向，并有以此为依据的自我评价能力；⑧ 高级需要和创造潜能微弱，需培养和学习；⑨ 潜能和价值与社会环境是内外因关系；⑩ 人的潜能和存在价值与社会价值并无本质矛盾。

三、马斯洛的需要层次理论

马斯洛的动机理论几乎可以运用到个人及社会生活的各个领域。马斯洛试图将弗洛伊德的心理动力论与格式塔心理学的整体论紧密结合起来，以整体的和动力的观点探讨人类的动机性质及特点。他认为，一个完善的动机理论必须包含以下基本设想：个人是一个统一的、有组织的整体；个人的绝大多数欲望和冲动是互相关联的。每个人都有他自己的需求和愿望、能力和经验、快乐和痛苦，这些需求和体验是心理的，而不仅仅是生理的。因此，马斯洛认为，了解、研究人的心理和行为，首先必须研究人的需要动机。动机的研究在某种程度上，必须是人类的终极目的、欲望或需要的研究。

马斯洛把动机的出发点立足于需要上。需要是动机产生的源泉和基础，驱使人类的是若干始终不变的、遗传的、本能的需要，这是马斯洛理论中一个独到的基本概念。他认为，这些需求是人类真正的内在本质，但由于它们很脆弱，所以很容易被扭曲，而且很容易被不正确的学习、习惯和传统所征服和抑制。动机是复杂多样的，人类行为常常是由多种动机引发的。

马斯洛结合临床研究、个人观察和已知事实，提出了一种强调人性积极向上的动机理论，即需要层次理论。他将人类的需要划分为两大类。

图 13-1 马斯洛的需要模式图

一类是基本需要，或缺失性的需要，包括生理需要、安全需要、爱与归属的需要、尊重的需要。它们是人生存过程中不可缺少的、普遍的生理和社会需求，属于低层次的需要。一个特性如果符合下述情况就可视为一种基本需要："缺少它引起疾病；有了它免于疾病；恢复它治愈疾病；在某种非常复杂的、自由选择的情况下，丧失它的人宁愿寻求它，而不是寻求其他的满足；在一个健康人身上，它处于静止的、低潮的或不起作用的状态中。"另一类是特殊的或发展性的需要，也称为成长的需要或超越性的需要，是在低层次的基本需要得到满足之后才能产生的高层次的心理需要。主要指认知的需要、审美的需要和自我实现的需要，属于个体健康成长和自我实现潜能所激励的需要。

1954 年，马斯洛在书中将需要或动机分为从下到上的 5 层：生理需求（psychological needs）、安全需求（safety needs）、爱与归属的需求（love and belonging needs）、尊重需求（esteem needs）、自我实现的需求（self-actualization needs）。1970 年，又将它扩展为 7 个层

次：生理需求、安全需求、隶属与爱的需求、自尊需求(self-esteem needs)、知的需求(need to know)、美的需求(aesthetic needs)、自我实现需求。

对于需要层次,他提出如下看法:① 各层需求之间不但有高低之分,而且有前后顺序之别,较高层次的需求是后来才发展出来的,就像生物的进化一样;② 只有低一层的需求获得满足之后,高一层的需求才会产生,当然也可能出现例外;③ 人的需要可归纳为高、低二级,其中生理需要、安全需要、社交需要属于低级的需要,这些需要通过外部条件使人得到满足,如借助于工资收入满足生理需要,借助于法律制度满足安全需要等;尊重需要、自我实现的需要是高级的需要,它们是从内部使人得到满足的,而且一个人对尊重和自我实现的需要,是永远不会感到完全满足的;高层次的需要比低层次的需要更有价值,通过满足人的高级需要来调动其工作积极性,具有更稳定、更持久的力量;④ 在所有人口中,越是低级需要,具有的人越多;越是高级需要,具有的人越少;⑤ 一个国家多数人的需要层次结构,是同这个国家的经济发展水平、科技发展水平、文化和人民受教育的程度直接相关的。在发展中国家中,生理需要和安全需要占主导的人数比例较大,而高级需要占主导的人数比例较小;在发达国家,则刚好相反。

四、马斯洛的自我实现论

马斯洛对精神健康的、自我实现的人的研究,一开始并不是一项科学研究计划,而只是为了满足自己的好奇心,后来他发现可以把这些人的个性加以比较。自我实现的定义比较模糊,马斯洛对它的大致定义是"对天赋、能力、潜力等的充分开拓和利用。这样的人能够实现自己的愿望,对他们力所能及的事总是尽力去完成"。自我实现的人是人类最好的范例,是马斯洛后来称为"不断发展的一小部分人"的代表。

马斯洛的研究对象都是从他的相识、朋友、在世或去世的名人和大学生中选出来的。通过案例研究,他总结出了自我实现者的主要特征:① 对生活、现实有更深邃的洞察和觉知能力;② 对自我、他人和自然的接受;③ 自发、自然、坦率;④ 以问题为中心,而非自我中心;⑤ 超然独立的特性与离群独处的需要;⑥ 心理的自由、自主性,即独立于文化与环境;⑦ 对生活的反复欣赏能力;⑧ 经常产生高峰体验;⑨ 具有社会情感;⑩ 仅与少数人建立深刻和密切的人际关系;⑪ 民主的性格结构;⑫ 具有明确的伦理观念;⑬ 富有哲理的、善意的幽默感;⑭ 具有创造性;⑮ 对文化适应的抵制。

当然,自我实现者也并非十全十美的完人,他们也会像普通人那样表现出厌烦、激动、固执己见,甚至还会有肤浅的虚荣、骄傲、乱发脾气,偶尔还会表现出令人吃惊的冷酷。

自我实现是一个长期的过程,如何达到这种理想的生活状态?马斯洛提出了自我实现的途径:① 充分地、活跃地、忘我地体验生活,全神贯注,荣辱皆忘;② 作出连续成长、前进的选择,因为自我实现不是一蹴而就的过程;③ 承认自我存在,要让自我显现出来;④ 诚实、勇于承担责任;⑤ 真正地倾听自己内心最深处的声音;⑥ 要经历勤奋的、付出精力的准备阶段;⑦ 高峰体验是自我实现的短暂时刻;⑧ 识别并解除自己的防御心理,发现自己的天性,使之不断成长。

五、马斯洛的高峰体验论

高峰体验(peak experience)是马斯洛心理学思想中的一个很独特的概念。马斯洛认为,自我实现者经常会有高峰体验。这是一种"感受到一种发至心灵深处的颤栗、欣快、满足、超然的情绪体验",通过它,个体获得的人性解放,心灵自由,照亮了他们的一生。这是一种从未体验过的兴奋与欢愉的感觉,犹如经过艰难甚至生死考量的跋涉登上山顶,站在高山之巅的那种"会当凌绝顶,一览众山小"的愉悦的、无法用语言表达的那种感觉,虽然短暂但却极其深刻。处于高峰体验的人具有最高程度的认同,最接近其真正的自我,达到了自己独一无二的人格或特质的顶点,潜能发挥到最大程度。高峰体验实际上是人在获得难以获得的成功后所产生的情感体验。

高峰体验具有如下特征:① 经常处于忘我的状态;② 具有良好的自我意识,能自我肯定、自我认可、自我价值获得;③ 纯粹的满足感,纯粹的兴高采烈或欢悦的情感体验,有乐观自信、安详和愉悦的心态。

要达到高峰体验,通常需要以下步骤:① 精神灌注,即注重过程,不去考虑成败后果及其对自己的影响;② 选择一个非常自然的地方,凝视并欣赏鱼虫花草等自然的一切;③ 感受自然的神奇力量、活力,以及能理解的或不理解的一切;④ 思考人生,我能干什么,我将来如何,但不强迫自己立即寻求答案;⑤ 自己完全融入自然之中,物我两忘,天人合一;⑥ 内省心灵,探索心灵深处的光亮,用心去遨游世界;⑦ 体验高峰,即体验这一时刻内心的宁静、畅然、平和、舒缓,由此而引发一种缓慢的喜悦、涌动和心灵振荡,听凭这样的感觉席卷而来,听凭心身轻轻的颤栗、激动和欣喜;⑧ 反省或重新审视自我,即重新思考生命的意义、价值、目的,有限与无限、现实与永恒的关系;对自我的满足,有积极心态和丰富的灵感与创造力以及充沛的精力和饱满的热情。

六、对马斯洛的简要评价

马斯洛理论的贡献主要有以下几个方面:① 以健康的人作为对象,对健康人的心理做了积极探讨,对扭转心理学研究方向有重大作用。他把人的本性与价值提到心理学研究对象的首位,为心理学走上研究人或人性的科学道路作出了历史性的贡献。② 批判了以往心理学把人动物化、非人格化和无个性化的倾向,突出人的动机系统与高级需要的重要作用,在心理学史上具有重大意义。③ 动机理论、潜能学说等既有重要的理论意义,又具有重大的实用价值,对改进或完善组织管理、教育改革和心理治疗均有重要的应用价值。④ 提出了以问题为中心的研究理念,在研究方法上兼容并蓄,整合实验客观范式与经验主观范式,突出了开放研究、整体分析和多学科式跨学科研究方法,在方法论和研究范围拓展上具有重要意义。⑤ 其人性观改变了人们对人性的看法,引发了教育、管理、政治、经济等领域的变革。

当然,马斯洛的理论也有一些不足之处,其不足之处主要表现在:① 脱离了社会现实生活和社会关系,将自我实现的人置于"乌托邦"之中;② 过分强调生物因素的作用,忽视社会环境和后天教育对人成长的影响和制约;③ 个人中心论,过分强调自我实现和自我选择,忽视了社会价值;④ 自我实现理论不具有普遍性,因为自我实现者只是社会中的极少数人;⑤ 方法不够客观,不足以说明人的精神生活的相互联系和因果关系。

第三节 罗杰斯的人本主义心理学

卡尔·罗杰斯(C. Rogers,1902—1987)是著名心理学家,人本主义心理学的创始人。20世纪50年代以来,他的影响遍及全世界,至今魅力不减。他的当事人中心疗法、以人为本的社会思想,以学生为中心的教育改革与创新,在今天仍然具有鲜明的时代精神和重大的现实意义。

一、罗杰斯生平

罗杰斯生于美国伊利诺伊州芝加哥郊区的一个有着严格的宗教和道德氛围的中产阶级家庭。1919年中学毕业后,罗杰斯考入威斯康星大学农学院,并加入了一个基督教青年会社团。1922年,他作为"世界基督教学生同盟"被选派到北京学习六个月。这一中国之行的经历扩展了他的思考,使他开始质疑一些宗教基础观念。1924年,他进入纽约联合神学院——当时著名的自由宗教研究机构。在这里,他认识了华生和日后的社会心理学家西奥多·纽科姆(Theodore Mead Newcomb)。1926年,罗杰斯转到哥伦比亚大学读临床心理学和教育心理学。在此他结识了精神分析家阿德勒与临床心理学家霍林沃斯。

图13-2 罗杰斯

1928年,他获得临床心理学硕士学位,同时受聘于纽约罗彻斯特防止虐待儿童协会儿童研究室。1931年,他通过了关于儿童人格适应的测量问题的论文,取得了哲学博士学位。

1940—1945年,罗杰斯受聘为俄亥俄州立大学心理学教授,1945—1957年,任职于芝加哥大学心理学系,创建了芝加哥大学心理咨询中心。1956年,他与斯金纳展开了一场心理学史上著名的争论。1957年,任威斯康星大学心理学教授,系统研究了以当事人为中心的心理治疗理论体系,并就精神分裂病患者的心理治疗提出了许多新观点。1962年,在斯坦福大学行为科学高级研究中心担任研究员。1964—1968年,成为加利福尼亚州西部的"人的研究中心"的常驻研究员。

罗杰斯是美国应用心理学会的创始人之一。他先后担任过美国心理卫生协会副会长(1941—1942)、美国应用心理学会主席(1944—1945)、美国临床与变态心理学分会主席(1949—1950)、美国心理学会主席(1946—1947)。1956年,美国心理学会向他和斯彭斯、苛勒颁发了首届"杰出科学贡献奖"。1972年,他又获得美国心理学会"杰出专业贡献奖"。在美国心理学史上同时获得这两项殊荣者,至今仍没有出现过第二人。根据吉尔森(1979)的一项调查,罗杰斯在"二战"后最有影响的100名心理学家中位列第4。

罗杰斯一生勤于治学，著述甚丰，出版著作16部，发表学术论文200多篇。代表作有：《问题儿童的临床治疗》(1939)、《咨询与心理治疗》(1942)、《来访者中心治疗》(1951)、《个人形成论》(1961)、《学习的自由》(1969)、《一种存在的方式》(1980)、《在80年代学习的自由》(1983)。他的著作已被翻译成十几个国家的文字，在世界各国产生了广泛的影响。

二、罗杰斯的人性观

人性观是罗杰斯人本主义理论的逻辑起点，他的教育理论、自我与人格理论、心理治疗理论等都是在此基础上建构起来的。与马斯洛一样，罗杰斯对人性持性善论。他改变了弗洛伊德的悲观主义色彩，认为人的本质是积极向前发展的、建设性的、现实的、值得信赖的。主要表现在：① 人性是积极的、乐观的、富有建设性的；② 人有追求美好生活，并向之奋斗的先天倾向或本性，若让人性自由发展的话，它总是向好的方面发展；③ 意识经验是人的认识活动的基础，人的变化过程也是由经验造成的；④ 人是理性的，能够自立，对自己负责，有正面积极的人生取向；⑤ 人是社会性的，值得信赖和合作；⑥ 人的潜能足以有效地解决生活问题。

在罗杰斯看来，人之所以性善，是因为实现倾向性，即人的内部存在的一种要向完美发展的先天性倾向性。它是一种内部动机，是个体最大限度实现各种潜能的趋向，促进个体不断地扩张、延伸、发展、成熟、奋发。它会使人成为一个自主体，有能力自主地评价自己的内外部环境，正确地了解自己，作出建设性的选择，按照这个选择去行动。即使出了问题，在实现倾向性的作用下，个体也会发现自己的问题所在以及问题的起因，找出解决问题的方法，并通过它们懂得人生的真正意义，珍惜自己与他人的资源，将自己的潜力发挥得淋漓尽致。① 实现倾向表明：① 人类本性是生长和发展；② 人性的核心是自我保存和社会性。

三、罗杰斯的自我论

自我论是罗杰斯人格理论和心理治疗理论的基础与核心。

（一）自我的概念与特点

自我是人的主观世界的一部分，是一种有结构的和谐一致的概念的完形，其中包含对主格我（主我）和宾格我（客我）的特征的知觉，对它们与现实世界各方面关系的知觉，以及对这些特征和关系的评价。概言之，自我是个体对自己和环境及其关系的知觉与评价。它是人格形成、发展和改变的基础，是人格能否正常发展的重要标志。

自我具有如下特点：

（1）属于对自己的知觉范畴。包括对自己的特点的知觉，以及与自己有关的人和事物的知觉的总和。在对自我觉察、认知时，要特别注意发现自己的独特性，即与他人不同的特点，然后促进自我独特性的发展。不要片面地模仿别人、跟随别人。对与自己有关的人和事

---

① 柳圣爱.罗杰斯与老子的人性观比较研究[J].心理学探新.2008.28(04)：14—17.

物的知觉,包括对朋友、敌人等的觉察和认识。

（2）是组织化的比较稳定的结构。虽然自我对经验具有开放性,新的经验成分会使得这种结构发生一定的变化,但是自我概念的"完形"性质则十分稳定。自我始终对经验保持开放性,是健康的自我必须具有的特征,人格健康的人应积极接纳新经验、迎接新变化。但自我的内心结构总保持稳定。当个体觉得有些观念、有些事物与其自我有冲突时,尤其是冲突比较明显、强烈时,他就会感到威胁,由此拒绝这些观念或事物,使自我保持稳定。

（3）只能表征那些关于自己的经验,而不是控制行为的主体。自我是个体在经验过程中逐渐通过自己的体验和认识而形成的,因此,它只是对经验的表征,而不是控制行为的主体。

（4）主要是有意识或可以进入意识的东西,通常能够被人所知觉。

（二）自我的形成

自我是在个体与环境相互作用的过程中形成的。它是自我经验的产物,经其引导,个体能认识自我实现的正确方向。

婴儿没有自我,其主观世界是混沌一团的,在现象场中不能区分各类事物,所有实践都混合在一简单结构中。后来,通过使用符号尤其是语言符号如主语"我"和宾语"我的"的经验,他的主观世界的一部分即部分现象场就分化为自我。现象场是个体生活的全部经验,个人自己的主观世界决定个人行为的现象的现实。所有人都生活在自己的主观世界中,从某种完整意义上讲,这一主观世界只有他们自己才知晓。人们如何观察事物,对他们来说是独一无二的现实,这种个人的现实在不同程度上依据个体的情况同物质世界相适应。自我概念形成后,能直接影响人对世界和自己行为的认知。自我概念不同,人对世界和自己的看法可能非常不同。有同样成就的人,由于自我概念不同,对自己也可能有极不相同的评价。

罗杰斯认为,自我发展是一个有机体倾向于更分化或更复杂的实现趋向的重要形式。那些被看作能增强个体自我概念的经验得到了肯定评价,而那些有损自我概念的经验得到了否定的评价。自我发展取决于机体经验与现象经验的冲突与解决。机体经验是所有的对个体的发展有作用的因素。现象经验是儿童能够意识到的经验,仅是机体经验有限的一部分。机体经验中的许多虽然意识不到,但对其发展有重要影响。现象经验与机体经验一致则健康发展;现象经验与机体经验不一致则导致冲突;冲突的解决导致良好发展,否则产生问题。

经验是一种持续发生在有机体的环境中并在任何特定的时刻都有可能意识到的东西,当潜在的经验被用符号表示时,就进入意识,成为现象场的一部分。

（三）自我的结构

罗杰斯把自我分为真实自我和理想自我(ideal self)。前者是主体的自我;后者是一个人期望实现的自我形象,即客体的自我。个体的真实自我与理想自我越是接近,就越感到幸福和满足。

（四）自我实现

罗杰斯与马斯洛一样，非常重视自我实现在人类的需要和动机体系中的核心地位。他认为自实现是人类有机体的一种核心的推动力量，是整个有机体的功能。这种基本动机来源于一切人都具有的天赋需要，但在自我形成后，它具有了自我的有意识的特征。罗杰斯相信人有发展自己潜能的动机，这种思想表现出他对人性和人类未来的乐观主义思想，但却渗透着个人本位主义精神。

自我实现者具有如下特征：经验的开放；存在主义的生活方式；信任自己；自由感；创造力；与他人高度协调，乐意给他人以无条件关怀；体验到无条件自尊。

四、罗杰斯的心理治疗观

罗杰斯对心理学的最大贡献在于他的心理治疗理论以及临床实践。他对人的探索就是从心理治疗开始的，进而推广到教育、婚姻、企业乃至国际关系等领域，影响广泛，意义深远。

罗杰斯的心理治疗方法原称"非指导性疗法（nondirected therapy）"，后改为"来访者中心治疗（client-centered therapy）"，最后改为"个人中心疗法（person-centered therapy）"。不管怎么改，其核心都是强调被治疗者自身的作用。治疗师能做的就是为当事人提供一种安全、真诚、理解、共情的关系和氛围，在这种关系和氛围中促进当事人的变化。人格变化的主要责任在于当事人，而不是治疗师。罗杰斯的治疗思想着眼于当事人当下的经验，即"此时此地"，而非像精神分析那样关注当事人"过去"的历史和经验。这样当事人就可以充分而开放地体验，投身到一个生存过程中去，这是一个积极的、建设性的、现实的、可信赖的过程。罗杰斯把他的这种治疗观视为一种人生哲学。

（一）治疗目标

罗杰斯的心理治疗的目标主要有二：人格成长目标和解决问题目标。前者是通过治疗促进整个人格变化或发展、完善；后者是特定的心理问题得以解决，改变自我结构，以开放的态度对待情绪经验。不管是哪个目标，最终都是要填平自我概念与自我经验之间的鸿沟，即解决二者之间的冲突或失调。

（二）治疗关系

个人中心治疗必须具备三个必要的态度性条件，才能形成一种不具威胁性和防御性、一种开放的治疗关系，才能使当事人愿意暴露并重新评价自己的主观体验和经验世界。

1. 无条件的积极关注（unconditional positive regard）

无条件的积极关注就是对当事人完全的接纳、不评判、不指导，由衷的信任和正面的期望。这是心理治疗的根本立足点。治疗师越是让当事人体验到一种温暖、积极、接纳的态度,成长和变化就越有可能发生。

2. 准确地共情

通情或移情,就是设身处地地站在对方的角度去想、体会,即设身处地地理解来访者,以当事人的立场体会其经验或体验,相信他们有成长的潜力和自我导向的能力。"若换成我,我处在这种场合的话,也会这样。"为了尽可能具体而有效地反馈或"映照"当事人的经验,治疗师要尽可能密切地领会并忠实于当事人的经验参照框架,避免主观的评价和任何一种理论的解释,更不要提供预先规定的行为处方。治疗师在价值开放和丰富描述的层面上,关注当事人的叙事性陈述及情感活动,帮助当事人呈现、澄清并进一步探索自己的体验。这种"积极地倾听"的确可以有力地促成准确地共情。

3. 真诚透明

真诚透明是指不戴面具,就是呈现自己本身的真实感受,学习做一个真实透明的人。与其说治疗师在进行"治疗"的操作,不如说治疗师愿意成为真实的、透明的、去掉面具的人的这种意愿,它才是治疗过程取得进展并发挥影响力的真相。

罗杰斯的个人中心疗法与传统方法的不同之处在于:第一,打破了以往疾病诊断的界限,不做疾病诊断和鉴别;第二,强调治疗关系和氛围,而不太重视治疗技术技巧;第三,治疗师不以专家、权威自居,而是以平等的态度对待来访者。罗杰斯批评精神分析和行为主义的心理矫正治疗观点常常把自己的价值观判断强加给病人,阻碍患者发挥自己的潜力。

(三)治疗过程

治疗过程包括如下环节:① 来访者主动求助;② 治疗者说明情况;③ 鼓励来访者自由表达情感;④ 接受、认识、澄清来访者的消极情感;⑤ 促进来访者成长;⑥ 接受来访者的积极情感;⑦ 来访者开始接受真实的自我;⑧ 帮助来访者做出决定;⑨ 疗效产生;⑩ 扩大疗效;⑪ 来访者全面成长;⑫ 结束治疗。

五、罗杰斯的人本主义教育观

罗杰斯将以人为中心的思想反映到了教育教学理论中,确立了"以学生为中心"的教育观点。《学习的自由》(1969)一书是他的教育思想的主要体现。

(一)学习是自我发现、自我拥有的学习

教育的宗旨应该是促进学生的变化和成长,培养能够适应变化和成长的人,即培养学会学习的人,培养有着健康、健全的人格和心灵的人。因此,"教人"比"教书"更重要。在教学中,教师的任务在于创造一种能够促进有意义学习得以发生的课堂气氛。通过教育环境气氛的不断改善,调动学生的积极性,促进学生自己的潜能、提高自主学习的能力。

(二)最关键的是培养学生良好的态度、品质及人格

教师不是斯金纳所说的"教学机器",不是一个缺乏个性的课程标准的化身,也不是一根

用以把知识从一代传递到下一代而自身却不生产的输送管道。学生不是动物或机器,不是"更大一点的白鼠""较慢的计算机",更不是自私、反社会的动物。教师的责任是为学生提供学习、成长、发现、创造的资源,以便学生能够利用这些资源来学习,从而能够迎接生活中真正的考验。

罗杰斯认为,教育要取得良好效果,应具备三个基本条件:① 要把学生当作一个能自我尊重、自我激励的人;② 教师要尊重学生,在感情和思想上与学生产生共鸣;③ 要建立良好的师生关系,确立以自由为基础的学习原则。在他看来,良好的师生关系对教育来说非常重要。要建立良好的师生关系,教师应做到:① 全面了解学生,对学生关心备至;② 尊重学生的人格;③ 与学生建立良好的、真诚的人际关系,信任学生,并同时感受到被学生信任;④ 从学生的角度出发,设计教学活动和教学内容;⑤ 善于使学生陈述自己的价值观和态度;⑥ 善于采取灵活多样的教学方法,对学生进行区别对待。

六、对罗杰斯人本主义心理学的评价

(一)罗杰斯人本主义心理学思想的主要贡献

1. 开辟了心理治疗的新方法

罗杰斯的心理治疗理论是继弗洛伊德之后影响最大的理论。这一理论与弗洛伊德精神分析的最大不同在于对人的本质持积极、乐观的看法,提倡调动人的主动性和创造性。

2. 发展了心理学的人格理论

强调人格中自我的作用,重视健康人格的培养,对西方自我心理学产生了重要影响。

3. 推动了传统教育的改革

罗杰斯的教育思想主张把尊重人、理解人、相信人提到教育的首位,突出了学生学习主体的地位与作用。他提倡学会适应变化和学会学习的思想;倡导内在学习与意义的理论;建立民主平等的师生关系;创造最佳的教学心理氛围等,这些都促进了当代西方教育改革运动的发展。

(二)学界对罗杰斯的批评

罗杰斯的整个理论体系都是建立在存在主义哲学和现象学的方法论之上的,在一定程度上影响了理论的科学水平。也有人怀疑治疗师"真正的"共情以及当事人"自我实现"的理想目标在社会文化因素的影响下是否具有现实可能性。还有人认为过于强调个人的主观体验和自我潜能会强化我们这个时代的自私自利。

第四节 罗洛·梅的存在心理学

一、罗洛·梅的生平

罗洛·梅(R. May,1909—1994),人本主义心理学的主要领导者,美国存在心理学的创始人,生于美国俄亥俄州。1930年,罗洛·梅毕业于欧柏林学院,获文学学士学位。1930—1933年,参加了精神分析家阿德勒在维也纳举办的暑期研讨班,受其影响,罗洛·梅开始把兴趣转向了心理学。1933—1936年,在美国密歇根大学任心理咨询员。不久进入纽约联合神学院,1938年获得神学学士学位。在此期间,他受到侨居美国的德国存在主义哲学家蒂利希的影响,开始对克尔凯郭尔、海德格尔和萨特等存在主义哲学产生了浓厚的兴趣,并逐渐把存在主义作为自己心理学的理论基础。

20世纪40年代初,罗洛·梅开始学习和研究精神分析,深受沙利文和弗洛姆的影响。后进入哥伦比亚大学研究院攻读博士学位,并于1949年完成博士论文《焦虑的意义》,成为哥伦比亚大学首位临床心理学博士。1952年,在纽约怀特学院担任研究员。1958年,当选为怀特学院院长。曾在哈佛大学、耶鲁大学、普林斯顿大学、纽约大学、哥伦比亚大学等著名高校执教。历任纽约心理学会会长、美国心理治疗与咨询联合会主席、美国精神分析学会会长等职。1971年获美国临床心理学科学与专业卓越贡献奖;1987年获美国心理学会颁发的终生贡献金质奖章。

罗洛·梅一生著述甚多,共出版20余部专著,发表120多篇论文。其中《存在:心理学与精神病学中的一种新维度》(1958)被誉为存在主义心理学的标志性著作;《爱与意志》(1965)一书在美国曾获"爱默生奖",曾被译成20多种文字在世界各地出版。另外的一些代表作有:《咨询的艺术》(1934)、《焦虑的意义》(1950)、《人寻求自我》(1953)、《存在心理治疗》(1967)、《心理学与人类困境》(1967)、《存在心理学》(1994)等。

二、罗洛·梅的存在心理学观点

(一)人的存在

罗洛·梅深受存在主义哲学的影响,他的所有思想几乎都是围绕着"人的存在"这一概念基础而展开的。罗洛·梅指出,人的存在是一个统一的有一定结构的整体,既是物质的,也是精神的,是一个动力过程。一个人的存在,只有他自己才能充分体验到。个人的存在是他自己选择的结果,任何逃避选择的行为都不利于其自我的存在。

罗洛·梅主张,心理治疗的主要目的和核心过程是帮助病人认识和体验他自己的存在。心理治疗的任务不只是给病人贴标签或开药方,而是要进入病人的内心世界,理解并阐明个体存在的结构和意义,增强病人的自我存在意识,帮助他寻找失落的"存在感"。存在感是人对自身存在的经验,它是人生的目标、支柱,是赋予人自我尊严的基础。

(二)人存在的三种方式

罗洛·梅认为,人的世界是一个"开放的世界",每个人都存在于世界中,并希望成为自主而独特的存在体。他提出了人生存于世的三种存在方式:

1. 人与环境的关系方式

即周围世界,指人与周围环境所建立的存在关系。周围世界是一个"自然的世界",除了外部物理环境之外,个人生理的内在环境,如生理需求、本能、驱力等,也属于这种世界的存在内容。人类对"被抛入的世界"没有任何选择的余地。人必须学会适应这个世界。

2. 自我与他人的关系方式

即人际世界,指人与人建立起的存在关系,既包括个体与个体之间的关系,也包括个体与群体之间的相互影响,其建立的关键基础在于意义结构的存在。人际世界是一种属于人的、双向的、互动的意义结构。人不仅仅是适应这个世界,更要能够与别人建立创造性的关系,能够进行社会整合。

3. 人与自我的关系方式

即人的内心世界或内在自我世界,是人类独有的一种自我意识世界,以自我归属和自我意识为前提。这是一种只有人才具有的体验,这种体验不但是主观的、内在的,而且是我们清楚地观察世界并与之建立密切联系的基础。如果没有自我世界,人际关系世界就会变得平淡和缺乏活力。

罗洛·梅指出,这三个世界的存在方式相互依存、互为条件,过分关注于其中的某一存在方式,则会使人的存在受到严重破坏,妨碍人们对自我的真实面目的理解,而且有可能造成人格障碍,导致心理疾病的出现。

(三)存在感

"存在感"就是人对自身存在的体验,它可以整合人的各种经验,从而把人的存在联结为一体。罗洛·梅认为,存在感与自我意识密切相关,与人的身心相整合。心理治疗的目标就是通过对存在感的解释,让病人自己体验这种强烈的存在感,从而深化自我意识,努力发现自己的内在力量,从而学会有效地控制自己的生活,成为一个身心整合、自然完整的人。

三、罗洛·梅的人格理论

罗洛·梅在长期的心理治疗实践中发现,许多人的心理疾病都和人格有关,为此他一直关注对人格的研究,他认为健康的人格应该具有七大基本要素或基本特征。

(一)自我核心

自我核心即个体在本质上是一个与众不同的独特存在。人的存在需要保持自我核心,从而将自我与他人和环境区别开来。接受自我的独特性是心理健康的首要条件。

(二)自我肯定

自我肯定指个体保持其自我核心的勇气,因而也称"成为自我的勇气"。在罗洛·梅看来,人只有不断鼓励自己、鞭策自己,其自我核心和独立感才会趋于成熟。他认为自我肯定的勇气主要包括身体勇气、道德勇气、社会勇气和创造勇气四种类型:① 身体勇气是指来自与生理有关的体格的力量,属于最低层次和容易被人发现的勇气;② 道德勇气是与人类的同情心、正义感密切相关的勇气;③ 社会勇气表现在人际关系交往上的勇气,是社会冷漠的反面；④ 创造勇气是指创造行为、能发展出一种新模式、新象征的勇气,是最难实行的勇气。

(三) 参与

所有存在的人都具有从自我核心出发,参与到他人之中的需要与可能性。因为人生活在社会之中,就必然与其他存在体或人发生关系,必然会参与到其他群体中去;而且在与他人相互联系的过程中,相互影响并与他人分享存在世界的经验。

(四) 觉知

觉知是一种对感觉、愿望、身体需要和欲望的体验,包含着对人的具体存在的更直接体验。觉知是人和动物共有的能力,然而在人身上可以转变为焦虑和自我意识。觉知是比自我意识更直接的经验,自我意识必须通过觉知的直接经验才能逐渐形成。

(五) 自我意识

自我意识是觉知表现在人类身上的一种独特形式,是人领悟自我的一种独特能力。自我意识与觉知的区别在于:觉知是直接的、具体的体验,而自我意识则是间接的、抽象的认知功能。自我意识使人能超越直接具体的世界,超越自我,而生活在"可能的"世界之中,它是心理自由的基础;它使人能凭借语言和象征符号与人沟通,使人拥有抽象的观念如时间和历史观念,从而利用过去的经验来发展自己、规划自己,进入人类独有的境界。

(六) 焦虑

焦虑是指人的存在面临威胁时所产生的一种痛苦的情绪体验。人在与存在世界的联系中,必然会遇到各种矛盾、冲突,会不断地面临选择,并为自己选择的结果承担责任。同时,人的生命是有限的,衰老、疾病、死亡是人类不可避免的自然归宿,因此,焦虑的产生是必然的。

(七) 关心

关心是人类表示同情、关注和专注于他人他事的能力的基础,是爱与意志的共同根源。如果一个人对自己的存在表示关心,他就会发现存在的价值和意义;反之,一个人如果没有这种关心,他的存在就会因此而崩溃。

四、罗洛·梅的焦虑理论

(一) 焦虑的概念、意义与根源

焦虑是罗洛·梅的核心概念,焦虑理论在存在心理学中占据重要的地位。焦虑是人的存在的最根本价值受到威胁,自身安全受到威胁时而引起的担忧或基本反应。其形成和发展受文化因素影响。它具有积极意义:是人的价值观的基本表现形式,研究它可以发现人的存在感和价值观,有益于心身健康的保持。

焦虑的根源主要有二：① 价值观的丧失,包括以往的价值观失效;理性与非理性的分离;价值感与尊严感的丧失;性与爱混淆。② 空虚与孤独。

(二) 焦虑的种类

焦虑可分为正常焦虑和神经症焦虑。

正常焦虑是与威胁相均衡的一种反应,是人成长的一部分。人的成长过程必然伴随着对原有意义结构的挑战,向更大的可能性开放,向未知领域探索,这些都会产生焦虑。若他可以正确的理解挑战和变化中所包含的意义,能够合理地调动自身的力量来应对这种挑战,使价值观在相对稳定的情况下逐渐向更全面的方向发展,这便是正常焦虑,它是人走向成熟的动力。

神经症焦虑是对客观威胁作出的不适当的反应,往往有心理压抑和其他形式的内部心理冲突,并受各种活动和意识障碍的控制,是不能合理的应对挑战和变化的结果。如果个体采取遵从他人的意见,放弃自由和成长的可能性的方式应对焦虑,那焦虑就会转变为神经质焦虑。其结果是问题没有解决,依然会困扰个体。比如强迫症,个体表现出病态的无效的行为,这些症状实际是保护脆弱的自我免受焦虑。

(三) 应对焦虑的方式

应对焦虑的方式有积极和消极两种。前者是正常或健康的应对方式,是积极的或建设性的解除焦虑的方式,指人们深信自己赖以存在的基本价值,不墨守成规地避免焦虑问题,而是勇敢地面对;后者是采用压抑、禁忌、逃避的方式,企图通过缩小自己的意识范围来消除内心的矛盾冲突,这在神经症病人身上表现得最为明显。

积极应对焦虑的方法主要有：提高自尊自我胜任感;将整个自我投身于训练和发展技能上;在极端的情境中,相信领导者能够胜任;最后通过个人的宗教信仰来发展自身,直面存在的困境。

五、对罗洛·梅存在心理学的评价

第一,罗洛·梅在欧洲存在主义的基础上,结合他自己的人生体验和心理治疗实践,创建了美国的存在心理学,并使之成为人本主义心理学的一个重要组成部分。

第二,罗洛·梅从存在主义的本体论出发,探讨了人的存在感、自我意识、价值观、社会整合、自由选择等人格观念,阐述了构成人格的主要特征。他关注人生存于世界的三种方式,突出了自我意识在促进人格发展中的作用,这对于促进现代人格心理学的研究和发展有着重要的意义。

第三,罗洛·梅在美国首创了存在心理学的治疗理论,他的心理治疗观点强调心理治疗的理解性原则、在场性原则、体验性原则和信奉性原则,重视在心理治疗中从对人的关系世界的认识出发来理解病人的存在,这种观点在一定程度上推动了心理治疗实践的进步,丰富了心理学对人类本性的了解。

罗洛·梅的存在心理学理论的局限性在于：他的理论中有许多概念和命题直接源于存在哲学，因此，其理论看起来更多是属于哲学而不是心理学的。另外在术语和观点的表述上，也由于缺乏清晰性和明确性而给后人的把握和理解带来了一定的难度。

 拓展阅读 13-1

存 在 主 义

存在主义心理学对精神分析持批判态度，认为其过分关注人的童年经验；它也否定行为主义的机械决定论，因为行为主义把过去置于未来之上以作为行为的首要决定因素。存在主义心理学家强调一切行为决定的即时性。作为一个人生活中"变化"之流的"当下"对行为的决定性是最重要的。这种当下性以现象经验为基础，人总是通过这种经验"获得"生活并赋予生活以意义。那些偏爱存在主义的著名哲学家或心理学家，如克尔凯郭尔、尼采、伯格森和胡塞尔等，也同样喜欢把人看成是生活在个人现象经验之中，以独一无二的方式把意义赋予"本体"现实之上。既然如此，人就应该而且也有能力为自己的生活承担现实责任。

第五节　超个人心理学

超个人心理学（transpersonal psychology）是关于个人及其超越的心理学。它作为一种自觉的运动，兴起于20世纪60年末的美国，是在人本主义心理学的基础上发展和分化出来的新派别，它超越了人本主义，以个人的自我实现为目标的狭隘认识，以研究人类心灵与潜能为终极目标，因此，超个人心理学也被称为心理学的"第四势力"。这一新取向的形成、发展与其临床实践密不可分，不仅众多超个人心理学大师同时身兼治疗师角色，而且大量概念体系也直接导源于实际治疗过程。超个人心理学的目的是：开发潜能，通晓真理，了解自我，超越自我，回归心灵，乐于助人，得到超越性体验，甚至指明人类心灵的前进之路。

一、超个人心理学的产生

超个人心理学是现代科学和古代智慧、西方理性主义和东方神秘主义相结合的产物，它在思想源头上融合了西方文化传统和东方精神传统。詹姆斯、荣格等都是超个人思潮的先行者。"超个人"一词最早可以追溯到詹姆斯，他于20世纪初期讨论过超个人的心理现象问题。荣格在1917年发表的一篇论文《无意识结构》中，把"集体无意识"看作是一种超个人的无意识活动。当代超个人心理学的主要创建者和代表人物有马斯洛、苏蒂奇（Anthony J. Sutich）、格罗夫（S. Grof）、维尔伯（K. Wilber）、塔特（C. Tart）等人。

超个人心理学的兴起,与美国当时的文化价值取向以及生活方式的变迁有着紧密的联系。在西方极端个人中心的社会文化背景的影响下,人们在自我过分张扬、各种欲望获得表面的极大满足的同时,也出现了更深层的价值失落与精神迷惘。这种现象反映在心理学发展过程中,便是二战之后作为"第三势力"兴起的人本主义心理学的历史遭遇。人本主义心理学将人的意识经验作为研究的重点,本来方向上没有什么错误,但因或多或少地囿于主体自我的存在观的局限,因而会比较轻易地被歪曲为自我崇拜、自我中心的西方个人主义享乐主义的辩护者。人本主义运动的倡导者马斯洛、苏蒂奇等人就是因为感受到这种人性观的局限性,转而举起超个人心理学的大旗,致力于探索一种更为广阔而开放的价值观和研究范式。他们认为心理学不能只关注个体的自我及其自我实现问题,而需要将自我与个人以外的世界和意义紧密联系起来。

马斯洛是最早从人本主义过渡到超个人心理学的学者,他在需要层次理论中曾提出了超个人的动机概念,其自我实现学说也强调,人的高级的自我实现带有更多的超越特征,或个人的超越性动机。苏蒂奇在1968第1期的《人本主义心理学杂志》上宣布:"心理学中的第四势力,即超个人心理学正在形成。"第二年苏蒂奇等人创办了《超个人心理学杂志》(1969)。1971年,成立了"美国超个人心理学会(ATP)"。1972年,在冰岛召开了第一次超个人心理学国际学术会议。1973年格罗夫发起成立了"国际超个人学会(ITA)"。1978年召开的第四届国际超个人心理学会议的代表多达1300余人,与会者除了心理学家以外,还有来自物理学、生理学、哲学、宗教学、经济学和文化人类学等领域的专家。美国于1975年建立了加利福尼亚超个人心理学研究院,1986年更名为超个人心理学研究院,获得硕士、博士学位独立授予权。欧洲超个人心理学会也于1987年建立,先后在法国、比利时、意大利和英国等国召开过八次国际性学术会议。日本在1996年召开了首届超个人心理学会议。我国台湾地区早在20世纪70年代就有学者开始研究超个人心理学。超个人心理学之所以能够兴起,是因为根基于人本主义,它受到了佛学理论(禅修),中国传统哲学思想、道家思想、气功,古印度的梵、瑜伽等哲学思想和冥想,苏菲密教、巫术等影响,其许多理论都是源自于这些思想。

二、超个人心理学的基本主张

关于超个人心理学的概念,拉乔依(Lajoie)等人对目前西方流行的40多个相关的定义进行了分析总结,在此基础上他们将超个人心理学概括为:"超个人心理学是关于人性的最高潜能的研究,它承认理解和实现人的精神合一的意识以及意识的超越状态。"

超个人心理学把人本主义心理学作为自己研究的基础和理论出发点。但是,人本主义心理学是以现实性的个体和自我实现为研究对象,以人性为中心,重视探讨现实水平的心理健康和意识状态的人;超个人心理学则以超越性的精神为出发点,以宇宙为中心,倡导超越人类和人性,注重研究人类心灵与潜能的终极本源、终极价值和终极实现,追求超越时空限制的心理健康和人生幸福,而不像人本主义心理学那样一般地研究人的本性、潜能、价值和自我实现问题。在超个人心理学家看来,人本主义心理学还不能满足人的超越水平的自我实现和意识状态的需要,只有在更高的超越性和更广阔的范围上,才能补充和发展新的心理学研究力量。超个人心理学的基本主张集中表现在以下几个方面:

(一) 在人性问题上,强调人的本性主要是精神性

人是身、心、灵的统一体,其中精神性层面处于统帅地位,为意识自我提供支撑性框架。人对精神的寻求应该成为生命的中心,因此,心理健康的定义必须包括精神的维度,只有这样才能形成对人性的完整的理解。超个人心理学的重要代表塔特指出,所谓"超个人的"也就是"精神的"。因此,强调精神训练的重要性,提升精神成长和人的意识品质,便成为超个人心理学研究的一大核心内容。

(二) 在研究对象上,超个人心理学十分重视意识状态、超越性经验、最高潜能和终极价值问题

这些问题曾被西方主流心理学轻视,但对个体的发展又是十分重要的。超个人心理学将人视为一种"身、心、魂、神"的整体,并试图从"生物—心理—社会—精神"这四个层面建立起一种广泛的医学模式,即具有统摄性的一种人性理论或意识模型。

(三) 在研究方法上,提倡开放性的多学科、多元化研究原则

超个人体验具有生理、心理、社会和精神的属性,只要有助于解决超个人心理问题,实证定量的方法、质的定性研究、客观的测量数据、主观的自我报告等,都可以被心理学研究所采用。心理学的研究不仅要吸收自然科学的研究方法,而且特别要借鉴人文科学和社会科学的研究方法,只要有助于解释人的精神现象、意识经验,有助于超个人的心理治疗减轻人的痛苦,包括宗教学、人类学、文艺学等学科在内的社会人文科学的研究方法,也都可以在超个人心理学的研究领域发挥作用。同时,超个人心理学倡导跨文化的方法,特别重视东方传统哲学和宗教。他们认为,像印度教、佛教、伊斯兰教和中国古代道教的人性理论和践行策略等思想资源,都具有增进对人性的理解、提升人的精神品质、解决各种病痛等方面的知识和智慧。

(四) 在研究任务方面,他们重视对不同的心理学理论体系的整合

超个人心理学重视科学实证与理性思维的整合;内省观察、现象学分析和动力心理学的整合;东方智慧与西方超个人研究的整合。超个人心理学认为,通过这几种方式的整合可以增强心理学知识领域的重要性和有效性。

三、超个人心理学的主要理论及应用

(一) 意识理论

超个人心理学研究的理论核心是意识论。超个人心理学认为,人们日常的意识状态通常属于低层次的意识水平,许多高级的意识状态远远没有得到研究;人类的意识是多维的,

将意识的这些维度中的任何一个排除于心理学之外都会导致意识理论的贫乏,所以应当全面重视对人的各种意识状态的研究。

维尔伯(Kenneth Earl Wilber,1949—)于1977年提出了著名的意识谱理论(spectrum of consciousness),把人的意识划分为心灵层、存在层、自我层和阴影层4个层次,这些不同水平的意识共同构成了一个意识谱。心灵层是人的最内在的意识,即与宇宙认同的意识状态,是人存在的本真状态,是一种天人合一的境界,因而又称为宇宙意识层或最高本体层;存在层即人将自己的心身机体看作是自我,而机体之外的其他事物都是非我;自我层是指人对自我意象的认同,而把生理躯体从自我中排除出去;阴影层是意识范围最狭小的层次,人只认同于自我意识的某些部分。

维尔伯认为,意识各层面之间的关系不是阶梯式的,而是类似于连续的光谱谱系并可以创造性地综合。各个层次之间可以在一定条件下发生转换。他指出,只有这种包含身体、心理和精神(body-mind-spirit)的架构,才能全面地认识我们人类自己的精神、意识世界。

(二) 超个人心理治疗

超个人心理治疗的根本目的是扩展超自我的意识状态,实现完满人性。它尊重一切精神成长之路。它以人的高层意识状态为关注焦点,以来访者的不同存在层面为中心展开;强调绕过现实"自我"的障碍,经由意识的变异状态而直达领悟的彼岸;以身体作为进达澄明境界的切入点;注重治疗过程中的精神指引性,表达出了对来访者本有超越性潜能的信任。

超个人心理治疗不是直接解决问题,而是通过意识状态的改变使问题自然得到解决。他们主张通过改变人的意识状态来拓展人的心灵生活空间,提升人的精神境界。他们帮助患者把较低级层面的康复与成长置于精神生活的体系中,激发人的内在能量和意识极限,在超个人的体验中解决个人心理问题,促进自然康复,从而真正成长为一个自我超越的人。

在心理治疗实践过程中,超个人心理学家特别注重三个方面的问题:一是建立良好的心理环境,帮助病人消除意识障碍,扩大自己的意识状态;二是注重对超个人心理内容的体验和探索,要求心理治疗者帮助患者通过对超个人经验和体验的探索内容来解决各种心理冲突与意识危机问题;三是强调要针对"认同、去认同和自我超越"这三个不同阶段,开展相应的实施过程,使患者最终达到人性与宇宙、自然、世间万物合一的"无我"境界。

意识训练是一种超个人心理治疗的技术,其目的是寻求改变意识状态、达到自我超越境界。他们总结出来的意识训练(training of consciousness)的方法很多,其中,参照印度瑜伽并结合西方现代科学中的行为改变和生物反馈技术研究出的一种简便易行的意识状态改变的方法,就是超觉静坐即超觉沉思(transcendental meditation,简称TM)方法,主要包括三个步骤:第一步是调整姿势,基本姿势是静坐;第二步为调整呼吸,即开始是自然呼吸,逐渐练深呼吸,闭目养神;第三步为默念真言,即默念具有真理性的名言警句,控制感觉,内视自己,最终达到集中沉思、意识豁然开朗的状态。

另外,致幻剂的使用也是超个人心理治疗的一种方式。致幻剂是一类常被超个人心理学家用来进行心理治疗的化学药物,它们能够引发意识的转换状态和超个人的体验。但由于服用致幻剂会导致一些不良后果,如上瘾、伤害健康等,因此争议很大。目前,致幻剂的使用受到了法律的限制。

四、对超个人心理学的简要评价

第一,超个人心理学进一步拓展了心理学的研究领域。超个人心理学关注人的健康完善和超越自我的意识状态,这是西方主流心理学长期忽视的领域。在方法论上,超个人心理学家紧密结合现代物理学、生物学等自然科学的研究成果,探讨了东方智慧与西方科学之间的共通相容之处,比较深入地研究并发现了许多超自我现象存在的合理根据,将超越自我的意识作为一种最高级价值的社会意识,体现出了丰富的方法论蕴涵。在认识论上,超个人心理学提出要超越人类意识的极限,发掘人的意识潜能价值,为我们进一步深入认识及解决人类意识的有限与无限、超越与适应之间的矛盾差异问题,提供了一种新的心理学范式,具有一定的认识论意义。

第二,促进东西方文化的融合。超个人心理学家主动吸收东方文化传统和心理学思想的精华,学习东方精神包容的人性观和超越个人意识经验的方法。以东方文化传统中的"无我""大我"理念来超越西方人的"本我"和"小我"的意识状态,从而开辟了东西方文化与价值观交流的新途径,促进了东西方文化的相互理解与沟通。

第三,超个人心理学促进了心理学的实践应用。超个人心理学发展了超个人心理治疗和意识沉思训练的技术方法,并把它们广泛应用于心理治疗、学校课堂教学和行为管理等领域,不仅扩大了超个人心理学的影响,同时也反映出了自身的社会意义和应用价值。

不过,超个人心理学理论具有神秘主义色彩,它的许多观点和主题似乎晦涩深奥,让人难以理解和接受,在超个人心理学的意识理论中也存在着明显的意识决定论、意识万能论倾向,因此,它所面临的深刻的理论危机与发展困境是十分严峻的。

第六节 人本主义心理学的历史地位

人本主义心理学作为当代西方心理学的一个重要趋向,学术界对它的看法存有争论和分歧。因此,有必要对人本主义心理学作出恰当的评价,以利于正确理解和认识其积极意义和局限性。

一、人本主义心理学的贡献

首先,人本主义心理学把人的本性与价值提到心理学研究对象的首要地位,认为心理学研究应该贴近人的心理特点,探讨与人类生活息息相关的心理问题,开拓了心理学研究人类诸多高级精神生活的新领域。它对人类需要及潜能问题进行了深层的发掘和理论概括。这是人本主义的一个突出贡献。它促使每一个试图考察人类意识、心理现象的科学家,都不得不对人类的需要问题进行深刻的反思,并对人类的需要问题进行深入讨论。

其次,人本主义心理学促进了心理学的学科建设。人本主义心理学继承了早期实验心理学的传统、伏尔泰的人文科学心理学思想和格式塔心理学的整体论传统,把人的意识经验作为一个整体来研究其特征和功能,特别是对人的高级意识经验的系统发掘,拓展了心理学的学科研究对象范围,促进了人的意识问题在高级阶段上的复归,代表着心理学的发展和进步。

再次,人本主义心理学在方法论上的积极意义是,它反对以方法为中心,强调以问题为中心来选择方法。人本主义心理学坚持以问题为中心、整体化的综合研究范式及方法论体系。为了深入研究人的高级心理意识经验,人本主义心理学者发展出了许多新的研究技术方法和手段,像马斯洛的整体分析方法、罗杰斯的 Q 方法、罗洛·梅的存在主义心理分析方法、弗兰克尔的意义治疗学方法等;同时还创立了研究健康人格和自我实现状态的归纳实验方法和治疗方法,试图探索建立起一种新的、符合人的意识和行为研究的科学观——"人的科学",从而为进一步研究人的心理世界提供了许多丰富翔实的材料。

最后,人本主义心理学理论在组织管理、教育改革和心理治疗等领域均有重要的应用价值。在组织管理学上,马斯洛的需要动机理论不仅为行为科学、管理心理学奠定了重要的理论基础,而且为西方管理科学提供了一个新的理论支柱。在教育领域,罗杰斯的教育思想引发了以人为本、以学生为中心教育思潮的兴起,促进了西方当代教育改革运动的发展,成为二战以来最有影响的三大教育学说之一。在心理治疗和咨询方面,人本主义心理观作为当代西方心理治疗的三大流派之一,它既反对自然主义的生物医学模式,也反对行为主义和精神分析的医学观点,为当代生物—心理—社会这一新的治疗模式提供了一个人本主义心理学的理论框架和治疗方法,从而使人本主义心理治疗在临床心理学领域中占有了重要地位。

二、人本主义心理学的局限

(一)具有人性论和生物本能决定论倾向

人本主义心理学的理论出发点总体上仍然没有摆脱西方传统的人性论和本能论的历史局限,因而使得其许多重要理论缺乏清晰的理论基础。马斯洛等人的人本主义心理学思想,较之于传统哲学、伦理学和宗教的思辨推理和道德说教,的确能给我们提供许多具体的资料,但由于缺乏深刻的理论基础,不仅难以经受得住社会实践的检验和批判,而且也经不起科学理性的反思和论证。同时,在人的需要问题的理解上,人本主义心理学以"潜能"或"似本能"的观点看待人的需要,脱离了社会环境和满足人的需要的手段而抽象地谈论人的需要、动机问题,这在理论前提和方法上与真正理解人的经验方面存在着明显的不一致。因为人的需要不只是本能的、抽象的东西,而是包含着人们的实际生活中存在的多种社会需要。离开社会环境和人们的生活条件研究人的高级需要的满足和自我实现,就会失去现实意义。

(二)个人潜能价值决定论倾向

人本主义心理学虽没有否认社会环境对人的自我实现、自我超越的影响作用,但许多人本主义心理学家所理解的社会多指"抽象的社会",或者是指"富人的社会"。马斯洛等人所讲的健康人格、自我实现,也多是指在富裕条件下成为人们的关心的内容。一旦社会经济条件恶化,自我实现以及个人超越也就失了社会基础。因此,需要是同满足需要的手段一同发展的。人的高级心理需要、人格等必须确立在真实的价值来源的基础上才有意义,离开了社会客观限度约束的主观超越性,所谓人的自我实现、主观超越性以及个人的自我完善途径,则可能会走向意识决定论和个人决定论。因为个人的自我实现与社会发展是相辅相成的。个体的自我实现必须依靠各种客观社会条件的支持并通过社会才能显现出来;而社会的发展也离不开个人的积极努力。如果把自我实现和社会发展抽象地对立起来,其结果必然只会给两者的发展都带来损害。

(三) 神秘主义倾向

人本主义心理学没有摆脱使用传统哲学方法的色彩,他们所提出的一些内省的生物学、解释学方法以及量化的方法,难以为多数人接受。这在超个人心理学中更是走向极端。由于浓烈的神秘主义色彩,加上现象学研究方法的模糊性,因而使得不少主流心理学家认为人本主义心理学不过是一种哲学研究而已。这说明人本主义心理学的研究范式由于科学含量不高,因此,在一定程度上影响了其应有的学术地位。

本章小结

1. 人本主义心理学运动20世纪50年代兴起于美国,20世纪60—70年代得到了迅速发展。人本主义心理学被定义成与行为主义和精神分析并驾齐驱的"第三势力",成为现代西方心理学中的一种主流范式和革新运动。罗洛·梅、马斯洛、罗杰斯是这一运动公认的领袖人物。

2. 人本主义心理学的出现是当时美国时代精神发展的一种需求,也是20世纪60年代的美国文化和政治局面动荡不安而产生的一个结果。人们需要探索人的"心理生活新方式"、发掘人自身的价值潜能,人本主义心理学迎合了这种需要。

3. 人本主义心理学一方面以克尔凯郭尔等的存在哲学为其基本观点的理论源头,另一方面则以西方现代哲学中胡塞尔的现象学为方法论基础。

4. 各种心理学理论,如构造主义、机能主义、行为主义、精神分析等,无法解释人的潜能和价值,人本主义心理学以人格心理学和格式塔心理学为出发点,力图探索人类的终极价值及其实现。

5. 人本主义心理学的五项原则:(1) 主观意识经验是基本的资料来源;(2) 整体的和综合的人性观;(3) 人是自主而自由的;(4) 避免用还原主义;(5) 人的经验丰富不可穷尽。

6. 马斯洛认为,一个完善的动机理论必须包含以下基本设想:个人是一个统一的、有组织的整体;个人的绝大多数欲望和冲动是互相关联的。

7. 马斯洛所讲的自我实现主要是指个人自我完善的途径。他认为,高峰体验既是自我实现者重要的人格特征,又是达到自我实现的一条重要途径。

8. 罗杰斯认为人性的核心从本质上说是积极的，是可以信赖的，而且是发展变化的。人的认识活动的基础是意识经验，自我和人格是从经验中显现出来的，是在个体与环境相互作用的过程中形成的。人有一种自我实现的潜能，这是罗杰斯理论的核心概念。

9. 罗杰斯的"以人为中心的治疗"是人本主义心理治疗的重要内容，也是罗杰斯对心理学的一个最突出的贡献。该疗法旨在促进和协助来访者依靠自己的能力解决问题。

10. 罗杰斯提出了"以学生为中心"的教育观点。他主张把尊重人、理解人、相信人提到教育的首位，突出了学生学习主体的地位与作用。他提倡学会适应变化和学会学习的思想；倡导内在学习与意义的理论；建立民主平等的师生关系；创造最佳的教学心理氛围等，这些都促进了当代西方教育改革运动的发展。

11. 罗洛·梅受存在主义哲学的影响，围绕着"人的存在"这一概念，创立了存在心理学。他主张，心理治疗的主要目的和核心过程是帮助病人认识和体验他自己的存在。

12. 超个人心理学，被称为心理学的"第四势力"。它是关于个人及其超越的心理学，兴起于20世纪60年代末的美国，是人本主义心理学的新派别。它超越了个人的自我实现，以研究人类心灵与潜能为终极目标。由于带有不同程度的宗教神秘色彩，超个人心理学目前尚没有被主流心理学所接纳。

复习与思考

一、名词解释

1. 马斯洛的自我实现 2. 马斯洛的高峰体验 3. 罗杰斯的存在性认知 4. 罗杰斯的自我 5. 罗杰斯的真实自我 6. 罗杰斯的理想自我 7. 罗杰斯的自我实现 8. 罗杰斯的通情或移情 9. 罗杰斯的无条件关怀 10. 罗杰斯的意义学习 11. 罗洛·梅的存在与存在感 12. 罗洛·梅的自我核心 13. 罗洛·梅的自我肯定 14. 罗洛·梅的焦虑 15. 罗洛·梅的人格 16. 罗洛·梅的自我意识 17. 超个人心理学

二、问答题

1. 罗洛·梅关于人的存在的三种方式是什么？
2. 简述超个人心理学的基本主张。

三、论述题

1. 论述现象学和存在主义对人本主义心理学的影响。
2. 人本主义心理学在基本主张上与自然科学的心理学以及精神分析的区别有哪些？
3. 论述马斯洛的需要层次理论。
4. 论述罗杰斯个人中心疗法的基本内容。
5. 如何评价人本主义心理学？

第十四章 中国心理学史

📖 本章导读

本章需要回答的几个关键问题：一是中国心理学史包括两个阶段，即科学心理学诞生之前的古代心理学思想与近现代科学心理学；二是中国古代心理学思想的逻辑构架及特色；三是近代时期中国科学心理学的产生与发展状态。本章第一节讨论了中国古代心理学思想的两个组成部分：普通心理学思想与应用心理学思想。第二节则讨论了中国近代心理学的启蒙与发端、科学主义心理学在中国的发展及作为古代心理学思想承接与发展的中国人文主义心理学的状况。通过本章的学习，我们应该了解，科学心理学在中国诞生为时较晚，但取得了巨大发展，同时也通过人文主义研究保持了中国心理学自身的特色。

📍 学习目标

1. 掌握中国心理学发展的两个阶段。
2. 了解中国心理学的两大分类。
3. 掌握中国心理学的特色主要体现在应用层面的原因。
4. 了解中国古代心理学思想未转变为心理科学的原因。
5. 概要了解将西方心理学早期思想传入中国的代表人物及其著作。
6. 了解中国近代心理学的科学主义与人文主义路线的划分。

如果关于西方心理学历史状况最精当的描述当数艾宾浩斯之经典名言"心理学有漫长的过去，但只有短暂的历史"，那么中国心理学史的发展状态似乎也可套用此言，但尚须稍加修正——中国心理学的过去更为漫长，而其历史则更为短暂。有着上下五千年悠久历史的中国传统文化包罗万象，博大精深，但却没有科学意义上的学科分类，不只是诸多自然科学（如数学、化学等），甚至连哲学、美学等人文学科，也均是在近代中国西学东渐时逐渐形成与确立的。正是在这一时代背景下，以1917年北京大学建立的中国第一个心理学实验室为标志，中国科学心理学才正式诞生。

第一节 中国古代心理学思想

有人类和人类社会，就有人的心理及其活动；有了人的心理活动，就有探索其奥秘的知识体系。因此，中国作为世界文化的重要组成，不可能不涉及对人类心理与精神活动之本质与规律的探寻。中国传统文化中必然有心理学研究，只是这种研究思路与体系，不同于西方文化所孕育出的量化、实证的科学心理学。我们看到贯穿始终的、作为中国传统文化主体部分的心性问题，正是中国式心理学的独特言语表达。当然，为了使中国传统心性理论呈现出心理学本色，就必须进行转译，即使用现代心理学的术语及逻辑框架重新予以诠释，重新整理与挖掘古代的心理学思想，并使之系统化、理论化，这也是中国传统心理学研究的基本思路。中国古代心理学思想大致分为两个部分：一是普通心理学思想，二是应用心理学思想。以下依照现代心理学体系，结合中国古代心理学思想的固有思路，从知虑、情欲、智能、性习四大范畴对普通心理学思想加以叙述。

一、普通心理学思想

（一）知虑论

1. 知虑的定义

知虑心理思想是我国古代关于认识过程两阶段的基本观点。知指感知觉，属感性认识阶段；虑指思维，属理性认识阶段。知是虑的基础，虑是知的深化，两者是紧密联系的。我国古代思想家对这两个阶段作了较明确的解释。第一，感性认识阶段。知是一种感性认识，如"知，接也"，①知是对外物接触后的反映；又如"知：知也者，以其知过物而能貌之，若见"，②知是感觉器官接触外物后，就能反映该物的外貌，比如眼睛看东西。第二，理性认识阶段。虑作为知的升华，则为理性认识，如"虑，求也"，③即虑是对事物的思考与探求。令今人佩服的是，诸葛亮和范缜还对知与虑的关系作了精辟的解释。诸葛亮说："思虑之政，谓思近虑远也——思者，正谋也；虑者，思事之计也。"④他将人的思维分为两个层次：近者为思，正谋为思；远者为虑，思计为虑。虑是比思更深的思考过程。第三，在知虑的器官方面，耳、目是"知"的器官，"心"是"虑"的器官。知虑器官是知虑心理产生的生理基础。这对现代心理学仍有重要的指导意义。

2. 知虑的分类

关于知虑的分类，张载的观点最具特色。这主要表现在他把统一的"知"明确地一分为二，即所谓见闻之知和德性之知。张载说："人谓己有知，由耳目有受也；人之有受，由内外之合也。知合内外于耳目之外，则其知也过人远矣。"⑤"大其心则能体天下之物，物有未体，则心为有外。世人之心，止于闻见之狭。圣人尽性，不以见闻梏其心，其视天下无一物非我，孟子谓尽心则知性知天以此。天大无外，故有外之心不足以合天心。见闻之知，乃物交而知，非德性所知，德性所知，不萌（开始）于见闻。"⑥在这里，前一段话中讲的"内外之合"的知，"合内外于耳目之外"的知，分别相当于后一段话中讲的"见闻之知"，"德性之知"。可见，

---

① 《墨子·经上》。
② 《墨子·经说上》。
③ 同①注。
④ 《诸葛亮集·便宜十六策·思虑·第十五》。
⑤ 《张载集·正蒙·大心篇》。
⑥ 同⑤注。

"见闻之知"是由于耳目与外物相交所生,合内外于耳目之内,它指感知过程而言,相当于今天讲的感性认识;"德性之知"与耳目无关,合内外于耳目之外,尽管把它说得很神秘,实指思维过程,与今天讲的理性认识大体相符。

关于见闻之知,张载认为:第一,它不限于直接感知,还包含有表象在内。张载说:"若以闻见为心,则止是感得所闻见,亦有不闻不见自然静生感者,亦缘自昔闻见,无有勿事空感者。"其"不闻不见自然静生感者"①之语,看来很神秘,实质上指表象、想象。"缘自昔闻见",意即过去闻见事物的象可以重现出来,也就是现代心理学上讲的"记忆表象";"无有勿事空感者",意即归根结底,脱离闻见而凭空得到感知是不可能的。总的说来,张载认为,"见闻之知"的来源有二:一是直接对外物感知的结果,二是对过去经历过的事物感知的结果。第二,见闻之知是必要的、有用的,但也有一定的局限性。"见闻之知"是一种被动的认知,其目的是使主观客观化,这就会局限心的知觉能力,从而导致"梏心""累心",让人无法体悟万物,也无法达到天人一体的境界。故而张载说:"闻见不足以尽物,然又须要它。耳目不得则是木石,要他便合得内外之道,若不闻不见又何验?"②

由于张载看到了见闻之知的局限性,故而又提出了"德性之知"。在张载看来,"诚明所知乃天德良知,非闻见小知而已"。③ 这里的德性之知,实质上是以理性为基础的超经验知识。我们可以这样去理解:其一,德性之知不依靠于感知,而主要依靠道德修养。"穷神知化、与天为一,岂有我所能勉哉? 乃德盛而自致尔。"④也就是说,进行道德的修养就可以自然获得德性之知。其二,德性之知的目的和作用在于尽心、穷理、尽物,以补见闻之知的不足。由于认识对象的广大无垠和个人见闻的局限性,见闻之知需要其他的认识过程的补充。张载对知的划分体现了古人深邃的智慧和卓见。

张载主张"气一元论",认为"性者万物之一源,非有我之得私也",⑤即人与万事万物都是由天所创造,都拥有天性。但是由于"气"不同,天性在人和物上的表现不同。在此基础上来理解"'自明诚',由穷理而尽性也;'自诚明',由尽性而穷理也",⑥便可理解"诚明所知"。当一个人穷尽一切物理后,便可以明白一切的"性",这是"明诚";而一个人已经明白一切的"性";即知晓万物之性与人之性相同,都是天之性,他便可理解一切的事物和道理,这是"诚明"。"诚明所知"就是"天德良知",即"德性之知",也就是一个人体悟到了自己和万事万物一样后,其人性与天性完全吻合后到达的"天人合一"的境界。后程朱理学和陆王心学从不同的角度承继了"德性之知",并提出了实现途径。程朱理学强调向外的格物致知,是不断积累对具体外物之理的认识,以最终认识万物之理、体悟天人合一。而陆王心学认为"心即理",主张通过静坐,克己践行等工夫来发明本心。

在理解了宋明理学思想下的"德性之知"的内涵后,可以发现"德性之知"并不只是理性

---

① 《张载集·语录上》。
② 同①注。
③ 《张载集·正蒙·诚明篇》。
④ 《张载集·正蒙·神化篇》。
⑤ 同③注。
⑥ 同③注。

认识或者思维,而是特定的思想体系内的一种特殊认知,是认知方式和认知结果的有机结合。它的实现是一个体悟的过程,其中更注重心灵的体验和感受,这与宗教心理机制是相似的。程朱理学中格物致知的过程虽然与归纳法相近,但个体总结和积累的不是客观的经验,而是预设存在的"理",这实质上是通过不断的信息灌输,强化"天理"的信念,从而产生天人合一的认知错觉。心学家推崇的静坐工夫与宗教就具有更多的相似之处了。总的来说,形成"德性之知",都是要认识到万物一理,这具有整体认知的特点。

除此之外,张载对感知的种类划分也颇具特色。张载说:"形也,声也,臭也,味也,温凉也,动静也,六者莫不有五行之别,同异之变,皆帝则之必察者欤?"早在先秦时期,中国古代学者就提出了视(目)、听(耳)、嗅(鼻)、味(舌)、触(形体)等五种感觉,其后历代学者也多继承这一观点,对感知觉的种类既无增加,也不减少。张载却在继承前人的基础上,提出了温凉、动静两种感觉。分别相当于现代心理学讲的温度觉、平衡觉,这就使得中国古人在这一领域的认识更加全面深刻了。

现代心理学认为知觉即人脑对直接作用于感觉器官的客观事物的各个部分和属性的整体的反映。知觉是在感觉基础上产生的,是对感觉信息整合后的反映。这个概念更多的是从生理的角度进行思考。但张载明确地将知分为见闻之知和德性之知,除了包涵现代心理学提出的感知觉,还有为达尽心、穷理的德性之知,这就需要人的道德修养。也就是说,要充分发挥心的功能,利用自己的道德修养,完全把握天下万事万物发展变化的规律。此外,中国古代心理学中十分突出的一点就是学者们认为人认识外物是为了认识自我本心或天性,认知是指向内部的,在认识过程中事物同人一样都具有相同的"天性",(人)对万物的认识带有明显的道德判断和情感色彩。而现代认知心理学的研究注重个体与外界的交互,关注个人如何加工外界客观事物以及如何做出反应,从而推断客观的认知加工过程,在这个过程中人同事物一样,是被客观看待的。

(二)情欲论

1. 情欲的定义

情欲心理思想的涵义是多方面的,主要指情感、情绪和欲望、欲求。关于情感的实质问题,我国古代提出的是情性说。这一学说企图从情与性的关系出发,来揭示情感的实质。例如,荀子提出的"情者性之质"的命题,认为人的情感是人性本质的表现,便是一个富有开创性的实例。《礼记·乐记》提出的性静情动说,认为情与性在本质上是一回事;从静态看是性,从动态看便是情,从静态的性"感于物而动",这动态的性便是情。

2. 情欲的分类

对于情欲的分类,以《管子》一书的论述最具代表性。《管子》把人们的欲求分为两大类:一类是生理欲求,一类是社会欲求,并认为前者是后者的基础,后者是前者发展的必然结果。如说:"仓廪实则知礼节,衣食足则知荣辱。""仓廪实""衣食足"是生理需求,"知礼节""知荣辱"是社会需求。书中还将人的欲求细分为四种"政之所兴,在顺民心;政之所废,在逆民心。民恶忧劳,我佚乐之;民恶贫贱,我富贵之;民恶危坠,我存安之;民恶灭绝,我生育之。能佚乐之,则民为之忧劳;能富贵之,则民为之贫贱;能存安之,则民为之危坠;能生育之,则民为之灭绝——故从其四欲,则远者自亲;行其四恶,则近者叛之"。这里明确指出了人的"佚乐""富贵""存安""生育"四种欲求,并且它们之间还有一种层序的关系。即生育欲求(与灭绝相对),是种族繁衍的需要;存安欲求(与危坠相对),是个体安全的需要;富贵欲求(与贫贱相对),是物质享受的需求;佚乐欲求(与忧劳相对),是精神享受的需要。两两相对的欲恶关系,还能够相互转化,这里含有辩证思想,即使与现代心理学的需要理论相比,它也不失为一种精辟的见解。

3. 对待情欲的态度

在我国古代,关于怎样对待欲的观点,柳宗元主张节欲,反对纵欲。他提出了一个颇有训诫意义的命题:"纵欲不戒,匪愚伊耄。"意思是说,放纵自己的欲望而不加戒除、节制,那不是愚蠢就是昏聩。柳宗元写的《李赤传》就体现了他的这种思想。根据传记的描写来看,李赤因放纵欲望而未能得到满足,以致产生了病态心理。他在记述事实后感慨地说:"今世皆知笑赤之惑也",但是,"及至是非取与向背决不为赤者,几何人耶?"他语重心长地告诫人们说:"反修而身,无以欲利好恶迁其神而不返,则幸耳。"古往今来,名与利的欲望常常像两把尖刀把人搅得"匪愚伊耄",如果一味放纵而不加节制,甚至会招来杀身灭家之祸。这种实例是不胜枚举的。柳宗元从其政治革新思想出发,对这种追名逐利的欲望进行了无情的鞭笞。这在他写的众多篇章里都表现得非常明白。他曾以寓言的形式对当时急功近利、追求名位、贪得无厌以致落得个惹祸上身的可悲结局的人作了辛辣的讽刺。在《憎王孙文》等篇章中,柳宗元也告诫人们:不要像王孙(猴类小者)那样"内以争群,排斗善类","私己不分";不要像"永之氓"那样"腰千钱",重而不去而终至淹死;不要像海贾那样"生为贪夫"而玩负自己的生命。我们认为,柳宗元的这种节制名利欲望的思想,即使在今天,仍然有一定的现实意义。

对于如何把握好情与欲,王安石给出了较满意的答案。他主张"去情却欲以尽天下之性"。我们怎样理解他的去情却欲说呢? 王安石的去情却欲说,并不是要求人们去掉一切情欲,掩耳不听,阖目不见,闭口不言,止躬不动,而是要求人们的视、听、言、动以及喜、怒、哀、乐、好、恶、欲等所谓"七情",都能自觉地循礼而行,日积月累,逐渐做到非礼之声听而不闻,非礼之色视而不见,非礼之言不出于口,非礼之动不扰其身。这样可以修养身心、保持自我、协调自我与社会的关系。王安石的去情却欲说是以其情有善恶论为基础的。这就是说,他的所谓去情却欲,只是去掉那些动而不当于理的恶情,而保持那些动而当于理的善情。

图 14-1 王安石

他认为,人都是有性有情的,君子与小人的区别,不在于一个有性无情,一个有情无性,而在于"君子养性之善,故情亦善;小人养性之恶,故情亦恶"①。怎样才能做到去情却欲呢? 王安石的回答是靠礼与乐。他认为"礼者,天下之中经;乐者,天下之中

---

① 《王安石文集·性情》。

和",所以礼与乐可以"养人之神,正人气而归正性"。① 他把乐礼看得同衣食一样重要:"衣食所以养人之形气,礼乐所以养人之情也。"② 他主张,礼与乐要简而易,切不可奢侈靡费,这样才能达到"养神""尽性"的目的。

> **拓展阅读 14-1**
>
> ### 乞丐和欲望③
>
> 据说,曹操做魏王的时候,在他的封地有一个乞丐,总是遭到市民们的鄙视和欺负。乞丐感到很委屈,他问:"天底下有的是乞丐,甚至连魏王也是。可是,你们为什么那么尊敬魏王,却这样瞧不起我呢?"
>
> 市民们冷笑道:"你凭什么说魏王是一个乞丐呢?如果你能够证明给大家看,我们也可以像尊敬魏王一样尊敬你。"
>
> 他决定要设法找到魏王,做一个证明。然而,魏王是那样的高高在上,而他却是一个身份卑贱的乞丐,地位相差如此悬殊,怎么能够接近魏王呢?每当他试图接近魏王时,魏王的随从们就会把他痛打一顿,然后把他赶走。
>
> 功夫不负苦心人啊,他终于找到了一个机会。他发现魏王每天傍晚都会来到王宫附近的僻静小道上散步,于是,他就躲在那里等待魏王。他看见魏王远远地离开了他的随从们,沿着小道独自走来,似乎在苦苦思索着什么。他等待着时机,突然出现在魏王面前。
>
> 魏王被吓了一大跳。"你要干什么?"他惊恐万状地问道。
>
> "我不想干什么。"乞丐说,"我只想讨一点钱。"
>
> 原来只是想讨一点钱啊。魏王舒了一口气,然后问:"你需要多少?"
>
> 乞丐说:"我只有一只破碗,你要能够装满它就行。"
>
> 魏王笑了起来,说:"好吧,我答应你。"他唤来了仆人,命令他们去拿一些钱来。奇怪的事情发生了,当这些钱倒入乞丐的破碗时,仅仅只停留了几秒钟,钱就消失得无影无踪。
>
> 怎么会发生这样的事情呢?魏王感到非常诧异。他吩咐仆人们搬来更多的钱,但那些钱每一次都只能在乞丐的破碗中停留几秒钟,然后消失得无影无踪。最后,所有的钱都搬来了,所有的钱都在乞丐的破碗中消失得无影无踪。魏王被惊骇得出了一身冷汗,扑通一声跪倒在乞丐面前,请求乞丐放过他。
>
> 现在,轮到乞丐冷笑了,他解释说:"这只破碗是一个填不满的穷坑,它的名字叫做

---

① 《王安石文集·礼乐论》。
② 同①注。
③ 成君忆. 管理三国志[M]. 北京:新华出版社,2007:184—186.

> 欲望。因为这个欲望,你我其实都是乞丐。"
>
> 　　高高在上的魏王,居然被一个乞丐引以为同类。原来,乞丐也有三六九等之分,下等的乞丐要饭,中等的乞丐要钱,上等的乞丐要权。虽然占有的财富和社会地位不一样,但欲望的状态却是如此惊人地相似。

(三) 智能论

1. 智能的定义

　　我国古代是智能相对独立论占主导地位的,即认为智力与能力是相对独立的两个概念,二者既有联系,又有区别,同时还可结合在一起,称为智能。人的智力与能力是在先天潜能的基础上通过后天的努力而发展起来的。正如荀子所说:"知有所合谓之智","能有所合谓之能。"①这里的"知"与前一个"能"均指与生俱来的潜能。历代思想家、教育家几乎都肯定,只有学习方能使人们的智能获得发展与提高。如说:"力学近乎知";②"文王智而好问,故圣";"惟学可以增益其不足而进于智";③"才须学也,非学无以广才";④"无学不学则无所不能"。总之,人们必须努力学习,发展智能,以便把自己培养成为"智能之士""有用之才"。正如古人所说:"智能之士,不学不成";⑤"夫学,所以成材也"。⑥ 荀子之后,历代也有不少思想家如王充等都持这种智能相对独立论,是一种富有中国特色的智能观。

　　综观现代心理学,在智能关系问题上,见仁见智,仍在争论,但归纳起来主要有两种观点:一种是西方的观点,主张智力包含能力,智力是个大概念,能力是智力的组成部分;一种是苏联的观点,主张能力包含智力,智力是能力的一个方面。我国古代的智能相对独立论可以称为中国的观点,主张智力与能力是两个相对独立的概念。

　　王夫之在《周易外传·系辞上传》第一章里说:"夫能有迹,知无迹,故知可诡,能不可诡。"这里不但将智与能分开,而且看到两者的显著区别:第一,一个人的智力如何,是无法直接观察的,因为它存在于头脑中,并未与实践活动直接相联系,所以使得人们难以对其精确评估;能力则不同,它与实践活动直接相联系,是在实践活动中表现出来的,便于人们直接评估。除此之外,中国先哲们也看到了两者的密切联系:智与能互为基础、互为条件。如王夫之在上述相同的章节中就谈到:"知无迹,能者知之迹也。废其能,则知非其知,而知亦废。"这表明能是知的基础或条件,一个人的智是通过实践能力表现出来的,不发挥其实践能力,认识能力(智力)也必将废弃。智是能的基础和条件,一个人要参加实践活动,必须先通过智获得客观规律。所以智与能是互为基础,密联系的。第二,智与能在密切联系的基础

---

① 《荀子·正名篇》。
② 《礼记·中庸》。
③ 戴震《孟子字义疏证》。
④ 诸葛亮《诫子书》。
⑤ 王充《论衡·实知篇》。
⑥ 刘劭《人物志》。

上,还互相合作、共同促进。还是在上述章节中,王夫之说"知能同功而成德业。先知而后能,先能而后知",并且在《读四书大全说·中庸注》第十二章里又说"知能相因,不知则亦不能矣"。王夫之提出的"知能同功"和"知能相因"是相互联系的。意为智与能互为原因,所以智与能必须同功并用,方能取得功效,掌握规律。两者是相互转化、共同提高的关系。这样,先哲将两者结合起来,真正完整地讲明了智与能既相互独立,又彼此联系的关系,较之现代心理学中用能力吃掉智力或用智力吃掉能力的观点更有可取之处。

我国古代的许多思想家、教育家都肯定人生来即具有一定的甚至是优秀的潜能。如由孟子开创的性善论,即道德潜能,表示人们有接受社会道德规范的可能性;孟子所说的良知良能,即智能潜能,表示人们具有接受知识技能、发展智力能力的前提条件。并认为这种潜能应当尽可能予以开发。用孟子的话说,就是要向内求取、扩而充之。同时,也要求人们自觉接受环境教育的影响,通过外铄而使潜能得到开发。

我国古代思想家、教育家将人的本质比作玉石、金属这一点,也生动地说明了他们对开发潜能的肯定与重视。如《礼记·学记》开宗明义便写道:"玉不琢,不成器;人不学,不知道。"说明人同玉一样美好。但玉要经过琢磨才能把美好的本质显示出来,成为优美的器皿;人也一样,要通过学习才能将优秀的潜能开发出来,成为"知道"(懂得规律)的人才。这个道理,西汉扬雄说得更加明确:"或曰:学无益也,如质何?曰:未之思矣。夫有刀者砻诸,有玉者错诸。不错,焉攸用?而错诸,质在其中矣;否则辍。"①有人认为,学习是没有什么益处的,因为它无法改变人的本质。扬雄则指出,人同刀或玉一样,有潜在的美好本质,只有经过磨砺、雕琢,才能使其本质显现出来,否则就会湮没无闻。正因为古代思想家、教育家深信人们具有优秀的潜能并可以得到开发,所以就对每个人的发展都充满着无限的信心与乐观的精神——"人皆可以为尧舜"。

不论在中国文化还是西方文化下,都对智慧推崇备至。虽然在两个文化中,智慧的内涵不同,但整体上都认可"德才兼备方是智慧"的观点(陈浩彬,汪凤炎,2013)。汪凤炎与郑红二位学者在继承中国传统智慧观的基础上融入西方智慧心理学,提出了智慧的德才兼备理论,该理论阐述了智慧的定义、结构、类型以及影响智慧生成与发展的因素。

在智慧的德才兼备理论中,将"智慧"定义为个体在其智力与知识的基础上,经由经验与练习习得的一种德才兼备的综合心理素质,个人只有拥有了这种心理素质才能在其良心的引导下或善良动机的激发下,及时运用其聪明才智去正确认知和理解所面临的复杂问题,进而采用正确、新颖(常常能给人灵活与巧妙的印象)、且最好能合乎伦理道德规范的手段或方法来高效率地解决问题,并保证其行动结果既不损害他人的正当权益,还能长久地增进他人或自己与他人的福祉。因此,良好品德与聪明才智的有机统一才是智慧的本质,而创造性和道德性是智慧的两大特性。

总体上来说,智慧包括德与才两个板块。其中才智主要由正常乃至高水平的智力、足

---

① 扬雄《法言》。

够用的实用知识和良好的思维方式三个部分构成;而德善可以从动机、效果和手段三个维度进行划分。最初,根据智慧里包含才能的性质不同,把智慧分为道德智慧(简称"德慧")和自然智慧(简称"物慧")。"德慧"是个体在解决复杂人生问题时展现出来的智慧,也被称为"人慧";"物慧"则是在解决复杂自然科学与技术问题中展现出来的智慧;后又根据智慧中包含的创造是真创造还是类创造,把智慧分为"真智慧"和"类智慧";两者都是具有新颖性和社会价值成果的智慧,但前者是针对全人类而言,后者是针对个体自身而言。

2. 智能的发展

对智与能的发展,王夫之既看到了影响智力的先天因素与后天因素,又看到两者之间的关系。就是说,他一方面肯定"目力""耳力""心思"是自然禀赋,具有一定的先天因素;另一方面,他又承认人的这些自然禀赋,必须通过后天的努力,在实践活动中才能发挥出来,并获得发展与提高。用其话说就是"天与之目力,必竭而后明焉;天与之耳力,必竭而后聪焉"。①

图14-2 王夫之

这一个"天"字、一个"竭"字,明确道出了智力的先天因素与后天因素的关系:"天"(先天因素)是智力发展的基础,"竭"(后天因素)是智力发展的条件。王夫之的这种竭天论思想,提出人的能力由可能到现实的转化,对于发展智力是颇有指导意义的。同时,王夫之认为,智力是随着个体年龄的增长而增长的。"天地之生,人为贵……物之始生也,形之发知,皆疾于人,而其终也钝。人则具体而储其用,形之发知,视物而不疾也多矣,而其既也敏。"②意思是说,以人同物相比,物的"形之发知"较快,但最终变得迟钝起来;而人的"形之发知"则较慢,并随着年龄的增长而增长,从孩提至成年,人的智力和见识是与日俱增的。之所以会如此,在他看来,是因为世界处于不断的运动变化之中,人的智力与见识也日新月异,不断发展,智力与一个人后天的阅历即知识经验密切相关。但另一方面,王夫之也不否认新陈代谢的规律,认为生理方面的退化会造成智力的衰退。他说:"神智乘血气以盛衰,则自少而壮,自壮而老,凡三变而异其恒。"③也就是说,人生有少、壮、老三个阶段,随着各个阶段的递进,人的"神志"与"血气"一样会逐渐衰退。

(四) 性习论

1. 性习定义

在中国古代众说纷纭的人性论思想中,有一种基本上是占统治地位的,即性习论。《尚

---

① 王夫之《续春秋左氏传博议》。
② 《思问录·内篇》。
③ 王夫之《读通鉴论》。

书·太甲》载,相传商代早期的伊尹告诫初继位的太甲说:"兹乃不义,性与习成。"孔子也说:"性相近也,习相远也。"①这里的"性"指生性,亦即人们先天具有的自然本性;"习"指习性,亦即人们后天获得的社会本性。这是一个具有鲜明唯物主义倾向的人性论命题。意思是人的本性中与生俱来的先天的东西是接近的、差不多的,但由于后天的习染结果,显出了很大的差别。这就意味着,人性不是一成不变的,它在环境、教育的影响下会不断发展,因此,必须重视人性教育,以便引导它向积极的方面发展。这里所说的人性教育,即如今之所说的心理教育或心理素质教育。

我国古代形形色色的人性论思想,几乎都滥觞于性近习远论。无论是墨子的性如素丝论、告子的性无善无不善论,还是孟子的性善论、荀子的性恶论,以及世硕等的有善有恶论、可善可恶论等,都是从"性相近"角度立论的。而这些人性论派别,都莫不重视甚至强调环境、教育在人性发展中的作用,又均以"习相远"为立论依据。先秦以后,历代思想家、教育家所提倡的人性论,除董仲舒、王充、韩愈等的性三品论外,也都是建立在性近习远论基础之上的。这包括扬雄的善恶混论、张载等的性二元论、王夫之立论于"性相近"的"继善成性"论与立论于"习相远"的性"日生日成"论等。

由上可见,以性近习远论为基础的人性论思想,确实是我国古人心理素质教育的理论基础。因为在古代思想家、教育家看来,心理素质教育的目的就是要培养与发展人性,而人性又是需要并可以培养与发展的。

2. 性习之性

综观古代的性习论,大抵可以从两方面来看。一为性善论,以孟子为代表。孟子认为人生来即具有恻隐、羞恶、辞让、是非四个"善端",把它们"扩而充之"便可以发展为仁、义、礼、智四种善良的道德品质。这就是性善论的基本内涵。二为性恶论,以荀子为代表。荀子认为,人的本性生来就是恶的,而那种善性则是后天人为的结果。在中国绵延几千年的历史中,性善论一直居于主导地位,因此造就了中国礼仪之邦的绝好口碑。

朱熹的性习思想是十分丰富的,为了解释评说历史上的性善论、性恶论,朱熹继承并发扬了张载将性分为"天地之性"和"气质之性"的观点,认为人性包括天地之性和气质之性。天地之性是以理而言,即现代心理学所述的社会属性;气质之性是以气而言,即我们今天所说的自然属性。荀子的性恶论、扬雄的善恶混论,都是就天地之性亦即社会属性来说的,是后天习得的。他们不懂得"善反之,则天地之性存焉",因而对人性的解释也不完全。朱熹认为,天地之性与气质

图14-3 朱熹

之性表现在人身上是相互依存,不可分割的。因此,他说:"有气质之性,无天命之性,亦做人不得;有天命之性,无气质之性,亦做人不得。"也就是说,人之为人,是自然属性和社会属性相结合的产物,缺一不可。他的见解渗透了辩证法思想,对后人启发深远。

---

① 《论语·阳货》。

除此之外,关于"什么是性"的问题,朱熹的观点也很到位。他认为,性是一切有生命的物质,如草木、鸟兽、昆虫以及人类所具备的天理,所谓"人、物之生,莫不有是性",[①]就是这个意思。朱熹还把性分为物性与人性两种,并涉及两者之差异:① 物性。朱熹认为,物物有一性,"天下无性外之物,盖有此物则有此性,无此物则无此性"。[②] 一句话,物性是物之所以生的道理、法则。② 人性。朱熹继承二程的"性即理"的思想,认为"性只是理而已",[③]性是理在人身上的体现。③ 人性与物性的异同。朱熹认为,人物之性有同有异。这一观点启示我们,在研究心理问题时,既要看到人与动物的心理联系,也要看到其心理区别;还启示我们,在看待心理问题时,既要考虑到人的心理的自然属性,更要考虑到社会属性。这两点启示都是非常珍贵的。

二、应用心理学思想

中国心理学思想与西方心理学思想在存在形态上有着很大的差异,西方学者研究心理学是从概念、理论出发,进而形成一个完整体系。而中国心理学思想的实践性很强,不停留于"概念王国",更加注重心理学思想在我们实际生活中的应用,这是中国古代心理学思想的独特之处。但这并不意味着中国古代就没有"概念""理论",恰恰相反,中国古代心理学有其自身的系统,即以古代思想家的论著形式把这些宝贵的思想承传下来,当然也闪耀着其独特性——注重其实践性和应用性。在许多古代思想家有关哲学、伦理、教育、医学、军事、文艺等方面的论著中,虽然没有明确地提到应用心理学这一概念,但却大量地阐述了教育心理学、医学心理学、社会心理学、军事心理学及文艺心理学等应用心理学方面的思想。例如:《论语》《老子》《孟子》《荀子》《吕氏春秋》《论衡》《人物志》等著作,不仅深刻地论述了普通心理学,还涉及社会心理学和教育心理学方面的思想理论;《黄帝内经》《备急千金要方》《丹溪心法》《医林改错》等医书,则更为广泛地论及了生理心理学和医学心理学思想;《孙子兵法》《孙膑兵法》《心书》等兵书则集中反映了军事心理思想;《礼记·乐记》《文心雕龙》及许多书论、画论,在文艺心理思想方面独具特色。

(一) 教育心理学思想

以礼仪之邦闻名于世的中国向来很重视教育,视"重教"为中国的优良传统。中国古代涌现出了大批教育家,为我们留下了一笔宝贵的教育心理学思想遗产。教育心理学思想一般包括学习心理思想、品德心理思想、智能心理思想、教师心理思想等四个部分,我们选择中国最有特色的学习心理思想进行论述。

"学习"一词最早见于《礼记·月令》中,其本意是小鸟效仿大鸟反复学飞,但是后来用于人,注重以某种榜样(通常是先觉之人)为楷模,强调学习者要"自觉"反思自己的不足,效法与模仿楷模,反复练习与楷模类似的行为,以使学习者自己最终能尽可能地逼近楷模。学

---

① 《孟子集注·告子上》。
② 《朱子语类·卷四》。
③ 《朱子语类·卷二十》。

习心理一般是指人类教育活动中,知识经验的获得与保持,以及行为方式改变的心理现象与规律,是教育心理学中不可缺少的一个组成部分。

1. 基本观点

我国古代思想家关于学习心理思想的基本观点,可以归结为一点——生知论与学知论的矛盾,即人的知识、智能、善良品德究竟是先天赋予的,还是后天学习获得的。凡主张人的知识、智能、善良品德是先天赋予的就是生知论;凡主张人的知识、智能、善良品德是后天学习获得的就是学知论。而就其影响来看,学知论一直处于主流地位,为中国人重视教育打下了坚实的基础,与现代心理学认为教育在人的发展中处于主导地位相吻合。

孔子的思想中,既有关于学知论的观点又有生知论的观点,但综观他一生的所作所为,他还是更为重视学知论的观点。例如,孔子在《论语·述而》中说过:"我非生而知之者,好古,敏以求之者也。"在这里孔子虽然否认自己是"生而知之者",认为自己是"学而知之者",但在他的言论中还是肯定了生知论的存在的。如他在《论语·季氏》中这样说过:"生而知之者上也,学而知之者次也;困而学之,又其次也;困而不学,民斯为下矣。"可见,他还是肯定"生而知之者"的存在的。

图 14-4 孔子

孟子是生知论的代表,他说"仁义礼智,非由外铄我也,我固有之也"。① 仁义礼智不是由外面给予我的,是我本来就具有的。他将孔子的生知思想进一步明确化与扩大化,认为人人都有"不学而能"的"良能"和"不虑而知的良知"。他在《孟子·尽心上》里说:"人之所不学而能者,其良能也;所不虑而知者,其良知也。"而荀子是学知论者的重要代表人物,他说:"学不可以已"②,学习不可以停止,不可以半途而废。因为事物是不断发展的,知识的海洋浩瀚无边,人们只有努力学习,不断学习,才有可能获得进步,取得发展。在荀子看来,人正是通过学习,才能"青出于蓝而胜于蓝",后来者居上,一代胜过一代。

2. 学习的原则与方法

学习者只有掌握了一些学习原则与方法,才能做到善学、会学。先哲就学习原则与方法进行了大量篇幅的探讨与研究,如《朱文公文集》中的《读书之要》总结出六种"读书法",我们从中概括总结出了几种主要的有关学习的原则与方法:

(1) 循序渐进。朱熹在《读书之要》中明确主张读书学习要"循序而渐进",意指学习要有系统有步骤地进行。朱熹还以《论语》和《孟子》二书为例,具体阐述了学人应当如何循序渐进地学习的道理:"以二书言之,则先《论》而后《孟》,通一书而后及一书;以一书言之,则其篇章文句首尾次第亦各有序而不乱也。"③

(2) 自求自得。这是关于学习的主动性和积极性的原则和方法。先哲认识到,通过领

---

① 《孟子·告子上》。
② 《荀子·劝学》。
③ 朱熹《朱子文集·读书之要》。

悟获得的东西可终身"受用"。正如王廷相在《慎言·潜心篇》中说道:"自得之学可以终身用之,记闻而有得者,衰则亡之矣,不出于心悟故也。故君子之学,贵于深造自养,以致其自得焉。"意思是人们只有自悟自得,才能提高效率。

(3)熟读精思。这指学习中强调记忆与思维紧密结合的原则与方法。《朱子语类》卷十说:"大抵读书先须熟读,使其言皆出于吾之口;继以精思,使其意皆出于吾之心,然后有得尔。"主张在记忆的基础上予以领会,在领会的基础上加深记忆,如此才能取得理想的效果。这与西方学习理论中联结主义过于强调记忆和认知派过于强调思维的顾此失彼的见解相比,显得颇为全面。

(4)触类旁通。这个原则和方法是在讲学习的迁移规律。一个善于学习的人必是善于将其所学知识与技能做正向迁移的人,就像古人所说,是善于默识心通、融会贯通、触类旁通的人。先哲主张要做到触类旁通就要做到:其一,以近知远,以一知万,以微知明。由荀子在《荀子·非相》中提出,他说:"故曰:以近知远,以一知万,以微知明。此之谓也。"其二,善疑。为学者若善于发现问题就容易由疑生悟,于是先哲多鼓励为学者在求学过程中要善于发现问题,不能盲从、盲信,如孟子在《尽心下》里说道:"尽信《书》,不如无《书》。"其三,好问。古人认为好问是取得学习成绩的重要途径与方法,《淮南子·主术训》说:"文王智而好问,故圣,武王勇而好问,故胜。"

拓展阅读 14-2

"吃书"与"煮书"[①]

据传,朱熹曾是庐山白鹿洞书院之主。一次,弟子见他伏案苦读,书边蜷缩得像牛肉串。有人脱口而出:"这书真是'吃'过一般。"朱熹听了满意地点点头,当下就向学生们宣讲白鹿洞书院的第一条学规,即讲究"吃"书。"吃"法有二:一是如牛,大嚼大咽,然后反刍;一是如人,细嚼慢咽,慢慢品尝。"反刍""品尝",虽是慢节奏,却能领会书中的"微言精义",将其融会贯通,熟烂于心,变成自己的知识。

无独有偶,现代女作家茹志鹃家中也挂着一帧条幅,上着"煮书"两个大字。她说:"书,光看是不行的。看个故事情节,等于囫囵吞枣。应该读,然而读还不够,进而要'煮'。'煮',是何等烂熟、透彻,不是一遍可成的。"正由于她读得认真,博闻强记,所以写出了不少脍炙人口的中、短篇小说。

这一古一今,一"吃"一"煮",说明了一个真理:读书只有循序渐进,熟读精思,不骛求虚名,不鲁莽猎奇,达到"吃"和"煮"的境地,方能写出不同凡响的佳作名篇。

[①] 王建中.大学之路:《思想道德修养》课导读[M].北京:北京航空航天大学出版社,2003:56.

（二）社会心理学思想

中国传统文化中蕴含了丰富的社会心理学思想，涉及人际关系问题、个体社会化问题、管理心理问题等。下面就独具中国特色的几种社会心理学思想加以详细论述：

1. 社会化及其理论

社会化，是个体学会以社会允许的方式行动，从一个生物个体转化成为一个社会成员的过程。中国古代思想中没有"社会化"这个名词，而是用了独具中国特色的"做人"来论述。张岱年先生曾颇有感慨地说过："中国哲人的文章与谈论，常常第一句讲宇宙，第二句讲人生。更不止此，中国思想家多认为人生的准则即宇宙之本根，宇宙之本根便是道德的标准；关于宇宙的根本原理，也即是关于人生的根本原理。所以常常一句话，既讲宇宙，亦谈人生。"

至于社会化的过程，中国古代思想家也有自己独特的见解，如"阴阳五行""习与性成""渐染"和"童心失"均表述了一个人如何由自然人转化为社会人。其中最具特色的一种观点就是"习与性成说"。"性"指的是生性，亦即先天所具有的本性；"习"指的是习性，是后天获得的社会本性。人的心理是先天生性与后天习性的"合金"。另一个重要观点就是"慎染说"。"慎染"就是小心熏染，就是要谨慎对待环境和教化对个体品行的影响。"近朱者赤，近墨者黑"就是对这一观点的形象说明。墨子在《墨子·所染》中说："染于苍则苍，染于黄则黄，所入者变，其色亦变。"这里墨子用"染"生动地阐述了环境对人的发展的重要作用。

2. 人际关系问题

人际关系是人与人之间通过交往与相互作用而形成的直接的心理关系，它是社会心理学中的核心问题。

如果说"竞争"是现代西方人际交往的一个基本手段的话，尚"和"则可以看作是中国人际交往的根本准则。中华民族自古以来就讲究以"和"为贵，以"和"为美，导致尚"和"已成为中国人的一种集体潜意识。此种思想可以从中国人所推崇的民间谚语中得到验证："二人同心，其利断金""众心成城，众口铄金""家和万事兴"等。尤其是已经成为中国人的口头禅的"天时不如地利，地利不如人和"一语，将人和视为高于天时、地利的最重要因素，可见推崇"和"的心态在中国人眼里有多重要。先秦思想家在其从政、从教、治军过程之中，就已经充分认识到"同人心""贵人和"的重要性，并且他们把团结一心看成是各项事业取得成功的保证。这种思想正好与现代社会心理学中十分重视团体或群众的凝聚力相吻合。例如《论语》中早就提到"礼之用，和为贵"，这里的"和"字有适当、调和、和谐、和睦、团结等意思。墨子也提出在人际交往中应"兼相爱，交相利"，认为天下一切祸乱皆起于不相爱。孟子同样主张以相互敬爱来实现人际交往，他说："爱人者，人恒爱之；敬人者，人恒敬之。"[①]

人际交往需要遵循一定的原则，我国古代思想家已经有了这种意识。先秦时期孔子最

---

① 《孟子·离娄下》。

早提出"己所不欲,勿施于人",①意思是自己不想做的事情,就不要加给别人,也即心理换位的交往原则。这一原则有利于帮助人们之间相互理解和体谅,易于产生心理相容和彼此的真诚团结,即使是现在社会生活中仍需遵循。"志同道合"的交往原则认为,人际交往应该有助于人的德业的成长,如朱之瑜说"朋友之道,德业相长为本,饮食燕行其末也"②。意思是说交往原则应该是以有助于道德事业的发展为根本,而以饮酒吃饭、一起玩乐为末端。这也与先秦所说的"君子之交淡如水,小人之交甘如醴"③一致,对我们现代生活也有借鉴意义。

拓展阅读 14-3

君子之交淡如水　小人之交甘如醴

唐贞观年间,薛仁贵尚未得志之前,与妻子住在一个破窑洞中,衣食无着落,全靠王茂生夫妇经常接济。后来,薛仁贵参军,在跟随唐太宗李世民御驾东征时,因平辽功劳特别大,被封为"平辽王"。一登龙门,身价百倍,前来王府送礼祝贺的文武大臣络绎不绝,可都被薛仁贵婉言谢绝了。他唯一收下的是普通老百姓王茂生送来的"美酒两坛"。一打开酒坛,负责启封的执事官吓得面如土色,因为坛中装的不是美酒而是清水!"启禀王爷,此人如此大胆戏弄王爷,请王爷重重地惩罚他!"岂料薛仁贵听了,不但没有生气,而且命令执事官取来大碗,当众饮下三大碗王茂生送来的清水。在场的文武百官不解其意,薛仁贵喝完三大碗清水之后说:"我过去落难时,全靠王兄弟夫妇经常资助,没有他们就没有我今天的荣华富贵。如今我美酒不沾,厚礼不收,却偏偏要收下王兄弟送来的清水,因为我知道王兄弟贫寒,送清水也是王兄弟的一番美意,这就叫君子之交淡如水。"此后,薛仁贵与王茂生一家关系甚密,"君子之交淡如水"的佳话也就流传了下来。

(三) 医学心理学思想

我国古代思想家有关医学心理方面的内容主要有五个方面:生理心理思想、病理心理思想、诊断心理思想、身心关系思想、治疗心理思想。最有特色的要数诊断心理思想和身心关系思想。

1. 诊断心理思想

诊断心理是要寻找致病的心理原因,这对心理治疗无疑是非常重要的。中医独特的望、闻、问、切四种诊断方法,令西方医学者望而兴叹。"四诊心法"滥觞于《黄帝内经》,清代吴谦等在《医宗金鉴·四诊心法要诀》中正式提出。所谓望诊,指医生通过视觉去观察病人的神、色、形、态等外部变化,以推断病人的病情;闻诊,指医生通过听觉去听取病人所发出的种

---

① 《论语·卫灵公》。
② 朱之瑜《舜水遗书》。
③ 《庄子·山木》。

种声音和气息在强弱、缓急、粗细、清浊等方面的变化,以推测其病情;问诊,指医生通过与病人的言语交往了解病人的发病经过、自觉症状,乃至饮食起居、生活习惯、职业状况等的一种心理诊断法;切诊,指医生通过接触觉去触摸病人的脉络、胸腹、皮肤、手足等方面,以探究疾病情况,通常采取两手寸口即掌后桡骨动脉的部位,用食指、中指、无名指轻按、重按或单按、总按,以寻求脉象。

然而在医学方面,我国更加注重养生之道,强调保健,这与西医有着本质的区别,因为西医最显著的特点就是重视治疗,轻视预防。在考虑影响身心健康的诸因素时,中国先哲多用整体思维,强调天人合一和形神合一,主张兼顾生理、心理、自然和社会四个方面的因素,从而在他们的心理保健之道中蕴含一个生理——心理——自然——社会的整体保健模式,这可以说是中国传统心理保健之道的最大贡献和最大特点。这个模式告诉我们,人的身心疾病和身心健康都是由生理、心理、自然、社会等四个方面的因素综合作用的结果。从这一观点出发,人的健康和长寿只能通过生理、心理、自然、社会四个方面的因素而获得。较之于过去的生物医学模式,它不是一种还原论的模式,而是一种多因素模式,体现了唯物主义身心一元论的观点,使得人们既要重视疾病又要重视健康,强调要以预防为主。这一模式弥补了今人忽视自然因素对个体身心健康的影响的不足,也就是说今人关于生理、心理和社会三种因素对身心健康有重要影响的思想在中国古代思想家和医家的著作中都已有论述,但自然因素(像四季的更替)对人身心健康所起的巨大影响,至今仍未引起有关人士的足够重视,而在这点上恰恰中国古人早已看到了。可见中国文化里所蕴含的生理——心理——自然——社会的整体模式的独特性、全面性与合理性。

2. 身心关系思想

由于中国思想发源时的整体性和统一性,注重现象而不注重构成的特点,古代思想家一开始就把身心两者设想成是体用合一、混沌不分的,倾向于现象地、一元地而不是视其为截然两分的论说身与心。这使它在思想的发端处就拒绝平行论,不把身和心作为两个实体并相互影响的观念,而是持一种一元的辩证的身心观。

中国最早对身心关系做出定义的是《墨经》,《墨子·经上》说:"生,刑与知处也。"这是说人的生命是形体与心智处于一个统一体中。对身心问题论述得最详尽的要数《管子》。《心术上》论述了心与身特别是与耳目等器官的关系:"心之在体,君子之位也;九窍之有职,官之分也。心处其道,九窍循理;嗜欲充盈,目不见色,耳不闻声。"这里没有把心与身作为两个实体,而是视身心为一个实体的两种要素。总的来说,中国古代思想家对身心关系大都持一种朴素的身心合一论,大都在身心合一的前提下讨论身与心的相互影响:一方面承认心以身为基础,如荀子提出的"形具而神生"①,意思是说,人的形体具备了,精神就会随之而产生;另一方面更强调心对身具有调控与统率作用,如"心居中虚,以治五官,夫是谓之天君"。②

---

① 《荀子·天论》。
② 同上注。

被奉为中医经典的《黄帝内经》也承续了心身一元论的观念。它认为心理活动是脏腑的功能,特定的心理活动均可对应到相应的脏腑。"心藏神,肺藏魄,肝藏意,肾藏志。"心"在志为喜",肝"在志为怒",脾"在志为思",肺"在志为恐"。① 《内经》认为心理的生理机制不在大脑而在心脏。"心者,五脏六腑之大主也,精神之所舍也,其脏坚固,邪弗能客也。客之则心伤,心伤则神去,神去则死矣。"②

(四) 审美心理学思想

文学艺术活动是中华文化的精髓所在,文艺典籍中所孕育的心理学思想同样构成了中国古代心理学思想中极富特色的组成部分。

中国古代审美心理学思想研究包括审美活动(如文艺创作和艺术鉴赏)中的心理机制、审美活动的具体流程,包括审美主体、审美客体,直到美感获得的全部过程。从本土文化中生长出的中国传统审美心理思想在其哲学基础、思维模式、表现形态上均与西方审美心理学有着相当的差异。限于篇幅,本书仅从审美心理静态结构和审美心理动态过程两个部分来做分析。

1. 审美心理静态结构

所谓审美心理静态结构是指审美心理活动的组成要素。它主要包括言志与缘情、虚静、体性、感物、情采、神思(感兴)等审美范畴。任何一种心理活动都有其内在的动因,审美活动也不例外,"言志与缘情"正是关于审美动机、审美需要的理论;有了动机需要,审美活动还要有其指向性,从而形成相应的审美态度,"虚静"就是对审美态度的论述;然后进入审美过程,这样就需要通过审美心理机能来完成,它包括审美感知、审美情感、审美思维、审美想象(灵感),中国传统审美心理思想通过感物、情采、神思(感兴)分别予以精彩论述;另外,不同的人格类型会在审美过程中表现出差异,这里的不同审美人格在中国传统审美心理思想中用"体性"来表示。

"言志与缘情"是中国古代学者对于审美动机、审美需要的理论。如"诗言志"是中国古代最早也是最有影响力的理论概括,所谓"诗言志,歌咏声,声依永,律和声"。③ "诗者,志之所之也,在心为志,发言为诗"。④ 这里所谈的不仅仅是诗歌,而是以诗为主的各种审美活动的泛称,因为古时诗(歌)、舞、乐本是三位一体、彼此相通的。古人认为之所以有审美活动是因为主体心里的志向要向外发抒。再如"缘情说"。《毛诗序》中说:"情动于中,而形于言,言之不足故嗟叹之,嗟叹之不足故手之舞之,足之蹈也。"生动地解释了审美活动的动力来源,其中"发愤抒情"(发愤著书的变式)是中国传统心理思想中相当重要的动力心理学命题。

2. 审美心理动态过程

所谓审美心理动态过程是指审美心理活动的运作过程。这个过程可以分为四个阶段:

---

① 《黄帝内经·素问·阴阳应象大论》。
② 《黄帝内经·灵枢·邪客》。
③ 《尚书·虞书·舜典》。
④ 《十三经注疏·本·毛诗正义》。

（1）从外师造化到澡雪精神。这是审美心理活动过程的准备阶段，即审美对象被纳入，且审美主体以一种审美态度对其进行观照。首先强调审美对象"造化"作为审美起点的重要性，但更关注审美者自身精神境界的修养，唯有"澡雪精神"才从自然造化中提炼出美。

（2）从中得心源到神与物游。这是审美心理活动过程的运行阶段。所谓"心源"是指审美者的内在心理机能，主要指审美者在情感的推动下，对杂乱无章的表象进行组合、裁剪的再创造，最终达到"神与物游"的状态。

（3）从由形入神到物我两忘。这是审美心理活动的高潮阶段，它要求的是审美者并不只着眼于审美对象的外观，而是深入其精神，从而达到审美者与审美对象之间融为一体，所谓"眼中之竹"化为"胸中之竹"，对于郑板桥而言竹子已然成为他精神人品的代言人，我即是竹，竹即是我。

（4）从拟容取心到得意忘言。这是审美心理活动的效应阶段，即将不断明确的审美意象实物化。说明"胸中之竹"是如何转化为"手中之竹"的。要求是审美者不为审美活动的载体所束缚，只要能抒解心胸，书者不论楷草，画者尽可写意。

第二节　中国近代心理学史

一、中国近代心理学的启蒙与发端

（一）中国古代心理学思想未能演变成心理科学的原因

英国人李约瑟（Dr. Joseph Needham，1900—1995）曾在其撰著的《中国科学技术史》中提出了著名的"李约瑟难题"："中国古代科技一直处于世界先进水平，为什么近现代意义上的'科学'并没有在中国产生？"中国心理学的发展也面临着这样的窘境。

在中国浩瀚的历史长河中，有着丰富的心理学思想。但遗憾的是，这些心理学思想并未能在近现代自然而然地发展成为一门独立的心理学科。主要原因在于：第一，封建礼教束缚了人体生理解剖学的发展，"身体发肤，受之父母，不敢损伤，孝之始也"，这导致古代中国并没有取得像欧洲19世纪所取得的生理心理学实验的科学成果。第二，中国传统"天人合一"的思维方式不利于心理学研究的精确化和科学化，导致中国古代的生理心理学思想和实验心理学思想的相对贫乏。而强调主客体的分离、提倡理性分析思维、机械决定论的西方"主客两分"的思维方式，则促进了心理学的独立和发展、心理学研究的精确化和科学化。第三，中国古代哲学家死守"经学"的传统，不受医学界的生理研究的启发与影响，不善于从医学研究中汲取灵感，从而使得中国古代的心性之学失去了与医学"交叉"影响的机会，从而失去了产生一门新兴学科——心理学的契机。第四，古代国人推崇"学而优则仕"的做法，不重视儒家经典之外的知识与技能的学习与钻研，使得近代物理学也未能取得像西方近代物理学那样伟大的成就，从而使得心理学又失去了诞生的另一个重要基础。

(二) 中国近代心理学的启蒙

1. 西方心理学思想的早期传入

随着新航线的发现,欧洲各国的传教士自明代中叶(公元 16 世纪)起纷纷来华传教,他们在传播教理的同时,也传播西方的科学思想,其中就包括心理学思想。

利玛窦(1552—1610)于 1595 年用中文撰写了一本介绍西方记忆方法的书——《西国记法》。这可谓西方心理学思想传入中国的最早开端。

首次用西方的"记忆术"结合中国古代的"六书"的识字特点识记中国文字、数字和诗文,该书总结了一套有效的记忆术,还利用各种联想方法来帮助记忆;艾儒略(1582—1649)1623 年以中文写成《性学觕术》一书。该书是一本问答体的心理学常识,其中的心理学思想包括感觉、知觉、表象、记忆、思维、情欲和意志,以及发育生长、睡眠、梦和死等。此外,还有毕方济(1582—1649)的《灵言蠡勺》一

图 14-5 利玛窦

书。他认为,灵魂学在哲学研究中是最有益最重要的学问,研究灵魂正是为了"认己",在书中也有关于记忆("记含")和理智("明悟")的认识等。这几本书虽带有浓厚的神学色彩,不过在剥除其神学的说教与唯心主义的思想后,也有一些心理学思想,在当时具有一定的科学价值,影响甚远。

2. 中国近代心理学思想的先驱

从 1840 年鸦片战争到 1919 年五四运动,这时中国已沦为半殖民地半封建社会,有识之士发出了"救亡图存"的口号,纷纷提出改革社会和文化教育的主张,其中涉及一些心理学思想,有的还直接引用或运用了当时外国的心理学。

(1) 龚自珍的心理学思想。

龚自珍(1792—1841),浙江杭州人。虽他的生卒不在近代,但他是我国资产阶级改良思想的先驱,我们可从这个意义上把他列为中国近代心理学的先驱。龚自珍提出了知与觉区别说,他认为"知,就事而言也;觉,就心而言也。知,有形者也;觉,无形者也。知者,人事也;觉,兼天下事言矣。知者,圣人可与凡民共之;觉,则先圣必俟后圣矣"。认识到"知"(类似今人讲的感知觉)与"觉"(类似今人讲的觉悟)之间的差异并作了区分,这是可贵的。但他认为知是圣人与凡人所共有的,觉则是圣人所独有,这种把知与觉伦理化甚至神秘化的观点则不可取。龚自珍提出了宥情说:反对把情欲视为万恶之

图 14-6 龚自珍

源而加以压抑,主张对人的情感与意欲持宽宥的态度,认为人的情感是心体外境接触后自然而然地产生的,是一种正常现象,不能人为地铲除。这一说法具有一定的积极意义,为中国传统思想束缚下的社会带来了一丝新鲜的空气。龚自珍还支持告子的人性"无善无不善"的观点,反对孟子的性善论与荀子的性恶论,认为善和恶的社会属性都是后天发展

的结果。

(2) 梁启超的心理学思想。

梁启超(1873—1929)，别号饮冰室主人，广东新会人。戊戌维新运动领袖之一。梁启超明确区别了心理学与哲学的译名："日本人译英文 Psychology 为心理学，译英文 Philosophy 为哲学。两者范围截然不同，虽我辈译名不必盲从日人，然日人之译此，实颇经意匠，适西方之语源相吻合。"他主张用心理去解释政治，"政治是国民心理的写照，无论何种形式的政治，总是国民心理积极或消极的表现"。"研究政治，最要紧的是研究国民心理，要改革政治，根本要改革国民心理。"梁启超认为变法的关键在"开民智""育人才"，他主张循序渐进地按照青少年的生理心理特点进行教育，列出了"教育期区分表"。

梁启超还是我国近代自觉地把佛学与心理学联结起来加以研究的第一人。1923 年 6 月 3 日，梁启超为中华心理学会做了《佛教心理学浅测》的演讲。在他看来，"佛家所说的叫做'法'，就是心理学"。佛教的宗旨是"教人脱离无常苦恼的生活状态，归到清静轻安的生活状态"。而为了达到这一理想境界，"虚心努力研究佛教这种高深精密的心理学，便是最妙法门"。

此外，还有王筠、魏源、谭嗣同、章炳麟、郑复光等人的心理学思想与实践，篇幅原因，在此不一一详述，他们都对我国近代心理学的发展起着承上启下的积极作用。

(三) 中国近代心理学的发端

鸦片战争以后，伴随不平等条约中的文化侵略，西方传教士开始在中国沿海和内地重要城市设立"教会学校"。一些学校开设心理学课程，这在一定程度上推动了心理学在中国的传播。其中最知名的传教士是颜永京(1839—1898)，他在其教育译著《肄业要览》(1882) 中初步引介了西方心理学的知识与体系，并独创地结合汉语创制了一些汉语心理学术语。此外，我国最早的一本汉译心理学著作也是他于 1889 年翻译的美国 J. Haven 所著的 *Mental Philosophy: Including the Intellect, Sensibilities and Will*，译名为《心灵学》。这本书从内容上来说，并不是真正意义上的科学心理学著作，但从时间顺序上来说，这是我国最早的一本哲学心理学的译著。在颜永京之后，不少国内学者也开始了对国外心理学著作的翻译工作。王国维(1877—1927) 于 1907 年翻译了《心理学概论》(*Outlines of Psychology*) 一书，张耀翔 (1940) 曾肯定该书是我国的"第一本汉译心理学书"，也是我国早期科学心理学译书中水平较高、影响较大的一本书，此外，他还翻译了美国禄克尔著的《教育心理学》一书。这两本译著中所用的术语，不少已接近现今心理学所通用的基本词汇，并沿用至今。这说明王国维对西方心理学在中国的传播作出了重大的贡献。

日本在我国传播西方"科学心理学"的过程中起着中介和桥梁作用，现在被广泛使用的心理学术语也多由日本学者利用汉字创制，再经由中国本土知识分子进行传播，最终被中国学界接受。严复就曾编制《心理学名词对照表》，这对心理学在中国的传播与发展有着重要意义。20 世纪初，国内开始"废科举、兴学堂"，效仿日本的学制，学校所用的教科书或讲义也大多译于日本。最早的一本是久保田贞所著的《心理教育学》；同时还从日本聘请了一些教员来华教学,如最早在京师大学堂师范馆教心理学的"正教习"服部宇之吉(1867—1939)。服部宇之吉在京师大学堂师范馆讲授心理学、教育学、伦理学和论理学等课程。他的《心理学讲义》是在中国教育背景下撰写的心理学著作,是中日心理学早期交流的一部重要著作。服部在这本书中阐述了心理学的研究对象、研究方法和知、情、意之作用及其理法。整体来说,《讲义》具有明显的进化论取向的倾向。在《心理学讲义》中,服部大量结合中国传统文化的内容对心理学学理进行"说明之或疏证之"。我们可以看到心理学传入中国初始,一方面是以中日文化交流为基础,另一方面则与中国传统文化紧密相连。我国最早自编的心理学著作《心理易解》,作者是留学日本的陈榥,内容也主要是参考日本心理学的内容。

此外,中国传统文化对于"心理学"一词的创制也有着重要的影响。心理学在晚清从西方传入中国时,它并不叫这个名字,"mental philosophy""psychology"更多地被翻译为性学、性理学、心灵学、心才学等。之前学界普遍认为,"心理学"一词最早于1875年出现在日本学者西周的译著《奚般式心理学》中,随后由梁启超、康有为等人传入中国,到1902年左右被中国学界普遍接受。但在近几年,有学者根据对史料的考察提出"心理学"一词其实是在中国传统文化的影响下形成的,是"出口转内销"。1872年,即西周使用"心理学"一词的三年前,中国人执权居士在《申报》上发表的《附论西教兴废来书》一文中写道:"虽彼之化学、天文、格物、心理各学亦皆有所以惩教道之假讹焉……虽格物、化学、天文、心理等事或盛行。"根据中国文言文的语法习惯,即使这里没有将"心理"与"学"连用,但确实可以翻译为心理学。此外,执权居士将心理(学)与其他三门学科并列,这种把心理学看作为一门独立学科的意识是十分超前的。执政居士作为传统文人,有浓厚的儒学底蕴,通晓理学心学,但他又深受西学的影响,因此,可以说他创造性使用的"心理"一词即是由中国传统文化孕育而成,同时又是西学东渐过程中的产物。虽然执权居士的"心理"因未被广泛传播而没有得到继承,但是中国学术界最终还是选择了由日本学者西周用汉语翻译的"心理学"一词。"心理学"的最终胜出既有内因也有外因——内因是一方面收到了中国文化传统和思维方式的影响,另一方面是为了避免将一门新兴学科等同于旧学科从而产生"新瓶装旧酒"的误会;外因是中国新学科体系在创建时深受日本和西方国家的影响。

二、中国近代心理学的展开

1919年五四运动以后,中国进入了新的历史时期。在科学和民主的倡导下,科学文化得到发展,心理学在我国也得到了进一步的重视。从心理学发展史的角度看,1920年左右到1949年近30年的时间里,是中国近代心理学创建和发展的时期。

在这期间,有五件大事标志着中国现代心理学的创建:① 中国新文化运动的开创者和领导者,同时也是中国现代心理学的先驱和倡导者、扶植者——蔡元培于1917年支持陈大齐在北京大学创立了中国第一个心理学实验室;② 1918年陈大齐撰写了我国第一本大学心理学教本《心理学大纲》,这两件事标志着中国科学心理学的诞生;③ 1920年,南京高等师范学校设立了我国第一个心理学系;④ 1921年中国心理学会的前身中华心理学会在南京成立；⑤ 1922年，我国的第一种心理学杂志——《心理》出版，张耀翔任主编。

心理学研究有两种取向，即科学主义的取向和人文主义的取向。科学主义的取向是指将心理现象的自然特性作为研究的对象，采用自然实证的方法，依赖于实验和数据，强调学科知识的客观性、精密性、还原性、可操作性，其研究思路是"自下而上"的；而人文主义的研究取向则突出心理现象的社会特质的一面，采用人文学科的描述、解释的方法，依赖经验与现象，追求感性、丰富、生动的学科知识，其研究思路是"自上而下"的。

中国近代心理学是以中国古代和近代的心理学思想为历史渊源，通过移植西方心理科学的途径逐渐发展和建立起来的。鉴于此，可从以下两条线索来探究中国近代心理学发展的历史：一为科学主义心理学，二为人文主义心理学。

（一）科学主义心理学在中国

所谓科学主义心理学，是指主要以实证法尤其是实验法来研究人的心理与行为规律的心理学，从这个意义上说，科学主义心理学略等同于实验心理学。自心理学1879年诞生至今，西方主流的心理学在研究取向上是以科学主义的心理学为主，其直接结果是导致心理学的研究者、心理学的研究方法、心理学的研究成果和心理学的教学等，其主流均是科学主义心理学。中国心理学基本上是西方心理学理论的引介及再验证，大凡西方心理学所涉及的研究主题，在中国几乎都有人进行过相应的研究。鉴于此，"科学主义心理学在中国"较之"中国的科学主义心理学"的称述，更妥帖准确地反映了这一时期中国心理学的发展进程与具体状况。最早在中国传播和研究心理学的人主要是从西方发达国家留学归国的心理学研究者，或是在日本、香港等地学习，其佼佼者可参见表14-1。①

表14-1 主要留学归国心理学家一览表

人物	生卒年月	主要学习经历	主要教学经历	主要教学研究专长
孙本文	1891—1979	哥伦比亚大学、纽约大学，1926年回国	复旦大学、南京大学	社会心理学
陈大齐	1886—1983	东京帝国大学，1912年回国	1912年浙江高等学校，1913年北京法政学校，1913年北京大学	普通心理学
唐钺	1891—1987	康奈尔大学，1921年回国	清华大学，北京大学	普通心理学、实验心理学、变态心理学等
艾伟	1891—1955	哥伦比亚大学，华盛顿大学，1927年回国	东南大学、大夏大学、中央大学	教育心理学
廖世承	1892—1970	布朗大学，1919年回国	东南大学、华东师范大学	教育心理学，心理测量学

---

① 刘毅玮.民国时期的留学生与中国现代心理学科的早期发展[J].心理学探新，2006(01)：31—35.

(续表)

人物	生卒年月	主要学习经历	主要教学经历	主要教学研究专长
陈鹤琴	1892—1982	哥伦比亚大学，1919年回国	南京高师、东南大学、南京师范大学	儿童心理学
汪敬熙	1893—1968	约翰斯·霍普金斯大学，1924年回国	1924年中山大学、北京大学	生理心理学
张耀翔	1893—1964	哥伦比亚大学，1920年回国	北京高师、大夏大学、暨南大学、沪江大学、复旦大学、华东师范大学	心理学史、普通心理学
陆志韦	1894—1970	芝加哥大学，1920年回国	南京高师、东南大学、燕京大学	普通心理学、生理心理学
郭一岑	1894—1977	柏林大学、杜宾根大学，1927年回国	中山大学、北京师范大学	普通心理学
萧孝嵘	1897—1963	哥伦比亚大学、柏林大学、加利福尼亚大学，1931年回国	南京中央大学、复旦大学、华东师范大学	普通心理学、应用心理学
潘菽	1897—1988	印第安纳大学、芝加哥大学，1927年回国	南京中央大学、南京大学	普通心理学、教育心理学
郭任远	1898—1970	伯克利大学，1923年回国	复旦大学、南京中央大学、浙江大学	生理心理学、行为主义心理学
孙国华	1902—1958	俄亥俄州立大学，1928年回国	清华大学、北京大学、东北大学、北京师范大学	儿童心理学、生理心理学
黄翼	1903—1944	斯坦福大学、耶鲁大学，1930年回国	浙江大学	格式塔心理学、儿童心理学

> **拓展阅读 14-5**
>
> ### 庚款留美与中国心理学发展
>
> 中国学生大批留学美国，始于1908年"庚款留美"。1900年，也就是光绪二十六年，北京爆发了"庚子之乱"。当时，义和团入京围攻各国使馆。不久，八国联军攻占了北京，慈禧太后弃都而逃。1901年，李鸿章被迫与各国签订耻辱的"辛丑条约"，同意向十四国赔偿白银四亿伍千万两，分三十九年付清。这就是历史上有名的"庚子赔款"。1908年，美国国会通过法案，授权罗斯福总统退还中国"庚子赔款"中超出美方实际损失的部分，用这笔钱帮助中国办学，并资助中国学生赴美留学。双方协议，创办清华学堂，并自1909年起，中国每年向美国派遣100名留学生。这就是后来庚款留美学生的

由来。1909年、1910年和1911年,在北京三次从全国招考庚款留学生。当时对考生的要求除了通晓国文、英文外,还须"身体强健,性情纯正,相貌完全,身家清白"。第一批庚款留美学生同年10月赴美,共50人。他们所学专业大多是化工、机械、土木、冶金及农、商各科。后来的清华大学校长梅贻琦就是其中之一。第二批庚款留美学生中,出了一个大名鼎鼎的胡适,同榜中还有后来的语言学家赵元任、气象学家竺可桢等。一年后,即1911年,又招考了第三批、也是最后一批庚款留美学生,一共有63人。为使"庚款留美"更加制度化、规范化,1911年经清政府批准,游美学务处成立留美预备学校——清华学堂。这样"以清华为中坚力量,便形成了清末民初的留美高潮"。

庚款留美学生的派遣为中国培养了一大批优秀的科学家。中国近代科学发展中的许多新学科的创建者大多来自这些留美学生。一批中国留学生学成归国极大地充实了心理学的专业队伍,其中,留美生更是以其从数量到质量的绝对优势成为传播西方现代心理学的主体。

据1937年的《清华同学录》记载,1909—1929年的庚款留美生中,学教育、心理学科者(包括选修两门以上学科者,其中之一是教育心理)有81人,其代表人物有:周先庚、唐钺、孙国华、黄自、黄翼、张耀翔、陈鹤琴、章益、程乃颐等。

1. 基本理论观点

(1) 对于心理学学科性质的理解。

在当时的中国心理学界存在不同的看法,其中最有代表性的观点主要有以下四种:① 陈大齐主张"心理学乃研究心作用之科学",是研究心理的结构、功能、发展过程与普遍法则的科学,"心理学特定为科学者,明其非常识,非哲学也"。可以说这一观点至今仍是对心理学学科性质的经典看法之一。② 激进派行为主义的代表人物郭任远则认为,心理学"是自然科学之一",是自然科学中"生物的科学之一种",心理学是研究有机体全部行为的科学,行为就是有机体与环境相交涉、相关系时所发生的反应,因而可以说,心理学是研究有机体对于环境所发生的种种顺应动作的性质和定理的科学。心理学的科学性体现在摒弃意识和物观研究两点上。他强调:"心理学是一个物理的科学,并不是精神的科学",郭任远主张把所有无法用物理科学原则界定的概念完全逐出心理学体系之外,将心理学塑造成以行为为表征、刺激为主因的自然科学。他把心灵意识与科学完全对立,过于绝对化。此外,这种观点也存在致命的不足,即忽视了人的社会属性。③ 郭一岑在其1937年编著的《现代心理学的概观》一书中提出:"心理学必须是新哲学的"(即辩证唯物主义),"心理学必须是人类的",强调了人和动物不仅有量上的差异,还有本质上的不同,"心理学必须是社会的",人的行为随社会而发展,社会关系决定人的行为,对于人类行为的考察不可忽略其历史性。依其观点,心理学应该是一门"社会科学"。④ 早年的潘菽主张心理学是和物理学、生理学"鼎峙而为三"的三种"基本的科学"之一;并认为心理学最好改成"人理学","人理学和生理学及物理学并峙而为三种基本的科学,研究三种不同的自然现象的基本原理。这样一来,我们的科学也有了一个完整的系统"。

（2）心理学的研究对象。

因为对心理学的学科性质存在不同的看法，故而对心理学的研究对象也存在争论。陈大齐在《心理学大纲》里就指出，"心理学以精神作用为其唯一之对象者也"，研究对象也包括无意识。而在郭任远看来，既然心理学是研究有机体全部行为的科学，研究对象就应该是"行为"，陈大齐就曾提出异议，"行动学之定义，为近时一派学者所主张；但此义过泛，易与生理学之对象相混淆，故亦未得一般学者之称许"。郭任远认为心理学作为一门自然科学，其研究对象必然是可以用物观的研究方法去论证的。因此，行为是心理学研究仅剩的必然选择，同时他否认意识，认为"心灵或意识实在都是行为之一种"。郭任远对于行为研究的思路是：从行为最初产生的那一刻开始观察，并不断观察行为的发育情况。他作为"反本能论"的旗手，认为所有行为都是习得的，没有遗传的行为或者说本能的行为。此观点与上文陈大齐对心理学的对象的看法正好相反，是赞赏行为主义心理学的研究旨趣的心理学家对心理学的研究对象所持的一种普遍看法。用现代心理学的眼光看，这种观点否认意识的存在，从而在很大程度上否认了心理的存在，这种思想若发展到极处，不但会使心理学戴上"名不副实"的帽子，更会使心理学走上不归路。

（3）心理学的方法论。

在心理学的研究方法上，这一时期中国学人的共通之处在于都强调研究方法的科学性，不过，在具体做法上却有差异，即对于在心理学研究中采取什么样的做法才算是科学的，不同学人的看法是有差异的，其中最具代表性的观点有三种：以陈大齐为代表的兼容派或温和派、以郭一岑为代表的辩证唯物主义派和以郭任远为代表的激进派。

在研究方法上，陈大齐强调科学方法的重要性，心理学和其他科学略同，以归纳法为主，但也有自己的特异之处，主要有三种方法：①内省法（introspection）。②外观法（observation）。专恃内省或偏重外观，都有弊病，"并用二法，短长相辅，利害相救，其庶几可以无弊乎"。③实验法（experiment）。实验法是当代心理学的普遍研究方法，故广义言之，一切心理学莫非实验的心理学（experimental psychology）。对于他多元论的观点，早年的潘菽也持相似的态度。

郭一岑在中国心理学史上最早主张用辩证唯物主义来指导心理学的研究，他在1937年出版的《现代心理学概观》里高瞻远瞩地指出，心理学必须是新哲学的，这里的"新哲学"是指辩证唯物主义。他在对西方现代心理学作了深刻的分析之后，不但主张将辩证唯物主义作为心理学的哲学基础，用以纠正现代西方心理学诸派别在立足点上存在的二元论和机械唯物论的错误，而且主张采用"物质的辩证逻辑"的方法来纠正西方现代心理学诸派别在方法上存在的只重形式逻辑的演绎法与归纳法的错误。郭一岑的立论精辟，见解新颖，实属难能可贵。

而郭任远受华生行为主义心理学的深刻影响，在研究方法上也采取了激进派的立场，极力提倡客观的实验法，反对内省之类的带主观性质的研究方法。他说："心理学的立脚地是和物理学、化学、生理学、生物学等相同的，换一句话说：心理学是一个物观的科学。他所研究的对象是物观的现象——行为,所以其他自然科学所用的物观的观察法,和物观的实验法,心理学亦皆采用。科学最注重精确,故心理学的研究也以数学的计算与测量为当务之急。这样讲起来,心理学也可称为精确的科学之一了。"

(4) 反本能论。

图 14-7 郭任远

"本能(instinct)"问题是心理学的一个重要的基本理论问题,国际心理学界在20世纪20年代前后曾对此问题进行过激烈的争论。以华生为代表的行为主义掀起了反本能运动的大旗。而我国的著名心理学家郭任远则走得更远,在1921年,当他还是大四学生时就发表了《取消心理学上的本能说》一文,将批评的矛头直指当时的心理学权威、哈佛大学心理学系主任麦独孤和行为主义的创始人华生,提出人类行为后天造就的新观点,当时便一举成名,同时也震惊了美国心理学界。之后他又连续发表了《我们的本能是怎样获得的》《一个无遗传的心理学》《一个心理学革命者的口供》等论文。他反对本能说,主张废除心理遗传说,明确提出环境决定论的观点,是激进派行为主义心理学的代表人物,被学术界称为"超华生"。他在训练猫不吃老鼠的实验研究中,把猫鼠自幼同笼饲养,长大后白鼠与猫居然友好相处,使猫捕鼠的先天本能不复存在,以此来说明猫捕鼠是在后天环境中学来而非遗传决定的;在关于鸟类胚胎行为发生的研究中,他通过在蛋壳上开一个透明的"小窗",在强光照射下通过窗口观察胚胎行为的发展:发现胚胎的心脏跳动能迫使靠在心脏上的鸟头随之而动,他认为这种强迫性的鸟头动作,即小鸡啄食动作是在胚胎期练习的,并不是毫无经验的天生动作。这两项实验受到了国际心理学界的重视,使他成为有特殊贡献的心理学家,他创用的"小窗"被称之为"郭窗(Kuo Window)"。1970年,郭任远在美国病逝,鉴于他在心理研究领域所作出的贡献和声誉,美国著名的科学杂志《比较生理心理学》特发表专文以志悼念,并以整页篇幅登载他的照片,这对一向只刊载实验研究报告的杂志来说,并不多见。郭任远还是被选入《实验心理学100年》这部著作中的唯一的一位中国心理学家。郭任远旗帜鲜明地反对心理上的遗传,认为所有本能都是习得的行为。他将人类出生时最简单的、无目的的、乱序的动作称为"反动的单位",其他更复杂的行为是通过"反动的单位"与学习、环境交互作用下形成的有序而复杂的行为。在后期,郭任远明确提出环境决定论,认为就算是"反动的单位"也是习得的。他提出"行为差度理论"和"行为渐成论"来解释行为的发生顺序和行为的起源两个问题,用身体形态、生物物理和生物化学、发展历史、刺激和刺激物、环境现场五个因素说明行为的生成。

(5) 生理心理与动物心理论。

汪敬熙是中国现代著名的心理学家之一,在生理心理学和动物心理学方面做了许多有价值的工作,在学术上的贡献体现在以下几个方面:第一,在中国心理学界,汪敬熙是研究皮肤电反射的先驱者之一。他通过对皮肤电反射进行系统的研究,证明皮肤电反射是由于汗腺的分泌,与意识现象毫无关系;皮肤电反射是由各种刺激诱发出的动作电位,其强度与刺激的强弱有确定关系;皮肤电反射有五个兴奋性中枢,也有五个抑制性中枢,其最后通路为脊髓的交感神经原柱。第二,在中国心理学史上,汪敬熙是第一个将电子仪器用于脑功能研究的心理学家。早在1934年,汪敬熙通过麦修斯示波器记录到光影通过猫的视野运动时外膝体内产生的诱发电位。第三,他研究白鼠活动与性欲周期的关系,发现雌白鼠的活动有四日周期的变化,雄鼠则无。观察证明雌鼠活动周期的变化是由于性欲周期所致,而性欲周期的产生则是由卵巢内分泌的卵巢素而引起的。第四,他研究两栖类胚胎行为,将两栖无尾类三种蛙游泳行为的发育发展分为三期六个阶段。即无动作期、向侧弯曲期、S形反应期、直线向前游泳期、控制游泳方向期和维持身体空间常态期。汪敬熙的上述研究得到了国内外同行专家的普遍认可,这从他1934年任国立中央研究院心理研究所所长,1948年任联合国科学部主任,1953—1968年在美国约翰斯·霍普金斯和威斯康星大学任教的事实里就可见一斑。

2. 心理学的应用问题

(1) 儿童心理学的研究。

陈鹤琴是中国儿童心理学的主要开拓者之一。1923年,他创办南京市鼓楼幼儿园,将之作为儿童心理与儿童教育的实验园,通过长期观察与实验积累了丰富的第一手素材,在此基础上他于1925年写成《儿童心理之研究》一书,对儿童身心发展的诸多方面进行了详细的探讨。其中第一章"照相中看一个儿童的发展",用其子一个半月到二岁七个月的86幅照片展示了婴儿的发展过程,这在当时是一项先进的研究技术。陈鹤琴是边知、边行、边写、边讲,即把研究、实践或发表互相结合在一起的一位学者。他一边研究儿童,一边办幼儿园,一边在自己的家庭里实施幼儿教育,同时还宣讲儿童心理和幼儿

图14-8 陈鹤琴

教育,将学问和生活紧密联系起来;他按照"做中学(Learning by doing)"的原则,通过系统观察与实验等方法,对中国儿童的身心发展进行了大量的发生学层面上的研究,从而为自己和后人研究中国儿童的身心发展规律与开展儿童教育提供了丰富的第一手资料。针对旧中国一些对待儿童的错误观念,陈鹤琴力倡儿童具有自己的身心发展特点,不应将儿童视为成人的缩影,主张根据儿童心理特点进行相应的教育,并提出了游戏式教学法等。这些思想与主张对于当代中国儿童的健康发展仍具有重要启示。

黄翼对于儿童心理学的探讨有颇为系统的见解:第一,儿童心理学是既有基础研究又有应用研究的心理学分支学科,既不赞成儿童心理学完全按"纯粹科学"的路子发展,也不赞成儿童心理学完全按"应用科学"的路子发展;第二,主张研究儿童心理学的最基本而重要的两种方法是自然观察法和控制观察法;第三,影响儿童身心发展的因素是遗传和环境;第四,探讨了儿童发展的规律,认为儿童心理的发展遵循"集中的分化——由简单一律,变成复杂而各司其职";第五,黄翼认为,在儿童心理学中,游戏是儿童生活最典型的部分,游戏几乎构成了儿童生活的全部,无论研究儿童行为的哪一方面,都离不开游戏;第六,关于早期教育,黄翼认为,学校教育大多使用语言文字传授知识,幼儿期是获得实际知觉的时期,语言文字的教育应该放缓,当时许多人认为的教育便是读书,一味希望小儿提早读书识字的观点实在

是错误而有害的。此外,黄翼还对儿童社会化、儿童的情感的产生和发展的规律、儿童的道德观念进行了探讨。

（2）教育心理学的研究。

艾伟于1934年在南京创办万青试验学校,结合心理和教育测验来诊断儿童智力,并选拔优秀儿童入学,因材施教。1938年,他首创教育心理研究所,为我国培养了一批研究教育心理和儿童心理的专门人才。艾伟著作颇丰,主要有《初级教育心理学》《教育心理论丛》《教育心理实验》《汉字问题》《小学儿童能力测量》等。其毕生工作集中于学科心理,尤其是语文和英语的学科心理学研究。在中学生文言文与白话文学习的问题研究中,他缜密分析了中学生的阅读能力和理解速度的各方面,据此提出的有关高初中文白教材的建议为当时的教育部所采纳。艾伟从1925年起经过几十年的努力,编制了中小学各学科测验儿童能力的量表,如中学文白理解力量表、汉字测验等共八种,算术应用题、平面几何测验等共九种,大、中学英语测验等共四种;这些测验的编制,既是中国编制这类测验的开端,也为心理测量的中国化奠定了基础。

阮镜清在教育心理学方面建树颇丰,其1943年出版的《学习心理学》一书,在当时是一本内容新颖、观点进步的优秀著作。书中提出了一些较合理的主张:学习的基本要素主要有三:成熟、智力和记忆。重视成熟因素在学习中所扮演的重要作用,对于今人正确开展早期教育仍有一定的借鉴意义。"归根到底,在学习的过程中,学习者本身的意义是不容忽视的,因而教学的原则首先必须以此为根据。大凡在学生学习时,首先须看清楚他的能力、程度、经验种种情形,才可适当地决定其学习的具体内容或其学习的情境,其次则须指导学生能有机地发现全体的情景中各部分的关系,识别其中与他的目的有关的细节,及知道以这种发现和识别去达到他的目的,其他机械的盲目的学习是没有多大价值的。"在影响学习的诸种因素里,阮镜清特别重视学习动机的重要性。引发学习动机有两个条件:一是适当的外部刺激,二是有力的内部动机。

廖世承也非常重视教育心理研究,他于1924年参考西方的有关著作,并结合我国当时的最新实验教材编写了中国第一本《教育心理学》教科书。廖世承曾以英文字母为实验材料,要求被试分别采取顺背和倒背英文字母的方法来记忆英文字母,并将实验结果画成一曲线图,如左图所示。

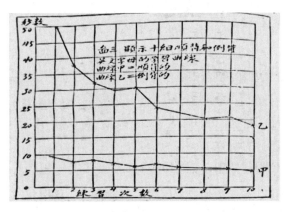

图14-9 廖世承记忆实验的结果

廖世承的此项实验研究就实验材料、实验方法、实验结果和对实验结果的解释等方面来看,均属验证性的研究,即主要是验证艾宾浩斯有关记忆的研究,本身并没有什么太大的新意,不过,廖世承主张在教育心理的研究中,不能完全相信书本上的知识,而必须时常在课外实验与观察,努力运用心理学原理来解决教育的实际问题。这一见解对于今日的教育仍具有启发意义。廖世承特别关注高效学习方法或策略的探讨,通过研究后主张:注意和学习有根本的关系,注意是学习的普通要素。注意对学习有较强的影响,因此,学习要想取得高效,学习的内容就必须成为学习者注意的焦点。例如,两组同时学习,其他要素相等,较为注意的一组进步就快些;注意最强,进步也最快。

廖世承还十分重视测验,他编制了多种测验量表,如《廖世承道德意志测验》《廖世承团体智力测验》《廖世承图形测验》《廖世承中学国语常识测验》等。1922年,他和陈鹤琴用比纳—西蒙量表并加入数量新测验,在京沪铁路一带各学校测试儿童(3—13岁)千余人,此系我国大规模施用智力测验的开端。他们还根据测验的结果,采用相应的教育、教学措施,正因为如此,他在办学上也非常成功。

此外,周先庚于1931—1937年从事识字教学的研究,他曾受中华平民教育促进会的委托,在河北定县主持年龄与学习能力关系的研究,得出一条7—70岁的受试者的识字学习能力的曲线,称之为"周先庚曲线"。

(3) 汉字心理学的研究。

在这方面影响比较大的是艾伟的研究。艾伟对汉字的研究始于1923年,积累了25年研究成果出版了《汉字问题》(1948)一书,对汉字心理提出了许多独到的见解。此书从心理学的角度为汉字改革与学习提供了科学依据,对提高汉字的学习效率、推动汉字简化以及汉字由竖排改为横排等,均产生了积极的作用,为心理学中国化作出了重大的贡献。

沈有乾是利用眼动照相机观察阅读时眼动的早期研究者之一,他发现眼睛阅读中文的停顿时间,横排的材料比直排的短;然而每次眼停期间的读字数目,直排的多于横排的;而阅读中文的眼动角度比英文的小,但眼停的次数多;就每秒钟阅读的字数而论,中文的比英文的多。

周先庚对汉字心理的实验有独到的研究,他认为汉字心理与格式塔心理有密切的关系,无论中国人还是外国人,他们都是看汉字的全形、整体或"格式塔"而认字的,提出汉字分析的三要素:位置、方向、时间连续,为实验工作提供了基础,其实验成果连续发表在美国《实验心理学》杂志上(1929—1935);他还热衷于阅读心理实验仪器的设计与改进,曾发明了四门速示机(the quadrant jachistoscope),并写出论文在第九届国际心理学会议上宣读。

(4) 社会心理学的研究。

从20世纪20年代初开始,我国一些著名的心理学者(如陈大齐、陈鹤琴、高觉敷、潘菽、张耀翔、陆志韦、肖孝嵘等)就十分重视社会心理学的研究。

张耀翔是我国最早从事社会心理学研究的学者,他留美时(1919)即发表了关于社会心理学的《爱情衡》一文,将爱情之五原料,即道义、才学、年貌、努力、财产分析解释,并用积分法,将各一原料之价值表明。1922年归国后,他在我国首次开展"民意测验",为了"窥探吾民真正舆论之所在"。此测验结果反映了经历过五四运动的中国知识分子的思想情况。他还研究过不少社会心理学问题,如青年情绪问题、商业心理的问题等。

陆志韦致力于实验心理学、教育心理、心理测量和社会心理学等研究,均取得了不少成绩。1924年3月,他编撰的《社会心理学新论》问世,这是我国学者评述社会心理学的

第一部著作,其影响深远。当时社会心理学兴起才十余年,心理学界众说纷纭,观点各异。作者综述和评价了各派学说,并对社会心理学的研究对象、方法和定义提出了自己的看法。

孙本文对中国的社会心理学研究也有特殊的贡献。他非常重视文化与心理两因素同社会现象之间的关系,最早将美国的文化学派理论介绍到中国,是我国社会学界提倡重视文化的先驱。他又是我国社会学界的"心理社会学"理论的倡导者,1946年,商务印书馆出版了他编撰的《社会心理学》(上下册),是融古今中外社会心理学理论于一炉的我国第一本社会心理学的大学教科书。该书内容丰富、观点鲜明,至今仍有一定的参考价值。

(二)中国人文主义心理学

中国传统的心理学思想并未因为它未修成正果——直接生长出科学心理学,就从此断裂乃至消失,反而以其深厚的基底滋养并促成其遵照自身独有的逻辑路线不断发展,尽管这一发展必然受到科学心理学的影响,却依然保持着它独特的思路与特质。因此,中国确实存在一套不同于西方的以科学主义为逻辑原点的完整的心理学思想与体系,可称其为——中国人文主义心理学。

中国人文主义心理学是作为从西方引入并在国内群起呼应的科学主义心理学的对立面而出现的,但这种抗衡并不只是对传统的固守,而是在吸收借鉴西方心理学(包括其他东西方哲学与心理学思想)的基础上的重新阐释与建构,是中国心理学对传统思想的一次大反省与修正,其结果是心理学的人文色彩与精神内涵再一次得以挺立和呈现。因而可以说,人文主义特色是中国近现代心理学的精华与价值所在。

1. 基本理论

(1)心理观。

心理观即心理实质的问题,包括心理的性质、意义与功能等,是心理学的基本理论的核心。近代中国的人文主义心理学者积极参与到这个问题的讨论,形成了对科学主义观点的弥补之势。

梁漱溟(1893—1988),作为处于特定历史时期的儒家学者,他一方面继承了传统的中国心理学思想,另一方面又以现代心理学的概念、原理去阐释中国古代的思想、观念。这就与同时期接受过西方现代正规心理科学训练的蔡元培、陈大齐等一批学者形成了鲜明的对照。从人生到人心,梁漱溟构建了具有中国人文特色的心理观。

在梁漱溟看来,心理学绝不是纯科学的,它是偏重于哲学的一门中间学科,"盖为此学者狃于学术风气之偏,自居于科学而不甘为哲学;却不晓得心理学在一切学术中间原自有其特殊位置也。心理学天然该当是介于哲学与科学之间,自然科学与社会科学之间,纯理科学与应用科学之间,而为一核心或联络中枢者。它是最无比重要的一门学问,凡百术统在其

图 14-10 梁漱溟

后"。(《人心与人生》)关于心理学的研究对象,梁漱溟指出不能仅局限于行为,研究时还应从意识入手。心理学的研究方法:一是发生的研究法,即历史的研究法,是从生物学角度看心的发展;二是物观法;三是"独知",是他所独创的,是源自中国传统儒家文化道德修养范畴的"慎独",因此较之内省(即自己看自己),它更具主观能动性。

熊十力(1885—1968)也曾提议心理学不能只研究低级的知觉、本能,而应该研究"高级心灵,如所谓仁心"。心理及精神现象的研究是有高低之别的,两者必须区分开来。如熊十力认为心有"本心"与"习心"之分,本心先形气而自存,是吾身与天地万物所同具的本体。但人的本心往往被习心所锢蔽。"习心"即总是向外追求,即是有所向往与竞逐也。而科学主义心理学所研究的只是"习心",也就是人类心理活动的较为低级的部分,如感知、本能等。在熊氏看来,心理学的研究对象是:"本心"与"习心"。心理学的研究方法是"反己体认"。

图 14-11 熊十力

在心理的实质问题上,梁漱溟提出了基于中国传统哲学的"心理生命学说"。他视人心为生命,认为人心总括着人类生命之全部活动能力,人心的实质是争取主动。可见,他对于生命主动性的解释明显与中国的传统哲学一脉相承,如《周易》的"天行健,君子以自强不息",如老子的"道",宋明理学的"理"。在梁漱溟看来,以"动"来解释的心理的能动性还不足以概括心理的实质,人类心理的基本特征还在于"静",即在于其理智对本能的规划与控制。

(2)方法论。

中国人文主义心理学研究方法统称为内证,多出自佛教典籍,是中国传统方法论的主流与特色。内证之法强调通过系统技术在自我内部来开发自性本具的实证能力,这要求研究主体使用静观、存想、止观等对身心系统进行调整的训练技术,经久练习,以达到意识自知、自控,并获得对道德本体、心灵本质乃至宇宙实相的体验与感悟。

中国人文主义以"心物不二"为逻辑前提的内证完全区别于西方心理学中以"主客二分"为逻辑前提、强调客观性和可重复性的实验范式。第一,内证是"自求其心"的内寻,强调体验内观自身的心理活动并同时重筑心理活动的新状态新水平。第二,内证是"证知"的过程,而不是"逻辑思辨式的自省"。内证讲究"实证真修""身心感应",当研究主体采用如实修持、实践等来源于经典的原理和方法进行修行,宇宙实相、精神本质就会以意象的形式自现于前,并伴随着研究者自身的身心变化以及人生境界的提升。内证法实现了对思辨和实证的双重超越,是对西方心理学研究方法的一种补充和促进。

内证法具有三个特征:第一,统合主客。中国人文主义心理学的逻辑前设是主客不分,心物不二,认为"心"既可以作为观照实践的主体,也可以作为观照实践的对象,两者合二为一,是"心"不同作用方式和过程的体现,而"即心观心"是心的自有功能。这样,内证主张的"即心观心"就突破了西方心理学采用自然科学研究意识活动时的主客分离的困境。第二,摒弃语言。不同于西方心理学试图用语言去描述意识和潜意识,中国传统文化主张"胜义离言",所以内证要求摒弃言语。佛儒道三家虽然表述不同,但是都看到了依靠理性的言语思维是不能够深入认识精神本质或者说意识和潜意识的。第三,超越经验。内证区别于日常获得的一般经验,但又是诸多修证者的亲身体验,是以内证也不是超验。

在内证的实践上,佛儒道三家都分别总结了自内证知的实践技术、操作方法和理论法则。

儒家主张"静观",从字面上看是寂静的观照的意识,是以道德完满为旨要的自我认知及心理发展的训练技术,要求研究主体排除是非纷扰、专注思考,通过长久地静坐观想达到身心宁静的愉悦境界,并获得精神飞升。"静观"分为三个阶段:第一是"静坐",主体通过简便易行的身体放松技术,收敛身心。第二是"静心",需要抑制对外界杂乱的感性认识,将意识转至内心。研究主体排除无关刺激,收敛精神,达到宁静状态。这种宁静状态,不仅是常说的平静或者静息状态,更是一种对道德本质的实在体验。第三是"静思",即于静中沉思,充分发挥思维的发散功能,产生理性认识并由此"悟道"。

道家提倡"存想"以洞彻微观身心,这要求主体在静默状态下观想事物的静态状态与动态过程,是从"存神"到"心明"过程,其要领是"常当安身静心,正气夷行,闭目内视,忘体念神"[①]。道家的"存神"同样要求研究主体排除杂念以保持身心清净,集中意念并专注于身体,使得自我意识从清晰到模糊,进入一种恍惚的精神状态,再逐渐念念清晰。此时身心系统趋于和谐于融通,研究主体进入"胎息"状态,这个状态下大脑思维更为活跃,从而自然而然地达到"心明",实现对事物本质全局性的认知与顿悟。

佛教则要求研究主体通过训练来提高意识的专注和自控力,从而实现"证知"以"自知其心",其关键在于把专注于客体的主体解放出来,斩断自我意识以达到洞察深层心识,具体方法为禅定,这也是佛学研究中最重要且独具特色的方法。禅定是由"止"入"观"的过程,即"止观"。"止"对应戒、定,戒学要修习者调整自己的认知和情绪,以维持心理平静与健康;定学是通过数息、诵经等手段排除外界干扰,专注禅定意境,使身心进入清净无念的"止息"状态。"观"对应慧学,是以智慧真实观照思维某一境相或某一观念,需明白"观"是依"止"而"观",是智慧之"观"。

(3)基本理论范畴。

第一,心物论。作为近现代中国最具代表性的原创性哲学家、思想家,熊十力身处民族危亡、儒学衰微的变革时代,痛感"中国至于今日,人理绝、人气尽、人心死,狼贪虎噬,蝇营狗苟,安其危、利其灾,乐其所以亡者,天下皆是也"。在那个人丧其心的时代里,熊氏以为世人寻找安身立命之地为己任,以自己深切的存在感受和各家哲学思想相验证,借鉴西方哲学思想,出入于佛老,反求诸儒家而得到自己所求的理念,并进一步把自己觉悟到的宇宙人生的理念以现代哲学的形式表达出来,心物论是其独创本体论的重要组成。其心物观具体可表达为"心物不二""以心为本"。"故心物皆本体固有之妙用,貌对峙而实统一,名相反而实相

[①] 太微帝君二十四神回元经[A].道藏:第34册[M],北京、上海、天津:文物出版社、上海书店、天津古籍出版社,1988,774.

成。心物二者,不可缺一,缺其一,即不可成用。"即熊十力的"心物不二"论。翕与辟是本体的两个方面,两种势能。辟是本体的开发势用,翕则是与之反的收凝的势用。其次,"翕辟成变"也是心物论。"翕"势凝敛而成物,"依翕,而说为物";"辟"势开发则为心,"依辟,而说为心"。于是物与心都是本体显现的大用的两个方面,都不是实有的、独存的,可见,翕与辟的关系即物与心的关系。心不在物外,若离开物,心则无从表现。只要一说物,就已包含心在其中。同样,物亦不在心外,若离开心,心则无从斡运物,为物之主宰。所以心物不二。但同时,熊十力又认为,"物含藏心,心主导物",心是第一位的,心开发物,决定物质存在。不可否认,熊的"以心为本"的心物观带有浓厚的唯心主义色彩,但他对心物关系认识的广度与深度均达到了较高的理论水平,展现出积极向上、健行不息的可贵进取精神。

第二,知虑论。这个时期的知虑论所呈现出的共同特征即是以直觉论为中心,即直觉为体、理智为用。在知虑范畴中,虽然承认感知觉的基础性作用,也肯定思维的抽象概括功能(即理智的功能),但与强调物我融会、主客合一,不经演绎,整体把握的直觉相比,前者仍处于从属位置。此观点虽存在过分抬高直觉的缺陷,但在当时一片唯科学、唯理性的思潮中,亦可算是一种有效的矫正。

梁漱溟借用唯识学的概念来阐释心理学现象,即以"三量说"来解释感知、思维及其相互关系。所谓"三量说",即现量、非量、比量。"量"有测量之义,在印度哲学中被引申为标准、来源或方法之意。"现量"就是感觉(Sensation),是纷繁复杂的心理活动的源头,是人认识世界、适应和改造世界的最原始的映象。"比量"即是思维;梁认为"非量"即是直觉,则是现量与比量之间过渡或联系的阶段,直觉并非是一种认识过程、思维方法,更多是一种反功利的生活态度和修养境界;同时,梁氏以现代心理学之本能来定位直觉,得出直觉高于理智的观点,进一步以直觉释儒学之仁:孔子的"仁"就是直觉。

熊十力的知虑论(量论)原分为比量与证量两部分,比量即"辨物正辞",相当于概念、判断、推理等逻辑思想;证量即"涵养性智",是一种非逻辑思维的内心体验及感悟,即直觉。在他的量论中,证量明显占据了重要位置,"涵养性智"的具体方法就是默识体仁,因为"涵养性智"的根本目的不是向外探求知识,而是对本心(本体)的认识。如何才能实现识本心、致良知,达到智与知识的统一,熊十力认为就是要保任本心,即存仁,而存仁必须要默识。熊十力强调直觉灵感的获得为直觉顿悟之法,并认为这是中国传统认识论的特色与主流。

2. 人生心理论

关注人生问题,试图构筑社会及个人的思想人格与精神状态,是近代思想者的共识,更是人文主义心理学所擅长的。对人生问题的心理学解答将被界定在以下三个专题中:人格论、自我论及情感论。人格论解释是中国人如何做人及做一个怎样的人的问题;自我或"我"对于中国人的生活与生存有着至关重要的意义;情感在中国人的心理生活中,不仅是心理活动的知、情、意中的三分之一,中国文化中所孕育出的独特的情感模式,成为调控主体心理生活的重要手段和方式。

(1)人格论。

梁漱溟认为"人性善""人性清明",并提出"恶起于局,善本乎通",是他对人性多年思考的结论。冯友兰亦主张人性之实质是善。可见,一直以来在中国思想上都延续着孟王的良知说。

梁漱溟通过对中西方文化的比较来探讨人格动力,认为西方文化是"以意欲(Will)向前为根本精神",其文化人格的动力是向前"逐求"的,即于现实生活中获得满足;"印度文化是以意欲反身向后要求为其根本精神",其文化人格动力是向后"厌离"的,即在主动放弃消灭中获得解脱;"中国文化是以意欲自为调和折中为其根本精神",其人格动力是持中向内的,即承认在当下生活获得需要的满足,同时又以郑重的态度把持需要。可见,需要、动力作为心理倾向性的基础,直接影响着人格功能呈现,如果说,人格功能主要是适应、选择与改造环境,那么与其他两种文化相比,中国文化孕育的人格更多地倾向于适应环境,而非选择或改造环境。

熊十力重在阐述导致个体人格差异的动力基础,提出"四食"说。所谓"四食",一曰"段食",二曰"触食",三曰"思食",四曰"识食",乃借佛教之名词畅论人格之动力。"段食"乃是处于需要层次的最下端;"触食"若以马斯洛的需要层次理论而言,即为归属与爱的需要;"思食"大致相当于自我实现的需要,主要是创造力;"识食"即超越需要,处于需要层次理论的最高端。超越需要在中国传统人文心理学思想中早已是不言自明处处皆知的东西。因此,在熊十力看来,超越需要并非是最高端的,而是人们成全生命必不可缺的组成。熊氏的"四食"说是有层次的,他对人生意义的看法是递进的,认为人生是一个不可分割的整体。

至于人格是如何发展起来的,近代人文主义思想家所持的一致观点可概括为"践形尽性"。这并非是一味强调后天的实践,相反认为人格的发展并非是无中生有,而是原本就有的,基于人性善的起点才有人格发展的可能。人格的发展即是一个人通过自身的努力不断展现天性的过程,展现得越多,人格发展就越好,人格境界就越高,人生的意义就在于这个过程。对比以精神分析为代表的西方理论,中国式人格理论不是一种严格科学意义的理论,而是一种体验且实践性的生活感悟。

(2) 自我论。

中国传统文化对于自我或"我"有着独到的理解,其中最关键的一点在于,中国式自我似乎从来就没有真正的我,因为它基本上不允许本我、小我、私我的存在与暴露,一开始就朝着一个承载着巨大超我的目标在前行,所以"慎独"是自律的我,"逍遥游"是物我合一,超越小我的自由的我,"酒肉穿肠过,佛祖心中坐"依然是超然的我。它将自我的主体调控作用发挥到极致;同时,中国式自我强调了个体对自身的评价,这种对自身的评价是相对于他人而产生的,它体现于个体在人际关系中的自我调节,这是儒家文化尤其关注的,如"己所不欲,勿施于人"。可见,中国传统文化中所熏染的自我,其主旨主要突出了自我的主体调控以及对自身的评价,这说明中国式自我把握了自我的实质与精髓,但遗憾的是由于它从一开始就忽略了自我产生的根本、自我发展的源动力——本我,因此尽管发展到相当程度,然而失却了根基与动力的自我,最终显现出其无力与苍白。

心理学研究的最终目的是要增进人的幸福感,对于个体而言,要解决好这个问题就是要学会如何处理本我、自我与超我的协调统一,人们正是在这个过程中逐渐领会做人的乐趣。一味放纵本我恐怕不但难以如愿,反而会陷入更大的痛苦,反之,完全压抑本我同样不可取。自我与超我的发展的实质不是用以压抑、清除本我的存在与满足,而是在现实允许的前提下帮助本我的实现,和谐共存的我才是最美的,也必然是成熟与健全的。

(3) 情感论。

西方在情感的研究上很重要的部分是对情感生理机制的探讨,但对于情感这种人所特有的心理活动而言,微观研究永远替代不了宏观研究。一方面,单单研究情感的生理机能,并不能揭示它的实质;另一方面,西方对于情感的思辨探讨着重于概念的澄清,它往往执着于情感与认知、动机、行为之间的比较。而以"重整体""重践行"为哲学指导的中国传统文化则更关注情感作为完整的心理活动,对于个体存在所发挥的功效。它关注情感的实践意义,即情感作为调控主体心理的一种重要手段和方式的意义。因此,近代人文主义心理学亦把情感作为事关人生幸福的重大问题予以关注,而不是作为心理学的基本理论问题来研究。如梁漱溟便主张"人类心理的重要部分也是不在知而在情和意"。

 拓展阅读 14-6

熊十力的"牛脾气"

一、熊十力拒客

熊十力先生是20世纪中国著名的哲学家。20世纪30年代初期,他在北京大学讲佛学,一个人住在沙滩银闸路西的一座小院子里。门总是关着,门上贴一张大白纸,上写:近来常常有人来此找某某人,某某人以前确是在此院住,现在确是不在此院住。我确是不知道某某人在何处住,请不要再敲门。看到的人都不禁失笑。笑什么呢?笑他的啰嗦,笑他"此地无银三百两"式的书呆子气。若停留于此,显然不能算作识破大师的庐山真面目。熊十力主动把自己同人事繁杂、诱惑多多的世俗生活拉开距离,是为了让自己有一个宁静的空间,在孤独中静下来,专注于内心灵魂的丰实和净化,专注于思想认识的深化和扬弃,专注于精神产品的孕育和创造。的确,外面的世界很精彩,钟情于安静和孤独的人,自然也需要欢聚和激励、交往和沟通、信息和启发。但是,这绝不能失去必要的分寸,更不能陷入"群居终日,言不及义"的无聊泥坑。周国平说得很对:"世上没有一个人能够忍受绝对的孤独。但是,绝对不能忍受孤独的人却是一个灵魂空虚的人。"拒绝轻浮,乐于享受独处的充实和创造,这才是"告示"折射出的熊十力之魅力所在。这样的魅力资源如今是弥足珍贵了。

二、熊十力的治学思想

熊十力先生被认为是20世纪中国最具有原创性的哲学家。他的治学思想同他的哲学思想一样广博而深厚。

熊十力在学术思想的创发性上,强调"自得""体悟""我就是我",决不依傍门户,对各家各派均有所取,亦有所破。他说:"凡人心思,若为世俗肤浅知识及腐烂论调所笼罩,其思路必无从启发,眼光必无由高尚,胸襟必无得开拓,生活必无有根据,气魄必不得宏壮,人格必不得扩大。""人谓我孤冷。吾以为人不孤冷到极度,不堪与世谐和。""凡有志根本学术者,当有孤往精神。""为学,苦事也,亦乐事也。"

关于如何读书,有一段轶事颇能说明熊十力的态度。有一次,徐复观拜谒熊先生,请教应该读什么书。熊先生教他读王船山的《读通鉴论》。过了些时候,徐再去时,说《读通鉴论》已经读完了。熊先生问:"有什么心得?"徐接着说了他许多不同意的地方,熊先生未听完便怒声斥骂说:"你这个东西,怎么会读得进书……这样读书,就是读了百部千部,你会受到书的什么益处?读书是要先看出它的好处,再批评它的坏处,这才像吃东西一样,经过消化而摄取了营养。譬如《读通鉴论》,某一段该是什么意义;又如某一段理解是如何深刻。你记得吗?你懂得吗?你这样读书,真太没有出息!"诚哉斯言!文献日益丰富的今天,只有采取像熊先生那样教导的读书方法才能广泛涉猎,光大学问。

熊先生的一生,是中国传统知识分子追求立言与立德一致的一生,是学术与生命一致的一生。其真性情,执拗,对学问,对师友,对弟子,莫不如此。他实际上是永远的孩童,以一颗赤子之心,面对整个世界,整个人生。

本章小结

1. 中国心理学也有着"一个漫长的过去",而其历史则颇为短暂。中国心理学史的研究可分两个阶段进行:中国古代的心理学思想和中国近现代科学心理学。

2. 中国古代的心理学思想大致可分为普通心理学思想和应用心理学思想两部分。中国心理学思想的实践性很强,更加注重心理学思想在实际生活中的应用,这是中国古代心理学思想的独特之处。

3. 中国近代心理学是以中国古代和近代的心理学思想为历史渊源,通过移植西方心理科学的途径逐渐发展和建立起来的。虽然起步较晚,但历经启蒙、发端与发展等几个时期数代学人的努力,科学主义心理学在中国取得了巨大的发展。基本上这一时期的心理学大都是对西方心理学理论的引介及再验证。其中的佼佼者有陈大齐、郭一岑、张耀翔、郭任远、汪敬熙、陈鹤琴、艾伟、陆志韦、孙本文、潘菽等人。

4. 在中国还另存在着一套不同于西方的以科学主义为逻辑原点的完整的心理学思想与体系,可称其为——中国人文主义心理学,是作为从西方引入并在国内群起呼应的科学主义心理学的对立面而出现的,但这种抗衡并不只是对传统的固守,而是在吸收借鉴西方心理学(包括其他东西方哲学与心理学思想)的基础上的重新阐释与建构,是中国心理学对传统思想的一次大反省与修正,其结果是心理学的人文色彩与精神内涵再一次得以挺立和呈现,因而可以说,人文主义特色是中国近现代心理学的精华与价值所在。

复习与思考

一、名词解释

1. 知虑　2. 性习　3. 智能　4. 本心　5. 习心　6. 独知法　7. 德性之知　8. 内证

二、问答题

1. 列举我国古代思想家关于学习心理思想的基本观点及其代表人物。
2. 列举我国古代思想家关于社会化的理论及其代表人物。
3. 朱熹对于性习有何独到见解?
4. 列举审美心理静态结构包括哪些?
5. 列举中国近代心理学启蒙思想的代表人物及其思想。
6. 列举科学主义心理学在中国传播的重要人物。
7. 何谓中国人文主义心理学?
8. 试比较我国古代思想家提出的知虑与现代心理学中的知觉的异同。

三、论述题

1. 论述我国古代思想家关于身心关系的思想观点。
2. 论述情欲有哪些分类。怎样对待情欲?
3. 论述梁漱溟的心理观。
4. 论述中国人文主义心理学的研究方法。
5. 论述什么是我国古代思想家提倡的德才兼备。

主要参考文献

中文部分

1. 波林(Boring,E.G.).实验心理学史[M].高觉敷,译,北京:商务印书馆,1981.
2. 莫里斯·何世岚.心理学史[M].姜志辉,译,北京:商务印书馆,1998.
3. 舒尔茨.现代心理学史[M].杨立能,等,译.北京:人民教育出版社 1981.
4. 黎黑(Leahey,T.H.).心理学史:心理学思想的主要趋势[M].刘恩久,等,译.上海:上海译文出版社,1990.
5. B·R·郝根汉(B.R.Hergenhahn).心理学史导论[M].郭本禹,等,译.上海:华东师范大学出版社,2004.
6. 李汉松.西方心理学史[M].北京:北京师范大学出版社,1988.
7. 叶浩生.西方心理学的历史与体系[M].北京:人民教育出版社,1998.
8. G·墨菲,J·柯瓦奇.近代心理学历史导引[M].林方,王景和,译.北京:商务印书馆,1980.
9. 爱德华·S·里德.从灵魂到心理[M].李丽译,北京:生活·读书·新知三联书店,2001.
10. 郭本禹.高觉敷心理学文选[M].北京:人民卫生出版社,2006.
11. 高觉敷.西方近代心理学史[M].北京:人民教育出版社,1982.
12. 车文博.西方心理学史[M].杭州:浙江教育出版社,1998.
13. 叶浩生.西方心理学理论与流派[M].广州:广东高等教育出版社,2004.
14. 杨鑫辉.心理学通史(第三卷)[M].济南:山东教育出版社,2000.
15. 傅小兰.荆其诚心理学文选[M].北京:人民教育出版社,2006.
16. 托马斯·H·黎黑.心理学史[M].李维,译,杭州:浙江教育出版社,1998.
17. 杜·舒尔兹,西德尼·埃伦·舒尔兹.现代心理学史[M].叶浩生,译,南京:江苏教育出版社,2005.
18. 威廉·冯特.人类与动物心理学讲义[M].叶浩生,贾林祥,译.西安:陕西人民出版社,2003.
19. 叶浩生.心理学通史[M].北京:北京师范大学出版社,2006.
20. 叶浩生.心理学史[M].上海:高等教育出版社,2005.
21. 许波.进化心理学:心理学发展的一种新取向[M].北京:中国社会科学出版社,2004.
22. 杨鑫辉.西方心理学名著提要[M].南昌:江西人民出版社,1998.
23. W·C·丹皮尔.科学史及其与哲学和宗教的关系[M].李珩,译,北京:商务印书馆,1975.
24. 张述祖.西方心理学家文选[M].北京:人民教育出版社,1983.
25. 高峰强,秦金亮.行为奥秘透视:华生的行为主义[M].武汉:湖北教育出版社,2000.
26. 华德生.行为主义的心理学[M].臧玉淦,译,北京:商务印书馆,1928.
27. 瓦岑.行为主义心理学[M].蒋槛弘,译,北京:北平大学出版社,1935.
28. 查普林,克拉威克.心理学的体系和理论[M].林方,译,北京:商务印书馆,1984.

29. 张厚粲.行为主义心理学[M].杭州:浙江教育出版社,2003.
30. 吴伟士.西方现代心理学派别[M].谢循初,译,北京:人民教育出版社,1962.
31. 叶浩生.心理学理论精粹[M].福州:福建教育出版社,2000.
32. 叶浩生.西方心理学研究新进展[M].北京:人民教育出版社,2003.
33. 叶浩生.现代西方心理学流派[M].南京:江苏教育出版社,1994.
34. Robert D·Nye.三种心理学:弗洛伊德、斯金纳、罗杰斯的心理学理论[M].石林,袁坤,译.北京:中国轻工业出版社,2000.
35. 约翰·桑切克.教育心理学(第2版)[M].周冠英,王学成,译.北京:世界图书出版公司,2007.
36. 爱德华·C·托尔曼.动物和人的目的性行为[M].李维,译,杭州:浙江教育出版社,1999.
37. 熊哲宏.西方心理学大师的故事[M].桂林:广西师范大学出版社,2006.
38. 冯忠良.教育心理学[M].北京:人民教育出版社,2000.
39. 理查德·格里格,菲利普·津巴多.心理学与生活[M].王垒,等,译.北京:人民邮电出版社,2003.
40. 彭聃龄.普通心理学[M].北京:北京师范大学出版社,2001.
41. 高觉敷,叶浩生.西方教育心理学发展史[M].福州:福建教育出版社,1996.
42. 章益.新行为主义学习论[M].济南:山东教育出版社,1983.
43. 墨顿·亨特.心理学的故事[M].李斯,译,海口:海南出版社,1999.
44. 郭本禹.心理学的新进展[M].济南:山东教育出版社,2003.
45. 车文博.弗洛伊德主义论评[M].长春:吉林教育出版社,1992.
46. 杨鑫辉.心理学通史(第四卷)[M].济南:山东教育出版社,2000.
47. 舒尔茨.现代心理学史[M].沈德灿,等,译.北京:人民教育出版社,1981.
48. 弗洛伊德.弗洛伊德自传[M].张霁,卓如飞,译.沈阳:辽宁人民出版社,1986.
49. 弗洛伊德.梦的释义[M].张燕云,译,沈阳:辽宁人民出版社,1987.
50. 卡萝尔·韦德,卡萝尔·塔佛瑞斯.心理学的邀请[M].白学军,等,译.北京:北京大学出版社,2006.
51. 弗罗姆.精神分析的危机:论弗洛伊德、马克思和社会心理学[M].许俊达,许俊农,译.北京:国际文化出版公司,1988.
52. 郭本禹.心理学通史-第四卷,上-外国心理学流派[M].济南:山东教育出版社,2000.
53. 卡伦·荷妮.神经症与人的成长[M].陈收,等,译.北京:国际文化出版公司,2001.
54. 霍妮.我们时代的神经症人格[M].冯川,译,台北:远流出版事业公司,1990.
55. 米尔顿.精神分析导论[M].施琪嘉,曾奇峰,译.北京:中国轻工业出版社,2005.
56. 李其维.破解"智慧胚胎学"之谜:皮亚杰的发生认识论[M].武汉:湖北教育出版社,1999.
57. 杨鑫辉.心理学通史(第五卷)[M].济南:山东教育出版社,2000.
58. 王甦,汪安圣.认知心理学[M].北京:北京大学出版社,1994.
59. M·W·艾森克,M·T·基恩.认知心理学[M].高定国,肖晓云,译.上海:华东师范大学出版社,2004.

60. 余嘉元.当代认知心理学[M].南京:江苏教育出版社,2001.
61. 贾林祥.联结主义认知心理学[M].上海:上海教育出版社,2006.
62. 阎平凡,张长水.人工神经网络与模拟进化计算[M].北京:清华大学出版社,2005.
63. 杨广学.心理治疗体系研究[M].长春:吉林人民出版社,2003.
64. 马斯洛.动机与人格[M].许金声,等,译.北京:华夏出版社,1987.
65. 扬克洛维奇.新价值观:人能自我实现吗[M].罗雅,等,译.北京:东方出版社,1989.
66. 梅.爱与意志[M].蔡伸章译,兰州:甘肃人民出版社,1987.
67. 张春兴.教育心理学:三化取向的理论与实践[M].杭州:浙江教育出版社,1998.
68. 马斯洛.人的潜能和价值[M].林方主编,北京:华夏出版社,1987.
69. 戈布尔.第三思潮:马斯洛心理学[M].吕明,等,译.上海:上海译文出版社,1987.
70. 舒尔兹.成长心理学[M].李文湉,译,北京:三联书店,1988.
71. 马斯洛.人性能达的境界[M].林方,译,昆明:云南人民出版社,1987.
72. 庄耀嘉.人本心理学之父:马斯洛[M].台北:允晨文化实业公司,1982.
73. 吉尔根.当代美国心理学[M].刘力,等,译.北京:社会科学文献出版社,1992.
74. 李安德.超个人心理学:心理学的新范式[M].若水,译,台北:桂冠图书公司,1992.
75. 高觉敷.中国心理学史[M].北京:人民教育出版社,1985.
76. 杨鑫辉.中国心理学通史(第一卷)[M].济南:山东教育出版社,2000.
77. 杨鑫辉.中国心理学通史(第二卷)[M].济南:山东教育出版社,2000.
78. 燕国材.中国心理学史[M].杭州:浙江教育出版社,1998.
79. 汪明.中外心理学简史[M].合肥:中国科学技术大学出版社,2007.
80. 郭齐勇.中国哲学史[M].北京:高等教育出版社,2006.
81. 汪凤炎,郑红.中国文化心理学[M].广州:暨南大学出版社,2004.
82. 彭彦琴.审美之魅:中国传统审美心理思想体系及现代转换[M].北京:中国社会科学出版社,2005.
83. 柳友荣.梁漱溟心理学思想摭谈[J].心理科学,1999(05):3-5.
84. 柳友荣.再论梁漱溟心理学思想[J].心理学报,2000(04):470-475.
85. 刘毅玮.民国时期的留学生与中国现代心理学科的早期发展[J].心理学探新,2006(01):30-34.
86. 蔡飞.自身心理学:精神分析的新范式[J].南京师大学报(社会科学版),2000(04):82-88.
87. 葛鲁嘉.超个人心理学对西方文化的超越[J].长白学刊,1996(02):84-88.
88. 郦全民.认知计算主义的威力和软肋[J].自然辩证法研究,2004(08):1-3+28.
89. 郦全民.认知可计算主义的"困境"质疑——与刘晓力教授商榷[J].中国社会科学,2003(05):149-152.
90. 陈四光,郭斯萍."德性之知"的认知思想研究[J].河南师范大学学报(哲学社会科学版),2011,38(03):10-13.
91. 陈四光.德性之知[D].南昌:江西师范大学,2009.
92. 傅绪荣,汪凤炎,陈浩彬.智慧测量三十年:两种测量范式及新发展[J].心理学探新,2019,39

(01):9-14.
93. 汪凤炎,郑红.品德与才智一体:智慧的本质与范畴[J].南京社会科学,2015(03):127-133.
94. 汪凤炎,郑红.智慧的德才兼备理论:提出背景、核心观点与前瞻[C].中国心理学会.第十七届全国心理学学术会议论文摘要集.中国心理学会:中国心理学会,2014:306-308.
95. 汪凤炎,郑红."智慧的德才兼备理论"的新进展[C].中国心理学会.心理学与创新能力提升——第十六届全国心理学学术会议论文集.中国心理学会:中国心理学会,2013:468-469.
96. 陈浩彬,汪凤炎.智慧:结构、类型、测量及与相关变量的关系[J].心理科学进展,2013,21(01):108-117.
97. 陈浩彬,汪凤炎.智慧:结构、类型、测量及与相关变量的关系[J].心理科学进展,2013,21(01):108-117.
98. 燕国材."心理"正名[J].心理科学,1998(02):3-5.
99. 汪凤炎.汉语"心理学"一词是如何确立的[J].心理学探新,2015,35(03):195-201.
100. 阎书昌.晚清时期执权居士创制"心理(学)"一词的考察[J].心理学报,2018,50(08):920-928.
101. 执权居士.附论西教兴废来书[N].申报,1872-10-28,1872.
102. 钟年.中文语境下的"心理"和"心理学"[J].心理学报,2008(06):748-756.
103. 持平叟.相术论[N].教会新报,3,238-239,1871.
104. 阎书昌.晚清传教士与汉语心理学术语创制[C].中国心理学会.第十七届全国心理学学术会议论文摘要集.中国心理学会:中国心理学会,2014:1582-1583.
105. 阎书昌.颜永京对西方心理学引入及其汉语心理学术语创制[J].南京师大学报(社会科学版),2012(04):116-120.
106. 阎书昌.服部宇之吉的《心理学讲义》[J].心理学报,2009,41(05):464-470.
107. 钱燕燕.郭任远:从反本能的旗手至行为渐成论的集大成者[D].南京:南京师范大学,2018.
108. 张翠白,吕英军.中国的华生——郭任远实验的发生心理学解析[J].科教文汇(上旬刊),2011(10):178-180.
109. 李明.现代心理学家——郭任远[J].浙江大学学报(社会科学版),1991(03):118-120.
110. 彭彦琴,胡红云.内证:中国人文主义心理学之独特研究方法[J].自然辩证法通讯,2012,34(02):75-80+127.
111. 彭彦琴.内证:对西方心理学思辨与实证研究方法的双重超越[N].光明日报,2012-07-31(011).
112. 太微帝君二十四神回元经[A].道藏:第34册[M].北京、上海、天津:文物出版社、上海书店、天津古籍出版社,1988,774.
113. 彭彦琴,张志芳."心王"与"禅定":佛教心理学的研究对象与方法[J].西北师大学报(社会科学版),2009,46(06):127-131.

英文部分

1. A. C. Brock. *Rediscovering the history of psychology*[M]. Kluwer Academic Publishers, New York, 2005.
2. Alfred Binet. *New Methods for the Diagnosis of the Intellectual Level of Subnormal. Translation by Elizabeth S. Kite: The development of intelligence in children*[M]. Vineland, NJ: Publications of the Training School at Vineland, 1905.
3. Buckley, K. W. *Mechanical man: John Broadus Watson and the beginning of behaviorism*[M]. New York: Guilford, 1989.
4. David, C. *J. B. Watson — the founder of behaviorism*[M]. London: Routledge & Kegan Paul, 1979.
5. Erikson E. H. *Childhood and society*[M]. New York: Norton, 1963.
6. Howard H. *Historical foundation of modern psychology*[M]. Kendler Temple University Press, 1987.
7. J. F. Brennan. *History and systems of psychology*[M]. Pearson Education Ltd., London, 2003.
8. James C. *A history of modern psychology*[M]. Godwin John Wilery & Sons Inc, 1999.
9. Mitchell S., Black M. *Freud and beyond*[M]. New York: Basic Books, 1995.
10. R. Stagner. *A History of Psychological Theories*[M]. New York: Macmillan, 1988.
11. Rogers C. R. *On becoming a person: A therapist's view of psychotherapy*[M]. Houghton Mifflin Press, 1961.
12. Waston, J. B. *Behavior: An introduction to comparative psychology*[M]. New York: Holt, 1914.
13. Waston, J. B. *Behaviorism (Rev. ed.)*[M]. New York: Norton, 1930.
14. Waston, J. B. *Behaviorism*[M]. New York: Harpers, 1924.
15. Waston, J. B. *Psychological care of the infant and child*[M]. New York: Norton, 1928.
16. Waston, J. B. *Psychology from the standpoint of a behaviorist*[M]. Philadelphia: Lippincott, 1919.
17. Wayne Viney & Brett D. *A history of psychology*[M]. King Allyn and Bacon Press, 1998.
18. Wayne Viney, D. Brett King. *A History of Psychology: Ideas and Context*[M]. Allyn and Bacon, 1998.

后 记

历史是知识和智慧的宝库。党的二十大报告中明确指出,"要善于通过历史看现实",批评历史虚无主义,并再次强调"学史明理、学史增信、学史崇德、学史力行"。

本教材的第一版出版于2009年。它的定位从一开始就十分明确,即作为本科"心理学史"课程的教材。由于本科教学课时数有限,教材的框架如果搭得过大,所涉内容过于繁多、过于艰深,容易造成学生的学习和记忆负担过重,反而不利于对其史学兴趣的培养,所以,我们在编写过程中对心理学史的内容做了适当的剪裁和筛选。

第一章介绍了西方心理学的起源与建立。对古希腊罗马时期、基督教与经院哲学时期、文艺复兴时期的心理学思想史并未展开,而是重点说明心理学作为一门学科建立的条件和过程。其后各章沿着科学心理学的发展脉络,分别介绍了冯特与德国的心理学、美国心理学的兴起、欧洲的机能主义心理学、美国的机能主义心理学、早期行为主义、行为主义的发展、格式塔心理学、精神分析、精神分析的发展、皮亚杰理论、认知心理学和人本主义心理学等。最后一章简要介绍了中国心理学史。尽管苏俄心理学也是心理学史不可或缺的一部分,但没有纳入本教材。此外,当代心理学已经发展出很多新的流派和取向,如社会建构论心理学、进化心理学、生态心理学、女性主义心理学、积极心理学、叙事心理学等。它们可视为本教材内容的延续。

本教材的编写主要考虑了两个原则:一是方便老师教,二是让学生愿意读。师生双方认可,是我们编写本教材所期望达成的目标和因循的思路。

如何方便老师教?针对不同的教学内容,本科教学目标区分为三个层次:概念识记、原理领会和知识应用。其中,"概念识记"要求学生掌握重要概念的含义,能够正确地认知与表述;"原理领会"需要学生掌握不同的心理学家或理论流派的立场和观点,了解它们的区别与联系;"知识应用"则要求学生不仅能够使用各种流派的心理学理论解释心理现象,而且能针对这些理论和现象,形成自己对于心理学研究的基本立场和观点。为了满足上述教学要求,本教材在编写过程中努力做到:第一,基本概念表述明确。本科教学不同于研究生教学,后者涉及对同一个概念的多种不同的定义方式,乃至讨论和争议,教学目的是引导思维,培养研究能力。而本科阶段重在基础知识教学,需要对基本概念做出明确定义。为此,本教材对各章"复习与思考"中要求名词解释的概念,正文都给出了明确的定义。第二,基本知识和原理表述清楚、明白。在编写过程中,力求语言通俗、简洁生动,符合汉语的表达习惯,避免翻译性的——"写的是汉字,说的却是外语"、云遮雾罩式的写作风格。第三,对历史上重要的心理学家和心理学理论流派的介绍比较系统、完整。与以往"通史式"的教材相比,本教材采取了"简本"的形式,对涉及的时间段有所限定,字数有所缩减。在编写时,力求高度概括和提炼,减少旁枝末节,但重要的知识内容和理论框架必须保留。各理论流派发展的内在思想逻辑和外在的历史脉络清晰,整本教材尽量做到减量不损质。

怎么让学生愿意读?鉴于以往的心理学史教材大都是平铺直叙,表现形式较为单一,不大适合青少年学生阅读的特点,本教材在编写过程中增加了图片、图表,以增强历史知识的直观性、生动性和趣味性,力争通过多样化的表现形式激发学生的学习兴趣。在文字表述方面,力求准确、通俗、简练,倡导鲜活生动的文风。此外,在"本章导读""学习目标""本章小结""复习与思考"之外,加入了"拓展阅读"板块,作为对基础知识教学内容的补充和延伸。其中一部分内容侧重于"有意思""有趣",主要是希望打破传统心理学史教材呆板沉闷的叙述风格,链接了一些与教学内容有关但逻辑联系又不是十分紧密的小实验、小故事等,给教材"开窗透气"。而另一部分内容,相对于本科生的知识基础和接受能力而言可能稍微偏难、偏深,这些问题处于学术前沿,学界对其有一定的争议,尚无定论。编写这类"拓展阅读"的目的在于对教学内容适当加以深化,以便于引导和提升学生的思维能力和水平。对于这部分内容,建议老师在教学过程中灵活使用,可以讲授,也可以布置学生自学或安排课堂讨论。

此外,以往的心理学史教材偏重于介绍心理学理论或流派内在的发展过程,以及重要心理学家的个人成就,相对忽略心理学的学科发展与现实的社会心理变迁之间的联系。涉及某一心理学流派产生和发展的背景时,大多只限于讨论哲学背景和学科内部背景,而与社会生活和现实的人的心理脱节,其结果导致心理学史被抽象化,成为纯理论的演绎,给学生的感觉是"历史离自己很遥远"。本教材的编写借鉴了西方心理学"新史"的写作原则,将心理学史纳入社会发展史的整体范畴,将心理学的学科发展与社会发展统一起来,突出心理学与社会生活之间的紧密联系。从社会生活对心理学的需要出发,写到心理学自身的发展,再写到心理学理论和研究成果在社会生活实践中的应用以及贡献,促进心理学史由抽象理论向现实生活、由理性到感性的回归。这样做的目的是,使学生通过了解和学习学科发展史,切实感受到心理学与现实生活的紧密联系,认识和体会学习和研究心理学的现实意义,促进专业认同,强化学习兴趣,培养学生未来从事心理学职业的使命感和自豪感。

这次教材修订保留了前一版的框架和主要内容,同时对于近十年心理学史研究的最新成果做了补充,对于随着时代发展已显陈旧的部分案例和语言表述做了适当更新。

2009年第一版的作者都是研究心理学史或西方心理学流派的博士。那时候他们大多刚毕业不久,风华正茂,各自在不同高校从事心理学史的教学或相关工作。当时各章作者依序为:绪论,叶浩生;第一章,霍涌泉;第二章,宋晓东;第三章,贾林祥;第四章,杨莉萍;第五章,蒋京川;第六章,郭爱妹;第七章,范兆兰;第八章,郑发祥;第九章,丁道群;第十章,王国芳;第十一章,麻彦坤;第十二章,李炳全;第十三章,尤娜;第十四章,彭彦琴。此番修订已是12年之后,除第二章和第十三章分别改由贾林祥和李炳全两位教授执笔之外,其余各章都是原作者。当初年轻的作者如今都已成长为桃李满园、成果丰硕的教授。在此向各位作者的敬业态度和在时间、精力的大量付出深表谢忱!

谨以此书纪念英年早逝的尤娜博士!并遥祝宋晓东博士一切安好!

本书编者

2023年8月